JN440085

군사력평가 방법론

이론과 실제

권오정 저

이 책을 국민의 군대로서 국가를 방위하고 자유민주주의를 수호하며
조국의 통일에 이바지하는 국군에 바칩니다.

"War does not determine who is right - only who is left."

- Bertrand Russell -

머리말 PREFACE

인류의 역사를 살펴보면 전쟁은 인간의 피할 수 없는 운명으로 기록되어 있습니다. 따라서 얼마나 큰 군사력을 가져야 국가이익을 보호할 수 있느냐 하는 것은 국방 정책입안자들에게 큰 도전이었습니다. 한 국가의 군사력을 정확히 평가하는 것은 군사대비태세를 유지하는 것과 미래 군사력건설의 기초라고 할 수 있습니다. 현존 위협과 잠재적 위협에 대한 상대적 군사력평가를 통해 현재와 미래의 위협에 대한 효과적인 대비를 할 수 있을 뿐만 아니라 국가의 가용자원을 효율적으로 할당하여 국방정책을 입안하고 외부 위협에 적절히 대응할 수 있기 때문입니다.

만약 어떤 국가가 잠재적국에 대해 상대적 군사력평가를 잘못한다면 효과적인 군사대비태세를 갖추기가 힘들 뿐만 아니라 소중한 국가자원을 과잉 투입할 수 있습니다. 국가자원을 국방에 과잉 투입했을 때는 교육, 복지, 산업 등 다른 분야에 투입되는 국가자원이 줄어들어 국가경제의 발전과 국민의 생활여건을 원활히 보장하지 못합니다. 반면, 국가자원을 과소 투입했을 때는 적의 위협에 적절히 대응하지 못할 뿐만 아니라 전쟁 발발시 국가의 생존에 심대한 위협을 당할 수 있습니다.

국가의 기본 책무는 기본적으로 국가 정체성과 자주 독립성을 유지하며 주권을 보유하는 것입니다. 따라서 국방은 국가의 어떤 기능보다도 더 중요한 최우선의 가치를 가지는 기능입니다. 미국이나 중국, 일본, 러시아 등 강대국 뿐만 아니라 이스라엘, 싱가포르 등 영토의 크기에 관계없이 모든 국가는 안보를 어떤 기능보다도 최우선의 가치를 지니는 것으로 생각하고 국가전략에 상응하는 군사전략과 군사력건설을 하고 항시 전투대비태세를 유지하고 있습니다.

군사력건설의 기초는 국가 방위의 기본 철학 속에서 건설되는 것이다. 예를 들어 이스라엘 같은 국가가 미국과 같은 군사력을 보유하는 것은 현실적으로도 불가능하고 필요성도 없습니다. 이스라엘은 주변 중동지역의 위협을 기초로 하여 국가생존을 위한 최소충분전력을 유시하는 것입니다. 따라서 어느 주변 국가를 잠재적 직국으로 싱정하느냐에 따라 군사력건설과 전투력 유지는 상이한 모습을 보입니다.

그러므로 군사력을 정확히 평가하는 것은 군사력건설의 기초라고 할 수 있습니다. 소규모 부대, 대규모 부대, 합동부대 및 연합부대의 전력을 평가하여 적의 위협 대비해 부족한 전력은 보강하고 적의 위협에 비해 상대적으로 과다한 전력은 적절한 수준에서 조정하는 것이 전체 전력의 균형화를 이루는 방법입니다.

이 책은 지금까지 나온 군사력평가에 대한 자료를 집대성하여 묶은 것입니다. 이해를 돕기 위해 다양한 사례를 들었으며 수많은 논문과 저서들을 확인하고 그 중 의미있는 부분을 발췌하여 정리하고 출처를 명시하였습니다. 지금까지 군사력평가 분야에서 깊고 넓은 훌륭한 연구를 해온 많은 석학들에게 큰 빚을 졌습니다.

이 책이 나오기까지 많은 격려를 아끼지 않은 신성철 KAIST 총장님과 산업 및 시스템공학과 학과장 이태식 교수님을 비롯한 소속학과의 모든 교수님들께 감사의 말씀을 드립니다. 특히, 저의 박사학위 지도교수이자 은사이신 박성수 교수님께 존경의 말씀을 드리고 싶습니다. 방효충 KAIST 안보융합연구원장님의 따뜻한 격려와 성원에 대해 감사드립니다. 또, 이러한 저술활동이 가능하도록 「풍산-KAIST 미래기술연구센터」에 아낌없는 지원과 성원을 보내주신 ㈜풍산 류진 회장님, 박우동 사장님, 박창선 방산기술연구원장님을 비롯한 임직원들에게 진심으로 감사의 말씀을 드립니다. 집필간 전적인 신뢰를 표시해주고 힘을 보태준 아내 장은주와 사위 양지원 박사, 두 딸 하진, 예인에게도 사랑과 감사의 말을 전하고 싶습니다.

그러나 이 책은 많은 내용을 국내외 각종 도서와 논문, 인터넷으로부터 가져와 나름대로 해석하고 정리한 것이기 때문에 내용적으로 완벽하지 않을 뿐만 아니라 많은 오류가 있을 수도 있습니다. 독자들께서 오류를 지적해 주시면 부족한 부분은 향후 개정판을 통하여 발전시키고 더 깊고 넓은 군사력평가에 대한 내용을 추가하여 발전시켜 나갈 것을 약속드립니다.

2020. 12. 1 KAIST에서

권 오 정

차 례 CONTENT

1장

군사력평가 개요

1.1 군사력평가 목적

군사력을 평가하는 목적은 정확한 군사력평가를 통해 현재와 미래의 국가안보의 위험요소를 제거하기 위함이다. 잠재적 외부 위협 또는 명시적 적국에 대한 피아간의 군사력평가를 통해 어떤 형태의 군사력을 건설하여 현재와 미래위협에 합리적인 대처방안을 수립하는 것이다. 잘못된 군사력평가는 실질적 군사대비태세를 약화시키고 적이 오판하여 전쟁이 발발할 수도 있다.

손자병법에 "兵者, 國之大事, 死生之地, 存亡之道, 不可不察也(전쟁이란 나라의 중대한 일이다. 따라서 죽음과 삶의 문제이며 존립과 패망의 일이니 살피지 아니할 수 없다)", "知彼知己 百戰不殆(적을 알고 나를 알면 백번 싸워도 위태롭지 않다)"라고 말하고 있다. 이는 전쟁이 국가의 매우 중요한 일이며 피아 군사력을 잘 아는 것이 전쟁 준비의 요건이며 전쟁에서 승리하는 요체라는 것이다.

현대와 같이 무기체계가 다양, 복잡, 강력해지고 군사력을 평가하는 유무형 전력의 요소가 많을 때는 계량적이지 않은 군사력평가는 신뢰성, 타당성, 완전성 측면에서 미흡하다. 따라서 군사력평가를 할 때는 계량적 요소를 근간으로 하여 정성적 요소를 포함한 여러 측면에서 평가하여 전체적인 군사력 수준을 평가하는 방법을 사용하여야 한다. 그러나 군사력을 계량적으로 평가하는 것은 결코 쉬운 일이 아니다. 그것은 잠재적 또는 명시적 적국에 대한 자료는 알기 힘들뿐만 아니라 군사력을 평가하기 위한 내부 기초자료도 대부분 비밀로 분류되어 있기 때문이다. 또한, 평가방법에 내재한 불완전성도 군사력평가의 어려운 측면으로 이해된다.

이론적으로 군사력은 유무형의 요소와 군사력을 사용하는 작전환경에 대한 적응력의 총체적 함수이다. 여기에서 유형요소는 병력, 무기체계, 지원체계가 결합된 종합체계를 의미하고 무형요소는 지휘통솔력, 전략 및 전술, 훈련수준, 정신력, 군기와 사기 등이 복합된 군사조직의 유효성, 전투력 발휘 등 요소를 말한다. 작전환경은 지형, 기상, 계절 등을 의미하고 지정학적 위치 등 피아의 군사행동이 이루어지는 지상, 해상, 공중, 우주, 사이버 공간의 조건을 의미한다.

이러한 무형적 군사력 요소는 계량화하기 대단히 어려우며 군사력평가 시 일반적으로는 잘 고려하지 않는다. 군사력평가에서 권위를 인정받고 있는 영국의 IISS(International Institute for Strategy Studies)에서 발간한 「Military Balance」에서는 병력과 장비의 단순한 양적 비교평가이며 군사력 발휘 능력 평가는 하지는 않는다. 부대나 장비의 질, 군수지원, 사기, 군기, 훈련수준, 지휘통솔력, 전략 및 전술, 교리, 지형 및 기상 등과 같은 요소는 별도의 영역으로 남겨두고 있다.

역사학자 Paul Kennedy는 그의 저서 「Engineers of Victory」에서 군대는 운영분석과 시스템분석을 채택해서 군사력과 전술의 비용–편익의 최적조합을 찾아야 한다고 주장하였다. 이러한 운영분석적 접근법이 완벽한 해결책은 아닐지라도 적어도 인간이 가진 지식의 범위내에서는 최적의 해법이라고 주장할 수 있다. 군사력평가에서 타당하지 않은 방법으로 평가하는 것은 군사력의 실체를 정확하게 확인한다고 보장할 수 없다. 따라서 군사력평가를 위한 합리적이고 과학적인 방법론이 개발되어야 하고 다차원적 접근법이 필요하다.

어떤 실체를 확인하는 데는 여러 가지 방법으로 그 대상을 바라보아 종합하여 보는 것이 좋다. 병원에서 환자의 상태를 확인하기 위해 육안 검진, 촉진, 문진, X–ray, CT, MRI, 채혈검사 등 다양한 방법을 확인하여 병명을 결정하는 것과 같은 논리이다.

그림 1.1.1은 유명한 시각장애인들의 '코끼리 만지기' 그림이다. 각자가 자기가 만진 부분만을 가지고 코끼리를 무엇이라고 추정한다. 실제 군사력평가는 이러한 오류를 범할 가능성이 많다. 군사력평가가 워낙 광범위한 실체이고 하나의 방법으로는 확인하기 어려운 일이다. 따라서 여러 가지 측면에서 군사력평가를 해보고 종합적으로 판단해야 실제적인 군사력을 평가할 수 있다.

그림 1.1.1 시각장애인의 코끼리 만지기

그러므로 이 책에서는 여러 가지 계량적 군사력평가 방법에 대한 이론을 소개하고 구체적인 사례를 들어 설명함으로써 군사력평가의 도구를 제공하고 직관력 향상을 도모한다.

1.2 국력, 군사력, 전투력 관계

국력은 국가의 총능력 또는 국가정책 수행능력이며 자국의 목표에 따르도록 타국에 미치는 영향력으로 정의된다. 국력은 인구, 영토, 지리적 위치, 정부가 포함되며 경제력, 문화력, 역사적 자산, 사회구조, 국민의 단결력, 국가의 전통 등 국민성향과 같은 사회적 요소도 포함하며 국가전략, 정책수행능력, 국가의지, 과학과 기술, 정보와 같은 요소도 포함한다. 국력의 지표로는 인구, 인구구성, 국토크기, 국토활용도, 지정학적 위치, 정부구성, 예산규모, 병력수, 무기수량과 구조, GNP(Gross National Product), 일인당 GNP, 예산규모 등 각종 사회지료가 활용되고 있다.

군사력은 국가간의 분쟁에서 군사작전을 수행할 수 있는 군사적 능력과 역량으로 정의되며 상비군, 동원군과 같은 무장군사력과 군사력에 영향을 미치는 잠재군사력으로 구분한다. 앞에서 언급한 대로 군사력은 상비군과 동원군이 전투역량을 발휘하는 전투력과 군수산업, 동원자산, 군사기술, 예비군 등 잠재군사력을 모두 포함하는 포괄적인 힘이며 이 중 전투력은 전투부대의 전력지수와 지원부대, 군수부대, C4I 능력을 모두 포함하는 힘이라고 정의할 수 있다.

미 Princeton 대학의 정치외교학자 Klaus Knorr는 “군사력은 국가들이 국익이 걸린 국제분쟁을 해결할 때 사용하는 수단의 하나”라고 말하였다. 대부분의 국가는 군대라는 조직을 통하여 이를 평소부터 육성 및 관리하고 있다. 총력전이 보편화된 현대에는 군사력보다 더욱 범위가 큰 국방력이라는 용어가 자주 사용되지만, 그 범위를 한정하기가 어렵거나 다른 국력의 요소와 중복되는 현상이 발생한다는 단점이 있다. 군사력은 국력의 다양한 요소 중에서 군대가 보유하고 있는 병력, 무기 및 장비의 양과 질을 의미한다.

국력과 군사력의 관계는 국가의 가용자산을 군사분야와 비군사분야에 어떻게 할당하여야 국익에 보다 기여하느냐 하는 국가 상황인식과 국익설정에 따른 정책적 선택에 따라 군사력의 목표, 성격, 규모가 설정된다. 국력의 극대화가 목적함수이며 군사력 규모는 결정변수이다. 그러나 국력의 구성요소가 다양하므로 이들의 복합적 관계를 다목적 함수로 설명하기에는 어려운 점이 있어 국력수준을 군사력의 제약조건으로 해석하기도 한다.

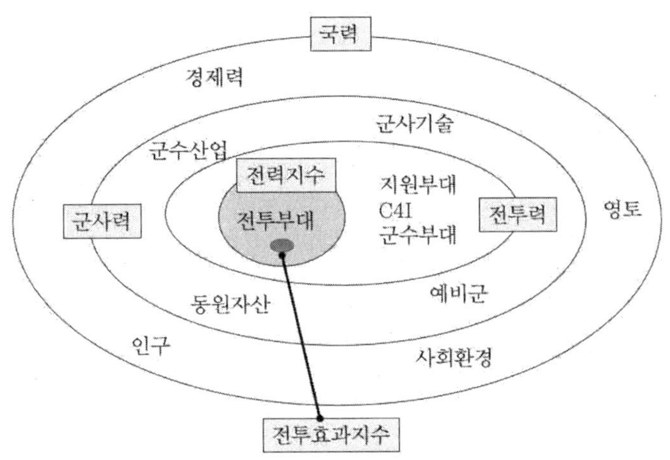

그림 1.2.1 국력, 군사력, 전투력 관계

그림 1.2.1에 따르면 전투력은 전투부대와 지원부대, C4I(Command, Control, Communication, Computer, Intelligence), 군수부대를 아우르는 전투능력이라고 할 수 있고 전투부대만의 능력을 표현하기 위해 전력지수를 사용한다. 전력지수는 부대효율성지수 산출방법에 의해 화력을 갖는 무기체계의 기동성과 생존성의 전투효과 지수와 가중치를 고려한 수치로서 전투에 참여 가능한 무기만을 고려하여 계산한다. 그러나 전력지수는 지휘통제, 기동장비, 통신, 군수지원 등과 사기, 단결, 전투의지 등 무형적 전투력이 고려되지 않는 단점이 있다.

그러나 이러한 정의에 반해 다른 관점에서 전력을 정의하기도 하는데 그림 1.2.2에서 보는 것과 같이 군사용어 사전에는 전력을 전쟁을 수행할 목적과 기능을 갖는 조직적인 무력 또는 군사력으로서 군사 무기체계, 장비, 조직, 교리, 군사훈련 및 기반시설을 망라한다고 정의하고 있다.

「Military Theory」를 저술한 스웨덴의 군사사상가인 Julian Lider는 전력을 국가 총체적 전쟁수행능력으로, 군사력을 군사작전 수행능력으로, 전투력을 전투에 직접 발휘되는 최종능력으로 구분하여 전력, 군사력, 전투력으로 구분하여 전력을 최상위 개념으로 두었다. 그는 전투력을 군사력의 핵심부분으로 보고 있으며 그 구성요인으로 병력의 수와 질, 훈련, 무기와 장비의 수와 질, 병력과 화력의 기동능력, 가간장교의 수와 군사지휘능력, 군사과학기술을 포함하고 있다.

대한민국 육군은 전력을 군사력건설을 통해 형성되는 전투력, 주로 유형적인 무기체계로 부르고 있다. 이와 같이 전력에 관한 정의 자체가 기관별, 연구자별로 아주 다양하여 어느 정의를 가장 정형화된 정의라고 말하기가 곤란하다.

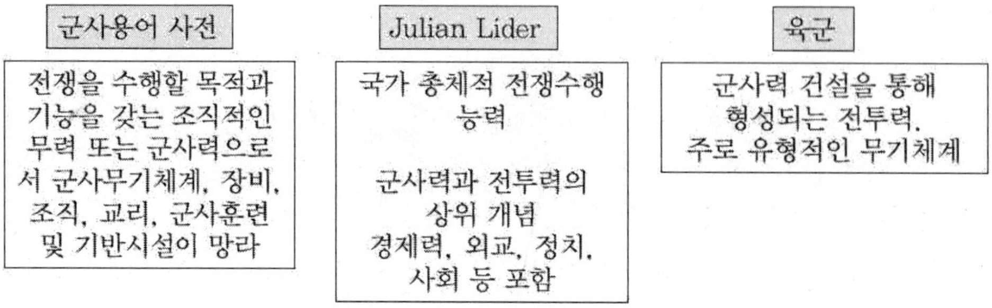

군사용어 사전
전쟁을 수행할 목적과 기능을 갖는 조직적인 무력 또는 군사력으로서 군사무기체계, 장비, 조직, 교리, 군사훈련 및 기반시설이 망라
Julian Lider
국가 총체적 전쟁수행 능력
군사력과 전투력의 상위 개념
경제력, 외교, 정치, 사회 등 포함
육군
군사력 건설을 통해 형성되는 전투력, 주로 유형적인 무기체계

그림 1.2.2 전력의 정의

전력
(국가 총체적 전쟁수행능력)
· 경제적 능력
· 외교/정치적 능력
· 사회/심리적 능력
· 지리적 조건
· 인구
군사력
(군사작전 수행능력)
· 군사과학기술
· 군수산업
· 군사제도
· 예비전력
전투력
(전투에 직접 발휘되는 최종능력)
· 무기체계
· C4I
· 정찰/감시
· 군수지원
· 병력
· 교육훈련
· 사기
· 지휘/통솔

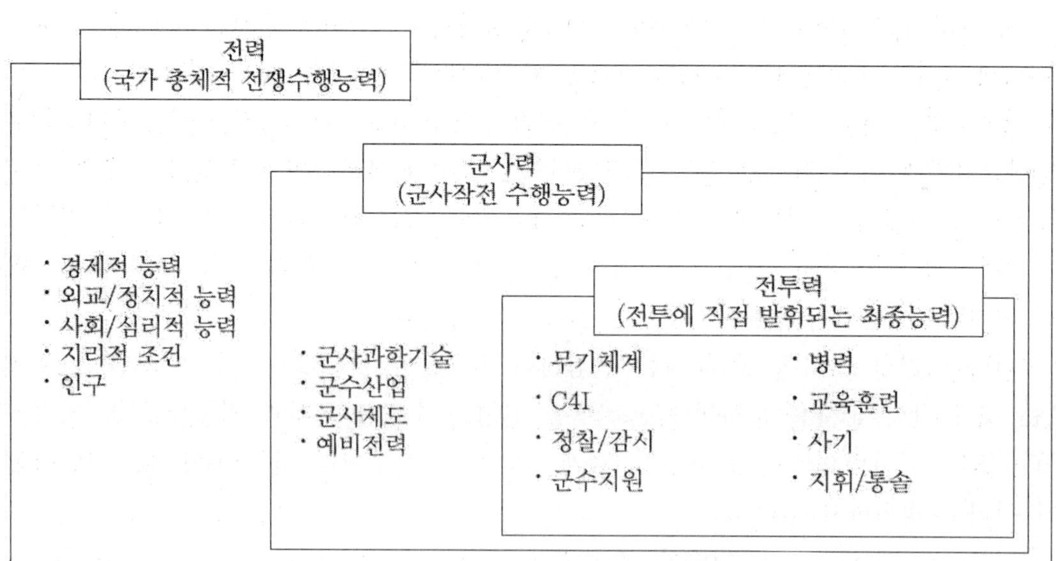

그림 1.2.3 전력, 군사력, 전투력 구분

1.3 국력

영국의 정치학자이자 역사가인 Edward H. Carr는 국력을 "다른 나라와의 관계에서 바라는 목적을 달성하는 종합적 능력"이라고 정의하였고 미 Princeton 대학의 정치외교학자 Klaus Knorr는 국력을 "다른 국가에 작용하여 바라는 바 효과를 얻는 국가의 능력"이라고 말하였다. 미국 정치학자 Morgenthau는 국력을 "한 국가가 다른 국가(들)과의 갈

등에서 승리하고 장애를 극복해내는 능력"이라고 정의하였다. 즉, 국력은 영토 및 영향지역 확보를 둘러싼 국가간 갈등 상황에서 상대 나라를 지배하거나 억제하여 자기 나라의 이익이 훼손되지 않도록 해내는 능력을 의미한다.

Russet & Starr(1985)는 대립적 상황이라는 국가 간 특정 상황을 전제로 하지 않고 일반적으로 적용될 수 있는 국가의 능력 개념으로 정의한다. 즉 이들은 국력이란 '상황의 불확실성을 통제 또는 줄일 수 있는 국가의 능력'으로서 '목적을 위한 수단적인 것이며,' '인과적 설명인자' 즉 '결과 도출 확률에 영향을 미칠 수 있는 능력'이며 '심리적인 것'이고 '돈처럼 저장도 되고 소모도 될 수 있는 것'이라고 국력을 포괄적으로 정의하고 설명한다. 이런 의미에서의 국력의 개념에는 다른 나라와의 전쟁에서 승리 또는 방어하고, 또는 전쟁을 억제할 수 있는 능력뿐만 아니라 외교나 자원 확보, 무역 조건 협상 등 비군사적 분야에서 자국의 이익을 극대화할 수 있는 국가의 능력까지도 포함된다.

'소프트파워'라는 개념으로 국력 연구 분야에서 주목을 끌고 있는 Joseph Nye(2011)는 권력의 자원과 권력 자체는 엄밀히 구분되어야 함을 강조하면서 국력이라는 것은 한 나라가 처한 상황 속에서 정책이나 제도와 같은 각종 기술을 사용하여 각종 자원을 바람직한 결과로 전환할 수 있는 능력('자원으로 정의되는' 국력)일 뿐만 아니라, 강압이나 보상, 유인 등의 방법으로 다른 국가에 영향을 미쳐 자국의 이익에 바람직한 결과를 가져다주는 변화를 일으키는 한 국가의 능력('행태적 결과로 정의되는' 국력)이라고 정의한다.

이 연구에서는 '국력'이라는 개념을 '한 국가가 실현하고자 하는 것을 실현해 내는 능력'이라고 정의한다. 보다 구체적으로는 한 국가가 강제적이든 평화적이든 다양한 설득수단과 방법을 동원하여 다른 나라들로부터 지원과 협력을 얻어 자국의 정책과 전략을 실천에 옮겨 소기의 국가목표와 비전을 실현해 내는 국가의 능력이라고 정의할 수 있다.

일반적으로 국력은 국토의 면적, 지리적 위치, 인구, 민족성, 천연자원, 농업잠재력, 공업생산성, 공업의 탄력성, 수송·통신 및 하부구조, 경제력과 경제활동의 적극성, 과학기술 잠재력, 국제정세 판단능력, 국가의지와 정부정책에 대한 국민적 지지도 등 여러 요소로 구성된다.

1.3.1 Cline 국력 모형

쿠바 미사일 위기 시 미 중앙정보국 분석실장이었던 Ray S. Cline은 식 (1.3-1)과 같은 국력모형을 제시하였다. 국력은 군사력을 포함한 외형 크기와 경제력의 합을 국가전략과 국민의지의 합과의 곱으로 가정하였고 군사력은 전략핵 능력과 재래식 군사력의 곱으로, 재래식 군사력은 전략적 유효범위와 기본전투능력의 곱을 군사적 노력의 척도와 합한 값으로 상정하였다. 마지막으로 기본 전투능력은 상비병력수를 병력자질, 전력지수, 저변 능력과 군수지원 능력, 작전운용과 부대태세와 같은 조직의 질 평균을 곱한 값으로 가정하였다.

Cline 모형은 식 (1.3-1)과 같이 P를 총 1,000점 만점으로 구성되는데 인구와 영토를 각각 50점, 경제력과 군사력을 각각 200점으로 하고 전략과 의지는 각각 1점의 승수를 적용하여 만점을 1,000점으로 한다.

$$P=(C+E+M)\times(S+M) \quad (1.3-1)$$

여기에서,

P : 국력(Perceived Power) (1000점 만점)

C : 인구, 영토 및 외형 크기(Critical Mass) (100점 만점)

E : 경제력(Economy Capability) (200점 만점)

M : 군사력(Military Capability) (200점 만점)

S : 군사전략(Strategic Purpose) (1점 만점 승수)

W : 국가전략을 추구하는 국민의지(Will) (1점 만점 승수)

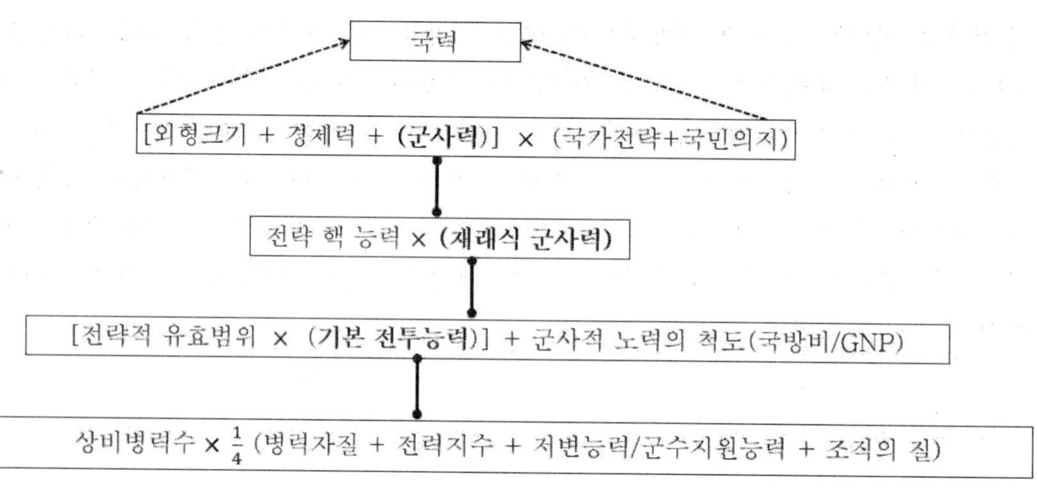

그림 1.3.1 Cline 국력모형

외형크기는 인구와 영토에 부여된 점수를 합한 것으로 인구의 점수는 최저 0 점에서 최고 50 점으로 부여한다. 영토의 점수분포도 동일하다. 경제력은 최대 200 점으로 GNP 규모가 100 점, 에너지, 지하자원, 공업, 식량, 무역이 각각 20 점까지 부여한다.

군사력은 전략 핵능력과 재래식 군사력으로 구분하여 각각 100 점까지 부여한다. 국가전략은 최고 1 점까지 부여하고 국가전략을 추진하려는 국민의지는 최고 1 점을 부여하고 문화적 통합성(0.25 점), 지역적 통합성(0.8 점), 정부의 정책수행능력(0.17 점), 사회기강의 수준(0.17 점) 그리고 국민이 인식하는 국가이익을 위한 국가전략의 부합성(0.33 점) 등이 고려된다.

전략적 유효범위는 군사력을 행사하게 될 지리적 위치와 병력 및 화력의 장거리 투사능력으로 판단한다. 전략적 기동성과 이를 지원하는 후속지원능력이 필요하다. 항공모함, 상륙부대, 폭격기의 행동반경 등이 전략적 유효범위를 넓혀주는 요인이다.

국방비는 GNP 에 대한 비율에 의거하여 판단한다. 한 국가의 군사력은 그 국가의 군사력 증강 및 유지를 위한 국가적 노력정도에 따라 재평가되어야 한다는 전제하에 그 국가의 노력의 척도를 GNP 대비 군사비 지출규모에 의하여 측정한다. Cline 은 국방비가 GNP의 8% 이상되는 국가는 군사적 능력평가 시 추가 점수를 부여하여야 한다고 주장하였다.

재래식 군사력은 기본 전투능력에 전략적 유효범위가 인수로 곱해지고 군사적 노력의 척도가 더해진다. 여기에서 전략적 유효범위는 최저 0.01 점으로부터 최고 0.05 점으로 하고 군사력을 행사하게 될 지리적 위치와 병력과 화력의 장거리 투사능력으로 판단한다.

여기에서 병력의 자질, 전력지수, 저변능력 및 군수지원능력, 조직의 질이 각각 최저 0 점에서 최고 1 점을 부여한다. 즉, 4 가지 요인의 비중을 동일하게 주는 특징이 있다. 상비병력은 1,000 명을 단위로 한다. 병력의 자질은 부대훈련 정도, 집단적 사기와 장교들의 신뢰성, 지휘통솔력에 의해 결정된다. 전력지수는 무기의 보유량과 질적인 요소들을 고려하여 판단하는 것이다. 저변능력 및 군수지원 능력은 조기경보와 지휘통제체제로부터 정비, 보급, 전투물자 비축, 항공기의 기지시설, 대피시설, 해군의 항만시설 등 광범위한 분야를 망라한다. 조직의 질은 작전계획과 이에 따르는 부대준비태세, 상황에 적응하는 적응도의 정도 등 부대운용의 효율성을 포함한다.

표 1.3.1 국력 구성요소별 가중치

국력의 구성요소			국력 가중치	비고
주요크기 (100)	인구		50	인구 규모 및 적정성
	영토		50	영토의 크기
경제력 (200)	GNP		100	GNP 규모
	에너지		20	석유(10), 석탄(5), 원자력(5)
	주요 비연료 광물		20	철광석(12), 동광석(2), 우라늄(2), 보크사이트(2), 크롬광(2)
	공업력		20	조강(15), 알루미늄(5)
	식량		20	밀, 쌀, 잡곡
	무역		20	수출액, 수입액
군사력 (200)	전략핵 능력		100	병력규모, 병력의 질, 무기효력, 자원시설 및 병참지원, 조직의 질, 전략적 전투력 투사능력, 군사비 규모
	재래식 군사력		100	
국가전략 (1)	국가전략		1	• 국가전략의 일관성 • 국가전략의 명확성 • 국가정책에 대한 국민의 지지도 • 국민적 결속력 * Delphi 기법에 의해 추정
국민의지 (1)	국민통합 정도 (33%)	문화적 통합	25%	
		영토적 통합	8%	
	국가 지도력 강도 (34%)	정부정책의 사회기강	17%	
	전략과 국력과의 부합정도(33%)		33%	

Cline이 제시한 데이터를 기반으로 1977년 남북한의 국력을 계산해 보면 표 1.3.2와 같다.

표 1.3.2 1977년 남북한 기본전투력(Cline 모형) (I)

구분	병력수 (천명)	병력의 질	전력지수	군수지원	조직의 질	평균	기본 전투력
대한민국	642	0.6	0.4	0.6	0.6	0.55	**353**
북한	990	0.4	0.6	0.6	0.5	0.53	**525**

Cline 모형에 의하면 1977년 남북한의 기본전투력은 각각 353과 525로서 대한민국의 전투력은 북한의 67% 수준이다. 미국 개념분석국(CAA: Concept Analysis Agency)에서 개발한 WEI(Weapon Effectiveness Index)/WUV(Weighted Unit Value)를 적용해 보아도 1977년 대한민국의 전투력은 60%~75% 범위에 해당한다.

재래식 군사력은 '기본전투력 × 전략적 유효범위 + 군사적노력(국방비/GNP)'이므로 기본전투력으로부터 표 1.3.3 을 구한다. 대한민국의 군사적 노력 값 0 은 국방비와 GNP 의 비율로서 GNP 가 국방비와 비교해서 아주 큰 값이어서 0 에 가까운 값이 된다.

표 1.3.3 1977 년 남북한 군사력(Cline 모형) (II)

구분	기본 전투력	전략적 유효범위	소계	군사적 노력	군사력
대한민국	**353**	0.02	7.06	0	**7.06**
북한	**525**	0.03	15.75	5	**20.75**

1977 년 대한민국의 군사력은 북한의 33% 수준으로 저하되었다. 그러나 국력을 계산하면 표 1.3.4 와 같이 변한다.

표 1.3.4 1977 년 남북한 국력(Cline 모형) (III)

구분	외형크기	경제력	군사력	전략	의지	국력
대한민국	10	16	7	0.7	0.7	**46**
북한	3	2	21	0.8	0.8	**36**

국력을 계산할 때는 외형, 경제력, 군사력, 전략, 의지를 적용해서 구한다. Cline 모형에 의하면 1977 년 대한민국의 국력은 북한의 127%로서 재래식 군사력에서는 열세이지만 전체적인 국력은 앞서는 것으로 분석하였다. 이 분석은 1977 년 데이터로 한 것이라 북한이 핵무기를 개발하기 전이라 전략핵 능력이 제외되었다. 2020 년 현재 재래식 군사력평가 시 잠재적 화학전 능력까지 고려한다면 새로운 평가로 전환되어야 한다.

Cline 모형은 계량화하기 힘든 국력을 해당분야 전문가들의 의견을 최대한 집약하여 평가하였다는데 의미가 있다. 전략과 국민의지가 다른 능력에 곱하는 승수로 작용되기 때문에 국력에 있어서 전략과 국민의지가 얼마나 중요한가를 나타내는 중요한 의미를 가지고 있다.

1.3.2 다양한 국력평가요소

여러 군사사상가들이 주장한 군사력평가의 요소는 상당히 다양하다. 표 1.3.5 는 여러 군사사상가와 한국국방연구원(KIDA: Korea Institute for Defense Analyses)에서 고려하는 국력 평가의 요소들을 정리한 것이다.

미국 Chicago 대학교의 국제법 및 국제관계의 선구적인 정치 과학자인 Quincy Wright는 국력평가요소로 무기체계, 군사전략, 보유자원, 경제체제, 과학기술능력, 국민사기, 국제적 지원으로 선정하였다. Quincy Wright 는 국제관계 학자인 관계로 국제적 지원과 국민사기, 과학기술 등과 같은 요소를 국력평가요소로 중요시하였다.

미 Princeton 대학교에서 공공문제를 연구한 명예교수이며 'Center of International Studies' 센터장을 역임한 Klaus Knorr 교수는 국력평가요소로 병력수, 무기체계, 군수지원, 군사전략, 보유자원을 고려하였다.

「Military theory: concept, structure, problems", "British military thought after World War II ", "On the nature of war」 등 군사관련 저서를 다수 저술한 군사사상가인 Julian Lider는 국력평가요소로 병력수와 무기체계, 지휘통솔, 과학기술능력을 선정하였다.

쿠바 미사일 위기 시 미 중앙정보국 분석가이었던 Ray S. Cline 은 국력 평가요소를 병력수, 무기체계, 군수지원으로 생각하였다.

이들의 공통된 국력평가요소는 무기체계이며 병력수가 대부분의 군사사상가들의 공통된 국력평가요소로 고려되었다. 이렇듯 모든 군사사상가나 연구주체 범위에 따라 국력, 군사력, 전력은 상하구조가 상이하고 평가요소도 다르며 계산하는 방법도 다양하다. 그러나 국력을 평가하는 것은 기관이나 군사사상가들이나 학자들에게도 어려운 문제는 틀림이 없는 것처럼 보인다. 다시 말하면 어떻게 국력을 평가하는가 하는 것은 상당히 어려운 문제이며 고려요소가 다르면 결과도 다르게 나올 수밖에 없는 것이다. 이러한 관점에서 국력평가의 문제를 다루어 보고자 한다.

국력을 평가하는 각 요소는 각각 다르며 그에 따른 논리가 있으나 표 1.3.5 에서 보는 것과 같이 주로 병력수와 무기체계는 대부분 포함되어 있다. 즉, 국력의 핵심요소는 병력수와 무기체계의 수량과 질이라는 것을 모두 인식하고 있다.

표 1.3.5 여러 군사사상가/기관이 주장한 군사력평가 요소

평가요소	Quincy Wright	Klaus Knorr	Julian Lider	Ray Cline	KIDA
병력수		√	√	√	√
무기체계	√	√	√	√	√
군수지원		√		√	√
군사전략	√	√			
지휘통솔			√		√
군 사기					√
예비전력					√
동원능력					√
보유자원	√	√			√
경제체제	√				√
과학기술 능력	√		√		
국민 사기	√				
국제적 지원	√				

1.3.3 다양한 국력평가모델

1.3.3.1 Organski and Kugler(1980), Kugler and Domke(1986) 국력(Power) 모형

$$\text{Power}=(\text{GNP}\times \text{Tax Effort})+(\text{Foreign Aid of Receipient})$$

여기에서,

Tax Effort= Real tax ratio/Tax capacity (실 세금비율/세금 능력)

1.3.3.2 Beckman 국력(Power) 모형 (1984)

$$\text{Power}=(\text{steel}+(\text{pop}\times \text{pol\_stab}))/2$$

여기에서,

steel : percentage of world steel production (세계 철강생산량 중 비율)

pop : percentage of world population (세계 인구 중 비율)

pol_stab : score for political stability (정치 안정도 점수)

1.3.3.3 Singer and Small 국력(Power) 모델 (1972)

$$Power=(tpop+upop+sp+fc+mb+saf)/6$$

여기에서,

tpop : total population(총인구수)

upop : urban population(농촌 인구수)

sp : steel production(철강 생산량)

fc : fuel/coal production(석유/석탄 생산량)

mb : military budget(국방예산)

saf : military personnel(병력수)

1.3.3.4 Alcock and Newcombe 국력(Power) 모델 (1970)

$$Power=population \times (GNP/population)=GNP$$

1.3.3.5 Fucks 국력(Power) 모델 (1965)

$$Power=[(EP^{1/3})+(SP^{1/3})]/2$$

여기에서,

E : energy production (에너지 생산량)

P : population (인구수)

S : steel production (철강 생산량)

1.3.3.6 Clifford German 국력(Power) 모델 (1960)

$$Power=N \times (L+P+I+M)$$

여기에서,

$L=f_1(territory, use of territory)$ (영토, 영토 중 사용 중인 면적의 함수)

$P=f_2(workforce, use of workforce)$ (노동력, 노동력 중 사용 중인 인력의 함수)

$I=f_3(resources, use of resources)$ (자원, 자원 중 사용 중인 자원의 함수)

M=10×(military personnel) (병력수, 단위: 백만명)

N : 만약 핵무장 국가면 2, 아니면 1

1.3.4 국력 비교 예

1.3.4.1 Chin-Lung Chang 연구

Fo-guang 대학교의 교수로 있는 Chin-Lung Chang(2004)은 국력을 평가하는 논문을 작성하였다. 그는 Cline 의 모형과 새로운 3 가지 모형을 설정하여 그 결과를 비교하였다. 1.3.1 에서 설명한 것과 같이 Cline 모형은 영토, 인구, 경제력, 군사력을 고려한 모형이며 특히, 국가의 GNP(Gross National Product)와 국방비를 각각 경제력과 국방비를 표현하는 척도로 사용하였다. 추가로, 현대화의 정도로서 1 인당 에너지 소비를 적용하였다.

Cline의 국력 평가모형의 결과는 그의 방법론에서 대단히 주관적인 판단에 의존하는 전략적목적과 국가의지와 같은 무형적 요소가 포함되어 있어 문제가 있다. Cline 의 방법에는 일관성 있는 결과를 얻고 재현가능성을 위해 임의적인 가중치를 부여하였다.

Singer 와 Small 의 국력평가 모델은 일관성이 있고 재현가능하기 때문에 Chang 교수는 각 요소들을 종합하여 국력지수를 계산하는데 이 모형을 사용하였다. 여러 모형의 합성 모형은 Model #1, #2, #3 과 같다.

○ 연도 통계를 사용: 1 인당 에너지 소비량을 제외하고는 각 평가요소별로 모든 국가의 합과 국력 평가대상 국가의 비율을 구하였다.

○ 평가요소의 합 부분에는 핵심역량, 경제력, 군사력에 계산상 편의를 위해 총점수 200 점을 부여하였다. 핵심역량은 영토와 인구수로 구성되어 있기 때문에 균등하게 나누어 각각 100 점을 부여하였다.

○ 각국의 1 인당 에너지 소비량을 전세계 평균 1 인당 에너지 소비량의 비율로 분리하여 곱의 요소로 구성함으로써 다른 모델과 상호작용하는 모델로 구성하였다.

$$\text{Model } \#1: \ Power = \left(\frac{\text{평가대상 국가의 } GNP}{\text{전세계 } GNP}\right) \times 200$$

$$\text{Model } \#2: \ Power = \left(\frac{\text{핵심 역량} + \text{경제력} + \text{군사력}}{3}\right)$$

$$\cdot\text{핵심 역량} = \left(\frac{\text{평가대상 국가의 인구수}}{\text{전세계 인구수}}\right) \times 100 + \left(\frac{\text{평가대상 국가의 영토면적}}{\text{전세계 영토면적}}\right) \times 100$$

$$\cdot\text{경제력} = \left(\frac{\text{평가대상 국가의 } GNP}{\text{전세계 } GNP}\right) \times 200$$

$$\cdot\text{군사력} = \left(\frac{\text{평가대상 국가의 국방비}}{\text{전세계 국방비}}\right) \times 200$$

$$\text{Model } \#3: \ Power = Model2 \times \left(\frac{\text{평가대상 국가의 1인당 에너지 소비량}}{\text{전세계 1인당 에너지 소비량 평균}}\right)$$

위에 제시된 Model #1, Model #2, Model #3 은 국력 또는 상대적 능력을 평가하는 상이한 의도를 표현하고 있다. Model #1 에서는 총체적 국력을 평가하는데 GNP 를 좋은 척도로 고려하고 있다. 반면, Model #2 는 국력을 표현하는 광범위하게 사용되고 있는 요소들을 고려하고 있다. Model #3 은 국력평가의 Model #2 와 연결된 모델인데 에너지 소비량을 국력평가요소의 곱으로 생각하고 있다.

이러한 모델들을 사용하여 1993 년부터 1997 년까지의 데이터로 분석해 보았다. 분석 시에는 대만, 서안지구(팔레스타인 해방기구), 홍콩과 같은 주권이 완전하지 않은 국가와 UN 의 신탁통치하에 있는 팔라우 마샬제도, 북마리나 마이크로네시아 등은 제외하였다. 데이터는 'World Military Expenditures and Arms Transfer(WMEAT), Energy Statistics Yearbook(ESY)', 'The World Factbook(WF)'에서 가져 왔다. 면적의 단위는 km^2, 인구는 백만명, GNP와 국방비는 백만달러(1990 년 기준), 1 인당 에너지 소비량은 석탄과 등가의 에너지로서 kg 이다.

Cline 모델과 위에서 제시한 Model #1, #2, #3 에서 계산한 국가별 국력 순위와 점수는 표 1.3.6 과 같다.

표 1.3.6 Model #1, #2, #3, Cline 모형에 의한 국력 순위

#	Model 1	*Score*	Model 2	*Score*	Model 3	*Score*	Cline's Model	*Score*
1	USA	46.657	USA	37.229	USA	196.497	USA	550
2	EC	46.195	USSR	35.608	USSR	111.760	Japan	434
3	Japan	27.229	EC	28.244	EC	63.266	Germany	364
4	USSR	24.879	Russia	16.453	Russia	59.080	Russia	328
5	Germany	13.124	China	14.911	Canada	24.003	Canada	250
6	W. Germany	11.928	Japan	11.820	Japan	23.951	China	240
7	France	9.601	Germany	7.682	Germany	23.043	UK	240
8	China	8.028	India	7.119	W.Germany	20.174	France	240
9	Italy	7.702	W. Germany	6.866	France	13.683	Italy	220
10	UK	7.164	France	6.204	UK	13.064	Brazil	216
11	Russia	6.323	UK	5.034	Australia	10.436	Taiwan	195
12	Canada	4.019	Canada	4.520	Italy	7.355	S. Korea	180
13	Brazil	3.633	Brazil	4.507	E. Germany	6.024	Indonesia	175
14	Spain	3.317	Italy	4.178	China	5.592	Australia	175
15	Netherlands	2.288	Australia	3.004	S. Arabia	5.448	India	147
16	Poland	2.123	Saudi Arabia	2.562	Poland	4.839	Spain	140
17	Mexico	2.111	Iran	2.275	Netherlands	4.431	Mexico	125
18	Australia	2.018	Indonesia	2.003	Ukraine	3.706	Turkey	117
19	Switzerland	1.919	Poland	1.976	Czech	3.696	S. Africa	114
20	India	1.887	Spain	1.969	Kazakhstan	3.199	Thailand	110
21	Iran	1.777	Mexico	1.798	Sweden	2.770	Switzerland	105
22	Ukraine	1.741	Argentina	1.674	Belgium	2.684	Netherlands	102
23	E. Germany	1.733	E. Germany	1.561	Spain	2.476	Egypt	99
24	Belgium	1.557	Iraq	1.540	Romania	2.308	Belgium	94
25	Sweden	1.556	Netherlands	1.325	UAE	2.091	Ukraine	88
26	Argentina	1.457	Ukraine	1.300	Switzerland	1.988	Pakistan	84
27	S. Korea	1.454	S. Korea	1.253	Norway	1.766	Norway	80
28	Czech	1.340	Czech	1.139	Brazil	1.754	Vietnam	77
29	Austria	1.313	Pakistan	1.105	Bulgaria	1.685	N. Korea	77
30	Saudi Arabia	1.243	S. Africa	1.067	Argentina	1.585	Argentina	72

#	Model 1	Score	Model 2	Score	Model 3	Score	Cline's Model	Score
31	Romania	1.156	Romania	1.027	Mexico	1.577	Nigeria	72
32	Taiwan	1.088	Turkey	1.021	Iran	1.505	Iran	66
33	Denmark	1.028	Sweden	.995	S. Africa	1.457	Austria	65
34	Yugoslavia	.874	Switzerland	.991	Denmark	1.424	Israel	63
35	S. Africa	.868	Algeria	.988	Libya	1.408	Philippines	63
36	Norway	.759	Egypt	.980	S. Korea	1.350	Saudi Arabia	60
37	Finland	.741	Kazakhstan	.970	Finland	1.269	Kazakhstan	56
38	Indonesia	.740	Taiwan	.950	Austria	1.266	Hong Kong	55
39	Hungary	.736	Nigeria	.918	Czech Rep.	1.203	Algeria	52
40	Turkey	.708	Belgium	.897	Hungary	1.139	Poland	52
41	Czech Rep.	.610	Libya	.845	Kuwait	1.134	Sweden	50
42	Thailand	.564	Zaire	.827	N. Korea	.970	Denmark	50
43	Greece	.558	Sudan	.813	Taiwan	.958	N. Zealand	50
44	Iraq	.544	Bangladesh	.798	Qatar	.954	Singapore	48
45	Bulgaria	.532	Thailand	.796	India	.934	Chile	48
46	Kazakhstan	.529	Yugoslavia	.732	Venezuela	.878	Zaire	42
47	Belarus	.526	Peru	.685	Yugoslavia	.874	Finland	40
48	Portugal	.464	Philippines	.658	Israel	.873	Morocco	40
49	Algeria	.453	Israel	.645	Uzbekistan	.799	Libya	36
50	Uzbekistan	.442	Vietnam	.635	Belarus	.741	Bangladesh	34
51	Venezuela	.435	N. Korea	.631	Greece	.675	Colombia	33
52	Israel	.405	Colombia	.628	Singapore	.628	Syria	30
53	Philippines	.404	Bulgaria	.624	Iraq	.622	Sudan	30
54	Egypt	.387	Ethiopia	.620	N. Zealand	.531	Greece	28
55	Hong Kong	.379	Austria	.612	Algeria	.507	Romania	28
56	Peru	.374	Hungary	.593	Turkey	.475	Peru	27
57	N. Zealand	.348	Burma	.565	Turkmenis.	.428	Ethiopia	26
58	Libya	.346	Denmark	.548	Slovakia	.412	Yemen	24
59	UAE	.338	Venezuela	.545	Oman	.369	Burma	22
60	Colombia	.324	Norway	.527	Mongolia	.355	UAE	22

#	Model 1	Score	Model 2	Score	Model 3	Score	Cline's Model	Score
61	Kuwait	.322	Greece	.521	Egypt	.306	Venezuela	20
62	Malaysia	.320	Uzbekistan	.515	Ireland	.296	Iceland	20
63	Cuba	.298	Syria	.495	Indonesia	.288	Kenya	15
64	Pakistan	.296	Finland	.449	Syria	.269	Tanzania	15
65	Ireland	.285	Chile	.439	Portugal	.268	Iraq	15
66	N. Korea	.268	Czech Rep.	.432	Colombia	.265	Panama	14
67	Slovakia	.264	Angola	.421	Luxemb.	.258	Cuba	14
68	Syria	.263	Mongolia	.421	Brunei	.242	Niger	12
69	Singapore	.262	Morocco	.398	Malaysia	.242	Portugal	10
70	Burma	.248	Kuwait	.398	Chile	.235	Malaysia	10
71	Nigeria	.246	Tanzania	.394	Serbia	.226	Belarus	10
72	Chile	.226	Malaysia	.387	Bahrain	.225	Hungary	10
73	Morocco	.179	Niger	.366	Thailand	.221	Mali	9
74	Nicaragua	.173	Mali	.361	Cuba	.210	Mongolia	9
75	Bangladesh	.165	Portugal	.353	Peru	.201	Bulgaria	7
76	Vietnam	.142	Chad	.352	Estonia	.195	Angola	6
77	Azerbaijan	.136	Bolivia	.335	Lithuania	.185	Chad	6
78	Slovenia	.115	Serbia	.319	Croatia	.179	N. Available	
79	Croatia	.112	Belarus	.318	Hong Kong	.173	N. Available	
80	Moldova	.109	Kenya	.310	Azerbaijan	.151	N. Available	

표 1.3.6 의 내용을 요약하면 표 1.3.7 과 같다. 초강대국은 미국, 소련이며 강대국은 러시아, 중국, 일본, 독일, 인도, 서독, 프랑스, 캐나다, 브라질, 호주이다. 국력에서 중위권 국가는 사우디아라비아, 이란 등이며 대한민국도 여기에 속한다. 약소국은 루마니아, 터어키, 스웨덴, 스위스, 알제리, 이집트 등이다.

표 1.3.7 Chin-Lung Chang 모델에 의한 국력비교(1993~1997 년 데이터 적용)

범주	국가
초강대국	미국, 소련
강대국	러시아, 중국, 일본, 독일, 인도, 서독, 프랑스, 캐나다, 브라질, 호주
중위 국가	사우디아라비아, 이란, 인도네시아, 폴란드, 스페인, 멕시코, 아르젠티나, 동독, 이라크, 네들란드, 우크라이나, 대한민국, 체코슬로바키아, 파키스탄, 남아프리카공화국
약소국	루마니아, 터어키, 스웨덴, 스위스, 알제리아, 이집트, 카자스탄, 태국, 유고슬로비아, 페루, 필리핀, 이스라엘, 베트남, 북한, 콜롬비아, 기타 다른 나라들

물론, 이러한 분석결과가 우리가 생각하는 직관과 상이한 측면도 있다. 예를 들어 스위스, 이스라엘을 강대국이라고 생각하는데 약소국으로 분류된 것은 인구와 영토 면적이 작은 영향도 있다. 결국, 국력평가는 평가요소와 가중치, 평가방법에 따라 상이하게 나온다는 결론을 얻을 수 있고 초강대국과 강대국들은 비교적 일반적으로 채택되는 직관과 유사하다는 것을 알 수 있다.

국력이나 군사력평가와 같은 방법론은 Mulit-criteria Decision Making Methodolgy(다기준 의사결정방법론)을 사용할 수 밖에 없는데 다기준 의사결정 방법론은 권오정(2018)의 「다기준 의사결정 방법론 이론과 실제」 을 참조하라.

1.3.4.2 황성돈 등 연구

황성돈·신도철 등 11 인의 한반도선진화재단 종합국력연구팀은 표 1.3.8 과 같은 총 13 개의 국력요소들에 관한 총 130 개의 세부지표들을 사용하여 G20 국가들의 국력을 측정하였다.

표 1.3.8 황성돈·신도철 등(2016)의 종합국력 평가 지표체계

대분류	요소국력	지표	세부지표
하드 파워	기초 국력	국토	총면적, 경작가능면적
		인구	총인구수, 인구노령화정도, 출생시기대수명, 건강기대수명, 인구 1000명당 영아사망률, 국민건강정도
		에너지	에너지자원 확보력, 에너지생산력(발전량, 신재생에너지 공급량), 에너지 기반시설 우수성, 미래 에너지 확보 정도, 에너지 자급도
		식량	식량 등 기초 생필품 확보력
	국방력		국방비, 현역 군인, 예비역, 전차, 대포, 잠수함, 전투함, 전투기, 핵전력
	경제력		PPPGDP, Growth, Inflation, Gini
	과학 기술력	지식/정보 창출력	연구개발 인력, 연구개발 투자(총액, GDP 비중), 과학기술논문, 미국특허
		지식/정보 확산·흡수력	국민의 교육수준, 정보 유통인프라, 지적재산권 보호제도
		지식/정보 활용력	규제제도의 질, 벤처자본의 가용성, 외국인 직접투자 총액의 GDP 비중, 첨단기술제품 수출 비중
	교육력	투입	GDP 대비 공공지출, GDP 대비 1인당 교육관련 공공지출, GDP 대비 교육지출(공공부문+사적부문), 교원 1인당 학생수(초등, 중등), 학급크기(초등, 중등)
		산출	인구 만명당 노벨상 수상자수, 논문편수(과학), 세계100대 대학진입수, 고등교육이수율, 고등교육 학생유입, 고등교육 학생유출, PISA/수학, PISA/과학, PISA/읽기, 영어숙달, 비문해율, 기대교육년수
	환경 관리력	EPI Index	Health Impacts, Air Quality, Water and Sanitation, Water Resources, Agriculture, Forests, Fisheries, Biodiversity & Habitat, Climate & Energy
	정보력	투입	국가정보예산, 궤도에 있는 인공위성, 인터넷 호스트, 1000명당 인터넷 사용자,
		전환/활용	세계 1000위권 대학 보유, 외국에 대한 직접투자
		결과	국가안정도
소프트 파워	국정관리력		시민의 참여, 정치적 안정성, 정부효과성, 규제의 질, 법치, 부패의 통제
	정치력		정치시스템의 안정성과 효과성, 국회 입법 활동의 효과성, 국회에 대한 신뢰, 정당에 대한 신뢰, 국민들이 정치인들을 중요한 사회지도자라고 생각하는 정도, 정치인들의 교육 수준, 정치인들의 국제적 경험, 정치인들의 청렴성
	외교력	영향도	각국의 UN분담금 비율, 자국민이 기관장으로 있는 주요 국제기구의 수, 해외 원조 금액, UN 상임이사국 여부

		활성도	주요 국제기구들에 해당 국가가 가입하고 있는 기구의 수, 주요 국제기구의 본부가 해당국에 위치하고 있는 기관의 수
	문화력		국민호감도, 문화호감도, 문화산업(E&M) 경쟁력지수, 체육 경쟁력지수, 관광(T&T) 경쟁력지수
	사회 자본력	대인신뢰	가족, 이웃, 아는 사람, 처음 만난 사람, 종교 다른 사람, 다른 나라 사람
		기관신뢰	정부, 기업, NGO, 미디어(신문, TV)
		네트워크	종교나 교회단체, 스포츠 및 레크레이션, 예술·음악·교육문화, 노동단체, 정당, 환경보호단체, 전문가 조직, 인권 혹은 자선단체, 소비자 보호단체
	변화 대처력		기업대처력, 정부대처력, 시민대처력, 미래탐색, 도전에 대한 국민적응력, 시장변화에 대한 기업적응력, 경제 변화에 대한 정부적응력

기초국력을 측정하는 절차는 표 1.3.9~1.3.13 에 나타나 있다. 먼저 각 요소별 자료를 기반으로 점수화하여 세분화한 항목별로 구분하고 평균 점수를 구한다.

표 1.3.9 국토부문 국력 비교

세부지표	남한	북한	남한(점수)	북한(점수)
총면적	100,295km^2	123,138km^2	100	123
경작가능면적	19,108km^2 (19.1%)	19,100km^2 (15.5%)	100	100
도시화율	82.6%	61.0%	100	135.4
SOC			100	43.9
-철도 총연장	3,874km	5,304km	100	136.9
-도로 총연장	107,527km	26,183km	100	24.3
-항만 하역능력	1,140,917천톤	41,560천톤	100	3.6
-통신(100명당이동전화가입자수)	118.46	12.88	100	10.9
평균			100	100.6

자료: 통계청(2016)

표 1.3.10 인구부문 국력 비교

세부지표	남한	북한	남한(점수)	북한(점수)
총인구	51,015천명	24,779천명	100	48.6
인구노령화정도			100	66.7
-15세 이상 인구	43,017천명	19,324천명	100	46
-경제활동인구	26,913천명	13,630천명	100	50.6
-65세이상 인구비율 (노령화)	6,569천명 13.2%	2,502천명 10%	100	103.4
기대수명			100	86.0
-출생시 기대수명	남: 79.0세 여: 85.2세	남: 66.0세 여: 72.7세	100	84.5
-건강 기대수명	73.2세	64세	100	87.4
영아사망율 등			100	12.9
-모성사망비(정상출산 10만명당)	9.9명(2012)	87명(2013)	100	11.4
-영아사망율(인구 1000명당)	2.1	19.4	100	10.8
-5세이하영유아사망율(출생아1,000명당)	5명(2011)	30.2명(2011)	100	16.6
국민건강			100	52.4
의료활동종사자수			100	52.3
-인구만명당 의·약사수	45.8	31.6	100	69.0
-인구만명당 준의료활동 종사자수	130.2	46.3	100	35.6
1인 1일당영양공급량			100	52.5
-칼로리	3,071	2,094	100	68.2
-단백질	103.0	55.0	100	53.4
-지방질	98.3	35.4	100	36.0
평균			100	53.3

자료: 통계청(2016)

표 1.3.11 에너지 부문 국력 비교

세부지표	남한	북한	남한 (점수)	북한 (점수)
에너지 자원 확보력			**100**	**42.3**
-원유도입량	1,026,107천배럴	3,885천배럴	100	0.4
-석유비축량	107일	90일	100	84.1
에너지 생산력			**100**	**6.8**
-발전 전력량	5,281억kWh	216억kWh	100	4.1
-신재생에너지 공급량	13,293천toe[18)]	1,260천toe	100	9.5
에너지기반시설 우수성			**100**	**21.0**
-발전설비용량	97,649천kW	7,427천kW	100	7.6
-발전전력량	509,600GWh	21,500GWh	100	4.2
-발전설비이용률	68.0%	34.8%	100	51.2
평균			**100**	**23.4**

자료: 통계청(2016), 한국에너지기술원(2014)

표 1.3.12 기초 생필품 부문 국력 비교

세부지표	남한	북한	남한 (점수)	북한 (점수)
식량 등 기초 생필품 확보력			**100**	**55.9**
-식량작물 생산량	4,846천M/T	4,512천M/T	100	93.1
-쌀 생산량	4,327천M/T	2,016천M/T	100	46.6
-수산물 어획량	3,342천M/T	931천M/T	100	27.9

자료: 통계청(2016).

4개의 지표를 종합하여 측정 결과 대한민국을 100점이라고 했을 때, 북한은 58.3점으로 국토 부문(100.6점)을 제외하고는 대한민국이 압도적인 우위를 차지하고 있음을 알 수 있다. 북한은 에너지 부문에서 특히 심각한 열세를 보이고 있다. 그러나 앞서 인구 부문에서 살펴보았듯 국민들의 기대수명이나 영유아 사망율, 국민건강이라는 가장 기본적인 측면에서 매우 심각한 문제점이 있다는 사실을 간과할 수 없다.

표 1.3.13 기초국력 부문 국력 비교

지표	남한 (점수)	북한 (점수)
총점	**100**	**58.3**
-국토	100	100.6
-인구	100	53.3
-에너지	100	23.4
-식량	100	55.9

국방력 평가방법은 이 책의 9 장을 참고하라.

남북한 경제력 비교는 한국은행의 국민계정 추계에 의하면 2015 년 대한민국의 GNI 는 1,565 조 8,155 억원인데 비해 북한의 GNI 는 34 조 5,120 억원으로서 그 비율은 100:2.2 로 계산된다. 대한민국의 2011~2015 년 연평균 성장률은 3.0%인데 비해 북한의 같은 기간 연평균 성장률은 0.6%이었다. 북한의 물가상승률은 최근에는 안정되어 가는 것 같지만 2010 년경에는 초인플레이션을 경험한 바 있다. 소득분배의 GNI 계수는 북한의 경우 통계치를 구할 수 없었다. 무역량, 산업생산량 등의 지표를 보아도 북한경제의 상대적 열악성은 확인된다. 이러한 사정을 종합하여 우리는 대한민국의 경제력을 100 으로 놓으면 북한의 경제력은 2.2 로 평가한다. 가장 객관적인 수치로 나타나는 남북한 GNI 의 격차를 다른 지표들도 확인시켜주는 것으로 보이기 때문이다.

남북의 산업기술력은 대한민국을 100 으로 했을 때 북한의 산업기술력은 5.3 정도에 불과하다. 이 결과는 산업 생산성을 바탕으로 남북의 산업기술력을 비교한 것으로써 북한의 수준이 다소 높을 것으로 추정되는 군사기술 등을 고려하지 못한 점 등 전반적인 과학기술력을 설명한다고 보기에는 문제가 있다. 그러나 군사기술의 경우에도 핵무기 등 지극히 제한된 분야에 연구개발력이 집중되고 있는 점을 감안하면, 전반적인 과학기술 수준의 남북 간 차이도 이와 크게 다르지 않을 것으로 짐작된다.

이와 같이 다른 항목들도 데이터에 근거하여 각종 국력평가 수식들을 동원하고 정성적 분석을 통해 최종적으로 평시와 전시 남북한 군사력을 그림 1.3.2~1.3.3 과 같이 계산하고 있다.

평시 상황의 종합국력은 기존의 G20 국가의 국력 비교를 위해 적용하였던 가중치를 동일하게 적용하였다. 즉 기초국력, 경제력, 군사력, 과학기술력, 교육력, 환경관리력, 정보력 등 하드파워에 60%의 가중치를 부여하였고 국정관리력, 정치력, 외교력, 사회응집력, 사회자본력, 애국심 등 소프트파워에 40%의 가중치를 부여하였다. 하드파워에 해당하는 요소국력은 기초국력 5%, 경제력 20%, 교육력 5%, 과학기술력 10%, 환경관리력 5%, 정보력 5%의 가중치를 부여하였고 소프트파워에 해당하는 요소국력은 국정관리력 5%, 정치력 10%, 외교력 10%, 사회응집력 5%, 사회자본력 5%, 애국심 5%의 가중치를 부여하였다. 분석결과 대한민국의 종합국력이 100 점일 때 북한의 종합국력은 62.1 점으로 나타났다.

하드파워는 대한민국이 60 점일 때 북한이 36.9 점이었으며 소프트파워는 대한민국이 40 점일 때 북한이 25.2 점으로 나타났다. 대한민국이 북한에 비해 하드파워는 1.63 배(23.1 점)가 높았고 소프트파워는 1.59 배(14.8 점)가 높았으며 종합국력은 1.61 배(37.9 점)가 높은 것으로 나타났다.

구체적으로 우선 하드파워를 먼저 살펴보면, 기초국력은 대한민국이 5 점일 때 북한이 2.9 점이었고 경제력은 대한민국이 20 점일 때 북한은 0.4 점이었으며 과학기술력은 대한민국이 10 점일 때 북한이 0.5 점이었다. 또한 교육력은 대한민국이 5 점일 때 북한이 2.3 점이었고 환경관리력은 대한민국이 5 점일 때 북한이 2.2 점이었다. 반면 군사력은 대한민국이 10 점일때 북한은 22.1 점이었고 정보력은 대한민국이 5 점일 때 북한이 6.3 점으로 나타났다.

소프트파워의 경우, 국정관리력은 대한민국이 5 점일 때 북한이 0.9 점이었고 외교력은 대한민국이 10 점일 때 북한은 2.5 점이었다. 또한 사회응집력은 대한민국이 5 점일 때 북한이 2.3 점이었고 사회자본력은 대한민국이 5 점일 때 북한이 4.1 점이었다. 반면 정치력은 대한민국이 10 점일 때 북한이 10.2 점이었으며 애국심은 대한민국이 5 점일 때 북한이 5.2 점으로 나타났다.

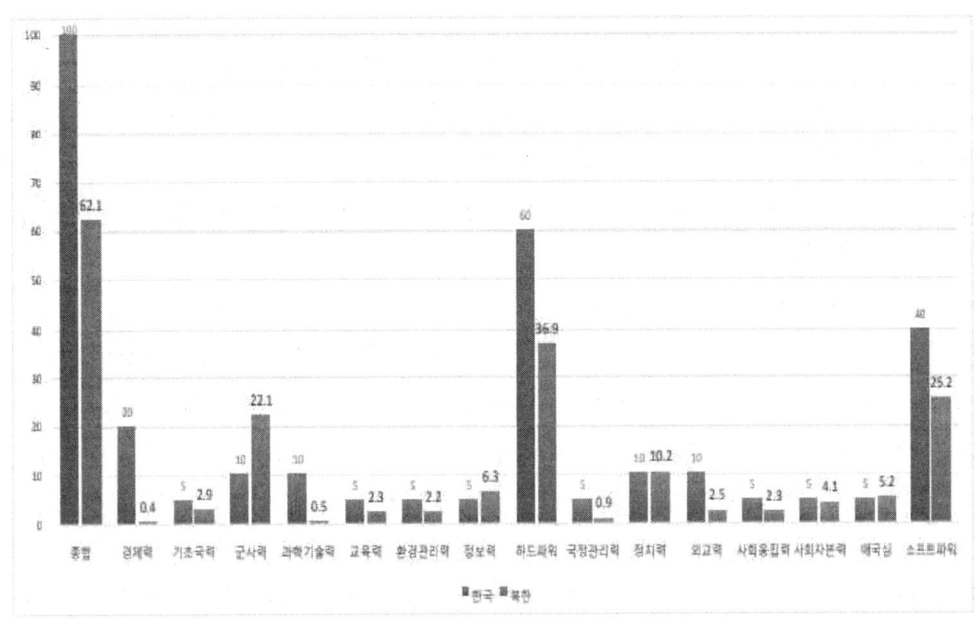

그림 1.3.2 남북한 종합국력 비교(평시)

대치 상황이라는 특성상 남북한의 국력은 전시라는 또 다른 측면에서 비교할 필요가 있다. 전시 상황의 남북한 종합국력은 앞서 분석한 평시 상황과 달라질 수 밖에 없다. 이를 반영하기 위하여 각 요소국력의 가중치를 달리하여 종합국력을 산출하였다.

우선 전시 상황의 종합국력 측정 시에도 하드파워와 소프트파워의 비중은 60%와 40%로 평시 상황과 동일한 가중치를 부여하였다. 전시 상황에서 군사력 등 하드파워의 중요성이 매우 크다는 것은 엄연한 사실이나 하드파워의 운영에 영향을 미치는 애국심, 전시에 지지국을 확대할 수 있는 외교력 등 소프트파워의 중요성도 무시할 수 없기 때문이다.

따라서 전시 상황의 종합국력 측정을 위해 우선, 하드파워를 구성하는 7개 요소 국력 중 교육력과 환경관리력의 가중치를 0%로 부여하였다. 기초국력은 평시와 동일하게 5%의 가중치를 부여하였고 경제력과 과학기술력은 평시에 비해 5%를 감소시켜 각각 15%와 5%의 가중치를 부여하였다. 반면 전시의 특성상 군사력은 가중치를 25%로 확대하였고 정보력은 10%로 확대하였다.

소프트파워도 가중치에 변화를 주었다. 우선 국정관리력과 외교력, 사회응집력은 평시와 동일하게 각각 5%, 10%, 5%의 가중치를 부여하였다. 반면 정치력과 사회자본력은 평시보다 5%를 축소하여 정치력은 5%, 사회자본력은 0%의 가중치를 부여하였다. 반면 애국심은 그 중요성을 감안하여 평시 5%의 가중치에서 15%로 가중치를 크게 확대하여 부여하였다.

분석결과 대한민국의 종합국력이 100 점일 때 북한의 종합국력은 97.8 점으로 평시와 달리 남북한의 종합국력이 거의 유사한 것으로 나타났다. 하드파워는 대한민국이 60 점일 때 북한이 71.5 점으로 북한이 대한민국에 비해 높은 것으로 나타난 반면 소프트파워는 대한민국이 40 점일 때 북한이 26.3 점으로 평시와 마찬가지로 대한민국이 북한에 비해 높은 것으로 나타났다.

우선 하드파워를 살펴보면, 기초국력은 대한민국이 5 점일 때 북한은 2.9 점이었고 경제력은 대한민국이 15 점일 때 북한은 0.3 점이었으며 과학기술력은 대한민국이 5 점일 때 북한이 0.3 점이었다. 반면 군사력은 대한민국이 25 점일 때 북한은 55.3 점이었으며 정보력은 대한민국이 10 점일 때 북한은 12.7 점으로 나타났다. 즉 전시의 하드파워는 경제력은 대한민국이 북한에 비해 월등한 것으로 나타났으나 군사력은 북한이 대한민국을 크게 앞서는 것으로 나타났다.

소프트파워의 경우 국정관리력은 대한민국이 5 점일 때 북한은 0.9 점이었고 외교력은 대한민국이 10 점일 때 북한은 2.5 점이었으며 사회응집력은 대한민국이 5 점일 때 북한은 2.3 점이었다. 반면 정치력은 대한민국이 5 점일 때 북한은 5.1 점이었으며 애국심은 대한민국이 15 점일 때 북한은 15.5 점으로 나타났다. 즉 전시의 소프트파워는 대부분의 요소 국력에서 대한민국이 북한을 크게 앞서는 것으로 나타났으며 정치력과 외교력은 북한이 대한민국을 앞섰으나 거의 유사한 것으로 나타났다.

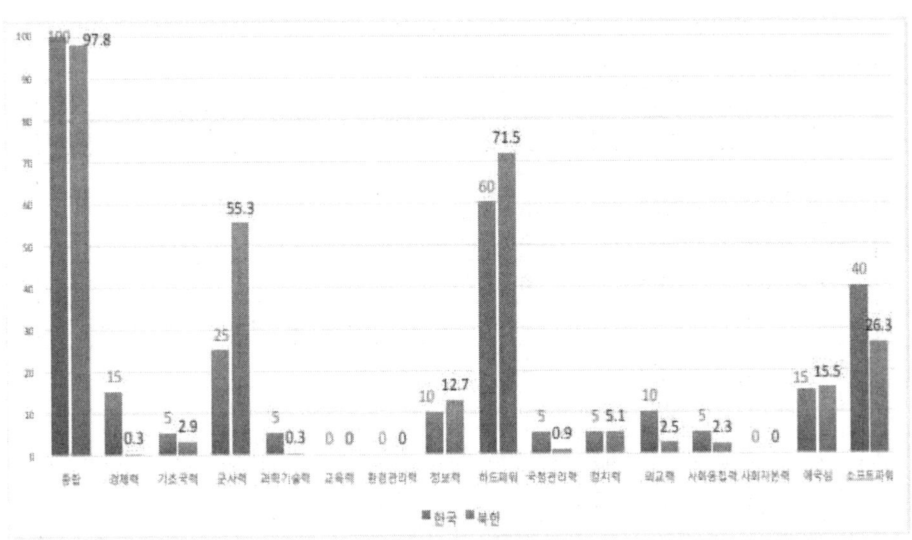

그림 1.3.3 남북한 종합국력 비교(전시)

1.3.4.3 기타 국력평가 지표

중국사회과학원은 1980년대 초부터 왕령(王玲)을 중심으로 다음과 같은 국력평가 지표체계를 가지고 미국, 중국, 일본, 한국, 독일, 영국, 프랑스 등 10개국 이상의 세계 주요 국가들의 국력을 종합적으로 비교 평가해 오고 있다.

표 1.3.14 중국과학원 국력평가 지표

<table>
<tr><th colspan="2">국 력</th><th>구 분</th><th>지 표</th></tr>
<tr><td rowspan="12">국
력
자
원</td><td rowspan="4">과학
기술력
(0.25)</td><td>과학기술in-put</td><td>R&D지출 및 R&D인원</td></tr>
<tr><td>과학기술 out-put</td><td>과학논문, 자국민특허수, 자국민이 외국에서 획득한 특허의 수</td></tr>
<tr><td rowspan="2">과학기술의
경제공헌도</td><td>노동생산율 수준</td></tr>
<tr><td>하이테크산업 수출액, 하이테크산업 수출이 전체 제조업 수출에서 차지하는 비율</td></tr>
<tr><td rowspan="2">인력자원
(0.25)</td><td>노동량</td><td>경제활동인구</td></tr>
<tr><td>노동의 질</td><td>문맹률, 평균교육연한, 고등교육입학률</td></tr>
<tr><td rowspan="3">자본자원
(0.125)</td><td>저축수준</td><td>저축총액</td></tr>
<tr><td>FDI</td><td>외국 자본이 자국에 직접투자한 자본의 양</td></tr>
<tr><td>자본시장</td><td>주식시장거래액, 주식시장거래액이 GDP에서 차지하는 비율</td></tr>
<tr><td rowspan="2">천연자원
(0.125)</td><td>기본기초설비(0.2)</td><td>m²당 도로의 길이, m²당 철도의 길이, 항공사 탑승객수</td></tr>
<tr><td>정보기초설비(0.8)</td><td>천가구 당 전화보급률, 천가구당 핸드폰 보급률, 컴퓨터를 이용하는 자국민이 세계에서 차지하는 비율, 천명 당 컴퓨터 보급률, 천명 당 인터넷 보급률, 천명 당 ADSL 보급률</td></tr>
<tr><td>천연자원
(0.125)</td><td>토지와 에너지</td><td>국토면적, 1인당 경지면적, 전체 에너지 산출량
자국 에너지 산출량에서 자국의 소비량이 차지하는 비율</td></tr>
<tr><td colspan="2" rowspan="2">정부통제력</td><td>공공재 제공수준</td><td>공공교육지출액이 GDP에서 차지하는 비율
공공보건지출액이 GDP에서 차지하는 비율
정부공공지출액이 GDP에서 차지하는 비율</td></tr>
<tr><td>정부행정효율</td><td>재정정책, 화폐정책, 기업법률환경과 사회시스템</td></tr>
<tr><td colspan="2">군사력</td><td colspan="2">국방비투입총량, 군인수, 핵탄두수, 무기수출이 전세계 거래량에서 차지하는 비율</td></tr>
<tr><td colspan="2">외교력</td><td colspan="2">외국참의력, 동맹국의 유모, UN의 지위, 주변국과의 관계</td></tr>
<tr><td colspan="2">경제력</td><td colspan="2">GDP, 1인당 평균 GDP, GDP의 증가율</td></tr>
</table>

자료: 왕령(王玲). (2006). "세계 주요국 종합 국력 비교(世界主要大國綜合國力比較)," 이신명(李愼明) 外 「세계정치와 안전보고 2006」, 북경: 사회과학문헌출판사, pp.240-268.

이란 Ferdowsi University of Mashhad의 Zarghani는 다음과 같은 총 9개의 국력요소들에 관한 총 86개의 지표들을 사용하여 전 세계 140개 국가들의 국력을 측정하였다.

표 1.3.15 이란 Zarghani 의 국력평가 지표

요소	세부지표
과학기술적 요소 (12개 변수)	인구 100만명당 R&D 연구자 수, 인구 100만명당 기술자 수, 디지털 접근지수, 인구 100만명당 특허등록 수, 인구 100만명당 과학기술분야 논문 수, GDP에서의 R&D 지출 비율(%), ISI Index상의 평균 논문 양, ISI Index 상의 나노기술 관련 논문 양, ISI Index상의 과학기술 전문 잡지 양, 하이테크 제품 수출액, GNP에서 과학기술산업이 차지하는 비율(%), 원자력 발전양
경제적 요소 (11개 변수)	1인당 GNI, 1인당 GDP, 외국인 직접투자(FDI), 총수출에서 제조업 차지 비율(%), 실업률, 총수입에서 식품 자치 비율(%), 국가부채총액, 총외환보유액, GDP 년평균 성장률, 전세계 GDP에서 해당국가의 GDP가 차지하는 비율(%), 경제자유지수 점수
사회적 요소 (11개 변수)	기대수명, 인구 1000명당 영아(5세 미만) 사망률, 상수도 보급률, 위생시설 보급률, 1인당 지출 의료비, 인구 1000명당 의사 수, 15~64세 인구 비율, 신생아 10만명당 태아 사망률, 교육세서의 성평등 (초중고 입학생 성비), 인간개발지수 점수, 인구 수
영토적 요소 (11개)	면적, 해안선 길이, 재생 가능 식수원, 식량생산지수 점수, 도로포장률, 환경지속가능지수 점수, 철도 길이, 전략적 핵심 광물자원(보크사이트, 우라늄, 코발트, 금, 구리 등), 공항 및 국제 항구, 석유매장량(bbl), 수력발전량
문화적 요소 (10개 변수)	보유 세계문화유산 수, 인구 1000명당 TV 보급대수, 일간신문 (인구 1000명당 일간지 발행부수), 인구 1000명당 PC 대수, 인구 1000명당 일간신문 수, 국가의 오래된 정도, GDP 중 공교육지출 비중(%), 15세 이상 인구의 문맹률, 여성 문맹률, 국제방송기관 수
정치적 요소 (10개 변수)	쿠데타 수, 자유지수(Freedom Index) 점수, 국민 단결도, 국제적 기여, 언론 자유지수, UN인권회의 인준 및 참여, 해당국가 출신 망명 및 난민자 수, 정부효과성 지수 점수, 민주주의와 선거
국제적 요소 (10개 변수)	수출B 동반자 (Export B Partners), 전체 인구 중 외국 출생자 비율, 1인당 국제통화 시간, 유엔안전보장이사회 영구 이사국 여부, 유엔안전보장 이사회 임시 이사국 여부, 가입 국제기구 수, 획득 올림픽 메달 수, 인구 100명당 출국자 수, 항공기 출발 횟수
우주항공적 요소 (3개 변수)	인공위성 수, 통신 및 지구과학 연구조사용 위성 수, 군사위성 수
군사적 요소 (8개 변수)	전투기 대수, 전체 인구 중 군인 수, 군사비 총액, GDP에서 군사비 비율, 무기 수출액, 해군 수, 공군 수, 군사 잠수함 수

1.3.5 국가 경제력과 군사력 효과

국가 경제력과 군사력 효과성간의 관계에 알아보는 것도 의미있는 일이다. Beckley(2010)가 연구한 바에 의하면 먼저 그림 1.3.4 에서 보는 것과 같이 방자의 1 인당 GDP 에 대해 상대적인 공자의 1 인당 GDP 가 증가할수록 공자 손실수 대 방자 손실수는 증가한다. 2 변량 회귀분석은 이러한 관계성이 1% 수준에서 유의하다고 나타난다. 간단히 말하면 전투에서 경제적으로 발전한 국가는 경제적으로 덜 발전한 국가보다 유의하게 우위에 있다. 이러한 발견의 타당성을 검정하기 위해 첫 번째로 평균보다 크거나 1 표준편차보다 크거나 작은 모든 경우를 제거하고 다시 확인하였다. 그러나 이러한 경우

에도 최초의 결과를 변경시키지 않았다. 두 번째로, 전투 간 가속이나 과잉효과를 통제하기 위해 작은 표본을 만들어서 월별 한쌍당 오직 하나의 전투만 포함하였다. 이러한 방법은 각 관측치가 다른 것과 비교하여 독립적이라는 것을 보장한다. 이러한 경우에도 최초의 결과와 다르지 않았다.

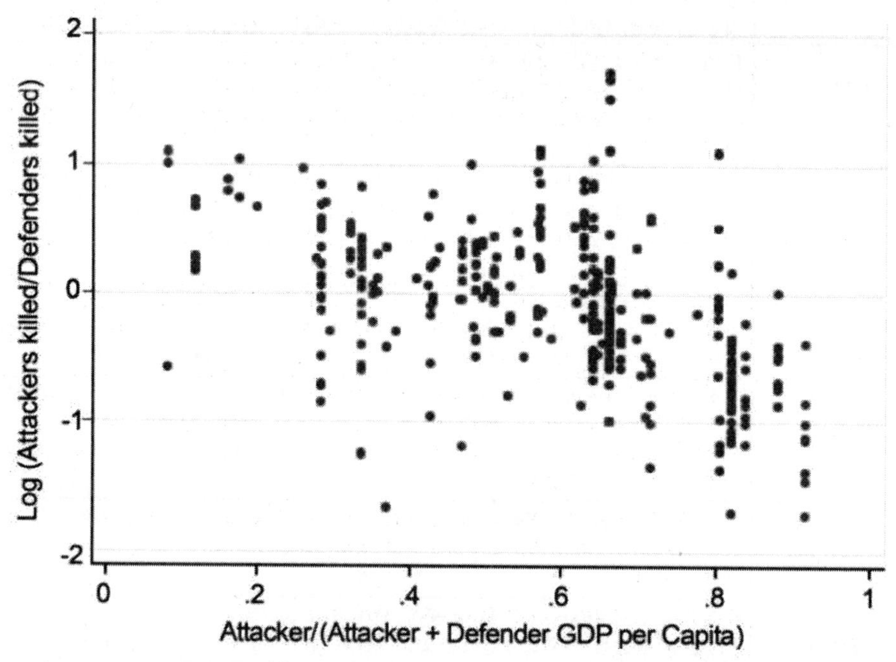

그림 1.3.4 1904~1982 년 간 발생한 전투에서 1 인당 GDP 와 손실교환율

세 번째로 2 가지 다른 측정척도를 사용하였는데 1 인당 에너지소비량과 1 인당 철생산량 관계이다. 1 인당 에너지소비량과 손실수의 관계는 그림 1.3.5 와 같고 1 인당 철 생산량과 손실수의 관계는 그림 1.3.6 과 같다. 이러한 다른 척도에 있어서도 기본 형태는 변화가 없다.

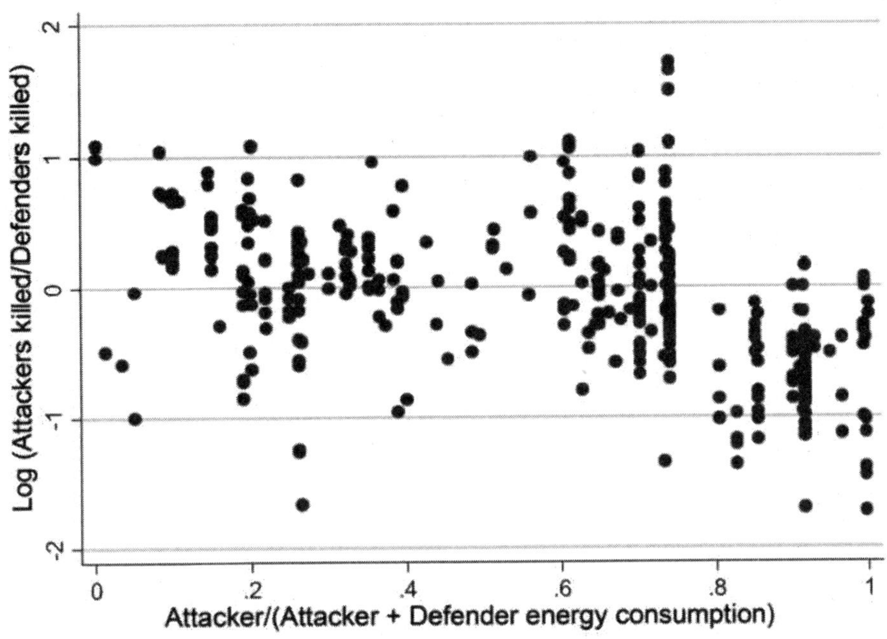

그림 1.3.5 1 인당 에너지 소비량과 손실수

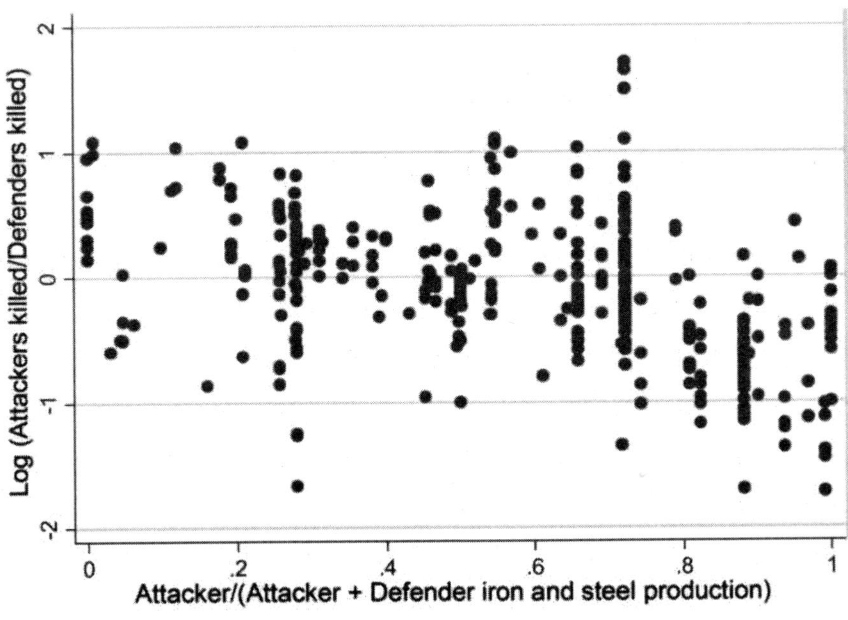

그림 1.3.6 1 인당 철 생산량과 손실수

마지막으로 경제발전과 군사력 효과에 대한 관계를 다른 Data Set을 사용하여 평가하였다. 이 Data Set은 더 다양한 데이터를 가지고 있고 전투 차원의 데이터라기보다는 전쟁 차원의 데이터이다. 세계대전이나 연합군이나 동맹군 형태로 전투한 전쟁은 생략하고 2개 국가 간 전쟁을 대상으로 분석을 해보면 그림 1.3.7과 같이 1인당 GDP와 손실교환율 관계에서 유사한 결과를 보인다. 결론적으로 경제적 발전은 군사적 효과를 증가시킨다고 말할 수 있다.

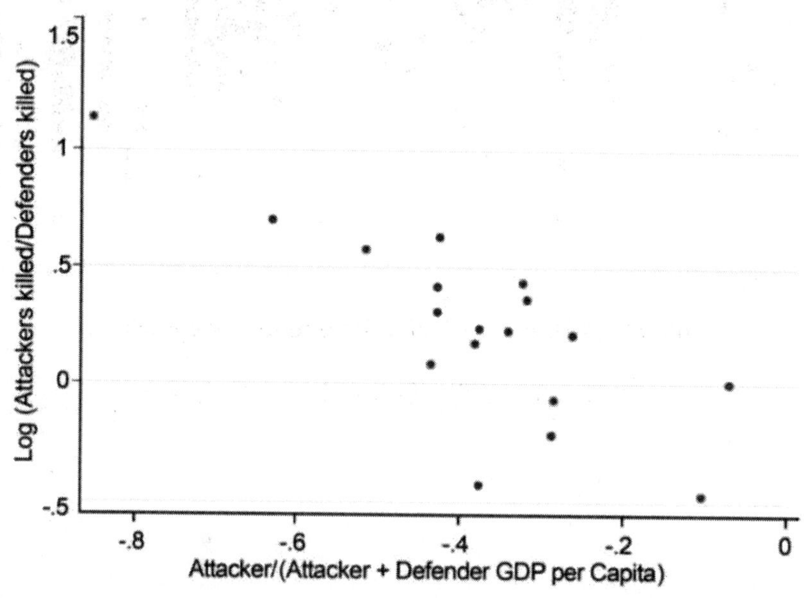

그림 1.3.7 1898~1987년 간 일어난 전쟁에서의 1인당 GDP와 손실교환율

국가의 경제적 발전이 군사적 효과에 주요 결정요인인지 분석해 보기로 한다. 이 분석은 Biddle과 Long(2004)의 논문에서 일부 내용을 발췌한 것이다. 표 1.3.16을 보면 군사적 효과에 대한 다양한 독립변수와 log[손실교환율: LER(Loss Exchange Rate)]을 종속변수로 한 다변량 회귀분석결과 국가의 경제적 발전이 군사적 효과의 주요인이라는 것을 알 수 있다. 또한, 많은 사회적 정치적 요인들이 군사적 능력에 긍정적 효과를 가하기도 하고, 관련이 없기도 하고, 부정적 효과를 내기도 한다는 것을 알 수 있다. 2가지 회귀분석모델이 적용되었는데 'Model 1'은 'GDP per capita(1인당 GDP)' 독립변수가 없는 것이고 'Model 2'는 1인당 GDP 독립변수가 들어가 있는 모델이다.

'Model 1'에서는 'Human captital', 'culture', 'democracy', 'civil-military relation' 항목이 손실교환율에 유의하게 영향을 끼친다. 'Model 2'는 단순히 1인당 GDP 항목을 추가하는 것인데 이 항목이 1% 유의수준에서 유의하게 나타나 매우 유의한 것으로 나타난다. 이것은 1 인당 GDP 가 군사적 효과에 매우 영향을 미치는 것을 알 수 있고 부대수, 항공기, 포병, 전차 등 자원을 통제하는 것과 관련이 있고 정치적 사회적 요인에 앞서 있다는 것을 말해 준다.

둘째로 군에 입대한 병력의 모집단이 되는 국민들의 기술, 건강, 문맹률, 교육수준 등을 의미하는 'Human capital'은 'GDP per capita' 항목이 회귀분석 모델에 포함되면 유의하지 않는 것으로 변경된다. 이것은 'GDP per capita'와 'Human capital' 간 다중공선성이 있다는 것을 말해준다.

유사하게 서구 문화가 군사적 효과를 향상시킨다는 것을 제시한다(PCBU, JEMU). 이것 역시 경제적 발전이 회귀분석모델에 포함되면 유의하지 않게 나타난다. 특별히, JEMU 변수가 유의성을 상실하는 것은 이스라엘이 아랍 적국보다 압도적 군사능력이 있기 때문인 것으로 나타난다.

표 1.3.16 군사적 효과의 결정변수[종속변수: log(LER)]

	Model 1	Model 2
GDP per capita		**−1.89**** (0.58)
Human capital	**−1.13*** (0.49)	−0.26 (0.49)
PC-PC	−0.19 (0.16)	0.08 (0.17)
PC-BU	**−1.18**** (0.17)	−0.37 (0.31)
PC-MU	0.70 (0.60)	1.22 (0.62)
OR-MU	0.42 (0.26)	**0.72*** (0.30)
OR-BU	0.22 (0.33)	0.67 (0.39)
JE-MU	**−0.78**** (0.21)	−0.18 (0.25)
OR-PC	0.16 (0.23)	0.18 (0.16)
Democracy	**0.36*** (0.14)	**0.72**** (0.18)
Civmil favors defender	**0.40*** (.17)	**0.48**** (0.16)
Civmil favors attacker	−0.15 (0.11)	**−0.32**** (0.11)
Troops	0.51 (0.33)	0.25 (0.33)
Tanks	1.68 (5.66)	0.78 (5.46)
Aircraft	3.22 (5.07)	4.01 (4.87)
Artillery	**10.70*** (4.72)	8.10 (4.72)
Constant	0.19 (0.41)	0.44 (0.35)
N	223	223
R-sq	0.42	0.46

Note: Entries are OLS regression coefficients with standard errors in parentheses. All results employ robust standard errors.
*p < .05, **p < .01.

* PC(Protestant Catholic), BU(Buddhist), JU(Jewish), MU(Muslim), OR(Orthodx), OLS(Ordinary Least Square) Civmil(Civil-Military)

1.4 군사력

1.4.1 군사력의 정의, 구성요소, 구분

국방대학교 안보용어집에 따르면 군사력은 국가의 안전보장을 위한 직접적이고 실질적인 국력의 일부로서 군사작전을 수행할 수 있는 능력이다. Klaus Knorr 교수는 "국가의 이익을 위한 국제적 충돌을 해결하기 위한 하나의 수단"이라고 말했고 프로이센 군인이자 군사사상가인 Carl Clausewitz는 "군사력은 정치목적을 달성하기 위한 수단" 이라고 말하였다. 그는 전쟁은 확대된 양자 결투에 불과하다고 갈파하였다. 전쟁에 참여하는 양자는 자신의 의지를 관철시키기 위해 물리적 폭력으로 상대방을 강요한다고 주장하였다. 그는 "전쟁에서의 양자의 당면 목적은 적을 타도하고 이를 통해서 어떤 추가적인 저항도 불가능하도록 만드는데 있다"고 말했다. 결론적으로 전쟁은 우리의 의지를 구현하기 위하여 적을 강요하는 폭력 행동이다.

따라서 국가 생존이 걸려있는 전쟁에서 승리하는 것은 모든 군사력을 운용하는 전략가나 군인들의 궁극적 목표이며 과학적으로 군사력을 운용할 필요가 있다. 전쟁을 단순한 국가의 대결이라고 보는 관점에서 탈피하여 과학의 영역으로 끌어와 전쟁을 해석하고 이해하는 것이 필요하다. 이렇게 함으로써 보다 유리한 위치에서 적을 만날 수 있으며 적보다 빠른 결심을 할 수 있는 것이다. 군사력 운용은 'Art & Science' 영역의 결합이다. 여기에서는 Science 적 측면으로 전쟁을 해석하고 군사력건설에 대한 논의를 한다.

이런 관점에서 전쟁을 그림 1.4.1 과 같은 형태로 구분하여 각 수준에 맞는 전술, 작전술, 전략, 대전략을 발전시켜 왔다. 제대별 훈련 방법도 이 분류에 의해 실시하며 군사작전을 궁극적으로 정치적 목표를 달성하는데 일치시키고 있다.

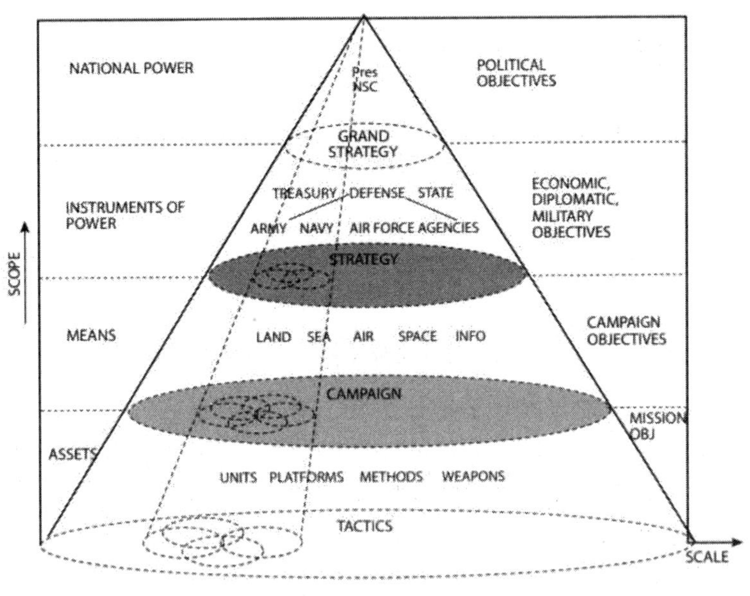

그림 1.4.1 전쟁의 구조

군사력의 구성요소로서 Klaus Knorr 교수는 실제적 군사력, 군사잠재력, 국가의지로 보았다. 그는 실제적 군사력은 국가가 보유하는 군대의 규모, 구성장비, 군수능력, 새로운 군사위협에 대한 대처능력에 의해 결정된다고 했으며 군사잠재력은 군사능력을 추가적으로 산출할 수 있는 자원의 양과 전환속도 및 융통성에 의해 결정된다고 주장하였다.

Julian Lider는 군사력을 동원된 군사력과 잠재적 군사력으로 분류하였다. 즉, 그는 Klaus Knorr 교수와 동일하게 군사력을 상비전력과 동원전력의 개념으로 분류한 것이다. 일반적으로 군사력은 그림 1.4.2 와 같이 군사적 전쟁수행능력으로 보며 능력면에서 상비군사력과 잠재군사력으로 분류하고 상비군사력은 다시 전략적 군사력과 재래식 군사력으로 나눈다. 군사력을 지원하는 군사외적 전쟁수행능력은 정치, 외교, 사회, 심리, 문화 등 여러 요소가 있다.

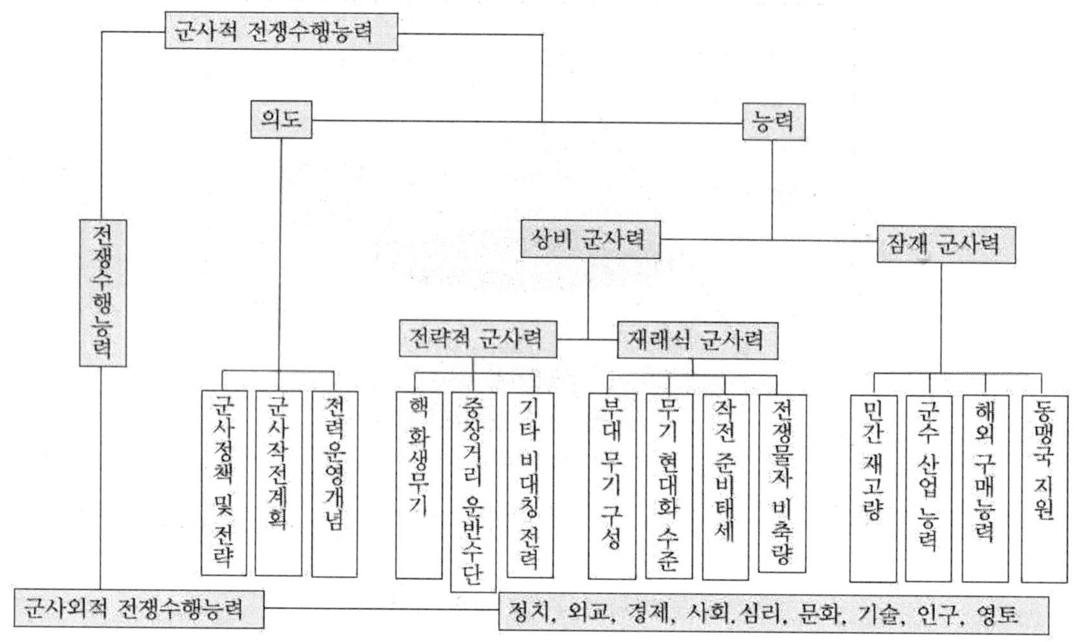

그림 1.4.2 전쟁수행능력 구조

상비군사력은 적의 위협에 대비하여 배치되어 있거나 투입 가능한 상태로 보유하고 있는 현존전력으로 즉각 사용가능한 군사력이다. 상비군사력은 상비병력으로 구성된 상비군 부대의 형태로 존재하며 지상전투장비, 해상전투장비, 항공전투장비, 지원장비, 기타 시설들을 보유한다.

동원군사력은 전쟁발발 이후 동원가능한 인적, 물적 자원과 동원체제 및 능력을 망라한 군사력이다. 잠재군사력은 전쟁발발 직후 전쟁기간 동안 전쟁수행능력을 위하여 동원할 수 있는 인력, 경제력, 과학기술력, 행정력, 군수산업 전환능력 등을 총망라한 전쟁지원, 손실보충능력이다. 잠재군사력은 기계획된 동원군사력은 제외되며 전시에 실제 군사력화 할 수 있는 잠재역량이다.

군사자산은 병력, 무기체계, 지원장비, C4I 체계, 정비, 수송, 시설, 물자, 방어 구조물, 지형 등 유형적 군사자산이 있으며 사기, 교육훈련, 지휘통솔능력, 조직, 전략전술, 사기, 군기, 전투의지 등 무형적 군사자산이 있다. 군사자산은 사용공간별로 지상전력, 해상전력, 공중전력으로 구분되며 전략적 능력 구분을 위해 전략핵 전력, 비핵 전략 전력, 재래식 전력으로 구분하기도 한다.

군사력은 그림 1.4.3 에서 제시된 것과 같이 구분 기준에 따라 다양하게 구분할 수 있는데 먼저 유형 군사력과 무형 군사력으로 나눌 수 있다. 유형 군사력은 병력, 무기,

장비, 물자, 시설, 지형 등을 말하며 무형 군사력은 병력·무기·장비의 질, 사기, 군기, 교육훈련 수준, 전략, 리더십, 전투의지 등을 말한다. 두 번째로 군사력의 사용공간에 따라 지상군사력, 해상군사력, 공중군사력, 우주군사력, 통합군사력으로 구분한다. 세 번째로 핵무기 사용 여부에 따라 핵군사력과 재래식군사력으로 나눌 수 있고 힘의 투사 방향에 따라 공격군사력과 방어군사력으로 나누기도 한다. 무기의 효과에 따라 기동력, 화력, 생존력, 지원능력으로 구분하기도 한다.

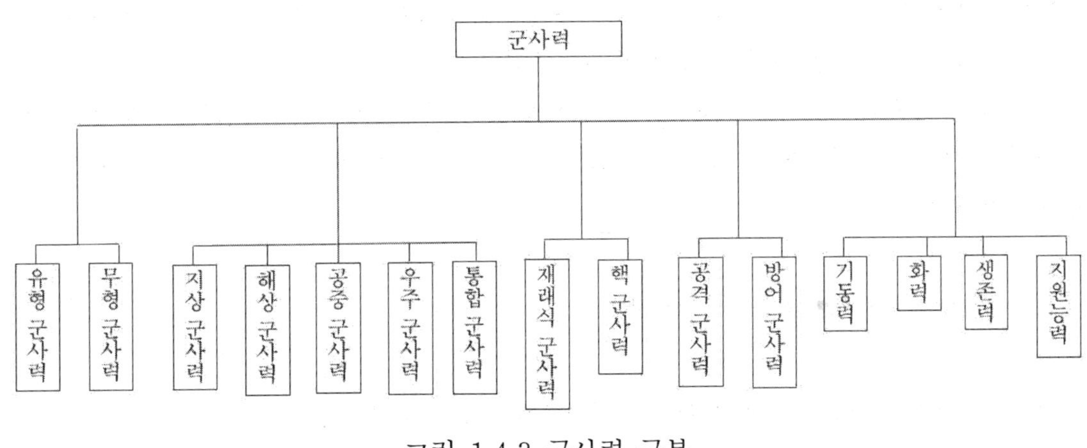

그림 1.4.3 군사력 구분

1.4.2 군사력평가의 정의와 중요성

앞에서 설명한 것과 같이 국력, 군사력, 전투력, 전력의 개념과 정의가 상이하지만 통상적으로 국력은 국가의 총체적 전쟁수행능력과 역량으로 정의되며 군사전력, 정치전력, 사상 및 심리전력과 경제전력으로 구성된다. 국력의 하위 개념으로 군사력이 존재하고 군사력은 전투력을 하위 개념으로 가진다. 협의의 개념으로 전력은 순수 부대가 가지는 능력으로 이해한다.

군사력평가는 일국의 군사력의 규모, 구성, 질, 전략환경, 잠재적 군사력을 평가하는 것이다. 일반적 전력평가의 순서는 외부 위협을 평가하고 상대전력의 우열과 장단점을 판단하면 예상 전개과정을 판단하여 예상결과를 평가하는 절차로 이루어진다.

군사력평가는 국가 안보정책과 자원 배분계획, 군사전략 수립의 출발점이라고 할 수 있다. 군사력평가를 통해 피아 전력의 균형 여부를 판단할 수 있고 전쟁 억제 또는 방어 가능성을 검토할 수 있으며 군사력의 적절성 분석, 국방자원의 투자 우선순위를 판단할 수 있다.

그러나 군사력의 구성요소가 너무 다양하고 복잡하여 요소 간 상관관계 파악이 아주 힘들고 평가기준 설정의 근거가 모호하며 인간 행태적 효소의 계측이 어렵다. 또한 적의 부대와 편성, 의도를 파악하기에는 제한적이며 전력평가의 결과 신뢰성을 확인하기가 어렵다는 단점이 있다.

통상적 군사력평가는 군대가 가진 무기와 장비, 자원을 계량화하는 것이지만 지휘통솔력, 전투의지, 사기, 군기 등 무형전력을 추가하여 증가 또는 감소요인으로 적용하기도 한다. 군사적 천재라고 하는 Napoleon은 정신전력을 유형전력의 3 배라고 판단하였으며 영국의 군인이자 군사사상가인 Liddell Hart는 적의 의지에 영향을 주는 요소 중 정신적 요소를 아주 중요하게 생각하였다.

따라서 군사력을 평가할 때는 유형 군사력과 무형 군사력을 적절히 적용하여 피아 군사력을 비교하여야 하나 일반적으로는 무형 군사력은 무시하고 유형 군사력만으로 비교하기도 한다.

1.4.3 군사력평가 요소 및 대상

그림 1.4.4 에서 보는 것과 같이 전략적 차원에서의 군사력평가 요소는 국방비, 병력수, 군사 기반시설, 전투를 위한 연구개발 및 시험평가, 국방 산업기반, 비축 및 지원능력 등이다.

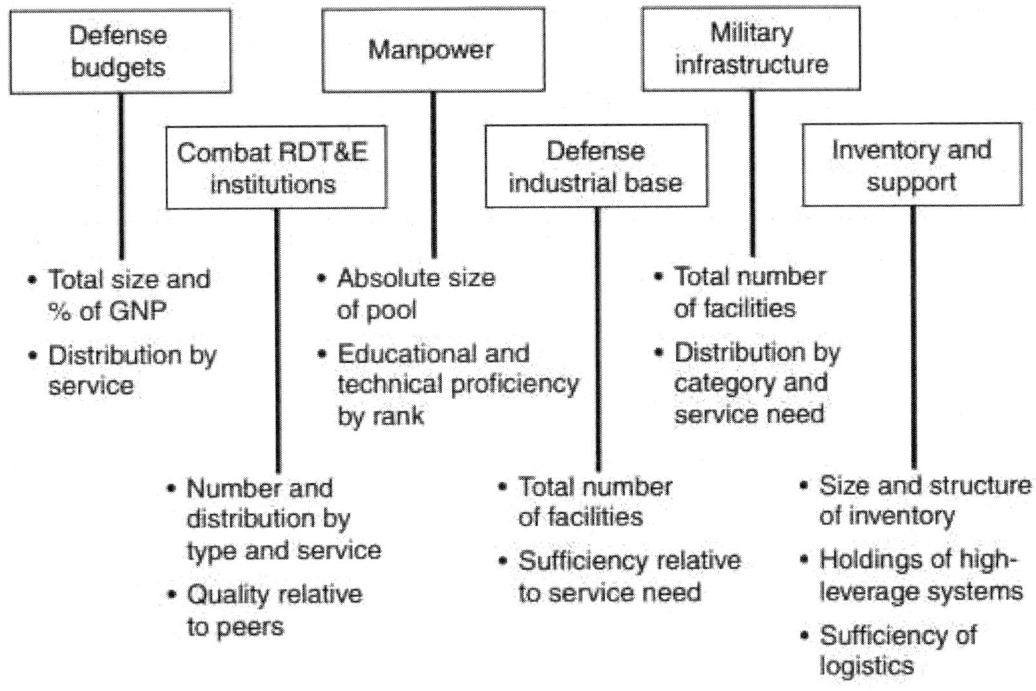

그림 1.4.4 전략적 차원에서의 군사력평가 요소

전술적 차원에서의 군사력평가 요소는 지상전력과 해상전력, 공중전력으로 나눌 수 있는데 그림 1.4.5~1.4.10 과 같다. 우주전력이나 사이버전력, 통합전력은 여기서 제외한다. 우주전력을 논할 수 있는 국가는 그리 많지 않으며 사이버전력은 발전단계에 있어 평가하기가 곤란하고 통합전력은 통합성 효과에 대해 따로 논의해야 할 필요가 있기 때문이다. 물론 여기에 제시된 구조가 모든 국가에 해당하는 공통은 아니며 미국을 대상으로 표현한 것이라는 것을 전제로 한다.

그림 1.4.5 지상전력 평가요소 I

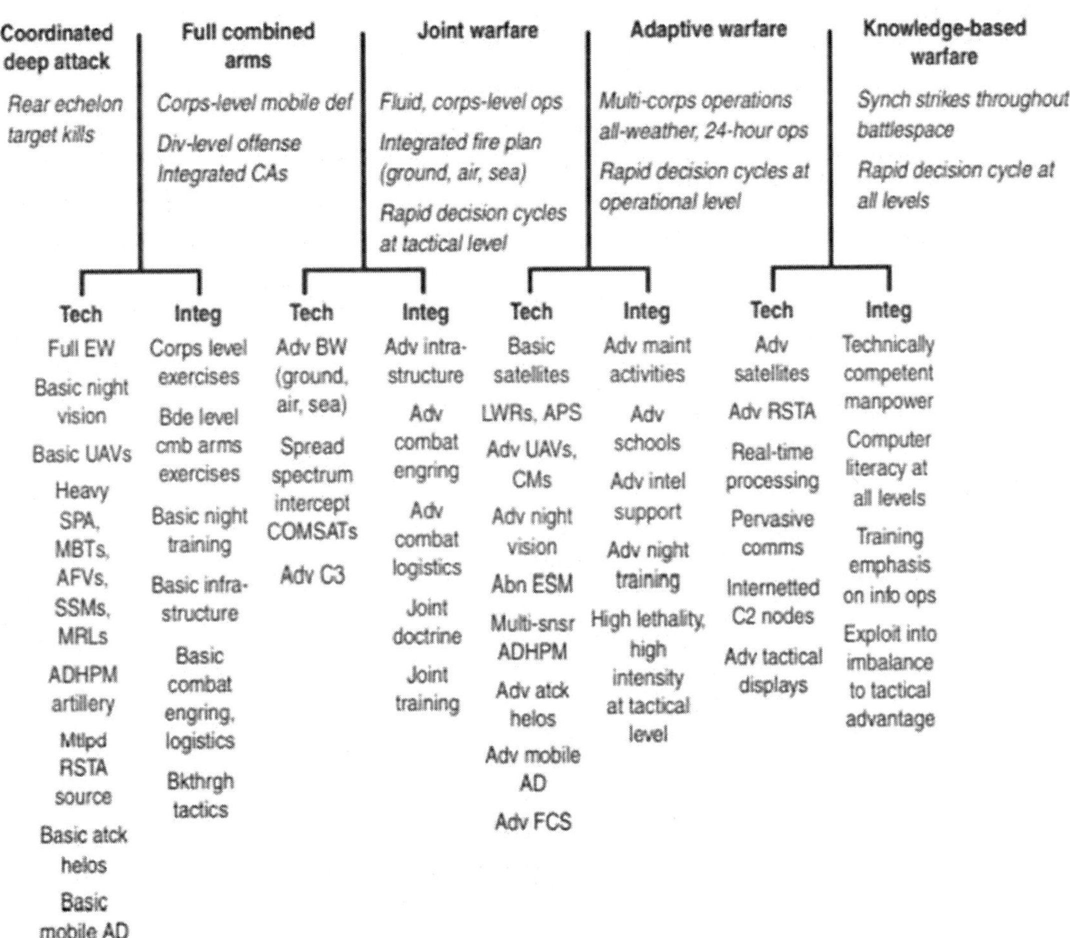

그림 1.4.6 지상전력 평가요소 II

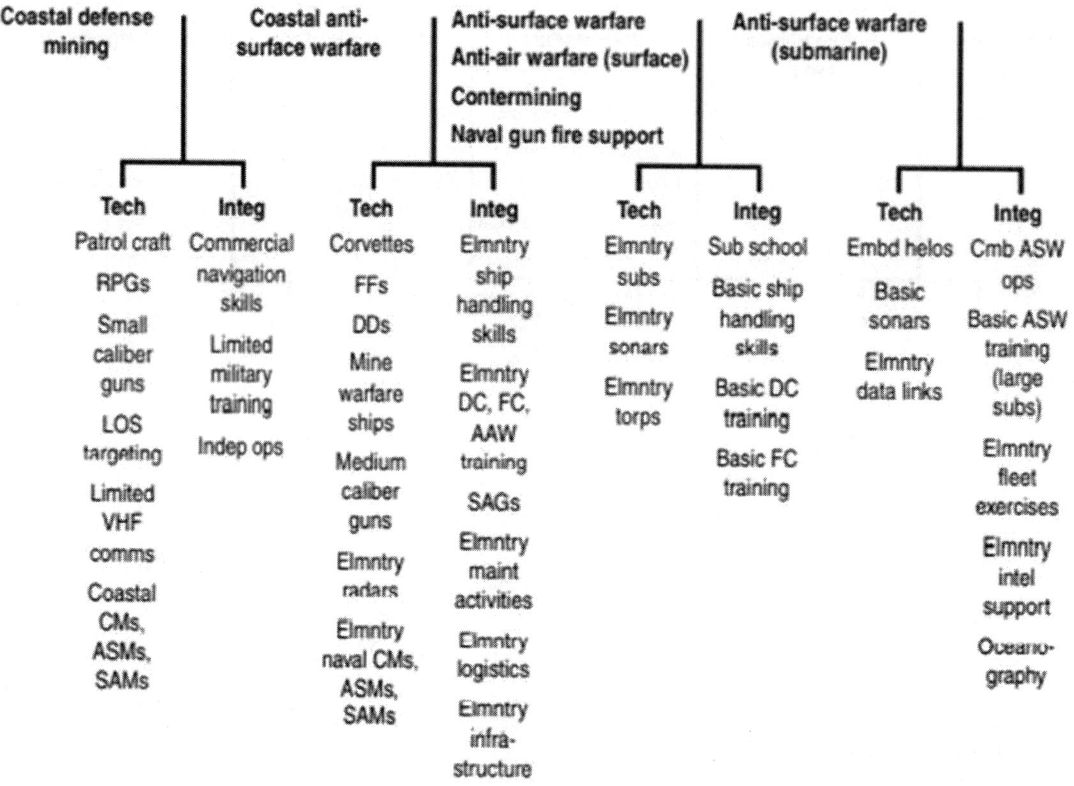

그림 1.4.7 해상전력 평가요소 I

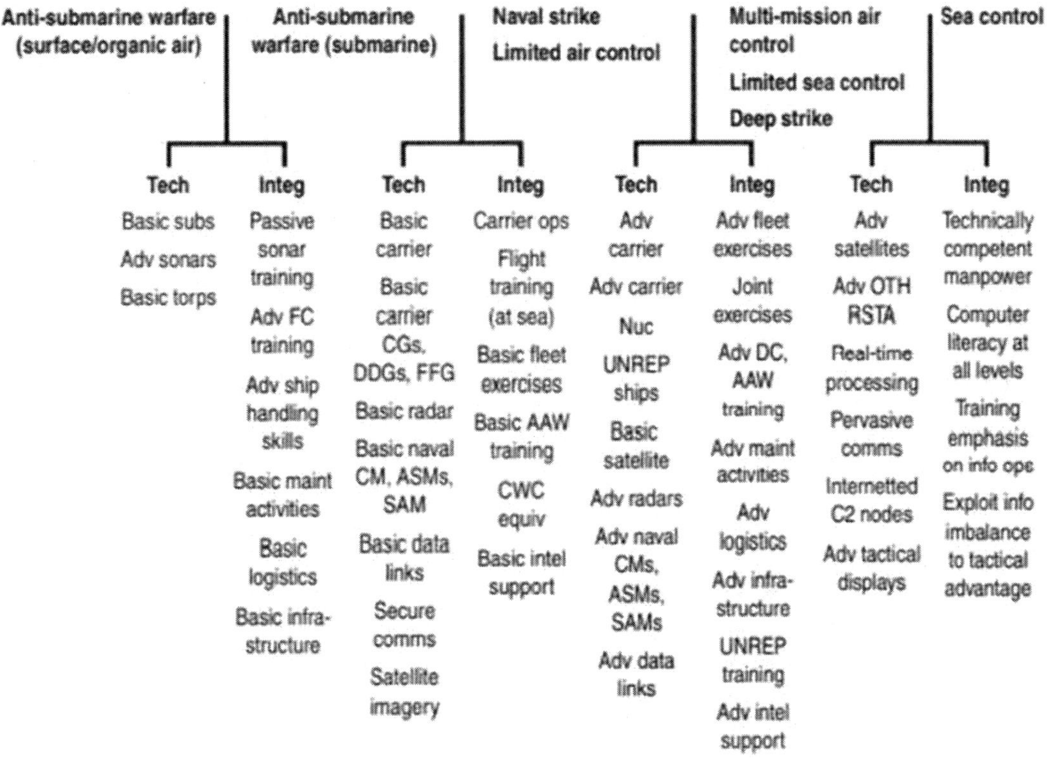

그림 1.4.8 해상전력 평가요소 II

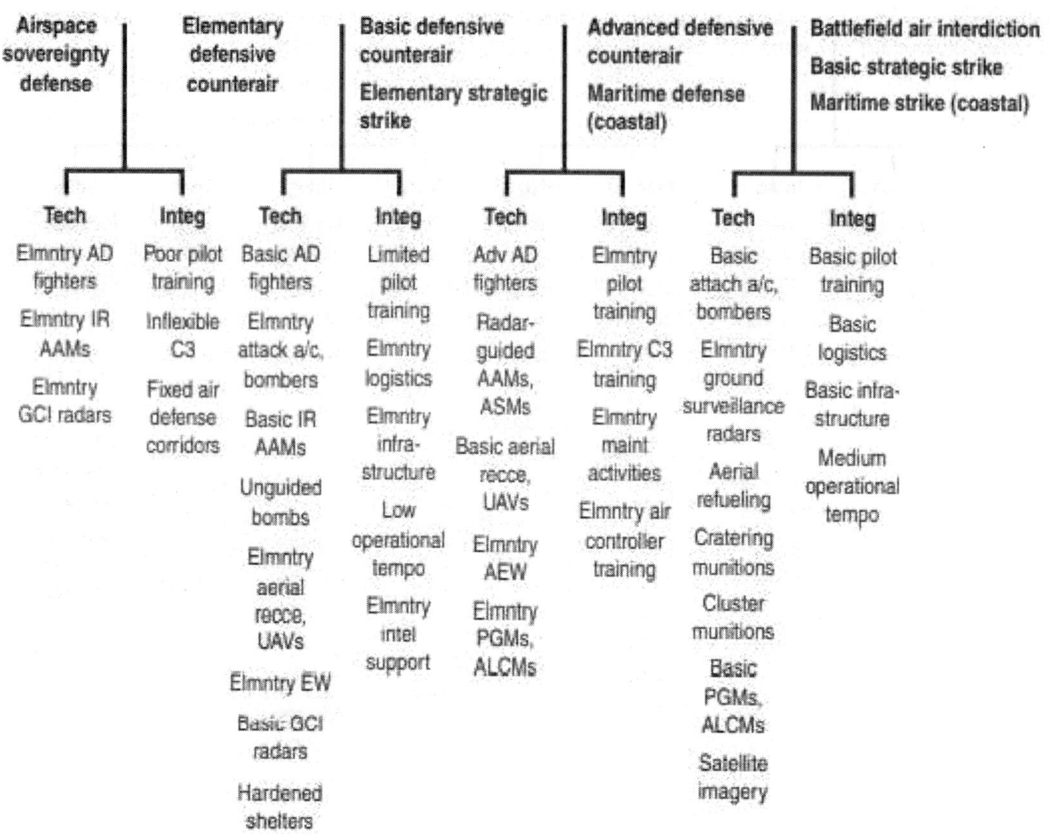

그림 1.4.9 공중전력 평가요소 (I)

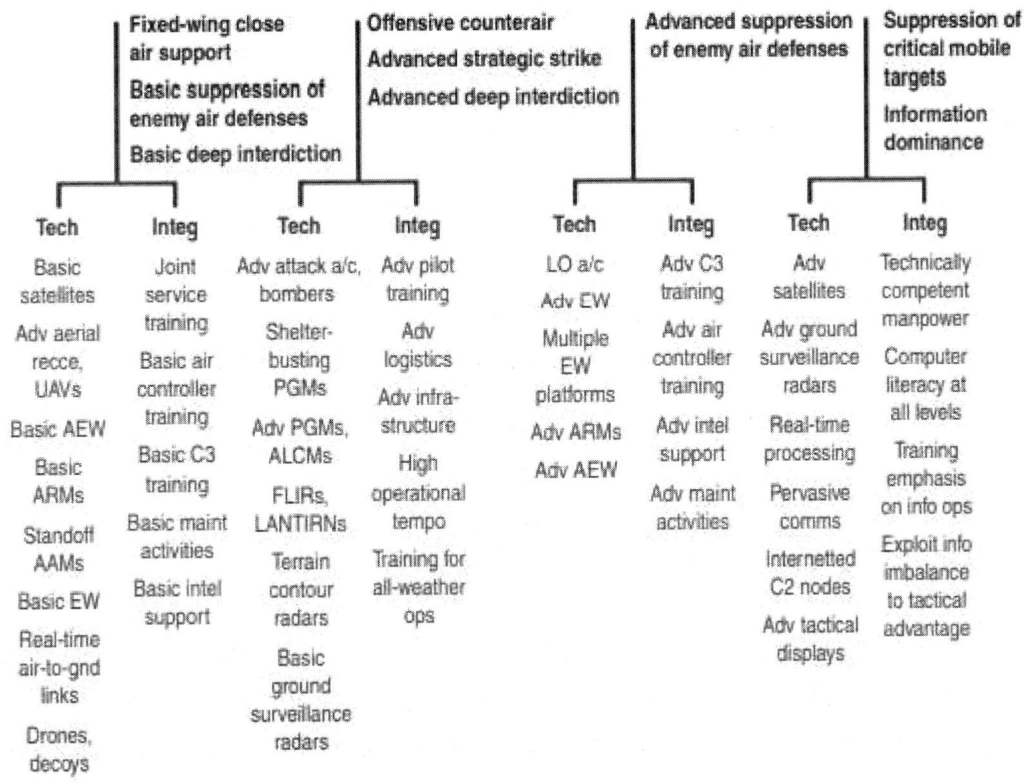

그림 1.4.10 공중전력 평가요소 (II)

군사력을 건설하고 유지하는 목적은 평시에는 전쟁을 억지하는 것과 전쟁 발발 시 전쟁에서 승리하는 것이다. 군사력 형태에 대해서는 앞에서 구분한 대로 여러 가지 형태로 분류할 수 있으나 표 1.4.1 과 같은 형태로 구분하기도 한다.

표 1.4.1 군사력을 수단, 에너지, 정보 형태로 구분한 경우

수단	에너지	정보
항공기	동적	아이디어
전차	핵	계획
함정	화학	개념
위성	무선	전략
시설	주파수	교리
인원	마이크로웨이브	전술
컴퓨터	레이저	정보
	사이버	

현대적 군사력평가 기준으로 전력구조(사단, 함대, 편대 등 부대를 구성하는 부대들의 수량, 크기), 현대화(병력, 부대, 무기체계, 장비 등의 기술적 발전), 부대 준비태세(부여된 임무를 실행할 수 있는 전투지휘관들에 의해 요구된 사항들을 제공할 수 있는 능력. 이것들은 계획된 결과를 가져올 수 있는 각 부대들의 능력으로부터 도출), 전쟁 지속가능 능력(군사 목표를 달성하기 위한 작전적 활동의 기간과 필요 수준을 유지할 수 있는 능력. 전쟁 지속가능 능력은 군사적 활동을 지원할 수 있도록 준비된 부대, 물자, 소비재들을 제공하는 함수) 등이 사용되기도 한다.

1.4.4 군사력평가의 제한점

군사력평가에서 항상 대두하는 어려운 점은 자료의 빈곤과 부정확성이 대표적이며 비교평가를 위한 접근방법에 내재된 제약을 극복하기 어렵다는 것이다. 공개된 자료들은 일반적으로 일방적이거나 단순한 총량자료에 지나지 않아 구체성이 결여되어 있다. 군사력 균형을 세밀하게 분석할 수 있는 구체적인 편성장비, 인원, 배치, 훈련내용 등은 일반적으로 비밀로 분류되어 있다.

또한, 군사력 비교평가에 관한 계량적 접근방법도 비밀로 하고 있는 경우가 있다. 다른 나라에서는 비밀을 해제한 문서를 어떤 국가에서는 여전히 비밀로 분류하고 있는 것이다. 이러한 제한점이 군사력 비교평가를 하는데 상당한 제약사항이 된다. 정태적 군사력 비교평가의 근원적인 문제점은 계량화의 어려움, 정태적 비교분석 시

통합전력발휘의 측정곤란과 같은 전력측정 범위의 제약이 존재한다. 동태적 분석에서는 현실상황과의 괴리 등과 같은 접근방법 자체에 내재하고 있는 문제들을 어떻게 극복하고 이들 접근방법으로 얻어진 결과를 어떻게 해석하고 활용할 것인가 하는 점이다. 계량화는 병력과 무기의 질과 수량, 부대구조, 지형, 배치, 훈련, 전략, 전술, 전기, 사기, 군기, 지휘능력, 군수지원 등 전력평가의 대상의 효소들이 물리적인 힘으로 환산할 수 없으며 극히 일부 요소들만이 상대적인 힘의 크기로 비교할 수 있다. 이들의 계량화도 표준기준 자체에 내재된 가변성으로 그 신뢰성에 의문이 제기될 수 밖에 없다.

정태적 분석의 한계는 통합전력 측정의 어려움에서 드러나고 동태적 분석은 전투력 발휘요소들의 예측 불가능성으로 인해 전력규모가 확대될수록 실제 전쟁상황과는 괴리현상이 커질 수 밖에 없어 그 응용이 제한되고 있다. 더구나 계량화와 접근방법상의 난제들을 극복한다고 해도 군사력평가에는 무형전력의 평가나 투입전력 대 동원전력의 산출, 핵 및 화생무기의 사용에 따른 평가와 같은 또 다른 난제가 발생한다.

특히, 탄도미사일, 장사정포, 특수전 등과 같은 비대칭전력에 대한 승수효과나 감소효과에 대해 평가하는데 어려움을 겪으며 C4I 체계나 동원전력의 효율성 등도 군사력평가에 어떻게 반영하는가는 중요한 관심사이다. 이러한 문제들로 인해 군사력의 상대적인 수준 비교를 기초로 군사력의 정비방향을 참고하는 데에는 정태적 분석을, 실전결과를 예측하여 실제 전쟁에서의 결과에 대한 해답을 구하는 데는 동태적 분석을 주로 이용한다.

1.4.5 군사력평가 방법

군사력평가 방법에는 그림 1.4.11 과 같이 정량적 비교방법과 질적 비교방법이 있다. 정량적 비교방법은 병력, 무기, 기동, 잠재력을 기준으로 비교하되 단순수치 비교, 전력비 비교와 같은 대칭적이고 정적인 비교방법과 화력지수와 전력지수화하는 비대칭적 비교방법이 있다. 동적 모의는 야외훈련, 지휘소 연습, 워게임, 수학적 모델로 모의하는 여러 가지 방법이 있다. 질적 분석은 병력, 무기, 편성, 군수를 대상으로 요소 간 비중을 Delphi 방법이나 전문가 의견을 들어 통계처리를 하는 절차로 분석할 수 있고 상대적 강약점의 질적 및 양적 비교를 통해 통합하고 종합하여 분석한다.

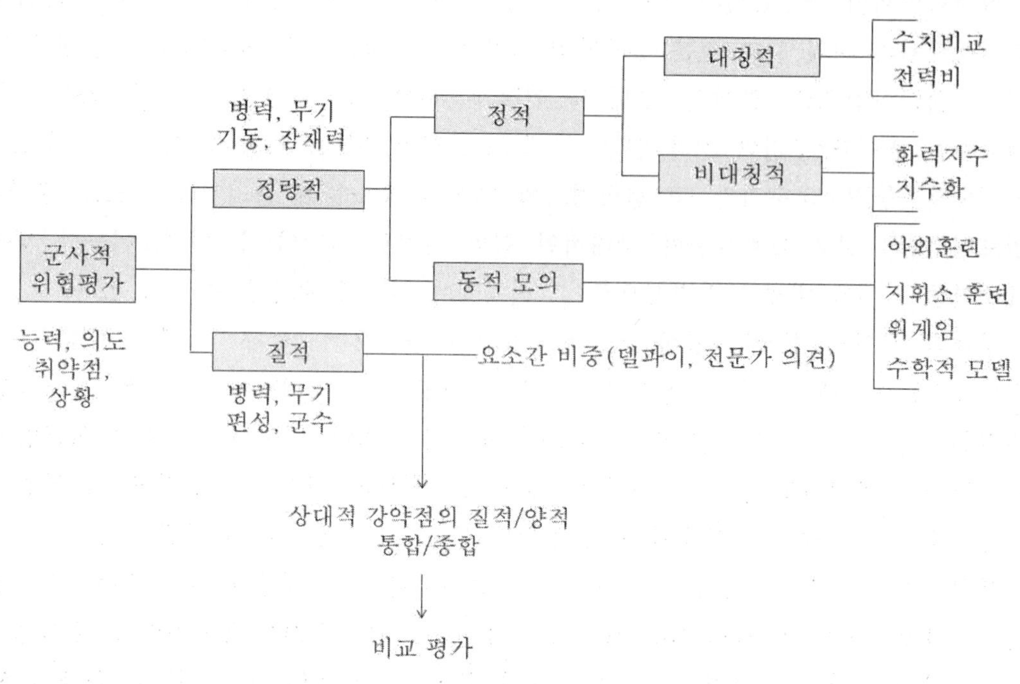

그림 1.4.11 군사력평가방법 분류 (I)

또 다른 방법은 그림 1.4.12 에서 보는 것과 같이 정성적 방법과 정량적 방법이 있다. 이 책에서 주로 논하는 방법은 정량적 방법인데 다양한 계량화 방법을 사용한다. 군사력을 정량적으로 평가하는 시도는 2 차 세계대전 이후에서부터 시작되었는데 군사 운영분석이 2 차 세계대전을 기점으로 태동된 역사적 배경이 작용하고 있다.

정량적 군사력평가방법에는 정태적 방법과 동태적 방법이 있으며 정태적 방법에는 수량 비교, 군사비 지출규모 비교, 전력평가함수, AHP(Analytic Hierarchy Process), TOPSIS, ELECTRE 등 다기준의사결정(MCDM: Multi Criteria Decision Making) 방법이 있다. 확장 정태적 방법에는 전력지수에 의한 방법, Dunnigan 모형, QJM(Quantifed Judgement Method), TNDM(Tactical Numerical Deterministic Model)이 있으며 준동태적 방법에는 Kaufmann 모형, Epstein 모형이 있고 동태적 방법에는 워게임을 통한 분석방법이 있다.

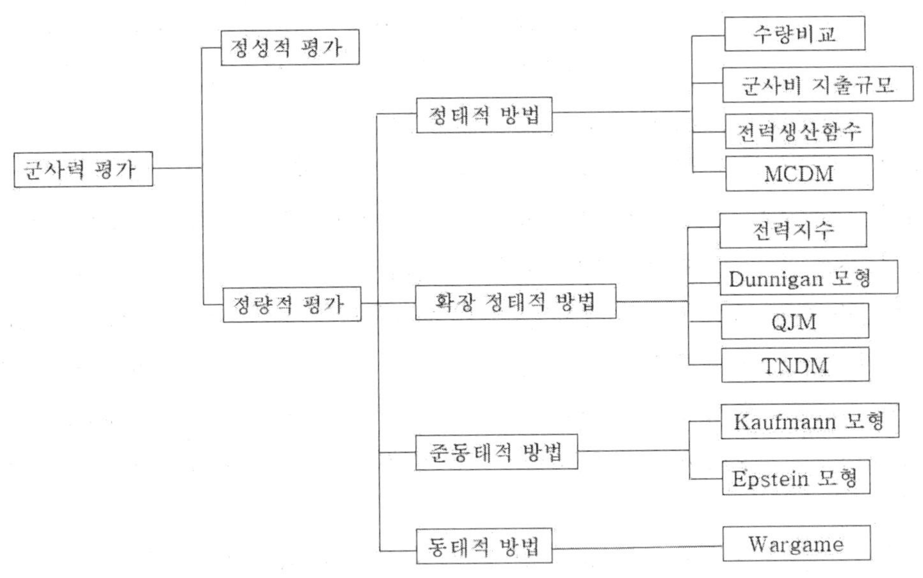

그림 1.4.12 군사력평가방법 분류 (II)

각 군사력평가방법은 장단점을 가지고 있는데 정성적 방법에 의한 군사력평가는 수치화하기 곤란한 요소의 평가가 가능한 반면 정량화된 결과를 제시하기에는 제한된다. 정태적 평가방법은 비교하고자 하는 대상 국가가 보유하고 있는 군사력을 어느 한 시점에서 비교 평가하는 것으로 대체로 전쟁이 개시되지 않은 상태에서 어느 특정 연도말을 기준으로 하여 비교평가한다.

정태적 평가방법 중 단순수량 비교방법은 군사력을 그 구성요소별로 구분하여 각각의 보유수량을 비교하는 방법으로 비교적 쉬운 방법이다. 이 방법은 신속한 전투력 비교평가가 가능하여 상대적으로 확실하고 많은 정보를 제공하는 반면 해석 간 개인별 이견이 발생할 수 있고 질적인 수준 판단에는 상당히 제한된다. 또, 단순히 수량을 제시한 비교방법으로 군사력의 격차, 쌍방 간의 강약점 식별이 곤란하다. 그러나 단순수량 비교방법은 다른 군사력 비교평가의 기초가 된다.

군사비 지출규모에 의한 전력평가는 총괄적인 군사력 투입요소를 비교하는 것은 가능하나 가격 및 예산체계가 상이하고 국가 간 군사력의 직접적 비교는 상당히 제한될 수 있다. 예를 들면 북한이 전차 1대를 생산하는데 드는 비용 중 인건비는 상당히 낮지만 대한민국에서 전차 1대를 생산하는 데 드는 인건비는 상대적으로 높다. 국가 경제체제와 자본주의 체제에서 군사력 투자비를 상대적으로 비교하는 것은 상당히 무리가 있는 것이 사실이다.

전력지수에 의한 평가는 미 개념분석국(CAA: Concept Analysis Agency, 현재 Center for Army Analysis로 변경)에서 개발한 WEI(Weapon Effectiveness Index)/WUV(Weighted Unit Value)를 기반으로 무기체계의 수량과 질적 수준을 점수화하여 종합적인 평가를 하는 것이다. 이 방법은 무기체계를 성능에 따라 점수화하여 계량화한 후 상호 비교하기 쉽고 직관적인 이해가 용이하다. 그러나 전력지수에 대한 부단한 유지보수가 요구되어 많은 비용과 노력이 필요하다. 예를 들어 새로운 무기체계가 개발되거나 도입되면 이에 대한 전력지수를 개발하여 포함하여야 하고 무기체계의 성능개량에 따른 지수 조정도 부단히 이루어져야 한다. 또 다른 전력지수에 의한 방법은 미국의 군사 분석가 Trevor N. Dupuy가 개발한 QJM(Quantified Judgement Method), TNDM(Tactical Numerical Deterministic Model)이 있다.

AHP 평가방법은 문제를 구조화하여 군사 전문가를 대상으로 대안 및 평가기준을 쌍대비교함으로써 가중치를 구하고 최종적으로 대안의 우선순위와 중요도를 구하는 방법으로 통계적인 기반하에 개발된 대안 비교방법이다. 전문가를 구성한다면 비교적 쉽게 군사력평가를 할 수 있는 장점이 있으나 군사력평가를 위해 많은 수의 대안 및 평가기준을 쌍대비교 해야 하는 번거로움이 있다. 그 밖에 TOPSIS, ELECTRE, LAM, MACBETH, Delphi 등 많은 다기준 의사결정방법을 사용될 수 있으며 정확한 데이터가 제공된다면 군사적 능력의 순위를 매기는데 유용하다.

동태적 평가방법은 일정기간 전투행위가 지속되었을 때 나타나는 전투결과를 가지고 대상 국가 간의 군사력을 비교평가하는 것이다. 주로 워게임이나 전투모의기법을 사용한다. 동태적 방법 중 하나인 모의분석 방법은 군사력의 다양한 측면을 총체적으로 파악할 수 있으나 시나리오에 의존적이며 모델 설계 시 반영하지 못한 분야의 분석은 제한된다. 워게임 모델은 가장 합리적인 군사력 비교평가 방법으로 인정받고 있으나 모든 상황과 부대를 표현할 수는 없는 제한점이 있다.

따라서 군사력을 평가할 때는 정성적 분석방법과 정량적 분석방법을 모두 동원하여 다양한 관점에서 바라보는 것이 바람직하다. 다양한 방법을 동원하여 분석하는 것은 총체적인 비교대상 국가의 군사력을 비교할 수는 있으나 시간과 비용, 노력이 많이 요구되는 것이므로 적절한 수준에서 몇 개의 방법을 조합하여 전력을 평가하는 것이 바람직하다.

각 군사력평가방법을 모형의 단순성, 운영의 간편성, 가정의 구체성, 결과의 상세성 관점에서 구분해 보면 표 1.4.2와 같다. 단순 정태적 방법인 병력 및 무기의 단순 수량 비교방법과 국방비 비교방법이 모형의 단순성과 운영의 간편성에서는 크나 가정의 구체성과 결과의 상세성에서는 작다. 반대로 복합 동태적 방법인 워게임 모형은 복잡하고 운영은 어려우나 가정의 구체성과 결과의 상세성 측면에서는 상대적으로 크다.

표 1.4.2 주요 군사력평가방법 장단점 (I)

<table>
<tr><th colspan="3">구분</th><th>장점</th><th>단점</th></tr>
<tr><td colspan="3">정성적 방법</td><td>·수치화하기 곤란한 요소의 평가가능</td><td>정량화된 결과 제한</td></tr>
<tr><td rowspan="5">정량적 방법</td><td rowspan="4">정태적 방법</td><td>단순 수량비교</td><td>·상대적으로 확실하고 많은 정보를 제공</td><td>해석 간 개인별 이견발생 질적인 수준판단 제한</td></tr>
<tr><td>군사비 비교</td><td>·총괄적인 군사력 투입요소를 비교가능</td><td>가격 및 예산체계 상이, 국가 간 비교제한</td></tr>
<tr><td>전력지수</td><td>·무기체계의 수량과 질적 수준을 점수화하여 종합적인 평가 가능</td><td>지수에 대한 부단한 유지보수가 요구되며 많은 비용과 노력 필요</td></tr>
<tr><td>MCDM</td><td>·전문가 의견 수렴으로 분석 용이
·데이터가 주어졌을 때 분석 용이</td><td>·다수의 대안 및 기준 비교 필요
·군사력 순위는 정해지나 차이가 불명확</td></tr>
<tr><td>동태적 방법</td><td>워게임</td><td>·군사력의 다양한 측면을 총체적으로 파악할 수 있는 도구</td><td>시나리오 의존적, 모델 설계 시 반영못한 분야의 분석제한</td></tr>
</table>

* AHP(Analytic Hierarchy Process) 계층적 분석방법
MCDM(Multi Criteria Decision Making) 다기준 의사결정

표 1.4.3 은 군사력평가방법의 장단점을 모형의 단순성, 운영의 간편성, 가정의 구체성, 결과의 상세성 측면에서 분석학 있는데 비교방법별로 장단점이 존재한다.

표 1.4.3 주요 군사력평가방법 장단점 (II)

비교방법	대표적 방법	모형의 단순성	운영의 간편성	가정의 구체성	결과의 상세성
단순 정태적 방법	· 단순수량 비교 · 군사비 비교방법 · MCDM	대 ↑	대 ↑	소 ↑	소 ↑
확장 정태적 방법	· 전력지수 방법 · QJM · TNDM · Dunnigan 모형				
준동태적 방법	· Kaufmann 모형 · Epstein 모형				
복합 동태적 방법	· 워게임	↓ 소	↓ 소	↓ 대	↓ 대

1.4.6 군사력평가 절차

군사력을 평가하기 위해서는 먼저 위협을 분석하고 안보환경, 국력, 정책 등 군사력 배경요인을 서술한다. 다음으로 군사능력을 비교하고 군사력 운용능력을 비교하고 동태적 모의를 하고 종합평가한다. 위협은 국가안보 이익과 목표를 방해하거나 영향을 미칠 잠재적 적국의 능력, 의도, 활동 등이다.

군사력 비교의 성공 요소는 정확한 피아 군사력 관련자료와 체계적인 분석 및 해석이다. 평가자료의 처리 단계로서 1단계는 군사력 관련자료를 최대한 수집하고 축적해야 한다. 이를 위해 자료 분류 및 점검표를 작성하고 공개자료 및 비공개 자료를 수집하며 전문가의 의견, 견해 등 인적자료를 중요시하여야 한다. 또한, 통계 및 역사자료의 존안을 필요로 한다. 2단계는 자료의 신뢰도를 점검하는 것인데 자료의 상치성과 오류를 점검한다. 자료에 대한 분석까지 의견을 첨부하는 것이 중요하다. 3단계는 군사력평가 요소의 우선순위 결정과 자료의 상관성을 재분류하는 것이며 4단계는 우선순위별, 평가요소별 정량적, 정성적 평가를 실시한다. 5단계는 평가요소별 우선순위 또는 가중치를 조정하는 것이며 마지막으로 군사력 종합평가 결과를 요약한다.

쌍방의 군사력을 비교하는 형태는 주로 상호 간 군사력이 균형을 이루는 것인지에 중점을 두게 된다. 군사력의 특성에 따라 쌍방의 정책 비교, 기술수준 비교, 장비, 편제 등 시스템의 비교 또는 구체적인 작전기능별 비교를 한다. 균형평가는 쌍방의 군사력을 비교하여 상대적 수준을 파악하는 총괄적인 비교를 한다. 균형평가 시 사용되는 방법은 정태적 방법과 동적 방법이 있다. 균형평가 결과는 주기적으로 갱신해야 한다.

정책평가는 정치, 경제, 사회, 군사 분야에서의 쌍방의 경쟁사항을 비교 기술하는 것이다. 먼저 국가 목표를 비교 평가하는데 국가의 본질적 특성과 타국 간의 상대적 특징을 분석하고 정치적 목표와 군사적 목표의 연관성을 판단한다. 위협의 성격과 내용은 쌍방의 상대적 능력을 판단하고 국제적 위상과 역할을 전망하고 지정학적, 국제정치적, 경제적, 사회문화적 위협요소를 분석하여 안보환경의 구조를 파악한다.

국가 방침의 비교는 정책의 실효성, 동맹관계를 비교하는 정책비교, 교리의 역사적 근원과 발전과정을 비교하는 교리 비교, 용병전략, 양병전략을 비교하는 전략 비교, 전사, 교범에 의한 전술을 비교하는 전술비교 등이 있다.

시스템 비교평가는 장비, 편제, 인간요소의 비교평가, 상급 사령부의 비교, 군구조의 비교, 장비성능 및 수량의 비교, 편제의 특성 비교와 같은 것으로 수행된다. 총체적 군사력평가체계는 그림 1.4.13 과 같다.

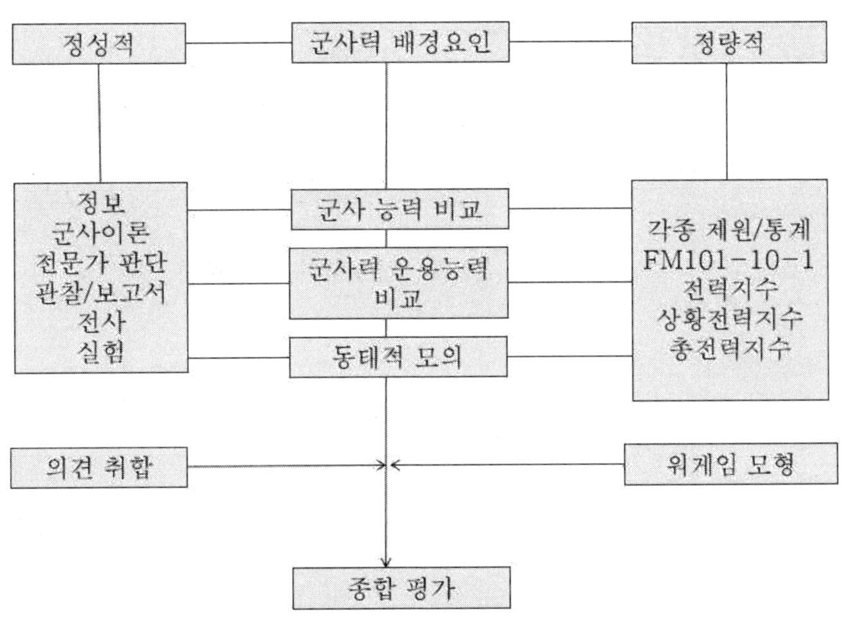

그림 1.4.13 군사력평가체계

그림 1.4.14 는 군사력을 구성하는 전력요소와 전투과정을 나타낸 것이다. 군사력 비교평가의 대상이 되는 Blue Force 와 Red Force 의 부대, 병력, 물자, 체제 등 군사력 배경요인들을 지휘통솔, 전략, 전술, 작전, 기술, 전기 등 운용능력과 결합하여 전투력을 발휘시킨다. 이때 지형, 기상 등 자연환경과 기습, 기동 등 작전환경, 통솔, 지휘, 단결 등 인간행태적 요소 및 시간과 계기 등과 결합하고 전장의 환경인수, 전투효과도 승수, 마찰, 억압이 작용한다. 전투결과는 임무달성도, 전진거리, 피해율로 측정될 수 있다.

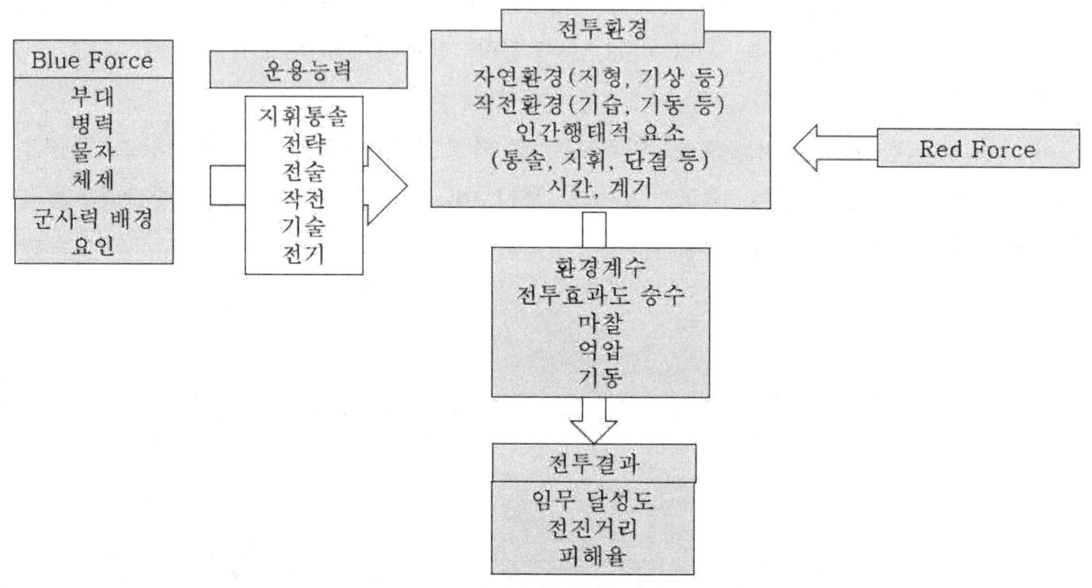

그림 1.4.14 전력요소와 전투과정

2장

정성적 군사력평가 방법론

2.1 정성적 방법

정성적 방법에 의한 전력평가는 전력을 정량화하지 않고 서술적으로 표현하는 방법으로 주로 국제 정치학이나 국제 관계학 등에서 많이 사용되는 방법이다. 비교 대상 국가의 군사력의 장점과 단점과 같은 내용을 서술한다. 이 방법은 정량화 수준이 낮고 정확도가 미흡하더라도 이들 요소가 중요하다면 가용정보를 최대한으로 망라하여 요약, 제시하면 종합적인 군사력평가에 도움이 된다는 철학적 문제 접근방식에 뿌리를 두고 있다. 경험과 식견이 풍부한 전문가, 군사 사상가, 전사 연구자, 군인 등의 조언이 도움이 되며 주관적 판단의 가중평균방식에 의한 통계적 정량화도 가능하다.

잘 정리된 정보판단, 적의 일반적인 사기 및 군기 상태에 대한 요약, 군부 및 정치지도자의 성명이나 주요 의사결정행태, 기타 첩보에 대한 분석은 피아 군사력 비교에 도움이 된다.

남북한의 군사력을 비교할 때 북한의 핵, 미사일, 생화학 무기나 특수전 부대, 장사정포와 같은 비대칭 전력을 강점으로 하고 북한군의 열악한 전쟁지속능력 등을 약점으로 표현하는 것과 같은 방법이다. 무기체계의 개발 연도, 첨단 장치의 장착 여부, 군사 훈련수준, 동원능력을 서술적으로 표현하여 비교 대상 간 군사력을 해석하는 것이다.

[정성적 방법에 의한 남북한 군사력평가 예 : Military Balance(2019)]

대한민국의 국방정책은 최근 북한과 외교적으로 새로 관계를 맺기 시작함에도 불구하고 북한을 상대로 한 어려운 관계가 지속되고 있다. 서울은 평양에 비해 질적 우위를 가질 목적으로 재래식 군사적 능력을 재편하고 있다. 서울은 3축 체계, 즉, 'Kill Chain', 'Korea Air Defense and Missile Defense', 'Korea Massive Punishment and Retaliation'의 능력을 확보하는 것에 우선순위를 부여하고 있다. 2018년에 발표한 '국방개혁 2.0'은 신기술을 강조하면서 군을 현대화하고 개편하기 위해 출범하였다. 시기가 정해지지 않은 '조건에 기초한 전시작전통제권 전환'을 계획 중이지만 미국과 구축한 동맹은 대한민국 국방전략의 주축이다. 대규모의 미국 병력과 전투장비가 대한민국에 주둔 중이다. 미국의 THAAD 미사일 방어체계는 북한의 미사일 능력에 대한 대응체계로 2017년 대한민국에 전개하였다. 대한민국 군은 역내 가장 잘 장비되고 훈련된 것으로 평가된다. 대한민국은 아리비아 해에서의 대해적 작전과 UN 파병을 통해 소규모 국제적 전개를 지원하는 능력을 보였다. 군 자산은 현대적 체계로 구성되는 것이 증가하고 있다. 대한민국은 국내 방위산업을 넓은 범위에서 발전시켜 와서 대부분의 군 요구를 지원하고 있다. 그러나 전방의 전투기와 같이 여전히 미국에 의존하는 것도 있다. 국내 방위산업은 T-50 훈련기와 K-9 자주포와 같이 증가하는 성공적인 수출의 기회를 찾고 있다.

[정성적 방법에 의한 남북한 군사력평가 예 : 이정우(2014)]

남북한 간에는 대한민국의 전쟁수행능력 우위 대 북한의 억지력 우위라는 비대칭적 군사력 균형이 존재하고 있다. 한반도 공동안보라는 새로운 시대적 요구에 부응하여 남북한 군비경쟁과 군사력 균형을 재조명할 필요가 있다. 그 동안 남북한의 군사력 비교는 연구자들의 논쟁보다는 미디어를 통한 선전논쟁이 지배적이었다. 과거 정부당국은 권위주의체제를 합리화와 국방예산 확보를 위해 북한의 군사적 위협을 강조하였다. 북한의 재래식 전력은 물론 특수부대, 땅굴, 금강산 댐, 핵무기, 잠수함 등에 이어 미사일과 화생무기의 위협이 거론되고 있다.

북한은 1980년대부터 지상군장비 및 해군장비를 거의 자체생산으로 획득할 수 있게 되었다. 기존의 재래식 무기체계의 한계를 인식하고 미사일 및 생화학무기 등 전략무기의 개발을 추진하였다.

우위를 유지하기가 어렵다고 판단하고 투자경비에 비해 효과가 큰 전략무기의 개발을 서둘렀기 때문이다. 그 결과 북한은 화학무기와 핵무기의 탑재가 가능한 사정거리 1,000㎞ 이상인 노동1호의 시험발사에 성공했다. 대포동 1·2호 등 신형 중장거리 미사일개발도 추진 중에 있는 것으로 알려져 있다.

북한이 심각한 경제난과 낡은 무기체제 등으로 전투수행이 우리에 비해 압도적으로 뒤지는 것으로 드러났다. 국방부 정훈공보관실이 최근 발간한 장병정신교육자료집에 따르면 북한군은 체격과 전투능력, 무기체계, 비성능, 국력, 연합방위태세 등에서 우리군에 비해 전반적으로 뒤져 실질적인 국사력은 대한민국이 월등히 앞선다는 것이다. 정훈공보관실의 남북한 전력비교를 보면, 우선 우리 장병의 평균 체격은 신장 171㎝, 체중 66㎏이었다. 그러나 북한군은 162㎝의 신장과 48㎏의 체중으로 유사 시 백병전과 지구전에서 우리의 적수가 될 수 없다는 것이다.

또 북한은 유류나 탄약 등 군수물자 부족과 빈번한 경제건설 현장 동원 등으로 교육훈련을 제대로 받지 못한 반면, 우리는 첨단장비를 이용한 강도높은 실전적 전투능력을 향상시켜 개별 전투능력이 압도적으로 우세하다.

군의 무기체계와 장비 성능면에서도 북한 전차와 야포는 20%가 노후화되었고, 화포도 구경이 76.2~240 ㎜로 매우 다양해 유사 시 탄약공급에 많은 제한을 받아 전투력 발휘가 매우 취약하다. 또한 북한은 민수용으로 만들어진 Hughes MD-500 헬리콥터를 간접 수입하려다가 미국에 의해 저지되었다. 이는 대한민국이 MD-500 헬리콥터를 면허생산하고 있기 때문에 북한이 MD-500 헬리콥터를 보유하게 되면 피아의 구별이 어려워 북한은 작전상 대단히 이득을 얻기 때문이다. 해군함정는 15%가 20 년 이상된 노후장비이며 무기체계 역시 83%가 200 톤 이하의 소형함정 위주로 이루어져 있어 작전반경면에서 극히 제한을 받고 있다. 실제로 지난 6 월 15 일 연평해전에서 전력 열세가 객관적으로 입증되었다.

공군은 MIG-23/29, SU-25 등 신형 전투기 보유는 30%에 불과하고 나머지는 70 년대 이전의 구형 모델인데다 레이더와 항법장치 등 항공전자 부문의 성능도 크게 뒤져 전천후 항공작전에 문제점이 많다. 1999 년 현재 북한 공군의 약점은 경제난에 따른 비용 조달의 어려움으로 인한 훈련부족, 일부 기종을 제외한 항공기들의 노후화, 부품조달의 어려움 및 사기 저하에 기인하는 것으로 보인다. 북한은 경제난 이후 조종사들의 비행훈련을 시뮬레이터를 이용한 지상훈련으로 대체하고 있으나, 평양으로부터의 정보획득이 어려워 북한 조종사들의 지상훈련의 효과는 판단하기 어려우며 조종사의 숙달정도는 비행시간의 질과 양으로만 분석되지 않기 때문에 판단하기가 더 힘들다.

북한은 경제력의 열세로 인해 재래식 군비경쟁에서 완패했다. 인민군의 무기체계는 매우 노후화된 모델이며, 같은 소련형 장비에 비해서도 품질이 열악하다. 또 노후화된 무기나마 적절히 운영하고 유지할 수 있는 연료, 부품, 보급물자는 물론 군량미마저 부족한 실정이다. 특히 지난 수년 간 북한의 재래식 군사력은 더욱 약화되었다. 군사원조의 상실로 인한 무기수입의 감소는 북한의 군수산업으로는 보완하기 어렵다. 오늘날 북한의 전쟁수행능력은 1994 년 핵 위기때 보다도 현격히 감소했다. 1999 년 6 월 15 일 서해교전의 결과는 결코 우연이 아니었다.

서해교전은 북한경비정이 어선을 보호한다는 미명 하에 서해 연평도 부근에서 6 월 7 일부터 6 월 14 일까지 침범 및 철수를 반복하다가, 6 월 15 일 09:28~09:42(14 분 간) 북한 경비정이 먼저 사격을 가해옴에 따라 우리 함정의 대응사격으로 인해 교전상황이 발생한 사건이다. 서해교전을 통해서 남북한 전력에 대한 관심이 집중되었다. 군관계자들은 북한의 양적인 우위를 인정하면서도 실전상황이 벌어진다면 우리 군의 승리를 자신하고 있다. 군 당국에 따르면 북한의 병력은 지상군이 1 백만 3 천명, 해군 5 만 4 천명, 공군 10 만 3 천명 등 총 1 백 15 만 7 천여명에 이른다. 지상군은 56 만명,

해군 6만7천명, 공군 6만3천명 등 총 69만에 불과한 우리 군에 비해 1.5배에 달하는 수준이다.

지상군의 주요장비나 화기에 있어서도 북한은 수적인 우위를 자랑한다. 전차 3,800여대, 장갑차가 2,300여대, 방사포를 포함한 야포 1만2천여문, 방공무기 1만3천8백여문 등을 보유하고 있다. 반면 우리 군은 전차 2,200여대, 야포 4,850여문에 그치고 있다.

서해교전으로 가장 이목을 끄는 해군 무장력에서도 북한이 수적으로는 크게 앞선다. 북한은 서해함대사령부 산하 6개 전대에 420여척, 동해함대사령부 10개 전대에 570여척 등 총 990여척의 함정이 배속되어 있다. 반면 우리 해군은 잠수함 8척을 포함해 함정수가 200여척에 그치고 있다.

그러나 이같은 양적인 열세는 월등히 앞서는 무기성능으로 상쇄하고도 남는다는 것이 전문가들의 일치된 견해이다. 해군의 전력 비교만으로도 이같은 사실은 쉽게 확인할 수 있다. 우리 해군은 수에서는 뒤지지만 함정 무장능력에서 북한을 앞질러 위기사태 발발시 쉽게 우위를 점할 수 있다. 우선 1,500톤급 이상 함정이 불과 2척에 불과한 북한 해군과 맞붙을 경우 싸움의 결과는 쉽게 예측할 수 있다. 특히 우리 전투함의 무장정도는 북한을 압도한다. 구축함의 경우 사정거리 135㎞에 달하는 단거리 미사일, 5인치·20㎜ 함포와 어뢰·기뢰 등을 탑재하고 있어 함대함·함대지는 물론 함대공 공격능력까지 갖추고 있다. 공군도 야간 정밀폭격 항법장치인 랜턴, 공대공 미사일을 갖춘 KF16기 등 최첨단 전투기를 보유하고 있다. 반면 북한이 보유하고 있는 전투기종의 50%인 미그15·17·19·21과 수호017 등은 실전에서는 고물이나 다름이 없는 구형 전투기이다.

우리 군의 전력은 특히 한미연합군 공조로 배가된다. 주한미군은 병력이 3만7천여명에 불과 하지만 육·해·공 3군에 걸친 첨단 무기체제를 자랑한다. 오늘날 대한민국이 군사력에서 우위를 장담할 수 없는 부문은 하드웨어가 아니라, 미국에 의존하는 이른바 독자적 전략기획 능력의 부재일 것이다. 한편 북한은 전쟁수행능력의 현대화보다는 염가의 전략무기 확보에 힘쓰고 있다. 즉 북한은 재래식 군사력의 열세를 만회하기 위하여 비재래식 대량살상무기 개발로 전환했던 것이다. 북한은 또한 탄도유도탄을 중요한 외화획득의 수단으로도 활용하였다. 북한은 핵확산을 우려하는 미국과 협상을 통해 사실상 생존을 보장받았다. 또 가난한 자의 핵무기인 화학무기의 개발 및 비축에 대한 의혹을 받고 있다.

물론 북한의 억지전력은 이른바 방어의 충분성을 넘어선 것이다. 최근 대한민국에 대한 공멸위협과 부차적으로 동북아 관련 당사국에 대한 도발위협을 제기함으로써

한·미·일의 평화부담금 지불을 강요하고 있다. 북한이 1998년 8월 사회주의 강성대국을 선언하고 인공지구위성(또는 대포동 미사일)을 발사한 것도 미·일측에 대한 위협의 신빙성을 높이고자 한 것이다. 물론 대한민국에 대하여는 재래식 억지력도 지니고 있는바, 수도권을 타격할 수 있는 240㎜방사포와 170㎜자주포 등 장사정 포대를 보유하고 있다.

이밖에 경제력은 우리의 1/25에 불과, 유사 시 물자동원 및 전쟁지속 능력이 절대열세인데다 혈맹관계이던 중국과 러시아의 지원기반이 붕괴된 반면에 우리는 세계 유일의 초강대국인 미국과 완벽한 연합대비태세를 갖추고 있다. 그러나 정훈공보실은 북한이 4천여톤의 화학무기를사용할 경우 남북한 인구의 50% 이상이 목숨을 잃고 국토의 80%이상이 초토화되어 전쟁승리는 아무런 의미가 없다고 전한다. 따라서 완벽한 대비태세 구축을 통해 전쟁예방에 주력해야 한다고 강조하고 있다

3장

정태적 군사력평가 방법론

3.1 수량비교 방법

군사력을 평가하는 방법 중 가장 쉬운 방법은 부대수를 비교하는 것이다. 이러한 단순 수량비교 방법은 다른 모든 군사력 비교평가 방법의 적용에 앞서서 필수적으로 선행되어야 할 과제이다. 왜냐하면, 단순수량 비교에서 나타난 자료들은 다른 모든 군사력 비교평가의 기초가 되기 때문이다. 그러므로 단순수량 비교에서는 많은 자료를 광범위하게 다루는 것이 좋다. 단순수량 비교방법에서 전투병력과 전투장비 뿐만 아니라 전투지원장비, 군수지원능력, 군사기지, 병력의 자질 내지는 군사잠재력에 이르는 모든 자료가 비교되는 것이 바람직하다.

단순 수량비교 방법은 지상군의 예를 들면 사단 정면에 위치한 대대수를 비교한다든지 전구 차원의 군단수나 사단수를 비교하는 것이다. 그러나 이러한 방법은 적과 아군의 부대구조와 편제화기 등이 상이하여 단순히 부대수만 비교하는 것은 정밀한 전력평가가 아니다. 그러나 야전에서 부대수를 비교하는 것은 빠르게 피아전력을 비교해 볼 수 있는 손쉬운 방법이며 실제로 작전계획 수립 시 많이 사용되는 방법이기도 하다.

군사력 수량비교 방법의 예를 들면 「2018 년 국방백서」에 명시된 대한민국과 북한의 병력과 무기의 수량이 표 3.1.1 과 같이 주어져 있을 때 병력 59.9 만명 대 128 만명, 지상군, 해군, 공군의 부대 수와 무기 수를 비교하는 것이다. 그러나, 걸프전과 이라크전을 통해 볼 때 병력과 장비의 양적 비교가 현대의 첨단전쟁에서는 큰 의미가 없다는 것이 증명되었다.

단순한 병력, 장비, 부대수 비교는 군사력에 대한 불충분하고 왜곡된 정보를 제공할 수 있는 오류를 범할 수 있다. 이러한 방법은 병력의 훈련수준, 사기, 군기, 정신력, 전투기량, 조직적 역량 등을 객관화하지 못하고 단순히 숫자로만 비교하고 있고 부대도 편제 화기나 부대 규모, 훈련수준 등이 상이하지만 단순히 군단, 사단과 같은 규모로 비교하고 있다. 함정이나 항공기도 능력의 차이가 매우 다양하지만 단순히 전투함, 지원함, 잠수함 또는 전술기, 지원기, 헬기 등과 같이 비교하여 전투력 발휘의 과정을 고려하지 못하고 있다. 따라서 단순 수량비교 방법을 적용할 때는 장비 성능 및 노후도, 훈련수준, 합동전력 운용개념 등을 종합적으로 비교 평가할 필요가 있다.

이 방법의 장점은 군사전문가가 아닌 일반인들의 입장에서는 가장 쉽게 양측의 전력을 비교할 수 있다. 그러나 앞에서 말한 것과 같이 질적인 차이를 설명하지 못하는 가장 큰 약점을 가지고 있다. 이 방법은 국가의 군사력 비교의 가장 초보적인 방법이며 정교하게 비교하는 것은 불가능하다.

표 3.1.1 남북한 군사력 비교(출처: 2018 년 국방백서)

구분		한국		북한	
병력	육군	46.4만여명	59.9만여명	110만여명	128만여명
	해군	7만여명[1]		6만여명	
	공군	6.5만여명		11만여명	
	전략군	–		1만여명	

구 분			한 국	북 한
지상군[3]	부대	군단	13[2]	17
		사단	40[2]	81
		여단(독립여단)	31[2]	131
	장비	전차	2,300여대[2]	4,300여대
		장갑차	2,800여대[2]	2,500여대
		야포	5,800여문[2]	8,600여문[4]
		다련장(방사포)	200여문	5,500여문
		지대지 유도무기	발사대 60여기	발사대 100여기 (전략군)
해군	전투함정		100여척	430여척
	지원함정		20여척	40여척
	잠수함정		10여척	70여척
	상륙함정		10여척	250여척
	기뢰전함정(소해정)		10여척	20여척
공군	전투임무기		410여대	810여대
	정찰감시통제기		70여대 (해군항공기포함)	30여대
	공중기동기(AN-2기 포함)		50여대	340여대
	훈련기		180여대	170여대
	헬기(육·해·공군 포함)		680여대	290여대
예비병력			310만여명 (사관후보생, 전시근로 소집, 전환/대체복무 인원 등 포함)	762만여명 (교도대, 노농적위군, 붉은청년근위대 포함)

1. 해병대 2.9 만명 포함
2. 해병대 포함
3. 육군과 해병대 포함
4. 연대급 화포인 76.2mm 를 제외하고 산출

국방백서에는 그림 3.1.1 과 같은 북한의 군사지휘기구도나 그림 3.1.2 와 같은 북한 미사일 사거리와 같은 기본 정보가 같이 수록되어 있다.

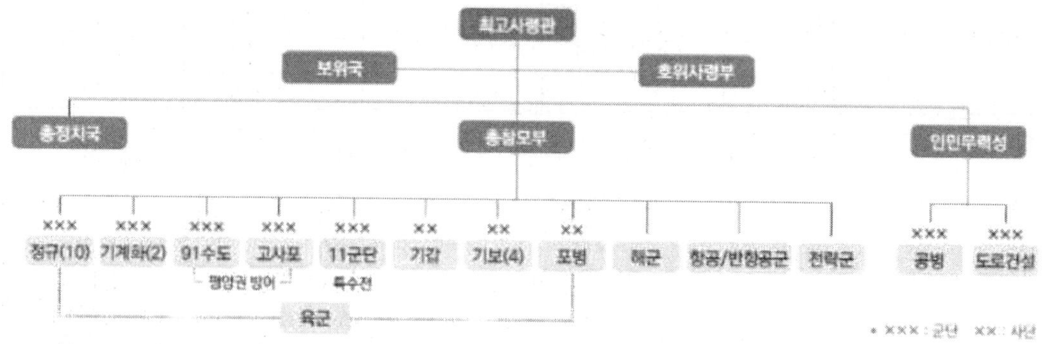

그림 3.1.1 북한의 군사지휘기구도(출처: 2018 국방백서)

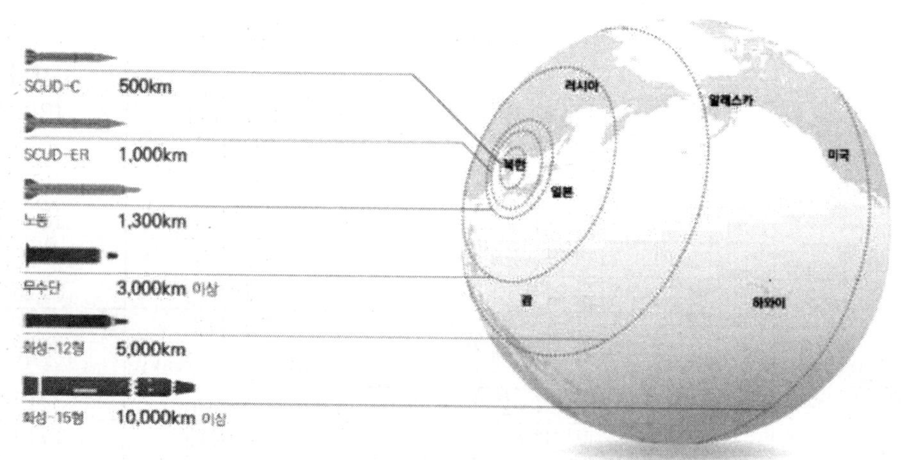

그림 3.1.2 북한의 미사일 사거리(출처: 2018 국방백서)

이러한 군사력 수량비교 방법은 주로 「Military Balance」와 같은 군사 전문지에서 사용하는 방법이다. 「Military Balance」에서는 각국의 보유 장비뿐만 아니라 그림 3.1.3 과 같이 남중국해 중국과 미국의 전력도 비교해 제시해 주고 있고 대만해협의 군사균형 자료도 제시하고 있다. 남북한 병력수, 전차 대수, 화포 문수 등을 비교해 제시한다.

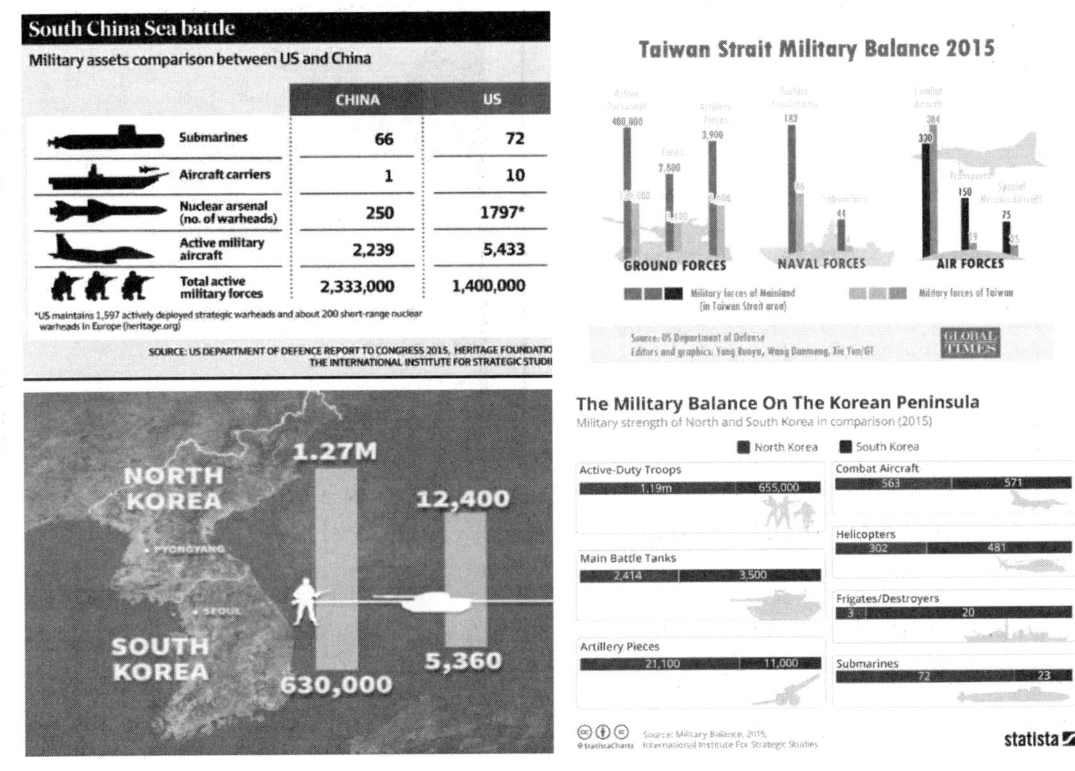

그림 3.1.3 2015 년 Military Balance 대만해협과 한반도 군사력 비교

「Military Balance」 에서는 각 지역별 군사력 균형에 대해서도 자료를 제공해 주고 있는데 그림 3.1.4 는 아시아의 군사력 현황에 대한 자료이다.

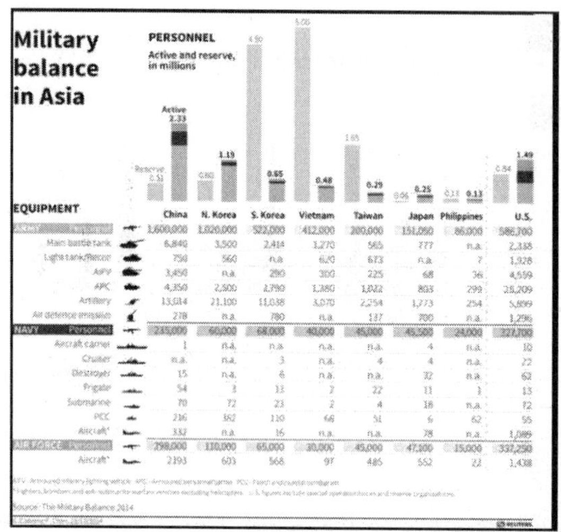

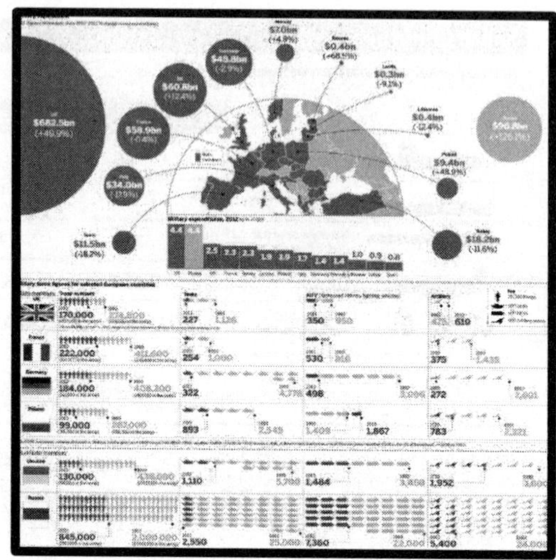

그림 3.1.4 2015 년 「Military Balance」 아시아 군사력과 세계군사력 비교

「Military Balance」 에서는 그림 3.1.5~3.1.6 과 같이 각국의 GDP, 1 인당 GDP, 국방비, 인구 등 기본정보와 육·해·공군과 해병대, 특수전 부대 등 다양한 군사력과 관련된 정보가 수록되어 있다.

Korea, Democratic People's Republic of DPRK

North Korean Won		2017	2018	2019
GDP	US$			
per capita	US$			
Def exp	won			
	US$			
US$1=won				

*definitive economic data not available

Population 25,381,085

Age	0–14	15–19	20–24	25–29	30–64	65 plus
Male	10.5%	3.8%	4.0%	4.1%	23.0%	3.3%
Female	10.1%	3.7%	3.9%	3.9%	23.5%	6.2%

그림 3.1.5 북한 인구현황(출처: Military Balance 2019)

Special Purpose Forces Command 88,000

FORCES BY ROLE

SPECIAL FORCES

8 (Reconnaissance General Bureau) SF bn

MANOEUVRE

Reconnaissance

17 recce bn

Light

9 lt inf bde

6 sniper bde

Air Manoeuvre

3 AB bde

1 AB bn

2 sniper bde

Amphibious

2 sniper bde

그림 3.1.6 북한 특수전사령부 구성(출처: Military Balance 2019)

3.2 군사비 지출규모에 의한 방법

3.2.1 군사비 지출규모에 의한 평가방법 개요

군사비 지출규모(국방비)에 의한 군사력 비교방법은 군이 보유하고 있는 전투서열을 일정기간 유지하기 위하여 감당해야 하는 비율을 군사잠재력으로 간주하고자 하는 개념하에서 군사비 지출규모에 의한 군사력 비교방법을 구상한 것이다. 군사자산의 가격이 불변이라는 가정하에서 군사적 산물의 유지비용이 군사잠재력의 척도가 될 수 있다고 보는 견해이다. 이러한 견해는 1980 년 RAND 연구소의 Grgory. G. Hildebrandt에 의해 소개되었다.

일정 연도에 보유하고 있는 병력, 군사자산, 소모성 물자에 대하여 일정기간 동안 생산할 수 있는 군사력의 수준을 전력생산함수(MF : Military Function)로 표현할 때 MF는 식 (3.2−1)과 같이 표현된다. 여기에서 군사자산이라고 함은 특정 시점(연도)에서 보유하고 있는 모든 내구성 장비, 시설, 보급품 재고의 총합적 가치로서 현시점부터 잔여 사용기간 동안 군사자산으로부터 기대할 수 있는 군사적 편익의 수혜가치를 현재가로 환산한 것이다. 군사자산은 획득기간 중 완전히 소모되지 않는 내구성있는 특성을 가진다.

$$MF = w \times L + c \times K + p \times G \quad (3.2-1)$$

여기에서,

w : 단위 병력 유지비

L : 병력수

c : 단위 군사자산 운영비

K : 군사자산 수량

p : 소모성 물자 평균 단가

G : 소모성 물자 수량

3.2.2 군사자산의 가치

먼저 군사자산의 가치에 대해 알아보자. t년도에서의 군사자산 i의 가치를 $K_{i,t}$라고 하면 식 (3.2-2)와 같이 $K_{i,t}$를 구한다.

$$K_{i,t} = \sum_{j=0}^{t-1} P_{i,b} N_{i,j} (1-\delta_i)^{t-1-j} + K_{i,0}(1-\delta_i)^t \qquad (3.2-2)$$

여기서,

$P_{i,b}$: 기준연도 b의 군사자산 i의 가격

$N_{i,j}$: j년도에 군사자산 i를 획득한 수량

δ_i : 군사자산 i 감가상각율

$K_{i,0}$: $j=0$ 에 기보유 군사자산 i 가치

식 (3.2-2)을 보면 $t+1$년도의 군사자산 i의 가치는 식 (3.2-3)과 같다.

$$K_{i,t+1} = P_{i,b} N_{i,t} + (1-\delta_i) K_{i,t} \qquad (3.2-3)$$

식 (3.2-3)의 양변을 정리하고 이항하면 식 (3.2-4)와 같다.

$$K_{i,t+1} - K_{i,t} = P_{i,b} N_{i,t} - \delta_i K_{i,t} \qquad (3.2-4)$$

t년도 군사자산 i의 순수투자비 $I_{iN,t}$는 식 (3.2-5)와 같다.

$$I_{iN,t} = K_{i,t+1} - K_{i,t} \quad (3.2-5)$$

식 (3.2-4)을 사용하면 t년도 총투자비 $I_{i,t}$는 t년도 순수군사투자비 $I_{iN,t}$와 t년도 감가상각된 군사자산 $I_{iR,t} = \delta_i K_{i,t}$으로 나눌 수 있다. 즉, $I_{i,t} = I_{iN,t} + I_{iR,t}$이다. 총투자비와 순수투자비와 감가상각된 군사자산간의 관계는 명확한 관계이지만 단일 자산의 감가상각율이 일정할 때에만 $I_{iR,t} = \delta_i K_{i,t}$ 관계가 성립한다. 순수투자비의 주어진 정의에 의하여 식 (3.2-6)이 성립한다. 즉, 사용시점 t년도에서의 군사자산 i 는 식 (3.2-6)과 같이 각 연도 순수투자비와 초기연도 군사자산의 합과 같다.

$$K_{i,t} = \sum_{v=0}^{t-1} I_{iN,v} + K_{i,0} \quad (3.2-6)$$

그러므로 t년도 모든 종류의 군사자산을 합한 총군사자산 K_t은 식 (3.2-7)과 같다.

$$K_t = \sum_i K_{i,t},\ i = 1,2,\ldots,n \quad (3.2-7)$$

여기서,
n : 군사자산 종류 수

만약 t년도에서의 감가상각율이 $\delta_t = \delta_i \sum_i K_{i,t} / K_t$ 같이 결정된다면 총 군사자산은 식 (3.2-8)과 같이 변경되어야 한다.

$$K_{t+1} - K_t = I_t - \delta_t K_t \quad (3.2-8)$$

t년도 군사자산에 의해서 받을 수 있는 군사적 서비스의 가치 Z_t는 식 (3.2-9)와 같이 구할 수 있다.

$$Z_t = \sum_i B_i K_{i,t} \quad (3.2-9)$$

여기서,
B_i : i 군사자산의 가중치

B_i의 추정은 효율적인 자원배분을 할 경우 어떤 군사자산의 초기연도 사용가치는 그 자산의 획득비용과 같다고 보는 것이 B_i 값 추정의 기본개념이다. B_i는 각 기간에서 추정 가능하다. 군사자산 i 사용을 한 첫 기간에서 제공된 서비스가 군사자산 i 획득을 1 단위 기간 연기시키는데 실패한 비용과 동일한 경우 추가적인 i 군사자산을 획득하는 것이 바람직하다.

B_i를 군사자산의 사용자 비용이라고 하고 $B_i = C_i, i = 1,2,...,n$이라고 하자. 자원이 효과적으로 할당되었을 때는 $B_i = C_i, i = 1,2,...,n$이기 때문에 식 (3.2−10)이 성립한다.

$$Z_t = \sum_i C_i K_{i,t} \quad (3.2-10)$$

군사자산 형태가 사용자 비용에 의해 가중치로 곱해졌을 때 Z_t는 기간 t동안 군사자산에 의해 제공된 서비스 비용이라고 해석할 수 있다. 군사자산의 사용자 비용은 이자비용, 감가상각비용, 자본손실비용, 정비지출비용과 같은 요소로 구성되어 있다.

이자비용은 경제학에서 자산을 생산하기 위해 사용된 자본이 사회적 할인율 r과 같은 이자이익을 벌 수 있기 때문에 발생한다. 감가상각비용은 여분의 기간 동안 진부화가 발생하기 때문에 추가적으로 발생하는 금액이다. 자산의 잔여 편익은 획득이 연기되었을 때 얻을 수 있는 것보다 $\delta_i\%$ 낮다. 자본손실비용 γ_i은 획득비용이 그 비율로 감소할 것으로 가정하기 때문에 발생하는 것이다. 어떤 기간에서 자산에 대한 추가적인 금액을 지불함으로써 다음 기간에서의 더 낮은 가격을 취하는 유리점은 미리 예측이 된다. 마지막으로 정비지출비용이 있다. 만약 자산의 금액의 가치가 매기간 동안 m_i만큼의 정비지출을 요구한다면 마지막 금액의 지출을 연기함으로써 m_i 지출을 회피할 수 있다.

그러므로 자산의 추가적인 금액의 가치의 사용자 비용은 식 (3.2−11)과 같은 4가지 비용요소의 합으로 표현가능하다.

$$C_i = r + \delta_i + \gamma_i + m_i \quad (3.2-11)$$

여기에서,

r : 이자비용

δ_i : 군사자산 i의 감가상각비용

γ_i : 군사자산 i의 자본손실 비용

m_i : 군사자산 i의 정비지출 비용

이 분석에서 각 비용요소들은 일정하다고 가정하자. 장비의 각 형태에서도 사용자 비용율은 일정하다고 할 수 있다. 그러나 비용요소의 3가지는 각 장비형태에서 정해질수 있다. 왜냐하면 일반적으로 상이한 자본의 금액 가치로부터 현재의 편익은 동일하지가 않기 때문이다.

사용자비용 요소는 앞에서 감가상각율을 종합한 것과 같은 방법으로 C_i가 일정하다는 가정 때문에 식 (3.2-12)와 같이 종합할 수가 있다.

$$C_t = \frac{\sum_i C_i K_{i,t}}{K_t} \qquad (3.2\text{−}12)$$

그러나 종합된 사용자 비용 요소는 K_i가 모두 같은 비율로 증가하지 않으면 시간에 종속된다. 앞의 식과 종합 사용자 비용요소의 정의에 따라서 현재 기간의 군사자본이 주는 서비스의 총가치는 식 (3.2-13)과 같다.

$$Z_t = C_t K_t \qquad (3.2\text{−}13)$$

그러나 Z_t를 $Z_t = C_t K_t$이나 $Z_t = \sum_i C_i K_{i,t}$으로 계산할 때 각 군사자산의 내재된 사용자 비용비율을 알 필요가 있다. 사용자 비용비율은 반드시 추정되어야 하는 4가지 요소의 합으로 구성되어 있기 때문이다.

3.2.3 사용자 비용 요소 추정

이자비용 r 요소는 군사자본이 상이한 형태라 하더라도 동일한 것으로 보인다. 이것은 사회적 할인율과 같으며 민간자본의 순수 생산성을 사용하여 추정할 수 있을 것이다. 감가상각율 δ_i은 만약 정비활동이 장비에 내장된 최초의 성능을 유지하는 차원까지 정비한는 것으로 가정을 하면 감가상각율은 폐기율과 동일할 것이다. 이 폐기율은 자산의 모든 구성에 대한 일정한 금액 대체 비용이 발생하는 각 기간에서 조사정보가 가능하다면 추정할 수 있다. 자본손실율 γ_i는 기술적인 변화의 결과로서 시간이 흘러 특정 형태의 장비를 생산하는데 드는 비용이 감소할 때 발생한다. 현존하는 장비에 대한 효과적인 자본손실이 있다. γ_i는 각 기간에서의 백분율 감소이고 통계적인 기법으로 추정가능하다. 정비지출율 m_i는 군사자산 i를 지원하는 기간 동안 군사자산의 가치를 총정비지출로 나누어서 얻을 수 있다. 이 분석은 군사자산의 가치와 총정비지출 간에 일정한 관계성이 있다고 가정하고 있다.

3.2.4 군사비지출과 잠재전력

군사비지출 ME(Military Expenditure)은 식 (3.2−14)와 같이 표현할 수 있다.

$$\text{ME}=\text{RDT\&E}+\text{INVESTMENT}+\text{OPERATING} \qquad (3.2-14)$$

여기에서,
RDT&E(Research Development Test & Evaluation) : 연구개발 및 시험평가비
INVESTMENT : 투자비
OPERATING : 전력 운영비

투자비는 신규 투자비 I_N와 기존 자산 대체 투자비 I_R로 나눌 수 있다. 기존 자산을 대체하는 경우는 기존 자산의 진부화 즉, 감가상각율 δ을 고려해야 한다. 따라서 투자비 지출 INVESTMENT 는 식 (3.2−15)와 같이 표현할 수 있다.

$$\text{INVESTMENT}=I_N+\delta\times K \qquad (3.2-15)$$

전력운영비은 식 (3.2−16)과 같이 표현 가능하다.

$$\text{OPERATING}=W\times L+P_G\times G+P_M\times M \qquad (3.2-16)$$

여기에서,
W : 단위 인력비
L : 국방조직에 근무하는 인원수
P_G : 단위 장비 및 물자 비용
G : 장비 및 물자 수량
P_M : 단위 정비비용

M: 정비활동의 수량

그러므로 식 (3.2-14)의 ME는 식 (3.2-17)과 같이 다시 쓸 수 있다.

$$ME = RDT\&E + I_N + \delta \times K + W \times L + P_G \times G + P_M \times M \quad (3.2-17)$$

군사잠재력을 나타내는 어떤 타당한 지표는 국방조직의 인력, 자본, 물자가 특정 기간 동안 생산해 낼 수 있는 군사적 산출물로 평가될 수 있어야 한다. 여기에서 국방조직에서 근무하는 군인이든 민간인이든 잠재적인 군사력에 기여할 수 있다는 가정이 필요하다. 이것은 훈련을 받는 병력도 군사적 억지력을 달성하는데 기여한다는 가정을 하고 있다. 왜냐하면 긴급상황에서는 그들 역시 다양한 작전에 투입될 수 있기 때문이다. 따라서 전력생산함수 MF는 식 (3.2-18)과 같이 인력 L, 자본 K, 장비 및 물자 G의 함수로 표현가능하다.

$$MF = f(L, K, G) \quad (3.2-18)$$

식 (3.2-18)의 함수를 가지고 산출물의 변경없이 어떻게 각 요소를 조합할 것인지 판단할 수 있다. 이 함수는 각 요소의 규모에 따라 일정하다는 가정을 하고 있는데 만약 인력, 자본, 장비 및 물자가 어떤 비율로 증가하면 산출물도 증가한다. 즉, 전차, 항공기, 미사일 등과 인력, 장비 및 물자, 시설이 25% 증가하면 산출물의 결과인 군사력 잠재력도 25% 증가할 것이다. 잠재 군사력을 계량적으로 식별하는 요체는 MF를 적절히 측정하는 것이다.

인력, 자본, 장비 및 물자의 각 요소의 단위당 변화가 생산량에 가져오는 비율은 식 (3.2-19)에서 보는 것과 같이 동일하다.

$$\frac{\partial f/\partial L}{W} = \frac{\partial f/\partial K}{C} = \frac{\partial f/\partial G}{P_G} \quad (3.2-19)$$

여기에서,

$\partial f/\partial L$: 인력의 한계 생산량

$\partial f/\partial K$: 자본의 한계 생산량

$\partial f/\partial G$: 장비 및 물자의 한계 생산량

C: 군사자본의 사용자 비용

위에서 언급한대로 W는 평균 인력비용이다. 이 비용은 훈련비용뿐만 아니라 급여와 수당도 포함한다. 훈련비용이 전력생산에 포함되어야 하는지는 논쟁의 여지가 있다. 왜냐하면 훈련병들은 이제 막 군복무 시작을 준비하는 단계이기 때문이다. 급여 및 수당도 적어도 어떤 사람의 군사적 경력에서는 전력생산량보다 작을 수도 있다. 그러나 이러한 다양한 분할의 가능성은 분석적으로나 경험적으로 관리불가능한 절차를 만들 수 있다. 훈련비용은 그 기간동안 인력비의 변동비용의 한 부분으로 처리하는 것도 좋은 방법이 될 수 있다. 유사하게, 예비군에 대한 평균 인력비는 아마도 가치를 측정하는 적절한 수단일 수도 있다.

식 (3.2-19)는 그림 3.2.1 에서 보는 것과 같이 등비용-등량(isocost-isoquant) 분석이며 잘 알려진 탄젠트 방법으로 해로 구할 수 있다. 그림 3.2.1 에서 보는 것과 같이 장비 및 물자 입력 G에 따라 여러 가지 수준의 전력생산 결과가 나타난다. 장비 및 물자 입력량을 변동시키면 출력값이 다르게 나타난다.

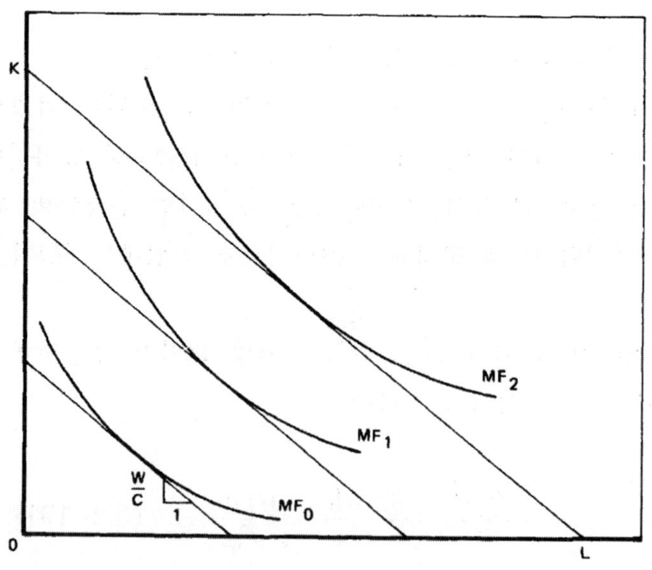

그림 3.2.1 등비용-등양(isocost-isoquant) 분석

전력생산함수를 의미하는 또 다른 함수를 생각해 보자. 식 (3.2-20)에서 보는 것과 같이 인력, 자본, 장비 및 물자를 입력으로 하여 전차, 부대, 탄약, 기타 군사적 산출물을 생산해 내는 것으로 생각할 수 있다.

$$MF = W \times L + C \times K + P_G \times G \qquad (3.2-20)$$

물론, 실제 상황에서는 비용비율이 일정하게 유지되지는 않을 수 있다. 그러나, 만약 이 비율이 어떤 기준수준에서 일정하게 유지된다면 식 (3.2-20)은 전력생산량의 근사치로서 사용할 수 있다. 식 (3.2-20)을 작동시키기 위해서 군사자산과 사용자 비용을 결정해야 한다. 앞에서 사용자 비용을 식 (3.2-21)과 같이 표현하였다.

$$C = r + \delta + \gamma + m \qquad (3.2-21)$$

C를 식 (3.2-20)에 대입하면 식 (3.2-22)와 같다.

$$MF = W \times L + rK + \delta K + \gamma K + mK + P_G \times G \qquad (3.2-22)$$

여기에서 δK는 위에서 언급한대로 감가상각율을 고려한 교체 투자비라고 할 수 있다.

3.2.5 잠재전력 대 군사비 지출

군사비는 신중하게 추정되어야 한다. 군사비를 추정하는 것은 잠재군사력을 측정하는 가장 용이한 접근법일 수 있다. ME와 MF는 위에서 언급한 방법대로 추정할 수 있다. 정비활동 m은 군사자산의 고정비율로 가정하고 추가적인 단위 자본에 대한 지출은 m과 같다고 가정한다. 식 (3.2-14)와 (3.2-22)가 인력비와 교체 투자비, 운영비와 정비비를 포함하고 있다. 공통 요소가 있기 때문에 식 (3.2-22)는 식 (3.2-23)과 같이 표현할 수 있다.

$$MF = ME + rK + \gamma K - I_N - RDT\&E \qquad (3.2-23)$$

여기에서,

ME : 연간 총군사비

r : 감가상각률

K : 군사자산 수량

γ : 신기술개발로 인한 비용절감율
I_N : 순수(신규) 투자비
$RDT\&E$: 연구개발 및 시험평가비

ME와 MF의 가장 의미있는 관계성을 표현한 것은 변화의 비율로 표현하는 것이다. 이 관계를 표현하기 위해 ME와 모든 구성요소들은 비율 g로 증가한다고 하자. 그러면 식 (3.2−24)가 성립한다.

$$\frac{\Delta MF}{MF} = g + \frac{rK}{MF}(I_N/K - g) \quad (3.2-24)$$

여기에서 $\frac{\Delta MF}{MF}$는 전력생산의 성장률이며 I_N/K는 군사자산의 성장률로서 군사자산에 대한 순수(신규)투자 비율이다. 군사자산이 순수투자보다 빨리 성장하는 경우에는 잠재적 군사력은 군사비 지출보다 더 빨리 성장한다.

위에서 제시한 방법에 의해 A국과 B국의 군사력 비율을 구한다면 식 (3.2−25), (3.2−26)과 같이 구할 수 있다.

$$\text{군사력 비율} = \frac{A\text{국의 } MF}{B\text{국의 } MF} \quad (3.2-25)$$

또는

$$\text{군사력 비율} = \frac{B\text{국의 } MF}{A\text{국의 } MF} \quad (3.2-26)$$

또 다른 군사비 지출에 의한 군사력 비교방법에는 대상 국가의 전투력을 유지하는데 소요되는 비용을 화폐단위로 추정하여 군사력을 비교하는 방법이 있다. 군사능력을 측정함에 있어 군사비 지출 누계방법은 현실적으로 가능성 있는 방법이라고 할 수 있다. 군사비는 요소비용의 측면에서 인적, 물적, 조직적 구성요소의 총합을 반영하기 때문이다.

화폐단위로 군사력을 평가하는 절차는 다음과 같다. 특정 t년도의 국방투자비를 D_t라 하고, 당해 연도 국방투자비를 I_t, 감가상각률을 δ라 할 경우, D_t는 식 (3.2-27)에 의해 산출된다.

$$D_t = D_{t-1} \times (1-\delta) + I_t \quad (3.2-27)$$

식 (3.2-27)에 의해 t년도까지 누적된 국방투자비의 $\widehat{D_t}$는 식 (3.2-28)과 같다.

$$\widehat{D_t} = I_1(1-\delta)^{t-1} + I_2(1-\delta)^{t-2} + I_3(1-\delta)^{t-3} + \cdots + I_{t-1}(1-\delta) + I_t \quad (3.2-28)$$

이 방법은 모든 연도의 I_t의 값들은 환가지수를 사용하여 기준연도의 화폐가치로 환산한다. 이렇게 비교대상 국가의 누적 국방투자비를 화폐단위로 환산하여 비교하여 군사력을 비교하는 것이다.

이러한 방법은 모든 유형전력 요소들을 모두 같은 척도로 포함시킬 수 있다는 장점이 있다. 그러나 이 방법의 문제점은 '군사자산의 전투효과도를 금액으로 표현할 수 있는가?' 하는 점이다. 이 방법에 의하면 군사자산의 군사적 가치는 전투효과도에 결정되기보다는 경제적 요인에 의해 결정되기 때문이다. 또, 자본주의-사회주의와 같이 비교하고자 하는 국가의 경제적 구조가 현저히 다를 경우 군사비에 의한 군사력의 비교는 결과에 대한 불확실성을 증가시키는 요인으로 작용한다.

군사비에 의해서 국가 간 군사력을 비교한다는 것이 어려운 과제이기는 하지만 어느 국가의 군사비 증가추세 측정을 통해서 그 국가의 군사력 증가추세를 파악하는 데에는 매우 유용한 방법이다.

3.2.6 중동국가의 국방비에 의한 군사력평가

표 3.2.1은 1985, 1994, 1995년 이스라엘과 이집트, 요르단, 레바논, 시리아의 국방비 지출액, 개인당 국방비 지출액, GDP 대 국방비 지출비율을 제시한 것이다. 각국의 국방비 지출은 US 달러로 단위를 통일하여 비교하여야 하며 연구대상 중동 국가의 국방비에 대해 정확하게 비교할 수 있다. 이 자료를 미루어 보아 이스라엘의 국방비 지출액이 역내 아랍국가들의 국방비 지출액을 압도하는 것을 알 수 있으며 이스라엘의 군사력 규모와 안보를 바라보는 시각을 이해할 수 있다.

표 3.2.1 중동지역 국가 국방비(1985, 1994, 1995 년)

국가	국방비 지출 (백만 $)			개인당 국방비 지출 ($)			GDP 대 국방비 지출(%)		
	'85	'94	'95	'85	'94	'95	'85	'94	'95
이스라엘	6,899	6,842	7,197	1,630	1,286	1,279	21.2	9.1	9.2
이집트	3,527	2,234	2,417	73	40	42	7.2	4.3	4.3
요르단	822	441	440	235	100	100	16.9	7.2	6.7
레바논	273	370	407	102	92	102	9.0	5.1	5.3
시리아	4,756	2,165	2,026	453	155	142	16.4	7.6	6.8

그림 3.2.2 는 중동지역 국가들의 1985, 1994, 1995 년도 국방비 지출액을 비교한 것이다. 이스라엘이 이집트, 요르단, 레바논, 시리아보다 많은 국방비를 지출하고 있음을 알 수 있다.

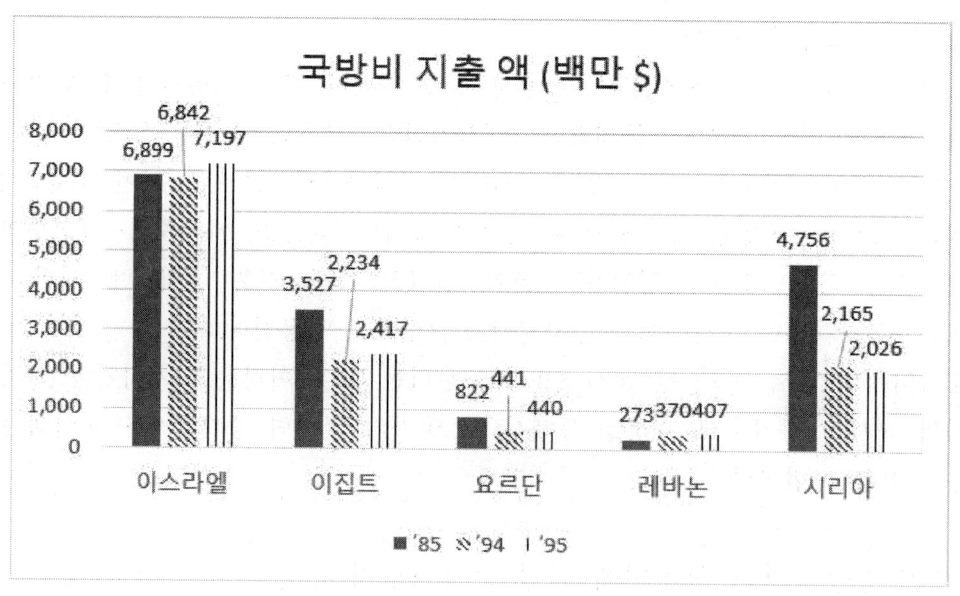

그림 3.2.2 중동국가 국방비 지출액

그림 3.2.3 은 중동지역 국가들의 개인당 국방비 지출액을 표시하고 있으며 그림 3.2.4 는 중동지역 국가들의 GDP 대 국방비 지출비율을 나타내고 있는데 이스라엘이 인접국들보다 훨씬 많은 비용을 지출하고 있음을 알 수 있다. 이렇듯 국방비 규모로 전반적인 군사력을 대략적으로 추정해 볼 수 있으며 다른 방법과 함께 전체적인 군사력을 평가하는데 도움이 될 수 있다.

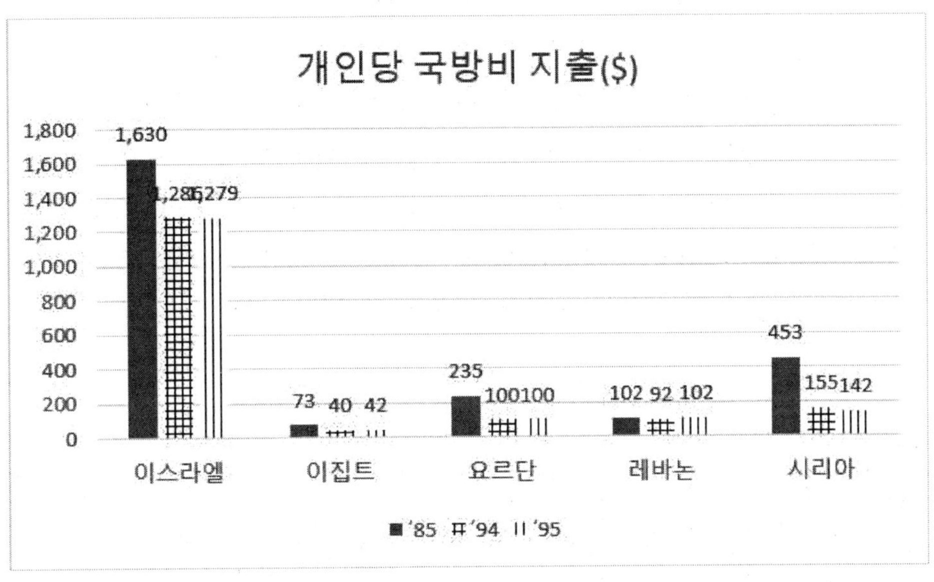

그림 3.2.3 중동국가 개인당 국방비 지출액

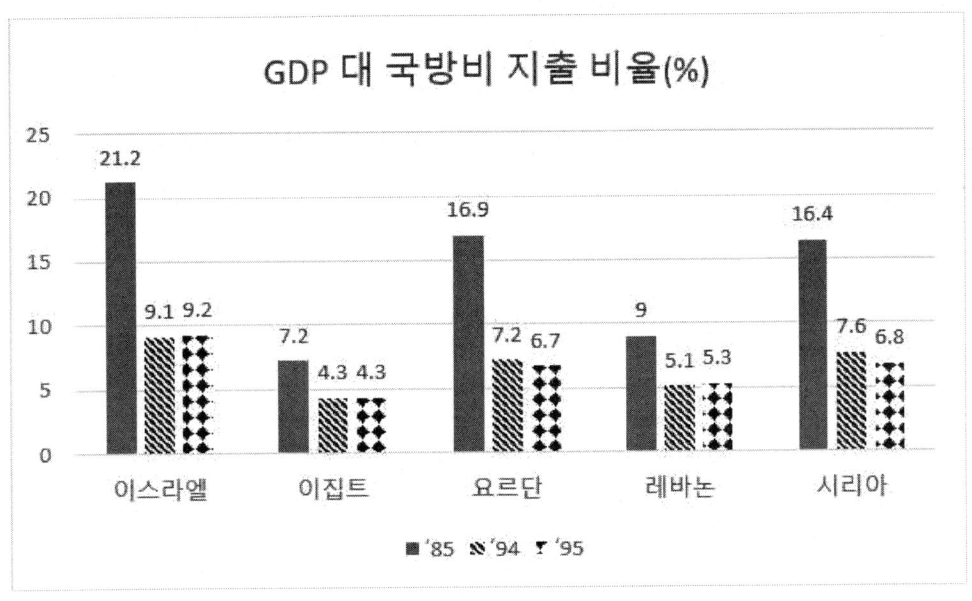

그림 3.2.4 중동국가 GDP 대 국방비 지출비율

3.2.7 남북한 군사비 지출에 의한 군사력평가

남북한 간의 국방비 항목이 서로 상이하기 때문에 상대적 비교가 용이하지는 않지만 세계적으로 권위있는 군사문제연구소인 영국 전략문제연구소(IISS: International Institute for Strategy Studies), 스톡홀름 평화문제 연구소(SIPRI: Stockholm International Peace Research Institute)의 자료를 통해 비교를 할 수 있다. 표 3.2.2 는 1977 년~1986 년 사이의 남북한 군사비 지출을 비교하고 있다.

표 3.2.2 남북한 군사비 지출 비교 단위: 10 억 $

평가 기관	비교 대상	'77	'78	'79	'80	'81	'82	'83	'84	'85	'86
IISS	한국	1.8	2.6	3.2	3.46	4.4	3.97	4.4	4.5	4.4	4.85
	북한	1.0	1.0	1.2	1.3	1.47	1.7	1.9	2.03	4.2	4.27
SIPRI	한국	2.9	3.6	3.4	3.7	3.84	4.0	4.17	4.13	4.47	4.96
	북한	1.17	1.3	1.4	1.53	1.67	1.93	1.97	2.13	2.19	2.34

* IISS 1977~1978, 1986~1987 자료
  SIPRI 1987 자료

그림 3.2.5 에서 보는 것과 같이 ISS 에서 평가한 남북한 군사비 지출은 대한민국이 북한에 비해 1984 년까지 우위를 보이다가 1985 년에 이르러서 근접해 지고 있다.

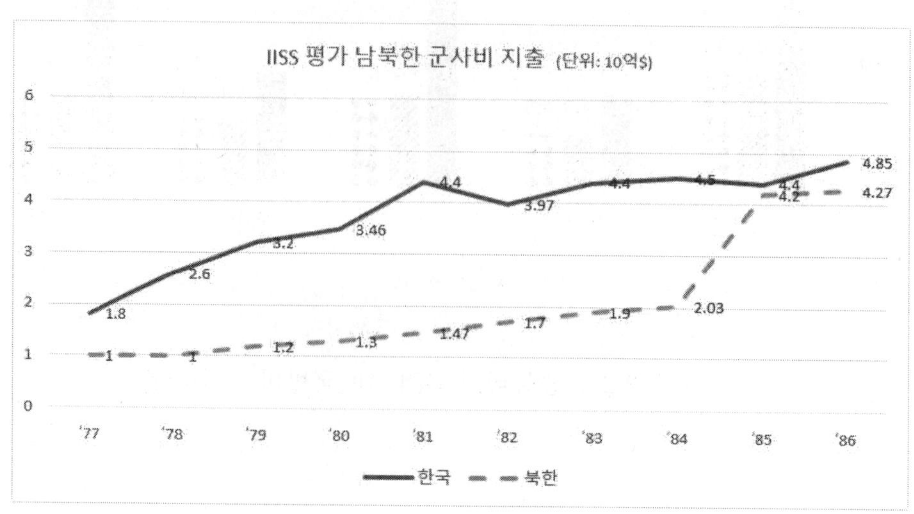

그림 3.2.5 IISS 평가 남북한 군사비 지출(1977~1986)

그러나 SIPRI 에서 평가한 남북한 국방비 지출현황은 그림 3.2.6 에서 보는 것과 같이 IISS 추정치와는 상이하다. SIPRI 데이터에 따르면 1977 년부터 1986 년까지 대한민국의 국방비는 북한의 국방비보다 2 배 이상이다. SIPRI 와 IISS 양개 기관에서 수집한 데이터가 상이하기 때문에 이러한 결과가 초래한 것으로 보인다. 실제 어떤 국가의 정확한 국방비를 확인하는 것은 어려운 과제이다. 특히, 공산권 국가들은 일반적으로 정확한 국방비를 공개하지 않을뿐 아니라 추정하기 어렵다.

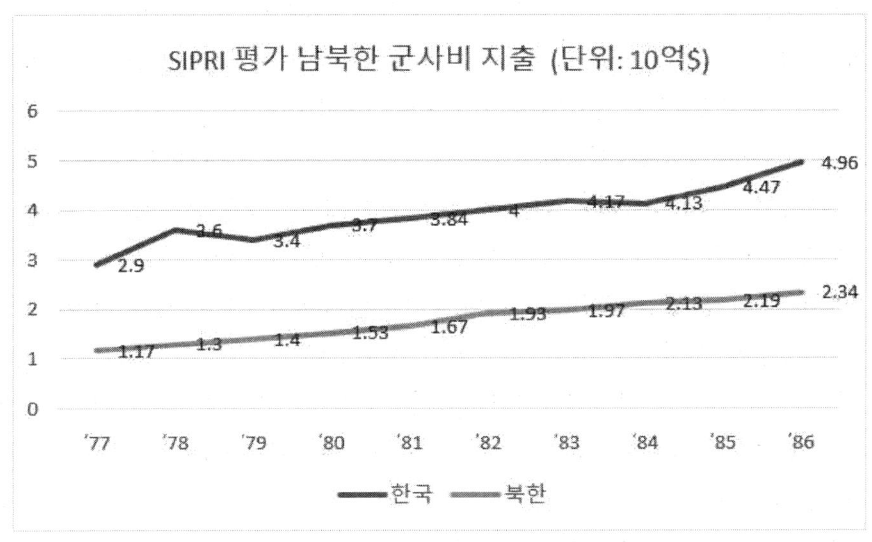

그림 3.2.6 SIPRI 평가 남북한 군사비 지출(1977~1986)

남북한의 군사비지출에 의한 군사력평가 시 유의할 점은 북한은 군수공장을 직영하여 염가로 무기생산이 가능하고 러시아나 중국으로부터 상대적으로 매우 저렴하게 무기를 획득하였다는 점이다. 북한에서는 군수공장 건설을 위한 토지를 무상으로 사용할 수 있으며 각종 공사에 투입되는 노동력의 동원이 가능하다. 반면 대한민국에서는 군수공장을 건설하는데 드는 토지 및 시설비, 노동력, 기업 이윤 등 투입요소에 대한 비용이 상당하여 유사한 성능의 무기를 생산하는데 상대적으로 비싼 비용을 지불해야 한다.

1970 년대의 북한의 물가는 연평균 5.3% 상승에 그친 데 비해 대한민국은 연평균 17.2%의 물가상승을 유지한 결과 1973~1990 년 기간 중 대한민국의 경상국방비는 연평균 18%로 비교적 빨리 증가하였지만 높은 물가상승으로 실질 국방비증가는 약 6% 수준에 불과하였다. 한편 대한민국의 높은 환율상승은 군사장비 물자의 수입부담을 가중시켜 실질국방비 규모을 상대적으로 크게 감소시킨 결과를 초래하였다. 그러므로

군사비 지출규모에 의해서 국가 간의 군사력을 비교하고자 할 때에는 위에서 살펴본 문제점들을 해소할 수 있는 방책을 강구하는 조치가 매우 중요하다.

3.2.8 북한의 군사비 투자추이가 한국에 대한 군사위협 정도 분석

이정우(2014)는 북한의 군사비 투자 추이가 한국에 대한 어떤 군사위협으로 나타나는지를 분석해보았다. 절대적 수치에서 북한의 군사비 지출이 과다하다고 평가되더라도 상대적으로 대한민국에 비해 열세인 것은 수치를 통해 알 수 있다. 표 3.2.3 를 기준으로 남북한의 경제력과 군사비 지출 비교를 통해 북한의 대남 군사위협 '능력'과 군사위협 '수준' 그리고 '지표'를 통한 군사위협의 추이를 살펴본다.

이정우는 북한의 잠재적인 대남 군사위협 능력을 알아보기 위해 실제 투여되는 군사비와 전쟁수행능력을 지원하는 경제력의 비율을 사용하였다. 즉 남북한의 군사비 비율과 경제력 비율을 곱할 경우, 양측 면에서 북한이 대한민국과 대등한 수준일 때 '1'에 근접한 수치가 나올 것이다. 이와 같은 맥락에서 그 수치가 '1'이 넘으면 북한의 군사위협이 상당한 것이고 '1'보다 낮으면 군사위협이 크지 않은 것이라고 볼 수 있다.

예를 들어 북한의 경제력이 대한민국의 절반에 미치지 못하더라도(48%) 군사비 지출이 두 배 이상(2.65 배)이 되면 북한의 군사위협 능력은 1.28 로 군사위협 능력이 상당히 높은 것이라고 볼 수 있다.

표 3.2.3 의 1968 년 경우, 이러한 기준 속에서 연도별로 북한의 대남 군사위협 능력을 검토해 보면, 데이터가 확보된 1961 년 이래 북한의 대남 군사위협이 '1'을 넘은 경우는 1964, 1965, 1967, 1968 그리고 1973 년이 전부이다(기하평균값의 경우에도 당연히 동일하다). 이 중 가장 큰 군사위협을 보인 1965 년의 경우, '1.50'의 수치를 나타내고 있다. 당해 연도 남북한의 경제력 비교는 '0.63'으로 대한민국이 앞섰지만, 북한이 군사력이 대한민국보다 '2.36'의 우위를 보였으므로 가능한 것이었다. 그러나 남북한 경제력 격차가 급격하게 벌어지기 시작한 1980 년대 후반부터 북한의 대남 군사위협 능력은 현저하게 떨어졌다. 예를 들어 1988 년 북한의 위협능력은 0.1 에도 못 미치는 0.07 의 수준으로 떨어졌고 1997 년부터는 0.01 의 수준을 벗어나지 못하고 있다. 이는 1965 년의 '1.50'에 비해 150 배 이상 하락한 수치이다. 비록 이 수치가 북한의 군사위협을 측정하는 정밀한 판단의 근거가 될 수는 없겠지만, 최소한 북한의 군사위협 능력이 과거에 비해 상대적으로 현저하게 떨어졌다는 것을 판단하는 근거로는 충분히 기능할 수 있을 것이다. 기하평균값을 기준으로 할 때 1965 년의 '1.22'에서 2002 년

'0.09가 되었으며 이후 비슷한 수치를 보이고 있다. 이는 1965년에 비해 10배 이상 하락한 수준이다.

여기에서는 군사위협의 종류를 능력과 수준으로 나누어 생각하고 있는데, 아무리 군사위협 능력이 높게 나타나더라도 군사력을 확대하고 사용할 일상적이고 긴급한 태도가 없다면, 군사위협의 수준이 낮은 것으로 인식할 수 있기 때문이다. 예를 들어 2012년 기준 국민총생산 대비 4.12%의 군사비를 지출하는 미국이 2%대로 지출을 줄인다면, 경제력에 따라 여전히 절대 군사위협 능력은 높지만 그 수준은 낮아졌다고 평가할 수 있다. 따라서 현재 27%로 추정되는 북한의 국민총소득 대비 군사비 지출은 북한의 군사위협 수준을 높게 보는 기준이 되고 있다.

표 3.2.3 북한의 대남 군사위협 평가

연도	남북한 군사비 비교 (북/남)	남북한 경제력 비교 (북/남)	(A) 북한 군사비 / GNI	군사위협					
				(B) 능력 (북/남 군사비)×(북/남 경제비)		수준 (A×B)		지표 (index)	
1953	N/A	0.29	N/A	N/A		N/A		N/A	
1954	N/A	0.47	N/A	N/A		N/A		N/A	
1955	N/A	0.50	N/A	N/A		N/A		N/A	
1956	N/A	0.53	N/A	N/A		N/A		N/A	
1957	N/A	0.53	N/A	N/A		N/A		N/A	
1958	N/A	0.63	N/A	N/A		N/A		N/A	
1959	N/A	0.68	N/A	N/A		N/A		N/A	
1960	N/A	0.63	N/A	N/A		N/A		N/A	
1961	1.31	0.62	13.08%	0.81	0.90	10.6	11.8	34.0	42.7
1962	1.31	0.61	15.00%	0.80	0.89	12.0	13.4	38.5	48.7
1963	1.38	0.59	13.75%	0.81	0.90	11.2	12.4	36.0	45.0
1964	2.27	0.62	13.89%	1.41	1.19	19.6	16.5	63.0	59.9
1965	2.36	0.63	13.68%	1.50	1.22	20.5	16.7	65.8	60.8
1966	1.73	0.54	13.00%	0.94	0.97	12.2	12.6	39.1	45.7
1967	2.61	0.53	20.43%	1.40	1.18	28.5	24.1	91.7	87.7
1968	2.65	0.48	24.40%	1.28	1.13	31.1	27.6	100.0	100.0
1969	2.18	0.39	23.46%	0.86	0.93	20.1	21.7	64.7	78.9
1970	1.81	0.40	18.13%	0.72	0.85	13.0	15.3	41.7	55.7
1971	2.11	0.37	21.71%	0.78	0.88	16.9	19.2	54.3	69.5
1972	2.18	0.39	22.86%	0.86	0.93	19.6	21.2	62.9	76.8
1973	2.72	0.39	24.04%	1.05	1.02	25.2	24.6	80.9	89.3
1974	2.28	0.31	23.56%	0.72	0.85	16.8	19.9	54.2	72.3
1975	1.70	0.31	25.08%	0.53	0.73	13.2	18.2	42.6	66.1
1976	1.30	0.27	24.42%	0.35	0.59	8.5	14.4	27.3	52.3
1977	1.06	0.23	24.07%	0.25	0.50	5.9	12.0	19.1	43.3
1978	0.98	0.20	23.71%	0.20	0.45	4.7	10.6	15.1	38.4
1979	0.91	0.20	23.55%	0.18	0.43	4.3	10.1	13.8	36.5
1980	0.85	0.22	24.00%	0.19	0.44	4.6	10.5	14.7	38.0
1981	0.85	0.20	23.82%	0.17	0.41	4.1	9.9	13.2	35.9
1982	0.76	0.19	23.82%	0.14	0.38	3.5	9.1	11.1	32.9
1983	0.81	0.18	23.45%	0.15	0.38	3.4	9.0	11.0	32.5
1984	0.81	0.17	23.42%	0.13	0.37	3.1	8.6	10.1	31.1
1985	0.80	0.17	23.05%	0.13	0.36	3.0	8.4	9.8	30.4

연도	남북한 군사비 비교 (북/남)	남북한 경제력 비교 (북/남)	(A) 북한 군사비 / GNI	군사위협					
				(B) 능력 (북/남 군사비)×(북/남 경제비)		수준 (A×B)		지표 (index)	
1986	0.79	0.17	22.59%	0.13	0.36	3.0	8.2	9.5	29.6
1987	0.75	0.15	21.75%	0.11	0.33	2.4	7.2	7.6	26.1
1988	0.61	0.11	21.46%	0.07	0.27	1.5	5.7	4.8	20.6
1989	0.51	0.10	21.28%	0.05	0.22	1.0	4.7	3.3	17.0
1990	0.51	0.09	21.56%	0.05	0.22	1.0	4.7	3.3	17.0
1991	0.47	0.08	22.49%	0.04	0.19	0.8	4.3	2.7	15.7
1992	0.50	0.07	26.26%	0.03	0.19	0.9	4.9	2.9	17.7
1993	0.49	0.06	27.41%	0.03	0.17	0.8	4.8	2.7	17.4
1994	0.46	0.06	27.17%	0.03	0.16	0.7	4.4	0.0	15.8
1995	0.42	0.05	27.98%	0.02	0.14	0.6	4.0	1.9	14.7
1996	0.37	0.04	27.01%	0.02	0.13	0.4	3.4	1.4	12.5
1997	0.32	0.04	27.01%	0.01	0.11	0.3	3.1	1.1	11.1
1998	0.33	0.04	37.94%	0.01	0.11	0.5	4.3	1.6	15.8
1999	0.34	0.04	30.25%	0.01	0.12	0.4	3.5	1.3	12.8
2000	0.39	0.04	29.76%	0.01	0.12	0.4	3.6	1.2	12.9
2001	0.29	0.03	31.85%	0.01	0.10	0.3	3.1	1.2	11.3
2002	0.28	0.03	29.41%	0.01	0.09	0.3	2.8	1.2	10.0
2003	0.27	0.03	27.17%	0.01	0.09	0.2	2.5	1.2	9.0
2004	0.30	0.03	27.00%	0.01	0.09	0.2	2.6	1.2	9.3
2005	0.32	0.03	27.00%	0.01	0.10	0.3	2.7	1.2	9.7
2006	0.33	0.03	27.00%	0.01	0.10	0.3	2.6	1.2	9.5
2007	0.33	0.03	27.00%	0.01	0.09	0.2	2.6	1.2	9.3
2008	0.28	0.03	27.00%	0.01	0.09	0.2	2.4	1.2	8.8
2009	0.28	0.02	27.00%	0.01	0.07	0.2	1.9	1.2	6.9
2010	0.29	0.02	27.00%	0.01	0.08	0.2	2.2	1.2	8.0
2011	0.30	0.02	27.00%	0.01	0.08	0.2	2.2	1.2	8.0
2012	0.31	0.02	27.00%	0.01	0.08	0.2	2.2	1.2	8.0

주 1: '북한의 군사위협 수준'은 '북한의 군사위협 능력'과 북한의 '(군사비/국내총생산) × 100'을 곱한 값이다. 또한 '북한의 군사위협 수준 지표(index)'는 '북한의 군사위협 수준'이 가장 높은 1968년의 값을 '100'으로 기준하여 비율에 따라 생성한 것이다.

주 2: '군사위협 능력', '군사위협 수준' 및 '군사위협 지표'에서 오른쪽의 수치는 기하평균에 따른 수치를 나타낸다.

주 3: 군사위협 능력의 수치는 소수점 여섯째자리까지 계산하여 소수점 셋째자리에서 반올림한 것이다.

그런데 군사적으로 위협 능력을 가지고 있다고 해서 그것이 곧 위협으로 나타난다고 볼 수는 없다. 북한의 대남 군사위협 수준은 군사 위협의 능력이 실제로 어떤 정책적 의지를 가지고 이루어지는가를 통해 좀 더 정확하게 파악될 수 있다. 즉 북한의 대남 군사위협 수준은 군사 부문에 대한 북한 당국의 의지와 위협능력을 종합적으로 살펴보는 것이 필요하다. 그런데 북한의 의지를 알아보는 지표는 군사 부문에 대한 재정투자의 총량을 통해 간접적으로 알 수 있으므로, 여기에서는 북한의 군사위협 수준을 '군사위협 능력×{(군사비/국내총생산)×100}으로 계산하기로 한다. 논리적으로 볼 때 군사 부문에 대한 재정의 투여가 북한 당국의 정책 우선순위를 결정하는 근거가 되기 때문이다.

이에 따르면, 북한의 대남위협 수준은 기왕에 산출한 위협능력을 국민총생산 대비 군사비 투여 비율을 곱하여 그것을 평가기준으로 삼을 수 있겠다. 앞에서 살펴보았듯이 북한의 군사위협 능력이 '1' 또는 그 이상일 경우 상당한 위협능력을 갖추었다고 볼 수 있다. 여기에 넉넉하게 잡아 국민총생산 대비 10% 이상의 군사비를 지출하는 것을 상당한 군사적 의지 표현으로 상정한다면, '10'(=1×0.1×100) 이상의 수치가 나타나는 경우, 북한의 대남 군사위협 수준은 상당히 높다고 평가할 수 있다. 물론 군사비의 지출 이외에 북한의 선군정치와 같은 군사주의 노선을 군사적 의지에 포함하여 사용한다면, 좀 더 종합적인 분석이 될 수도 있다. 그러나 이 경우 북한의 군사적 의지에 대해 자의적인 해석이 가능하므로, 그 부작용도 있을 수 있다. 따라서 여기에서는 북한의 군사적 의지가 국민총생산 대비 군사비지출 비율을 통해 수렴된다고 가정한다.

표 3.2.3 에서 보면 북한의 군사위협 의지는 1968 년 '31.1'로 가장 높게 나타나며, 이는 위에서 기준으로 잡은 '10'을 3 배 이상 상회하는 수치이다. 같은 해 군사위협 능력이 '1.28'로 대한민국보다 앞서 있었고 또한 국내총생산 대비 군사비지출이 24.4%로 비교적 높은 수준이었기 때문에 산출된 결과이다. 그런데 이러한 군사위협 수준 역시 남북한 간 경제력 격차와 이에 따른 상대적 군사비의 차이 때문에 1976 년 이래 상당한 위협이 존재한다고 볼 수 있는 기준점인 '10' 이하로 떨어졌으며, 1980 년 후반 이후 급격하게 감소하였다. 예를 들어 1998 년 북한의 대남 위협수준은 '0.5'를 나타난 이후 2000 년대 들어서는 '0.2~0.4' 사이에 머무르고 있다(기하평균값으로 보면 1968 년 '27.6'에서 1981 년 '9.9'로 떨어진 이후 2008 년 기준 '2.4'의 수준이다). 위협능력이 감소한 것과 비례하여 위협수준 또한 감소한 것이라고 평가된다.

즉, 경제력 약화에 따른 군사비지출의 절대적 열세는 위협능력의 감소로 이어졌고, 이러한 능력 감소는 군사위협 의지가 강하더라도 그 위협의 수준이 떨어지고 있음을 보여준다. 여기에서 북한의 대남 위협수준이 가장 높았던 1968 년을 '100'으로 지표(index)화하여 비교해 보면, 2008 년 현재 북한의 대남 군사위협 지수는

'1.2'(기하평균값의 경우 '8.8')에 불과하다. 이 지수를 기반으로 군사위협 수준을 연도별 그래프로 그려보면 그림 3.2.7 과 같다.

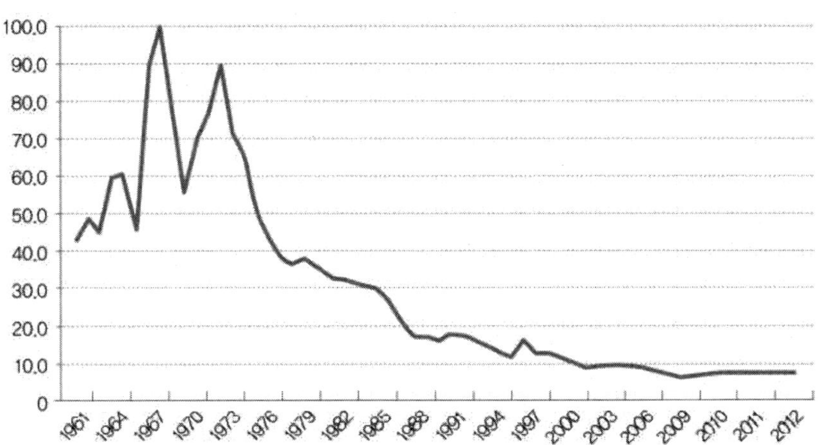

그림 3.2.7 북한의 대남 군사위협 수준 지표변화(기하평균값 적용)

그런데 여전히 평가에 있어 논란의 여지는 남게 된다. 북한 군사력 우위론자들이 주장하듯이 북한의 군사 부문 실질구매력이 대한민국보다 높다고 가정할 경우, 다른 결론이 나올 수도 있기 때문이다. 그런데 실질 구매력의 측면에서 북한의 상대적 우위를 2 배까지 올려 보아도 그림 3.2.8 에서와 같이 북한의 군사위협 수준의 변화 추세는 그림 3.2.7 과 크게 다르지 않다.

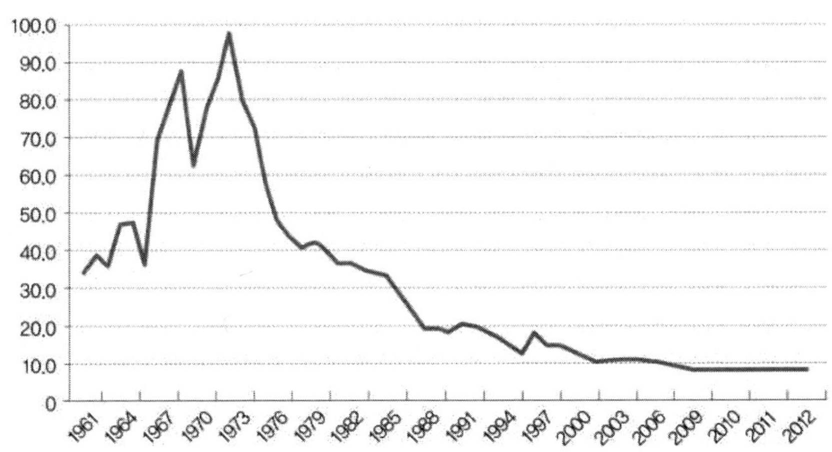

그림 3.2.8 실질구매력 기준으로 본 북한의 대남 군사위협 수준 지표변화 (기하평균값 적용)

표 3.2.4 는 대한민국의 1 인당 국민소득이 북한을 추월한 1969 년을 기준으로 북한의 군사비를 명목군사비의 2 배로 계산하여 북한의 대남 위협 수준을 다시 평가한 것이다.

표 3.2.4 실질구매력 기준 북한의 대남 군사위협 평가

연도	남북한 군사비 비교* (북/남)	남북한 경제력 비교 (북/남)	(A) 북한 군사비 / GNI	군사위협					
				(B) 능력* (북/남 군사비)× (북/남 경제비)		수준 (A×B)		지표 (index)	
1953	N/A	0.29	N/A	N/A		N/A		N/A	
1954	N/A	0.47	N/A	N/A		N/A		N/A	
1955	N/A	0.50	N/A	N/A		N/A		N/A	
1956	N/A	0.53	N/A	N/A		N/A		N/A	
1957	N/A	0.53	N/A	N/A		N/A		N/A	
1958	N/A	0.63	N/A	N/A		N/A		N/A	
1959	N/A	0.68	N/A	N/A		N/A		N/A	
1960	N/A	0.63	N/A	N/A		N/A		N/A	
1961	1.31	0.62	13.08%	0.80	0.90	10.6	11.8	21.0	33.8
1962	1.31	0.61	15.00%	0.80	0.89	12.0	13.4	23.8	38.5
1963	1.38	0.59	13.75%	0.81	0.90	11.2	12.4	22.3	35.7
1964	2.27	0.62	13.89%	1.41	1.19	19.6	16.5	38.9	47.4
1965	2.36	0.63	13.68%	1.50	1.22	20.5	16.7	40.7	48.1
1966	1.73	0.54	13.00%	0.94	0.97	12.2	12.6	24.2	36.2
1967	2.61	0.53	20.43%	1.40	1.18	28.5	24.1	56.7	69.4
1968	2.65	0.48	24.40%	1.28	1.13	31.1	27.6	61.8	79.2
1969	4.36	0.39	23.46%	1.72	1.31	40.3	30.7	80.0	88.4
1970	3.63	0.40	18.13%	1.43	1.20	26.0	21.7	51.6	62.4
1971	4.22	0.37	21.71%	1.56	1.25	33.8	27.1	67.1	77.9
1972	4.36	0.39	22.86%	1.71	1.31	39.2	29.9	77.8	86.0
1973	5.43	0.39	24.04%	2.09	1.45	50,3	34,8	100,0	100,0
1974	4.56	0.31	23.56%	1.43	1.20	33.7	28.2	67.0	81.0
1975	3.40	0.31	25.08%	1.06	1.03	26.5	25.8	52.6	74.1
1976	2.59	0.27	24.42%	0.70	0.83	17.0	20.4	33.8	58.6
1977	2.11	0.23	24.07%	0.49	0.70	11.9	16.9	23.6	48.6
1978	1.95	0.20	23.71%	0.40	0.63	9.4	14.9	18.7	43.0
1979	1.81	0.20	23.55%	0.37	0.60	8.6	14.2	17.1	40.9
1980	1.71	0.22	24.00%	0.38	0.62	9.1	14.8	18.1	42.5
1981	1.70	0.20	23.82%	0.34	0.59	8.2	14.0	16.3	40.2
1982	1.53	0.19	23.82%	0.29	0.54	6.9	12.8	13.7	36.9
1983	1.61	0.18	23.45%	0.29	0.54	6.8	12.7	13.6	36.4

연도	남북한 군사비 비교* (북/남)	남북한 경제력 비교 (북/남)	(A) 북한 군사비 / GNI	군사위협					
				(B) 능력* (북/남 군사비)× (북/남 경제비)		수준 (A×B)		지표 (index)	
1984	1.61	0.17	23.42%	0.27	0.52	6.3	12.1	12.4	34.8
1985	1.59	0.17	23.05%	0.26	0.51	6.1	11.8	12.1	34.0
1986	1.58	0.17	22.59%	0.26	0.51	5.9	11.6	11.7	33.2
1987	1.50	0.15	21.75%	0.22	0.47	4.7	10.2	9.4	29.2
1988	1.23	0.11	21.46%	0.14	0.37	3.0	8.0	6.0	23.1
1989	1.02	0.10	21.28%	0.10	0.31	2.1	6.6	4.1	19.1
1990	1.03	0.09	21.56%	0.09	0.31	2.0	6.6	4.0	19.0
1991	0.95	0.08	22.49%	0.07	0.27	1.7	6.1	3.3	17.6
1992	1.00	0.07	26.26%	0.07	0.26	1.8	6.9	3.6	19.9
1993	0.99	0.06	27.41%	0.06	0.25	1.7	6.8	3.3	19.5
1994	0.91	0.06	27.17%	0.05	0.23	1.4	6.2	2.8	17.7
1995	0.85	0.05	27.98%	0.04	0.20	1.2	5.7	2.3	16.4
1996	0.73	0.04	27.01%	0.03	0.18	0.9	4.9	1.7	14.0
1997	0.63	0.04	27.01%	0.03	0.16	0.7	4.3	1.4	12.4
1998	0.65	0.04	37.94%	0.03	0.16	1.0	6.1	2.0	17.6
1999	0.69	0.04	30.25%	0.03	0.16	0.8	5.0	1.6	14.3
2000	0.78	0.04	29.76%	0.03	0.17	0.9	5.0	1.7	14.5
2001	0.58	0.03	31.85%	0.02	0.14	0.6	4.4	1.2	12.6
2002	0.57	0.03	29.41%	0.02	0.13	0.5	3.9	1.0	11.2
2003	0.55	0.03	27.17%	0.02	0.13	0.5	3.5	0.9	10.1
2004	0.59	0.03	27.00%	0.02	0.13	0.5	3.6	1.0	10.4
2005	0.64	0.03	27.00%	0.02	0.14	0.5	3.8	1.0	10.8
2006	0.65	0.03	27.00%	0.02	0.14	0.5	3.7	1.0	10.6
2007	0.65	0.03	27.00%	0.02	0.13	0.5	3.6	1.0	10.4
2008	0.56	0.03	27.00%	0.02	0.13	0.4	3.4	0.9	9.9
2009	0.56	0.02	27.00%	0.01	0.12	0.3	3.2	0.8	9.2
2010	0.58	0.02	27.00%	0.01	0.12	0.3	3.2	0.8	9.2
2011	0.60	0.02	27.00%	0.01	0.12	0.3	3.2	0.8	9.2
2012	0.62	0.02	27.00%	0.01	0.12	0.3	3.2	0.8	9.2

주: '남북한 군사비 비교'는 대한민국이 북한의 1인당 국민소득을 추월한 1969년 이후 북한 군사비(앞의 표(표 2)의 수치)에 2배를 곱한 것이다. 또한 '북한의 대남 위협 수준 지표(index)'는 '북한의 대남 위협 수준'이 가장 높은 1973년의 값을 '100'으로 기준하여 비율에 따라 생성한 지표이다.

표 3.2.4 을 통해 보면, 북한의 대남 군사위협 수준은 1960 년대 후반에서 1970 년대 중반에 이르기까지 '20' 이상에서 '50' 수준을 상회하는 정도로 상당하였다. 군사위협 수준의 심각성을 앞서와 마찬가지로 '10 으'로 기준할 때 1973 년은 '50.3'(기하평균값으로는 '34.8')으로 매우 높게 나타났다. 그러나 이렇게 높은 위협수준은 1978 년 '10' 이하인 '9.4'로 하락한 이후 지속적으로 하락하여 1996 년에 '1' 이하로 떨어졌고, 2008 년에는 '0.4'(기하평균값으로는 '3.4')에 머무르고 있다. 이는 수치적으로 볼 때 위협수준이 가장 높았던 1973 년에 비해 100 배 이하로 낮아진 것이다(기하평균 기준으로 볼 때에는 약 30 배). 결국 북한의 대남 군사위협을 경제력과 군사비 지출을 통해 시기별로 또는 그 추세를 통해 분석할 때, 비록 통계의 정확도가 낮을지라도, 그 위협능력과 수준은 어떠한 기준을 놓고 보더라도 지난 1960~1970 년대에 비해 현저하게 떨어졌음을 알 수 있다. 또한, 이러한 추세는 북한의 경제력이 급격히 성장하고 반대로 대한민국의 경제력이 파국적으로 저하하는 조건이 충족되지 않는 한 변경될 수 없는 것이다.

이상의 논의들을 종합해 볼 때, 남북한 양국의 군사정책이 급격하게 변동하기 힘든 상황을 조건으로 한다면, 위의 방법을 통한 남북한의 재래식 군사력의 비교에서는 사실상 대한민국의 우위, 북한의 열세를 인정하지 않을 수 없다. 따라서 지금까지 북한의 재래식 군사력 우위를 토대로 분석한 북한의 대남 군사위협 주장은 새로운 근거를 제시해야 할 필요성이 대두된다.

그런데 사실 남북한의 군사비 격차만을 가지고 군사위협의 정도를 정확히 평가할 수는 없다. 대표적으로 테러집단의 군사위협은 군사비 비교를 통해서 나타나는 것이 아니다. 예를 들어 미국과 테러집단 간에는 남북한 간의 격차보다 훨씬 큰 군사비 차이가 존재하는 것이며, 따라서 안보를 '일국의 내부적 가치를 외부적 위협으로부터 보호하는 것'이라고 광범위하게 정의할 때, 북한의 대남위협 능력과 수준은 여전히 우려의 대상이 아닐 수 없다. 비록 상대적인 평가에서는 격차가 벌어지는 추세지만 절대적인 측면에서 북한의 군사능력과 위협의 수준은 꾸준히 향상되어왔기 때문이다.

그러나 여기에서 주목해야 할 점은 이와 같은 절대적 위협의 상존은 상대적 격차를 아무리 벌리더라도 계속 존재한다는 점이다. 따라서 절대적 위협을 빌미로 한국정부 또는 군부가 비합리적 군사력 증강에 정책초점을 둘 경우, 안보 딜레마의 악순환은 결코 사라지지 않게 된다는 점이다. 최근 들어 북한이 핵·미사일과 같은 비대칭 군사력에 치중하는 현실 속에서 이러한 제언은 더욱 설득력을 가지게 된다.

3.2.9 각국의 연도별 군사비 지출현황

SIPRI 에서 발간한 2018 년 세계 국방비 지출현황은 그림 3.2.9 와 같다. 미국이 6,488 억 달러로 1 위, 중국이 2,500 억 달러로 2 위, 사우디아라비아가 676 억 달러로 3 위 순이다. 대한민국은 431 억 달러의 국방비를 지출하여 세계 10 위 국방비 국가이다. 상위 19 개국을 제외한 나머지 국가들의 국방비의 총액이 2,929 억 달러로서 중국의 국방비보다 약간 많은 것을 알 수 있고 미국의 국방비의 45.1% 수준이라는 것은 흥미로운 일이다.

(단위: 10 억 달러)

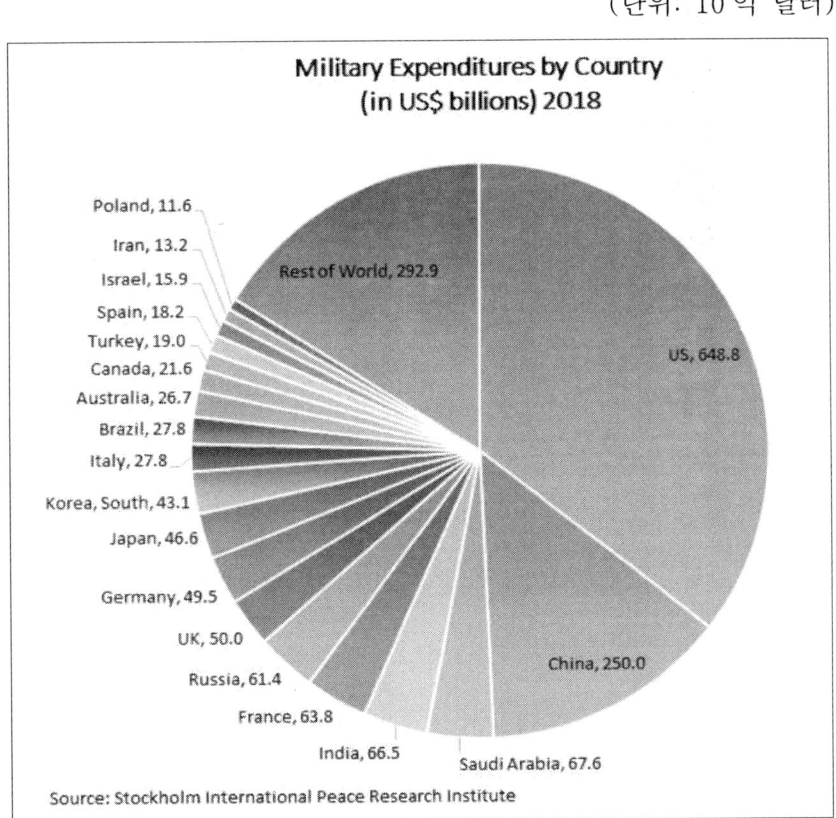

그림 3.2.9 2018 년 국방비 지출(SIPRI)

그림 3.2.10은 SIPRI가 작성한 2019년 각국의 국방비 현황으로 미국이 7,320억 달러, 중국이 2,610억 달러 인도가 711억 달러 순이다. 막대그래프로 비교하면 미국의 국방비 지출 수준이 다른 국가에 비해 확실히 크다는 것이 명확하게 드러난다. 대한민국의 군사비 지출액은 439억 달러로서 일본의 476억 달러를 이어 세계 10위를 2018년에 이어 그대로 유지하고 있다.

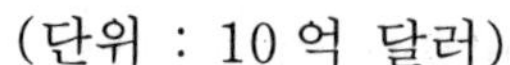
(단위 : 10억 달러)

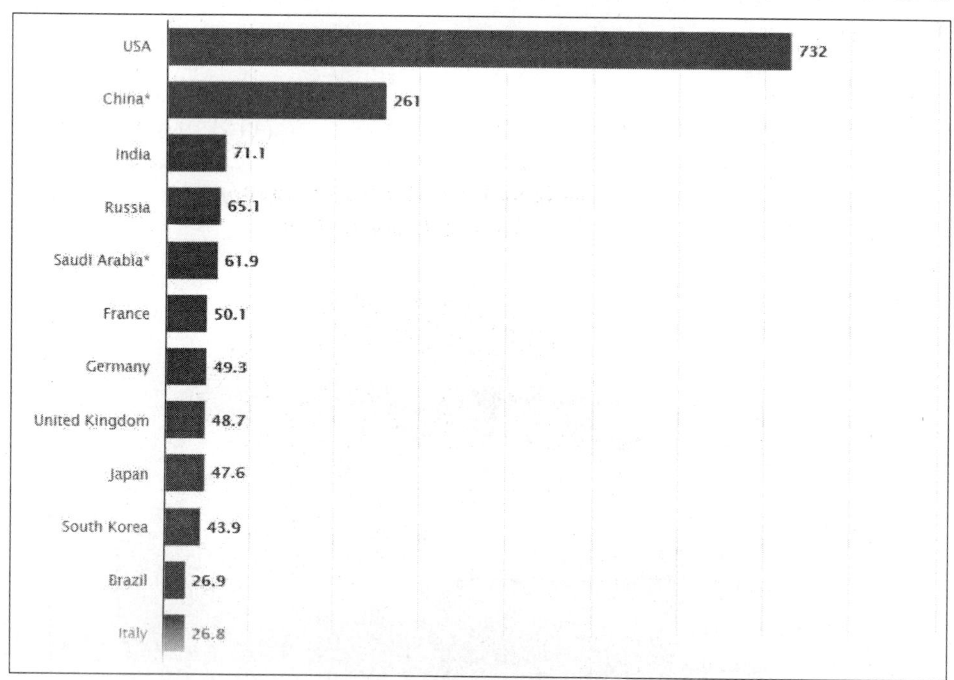

그림 3.2.10 SIPRI 작성한 2019년 각국의 국방비 현황

「IISS Military Balance」에서는 2019년 각국의 국방비를 그림 3.2.11과 같이 표현하고 있다. 1위가 미국으로 6,846억 달러이며 2위에서 10위까지 다 합쳐도 미국의 국방비보다 작다. 미국은 압도적 국방비를 편성 지출함으로써 세계의 군사적, 경제적 주도권을 장악해 가고 있다.

(단위: 10억 달러)

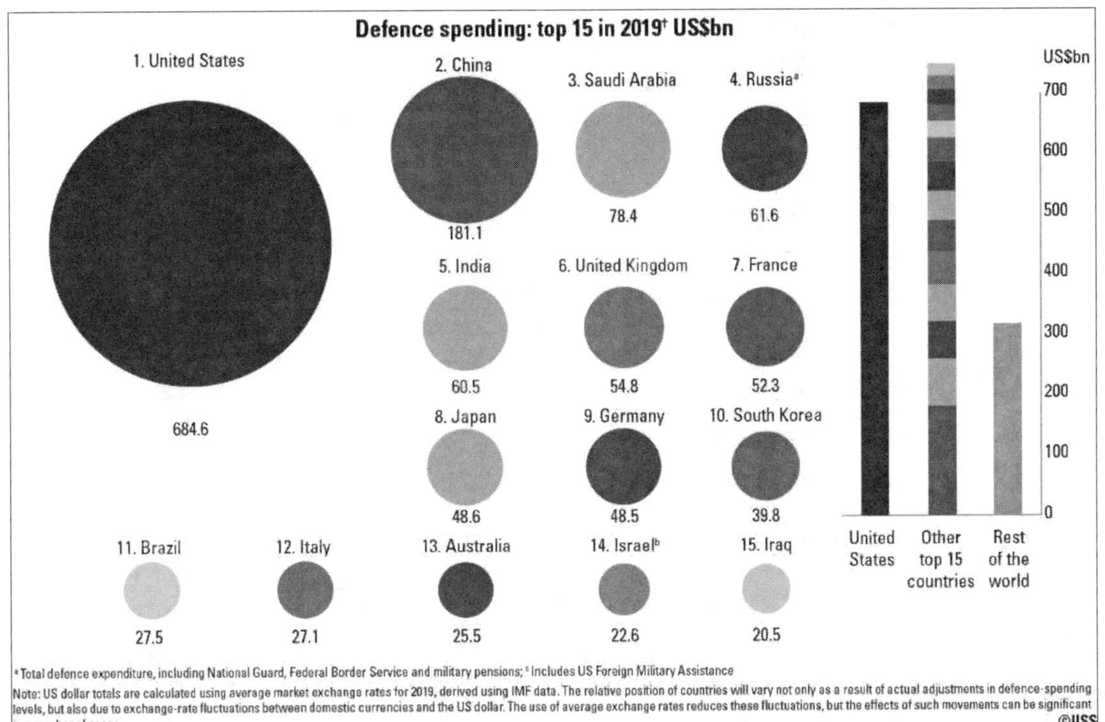

그림 3.2.11 2019년 각국의 국방비 현황 (IISS)

그림 3.2.12는 SIPRI Military Expenditure Database에 근거한 각국의 2020년 국방비 현황이다. 2020년 미국의 국방비는 7,320억 달러이며 미국 GDP의 2.2 %로서 세계 1위를 달리고 있으며 중국의 국방비는 2,610억 달러이며 중국 GDP의 3.4%를 차지한다. 3위는 인도, 4위는 러시아이며 대한민국의 국방비는 433억 달러이며 GDP의 2.7%로서 세계 10위이다.

Rank ⬍	Country ⬍	Spending (US$ bn) ⬍	% of GDP ⬍
	World total	**1,917**	**2.2**
1	United States of America	732.0	3.4
2	People's Republic of China	261.0	1.9
3	India	71.1	2.4
4	Russian Federation	65.1	3.9
5	Saudi Arabia[a][b]	61.9	8.0
6	France	50.1	1.9
7	Germany	49.3	1.3
8	United Kingdom	48.7	1.7
9	Japan	47.6	0.9
10	South Korea	43.9	2.7
11	Brazil	26.9	1.5
12	Italy	26.8	1.4
13	Australia	25.9	1.9
14	Canada	22.2	1.3
15	Israel	20.5	5.3

그림 3.2.12 각국의 2020 년 국방비 현황(SIPRI)

IISS 에 근거한 각국의 2020 년 군사비 현황은 그림 3.2.13 과 같다. 2020 년 미국의 국방비는 6,846 억 달러로서 세계 1 위를 달리고 있으며 중국의 국방비는 1,811 억 달러를 차지한다. 3 위는 사우디아라비아, 4 위는 러시아이며 대한민국의 국방비는 398 억 달러로서 세계 10 위이다.

Rank	Country	Spending (US$ bn)
1	United States of America	684.6
2	China	181.1
3	Saudi Arabia	78.4
4	Russia	61.6
5	India	60.5
6	United Kingdom	54.8
7	France	52.3
8	Japan	48.6
9	Germany	48.5
10	South Korea	39.8
11	Brazil	27.5
12	Italy	27.1
13	Australia	25.5
14	Israel	22.6
15	Iraq	20.5

그림 3.2.13 각국의 2020 년 국방비 현황(IISS)

그림 3.2.14는 GDP 대비 군사비 지출의 순위를 나타내고 있는데 SIPRI에서는 사우디아라비아가 8.8%로서 가장 높으며 오만이 8,2%, 알제리가 5.3%이다. IISS 자료에서는 오만이 GDP 대비 15.3%로서 가장 높으며 아프카니스탄이 14.0%, 이라크가 11.6%로 분쟁지역의 특성을 나타내고 있다.

Rank	Country	% of GDP
1	Saudi Arabia	8.8
2	Oman	8.2
3	Algeria	5.3
4	Kuwait	5.1
5	Lebanon	5.0
6	Armenia	4.8
7	Jordan	4.7
8	Israel	4.3
9	Pakistan	4.0
10	Russia	3.9
11	Ukraine	3.8
12	Azerbaijan	3.8
12	Bahrain	3.6
14	Uzbekistan	3.6
15	Namibia	3.3
15	Colombia	3.2

SIPRI

Rank	Country	% of GDP
1	Oman	15.3
2	Afghanistan	14.0
3	Iraq	11.6
4	Saudi Arabia	8.9
5	Congo	6.4
6	Algeria	6.3
7	Israel	6.1
8	Bahrain	4.8
9	Russia	4.6
10	Botswana	4.4
10	Jordan	4.4
12	Namibia	4.1
13	Azerbaijan	4.0
13	Armenia	4.0
15	Mali	3.9

IISS

그림 3.2.14 GDP 대비 군사비 지출의 순위

그림 3.2.15는 2017년 GDP 대비 국방비 비율을 국가별로 나타낸 것이다. 중동지역이 확연히 GDP 대비 국방비 지출이 높은 것으로 나타나고 있으며 외부의 위협이 작거나 비분쟁지역에서는 GDP 대비 국방비 지출의 비율이 낮다.

그림 3.2.15 국가별 GDP 대비 국방비 비율(2017)

흥미로운 것은 IISS에서 예측한 중국과 미국의 국방비 추세이다. 그림 3.2.16에서는 중국의 경제 성장률을 5%, 7.8%, 15.6%로 구분하여 2050년까지 중국의 국방비 증가를 예측하였고 미국은 2011년 예산통제 법률, 2012년 예산안, 2013년 예산안을 근거로 작성한 국방예산 규모를 비교하였다. 그림 3.2.16에서 보는 것과 같이 중국의 경제성장율 15.6%로 가정하였을 때는 대략 2025년부터는 중국의 국방비가 미국의 국방비보다 많아진다. 중국의 경제성장율은 7.8%로 가정하면 2037~2045년 정도에서 미국의 국방비보다 많아진다. 중국의 경제성장율을 5%로 가정하였을 때는 2044년부터 중국의 국방비가 미국의 국방비보다 많아지는 경우가 발생할 수도 있다.

물론 이러한 분석은 여러 가지 가정을 설정하고 그 가정이 맞아야 하는 것을 필요로 하지만 중국의 국방비 규모가 이러한 가정이 맞을 때는 미국의 국방비보다 더 많아질 수도 있다는 것을 시사한다.

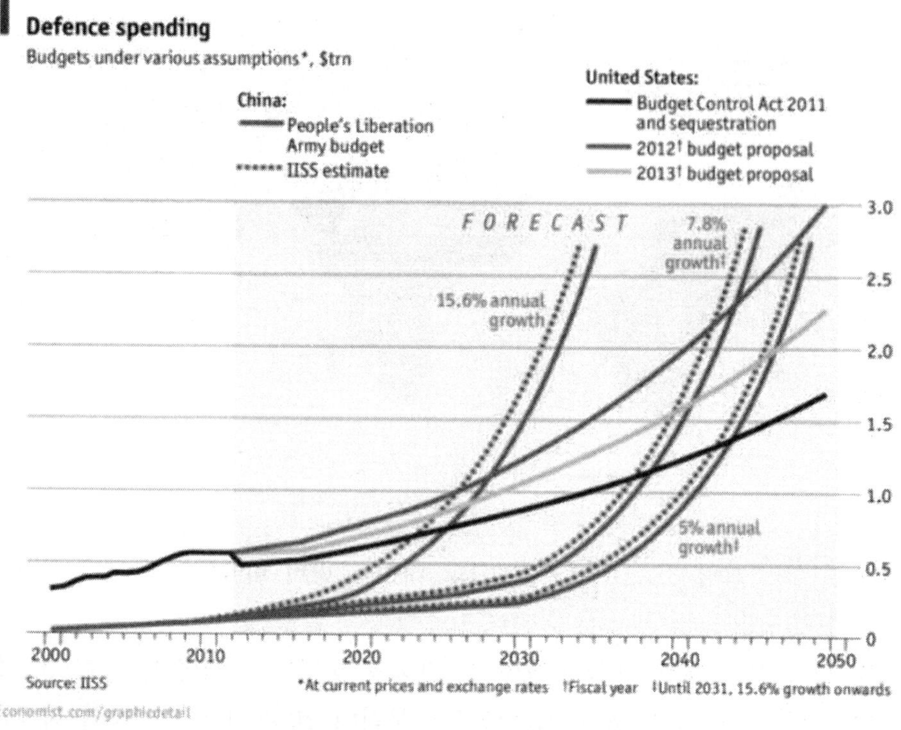

그림 3.2.16 미국과 중국의 2020~2050 년 국방비 증가 예측(IISS)

이렇듯, 국방비 규모로 군사력을 평가하는 것은 각국의 국방비 규모를 정확히 알아야 하는데 앞에서 보는 것과 같이 국방비를 추정한 SIPRI, IISS 가 모두 상이한 데이터를 사용하고 있다. 실제 국방비 규모가 투명하지 않은 국가가 다수 존재한다. 그러므로 연도별 국방비 규모와 세부 규모를 정확히 아는 것은 상당히 어려운 일이지만 군사력평가를 위해 한 방향에서 보는 관점에서는 상당히 유용한 방법이다.

3.3 전력생산함수

3.3.1 전력생산함수 개념

전력생산함수(MPF : Military Production Function)는 국방분야 비용 대 효과분석에서 중요한 도구 중 하나이다. MPF 는 병력, 무기 등 특정 형태의 특성들을 입력하면 국가안보 목표성과를 반영하는 효과 척도를 산출한다. 예를 들어 표적 파괴, 전투피해평가, 요구 항공 Sortie 등이 적절한 척도가 될 수 있다.

국방 비용 대 효과분석에서 도전받는 하나의 난제는 적절한 효과척도를 식별하는 것이다. 이러한 척도를 결정하는 것은 작전적이고 분석적인 경험을 둘 다 필요로 한다. 또 척도 자체가 특정 문제에 국한되는 특징이 있다. MPF를 표현하기 위해 여러 가지의 척도가 사용되었지만 이러한 척도를 결정하는 논리적 절차는 아직 정립되어 있지 않다.

대신, N개의 입력, $X_1, X_2, ..., X_N$이 입력되어 하나의 효과 Y를 산출한다면 식 (3.3-1)과 같은 형태로 표현할 수 있다.

$$Y = f(X_1, X_2, ..., X_N) \quad (3.3-1)$$

MPF를 추정할 때는, 미시경제학 이론의 생산이론으로부터 가져온 전통적인 그래프 표현이 추정 함수의 특성을 이해하는데 많이 사용되었다. 다른 입력요소들은 상수로 놓고 하나의 입력이 산출물에 관련되는 총생산곡선과 2개의 입력자료의 trade-off 관계분석 등이 사용되었다.

3.3.2 전력생산함수 추정방법

MPF를 추정하는 3개의 기본 방법이 있다. 첫 번째로 역사적 자료를 요약하는 목적으로 실시하는 '회귀분석' 방법이다. 이것은 계량경제학 MPF이다. 두 번째로 대규모 군사 운영분석 모델의 결과를 재생하기 위한 회귀분석방법을 사용하는 것이다. 이것은 '반응-표면(Response-Surface) 분석' MPF라고 한다. 세 번째 방법은 국방환경의 과학기술적 측면으로부터 MPF를 유도하는 것이며 '과학기술 MPF'라고 한다.

계량경제학 또는 '반응-표면 분석' MPF 방식을 사용하면 반드시 사용된 특정 함수형태가 관련 데이터를 정확하게 설명해야 한다. 반면에 '과학기술 MPF'는 과학기술적 관계성으로부터 유도되기 때문에 산출되는 함수형태가 기본적인 과학기술 관계성으로부터 결정된다. MPF를 추정하는 3개의 방법에 대한 타당성 검사가 매우 중요한 문제로 제기된다.

특정함수 형태를 탐색하는 시작점으로서 식 (3.3-2)와 같은 지수생산함수는 유용하다.

$$Y = AX_1^{\beta_1}X_2^{\beta_2} \quad (3.3-2)$$

왜 이러한 형태의 생산함수가 매력적인지에 대한 하나의 이유는 입력의 승수적 상호작용이 산출물 Y에 결합적으로 영향을 미치는 가능성을 알 수 있기 때문이다. Y를 X_1과 X_2로 편미분해 보면 이런 특성을 알 수 있다.

$$\frac{\partial Y}{\partial X_1} = \beta_1 A X_1^{(\beta_1 - 1)} X_2^{\beta_2}$$

$$\frac{\partial Y}{\partial X_2} = \beta_2 A X_1^{\beta_1} X_2^{(\beta_2 - 1)}$$

편미분은 해당 입력변수에 대한 한계생산과 동일하기 때문에 이러한 형태의 생산함수는 각 입력의 한계생산이 그 입력변수의 활용성 수준뿐만 아니라 다른 입력변수의 활용성 수준에도 의존한다.

이러한 생산함수 형태의 또 다른 좋은 점은 선형회귀분석을 사용하여 쉽게 추정할 수 있다는 것이다. $Y = AX_1^{\beta_1}X_2^{\beta_2}$을 자연로그를 양변에 적용하면 식 (3.3−3)으로 변환된다.

$$\text{Ln}\,Y = \beta_0 + \beta_1 \text{Ln}(X_1) + \beta_2 \text{Ln}(X_2) \qquad (3.3-3)$$

$$where\ \beta_0 = e^A$$

어떤 변수 Z에 대해서도 $dLn(Z) = dZ/Z$이기 때문에 β_1과 β_2는 탄성계수로 확인할 수 있다. 이들은 각각 X_1과 X_2에서 1 퍼센트 변화로부터 초래되는 국방 산출물의 퍼센트 변화량과 동일하다. 그러므로 지수 생산함수는 해석하기 매우 용이하다.

3.3.3 전력생산 최적화 모델

일반적으로 전력발휘 요소 $X_1,\ X_2, \cdots, X_n$가 있을 때 이를 조합하여 전력소요 P^*를 만족해야 하고 이를 구성하는 가용예산 C^* 범위내에서 전력을 확보해야 할 때는 식 (3.3−4)와 같은 선형계획법 또는 정수계획법의 제약식이 구성된다.

$$P = f(X_1,\ X_2, \cdots, X_n)\ \geq\ P^*$$

$$(3.3-4)$$

$$G = g(X_1,\ X_2, \ldots, X_n)\ \leq\ C^*$$

$$x_i \le x_i^*,\ i = 1,2,\ldots,n$$

목적함수는 적의 위협을 최소화, 전력확보의 비용 최소화 또는 아군의 전력발휘의 최대화를 달성하는 것으로 설정할 수 있다. 다음과 같은 기호를 정의하자.

W : 무기체계 집합
T : 표적 집합
A : Arc의 집합, 무기체계 i가 표적 j를 사격할 수 있다면 $(i,j) \in A$
x_{ij} : 결정변수, 무기체계 i가 표적 j를 사격하는 발수, $(i,j) \in A$
w_j : j 표적의 중요도
p_{ij} : 무기체계 i의 한 발을 표적 j를 사격했을 때 파괴확률

적의 위협을 최소화하는 목적식은 주로 다음과 같이 타격후 잔류하는 적의 위협을 최소화하는 식 (3.3−5)로 구성한다.

$$\min \prod_{i \in W | (i,j) \in A\}} w_j (1 - p_{ij})^{x_{ij}} \qquad (3.3-5)$$

만약 군사력을 건설하는데 위에서 제시한 제약식을 만족하면서 군사력건설 비용을 최소화하는 수리계획법을 구성하고 싶다면 아래와 같은 기호를 정의한다.

W : 군사력 요소 집합
T : 군사력 목표 집합
A : Arc의 집합.
군사력 요소 i가 군사력 목적 j를 달성할 수 있다면 $(i,j) \in A$
x_{ij} : 결정변수, 군사력 요소 i가 군사력 목적 j에 투입되는 수량, $(i,j) \in A$
c_{ij} : 군사력 요소 i의 한 단위가 군사력 목적 j에 투입되는 비용

군사력건설의 비용을 최소화하는 목적식은 식 (3.3−6)과 같이 구성한다.

$$Min \sum_{(i,j)\in A} c_{ij}x_{ij} \qquad (3.3-6)$$

위의 두 제약식을 만족하고 목적식을 최적화하는 해를 구하는 것이 전력생산함수를 구하는 문제이다.

3.3.4 Huber 의 전력평가함수

Reiner K. Huber 는 군사력을 화력, 병력, 물자보급의 함수로 표현하였다. Huber 의 전력평가 함수로 A, B 2 개 국가의 전력을 비교하는 공식은 아래와 같다.

$$\frac{B\text{국가의 } MPF}{A\text{국가의 } MPF} = K \times \frac{B\text{국가의 화력}^{\alpha} \times B\text{국가의 병력}^{\beta} \times B\text{국가의 물자보급}^{\gamma}}{A\text{국가의 화력}^{\alpha} \times A\text{국가의 병력}^{\beta} \times A\text{국가의 물자보급}^{\gamma}}$$

여기에서는 K는 병력의 자질과 C4I 능력 인수이다.

3.3.5 Huber 의 확대 전력생산함수

전력생산함수의 설정에 있어서 입력요소의 구성을 일방의 병력, 전투기, 전차, 함정 등 자산에 한정하고 자산을 고정시키는 경우를 위에서 보았다. 그러나 전력의 생산은 피아 간의 상대적 작용에 의해서 결정되는 것이므로 전력생산함수의 입력도 피아 간의 자산을 모두 포함하는 것이 바람직하다. 이것을 Huber 는 '확대 전력생산함수'라고 하여 식 (3.3−7)과 같이 표현하였다.

$$P = f(x_1, x_2, \ldots, x_n, y_1, y_2, \ldots, y_m) \qquad (3.3-7)$$

여기에서 x_i와 y_i는 Blue Force 와 Red Force 의 입력요소를 표시하는 것이다. 그러므로 피아의 전력생산함수를 선형가중합으로 설정할 경우에 피아의 전력비 ξ는 식 (3.3−8)과 같이 산출할 수 있다.

$$\xi = (b_1x_1 + b_2x_2 + \ldots, b_nx_n) / (r_1y_1 + r_2y_2 + \ldots, r_my_m) \qquad (3.3-8)$$

여기에서 단위 전력당 효과도 b_i, r_j를 추정하는 것이 문제인데 전투모의 모형을 사용하는 복합동태적 방법에서 획득한 자료를 선형회귀모형으로 처리하는 기법을 소개한다.

피아 간 군사력 비교평가를 위한 전투모의모형을 운영하기 위하여 기본적으로 필요한 데이터는 피아가 보유하고 있는 부대의 배치와 무기체계, 지원장비, C4I, 군수지원요소뿐만 아니라 작전계획, 전술 등이다. 전력생산함수의 입력요소 단위당 효과도 추정을 위하여 기본적으로 고려할 수 있는 방법은 피아가 보유하고 있는 기존의 자산은 고정하고 추가로 투입하고자 하는 입력요소에 대해서만 한 단위씩 증가시킬 경우 이것이 전력생산함수에 미치는 전력상승 효과정도를 구하는 것이다.

입력요소를 너무 세분화하여 무기체계 수준으로 구분할 경우에는 입력변수의 수가 너무 많아지므로 문제의 정형화가 복잡해지고 감도분석이 어렵다. 그러므로 단위전력의 개념을 도입하여 전투수행을 위한 최소단위부대를 기본단위전력으로 하되 때로는 수개의 기본단위전력이 합하여 상위 단위전력을 형성할 수도 있다. 그러므로 전력생산함수의 입력요소는 기본단위전력이나 상위의 단위전력별로 구분하되 기본단위 전력을 구성하는 개별 무기체계나 장비를 전력구성요소로 취급하는 것이다.

피아 간의 군사력을 종합적으로 비교평가하기 위해서는 전력생산함수에 입력요소로 들어가는 단위전력의 종류가 모든 전장기능을 망라할 수 있도록 구성되어야 하지만 경우에 따라서는 전력기획상 핵심이 되는 단위전력만 입력변수로 취급하고 나머지는 묶어서 하나의 고정된 전력치를 가지는 것으로 둘 수 있다.

예를 들어 전력생산함수 $P = b_0 + b_1x_1 + b_2x_2 + ..., b_nx_n$와 같이 선형가중합의 형태로 표시될 경우에 $b_1, b_2, ..., b_n$의 값은 전력기획상 핵심이 되는 각 입력변수의 단위당 효과도이고 b_0의 값은 기타 전력을 묶어서 고정된 전력값으로 보는 것이다.

입력요소로 투입하고자 하는 기본단위 전력 $x_1, x_2, ..., x_n$을 독립변수로 두고 전투모의의 결과, 예를 들면 전력손실교환율, 다시 말하면 Blue Force 잔존전력, 을 종속변수로 두면 단위전력의 효과도 측정문제는 식 (3.3-9)와 같은 선형회귀분석모형으로 정형화가 가능하다.

$$z_k = b_0 + b_1x_1 + b_2x_2 + ..., b_nx_n \qquad (3.3\text{-}9)$$

여기에서,

z_k : k번째 투입전력배합에 의한 전투결과(MOE : Measure Of Effectiveness)의 추정치, $k = 1, 2, ..., n$

b_0 : 기본 전투력의 기여도

b_i : i 단위전력의 기여도, $i=1,2,\ldots,n$

$$x_i = \begin{cases} 1, & i\text{ 단위전력이 모의에 포함될 경우} \\ 0, & i\text{ 단위전력이 모의에 포함되지 않을 경우} \end{cases}$$

식 (3.3−9)와 같은 관계식을 n개 설정하여 행렬행태로 표현하면 식 (3.3−10)과 같다.

$$Z_{(n\times 1)} = X_{(n\times n)}B_{(n\times 1)} \quad (3.3-10)$$

선형회귀분석기법에 의하여 단위전력 $x_1, x_2, \ldots, x_n$의 효과도 $B_{(n\times 1)}$을 구할 수 있다. 선형회귀분석모형의 종속변수 z_k값은 전투모의 결과자료 중에서 채택하는 평가척도 MOE로서 한가지 평가척도만 사용하는 것보다 여러 가지 평가척도를 함께 고려하는 것이 바람직하다.

지상군의 작전능력 평가를 위해서는 전력손실교환율과 Blue Force 잔존전력비율이 전투결과평가척도로 주로 사용되고 해·공군 작전능력평가와 군수지원 능력평가를 위해서도 유사한 개념을 적용할 수 있다. 여기서 전력손실교환율이란 식 (3.3−11)을 의미한다.

$$\text{전력손실교환율} = \frac{\dfrac{Red\ Force\text{ 전력손실}}{Red\ Force\text{ 최초 전력}}}{\dfrac{Blue\ Force\text{ 전력손실}}{Blue\ Force\text{ 최초 전력}}} \quad (3.3-11)$$

Blue Force와 Red Force의 전력비교는 각각의 전력생산함수의 비교에 의해 가능한데 양측의 전력생산함수 P_B, P_R은 각각 식 (3.3−12), (3.3−13)과 같다.

$$P_B = \beta_0 + \beta_1 x_1 + \beta_2 x_2 + \ldots + \beta_n x_n \quad (3.3-12)$$
$$P_R = \rho_0 + \rho_1 y_1 + \rho_2 y_2 + \ldots + \rho_m y_m \quad (3.3-13)$$

여기에서.

P_B : Blue Force의 전력생산함수

P_R : Red Force의 전력생산함수

x_i : Blue Force 기본단위전력 i의 보유수량

y_j : Red Force 기본단위전력 j의 보유수량

β_o : Blue Force 기본적 고정전력

ρ_0 : Red Force 기본적 고정전력

β_i : Blue Force 기본단위전력 i의 전투기여도

ρ_j : Red Force 기본단위전력 j의 전투기여도

대체로, Blue Force 와 Red Force 의 기본단위전력을 서로 유사한 것으로 분류하고, 즉 x_i와 y_j는 같은 범주에 속하는 전력단위가 되게 하고, 독립변수(입력변수)의 수도 동일하게 둠으로써 Blue Force 와 Red Force 의 전력을 서로 대칭적으로 비교하는 것이 편리하다. 가령, 전투상황에 결정적 영향을 미치는 전력단위를 핵심전력이라고 하고 경제수명이 초과되지 않은 장비를 주요전력이라고 한다면 핵심전력이나 주요전력 위주로 전력생산함수의 독립변수를 설정하는 것이 Blue Force 와 Red Force 의 전력비교에 바람직하다. 그러나 독립변수의 설정은 융통성있게 할 수 있으므로 전장기능별 비교 등 다른 방법으로도 할 수 있다. 그러므로 Blue Force 와 Red Force 간의 단순한 전력 격차뿐만 아니라 전력구성상의 취약부분과 강점을 쉽게 식별할 수 있다.

3.4 다기준 의사결정방법에 의한 군사력평가

3.4.1 대안 우선순위 결정 개념

다기준 의사결정방법은 대안을 평가하는 기준이 여러 가지가 있을 때 각 대안별 평가기준의 좋고 나쁨이 지배적이지 않고 Trade-off 가 있을 때 대안의 우선순위를 결정하는 방법이다. 만약 대안 A 가 대안 B 보다 모든 평가기준에서 우월할 때는 우리는 대안 A 가 대안 B 보다 확실히 좋다고 말할 수 있다. 그러나 n개의 평가기준이 있을 때 대안 A 가 대안 B 보다 m개의 평가기준에서 좋고, $n-m$ 개의 평가기준에서는 대안 B 가 대안 A 보다 더 좋을 때 우리는 어느 대안이 더 좋은지 고민하게 된다. 이러한 경우 우리는 평가기준의 가중치를 구하여 설정하고 어느 대안이 더 좋은 대안인지 여러 가지 다기준 의사결정 방법론을 통해 대안의 선호도와 우선순위를 결정한다.

평가기준은 2 가지로 분류할 수 있는데 크면 클수록 좋은 평가기준과 작으면 작을수록 좋은 평가기준이 있다. 크면 클수록 좋은 평가기준을 Benefit Criteria(Benefit Attribute, Positive Indicator)라고 하고 작으면 작을수록 좋은 평가기준을 Cost Criteria(Cost Attribute, Negative Indicator)라고 한다. 예를 들어, 차량선택 다기준 의사결정문제에서

Benefit Criteria는 '연비', '안락함', '차량 크기', '안전성' 등이고 Cost Critera는 '차량 가격'이 될 수 있다. 직장 선택 다기준 의사결정문제에서는 Benefit Criteria는 '연봉', '복지', '안정성', '발전 가능성' 등이고 Cost Criteria는 '집으로부터 거리', '업무 난이도' 가 될 수 있다.

우선순위를 결정하는 방법에는 여러 가지가 있다. 그러나 모든 방법의 가장 기본적인 철학은 Utility가 높은 대안을 가장 우수한 대안으로 선정하는 것이다. 일반적으로 Utility 함수는 가치함수 $V(x_1, \ x_2, \ x_3, \ \ldots\ldots, x_m)$로 표현된다. 만약 $(x_1, x_2, x, \cdots\cdots, x_m)$로 구성되는 가치가 $(x_1', x_2', x_3', \ldots, x_m')$로 구성되는 가치보다 크다면 $(x_1, x_2, x, \cdots\cdots, x_m)$는 $(x_1', x_2', x_3', \ldots, x_m')$보다 최소한 나쁘지는 않다고 말할 수 있으며 식 (3.4−1)과 같이 표현한다.

$$V(x, x_2, x, \cdots\cdots, x_m) \geq V(x_1', x_2', x_3', \ldots, x_m') \qquad (3.4-1)$$

또한, 각 x_i가 독립적이라면 $x, x_2, x_3, \cdots\cdots, x_m$의 가치는 식 (3.4−2), (3.4−3)과 같은 각 x_i의 가치와 가중치 w_j의 가중합 또는 각 x_i의 가치의 가중치 w_j의 제곱승으로 표현 가능하다.

$$V(x_1, x_2, x_3, \cdots\cdots, x_m) = \Sigma_{j=1}^{n} w_j V(x_j) = \Sigma_{j=1}^{n} w_j r_j \qquad (3.4-2)$$

$$V(x_1, x_2, x_3, \cdots\cdots, x_m) = \prod_{j=1}^{n} V(x_j)^{w_j} \qquad (3.4-3)$$

Utility 함수는 가치함수가 될 수 있지만 가치함수는 반드시 Utility 함수가 되지 않는다.

$$U(x_1, x_2, x_3, \cdots\cdots, x_m) \rightarrow V(x_1, x_2, x_3, \cdots\cdots, x_m)$$

이러한 기본개념을 가지고 대안의 우선순위를 결정하는 방법론에 대해 알아보자.

3.4.2 SAW · WSM

SAW(Simple Additive Weight)·WSM(Weighted Sum Model)는 아마 가장 잘 알려지고 가장 많이 사용되는 대안 분석 방법이다.

m개의 대안과 n개의 평가기준이 있는 다기준 의사결정 행렬에서 j 평가기준의 대안 평가값을 x_{ij}라 하고 w_j를 j 평가기준의 가중치라 하면 SAW · WSM에서 가장 우수한 대안 A^*_{SAW}은 식 (3.4−4)와 같이 구할 수 있다.

$$A^*_{SAW} = \left\{A_i | \max_i \left(\Sigma^n_{j=1} w_j x_{ij} / \Sigma^n_{j=1} w_j \right)\right\} \quad (3.4-4)$$

가중치는 일반적으로 $\Sigma^n_{j=1} w_j = 1$로 정규화하여 사용하며 이때 $A^*_{SAW}(A^*_{WSM})$은 식 (3.4−5)와 같다.

$$A^*_{SAW}(A^*_{WSM}) = \left\{A_i | \max_i \Sigma^n_{j=1} w_j x_{ij}\right\} \quad (3.4-5)$$

각 대안 측면에서 해당 대안의 각 평가기준의 평가값을 평가기준의 가중치를 곱해 가장 최대가 되는 값을 가지는 대안을 가장 우수한 대안으로 선택하는 것이다. 예를 들어 표 3.4.1 과 같은 3 개의 대안과 4 개의 평가기준이 있는 다기준 의사결정 행렬을 생각해 보자.

표 3.4.1 다기준 의사결정 행렬 예 (I)

가중치	0.2	0.15	0.4	0.25
대안/평가기준	C1	C2	C3	C4
A1	25	20	15	30
A2	10	30	20	30
A3	30	10	30	10

$$A_1 = \sum_{j=1}^{n} w_j x_{1j} = 0.2 \times 25 + 0.15 \times 20 + 0.4 \times 15 + 0.25 \times 30 = 21.5$$

$$A_2 = \sum_{j=1}^{n} w_j x_{2j} = 0.2 \times 10 + 0.15 \times 30 + 0.4 \times 20 + 0.25 \times 30 = 22$$

$$A_3 = \sum_{j=1}^{n} w_j x_{3j} = 0.2 \times 30 + 0.15 \times 10 + 0.4 \times 30 + 0.25 \times 10 = 20$$

A2 의 WSM 이 가장 크므로 A2 가 가장 우수한 대안이고 A2, A1, A3 순으로 우선순위가 정해진다. 그러나 앞에서 설명한 대로 데이터의 정규화없이 다기준 의사결정 행렬만으로 WSM 방법을 적용해서 최선의 대안을 선택하는 것은 사과와 오렌지를 더하여 평가하는 것과 같다. 왜냐하면 평가기준의 단위가 서로 다른 것이 일반적인 다기준 의사결정 문제이기 때문이다. 이러한 의사결정을 하기 전에 데이터의 정규화가 선행되어야 한다.

비율 정규화 방법을 사용하여 정규화한 후 대안을 비교 평가하면 표 3.4.2 와 같다. 모든 평가기준이 수치가 크면 클수록 좋은 Benefit Criteria 라고 생각하고 비율 정규화를 실시한 이후 대안을 평가해 보면 A1 > A2 = A3 라고 평가할 수 있다.

표 3.4.2 비율 정규화 수행 이후 가중합 평가

가중치	0.2	0.15	0.4	0.25
대안/평가기준	C1	C2	C3	C4
A1	25	20	15	30
A2	10	30	20	30
A3	30	10	30	10
max	30	30	30	30

가중치	0.2	0.15	0.4	0.25	
대안/평가기준	C1	C2	C3	C4	가중합
A1	0.833	0.667	0.500	1.000	0.717
A2	0.333	1.000	0.667	1.000	0,733
A3	1.000	0.333	1.000	0.333	0,733

SAW 방법에서는 여러 속성의 가치 또는 Utility 는 각 속성의 가치 또는 Utility 로 나눌 수 있다는 가정이 있다. 그러나 하나의 속성의 가치가 높아질 때 다른 속성의 가치를 높이거나 낮출 수가 있는 경우에는 SAW 방법을 사용하는 것은 적절치가 않다. 이러한 경우에는 Quasi-Additive 또는 Multilinear 형태로 총 가치를 계산할 수 있다. 그러나 많은 연구에 의해 SAW 는 아주 복잡한 방법의 결과와 매우 유사한 결과를 얻을 수 있고 사용과 이해에 용이하다는 장점이 있어 SAW 가 광범위하게 사용되고 있다.

3.4.3 WPM

WPM(Weighted Product Model)은 Weighted Sum Model과 매우 유사하다. 두 방법의 차이는 Weighted Sum Model이 요소의 합으로 대안을 평가하는데 비해 Weighted Product Model에서는 두 대안의 평가값 비율을 가중치로 거듭제곱하여 대안을 평가한다. 두 대안 A_k와 A_l를 비교하기 위해 식 (3.4−6)을 계산한다.

$$R\left(\frac{A_k}{A_l}\right)=\prod_{j=1}^{n}\left(\frac{a_{kj}}{a_{lj}}\right)^{w_j} k,l=1,2,\ldots,n \qquad (3.4-6)$$

Benefit Criteria에서 만약 $R\left(\frac{A_k}{A_l}\right)$가 1보다 크거나 같으면 "$A_k$가 A_l보다 나쁘진 않다"라는 의미로 해석된다. 최고로 좋은 대안 k는 다른 대안들과 비교해서 모든 $R\left(\frac{A_k}{A_l}\right)$, $k \neq l$가 1보다 크거나 같은 대안이다.

WSM에서 사용한 데이터로 WPM으로 대안을 분석해 보자. 모든 평가기준이 완전히 동일한 단위를 가지고 있다고 가정한다.

표 3.4.3 다기준 의사결정 행렬 예 (II)

가중치	0.2	0.15	0.4	0.25
대안/평가기준	C1	C2	C3	C4
A1	25	20	15	30
A2	10	30	20	30
A3	30	10	30	10

$$R\left(\frac{A_1}{A_2}\right)=\left(\frac{25}{10}\right)^{0.2}\times\left(\frac{20}{30}\right)^{0.15}\times\left(\frac{15}{20}\right)^{0.4}\times\left(\frac{30}{30}\right)^{0.25}=1.007>1$$

$$R\left(\frac{A_1}{A_3}\right)=\left(\frac{25}{30}\right)^{0.2}\times\left(\frac{20}{10}\right)^{0.15}\times\left(\frac{15}{30}\right)^{0.4}\times\left(\frac{30}{10}\right)^{0.25}=1.067>1$$

$$R\left(\frac{A_2}{A_3}\right)=\left(\frac{10}{30}\right)^{0.2}\times\left(\frac{30}{10}\right)^{0.15}\times\left(\frac{20}{30}\right)^{0.4}\times\left(\frac{30}{10}\right)^{0.25}=1.059>1$$

최고로 좋은 대안은 A_1이다. 왜냐하면 A_1이 A_2와 A_3보다 더 좋기 때문이며 A_2와 A_3를 비교해 보면 A_2가 더 좋다. 따라서 대안의 우선순위는 A_1, A_2, A_3 순이다.

또 다른 WPM 방법은 다른 대안과의 비율에 의존하지 않고 대안 자신의 값만으로 대안을 평가하는 방법이다. 이 경우 대안 A_k의 가치를 평가하는 방법은 식 (3.4-7)과 같다.

$$P(A_k) = \prod_{j=1}^{n} (a_{kj})^{w_j} \quad k = 1, 2, \ldots, m \qquad (3.4-7)$$

앞에서 예를 든 자료로 이 방법을 사용해 보면 표 3.4.4 와 같이 각 대안의 가치를 계산할 수 있다.

표 3.4.4 다기준 의사결정 행렬 예 (III)

가중치	0.2	0.15	0.4	0.25
대안/평가기준	C1	C2	C3	C4
A1	25	20	15	30
A2	10	30	20	30
A3	30	10	30	10

$$P(A_1) = 25^{0.2} \times 20^{0.15} \times 15^{0.4} \times 30^{0.25} = 20.628$$

$$P(A_2) = 10^{0.2} \times 30^{0.15} \times 20^{0.4} \times 30^{0.25} = 20.477$$

$$P(A_3) = 30^{0.2} \times 10^{0.15} \times 30^{0.4} \times 10^{0.25} = 19.332$$

$P(A_1) > P(A_2) > P(A_3)$이므로 대안의 우선순위는 A_1, A_2, A_3순이다. 앞에서 비율의 곱으로 구한 방법과 비교 시 대안의 우선순위는 완전히 같다. WPM 방법 적용 시는 데이터의 정규화는 필요하지 않다. 왜냐하면 WPM 의 수학적 구조가 평가기준의 단위를 제거하기 때문에 정규화 효과가 발생하기 때문이다.

3.4.4 HAWM

SAW 에서 각 대안의 최종 평가는 $A_i = \Sigma_{j=1}^{n} w_j x_{ij} / \Sigma_{j=1}^{n} w_j$로 실시하고 일반적으로 $\Sigma_{j=1}^{n} w_j = 1$로 정규화하여 사용한다. 이러한 경우 $A_i = \Sigma_{j=1}^{n} w_j x_{ij}$로 대안을 평가하고 x_{ij}는 i 대안이 j 평가기준에 대한 기여라고 생각할 수 있다. 가중치 벡터가 각 평가기준

의 중요도를 나타내듯이 벡터 $\underline{x}_j = (x_{1j},\ x_{2j}\ ,\ x_{3j},\ \ \cdots\cdots,x_{mj})$는 j 평가기준에 대한 기여 벡터라고 생각할 수 있다.

만약 $\sum_{i=1}^{m} x_{ij} = 1,\ j = 1,2,\ldots,n$로 만들면 SAW는 다른 수준으로부터 가중치를 종합하는 역할을 할 수 있다. 이러한 원리를 가지고 AHP(Analytic Hierarchical Process)가 개발되었고 AHP에서는 이 방법으로 대안의 우선순위를 비교한다. HAWM((Hierarchical Additive Weighting Method)는 AHP의 대안평가 방법인데 다음과 같다. 어떤 문제를 해결하기 위해 목표를 정하고 각 평가기준을 설정하고 각 평가기준의 가중치 합이 1이 되도록 하고 평가기준에 기여하는 대안들의 비교도 각 가중치의 합이 1이 되도록 만든다면 각 대안이 각 평가기준에 기여하는 정도를 합하면 대안이 전체 목표에 기여하는 정도를 알 수 있다.

만약 문제의 구조가 그림 3.4.1과 같다고 하자. 평가기준의 가중치 합은 0.3+0.5+0.2=1.0이고 평가기준 1 하위에 위치한 대안 1, 2, 3의 가중치 합도 0.2+0.7+0.1=1.0이다. 동일하게 모든 평가기준 하위에 위치한 대안들의 가중치 합도 1이 된다. 여기에서 가중치는 바로 위에 있는 계층의 원소에 기여하는 기여도로 해석할 수 있다. 즉 평가기준 2는 목표에 대해 전체의 50% 기여를 하고 평가기준 3의 밑에 있는 대안 3은 평가기준 3에 대해 40%의 기여를 하고 있다. 이런 계층적 구조를 가진 문제에서 특정 대안이 전체 대안에 기여하는 정도는 각 평가기준의 가중치와 해당 평가기준에 기여하는 대안의 가중치를 곱하고 이를 모두 더해서 구한다. 대안 1이 전체 목표에 기여하는 정도는 0.3×0.2+0.5×0.4+0.2×0.5=0.36이 된다. 대안 2와 대안 3에 대해서도 목표에 기여하는 총기여도를 구해 대안의 우선순위를 구할 수 있다.

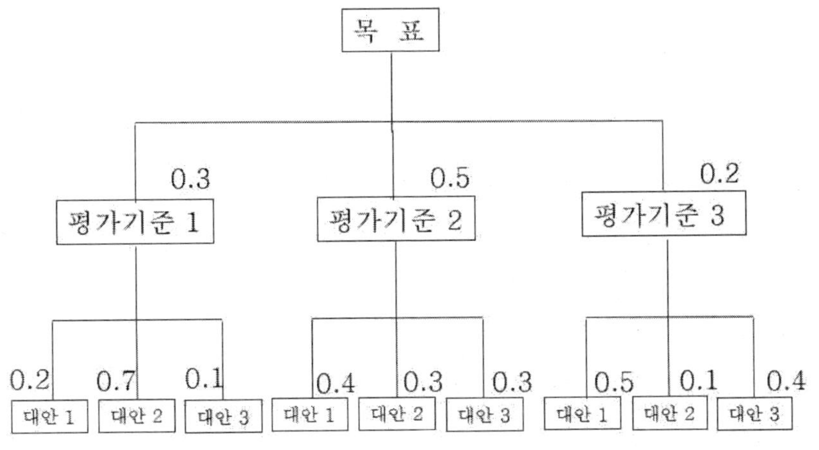

그림 3.4.1 다기준 다계층 문제 구조 예

3.4.5 WAM · WGM

정규화된 평가값과 가중치를 가지고 각 대안의 우선순위를 결정하는 방법은 여러 가지가 있는데 가중 평균값을 이용하거나 이상점(Ideal Point)와의 거리를 최소화, 중간점(Median Point)과의 거리 최소화, 하나의 대안이 선택되었을 때 다른 대안들을 포기한 정도를 최소화, 2개의 대안끼리 쌍대비교를 통해 우선순위를 결정하는 방법 등이 있다.

다른 방법은 설명은 권오정(2018)의 「다기준 의사결정 방법론 이론과 실제」를 참고하고 여기에서는 가중 평균값 중 가중산술평균 WAM (Weighted Arithmetic Mean)과 가중기하평균 WGM (Weighted Geometric Mean)에 대해 설명한다. 각 평가기준에는 가중치가 부여되어 있다. 각 m개의 평가기준이 있고 평가기준 j의 가중치를 w_j라고 하면 $\sum_{j=1}^{m} w_j = 1$으로 가정한다. 가중산술평균은 가중치와 평가값으로 산술평균을 하는 것을 말하고 가중기하평균은 가중치와 평가값으로 기하평균을 내어 대안의 우선순위를 정한다. 일반적으로 기하평균은 이상치(Outlier)에 둔감한 것으로 알려져 있다.

비율, 범위, Z, 비중 정규화된 값을 각각 p_{ij}, r_{ij}, z_{ij}, d_{ij}라 할 때 계산된 가중산술 평균은 각각 식 (3.4-8)~(3.4-11)과 같다고 하자.

$$P_i = \sum_{j=1}^{n} w_j p_{ij}, \quad i = 1,2,3,\ldots,m \qquad (3.4-8)$$

$$R_i = \sum_{j=1}^{n} w_j r_{ij}, \quad i = 1,2,3,\ldots,m \qquad (3.4-9)$$

$$Z_i = \sum_{j=1}^{n} w_j z_{ij}, \quad i = 1,2,3,\ldots,m \qquad (3.4-10)$$

$$D_i = \sum_{j=1}^{n} w_j d_{ij}, \quad i = 1,2,3,\ldots,m \qquad (3.4-11)$$

비율정규화 가중기하평균 P_i^g와 비중정규화 가중기하평균 D_i^g를 구하면 다음과 같다. 범위 및 Z-정규화에 대해 가중기하평균으로 통합하지 못하는 이유는 범위 정규화 값은 0이 나올 수 있고, Z 정규화 값은 음수가 나오므로 기하평균을 구할 수 없기 때문이다.

비율정규화, 비중정규화, 범위정규화, Z-정규화에 대한 방법은 권오정(2018)의 「다기준 의사결정 방법론 이론과 실제」를 참고하라. 비율정규화를 수행한 데이터의 가중기하평균은 식 (3.4-12)와 같다.

$$P_i^g = \prod_{j=1}^{n} p_{ij}^{w_j} = \prod_{j=1}^{j\in J^+}\left\{\frac{x_{ij}}{\max_i(x_{ij})}\right\}^{w_j}\prod_{j=1}^{j\in J^-}\left\{\frac{\min_i(x_{ij})}{x_{ij}}\right\}^{w_j}$$

$$= \prod_{j=1}^{j\in J^+}\left\{\frac{1}{\max_i(x_{ij})}\right\}^{w_j}\prod_{j=1}^{j\in J^-}\{\min_i(x_{ij})\}^{w_j}\prod_{j=1}^{j\in J^+}\{x_{ij}\}^{w_j}\prod_{j=1}^{j\in J^-}\{x_{ij}\}^{-w_j}$$

$$= C_p\prod_{j=1}^{j\in J^+}\{x_{ij}\}^{w_j}\prod_{j=1}^{j\in J^-}\{x_{ij}\}^{-w_j} \qquad (3.4-12)$$

비중정규화를 수행한 데이터의 가중기하평균은 식 (3.4−13)과 같다.

$$D_i^g = \prod_{j=1}^{n} d_{ij}^{w_j} = \prod_{j=1}^{j\in J^+}\left\{\frac{x_{ij}}{\sum_{i=1}^{m} x_{ij}}\right\}^{w_j}\prod_{j=1}^{j\in J^-}\left\{\frac{\frac{1}{x_{ij}}}{\sum_{i=1}^{m}\frac{1}{x_{ij}}}\right\}^{w_j}$$

$$= \prod_{j=1}^{j\in J^+}\left\{\frac{1}{\sum_{i=1}^{m} x_{ij}}\right\}^{w_j}\prod_{j=1}^{j\in J^-}\left\{\sum_{i=1}^{m}\frac{1}{x_{ij}}\right\}^{w_j}\prod_{j=1}^{j\in J^+}\{x_{ij}\}^{w_j}\prod_{j=1}^{j\in J^-}\{x_{ij}\}^{-w_j}$$

$$= C_d\prod_{j=1}^{j\in J^+}\{x_{ij}\}^{w_j}\prod_{j=1}^{j\in J^-}\{x_{ij}\}^{-w_j} \qquad (3.4-13)$$

식 (3.4−11), (3.4−12)에서 보는 것과 같이 P_i^g와 는 D_i^g는 $\prod_{j=1}^{j\in J^+}\{x_{ij}\}^{w_j}\prod_{j=1}^{j\in J^-}\{x_{ij}\}^{-w_j}$에 각각 상수 C_p와 C_d를 곱한 것과 같은 결과이다. 즉, 비율정규화와 비중정규화한 값의 가중기하평균으로 순위를 구하는 것은 식 (3.4−14)에서 보는 것과 같이 정규화 과정없이 원래 평가된 값 x_{ij}로 가중기하평균을 계산하여 순위를 구한 것과 동일하다.

$$M_i = \prod_{j=1}^{j\in J^+}\{x_{ij}\}^{w_j}\prod_{j=1}^{j\in J^-}\{x_{ij}\}^{-w_j} \qquad (3.4-14)$$

3.5 AHP(Analytic Hierarchy Process) 방법

3.5.1 AHP 개요

AHP는 다수의 대안에 대하여 다수의 평가기준과 다수 주체에 의한 의사결정을 위해 설계된 의사결정방법의 하나로서 1970년대 초 Thomas L. Saaty에 의해 개발된 기법으로 계층분석적 의사결정 기법이라고도 불린다. AHP는 전문가들의 평가를 종합해 전문가들의 평가가 일관성 있게 평가했는가를 검증하고 일관성 검증에 통과한 평가결과만 취합해 종합적으로 대안의 우선순위를 정하는 기법이다. AHP는 평가를 담당한 전문가 집단의 의견을 수학적으로 검토하는 절차를 가지고 있으며 그 유용성이 대단히 뛰어난 기법이다.

AHP는 개발되고 난 이후 수많은 연구와 실무에 적용되어 왔다. 특히, 공공부분 프로젝트 개발 시 사업타당성 분석에 많이 사용되어졌다. AHP는 전문가들의 의견을 들어 계량화하기 힘든 영역을 계량화시켰다는 데 그 의의가 있으며 전문가들의 의견을 일관성 검증이라는 과정을 거침으로써 전문의견의 타당성을 확보했다고 할 수 있다.

일관성 검증을 위한 논리도 개별적인 의견에서 출발해서 개발했다기보다는 여러 실증적인 분석과정을 거쳐 개발하여 합리적인 근거를 가지고 있다. 9점 척도로 전문가 의견을 듣는 과정도 3점, 5점, 7점 척도보다 더 합리적이라는 근거를 가지고 있다.

따라서 다기준 의사결정방법에서 대안과 기준에 해당하는 데이터가 부족할 때 AHP는 아주 유용한 분석의 틀을 제공해 준다. AHP는 이해하기가 비교적 쉬운 분석방법이며 구현하기도 어렵지 않다. 그러므로 AHP는 그동안 핵발전소 건설, 철도건설, 도로망 건설, 식생관리, 국방 무기체계 획득 등 다양한 영역의 다기준 의사결정을 위한 유용한 도구를 제공해 왔다.

3.5.2 AHP 절차

그림 3.5.1은 AHP의 절차를 표현하고 있다. 먼저 분석을 위한 문제를 식별하고 목표를 설정해야 한다. 그 다음으로 평가를 위한 기준과 대안을 설정하고 문제를 계층적으로 구조화해야 한다.

이러한 준비가 끝나면 전문가 집단을 구성해서 각 구조화된 계층별 항목에 대해 1 : 1 대응 즉, 쌍대비교를 9점 척도로 실시하고 전문가들의 의견이 일관성이 있는지 일관성 검증을 실시한다. 일관성이 있는 전문가 의견은 수용하고 일관성이 없는 전문가 의견은

버리든지 재설문을 해서 일관성있는 전문가 의견을 취합한다. 이 과정을 통해 구조화된 각 항목별 가중치를 산출하여 하위항목이 상위항목에 대한 기여도를 산정한다. 가중치가 다 구해지면 3.4.4 절에서 설명한 HAWM 방법에 의해 대안별 우선순위를 결정한다.

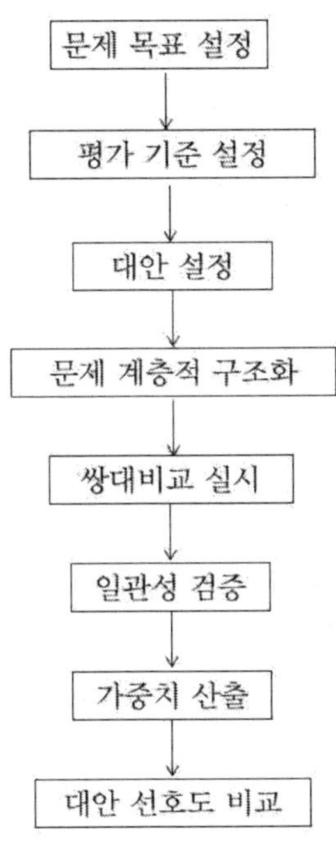

그림 3.5.1 AHP 분석 개념과 절차

일반적으로 AHP 에서 대안을 평가하는 절차를 설명하면 다음과 같다.

○ 1단계: 대안을 설정
○ 2단계: 의사결정 문제를 상호 관련된 의사결정 사항들의 계층으로 구조화하여 의사결정계층을 설정
○ 3단계: AHP 설문지를 작성하여 관련 전문가에게 설문 수렴
○ 4단계: 전문가 의견의 일관성을 검사하고 상대적 가중치 설정
○ 5단계: 4단계에서 얻어진 각 평가기준의 상대적 가중치와 각 기준에 대한 대안의 상대적 '평가값'을 이용하여 대안의 종합 효과평가

3.5.3 문제의 구조화

먼저 의사결정 문제의 결정 구조(Decision Hierarchy)이다. 이는 문제의 기본적인 구성 요인들을 포착하기 위해 계층을 작성하는 것으로 주로 전문가 집단의 Brainstorming을 통해 이루어진다. 문제의 분해는 우선 MECE(Mutually Exclusive Collectively Exhaustive) 원리하에 실시하여야 한다. Mutually Exclusive 하다는 것은 계층에 있는 항목들은 상호 독립적이어야 한다는 의미이며 Collectively Exhaustive 하다는 의미는 하위 계층 항목들은 상위 항목을 설명하는데 부족하지 않아야 한다는 의미이다. 즉, 각 단계별 하위 항목별 상호 독립적이고 중복이 없으며 상위 단계를 모두 설명할 수 있는 분해방법을 사용하여야 한다. 이러한 과정을 Logic Tree로 설명할 수 있는데 전문가들의 토의에 의해 이루어질 수 있다.

AHP를 사용하여 가장 선호하는 대안을 선택하려고 하면 먼저 목표와 평가기준, 대안을 설정한 후 분석하려는 문제를 계층적으로 구조화한다. 우선 분석하려는 목표를 최상위 계층에 놓고 목표를 달성하기 위한 요소들을 큰 틀에서 분해하여 제 1 계층의 항목들로 설정한다. 제 1 계층에 있는 각 항목들 별로 다시 그 항목들을 달성하기 위한 세부 요소들로 분해하여 제 2 계층 항목들로 설정한다. 계층은 일률적으로 동일하게 존재하는 것이 아니라 어떤 항목은 n개 계층으로 분해되고 어떤 항목은 m개 계층으로 분해되는 것과 같이 문제에 따라 계층의 단계가 상이할 수 있다. 이렇게 문제 전체를 설명 가능한 영역까지 계층화하여 문제를 구조화할 필요가 있다.

문제 구조화에서 중요한 것은 너무 계층이 깊어서 문제의 복잡성 증가를 초래하거나 계층이 너무 얕아서 문제를 충분히 설명하지 못하는 것은 바람직하지 않다. 물론 문제를 Decision Tree 형태로 구조화하는 것은 각 계층 간 항목별로 중복되지 않아야 하고 상위 계층 항목을 충분히 설명할 수 있는 MECE 하여야 하는 원리가 그대로 적용되어야 한다.

계층구조를 만들 때는 계층들 간의 중복성이 있으면 안되고 전체를 표현하는데 있어서 부족하지 않도록 항목을 설정하고 계층화한다. 일반적으로 문제를 표현하는 항목설정과 계층구조는 그림 3.5.2에서 보는 것과 같이 의사결정의 가장 일반적인 목표를 '계층 1'로 설정하고 이를 달성할 수 있는 의사결정요소들을 설정하여 '계층 2'로 설정하며 '계층 2'에 있는 의사결정요소들을 다시 세분화하여 더 세밀한 의사결정요소로 표현한다. 그리고 마지막 계층에서 본 각 의사결정요소에 기여할 수 있는 대안들의 기여도를 쌍대비교 행렬을 구한다. AHP의 마지막 계층은 각 대안들로서 대안들은 문제 구조화의 마지막 계층별 항목들에 연결되어 평가된다.

AHP는 각 계층에 있는 항목별 가중치 산출이 가능하고 궁극적으로 계층의 항목별 가중치와 최 끝단에 있는 항목에 기여하는 대안별 가중치로서 전체 목표를 달성하기 위한 대안의 우선순위를 평가한다. 복수의 대안들 사이에 최선의 대안 선택을 위한 대안 간 비교가 필요하며 평가기준들 사이 계량적인 요소와 비계량적인 요소가 동시 존재하여 합리적 의사결정이 곤란할 시 AHP 방법은 유용하다. AHP는 정성적이거나 부분적으로 정량적인 대안 선정에 있어서 각 평가요소 간의 우선순위를 계층적으로 비교하고 서로 경쟁되는 평가기준, 평가항목, 평가요소들에 대한 전문가들의 주관적인 판단을 종합하여 하나의 우수한 대안을 선정할 수 있다.

AHP에서 예하 계층에 있는 항목들이 상위 항목에 기여하는 정도, 즉 가중치를 평가할 때는 항목 n개를 2개씩 짝지어 쌍대비교를 하게 되는데 이렇게 평가하게 되면 nC_2번의 쌍대비교를 해야 함으로써 과도한 비교행위가 요구되는 단점이 있다. 그러나 AHP 계층을 설계할 때 적절한 계층수와 항목들을 설정하면 이러한 단점을 극복할 수 있으며 설문에 참가하는 전문가들의 의견을 잘 수렴할 수 있는 장점이 있다.

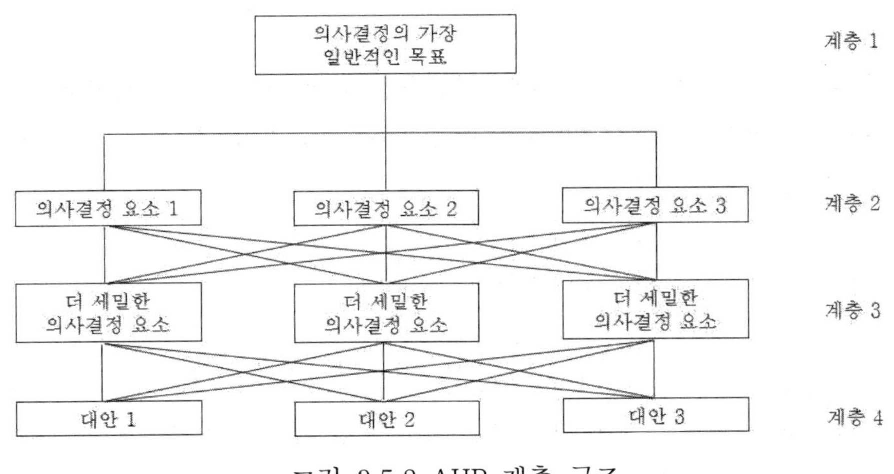

그림 3.5.2 AHP 계층 구조

문제의 계층화 구조의 몇 가지 예를 들면 전력평가 기준은 그림 3.5.3과 같이 육군, 해군, 공군, 해병대, 특수작전부대, 핵전력으로 2단계 항목으로 설정하고 각 2단계 항목을 다시 세분화하여 3단계 항목으로 설정할 수 있다. 이때 2단계에서 설정된 평가항목들은 전력평가 기준을 설명하는 전체 세부 항목이 되어야 하고 상호 중첩되지 않은 배타적 속성을 가져야 한다.

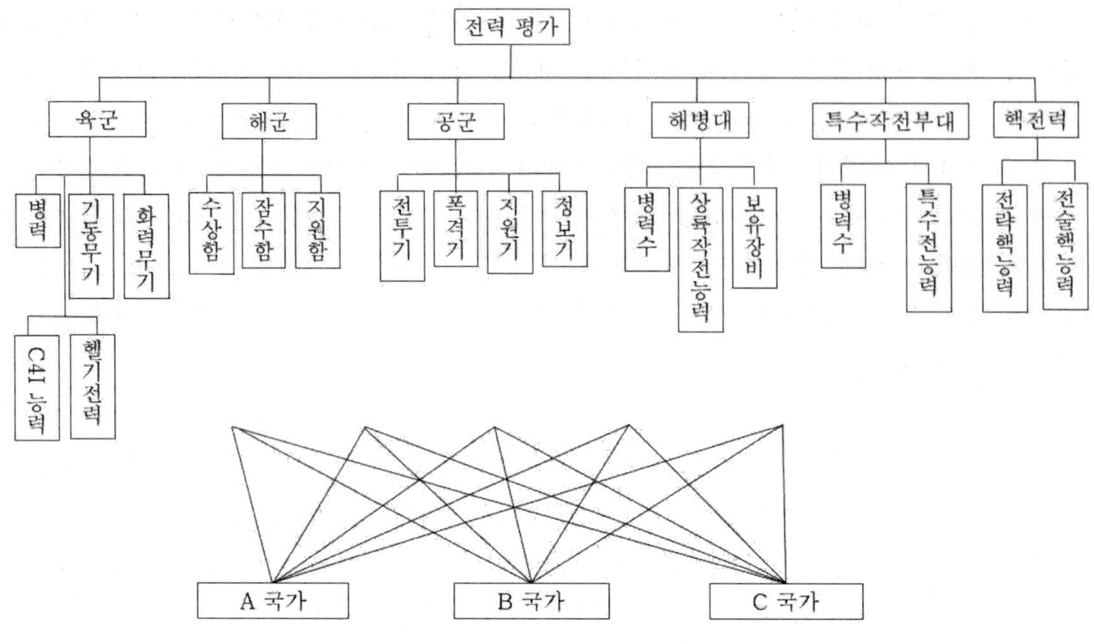

그림 3.5.3 전력(군사력) 평가를 위한 AHP 구조 예

AHP 에 의한 전력평가는 전문가들의 의견을 9 점 Likert 척도로 표현하여 전문가들의 의견의 일관성을 평가한 다음 하위 항목이 상위 항목에 기여하는 가중치를 찾은 다음 대안의 우선순위를 결정하는 방법이다.

3.5.4 전문가에 의한 항목의 비교

다음으로 쌍대비교 판단(Pairwise Comparison)인데 이는 상위계층에 포함되어 있는 한 요인의 관점에서 하위 계층을 구성하고 있는 요인들이 갖는 상대적 중요성을 상호 비교함으로써, 비교척도를 산출하기 위한 행렬을 구하는 것을 말한다.

선택의 기준이 다수인 문제에서는 평가기준의 상대적 중요도(가중치) 기준 하, 각 평가기준 하, 각 대안이 선호도가 결정된다. 평가기준의 가중치와 대안의 선호도를 결정할 때 AHP 에서는 대안 및 평가항목별 쌍대비교를 하는데 1955 년 Miller 의 실험에 의하면 인간의 두뇌가 단기간 담아 둘 수 있는 개수는 7±2 가 가장 적합하다. 실제 인간이 가장 잘 구분할 수 있는 개수는 2 개로 말할 수 있다. 2 개보다는 3 개의 상대적 평가가 더 어렵고 3 개보다는 4 개의 상대적 평가가 더 어렵다고 말할 수 있다. 쌍대비교의 장점은 다수 비교보다 상대적으로 쉽게 측정 가능하지만 쌍대비교의 단점으로는 비교 횟수가 과다히 많은 것이 지적되고 있다. n개의 항목을 쌍대비교 하기 위해서는 ${}_nC_2$회의 비교가 필요하기 때문에 대안이 9 개이면 ${}_9C_2=36$ 회의 쌍대비교가 이루어져야 한다. 이는 평가자에게는 상당히 지루하고 산만하여 일관성 있는 답변이 곤란해질 수 있는 것이다.

일반적으로 2 개의 평가항목을 쌍대비교하는 방법은 그림 3.5.4 와 같은 설문지를 사용하여 평가한다. 이러한 형식의 설문지는 평가자들에게 평가 시 혼란을 막고 일관적인 평가를 유도하기 위한 방법이다. 그림 3.5.4 에서 보는 것과 같이 A 와 B 를 비교 시 절대, 매우, 중요, 약간이라는 척도를 사용하는 것과 같은 것이다.

A 요소가 B요소보다 약간 더 중요

	절대	매우	상당	약간	동등	약간	상당	매우	절대	
A	⑨	⑦	⑤	③	①	③	⑤	⑦	⑨	B
C	⑨	⑦	⑤	③	①	③	⑤	⑦	⑨	D
E	⑨	⑦	⑤	③	①	③	⑤	⑦	⑨	F

그림 3.5.4 평가항목 쌍대비교 방법

AHP 에서 주로 사용되는 평가척도는 표 3.5.1 과 같이 9 점 척도이다. 만약 평가항목 A 와 B 가 중요도 면에서 동일하다면 1 점을, 약간 더 중요하다면 3 점, 상당히 더 중요하면 5 점, 매우 더 중요하면 7 점, 절대적으로 더 중요하다면 9 점을 주는 방식이다. 물론 이 홀수 중요도 사이의 값을 가지면 2, 4, 6, 8 과 같이 짝수 중요도도 부여할 수 있다. 만약 A 가 B 보다 절대적으로 더 중요하여 9 점을 부여하면 자동적으로 B 는 A 보다 1/9 배 더 중요(9 배 덜 중요)하다고 평가된다.

표 3.5.1 AHP 9 점 척도 의미

중 요 도	의 미
1	동일한 중요 (Equal Important)
3	약간 더 중요 (Moderate Important)
5	상당히 더 중요 (Essential or Strong Important)
7	매우 더 중요 (Demonstrated important)
9	절대적으로 더 중요 (Extreme Important)
2, 4, 6, 8	홀수 중요도 1,3,5,7,9 의 중간 값 (Intermediate value)

기준항목	중요 <--------------------------------> 중요																	비교 대상 항목
A	9	8	7	6	5	4	√③	2	1	2	3	4	5	6	7	8	9	B
A	9	8	√⑦	6	5	4	3	2	1	2	3	4	5	6	7	8	9	C
B	9	8	7	6	√⑤	4	3	2	1	2	3	4	5	6	7	8	9	C

그림 3.5.5 AHP 9 점 척도에 의한 평가 예

그림 3.5.5 의 쌍대비교에서 A 는 B 보다 3 배 좋으며 A 는 C 보다 7 배 좋다는 의미이다. 만약 A 가 B 보다 3 배 좋다면 B 는 A 보다 1/3 배 좋아야 하며 A 가 B 보다 2 배 좋고, B 가 C 보다 3 배 좋다면 A 는 C 보다 6 배 좋아야 서수적 및 기수적 일관성이 유지된 평가라고 말할 수 있다.

앞에서 설명한 비교 설문을 통해 표 3.5.2 와 같은 쌍대비교 행렬을 구할 수 있다. 평가항목 A 는 B 보다 3 배 더 중요하고 C 보다는 7 배 더 중요하며 B 는 C 보다 5 배 더 중요하다는 의미를 포함하고 있다. 물론 3 배와 7 배는 앞에서 설명한 '약간 더 중요'와 '매우 더 중요'를 수치로 표현한 것이다. 평가자가 완전한 무오류의 생각을 가진 사람이라면 평가대상들의 쌍대비교 시 서수적, 기수적 일관성을 유지할 것이다. 그러나 인간은 많은 쌍대비교를 할 시 모든 비교에서 서수적, 기수적 일관성을 유지하기는 힘들다. 설문조사 시 서수적, 기수적 일관성 유지를 강요해서도 안된다. AHP 에서는 인간의 오류를 인정하고 설문 시 그때 그때의 상황에 맞는 2 개 평가 쌍들의 쌍대비교만 집중해서 평가해 주기를 바라고 있다. 따라서 우리는 이러한 쌍대비교 행렬의 일관성을 검증할 필요성이 있다.

표 3.5.2 AHP 쌍대비교 행렬 (예)

대안	A	B	C
A	1	3	7
B	1/3	1	5
C	1/7	1/5	1

3.5.5 전문가 의견의 일관성 평가

전문가들의 의견에 대해 논리적 일관성 검증(Consistency of Preference)을 하는 것이 중요하다. 이는 설문에 응한 전문가의 답변에 대한 논리적 일관성을 판단하여 자료의 실효성 여부를 검증하는 것이다. 검증된 자료만 사용평가자가 설문을 통해 대안이나 항목별 쌍대비교를 했는데 논리적 일관성이 없으면 이 평가자가 평가한 사항은 채택할 수가 없다. 논리적 일관성이란 서수적 일관성(Ordinal Consistency)과 기수적 일관성(Cardinal Consistency)을 말하며 서수적 일관성 및 기수적 일관성 둘 다 만족해야 일관성을 만족한다고 할 수 있다.

서수적 일관성이란 A가 B보다 좋고 B가 C보다 좋으면 A가 C보다 좋아야 하는 것이다. 만약 어떤 평가자가 A가 B보다 좋고 B가 C보다 좋은데 C가 A보다 좋다고 평가한다면 이는 서수적 일관성을 위반한 것이다. 기수적 일관성이란 A가 B보다 2배 좋고 B가 C보다 3배 좋다면 A는 C보다 6배 좋다고 평가해야 기수적 일관성을 유지하는 것이다. 만약 어떤 평가자가 A가 B보다 2배 좋고 B가 C보다 3배 좋은데 A는 C보다 3배 좋다고 평가한다면 이는 기수적 일관성을 위배한 것이다.

실제 설문조사를 통해 대안이나 항목의 쌍대비교 시는 인간의 불완전성으로 인해 이러한 서수적 일관성과 기수적 일관성이 완전하기를 기대하는 것은 무리이다. 따라서 AHP에서는 인간의 불완전성을 인정하고 일정 부분의 비일관성을 인정하는데 그 범위는 10% 정도의 비일관성을 인정한다. 다시 말하면 90%가 일관성이 있으면 이 평가자의 일관성은 인정되고 평가결과를 수용한다.

일반적으로 쌍대비교 행렬 A는 다음과 같이 나타낼 수 있다.

$$A = \begin{pmatrix} 1 & a_{12} & \cdots & a_{1n} \\ a_{21} & 1 & \cdots & a_{2n} \\ \vdots & \vdots & \ddots & \vdots \\ a_{n1} & a_{n2} & \cdots & 1 \end{pmatrix}$$

A를 쌍대비교 행렬이라 하고 W를 $(w_1,\ w_2,\ \ldots,\ w_n)^T$인 가중치 벡터라고 하자. 그러면 첫 번째 평가항목의 가중치는 w_1, 두 번째 평가항목의 가중치는 w_2, n번째 평가항목의 가중치를 w_n으로 표현가능하고 쌍대비교 행렬 A의 의미는 아래와 같이 표현할 수 있다. 즉 $\frac{w_1}{w_2}$의 의미는 첫 번째 평가항목의 가중치와 두 번째 평가항목의 가중치의 비율이다.

$$A = \begin{pmatrix} \frac{w_1}{w_1} & \frac{w_1}{w_2} & \cdots & \frac{w_1}{w_n} \\ \frac{w_2}{w_1} & \frac{w_2}{w_2} & \cdots & \frac{w_2}{w_n} \\ \vdots & \vdots & \ddots & \vdots \\ \frac{w_n}{w_1} & \frac{w_n}{w_2} & \cdots & \frac{w_n}{w_n} \end{pmatrix}$$

A 는 완전한 일관성(Perfect Consistency)를 갖춘, 즉 모든 i,j,k에 대해 $a_{ij} = a_{ik}a_{kj}$가 성립하는 정방행렬이 된다. 그러면 식 (3.5-1)이 성립한다.

$$AW = nW \qquad (3.5-1)$$

$$AW = \begin{pmatrix} \frac{w_1}{w_1} & \frac{w_1}{w_2} & \cdots & \frac{w_1}{w_n} \\ \frac{w_2}{w_1} & \frac{w_2}{w_2} & \cdots & \frac{w_2}{w_n} \\ \vdots & \vdots & \ddots & \vdots \\ \frac{w_n}{w_1} & \frac{w_n}{w_2} & \cdots & \frac{w_n}{w_n} \end{pmatrix} \begin{pmatrix} w_1 \\ w_2 \\ \vdots \\ w_n \end{pmatrix} = \begin{pmatrix} nw_1 \\ nw_2 \\ \vdots \\ nw_n \end{pmatrix} = n \begin{pmatrix} w_1 \\ w_2 \\ \vdots \\ w_n \end{pmatrix},$$

3.5.5.1 쌍대비교 행렬에서의 각 원소의 의미

앞에서 설명한 것과 같이 쌍대비교 행렬의 특징은 정방형 행렬(Square Matrix)이며 대각선이 모두 '1'인 역수 행렬(Reciprocal Matrix)이다. 정방형 행렬은 고유치(Eigen Value: λ) 를 가지며 행렬이 완전한 일관성을 가지면 1 개의 λ 는 n, 나머지 $n-1$개의 λ 는 0 이 된다. 또한, 행렬의 계급값 rank(A)는 1 이 되며 $\sum_{i=1}^{n} \lambda_i = n$이다. 그리고 n 개의 λ 중 가장 큰 값인 $\lambda_{\max}$에 해당하는 W 벡터는 우리가 이미 안다고 가정한 열벡터 $(w_1, w_2, \ldots, w_n)^T$가 되며 고유벡터(Eigen Vector)에 해당한다.

그러나, 평가자들이 평가한 쌍대비교 행렬은 완전한 일관성을 유지하는 것이 어렵기 때문에 일반적으로 $\sum_{i=1}^{n} \lambda_i \neq n$이다. 쌍대비교 행렬이 일관성을 충족할수록 λ 중 가장 큰 값인 $\lambda_{\max}$는 n보다 조금 큰 값, 나머지 $n-1$개의 λ 는 0 보다 조금 큰 값이 된다. 일관성 충족이라는 기본 전제하에 λ의 근사치인 λ_{max}를 구할 수 있다. 이때 $\lambda_{max}-n$은 λ_{max}를 제외한 $n-1$개의 λ의 합이라고 말할 수 있다.

여기에서 우리는 다음과 같은 사실을 알 수 있다. 완전한 일관성을 가진 $n\times n$ 쌍대비교 행렬 A의 $\lambda_{max}=n$이므로 λ_{max}의 값이 n에 가까워질수록 쌍대비교 행렬 A는 일관성을 가짐을 추정할 수 있다. λ_{max}와 n을 비교함으로써 평가자들이 평가한 결과에 대한 일관성을 평가할 수 있으며 어느 정도 일관성이 있는 평가결과만 선택하여 최종적인 결과를 내릴 수 있다. 만약, 일관성이 결여된 평가결과라 하면 다시 설문을 하든지 일관성이 결여된 평가결과는 빼고 일관성이 있는 평가결과들만 종합하여 결론을 내려야 한다.

Eigen Value와 Eigen Vector 구하는 방법을 몇 가지 소개하면 다음과 같다.

3.5.5.2 고유치(Eigen Value)와 고유벡터(Eigen Vector) 방법

A를 쌍대비교 행렬이라 하고 W를 $(w_1, w_2, \ldots, w_n)^T$인 가중치벡터라고 하면 식 (3.5-2)가 성립한다.

$$AW=\begin{pmatrix} \frac{w_1}{w_1} & \frac{w_1}{w_2} & \cdots & \frac{w_1}{w_n} \\ \frac{w_2}{w_1} & \frac{w_2}{w_2} & \cdots & \frac{w_2}{w_n} \\ \vdots & \vdots & \ddots & \vdots \\ \frac{w_n}{w_1} & \frac{w_n}{w_2} & \cdots & \frac{w_n}{w_n} \end{pmatrix}\begin{pmatrix} w_1 \\ w_2 \\ \vdots \\ w_n \end{pmatrix}=\begin{pmatrix} nw_1 \\ nw_2 \\ \vdots \\ nw_n \end{pmatrix}=n\begin{pmatrix} w_1 \\ w_2 \\ \vdots \\ w_n \end{pmatrix}=nW \qquad (3.5-2)$$

따라서 $(AW-nI)W=0$이 성립하게 된다. 자명한 W인 $(0, 0, 0, \ldots, 0)^T$벡터가 아닌 $W\neq 0$ 이 성립하기 위해서는 n이 A의 고유치가 되어야 하고 W는 A의 고유벡터가 된다. 쌍대비교 행렬 A의 계급, 즉 독립적 행의 수 Rank(A) = 1이므로 고유치 λ_i (i=0, 1, 2,⋯,n)은 하나 만이 0이 아니며 다른 것은 0이다. 쌍대비교행렬 A의 주 대각선 요소의 합은 n이므로 0이 아닌 λ_i를 λ_{max}로 하면 $\lambda_{max}=n$이 되고 나머지 $\lambda_i=0$이 된다. 여기에서 벡터 W는 A의 최대고유치 λ_{max}에 대한 정규화된 고유벡터가 된다.

설문으로 구성된 $n\times n$ 행렬 A의 고유치 λ와 그에 대한 고유벡터 W는 $AW=\lambda W$, $W=(w_1, w_2, \ldots, w_n)^T$을 만족하는 스칼라 λ와 0이 아닌 벡터 W를 말한다. 결국 $A-$

λI 의 행렬식이 0 이 되어야 한다. 즉, λ 에 대한 차 방정식 |A− λI| = 0 을 얻고, 이 중 λ 의 최댓값을 최대고유치라 한다. 고유치 λ 가 정해졌을 때, 고유벡터 W는 스칼라배를 통해서 무수히 많이 존재하지만, AHP 에서는 성분의 합이 1 인 벡터로 정규화하여 사용한다. 만약 쌍대비교 행렬 A 가 완전한 일관성을 갖는다면 $\lambda_{\max}=n$이고 나머지 λ 는 0 이다. 따라서 $\lambda_{\max}$는 n의 추정치가 된다. $\lambda_{\max}$가 n에 근접할수록 쌍대비교의 신뢰성이 높다고 말할 수 있다. 고유치(Eigen Value) 및 고유벡터(Eigen Vector)에 의한 가중치를 결정하는 예를 다음 쌍대비교 행렬로 생각해 보자.

$$A=\begin{pmatrix}1 & 1/3 & 2\\ 3 & 1 & 3\\ 1/2 & 1/3 & 1\end{pmatrix}$$

$$I=\begin{pmatrix}1\,0\,0\\ 0\,1\,0\\ 0\,0\,1\end{pmatrix}$$

<u>1 단계: Eigen Value λ 계산</u>

W 를 가중치 벡터라고 하면 다음과 같은 식 (3.5−3)이 성립한다.

$$AW=\lambda W \qquad (3.5-3)$$

$$AW-\lambda W=0$$

$$(A-\lambda I)W=0$$

행렬 A를 식 (3.5−3)에 대입하면 다음과 같이 전개할 수 있다.

$$(A-\lambda I)W=\left[\begin{pmatrix}1 & 1/3 & 2\\ 3 & 1 & 3\\ 1/2 & 1/3 & 1\end{pmatrix}-\begin{pmatrix}\lambda\,0\,0\\ 0\,\lambda\,0\\ 0\,0\,\lambda\end{pmatrix}\right]W=\begin{pmatrix}1-\lambda & 1/3 & 2\\ 3 & 1-\lambda & 3\\ 1/2 & 1/3 & 1-\lambda\end{pmatrix}W=0$$

$$(A-\lambda I)W=\left[\begin{pmatrix}1 & 1/3 & 2\\ 3 & 1 & 3\\ 1/2 & 1/3 & 1\end{pmatrix}-\begin{pmatrix}\lambda\,0\,0\\ 0\,\lambda\,0\\ 0\,0\,\lambda\end{pmatrix}\right]\begin{pmatrix}w_1\\ w_2\\ w_3\end{pmatrix}=\begin{pmatrix}1-\lambda & 1/3 & 2\\ 3 & 1-\lambda & 3\\ 1/2 & 1/3 & 1-\lambda\end{pmatrix}\begin{pmatrix}w_1\\ w_2\\ w_3\end{pmatrix}=\begin{pmatrix}0\\ 0\\ 0\end{pmatrix}$$

(w_1, w_2, w_3)의 자명한 해인 (0, 0, 0)이 아닌 해가 존재하려면 역행렬 A^{-1}이 존재하면 안된다. 즉, 위의 행렬식(Determinant)이 0 가 되어야 하므로

$$\left\{\left[(1-\lambda)^3+\left(\frac{1}{3}\times 3\times\frac{1}{2}\right)+\left(3\times\frac{1}{3}\times 2\right)\right]\right\}-$$

$$\left\{\left[2\times(1-\lambda)\times\frac{1}{2}\right]+\left[3\times\frac{1}{3}\times(1-\lambda)\right]+\left[3\times\frac{1}{3}\times(1-\lambda)\right]\right\}=0$$

이 된다.

위의 방정식을 계산하여 최대고유치 $\lambda_{max}=3.054$를 구한다.

2 단계: 가중치 W 계산

가중치를 계산하기 위하여 앞의 방정식에 구한 λ_{max}를 λ에 대입하여

$$\begin{pmatrix}1-\lambda_{max} & 1/3 & 2\\ 3 & 1-\lambda_{max} & 3\\ 1/2 & 1/3 & 1-\lambda_{max}\end{pmatrix}\begin{pmatrix}w_1\\ w_2\\ w_3\end{pmatrix}=\begin{pmatrix}1-3.054 & 1/3 & 2\\ 3 & 1-3.054 & 3\\ 1/2 & 1/3 & 1-3.054\end{pmatrix}\begin{pmatrix}w_1\\ w_2\\ w_3\end{pmatrix}=\begin{pmatrix}0\\ 0\\ 0\end{pmatrix}$$

$$w_1+w_2+w_3=1$$

연립해서 풀면 $w_1\cong 0.25$, $w_2\cong 0.6$, $w_3\cong 0.15$를 구할 수 있다.

쌍대비교 행렬의 크기가 3×3 이상인 경우 고유치와 고유벡터에 의해 가중치를 구하는 것은 계산적 어려움이 있다. 따라서 현실적으로 쌍대비교 행렬의 크기가 3×3 이상인 경우 다른 방법으로 가중치를 구하는데 균형모델에 의한 방법, 멱승법에 의한 방법, 기하평균에 의한 방법 등이 있다.

3.5.5.3 쌍대비교 행렬의 일관성 평가

정합성지수 (CI: Consistency Index)는 $(\lambda_{max}-n)/(n-1)$로 정의된다. 여기에서 n은 평가항목의 수이다. 정합성지수는 평가자 설문에 대한 일관성 지수이다. 앞에서 설명한 대로 평가자 설문이 완전한 일관성을 가지고 있다면 이 되어 CI=0 가 된다. 일관성이 결여될수록 λ_{max}가 n보다 크게 되어 CI 는 0 보다 큰 수가 된다. 그러나 n이 클수록 CI 는

커지기 때문에 CI 를 RI(Random Index)로 나눈 것이 정합성 비율 CR(Consistency Ratio)가 되고 CR 로 일관성을 평가한다.

RI 는 평가항목 n의 크기에 따른 대각선이 '1'인 정방형 역수행렬을 많이 만들고 나머지 원소들을 무작위적으로 생성하여 만든 행렬의 CI 값 평균이다. RI 를 생성 시는 무작위 쌍대비교 행렬을 많이 만들어 이를 시뮬레이션하여 그 평균값을 구한 것이다. 따라서 CR 은 무작위로 만든 행렬의 CI 평균과 평가자들이 평가한 쌍대비교 행렬의 CI 비율이라고 말할 수 있다. 즉, 이 비율이 0.1 이라고 하는 것은 평가자의 무작위 비율이 10%라고 말하는 것이고 90%는 일관성 있게 평가했다고 말할 수 있다. AHP 에서는 일관성 확인의 기준치를 CR 이 0.1 이하인 것은 일관성이 있다고 판단하고 0.1~0.2 사이 값은 허용가능한 것으로 간주한다. 그러나 이러한 기준치는 AHP 분석자의 주관적인 판단으로 변경될 수도 있다. 예를 들어 분석자가 0.25 이하인 것은 허용한다는 기준을 정한다면 그렇게 따를 수 있다. 다만 CR 이 커지면 커질수록 일관성은 떨어지는 것이 분명하다.

n의 값이 커지게 되면 CI 도 같이 커지는 성질이 있으므로 이러한 단점을 보완하기 위해서 다수의 쌍대비교 행렬의 CI 들의 평균치인 RI 를 구하여 나누어준다. 통상적으로 CR 이 0.1 보다 작거나 같으면 해당 쌍대비교 행렬이 정합성이 있다고 판단한다. 의 크기에 따른 RI 는 AHP 를 만든 Thomas Saaty 가 계산하여 제시하고 있다. RI 는 이 커질수록 증가하는 경향이 있다. 수많은 모의실험 결과 얻은 결과가 표 3.5.3 에 나와 있다.

표 3.5.3 평가 항목수에 따른 RI (Saaty, 1980)

n	1	2	3	4	5	6	7	8	9	10	11	12	13	14	15
RI	0.00	0.00	0.58	0.90	1.12	1.24	1.32	1.41	1.45	1.49	1.51	1.48	1.56	1.57	1.59

RI 에서 보는 것과 같이 2 이하인 쌍대비교 행렬은 완전한 일관성을 가지고 있기 때문에 Random 한 쌍대비교 행렬의 CI 는 0 이다.

3.5.6 대안 평가 방법

AHP 에서의 대안 평가방법은 HAWM(Hierarchical Additive Weighting Method)를 사용한다. AHP 에서는 문제를 구조화 한 이후 각 평가기준 및 대안들에 대한 가중치를 쌍대비교를 통해 구한다. 만약 대안의 우선순위를 분석하기 위해 그림 3.5.6 과 같이 문제를 구조화하고 목표에 기여하는 각 평가기준들의 기여도 즉 가중치와 각 평가기준에 기여하는 대안들의 기여도 즉 가중치를 그림 3.5.6 과 같이 구하였다고 가정하자. 이 경우 대안들이 목표에 기여하는 기여도는 다음과 같이 구할 수 있다.

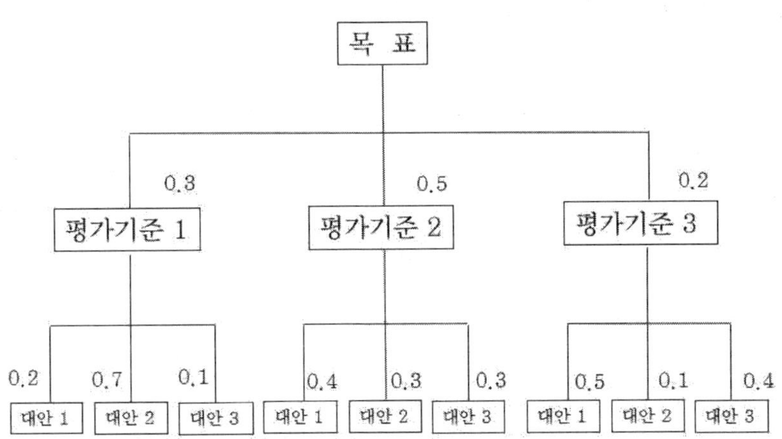

그림 3.5.6 AHP 에서 항목별 가중치로 대안 평가 방법

대안 1 의 목표에 대한 기여도 = 평가기준 1 의 가중치 x 평가기준 1 하위 대안 1 의 가중치 + 평가기준 2 의 가중치 × 평가기준 2 하위 대안 1 의 가중치+ 평가기준 3 의 가중치 × 평가기준 3 하위 대안 1 의 가중치 =0.3 × 0.2 + 0.5 × 0.4 + 0.2 × 0.5 = 0.36

대안 2 의 목표에 대한 기여도 = 평가기준 1 의 가중치 × 평가기준 1 하위 대안 2 의 가중치 + 평가기준 2 의 가중치 × 평가기준 2 하위 대안 2 의 가중치+ 평가기준 3 의 가중치 × 평가기준 3 하위 대안 2 의 가중치 =0.3 × 0.7 + 0.5 × 0.3 + 0.2 × 0.1 = 0.38

대안 3 의 목표에 대한 기여도 = 평가기준 1 의 가중치 x 평가기준 1 하위 대안 3 의 가중치 + 2 의 가중치 × 평가기준 2 하위 대안 3 의 가중치+ 평가기준 3 의 가중치 × 평가기준 3 하위 대안 3 의 가중치 =0.3 × 0.1 + 0.5 × 0.3 + 0.2 × 0.4 = 0.26

따라서 대안 2 가 목표에 기여하는 바가 0.38 로서 가장 크고 대안 1 이 그 다음이며 대안 3 이 가장 기여하는 바가 작다. 이 경우 우리는 대안 2 를 최적의 대안으로 선택한다. 그럼 어떻게 목표에 기여하는 하위 평가기준들의 가중치와 상위 평가기준들에

기여하는 하위 평가기준들의 가중치, 그리고 제일 끝 단에 있는 평가기준에 기여하는 대안들의 가중치를 찾는지 알아보자.

3.5.7 집단 평가 종합 방법

AHP 설문조사를 통해 각 평가항목별 중요도를 평가하는 평가자는 통상 2 인 이상이다. 가능하면 될수록 많은 전문가가 참가하는 것이 전문가 집단의 의견을 정확히 수렴할 수 있다. 여기에서는 2 명의 전문가가 평가한 쌍대비교 행렬을 어떻게 종합하는지에 대한 예를 든다. 3 명 이상 AHP 설문조사도 동일한 방법으로 종합하면 된다.

첫 번째 설문 응답자(평가자)의 쌍대비교 행렬은 표 3.5.4 와 같다.

표 3.5.4 첫 번째 설문 응답자 AHP 쌍대비교 행렬

평가항목	A	B	C
A	1	1/3	1/2
B	3	1	2
C	2	1/2	1

이 쌍대비교 행렬의 $\lambda_{\max}$는 3.009 이며 CI 는 $\frac{\lambda_{\max}-n}{n-1} = \frac{3.009-3}{3-1} = 0.0045$이며 RI 는 0.58, CR= 0.0045/0.58=0.008 이다. 따라서 CR 이 0.1 보다 작은 값이어서 평가자의 평가가 일관성이 있다고 말할 수 있다. 따라서 첫 번째 평가자의 평가를 채택가능하고 이 쌍대비교 행렬로 구한 가중치는 A(0.163), B(0.540), C(0.297)이다.

두 번째 설문 응답자(평가자)의 쌍대비교 행렬은 표 3.5.5 와 같다.

표 3.5.5 두 번째 설문 응답자 AHP 쌍대비교 행렬

평가항목	A	B	C
A	1	3	3
B	1/3	1	1
C	1/3	1	1

두 번째 평가자의 쌍대비교 행렬의 $\lambda_{\max}$는 3.0 이며 CI 는 $\frac{\lambda_{\max}-n}{n-1}=\frac{3-3}{3-1}=0$이며 RI 는 0.58, CR 은 0/0.58=0 이어서 0.1 보다 작은 값으로 일관성이 있다고 말할 수 있다. 따라서 두 번째 평가자의 평가도 채택가능하고 이 쌍대비교 행렬로 구한 가중치는 A(0.6), B(0.2), C(0.2)이다.

3.5.7.1 원소값 기하평균 방법

원소값 기하평균 방법은 AHP 를 만든 Saaty 가 제안한 방법으로 2 개의 쌍대비교 행렬의 각 원소들의 기하평균을 구해 다시 하나의 행렬로 만드는 것이다. 이렇게 하면 2 개 이상의 행렬의 원소를 기하평균하여 종합한 새로운 행렬 역시 대각선이 1 이고 역수행렬인 쌍대비교 행렬의 성질을 그대로 유지하게 된다. 또한 기하평균은 원소값의 이상치 영향을 산술평균보다 줄여주는 역할을 한다. 만약 산술평균으로 2 개 이상의 쌍대비교 행렬을 종합하면 종합된 행렬은 우리가 일반적으로 알고 있는 쌍대비교 행렬의 기본성질인 역수행렬이 유지되지 않아 사용할 수가 없다.

기하평균은 원소가 x_1, x_2, , x_3, ,…,x_n와 같이 n개 있을 때 $(x_1\times\ x_2\times\ x_3\times\cdots\times x_n)^{1/n}$으로 평균하는 것을 말한다. 앞에서 예를 든 2 개 쌍대비교 행렬의 기하평균으로 구한 종합된 쌍대비교 행렬은 표 3.5.6 과 같다.

표 3.5.6 기하평균으로 종합된 쌍대비교 행렬

평가항목	A	B	C
A	1	1	1.22
B	1	1	1.43
C	0.82	0.70	1

쌍대비교 행렬의 $\lambda_{\max}$는 3.003 이며 CI 는 $\frac{\lambda_{\max}-n}{n-1}=\frac{3.003-3}{3-1}=0.0015$이며 RI 는 0.58, CR 은 0.0015/0.58=0.0025 이어서 0.1 보다 작은 값으로 상당한 일관성이 있다고 말할 수 있다. 이 종합된 쌍대비교 행렬로 구한 가중치는 A(0.354), B(0.371), C(0.275)이다.

원소값 기하평균 방법은 여러 가지 장점이 있는데 먼저 기하평균 자체의 성질에 의해 평균으로부터 많이 멀어져 있는 이상치에 대한 영향력이 상당히 감소한다는 점이다. 예를 들어 데이터가 15, 14, 17, 20, 50 이 있을 때 산술평균은

(15+14+17+20+50)/5=23.2 이지만 기하평균은 $\sqrt[5]{15\times 14\times 17\times 20\times 50}=20.44$가 되어 이상치로 보이는 50에 대한 영향력이 줄어든다. 또 다른 원소값 기하평균 방법의 장점은 2개 이상의 쌍대비교 행렬로 구한 원소값 기하평균 쌍대비교 행렬은 쌍대비교 행렬의 성질을 그대로 유지한다는 점이다. 즉, 대각선이 1인 역수행렬의 성질을 그대로 유지한다. 위의 예에서 0.82는 1.22의 역수이며 0.70은 1.43의 역수이다. 그러므로 원소값 기하평균으로 얻은 새로운 쌍대비교 행렬로 가중치를 얻을 수 있다.

3.5.7.2 고유벡터 기하평균 방법

고유벡터 기하평균 방법은 여러 평가자들의 쌍대비교 행렬의 일관성을 점검하고 일관성 있는 평가자들의 쌍대비교 행렬로부터 가중치를 구하여 이를 각각 기하평균으로 새로운 가중치를 구하는 방법이다. 기하평균은 이상치의 영향력을 상당히 줄여주는 효과가 있어 이상치의 영향이 우려되는 데이터의 평균을 구할 때 많이 사용하는 방법이다. 각 평가자가 평가한 특정 대안의 가중치가 x_1, x_2, , x_3, ,...,x_n으로 나타나면 기하평균은 $(x_1\times\ x_2\times\ x_3\times\cdots\times x_n)^{1/n}$이다.

표 3.5.7 2명의 평가자 가중치 벡터

대안 / 평가자	첫 번째 평가자 가중치	두 번째 평가자 가중치
A	0.163	0.600
B	0.540	0.200
C	0.297	0.200

앞의 예에서 구한 2명의 평가자의 가중치가 표 3.5.7과 같이 나타나 있다면 대안 A의 종합된 가중치는 $\sqrt{0.163\times 0.600}=0.313$이 된다. 동일한 방법으로 B의 종합된 가중치는 $\sqrt{0.540\times 0.200}=0.329$, C의 종합된 가중치는 $\sqrt{0.297\times 0.200}=0.244$가 된다. 새로 구한 가중치 합이 1이 되지 않을 경우는 합이 1이 되도록 정규화하여 사용한다.

3.5.7.3 고유벡터 산술평균 방법

고유벡터 산술평균은 각 평가자들이 수행한 쌍대비교 행렬로부터 구한 가중치의 산술평균을 종합된 가중치로 간주하는 방법이다. 각 평가자가 평가한 특정 대안의 가중치가 x_1, x_2, , x_3, ...,x_n으로 나타나면 산술평균은 $\sum_{i=1}^{n} x_i/n$이다. 따라서 위의 예에서 A의 가중치는 (0.163+0.600)/2=0.38 가 되며 B 는 (0.540+0.200)/2=0.37, C 는 (0.297+0.200)/2=0.25 가 된다. 가중치가 1 로 정규화된 가중치들을 고유벡터 산술평균 방법으로 새로운 가중치를 구하면 그 합은 항상 1 이 된다.

3.5.7.4 고유벡터 가중 산술평균 방법

만약 평가자들의 전문성에 기초해서 가중치를 부여할 수 있다면 우리는 평가자가 가지는 가중치를 활용하여 새로운 가중치를 만들 수 있다. 각 평가자가 평가한 특정 대안의 가중치가 x_1, x_2, , x_3, $\ldots, x_n$으로 나타나면 가중 산술평균은 $\sum_{i=1}^{n} w_i x_i / n$이다.

예를 들어 두 명의 평가자 중 첫 번째 평가자는 0.3 의 가중치를 가지고 두 번째 평가자는 0.7 의 가중치를 가진다고 가정하면 A 의 종합된 가중치는 [(0.3× 0.163) + (0.7 × 0.600)] /2 =0.234 로 판단할 수 있다. B 의 종합된 가중치는 [(0.3× 0.540) + (0.7 × 0.200)] /2 =0.302 이고 C 의 종합된 가중치는 [(0.3× 0.297) + (0.7 × 0.200)] /2 =0.229 이다. 새로 구한 가중치 합이 1 이 되지 않을 경우는 합이 1 이 되도록 정규화하여 사용한다.

[AHP 방법에 의한 군사력평가 예]

Lee Young-Woo 와 Ahn Byong-Hun(1991)의 논문을 예를 들어 설명한다.

AHP 에 의한 군사력을 평가하고자 한다면 먼저 문제를 구조화하여야 한다. 이 논문에서는 그림 3.5.7 과 같은 구조로 문제를 구조화하였다. 1 계층 항목에 무기체계의 평가를 두었으며 2 계층 항목으로 공격과 방어를 3 계층 항목으로 무기 범주를 두었다. 4 계층 항목으로 화력(Firepower), 기동(Mobility), 생존성(Survivability)과 같은 전력지수 평가항목을 설정하고 5 계층 항목으로는 성능을 평가하는 특성항목을 위치시켰다. 마지막으로 평가하고자 하는 각 무기체계를 6 계층 항목으로 설정함으로써 비교대상 무기체계의 평가를 상대적으로 하고자 하였다.

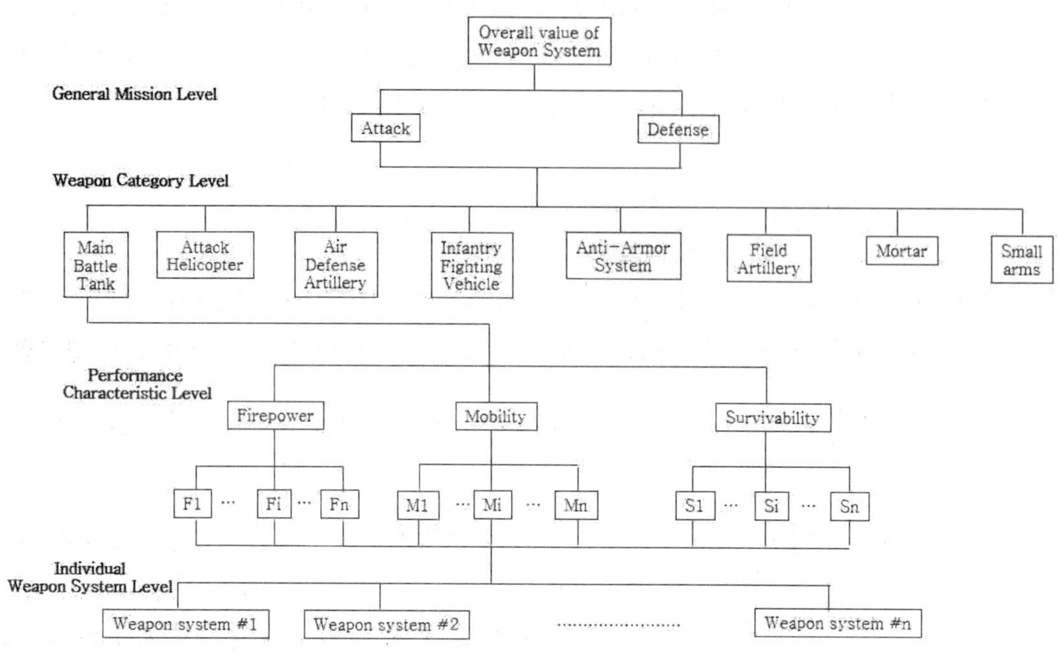

그림 3.5.7 군사력평가체계 구조화

이 논문에서 분류한 무기체계 범주는 표. 3.5.8 에서 나타난 대로 8 가지로서 Main Battle Tank, Small arms, Air Defense Systems, Infantry fighting vehicles, Anti-armor weapon system, Artillery, Mortars, Attack Helicopters 이다.

표. 3.5.8 무기체계 범주 및 예

범주	무기형태	무기 예
I	Main Battle Tank	M60A1
II	Small arms	M16A1
III	Air Defense Systems	Vulcan
IV	Infantry fighting vehicles	XM-2
V	Anti-armor weapon system	Tow on M113A1
VI	Artillery	155mm M109A1
VII	Mortars	107mm M106A1
VIII	Attack Helicopters	AH-1S

전문가 집단을 구성하여 AHP 의 원리에 따라 쌍대비교를 통해 평가항목 및 성능평가 하위항목의 가중치를 표 3.5.9 와 같이 구하였다. 전력지수 평가항목인 화력, 기동, 생존성 가중치는 각각 0.5, 0.2, 0.3 으로 구하였으며 화력의 성능항목인 장갑파괴능력,

사격임무시간, 가용 탄약량, 인원 피해능력은 각각 0.45, 0.10, 0.25, 0.20 으로 계산되었다. 기동의 하위항목인 주행거리, 속도, 장애물 극복능력은 각각 0.30, 0.35, 0.35 로 계산되었고 생존성 하위항목인 장갑보호능력, 노출면적, 능동방어체계는 각각 0.40, 0.25, 0.35 로 계산되었다.

Y 범주에 Y_1과 Y_2 무기체계가 있다고 가정하고 ADC(Armor Defeating Capability) 측면에서 2 개의 가중치가 각각 0.55 와 0.45 와 같다고 하고 하자. FMT, AMA 등 성능특성(Performance Characteristics)의 가중치는 표 3.5.9 에 제시되어 있다. 여기에서 Y_1 무기체계가 Y 범주의 기준 무기체계라고 하자.

표 3.5.9 가상무기의 WEI 평가(괄호안은 가중치)

Performance Categories	Performance Characteristics		Weight	
			weapon Y_1	weapon Y_2
Firepower (0.50)	armor defeating capability	(ADC)(0.45)	(0.55)	(0.45)
	fire mission time	(FMT)(0.10)	(0.50)	(0.50)
	ammunition available	(AMA)(0.25)	(0.60)	(0.40)
	personnel damage capability	(PDC)(0.20)	(0.50)	(0.50)
Mobility (0.20)	cruising range	(CRR)(0.30)	(0.54)	(0.46)
	speed	(SPD)(0.35)	(0.50)	(0.50)
	obstacle crossing capability	(OCC)(0.35)	(0.60)	(0.40)
Survivability (0.30)	armor protection	(APT)(0.45)	(0.60)	(0.40)
	presented area	(PSA)(0.25)	(0.50)	(0.50)
	active defense systems	(ADS)(0.35)	(0.70)	(0.30)

그러면 Y_2 무기체계의 무기효과지수 WEI_{Y_2}는 다음과 같이 구한다.

$$
\begin{aligned}
& WEI_{Y2} \\
&= (0.50 \times Firepower) + (0.20 \times Mobility) + (0.30 \times Survivability) \\
&\quad = 0.50 \times (0.45 \times ADC + 0.10 \times FMT + 0.25 \times AMA + 0.20 \times PDC) \\
&\quad + 0.20 \times (0.30 \times CRR + 0.35 \times SPD + 0.35 \times OCC) \\
&\quad + 0.30 \times (0.40 \times APT + 0.25 \times PSA + 0.35 \times ADS) = 0.4338
\end{aligned}
$$

같은 방법으로 Y_1의 WEI 를 구하면 0.5662 이다. 기준 무기인 Y_1 무기체계의 WEI 를 1 로 하여 Y_2 무기체계의 상대적 WEI 를 구하면 0.4338/0.5662=0.7662 가 된다.

WUV는 식 (3.5-4)로 구한다.

$$WUV = \sum_{i=1}^{k}(cw)_i[\sum_{j=1}^{m}N_{ij}(WEI)_{ij}] \qquad (3.5-4)$$

여기에서,

CW_i : 무기체계 i 범주의 가중치

N_{ij}: i 범주의 j 무기체계 수량

$(WEI)_{ij}$: i 범주의 j 무기체계 무기효과지수

최종적으로 Blue Force와 Red Force의 전투력 비율은 다음과 같이 구한다.

전투력 비율=(Blue Force WUV / Red Force WUV)

가상 데이터에 의한 WUV 유도

표 3.5.10과 같이 Blue Force와 Red Force의 무기체계가 Main Battle Tank, Artillery, Mortars, Attack Helicopters로 구성되어 있다고 하자. 범주별 무기체계가 1~3개씩 구성되어 있고 각 수량이 나타나 있다. 앞에서 제시된 방법과 같이 WEI와 WUV를 무기체계별로 구하고 이를 다 합하면 양측의 WUV가 된다. 표 3.5.10에서는 Blue Force의 WUV는 85.87이고 Red Force의 WUV는 121.30이다.

표 3.5.10 가상무기체계에 대한 WUV 유도

Weapon category	Category weight	Blue				Red			
		Weapon	Number	WEI	WUV	Weapon	Number	WEI	WUV
Main Battle Tank	0.22	TNK-B1	200	1.0	44.00	TNK-R1	400	0.8	70.40
Field Artillery	0.35	ART-B1	50	1.0	17.50	ART-R1	100	0.7	24.50
		ART-B2	8	0.9	2.52				
Mortar	0.23	MOT-B1	50	0.7	8.05	MOT-R1	80	0.5	9.20
Attack Hel.	0.20	HEL=B1	30	1.0	6.00	HEL-R1	40	0.8	6.40
		HEL-B2	20	1.2	4.80	HEL-R2	30	1.0	6.00
		HEL-B3	10	1.5	3.00	HEL-R3	20	1.2	4.80
Sum of WUV	-	-	-	-	85.87	-	-	-	121.30

여기에서 각 범주별 기준 무기체계는 TNK-81, ART-B1, MOT-B1, HEL-B1 이다. 이 4가지 기준화기에 대해 공격과 방어 상황에서 중요도 즉, 가중치를 AHP 9점 척도로 구해 보해 보면 그림 3.5.8과 같다.

	Attack	Defense	
M=	0.24	0.20	TNK-B1
	0.34	0.36	ART-B1
	0.22	0.24	MOT-B1
	0.20	0.20	MEL-B1

그림 3.5.8 공격과 방어 상황에서의 가중치

공격과 방어의 가중치는 동일한 것으로 나타났다고 가정한다. 즉, 공격과 방어 가중치 $V=(0.5,0.5)^T$이다. 무기체계 범주 가중치 $W=(w_1,w_{2,}w_3,w_4)^T$는 다음과 같이 계산된다.

$$W=M_{4\times 2}V_{2\times 1}=(0.22,0.35,0.23,0.20)^T$$

일단 범주 가중치 벡터가 구해지면 무기체계 Y_1, Y_2의 상대적 값, WEI_{Y_1}, WEI_{Y_2}를 조정해야 한다. 만약 무기체계 Y_1, Y_2가 동일한 범주에 속하고 범주 가중치가 0.22이면 최종 WEI_{Y_1}, WEI_{Y_2}은 각각 $1\times 0.22=0.22$와 $0.7662\times 0.22=0.1686$이 된다. 이렇게 하면 WEI 단계는 종료된다.

표 3.5.10에 나타나 있는 각 무기체계의 수량을 WEI와 곱해 WUV를 구하고 Blue Force와 Red Force의 각 무기체계 WUV를 다 합하여 각 측의 WUV를 구한다. 위 표에서 제시된 데이터를 근거로 하면 Blue Force의 WUV는 Red Force의 WUV 대비 85.87/121.30=0.71로서 71% 수준이라고 판단된다.

3.6 TOPSIS

3.6.1 TOPSIS 개요

TOPSIS(Technique of Order Preference by Similarity to Ideal Solution) Method 는 거리척도를 가지고 대안의 우선순위를 분석하는 다기준 의사결정 방법이다. TOPSIS Method 에서는 두 가지의 가상 해를 구성한다. 하나는 이상적인 해, 즉 의사결정 행렬의 가용한 정보만을 가지고 만든 가상의 가장 좋은 해이고 다른 하나는 반대로 가장 반(反) 이상적인 해(Negative Ideal Solution), 즉 가용한 정보만을 가지고 찾은 가장 나쁜 해이다. 이 두 가지 해를 만든 후 대안을 평가하는데 가장 좋은 대안은 당연히 이상적인 해에서는 가장 가깝고 반이상적인 해로부터 가장 먼 해이다. 여기서 거리척도는 Euclidean Distance 또는 City-block Distance 를 사용한다. 이처럼 TOPSIS 의 아이디어는 아주 간명하지만 상당한 유효성을 가지며 이해하기가 쉽고 적용하기도 용이하다. TOPSIS 의 절차를 도표로 정리하면 그림 3.6.1 과 같다.

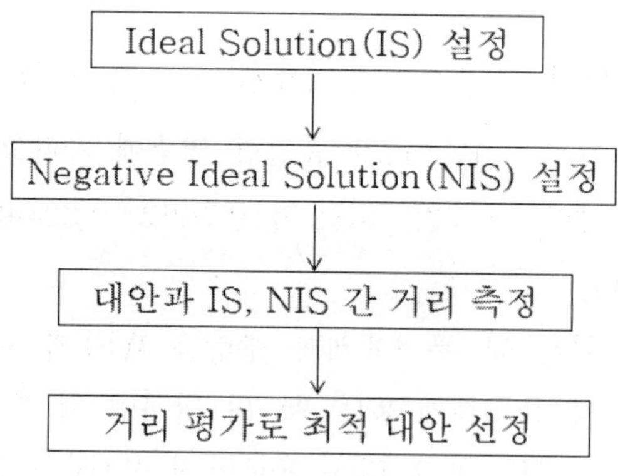

그림 3.6.1 TOPSIS 절차

그림 3.6.2 와 같이 일반적인 다기준 의사결정문제 구조를 생각해 보자.

		가중치				
		W_1	W_2	W_3	$\cdots$	W_n
		평가기준				
		C_1	C_2	C_3	$\cdots$	C_n
대안	A_1	x_{11}	x_{12}	x_{13}	$\cdots$	x_{1n}
	A_2	x_{21}				
	A_3	x_{31}		$\ddots$		
	$\vdots$	$\vdots$				$\vdots$
	A_m	x_{m1}		$\cdots$		x_{mn}

그림 3.6.2 다기준 의사결정 행렬

3.6.2 Benefit Criteria와 Cost Criteria

다기준 의사결정 행렬은 m개의 대안과 n개의 평가기준으로 구성된 $m \times n$ 행렬이고 i번째 대안을 j번째 평가기준으로 평가한 평가값 x_{ij}들이 있다. 각 평가기준은 중요도를 표시하는 가중치 w_j가 있다. 평가기준은 Benefit Criteria와 Cost Criteria로 분류할 수 있다. J^+를 Benefit Criteria, J^-를 Cost Criteria로 정의하면 다음과 같다.

$$J^+ = \{\text{값이 클수록 좋은 평가기준 } j\text{의 집합}\}$$
$$J^- = \{\text{값이 작을수록 좋은 평가기준 } j\text{의 집합}\}$$

3.6.3 가중정규화 행렬

TOPSIS 분석을 하기 위해서는 이러한 다기준 의사결정 행렬을 가지고 먼저 수행해야 할 일은 자료의 정규화이다. 평가기준별 자료의 단위가 다른 것을 무차원의 자료로 만들어 동일한 척도로 비교하기 위해서이다. TOPSIS에서 주로 사용되는 방법은 여러 가지가 있을 수 있으나 여기서는 벡터 정규화(Vector Normalization) 방법을 예를 들어 설명한다. 벡터 정규화는 벡터가 $u = (x_1,\ x_2, \ldots, x_n)$라면 각 성분을 벡터의 크기인 $\|u\| = \sqrt{x_1^2 + x_2^2 + \ldots + x_n^2}$로 나누어 $\hat{u} = \frac{u}{\|u\|}$로 정규화 하는 것을 말한다. 다기준 의사결정 행렬의 그림 3.6.2에서 제시된 x_{ij}의 정규화는 식 (3.6-1), (3.6-2)와 같이 수행한다.

$$r_{ij} = \frac{x_{ij}}{\sqrt{\sum_i x_{ij}^2}}, i = 1,2,\cdots,m, \quad j = 1,2,\cdots,n \quad , j \in J^+ \qquad (3.6-1)$$

$$r_{ij} = 1 - \frac{x_{ij}}{\sqrt{\sum_i x_{ij}^2}}, i = 1,2,\cdots,m, \quad j = 1,2,\cdots,n, \quad j \in J^- \qquad (3.6-2)$$

다음으로 정규화된 r_{ij}들을 w_j를 곱해 식 (3.6−3)과 같이 가중정규화 행렬 v_{ij}를 만든다. 가중정규화 행렬은 비교가능한 무차원의 데이터에 가중치까지 고려된 행렬이 된다.

$$v_{ij} = r_{ij} w_j \text{ for } i = 1,2,\ldots,m, \quad j = 1,2,\ldots,n \qquad (3.6-3)$$

3.6.4 Ideal Solution(IS)과 Negative Ideal Solution(NIS)

다음으로 Ideal Solution과 Negative Ideal Solution을 찾는다. 현재 가중정규화 행렬로부터 우리가 가진 제한된 정보만 가지고 Ideal Solution과 Negative Ideal Solution을 찾는다. Ideal Solution A^*는 식 (3.6−4)와 같이 구할 수 있다

$$v_j^* = \{\max_i v_{ij} \text{ if } j \in J^+, \ \min_j v_{ij} \text{ if } j \in J^-\}$$
$$A^* = (v_1^*, v_2^*, \ldots, v_n^*) \qquad (3.6-4)$$

가중정규화 행렬에서 Benefit Criteria 속성은 크면 클수록 좋은 값이므로 최댓값으로 선정한다. 반면 Cost Criteria에서는 작으면 작을수록 좋은 값이므로 최솟값을 선정한다. 동일한 개념으로 Negative Ideal Solution A'는 식 (3.6−5)와 같이 구할 수 있다

$$v_j' = \{\min_i v_{ij} \text{ if } j \in J^+, \quad \max_j v_{ij} \text{ if } j \in J^-\}$$
$$A' = (v_1', v_2', \ldots, v_n') \qquad (3.6-5)$$

3.6.5 대안에서 IS와 NIS까지의 거리

Benefit Criteria 속성은 작으면 작을수록 좋지 않은 값이므로 최솟값으로 선정한다. 반면 Cost Criteria에서는 크면 클수록 좋지 않은 값이므로 최댓값을 선정한다. 다음으로

가중정규화 행렬에서 각 대안들이 각 평가기준에서 가지고 있는 평가값과 Ideal Solution까지의 거리를 식 (3.6-6)과 같이 계산한다.

$$S_i^* = \sqrt{\sum_j (v_j^* - v_{ij})^2} \quad , \quad i = 1,2,\ldots,m \qquad (3.6-6)$$

동일한 개념으로 Negative Ideal Solution까지의 거리를 식 (3.6-7)과 같이 계산한다.

$$S_i' = \sqrt{\sum_j (v_j' - v_{ij})^2} \quad , \quad i = 1,2,\ldots,m \qquad (3.6-7)$$

3.6.6 대안의 선호도 평가

마지막으로 Ideal Solution으로부터는 가장 가깝고 Negative Ideal Solution으로부터는 가장 먼 대안을 찾는다. $C_i^* = S_i'/(S_i^* + S_i')$로 정의하면 $0 < C_i^* < 1$ 이 만족하고 C_i^*가 가장 큰 대안이 Ideal Solution으로부터는 가장 가깝고 Negative Ideal Solution으로부터는 가장 먼 대안으로 최적의 대안으로 간주될 수 있다. $C_i^* = S_i'/(S_i^* + S_i')$ 식에서 분자로 Negative Ideal Solution까지의 거리 S_i'로 둔 이유는 C_i^*가 가장 큰 값을 최적의 대안으로 선정하기 위해서이다. 그림 3.6.3은 평가기준이 C_1과 C_2 2개인 경우 TOPSIS의 개념을 설명한 것이다. Ideal Solution과 Negative Ideal Solution을 찾고 각 대안들로부터 Positive distance와 Negative distance를 측정하여 Ideal Solution으로부터는 가장 가깝고 Negative Ideal Solution으로부터는 가장 먼 대안을 찾는 절차를 설명하고 있다.

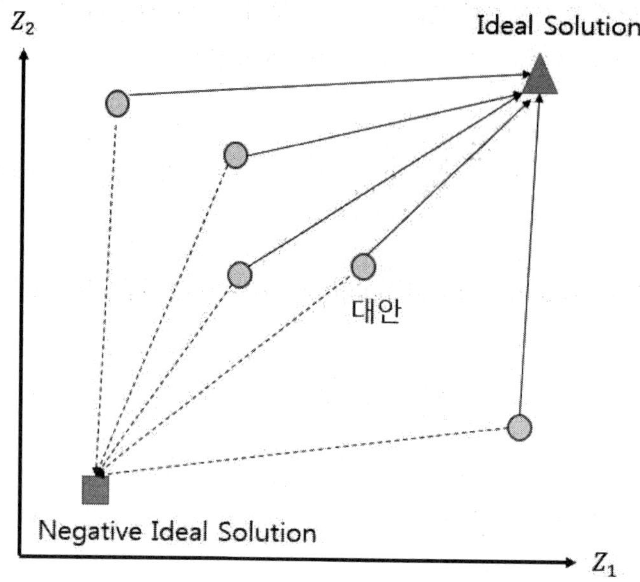

그림 3.6.3 Ideal Solution 과 Negative Ideal Solution

여기서 Ideal Solution 및 Negative Ideal Solution 까지의 거리를 Euclidean Distance 를 사용하지 않고 City−block Distance 를 사용할 수도 있다. i대안과 k대안 간의 City−block Distance 는 식 (3.6−8)과 같다.

$$S_{ik} = \sum_{j=1}^{n} |v_{ij} - v_{kj}|, \quad i,k = 1,2,3,\ldots,m, \; i \neq k \qquad (3.6-8)$$

City−block Distance 는 식 (3.6−9)를 만족한다.

$$S_i^* + S_i' = S^0 = \phi \quad i = 1,,2,3 \cdots, m \;\; \phi > 0$$
$$C_i^* = S_i'/S^0 = S_i'/(S_i^* + S_i'), \quad i = 1,,2,3 \ldots, m \qquad (3.6-9)$$

$A^+ = \{A_i | \max_i C_i^*\}$ 라고 하면 $A^+ = \{A_i | \max_i \sum_{j=1}^{n} v_{ij}\} = \{A_i | \max_i C_i^*\}$이다.

이 관계는 Ideal Solution 에 가장 가까운 대안은 Negative Ideal Solution 으로부터는 가장 멀다는 것이 보장된다. 그러나 Euclidean Distance 를 적용하면 이 관계가 보장되지 않는다.

[TOPSIS 에 의한 군사력평가 예]

군사력 우선순위 결정문제를 TOPSIS 방법으로 해결해 보자. 국가 간 군사력을 평가하고자 하는 연구자가 있다. 이 연구자는 군사력평가 기준으로 GNP, 국방비, 병력수, 무기체계지수를 선택했고 각 평가기준의 가중치를 구하였다. 이 연구자가 비교하려는 국가는 A, B, C, D 4 개 국가로 각 국가와 평가기준에 해당하는 평가값들은 표 3.6.1 과 같다. 여기에서 GNP, 국방비, 병력수, 무기체계 지수는 크면 클수록 좋은 Benefit Criteria 이고 작으면 작을수록 좋은 Cost Criteria 는 없다.

표 3.6.1 군사력평가를 위한 의사결정 행렬

	가중치			
	0.1	0.4	0.2	0.3
구분	GNP(10억달러)	국방비(10억 달러)	병력수(만명)	무기체계지수(백만점)
A	340	17	30	23
B	230	20	45	34
C	170	9	34	56
D	240	10	50	40

3.6.4~3.6.5 절에서 설명한 TOPSIS 방법을 적용하기 위해서는 먼저 데이터 정규화를 수행하여야 한다. 벡터 정규화를 수행하면 표 3.6.2 와 같은 행렬을 구할 수 있다.

벡터 정규화 방법은 다음과 같이 Benefit Criteria 와 Cost Criteria 에 대해 실시한다.

$$r_{ij} = \frac{x_{ij}}{\sqrt{\Sigma_{i=1}^{m} x_{ij}^2}} \quad i = 1,2,\cdots,m, \quad j = 1,2,\cdots,n \text{ for Benefit Criteria}$$

$$r_{ij} = 1 - \frac{x_{ij}}{\sqrt{\Sigma_{i=1}^{m} x_{ij}^2}} \quad i = 1,2,\cdots,m, \quad j = 1,2,\cdots,n \text{ for Cost Criteria}$$

여기에서,

x_{ij} : i 국가행과 j 평가기준열에 있는 행렬 원소값

표 3.6.2 벡터 정규화 수행 이후 의사결정 행렬

가중치	0.1	0.4	0.2	0.3
구분	GNP(10억달러)	국방비(10억 달러)	병력수(만명)	무기체계지수(백만점)
A	0.67	0.58	0.37	0.29
B	0.46	0.68	0.55	0.42
C	0.34	0.31	0.42	0.70
D	0.48	0.34	0.62	0.50

다음으로 정규화된 r_{ij}들을 w_j를 곱해 가중정규화 행렬 v_{ij}를 만든다. 가중정규화 행렬은 표 3.6.3 과 같은 비교가능한 무차원의 데이터에 가중치까지 고려된 행렬이 된다.

$$v_{ij} = r_{ij}w_j \text{ for } i = 1,2,\ldots,m, \quad j = 1,2,\ldots,n$$

표 3.6.3 가중 정규화 행렬

구분	GNP(10억달러)	국방비(10억 달러)	병력수(만명)	무기체계지수(백만점)
A	0.07	0.23	0.07	0.09
B	0.05	0.27	0.11	0.13
C	0.03	0.12	0.08	0.21
D	0.05	0.14	0.12	0.15

이 가중정규화 행렬로부터 표 3.6.4 와 같이 Ideal Solution 과 Negative Ideal Solution 을 구한다. Benefit Criteria 를 고려하여 정규화를 실시하면 두 Criteria 에서 모두 크면 클수록 좋은 값으로 변환된다. 따라서 GNP, 국방비, 병력수, 무기체계 지수는 모두 크면 클수록 좋은 평가기준으로 변환되어 Benefit Criteria 이다.

표 3.6.4 Ideal Solution 과 Negative Ideal Solution

구분	GNP(10억달러)	국방비(10억 달러)	병력수(만명)	무기체계지수(백만점)
A	**0.07**	0.23	0.07	0.09
B	0.05	**0.27**	0.11	0.13
C	0.03	0.12	0.08	**0.21**
D	0.05	0.14	**0.12**	0.15

강조 : Ideal Solution
밑줄 : Negative Ideal Solution

가중정규화 행렬에서 표 3.6.5 와 같이 각 국가들이 각 평가기준에서 가지고 있는 평가값과 Ideal Solution 과 Negative Ideal Solution 까지의 거리를 계산한다.

표 3.6.5 국가와 Ideal Solution 사이의 Euclidean 거리

구분	GNP(10억달러)	국방비(10억 달러)	병력수(만명)	무기체계지수(백만점)	Ideal Solution 까지 거리	Negative Ideal Solution 까지 거리
A	**0.07**	0.23	<u>0.07</u>	<u>0.09</u>	0.14	0.21
B	0.05	**0.27**	0.11	0.13	0.09	0.24
C	<u>0.03</u>	<u>0.12</u>	0.08	**0.21**	0.16	0.18
D	0.05	0.14	**0.12**	0.15	0.15	0.14

강조 : Ideal Solution
밑줄 : Negative Ideal Solution

$C_i^* = S_i'/(S_i^* + S_i')$ 을 구하면 표 3.6.6 과 같다. 따라서 C_i^*가 가장 큰 국가 B 가 최고로 군사력이 강한 국가이며 A, C, D 순으로 군사력이 강한 국가로 평가된다.

표 3.6.6 군사력평가 우선순위 선택

	Ideal Solution 까지 거리 S_i^*	Negative Ideal Solution 까지 거리 S_i'	$C_i^*=S_i'/(S_i^* + S_i')$
A	0.14	0.21	0.60
B	0.09	0.24	0.74
C	0.16	0.18	0.53
D	0.15	0.14	0.49

3.7 ELECTRE

3.7.1 ELECTRE 개요

ELECTRE 는 'ELimination Et Choix Tranduisant la REalite'라는 프랑스어의 약자이며 영어로는 'Elimination and Choice Expressing the Reality'라는 의미이다. ELECTRE 기법은 순위선호 관계를 기초로 열등한 대안을 체계적으로 제거하여 비교대안들의 평가순

위를 부여하는 다기준 의사결정기법이다. 비교대안의 순위선호관계는 일치성지수 Concordance Index)와 불일치성지수(Discordance Index)에 의하여 측정한다.

ELECTRE는 대안들 간 쌍대비교를 통해 우열을 가리는 다기준 의사결정방법론 중 하나이나 AHP가 전문가들의 설문을 통해 평가기준의 가중치와 제일 마지막 계층의 평가기준 관점에서 대안의 가중치를 찾아 이를 종합함으로써 전체 대안들의 우선순위를 가리는 것에 비해서 ELECTRE는 대안과 평가기준으로 구성된 다기준 의사결정 행렬에서 평가기준의 평가값들로 각 대안들 간의 쌍대비교를 통해 두 대안에 대한 우열을 판단하고 대안들 간의 우열을 표현하는 관계로 전체 대안의 우선순위를 판단한다.

ELECTRE는 평가기준의 종류와 사용목적에 따라 여러 가지 형태가 있는데 임계치(Thresholds)가 없는 선호치(Preference) 구조를 가지는 절대기준(True Criteria) ELECTRE와 임계치(Thresholds)가 있는 선호치 구조를 가지는 의사기준(Pseudo Criteria) ELECTRE로 나눌 수 있다. 또한, 사용목적에 따라 대안을 좋은 대안 집합과 덜 좋은 대안 집합으로 나누는 목적으로 사용할 수도 있고 대안을 특정 기준으로 정해놓은 그룹에 할당하는 데도 사용 가능하며 대안의 우선순위를 결정하는 데도 사용 가능하다. 이를 분류하여 정리하면 표 3.7.1과 같다.

표 3.7.1 ELECTRE 분류

Outranking	Procedure / Criteria	Selection	Allocation (Classification)	Ranking
Crisp	True Criteria	ELECTRE I	–	ELECTRE II
Fuzzy	Pseudo Criteria	ELECTRE IS	ELECTRE TRI	ELECTRE III, IV

선호도 평가는 선호도 함수 $V(a)$로 표현되는 Value Function 또는 Utility Function을 기준으로 하는데 대안 a에 대한 $V(a)$는 각 평가기준에 의한 대안의 평가값의 함수로 식 (3.7−1)과 같이 표현된다.

$$V(a)= V(g_1(a),\ g_2(a), \ldots, g_n(a)) \quad (3.7-1)$$

의사결정자는 대안 a와 대안 b를 비교 시 만약 $V(a)=V(b)$이면 대안 a와 대안 b는 차이가 없다고 생각할 것이며 $V(a)>V(b)$이면 대안 a가 대안 b보다 더 우수하다고 생각할 것이며 $V(a)<V(b)$ 이면 대안 b가 대안 a보다 더 우수하다고 판단할 것이다.

표 3.7.2 와 같은 다기준 의사결정 문제 행렬을 생각해 보자. 대안은 a, b, c 등으로 기준 g_1, g_2, g_3 등으로 가중치는 w_1, w_2, w_3 등으로 표현되었고 선호도는 $g_1(a)$, $g_2(a)$, $g_3(a)$ 등으로 표현하는데 $g_j(i)$는 평가기준 j에서 대안 i의 선호도를 평가한 평가값을 표현한다.

표 3.7.2 다기준 의사결정 문제 행렬

가중치

w_1 w_2 w_3 ....

평가기준

대안		g_1	g_2	g_3	...
	a	$g_1(a)$	$g_2(a)$	$g_3(a)$	...
	b	$g_1(b)$	$g_2(b)$	$g_3(b)$	...
	c	...	평가값		
	...	...			

AHP, PROMETHEE, Regime Method 와 같은 다기준 의사결정 방법론에서 많이 사용되고 있는 분석방법은 대안 2 개씩 서로 비교한 결과를 바탕으로 우선순위를 최종적으로 결정하는 것이다. a와 b 두 가지 대안을 비교한다면 우리는 3 가지 결론을 내릴 수 있다. 첫째 a가 b보다 더 우수한 대안이거나 b가 a보다 더 우수한 대안이다. 둘째 a와 b를 비교해 보니 선호도 측면에서 차이가 없다. 셋째 a와 b의 선호도를 비교할 수 없다. 각 대안비교에 활용되는 또 다른 기법은 선호의 추이성이다. 선호의 추이성이란 대안 a가 대안 b보다 더 선호되고 대안 b가 대안 c보다 더 선호된다면 대안 a는 대안 c보다 더 선호된다는 것이다.

ELECTRE 방법에서 선호도 평가는 2 진법의 선호순위에 의해 결정하는데 만약 S 를 '최소한 나쁘지 않은'이라는 의미라면 우리는 다음과 같은 결론을 내릴 수 있다.

aSb and not bSa ⇔ aPb (a가 b보다 강하게 선호됨)

bSa and not aSb ⇔ bPa (b가 a보다 강하게 선호됨)

aSb and bSa ⇔aIb (a와 b는 차이가 없음)

Not aSb and not bSa ⇔ aRb (a와 b는 비교 불가능함)

여기서 강하게 선호된다는 것은 의심할 여지없이 선호된다는 의미이다. 순위선호는 의사결정자가 두 대안 *a*, *b*를 비교할 때, 대안 *a*가 대안 *b*보다 미흡하지 않은 대안이라고 판단되면 두 대안 *a*와 *b*의 수학적 지배관계가 존재하지 않더라도 대안 *a*를 선택하려는 의사결정자의 주관적 선호성향을 의미한다. 순위선호 이론에서는 선호의 비추이성과 대안의 비교불가능성을 가정하고 있으며 대안의 부분적 비교 가능성을 공리로 채택하고 있다. 선호의 비추이성은 선호판단 행위에 비이성적인 부분이 존재하여 일관성이 결여된 문제로 인식하기보다는 선호판단 과정의 난해성 때문에 의사결정과정에서 발생할 수 있는 자연스러운 현상으로 인식되어야 한다.

'*a*가 *b*보다 더 우수한 대안이다'라는 표현을 *aPb* 라고 하고 '*a*와 *b*의 선호도 차이가 없다'를 *aIb* 로 표현하고 '*a*와 *b*를 비교할 수 없다'를 *aRb*로 표현하면 아래와 같이 3가지 형태의 비교로 표현 가능하다.

선호도 (Preference) 비교: aPb 또는 bPa
무차별 (Indifference): aIb
비교 불가능 (Incomparability): aRb

선호도의 논리적 구조는 표 3.7.3과 같이 정리할 수 있다.

표 3.7.3 선호도의 논리적 구조

aPb → not bPa	P is a symmetric
aIa	I is reflexive
aIb → bIa	I is symmetric
Not aRa	R is irreflexive
aRb → bRa	R is symmetric

만약 대안 a가 대안 b보다 더 선호된다면 대안 b는 대안 a보다 더 선호되지 않는다. 이것은 '선호도 비교 평가구조 P는 비대칭적이다' 라는 것을 의미한다. 대안 a는 자신과 무차별하다는 의미는 무차별 평가구조 I는 반사적이다. 또한, 대안 a와 대안 b가 무차별하면 대안 b와 대안 a도 무차별하다. 즉 무차별 평가구조 I는 대칭적이다. 대안 a가 자신과 비교불가능한 것은 아니라는 의미는 비교불가 평가구조 R은 비반사적이다. 또한

만약 대안 a가 대안 b와 비교불가능하다면 대안 b 역시 대안 a와 비교 불가능하다. 즉 비교불가 평가구조 R은 대칭적이다.

대안의 비교불가능성이 성립하는 이유는 의사결정문제에 대한 정보의 부족 및 불확실성으로 인하여 대안의 비교가 불가능한 경우와 적합한 가치 및 효용함수가 존재하지 않을 수도 있어 비교를 할 수 없는 경우가 발생한다. 또한, 의사결정자의 선호에 대한 인식결여 또는 선호표현의 부정확성 등으로 비교가 불가능하기도 하다.

전통적인 선호도 평가에서는 다음과 같은 결론을 얻을 수 있다. 하나의 평가 기준에서 대안의 집합 A의 원소인 대안 a와 대안 b를 평가한 결과가 대안 a가 대안 b보다 더 선호된다면 g(a)>g(b)라고 말할 수 있고 그 역도 성립한다. 만약 대안 a와 대안 b가 무차별하다면 g(a)=g(b)라고 말할 수 있고 그 역도 성립한다.

$$\forall \ a,b \in A \ : \ \begin{Bmatrix} aPb \leftrightarrow g(a) > g(b) \\ aIb \ \leftrightarrow g(a) = g(b) \end{Bmatrix}$$

결론적으로 비교불가 평가구조 R은 어떤 결론을 내릴 수 없고 선호도 비교 평가구조 P는 추이적이다. 즉, 대안 a가 대안 b보다 더 선호되고 대안 b가 대안 c보다 더 선호되면 대안 a는 당연히 대안 c보다 더 선호된다.

$$aPb, \ bPc \ \rightarrow \ aPc$$

또한, 무차별 평가구조 I 역시 추이적이다. 즉, 대안 a가 대안 b와 차이가 없고 대안 b가 대안 c와 차이가 없다면 대안 a는 당연히 대안 c와 차이가 없다.

$$aIb, \ bIc \ \rightarrow \ aIc$$

위에서 설명한 내용을 정리하면 표 3.7.4와 같다.

표 3.7.4 선호도의 정의와 특성

구　분	정　의	특　성
무차별 (Indifference)	g(a)=g(b)이면 iff a 와 b 는 무차별하다.	· ~ 으로 표현 · 대칭적(Symmetric) · 반사적(Reflexive) · 추이적(Transitive)
선호 (Preference)	g(a)>g(b)이면 iff a 는 b 보다 더 선호된다.	· > 으로 표현 · 비대칭적(Asymmetric) · 비반사적(Irreflexive) · 추이적(Transitive)
비교불가 (Incomparability)	–	· R 로 표현 · 대칭적(Symmetric) · 비반사적(Irreflexive)

절대기준하 순위선호 관계를 표현하면 그림 3.7.1 과 같다.

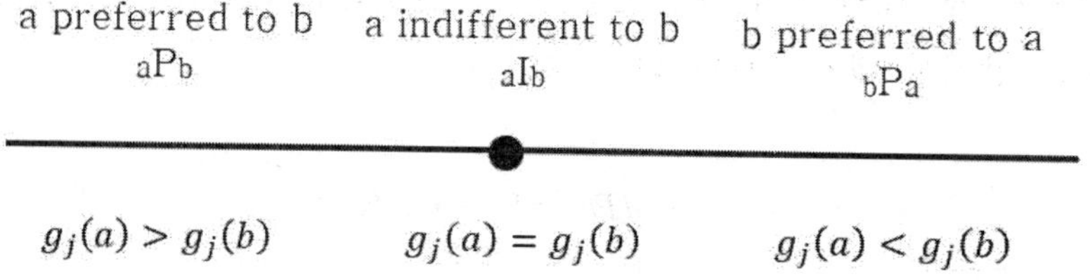

그림 3.7.1 절대기준하 순위 선호 관계

Crisp 선호도 비교 평가구조 P 에서는 g(a)가 조금이라도 g(b)보다 크다면 대안 a 가 대안 b 보다 더 선호된다고 말했다. 그러나 현실에서는 그렇지 않는 경우가 많다. 예를 들어 두 차량의 가격을 평가하여 어떤 차량을 구입할 것인가를 결정하는 문제에서 첫 번째 차량의 가격이 2,000 만원이고 두 번째 차량의 가격이 2,010 만원이라고 하자. 이를 현실적인 감각으로 재조정하여 두 개의 차량 가격이 최소 200 만원 이상 날 때 첫 번째 차량이 더 비싸다고 하면 200 만원은 차이를 말하는 임계치가 된다. 물론 각 평가 기준의 임계치 q 는 다르게 설정될 수 있고 의사결정자가 설정한다. 우리는 이 q 를 무차별 평가 구조 I 를 위한 임계치라고 부른다. 즉, 위에서 정의한 무차별 평가구조 I 를 현실적인 감각으로 좀 더 확장하면 식 (3.7-2)와 같이 정의할 수 있다.

$$\forall \ a,b \in A \ : \ \begin{Bmatrix} aPb \leftrightarrow \ g(a) > \ g(b) + q \\ aIb \leftrightarrow | g(a) - g(b) | \le q \end{Bmatrix} \quad (3.7-2)$$

이러한 경우 선호도 평가구조 P는 여전히 추이적이나 무차별 평가구조 I는 비전이적이 된다. 물론 선호도 평가구조 P와 무차별 평가구조 I의 임계치도 다르게 설정할 수 있다. 만약 선호도 평가구조 P의 임계치가 이고 무차별 평가구조 I의 임계치가 $q^{'}$이라면 우리는 식 (3.7-3)과 같이 식 (3.7-2)를 수정할 수 있다.

$$\forall \ a,b \in A \ : \ \begin{Bmatrix} aPb \ \leftrightarrow \ g(a) > \ g(b) + p \\ aIb \ \ \leftrightarrow \ | g(a) - g(b) | \le q^{'} \end{Bmatrix} \quad (3.7-3)$$

만약 하나의 평가기준하에서 모든 대안들을 서로 2 개씩 상호 비교한다면 우리는 대안들 간의 완전한 선호관계를 파악할 수 있다. 그러나 평가기준은 다기준 의사결정하에서는 하나의 기준이 아니라 여러 개의 평가 기준으로 대안들 간의 우선순위를 결정해야 하므로 단순한 문제는 아니다. 예를 들어 모든 평가기준 하에서 대안 a가 대안 b보다 더 선호된다고 평가가 된다면 당연히 대안 a가 대안 b보다 더 우수한 대안이라고 말할 수 있다. 그러나 평가 기준별로 대안 a와 대안 b가 서로 선호도가 다르다면 우리는 어떻게 의사결정을 해야 할까? 이것이 다기준 의사결정의 가장 핵심 문제이고 본질이다.

모든 ELECTRE 방법에서는 일치성지수(Concordance Index)와 불일치성지수(Discordance Index)를 평가하여 최종결론을 도출한다. 일치성지수는 대안 a 가 대안 b 보다 우월하다고 판단되는 평가기준의 가중치를 고려하여 대안 a를 선택하려는 의사결정자의 성향이며 불일치성지수는 대안 a가 대안 b보다 전반적으로 우월한 대안임에도 불구하고 대안 b에 매우 높은 평가점수를 부여하여 대안 b를 선택하려는 의사결정자의 성향을 말한다. 일치성지수가 사전 결정된 임계치 이상인 대안과 불일치성지수가 사전 결정된 임계치 이하인 대안이 우수한 대안으로 고려될 만한 대안이다. 각 ELECTRE 방법에서는 일치성지수와 불일치성지수가 각각 다르게 정의되어 있고 방법론에 따라 두가지 지수를 고려하여 의사결정하는 방법도 상이하다.

3.7.2 ELECTRE II

3.7.2.1 ELECTRE II 개요

ELECTRE II는 대안들의 우선 순위를 결정하는 방법이다. ELECTRE I에서 단지 우수한 대안을 선택하는 방법이라면 ELECTRE II에서는 대안들의 우선순위를 명확히 결정할 수 있다. 이를 위해 ELECTRE II에서는 선호관계를 좀 더 세분화하여 '강한 선호관계'와 '약한 선호관계'로 구분한다.

'강한 선호관계'와 '약한 선호관계'를 정의하기 위해 일단 일치성지수 임계치를 2가지로 구분한다. ELECTRE I 에서는 일치성지수 임계치 $\hat{c}$와 불일치성지수 임계치 $\hat{d}$를 정의하고 식 (3.7-4)와 (3.7-5)와 같은 조건으로 각각 일치성지수 행렬의 요소와 불일치성지수 행렬의 요소를 결정한다.

$$C(a,b)=\begin{cases} 1 & \text{if } c(a,b) \geq \hat{c} \\ 0 & \text{if } c(a,b) < \hat{c} \end{cases} \quad (3.7-4)$$

$$D(a,b)=\begin{cases} 1 & \text{if } d(a,b) \leq \hat{d} \\ 0 & \text{if } d(a,b) > \hat{d} \end{cases} \quad (3.7-5)$$

그러나 ELECTRE II에서는 식 (3.7-6)과 같이 일치성지수 임계치를 '강한 일치성지수 임계치 c^{+}'와 '약한 일치성지수 임계치 c^{-} '로 구분하여 사용한다. 동일하게 불일치성지수 임계치도 '강한 불일치성지수 임계치 d^{+}'와 '약한 일치성지수 임계치 d^{-} '로 구분하여 사용한다.

$$0 \leq c^{-} \leq c^{+} \leq 1, \quad 0 \leq d^{-} \leq d^{+} \leq 1 \quad (3.7-6)$$

여기서 c^{-}과 c^{+}의 범위는 $[0.5,\ 1-\min_j w_j]$에 속하는 값이다.

만약 '$C(aSb) \geq c^{-}$ or $C(aSb) \geq c^{+}$ and $C(aSb) \geq C(bSa)$'이면 a가 b를 더 선호된다고 말할 수 있다. $p^{+}(a,b)$를 대안 a가 대안 b보다 선호되는 평가기준들의 정규화된 가중치의 합을 의미하고 $p^{-}(a,b)$를 대안 b가 대안 a보다 선호되는 평가기준들의 정규화된 가중치의 합을 의미한다고 정의한다. 그러면 대안 a가 대안 b에 대한 강한 선호관계 S^F는 식 (3.7-7)과 같이 정의한다.

$$aS^Fb \text{ iff } (a,b) \geq c^+, \quad d(a,b) \leq d^-, \quad \frac{p^+(a,b)}{p^-(a,b)} \geq 1 \qquad (3.7-7)$$

식 (3.7-7)의 의미는 대안 a가 대안 b보다 강한 선호관계에 있다는 것은 대안 a가 대안 b보다 우수하다는 일치성지수가 강한 일치성지수 c^+보다는 크거나 같고 대안 a가 대안 b보다 열세하다는 불일치성지수가 약한 불일치성지수 d^-보다는 작거나 같고 대안 a가 대안 b보다 선호되는 평가기준들의 정규화된 가중치의 합이 대안 b가 대안 a보다 선호되는 평가기준들의 정규화된 가중치의 합보다 크거나 같아야 한다는 것이다.

다시 말하면 대안 a가 대안 b보다 좋은 정도는 강하게 좋아야 하고 대안 a가 대안 b보다 나쁜 정도는 약한 정도여야 하며 대안 a가 대안 b보다 좋은 평가기준들의 정규화된 가중치 합이 대안 b가 대안 a보다 선호되는 평가기준들의 정규화된 가중치의 합보다는 같거나 더 커야 한다는 의미이다.

다음으로 대안 a가 대안 b에 대한 약한 선호관계 S^f는 식 (3.7-8)과 같이 정의한다.

$$aS^fb \text{ iff } (a,b) \geq c^- ,d(a,b) \leq d^+ , \quad \frac{p^+(a,b)}{p^-(a,b)} \geq 1 \quad (3.7-8)$$

식 (3.7-8)의 의미는 대안 a가 대안 b보다 약한 선호관계에 있다는 것은 대안 a가 대안 b에 대한 일치성지수가 약한 일치성지수 임계치 c^-보다는 크거나 같고, 대안 a가 대안 b에 대한 불일치성지수가 강한 불일치성지수 임계치 d^+보다는 작거나 같고, 대안 a가 대안 b보다 선호되는 평가기준들의 정규화된 가중치의 합이 대안 b가 대안 a보다 선호되는 평가기준들의 정규화된 가중치의 합보다 크거나 같아야 한다는 것이다.

다시 말하면 대안 a가 대안 b보다 좋은 정도는 약하게 좋아야 하고, 대안 a가 대안 b보다 나쁜 정도는 강한 정도여야 하며, 대안 a가 대안 b보다 좋은 평가기준들의 정규화된 가중치 합이 대안 b가 대안 a보다 선호되는 평가기준들의 정규화된 가중치의 합보다는 같거나 더 크야 한다는 의미이다. 약한 선호관계 역시 대안 a가 대안 b 보다 더 선호되는 것이므로 $\frac{p^+(a,b)}{p^-(a,b)} \geq 1$ 역시 만족해야 한다.

대안 2개씩 서로 쌍대비교 하여 강한 선호관계인지 약한 선호관계인지 비교 불가능한지를 모든 대안 쌍을 비교한다. 예를 들어 대안 A, B, C, D, E, F, G가 있을 때 각각 쌍을 비교 시 그림 3.7.2와 같이 강한 선호관계 Graph G^F와 약한 선호관계 Graph G^f를 얻을 수 있다. 강한 선호관계는 실선으로 표현하고 약한 선호관계는 점선으로 표현하였다.

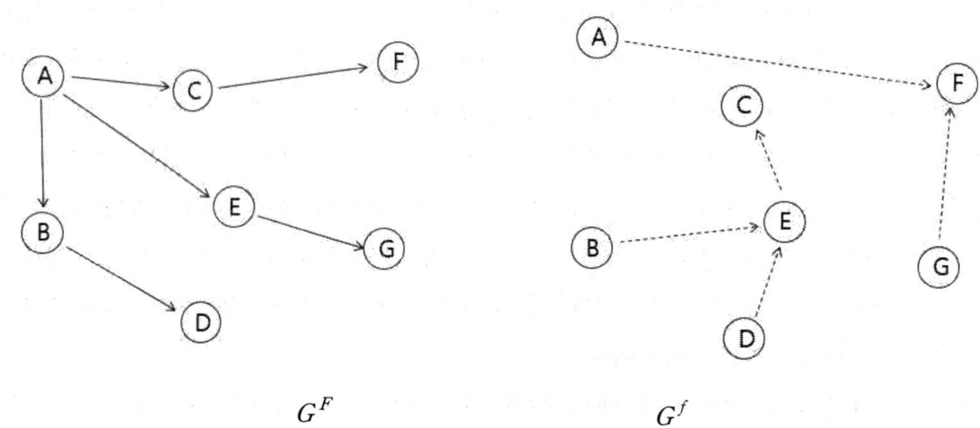

G^F G^f

그림 3.7.2 강한 선호관계와 약한 선호관계 그래프 표현

그림 3.7.2의 그래프를 행렬로 표현할 수도 있는데 표 3.7.5와 같다.

표 3.7.5 강한 선호관계와 약한 선호관계 행렬 표현

대안	A	B	C	D	E	F	G
A		S^F	S^F		S^F	S^f	
B				S^F	S^f		
C						S^F	
D					S^f		
E			S^f				S^F
F							
G						S^f	

3.7.2.2 ELCTREII II 에 의한 대안 우선순위 결정 절차

대안의 우선순위를 결정하는 ELECTRE II 의 절차는 다음과 같다.

1. 의사결정행렬에서 데이터 정규화를 수행한다.
2. 일치성지수 임계치 c^-, c^+와 불일치지수 임계치 d^-, d^+를 정한다.
3. 대안들 간 쌍대비교로 강하게 선호, 약하게 선호, 비교 불가를 결정하여 선호관계 그래프를 그린다.
4. Forward Ranking 방법에 의해 우선순위를 구한다.
5. Reverse Ranking 방법에 의해 우선순위를 구한다.
6. Forward Ranking 과 Reverse Ranking 방법으로 구한 결과를 산술평균으로 최종 순위를 구한다.

Forward Ranking 절차

Y 를 모든 대안의 집합이라고 하고 $Y(k)$는 k번째 단계에서 Y 의 부분집합이다. $A(k)$를 $Y(k)$로부터 선택된 선호되는 대안들의 집합이라고 하면 Forward Ranking(순방향 순위)는 다음과 같이 결정된다. 먼저 $k=1$로 둔다. $k=1$에서 $Y(1)=Y$이다.

1. 강한 선호관계 Graph G^F로부터 다른 대안으로부터 지배받지 않는 대안집합을 구하여 C 라 한다.
* 다른 대안으로부터 지배받지 않는 대안은 다른 대안으로부터 화살표가 오지 않는 대안이다.

2. C에 있는 대안 중 약한 선호관계 Graph G^f에서 지배 관계를 확인하여 지배관계가 있는 arc 를 집합 $\hat{U}_f$에 포함하고 $\left(C,\ \hat{U}_f\right)$ Graph 를 구한다. 이 Graph 에서 지배받지 않는 대안의 집합을 $A(k)$라 한다.
* $A(k)$에 속하는 대안은 G^F와 G^f에서 다른 대안에 의해 지배받지 않는다.

3. $A(k)$에 속하는 대안 x의 순위를 k로 한다.

$$V'(x)=k \text{ for } all\ \ x \in A(k)$$

4. $k=k+1$ 로 증가시키고 $Y(k+1)=Y(k)-A(k)$로 둔다.
만약 $Y(k+1)=\phi$이면 멈추고 아니면 1~4 단계의 절차를 반복한다.

Reverse Ranking 절차

Reverse Ranking은 G^F와 G^f의 지배관계 Graph를 원래 방향과 완전히 반대로 그린 그림 3.7.3과 같은 Graph를 대상으로 Forward Ranking 절차와 동일한 방법으로 Reverse Ranking V''을 결정한다.

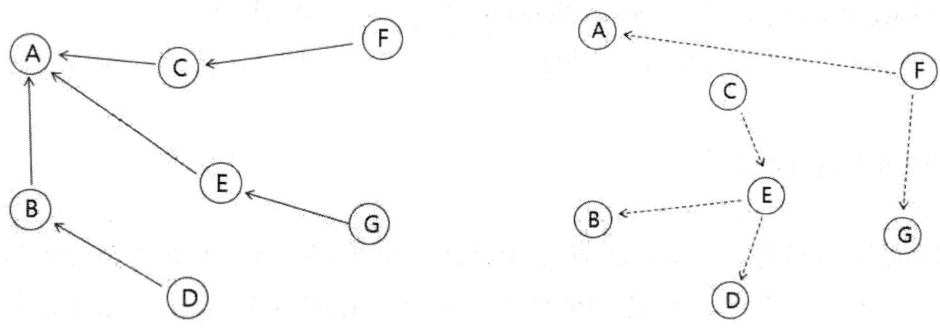

강한 선호관계 Graph G^F 약한 선호관계 Graph G^f

그림 3.7.3 Reverse Ranking 표현

Reverse Ranking 절차를 수행하면 Forward Ranking에서 결정된 우선순위가 더 명확해 진다. Forward Ranking에서는 동일한 대안 간의 우선순위가 발생할 수 있는데 실제 약간의 우열관계가 있음에도 불구하고 동일한 순위가 될 가능성이 있다. 이를 명확히 규명하기 위해 Reverse Ranking 절차를 거쳐 우열관계를 더 분명히 한다. Reverse Ranking에 의한 우선순위는 바로 된 우선순위가 아니라 원래 Graph의 지배관계를 반대로 한 결과이기 때문에 이를 정상적인 순위로 변경하는 절차를 거쳐야 한다.

V''는 G^F와 G^f의 지배관계 Graph를 원래 방향과 완전히 반대로 그린 Graph로 구한 순위를 $\alpha(x)$, $x \in Y$라 하면 $\alpha(x)$를 변환하여 구한다. 변환하는 절차는 먼저 $\alpha_{\max} = \max_{x \in Y} \alpha(x)$를 구하고 $V''(x) = 1 + \alpha_{\max} - \alpha(x)$로 Reverse Ranking을 구한다. $V''(x)$를 구할 때 1을 더하는 이유는 최적의 대안 우선순위를 1로 하기 위해서이다.

$\alpha_{\max} - \alpha(x)$는 원래 방향과 반대로 그린 Graph로 구한 순위를 역순위로 구하기 위해서이다.

Forward Ranking V'와 Reverse Ranking V''을 결합한 최종 우선순위 $\check{V}(x)$결정은 식 (20.4−6)과 같이 Forward Ranking과 Reverse Ranking의 산술평균으로 한다.

$$\check{V}(x) = \frac{V'(x) + V''(x)}{2} \quad (20.4-6)$$

[ELECTRE II 에 의한 군사력평가 예]

ELECTRE II 방법을 설명하기 위해 그림 3.7.4 와 같은 강한 선호관계와 약한 선호관계가 주어진 그래프로 예를 들어 설명한다. 9 개 국가의 군사력을 평가하고자 하는데 평가기준은 GNP, 국방비, 전력지수, 병력수, 철강생산능력 등을 선정하여 (국가, 평가기준) 행렬을 설정하고 이 행열로부터 일치성지수와 불일치성지수를 찾아 앞에서 설명한 강한 선호관계 그래프 G^F와 약한 선호관계 그래프 G^f를 그린다. 그 결과가 그림 3.7.4 와 같다고 하자.

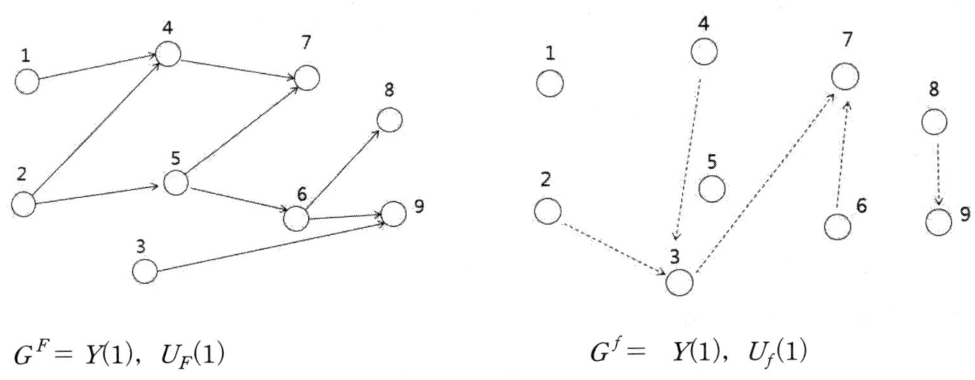

$G^F = Y(1),\ U_F(1)$ $\qquad$ $G^f = Y(1),\ U_f(1)$

그림 3.7.4 강한 선호관계와 약한 선호관계 (k=1)

<u>Forward Ranking $V'(x)$</u>

$k = 1$, $Y(1) = G^F$

(1) C={1, 2, 3}

(2) $\hat{U}_f = \{(2,\ 3)\}$

(3) $A(1)=\{1,\ 2\}$

(4) Ranking $= V'(1) = V'(2) = 1$

Y(k+1)=Y(2)=Y(1)−A(1)={3, 4, 5, 6, 7, 8, 9}≠ ∅

$A(1)=\{1,\ 2\}$를 제거한 Graph는 그림 3.7.5와 같다.

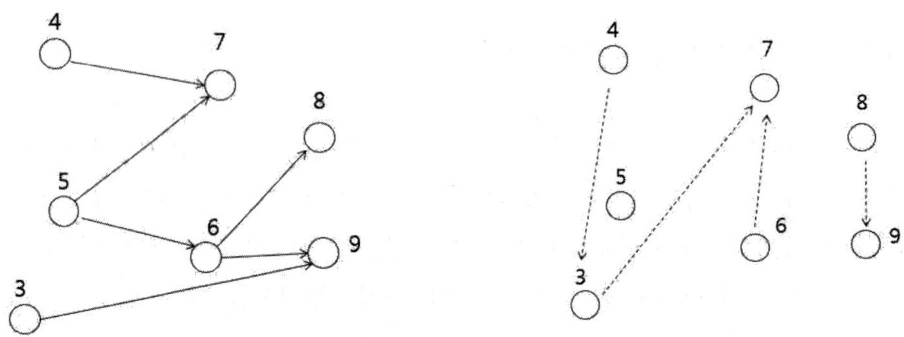

$G^F = Y(2),\ U_F(2)$　　　　$G^f = Y(2),\ U_f(2)$

그림 3.7.5 k=2에서의 강한 선호관계와 약한 선호관계

k=2, Y(2)={3, 4, 5, 6, 7, 8, 9}

(1) C={3, 4, 5}

(2) $\hat{U}_f = \{(4,3)\}$

(3) $A(2)=\{4,\ 5\}$

(4) Ranking $V'(4) = V'(5)$=2

Y(k+1)=Y(3)=Y(2)−A(2)={3, 6, 7, 8, 9}≠ ∅

$A(2)=\{4,\ 5\}$를 제거한 강한 선호관계와 약한 선호관계는 그림 3.7.6과 같다.

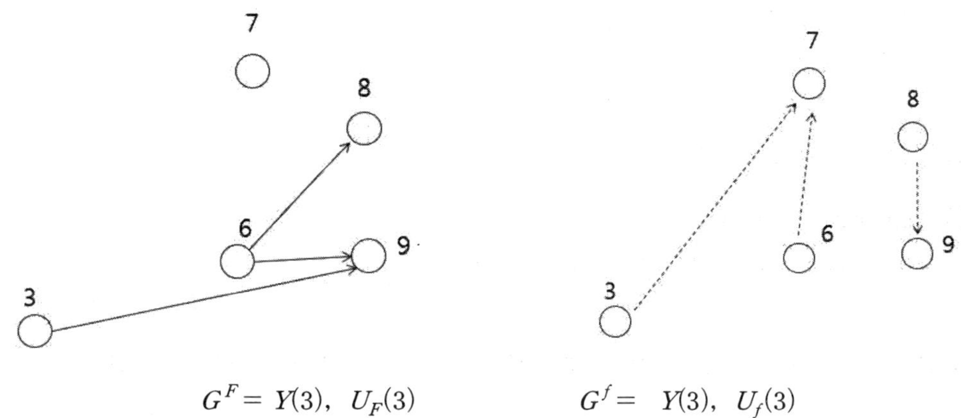

$G^F = Y(3),\ U_F(3)$ $G^f = Y(3),\ U_f(3)$

그림 3.7.6 k=3 에서의 강한 선호관계와 약한 선호관계

k=3, Y(2)={3, 6, 7, 8, 9}

(1) C={3, 6, 7}

(2) $\hat{U}_f = \{(3,7),(6,7)\}$

(3) $A(3) = \{3,\ 6\}$

(4) Ranking $V'(3) = V'(6) = 3$

Y(k+1)=Y(4)=Y(3)−A(3)={7, 8, 9}≠ ∅

$A(3) = \{3,\ 6\}$를 제거한 강한 선호관계와 약한 선호관계 Graph 는 그림 3.7.7 과 같다.

$G^F = Y(4),\ U_F(4)$ $G^f = Y(4),\ U_f(4)$

그림 3.7.7 k=4 에서의 강한 선호관계와 약한 선호관계

k=4, Y(4)={7, 8, 9}

(1) C={7, 8, 9}

(2) $\hat{U}_f = \{(8,9)\}$

(3) $A(4) = \{7, 8\}$

(4) Ranking $V'(7) = V'(8) = 4$

Y(k+1)=Y(5)=Y(4)−A(4)={9}≠ ∅

$A(4) = \{7, 8\}$를 제거한 강한 선호관계와 약한 선호관계 Graph는 그림 3.7.8과 같다.

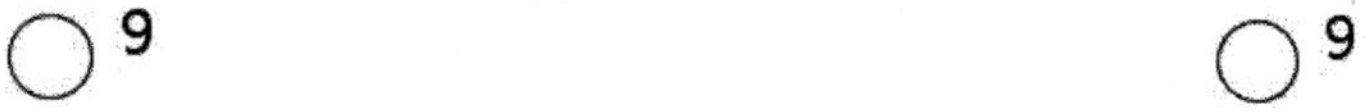

$G^F = Y(5)$, $U_F(5)$ $G^f = Y(5)$, $U_f(5)$

그림 3.7.8 k=5에서의 강한 선호관계와 약한 선호관계

k=5, Y(5)={9}

(1) C={9}

(2) $\hat{U}_f = \{\ \}$

(3) $A(5) = \{9\}$

(4) Ranking $V'(9) = 5$

Y(k+1)=Y(6)=Y(5)−A(5)={9}= ∅, STOP

Forward Ranking으로 구한 국가들의 군사력 순위 $V'(x)$는 표 3.7.6과 같다.

표 3.7.6 Forward Ranking으로 구한 국가들의 군사력 순위

국가(x)	1	2	3	4	5	6	7	8	9
순위 ($V'(x)$)	1	1	3	2	2	3	4	4	5

Reverse Ranking $V''(x)$

Reverse Ranking은 원래의 Graph에서 모든 선호관계를 역으로 변환하여 Forward Ranking과 동일한 방법으로 대안들의 Reverse Ranking $V''(x)= 1+\alpha_{\max}-\alpha(x)$을 구한다.

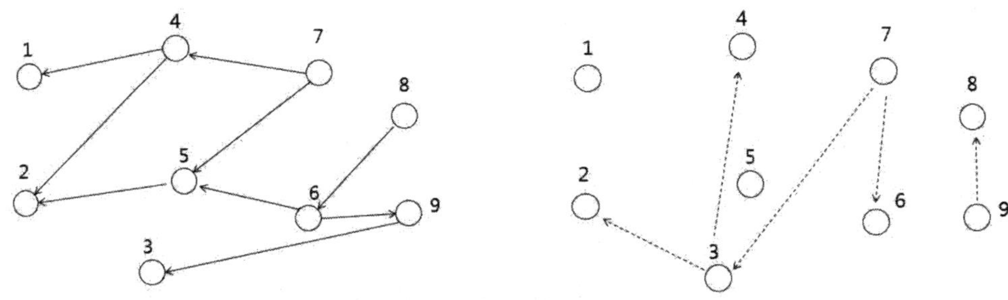

그림 3.7.9 k=1 에서의 Reverse Ranking의 강한 선호관계와 약한 선호관계

Reverse Ranking으로 구한 국가들의 군사력 순위는 표 3.7.7과 같다.

표 3.7.7 Reverse Ranking으로 구한 국가의 군사력 순위

국가(x)	1	2	3	4	5	6	7	8	9
순위 $\alpha(x)$	4	5	2	3	4	3	1	2	1

$\alpha_{\max}=\max_{x\in Y}\alpha(x)=5$ 이므로 $V''(x)$는 표 3.7.8과 같이 구한다.

표 3.7.8 Reverse Ranking으로 구한 순위를 조정

국가(x)	1	2	3	4	5	6	7	8	9
순위 $\alpha(x)$	4	5	2	3	4	3	1	2	1
$V''(x)$	2	1	4	3	2	3	5	4	5

최종적인 군사력 순위 $\check{V}(x)$는 Forward Ranking과 Reverse Ranking의 산술평균 $\frac{V'(x)+V''(x)}{2}$으로 표 3.7.9와 같이 구한다.

표 3.7.9 최종 군사력 순위 산출

국가(x)	1	2	3	4	5	6	7	8	9
$V'(x)$	1	1	3	2	2	3	4	4	5
$V''(x)$	2	1	4	3	2	3	5	4	5
$\check{V}(x)$	1.5	1	3.5	2.5	2	3	4.5	4	5

'국가 2'가 가장 군사력이 높은 국가이고 다음으로 '국가 1', '국가 5', '국가 4', '국가 6', '국가 3', '국가 8', '국가 7', '국가 9' 순으로 군사력이 높다고 평가된다.

3.8 Delphi Method에 의한 군사력평가

Delphi Method는 집단의사결정으로서 개념과 절차는 이책의 4.2.5.1절을 참고하라. Delphi 방법으로 각국의 군사력을 비교 평가할 수 있는데 여기에서는 예를 들어 설명한다.

[Delphi Method 예]

연구대상 국가의 군사력평가를 점수로 나타내고자 한다. 군사력평가 기준요소를 찾아내고 각 요소의 가중치를 도출하고자 하는데 이와 관련된 사전지식이 부족한 상태라고 가정한다. 따라서 군사력평가와 관련된 전문가들의 의견을 수렴하여 평가요소와 효과요소의 가중치를 도출하기 위해 Delphi Method를 적용하고자 한다.

첫 번째 단계에서 해야 할 일은 관련분야 전문가 집단을 구성하는 일이다. 전문가 집단을 설문조사 패널로 선정하는데 해당 분야 전문가를 선정하는 것이 Delphi Method 성패의 핵심요소이다. 여기에서는 국가 군사력평가와 분석에 관련이 있는 청와대 안보실, 국방부, 외교부, 국가정보원, 대학교수, 외교안보연구원, 한국국방연구원 등 100명의 전문가를 선정하였다.

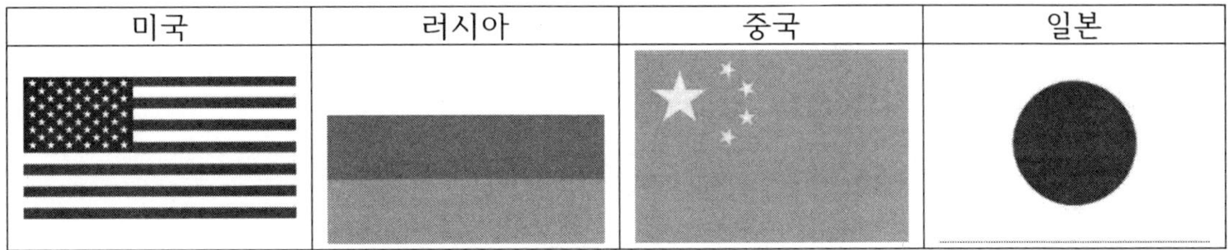

그림 3.8.1 비교 대상 국가

국가의 군사력평가 시 평가기준을 무엇으로 할지 적어주시기 바랍니다.
(예) GNP, GDP, 항공기수, 함정수, 전차수, 미사일 탄두수 등
1.
2.
3.

두 번째 단계는 1차 설문을 하는 것이다. 관련 문제에 대한 개방형 설문지 작성하고, 이를 관련분야 전문가에게 분배하여 문제와 관련된 자료를 수집하고 분석한다. 개방형 설문지 예시는 다음과 같다. 1차 설문의 목적은 군사력평가의 기준을 설정하는 것이다.

군사력평가 기준 설정에 관한 설문을 받아 분석해 본 결과 그림 3.8.2와 같은 결과를 얻었다.

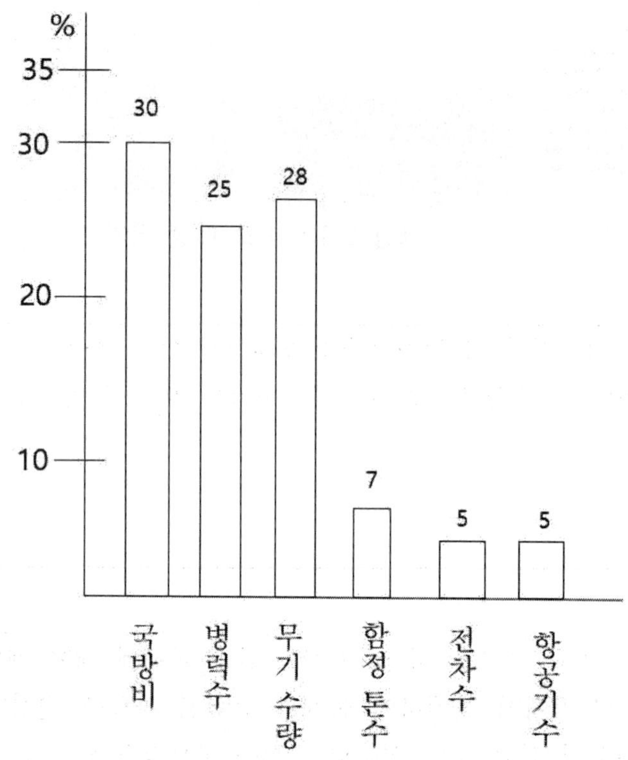

그림 3.8.2 1차 설문 데이터 분석 결과

따라서 설문자들의 개방형 설문으로 국방비와 병력수, 무기수량이 군사력평가 요소로 가장 많이 고려된 것을 알 수 있고 함정톤수, 전차수, 항공기수는 고려대상에서 제외해도 된다는 결론을 얻었다.

세 번째 단계는 1차 설문결과를 바탕으로 2차 설문을 하는데 1차 설문을 통해서 군사력평가 기준을 측정하는 주요 기준으로 국방비와 병력수, 무기수량를 채택한 후, 이들의 중요도 즉 가중치를 묻는 설문을 작성한다. 2차 설문지의 예시는 다음과 같다.

군사력평가 기준 설정 가중치 설문

다음은 전문가님께서 제시하신 군사력평가 기준입니다. 전문가님께서 생각하시는 합리적인 판단과 전문적인 식견으로 평가 항목이 군사력평가에 몇 % 반영이 될지 나타내 주시기 바랍니다. 반영 비율의 합은 100%가 되도록 평가하여 주십시오.

구 분	계	국방비	병력수	무기수량
반영 비율(%)	100%			

2 차 설문을 해서 나온 분석결과는 그림 3.8.3 과 같다. 여기에서는 전투효과별 최솟값, 최댓값, $\frac{1}{4}$ 분위수, $\frac{3}{4}$ 분위수, 중간값 등 기초 데이터를 도출해 낸다.

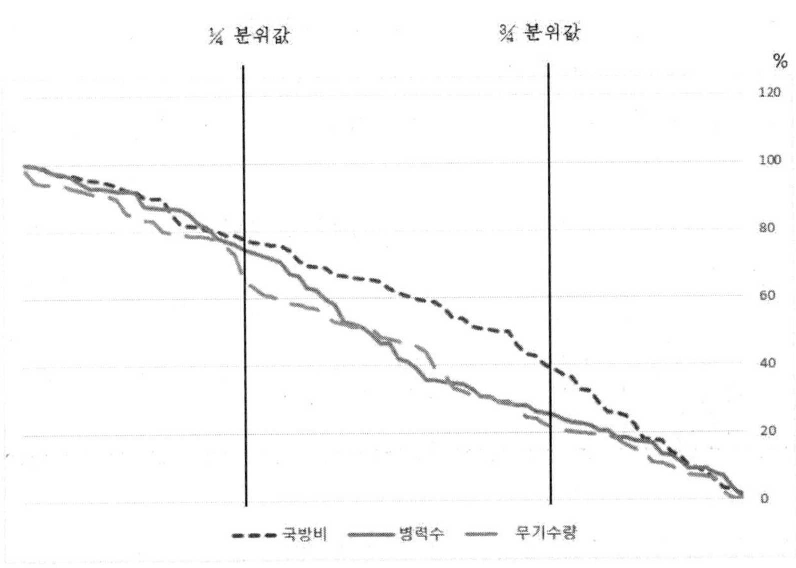

그림 3.8.3 2 차 설문 데이터 분석 결과

네 번째 단계에서는 2 차 설문결과를 바탕으로 3 차 설문을 다시 실시한다. 3 차 설문지 예시는 아래와 같다. 3 차 설문에서는 전문가가 전체 전문가 집단의 의견을 보고 2 차 설문 시에 자신이 부여한 가중치를 수정할 수 있도록 유도한다. 만약 $\frac{1}{4}$ 분위수와 $\frac{3}{4}$ 분위수를 벗어난 가중치를 다시 부여 시는 이유를 설명하도록 의견란을 부여하고 있다.

군사력평가 기준 설정 가중치 설문

아래 평가요소 상단에는 제 2차 설문에 대한 전문가들의 응답 결과를 요약하여 중간값, 1 사분위수, 제3사분위수에 해당하는 수치를 기록하였습니다. 2 차 개인 의견란에는 전문가님의 가중치를 다시 응답할 수 있도록 하였습니다. 제 $\frac{1}{4}$ 분위수, 제 $\frac{3}{4}$ 분위수 범위를 벗어날 경우 그 이유를 의견란에 기록해 주시기 바랍니다.

평가요소	1차 개인 의견	1차 집단의견			2차 개인 의견	의견
		$\frac{1}{4}$ 분위수	중간값	$\frac{3}{4}$ 분위수		
국방비	0.3	0.45	0.35	0.21		
병력수	0.25	0.5	0.4	0.18		
무기수량	...	...	...	...	...	

다섯 번째 단계는 피드백 단계로서 네 번째 단계의 결과를 가지고 전문가들 사이에 합의점 및 최종결과를 도출하는 단계이다. 만약 어떤 전문가가 제 $\frac{1}{4}$ 분위수와 제 $\frac{3}{4}$ 분위수를 벗어난 의견을 제시했다면 이유를 기술한 의견을 수렴하여 타당성을 판단한다. 이는 소수 의견에 대한 검토를 진행한다는 것이다. 이러한 절차를 거쳐 각 평가요소의 대표값들을 이용하여 최종 결과를 표 3.8.1 과 같이 도출하였다.

표 3.8.1 군사력평가 기준 가중치

국방비	병력수	무기수량
30.0%	30.0%	40.0%

평가항목의 가중치가 결정되면 미국, 러시아, 중국, 일본의 국방비, 병력수, 무기수량에 가중치를 곱해 가중합을 구하면 각국의 군사력 우선순위와 군사력 크기가 결정된다. 물론, 국방비는 미국 달러로 통일하여야 하며 무기수량은 무기형태별로 더 세분화하여 WEI 를 구하는 방식으로 기준국가를 기준으로 하여 정규화하여 비교할 필요가 있다.

이 예는 3 개 항목으로 제한된 극히 요약된 Delphi Method 의 예를 든 것으로 실제 군사력평가 기준과 가중치를 구하는 것은 더 복잡하고 어려울 것이다. 그러나 이러한 방법을 각 항목별로 더 세분화하고 확대하면 군사력평가를 전문가 집단에 의해 평가할 수 있는 하나의 방법이다.

3.9 GlobalFirepower의 가중합 방법

군사력을 평가하는 기관인 GlobalFirepower(GFP)에서는 2006년부터 여러 관점의 군사력평가를 연도별로 보여주고 있다. GFP 138개국의 현대 군사력과 관련된 분석적 결과를 제공한다. GFP에서 사용하는 분석은 재래식 지상, 해상, 공중 전력을 대상으로 하고 병력, 장비, 천연자원, 경제력 등 50여개의 요소들을 종합하여 군사력을 평가하고 있다

이러한 방법은 자세한 가중치와 방법론은 제시하고 있지 않지만 각 평가요소를 어느 수준까지 세분화하고 각 평가기준들 값과 가중치를 곱해 더한 가중합을 사용하는 것으로 보인다. GFP에서는 자체 개발한 수식으로 계량적으로 군사력을 평가하고 있으며 기술적으로 발전된 작은 국가와 저개발된 큰 국가 간의 비교를 할 수 있는 가점과 감점을 적용하는 특별한 수정인수를 사용한다. 연간 평가목록을 개선할 때는 이전 군사력평가와 비교하여 상승했는지 그대로 머무는지 하강했는지 색상별로도 표시하여 제공한다.

GFP에서는 핵무장 국가의 재래식 전력을 좀 더 높이 평가해 주고 있는 것으로 알려져 있다. 물론 평가기준의 세분화와 가중치를 어떻게 정하느냐에 따라 최종적인 군사력평가 값이 달라지겠지만 세분화하고 가중치를 설정하는 일반적이고 합리적인 방법은 이론적 근거를 이 책의 뒷부분에서 자세히 설명한다.

GFP에서 제공한 2020년 군사력평가를 바탕으로 각국의 군사력을 설명한다. 2020년 세계 군사력은 미국, 러시아, 중국, 인도, 일본 순으로 1~5위를 차지한다. 대한민국 군사력은 세계 6위이며 프랑스, 영국, 이집트, 브라질보다 앞선다. 터어키는 11위, 독일은 13위, 이스라엘은 18위, 북한은 25위를 차지한다.

GFP에서는 군사력평가를 위해 PowerIndex(PwrIndx)라는 지수를 계산하여 사용하는데 이 지수가 0.0000이면 완벽하다고 간주한다. 미국의 경우 2020년 PwrIndx은 0.0606이며 러시아는 0.0681, 중국은 0.0691, 대한민국은 0.1509이다.

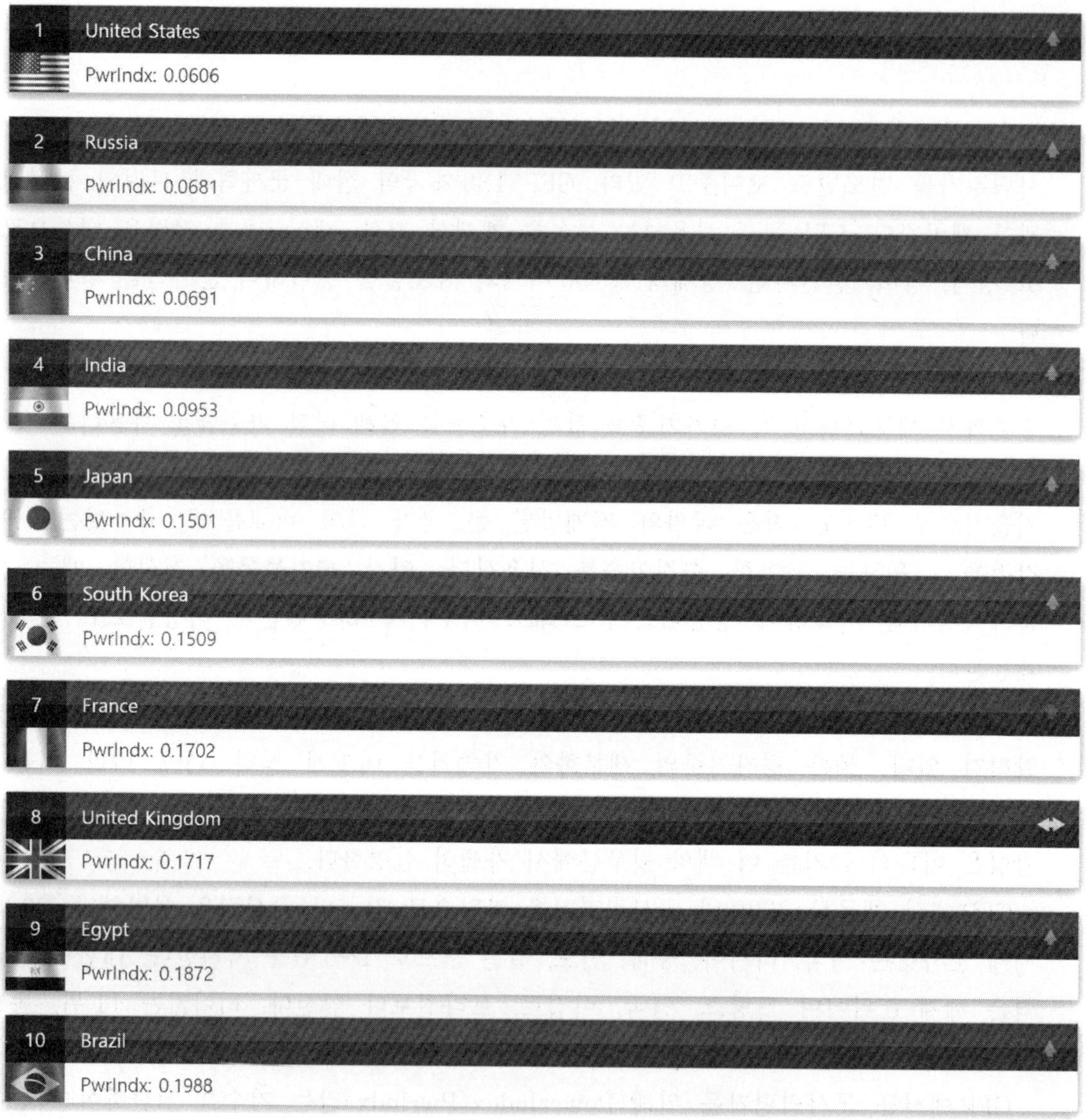

순위	국가	PwrIndx
1	United States	PwrIndx: 0.0606
2	Russia	PwrIndx: 0.0681
3	China	PwrIndx: 0.0691
4	India	PwrIndx: 0.0953
5	Japan	PwrIndx: 0.1501
6	South Korea	PwrIndx: 0.1509
7	France	PwrIndx: 0.1702
8	United Kingdom	PwrIndx: 0.1717
9	Egypt	PwrIndx: 0.1872
10	Brazil	PwrIndx: 0.1988

그림 3.9.1 2020 년 군사력 순위(GFP 기준)

GFP 에는 Asia, Asia-Pacific, Middle EU 등 지역별 순위도 제공한다.

이 중 아시아 지역의 군사력을 보면 그림 3.9.2 와 같다. 아시아 지역에서는 러시아가 1 위, 중국이 2 위, 인도가 3 위, 일본이 4 위, 대한민국이 5 위로 평가하고 있다.

그림 3.9.2 아시아 지역 군사력 순위

또한 GFP 에는 분쟁국 또는 잠재적 적국 간 군사력도 비교하여 현황을 제시하고 있다. 아래 그림에서 보는 것과 같이 이집트 대 에디오피아, 인도 대 중국, 대한민국 대 북한, 이집트 대 터키와 같은 국가 간 군사력을 비교해 주고 있고 필요에 따라 2 개 국가를 비교할 수도 있다.

앞에서 설명한 것과 같이 PwrIndx 는 여러 가지 요소를 고려하여 계산하는데 표 3.9.1 과 같은 기준 자료를 사용한다.

표 3.9.1 PwrIndx 평가요소 및 기준

평가 요소	기준	비고
인력	· CIA(미 중앙정보국) Factbook	
항공 전력	· 각 군에서 사용하는 고정익, 회전익 항공기 수 (UAV 미 포함) · 공격기 값은 공격목적으로 제작된 항공기 수 · 수송기 값은 고정익 항공기만 해당 · 공중급유기는 특수임무기에 미포함	
지상전력	· 전차는 중전차, 경전차 포함(궤도 및 차륜형) · 장갑차는 APC, IFV, MRAP, 장갑차량 포함 · 다련장포(방사포)는 자주형태만 포함	
해상전력	· 가능하고 가용한 모든 함정 수 · 항공모함은 헬기 항모 포함 · 잠수함은 디젤-전기식 및 핵추진 형태 포함	내륙 국가는 해상 전력 부재로 인한 평가 불이익 없음
천연자원	· CIA(미 중앙정보국) Factbook	
전쟁지속능력	· CIA(미 중앙정보국) Factbook · 동맹국과 협정체결된 국경 외부에 있는 항만 및 공항 포함	내륙 국가는 해상 수송전력 부재로 인한 평가 불이익 부여
경제력	CIA(미 중앙정보국) Factbook	단위: USD($)
지리 현황	· 국토 면적 · 해안선 길이 · 국경선 길이 · 사용가능한 수로 길이	

GFP 에는 50 여개의 평가요소들을 세분화하여 내용들을 볼 수 있다. 각 평가요소들은 그림 3.9.3 과 같이 인력(Manpower), 항공전력(Air Power), 지상전력(Land Forces), 해

상전력(Naval Forces), 천연자원(Natural Resources), 전쟁지속능력(Logistics), 경제력(Financial), 지리(Geography)이며 하나씩 펼쳐서 세부 현황을 볼 수 있다.

그림 3.9.3 Firepower 평가요소별 분해 메뉴

PwrIndx를 계산할 때 앞에서 설명한 여러 요소들을 고려하는데 먼저 미국의 인력(Manpower)를 살펴보면 그림 3.9.4와 같다. 미국의 총인구수는 3억 2,900만명이며 평가대상 138개국 중 3위이다. 가용 인력은 1억 4,400만명(44.0%)이며 군복무에 적합한 인구수는 1억 1,900만명(36.3%)이다. 연간 군복무 적정나이에 도달하는 인구수는 418만명(1.3%)이다. 2020년 군에 복무중인 인력은 226만명(추정, 0.7%)이고 현역이 140만명(0.4%) 예비군이 86만명(0.3%)이다.

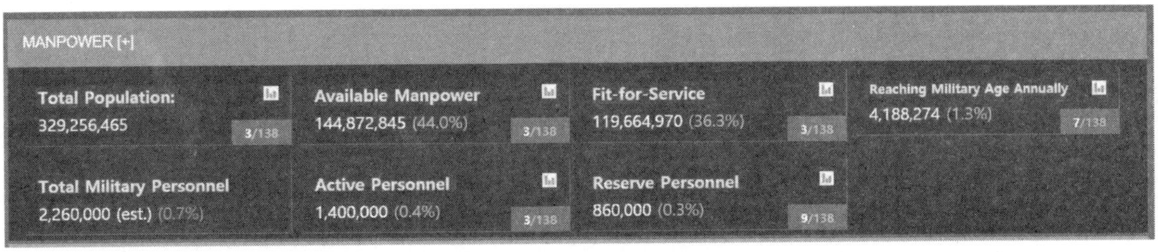

그림 3.9.4 미국의 평가요소별 Firepower 점수

항공전력은 그림 3.9.5와 같이 총 13,264대이다. 이 현황은 공군(Air Force), 해군(Navy), 육군(Army), 해병대(Marine Corps)가 보유하고 있는 모든 항공기를 포함한다.

공군이 5,091 대, 육군이 4,328 대, 해병대가 1,211 대, 해군이 2,626 대를 보유하고 있다. 그림 3.9.5 와 3.9.6 에서 전체 항공기 수가 13,256 대와 13,264 대로 일치하지 않는 것은 GFP 사이트의 오류인 것으로 보인다. 전투기는 2,085, 공격기는 715, 수송기는 945, 훈련기는 2,643, 특수임무기는 742, 헬리콥터 5,768, 공격 헬리콥터 967 이다. 현재 전개되어 있거나 내년도에 전력화될 항공기는 고려되지 않았다.

그림 3.9.5 미국의 군별 Firepower 점수

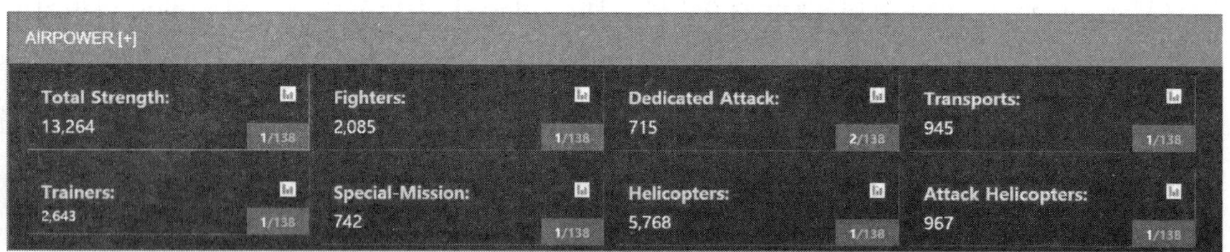

그림 3.9.6 미 공군 기종별 Firepower 점수

항공력에 대해서는 좀 더 세부적으로 제시하고 있는데 2020 년 미국의 항공기는 아래와 같다. 전투기(Fighter)가 28.3%, 훈련기(Trainer)가 30.1%, 공중급유기(Tank)가 10.3%, 수송기(Transport)가 12.4% 등을 차지하고 있고 근접항공지원기(CAS), 헬리콥터기(Helicopter), 특수 임무기(Special Mission) 등으로 구성되어 있다.

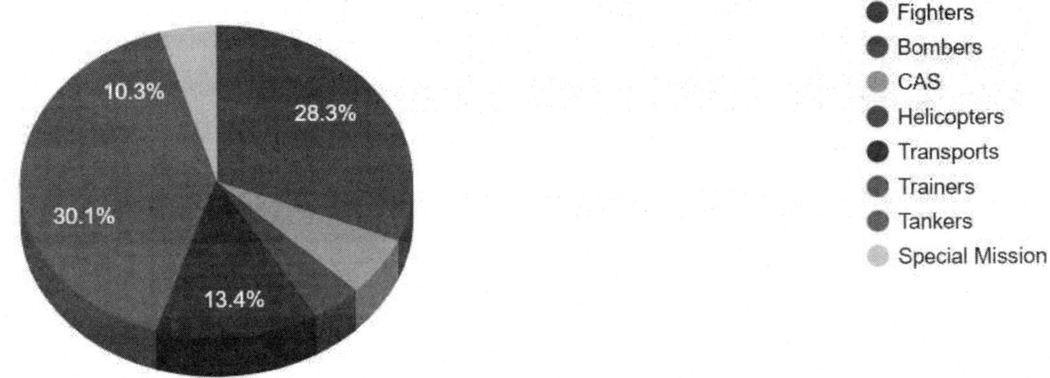

그림 3.9.7 미 공군 보유 항공기별 비율

그림 3.9.8 은 미 공군의 전투준비율을 나타내어 주고 있다. 평균 전투준비율 50% 이하 항공기는 2,546 대, 70%에 해당하는 항공기는 3,564 대, 75% 이상에 해당하는 항공기는 3,818 대, 80% 이상 최상의 전투준비태세를 유지하는 항공기는 4,073 대이다.

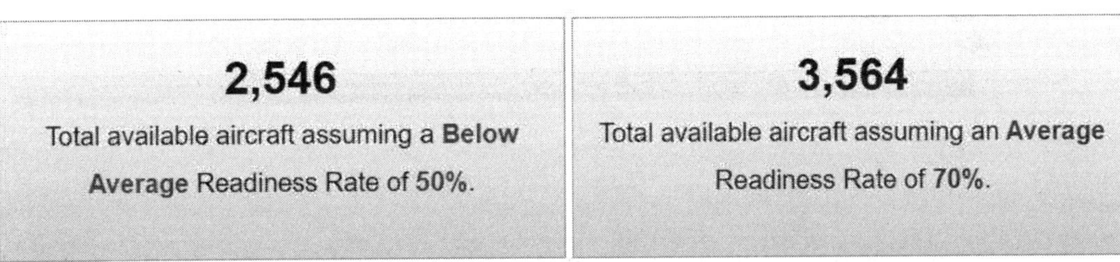

그림 3.9.8 미 공군 전투준비율

전투기(Fighter)는 F-16C, F-15E, F-15C, F-22A, F-35A 로 구성되어 있고 총 1,442 대이며 항공기의 28%를 구성하고 있다. 전투기(Fighter)와 다목적 전투기(Multirole), 공격기(Strike)로 구성되어 있다.

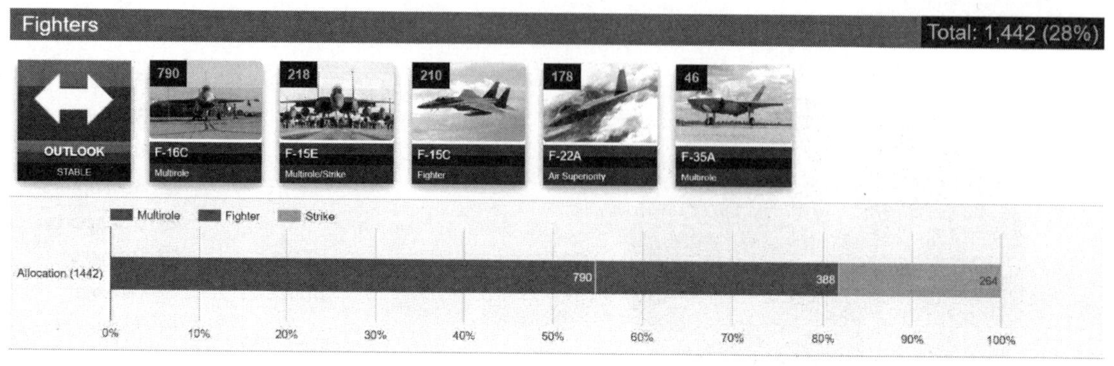

폭격기(Bomber)는 B−52H. B−1B, B−2 이며 총 152 대로 구성되어 있고 전체 항공기의 3%를 차지하고 있다.

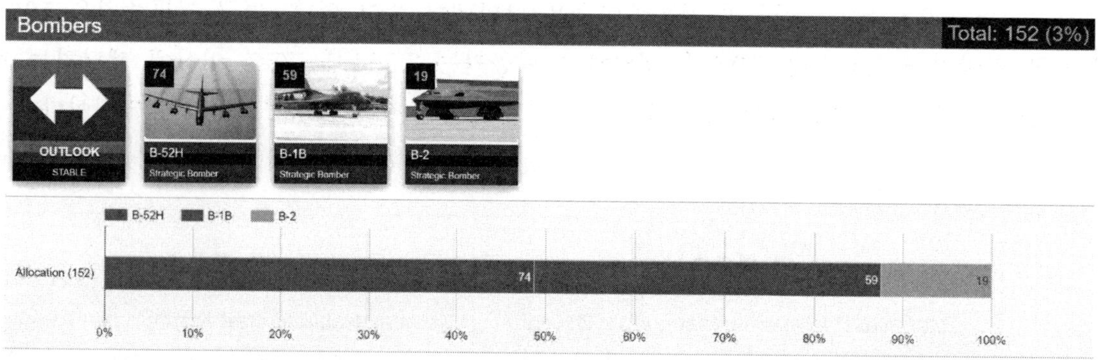

근접항공지원기(CAS: Close Air Support)는 A−10C, AC−130U, AC−130W, AC−130U 로 구성되어 있으며 총 314 대이며 전체 항공기의 6%에 해당된다.

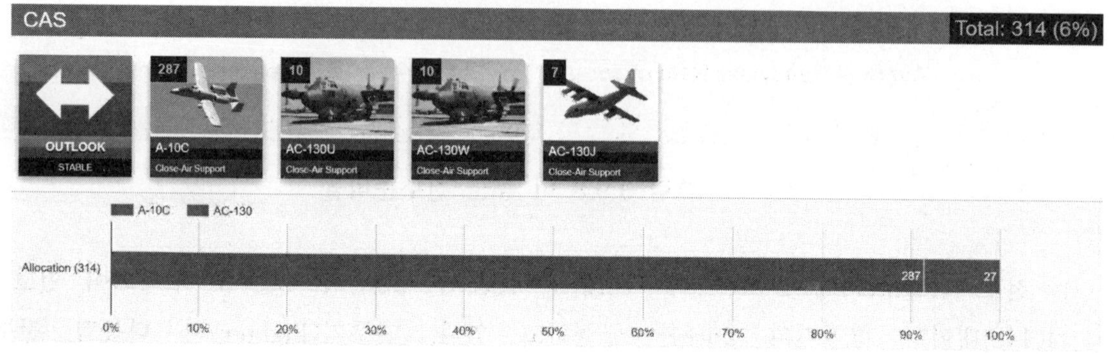

헬리콥터(Helicopter)는 HH-60G, UH-1N, CV-22, HH-60U, Mi-171로 구성되어 있고 총 209대이며 전체 항공기의 4%에 해당된다.

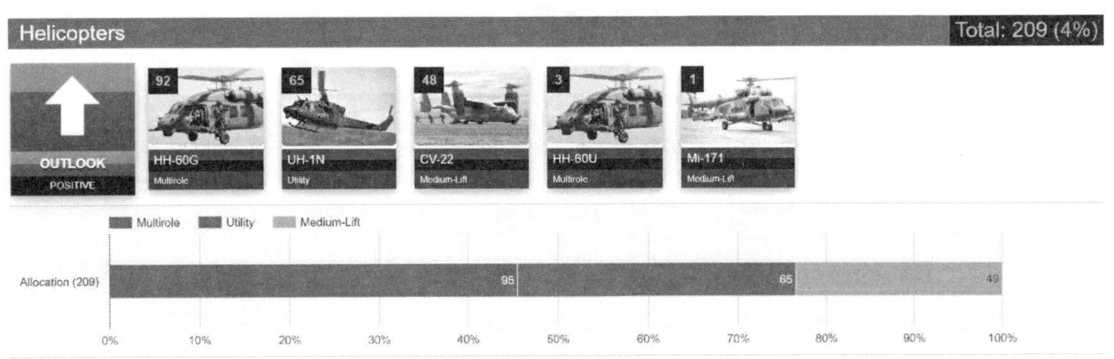

수송기(Transport)는 C-17, C-130H, C-130J, C-5M, C-12 등으로 구성되어 있으며 총 684대이며 전체 항공기의 13%에 해당된다.

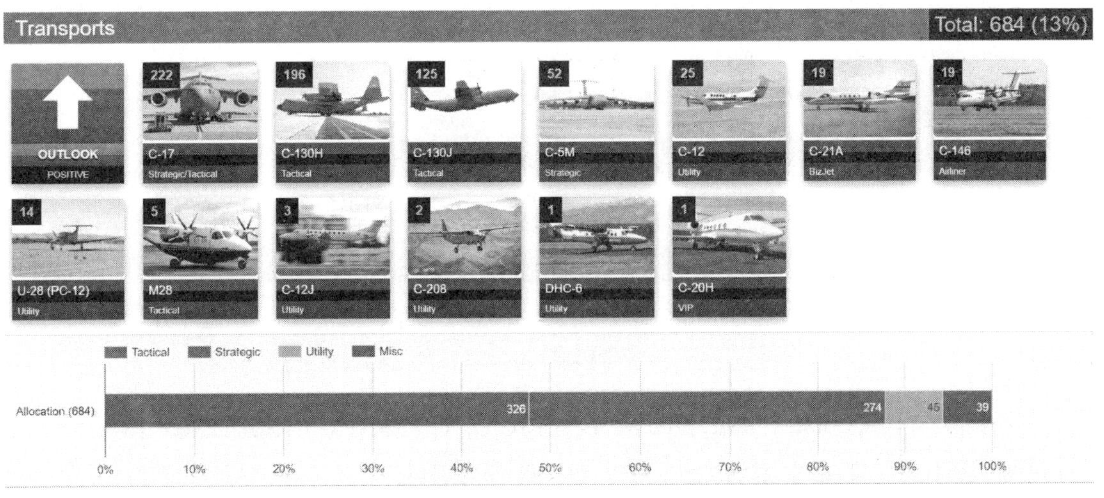

훈련기(Trainer)는 T-38A/C, T-6, T-1A, F-16D, F-35A 등이며 총 1,531대이며 전체 항공기의 30%를 차지한다.

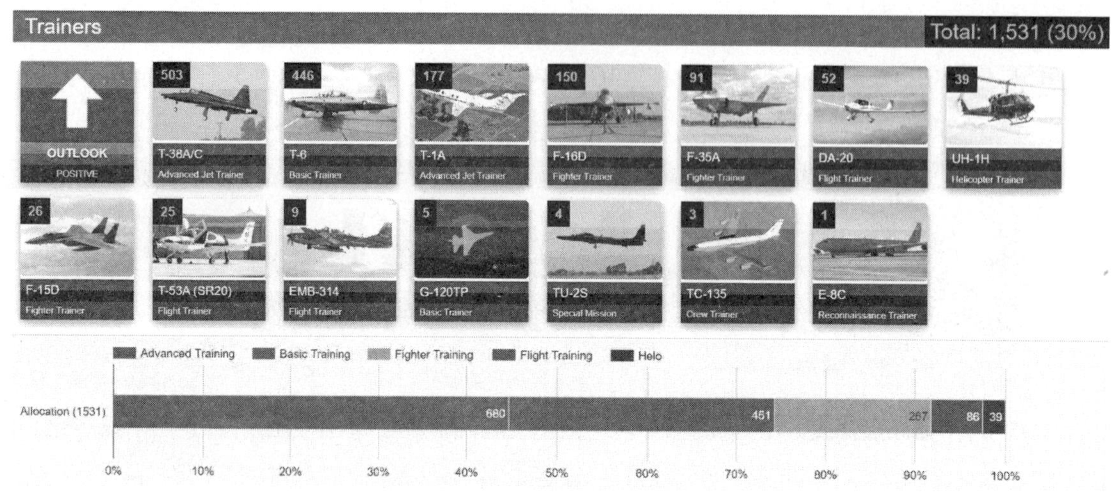

공중급유기(Tanker)는 KC-135R/T, KC-10, MC-130J, MC-130H/P로 구성되어 있으며 총 522대이며 전체 항공기의 10%에 해당된다.

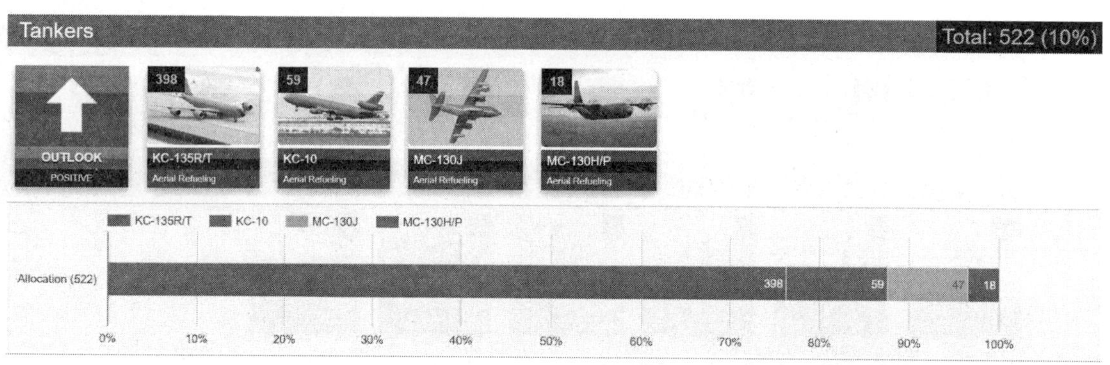

특수임무기(Special)는 MC-12W, E-3B/C/G, U-2S, HC-130U, RC-135S/U/V/W 등이며 전체 237대이며 전체 항공기의 5%에 해당된다.

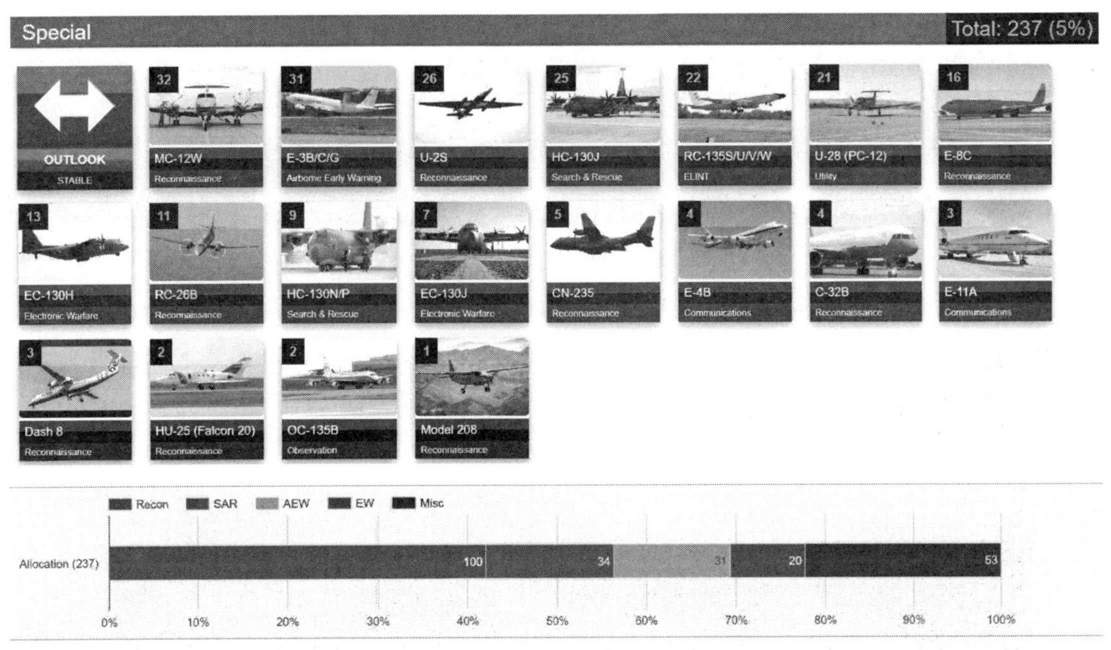

주문해서 전력화 예정(On-Order)인 항공기는 836 대이다.

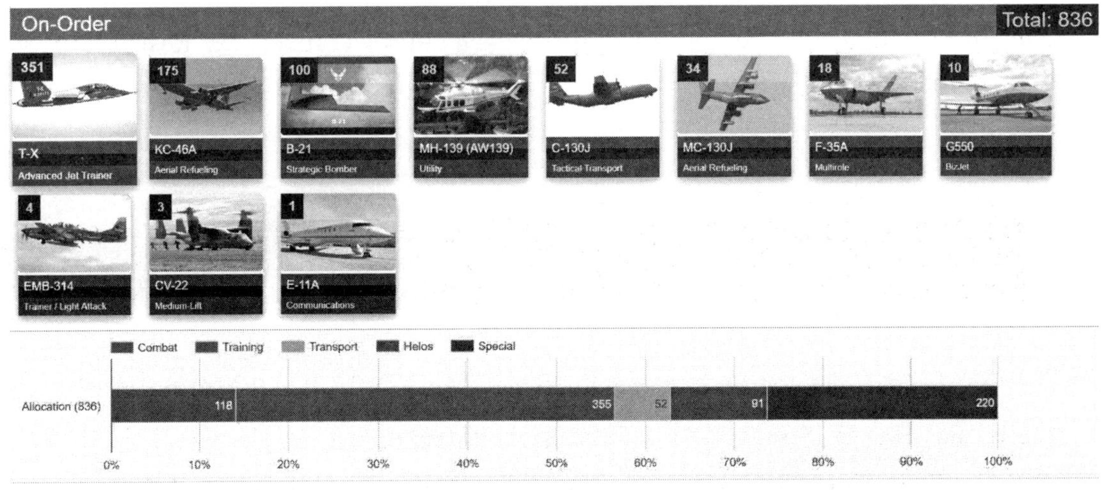

2020 년 미군의 지상전력을 보면 전차(Tank)가 6,289 대, 장갑차(Armored Vehicle)가 39,253 대, 자주포(Self-Propelled Artillery)가 1,465 문, 견인포(Towed Artillery)가 2,740 문, 다련장 발사기(Rocket Projector)가 1,366 문이다.

LAND FORCES [+]
Tanks: 6,289 2/138
Armored Vehicles: 39,253 1/138
Self-Propelled Artillery: 1,465 4/138
Towed Artillery: 2,740 5/138
Rocket Projectors: 1,366 5/138

해상 전력(Naval Force)은 항공모함(Aircraft Carrier)이 20 척, 구축함(Destroyer)이 91 척, 소형 호위함(Frigate)이 19 척, 잠수함(Submarine)이 66 척, 순찰함(Patrol)이 13 척, 기뢰전함(Mine Warfare)이 11 척으로 구성되어 있으며 총 490 척이다.

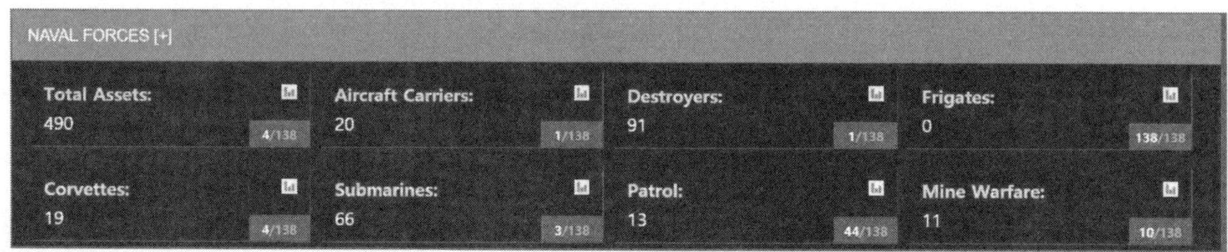

천연자원(Natural Resource)은 원유 생산(Oil Production)이 935 만 배럴, 석유 소비량(Oil Consumption)이 2,000 만 배럴, 확인된 석유 비축량(Proven Oil Reserve)이 365.2 억 배럴이다.

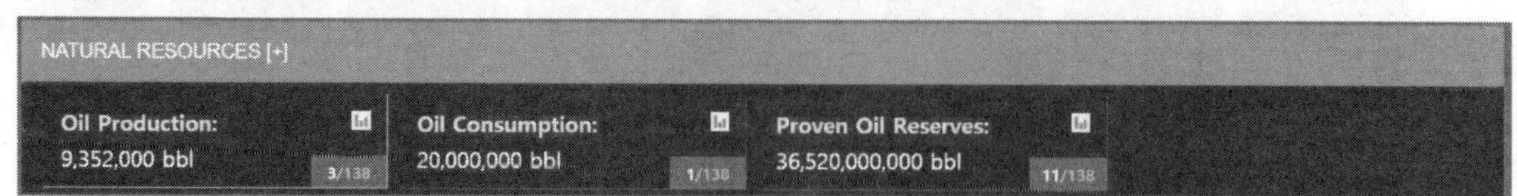

전쟁지속능력(Logistics)은 노동인력(Labor Force)이 1.6 억명이며 상선단 능력(Merchant Marine Strength)이 3,692, 항구 및 공항(Port & Terminal)이 35 개, 도로 길이(Roadway Coverage)가 658 만 km, 철도 길이(Railway Coverage)가 22.4 만 km 이며 사용가능한 공항(Serviceable Airport)은 1.3 만개이다.

LOGISTICS [+]		
Labor Force:	160,400,000	3/138
Merchant Marine Strength:	3,692	5/138
Ports & Terminals:	35	2/138
Roadway Coverage:	6,586,610 km	1/138
Railway Coverage:	224,792 km	1/138
Serviceable Airports:	13,513	1/138

경제적(Financial)인 측면에서 보면 2020년 미국의 국방예산(Defense Budget)은 7,500억 달러이며 외채(External Debt)는 17.9조 달러, 외환 및 금(Res. of Foreign Exchange/Gold) 보유는 1,233억 달러, 구매력(Purchasing Power Parity)은 19.8조 달러이다.

FINANCIALS [+]		
Defense Budget:	$750,000,000,000 usd	1/138
External Debt:	$17,910,000,000,000 usd	1/138
Res. of Foreign Exchange/Gold:	$123,300,000,000 usd	19/138
Purchasing Power Parity:	$19,850,000,000,000 usd	2/138

미국의 국토면적(Square Land Area)은 983만 km^2이며 해안선(Coastline Coverage)은 1.99만 km, 국경선(Shared Border)은 1.2만 km, 사용 가능한 수로(Usable Waterway)는 4.1만 km이다.

GEOGRAPHY [+]		
Square Land Area:	9,826,675 km	3/138
Coastline Coverage:	19,924 km	8/138
Shared Borders:	12,048 km	6/138
Usable Waterways:	41,009 km	5/138

대한민국의 인력(Manpower), 공중 전력(Air Power), 지상전력(Land Forces), 해상전력(Naval Forces), 천연자원(Natural Resource), 전쟁지속능력(Logistics), 경제력(Financial), 지리 현황(Geography)은 아래와 같다.

MANPOWER [+]

Item	Value	Rank
Total Population:	51,418,097	27/138
Available Manpower	25,709,049 (50.0%)	26/138
Fit-for-Service	21,081,420 (41.0%)	25/138
Reaching Military Age Annually	632,443 (1.2%)	34/138
Total Military Personnel	3,680,000 (est.) (7.2%)	
Active Personnel	580,000 (1.1%)	7/138
Reserve Personnel	3,100,000 (6.0%)	2/138

AIRPOWER [+]

Item	Value	Rank
Total Strength:	1,649	5/138
Fighters:	414	6/138
Dedicated Attack:	71	12/138
Transports:	41	20/138
Trainers:	298	8/138
Special-Mission:	30	9/138
Helicopters:	803	4/138
Attack Helicopters:	112	5/138

LAND FORCES [+]

Item	Value	Rank
Tanks:	2,614	11/138
Armored Vehicles:	14,000	4/138
Self-Propelled Artillery:	3,040	3/138
Towed Artillery:	3,854	3/138
Rocket Projectors:	575	8/138

NAVAL FORCES [+]

Item	Value	Rank
Total Assets:	234	13/138
Aircraft Carriers:	2	4/138
Destroyers:	12	5/138
Frigates:	18	5/138
Corvettes:	12	6/138
Submarines:	22	6/138
Patrol:	111	11/138
Mine Warfare:	11	10/138

NATURAL RESOURCES [+]

Item	Value	Rank
Oil Production:	0 bbl	138/138
Oil Consumption:	2,800,000 bbl	7/138
Proven Oil Reserves:	0 bbl	138/138

LOGISTICS [+]

Item	Value	Rank
Labor Force:	27,470,000	23/138
Merchant Marine Strength:	1,897	9/138
Ports & Terminals:	11	10/138
Roadway Coverage:	103,029 km	42/138
Railway Coverage:	3,381 km	51/138
Serviceable Airports:	111	49/138

FINANCIALS [+]

Item	Value	Rank
Defense Budget:	$44,000,000,000 usd	9/138
External Debt:	$384,600,000,000 usd	27/138
Res. of Foreign Exchange/Gold:	$389,200,000,000 usd	8/138
Purchasing Power Parity:	$2,100,000,000,000 usd	14/138

GEOGRAPHY [+]

Item	Value	Rank
Square Land Area:	99,720 km	100/138
Coastline Coverage:	2,413 km	43/138
Shared Borders:	237 km	125/138
Usable Waterways:	1,600 km	51/138

북한의 인력(Manpower), 공중 전력(Air Power), 지상전력(Land Forces), 해상 전력(Naval Forces), 천연자원(Natural Resource), 전쟁지속능력(Logistics), 경제력(Financial), 지리 현황(Geography)은 아래와 같다.

MANPOWER [+]

Item	Value	Rank
Total Population:	25,381,085	54/138
Available Manpower	13,045,878 (51.4%)	46/138
Fit-for-Service	10,123,601 (39.9%)	45/138
Reaching Military Age Annually	415,068 (1.6%)	53/138
Total Military Personnel	1,880,000 (est.) (7.4%)	
Active Personnel	1,280,000 (5.0%)	4/138
Reserve Personnel	600,000 (2.4%)	10/138

AIRPOWER [+]

Item	Value	Rank
Total Strength:	949	11/138
Fighters:	458	5/138
Dedicated Attack:	114	5/138
Transports:	4	45/138
Trainers:	169	18/138
Special-Mission:	0	138/138
Helicopters:	204	22/138
Attack Helicopters:	20	27/138

LAND FORCES [+]

Item	Value	Rank
Tanks:	6,045	3/138
Armored Vehicles:	10,000	9/138
Self-Propelled Artillery:	800	7/138
Towed Artillery:	1,000	15/138
Rocket Projectors:	2,110	3/138

NAVAL FORCES [+]

Item	Value	Rank
Total Assets:	984	1/138
Aircraft Carriers:	0	138/138
Destroyers:	0	138/138
Frigates:	11	7/138
Corvettes:	2	14/138
Submarines:	83	1/138
Patrol:	416	1/138
Mine Warfare:	23	5/138

NATURAL RESOURCES [+]

Item	Value	Rank
Oil Production:	0 bbl	138/138
Oil Consumption:	15,500 bbl	93/138
Proven Oil Reserves:	0 bbl	138/138

LOGISTICS [+]

Item	Value	Rank
Labor Force:	14,000,000	41/138
Merchant Marine Strength:	274	41/138
Ports & Terminals:	7	14/138
Roadway Coverage:	25,554 km	97/138
Railway Coverage:	5,242 km	33/138
Serviceable Airports:	82	60/138

FINANCIALS [+]

Defense Budget:	External Debt:	Res. of Foreign Exchange/Gold:	Purchasing Power Parity:
$1,600,000,000 usd 73/138	$5,000,000,000 usd 118/138	$5,000,000,000 usd 89/138	$40,000,000,000 usd 110/138

GEOGRAPHY [+]

Square Land Area:	Coastline Coverage:	Shared Borders:	Usable Waterways:
120,538 km 93/138	2,495 km 37/138	1,607 km 93/138	2,250 km 41/138

GFP에서는 앞에서 설명한 것과 같이 분쟁대상국이나 잠재적국 간 군사력을 비교해 제공하고 있는데 남북한 비교는 아래와 같다. 대한민국은 138개국 중 6위의 군사력을 북한은 25위의 군사력을 보유하고 있다. 남북한의 총인구수(Total Population)는 각각 5,100만과 2,530만명이다.

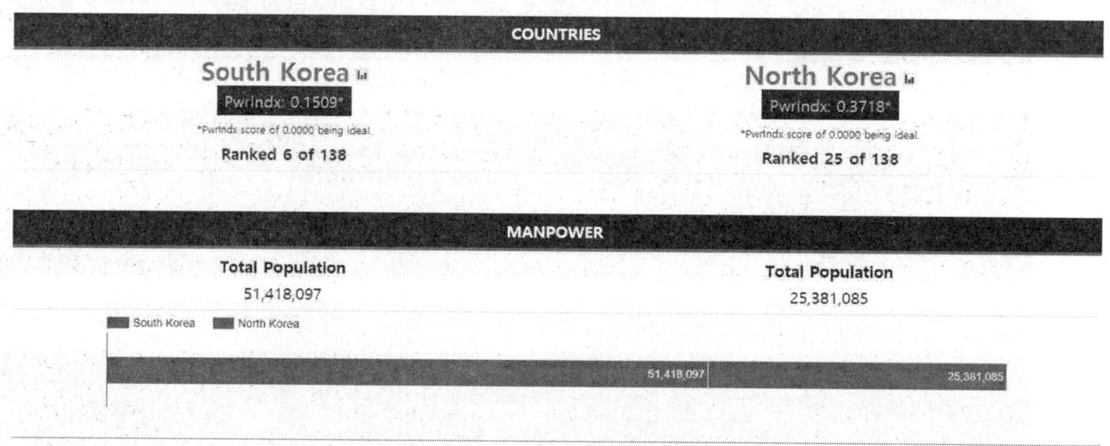

가용 인력자원(Manpower Available), 군복무 적합 인력수(Fit-for-Service), 연간 군복무 연령 도달 인구수(Reaching Mil. Age Annually)는 아래와 같으며 현역(Active Personnel) 수는 남북한 각각 58만명과 128만명이다. 예비군(Reserve Personnel) 수는 남북한 각각 310만명과 60만명이다.

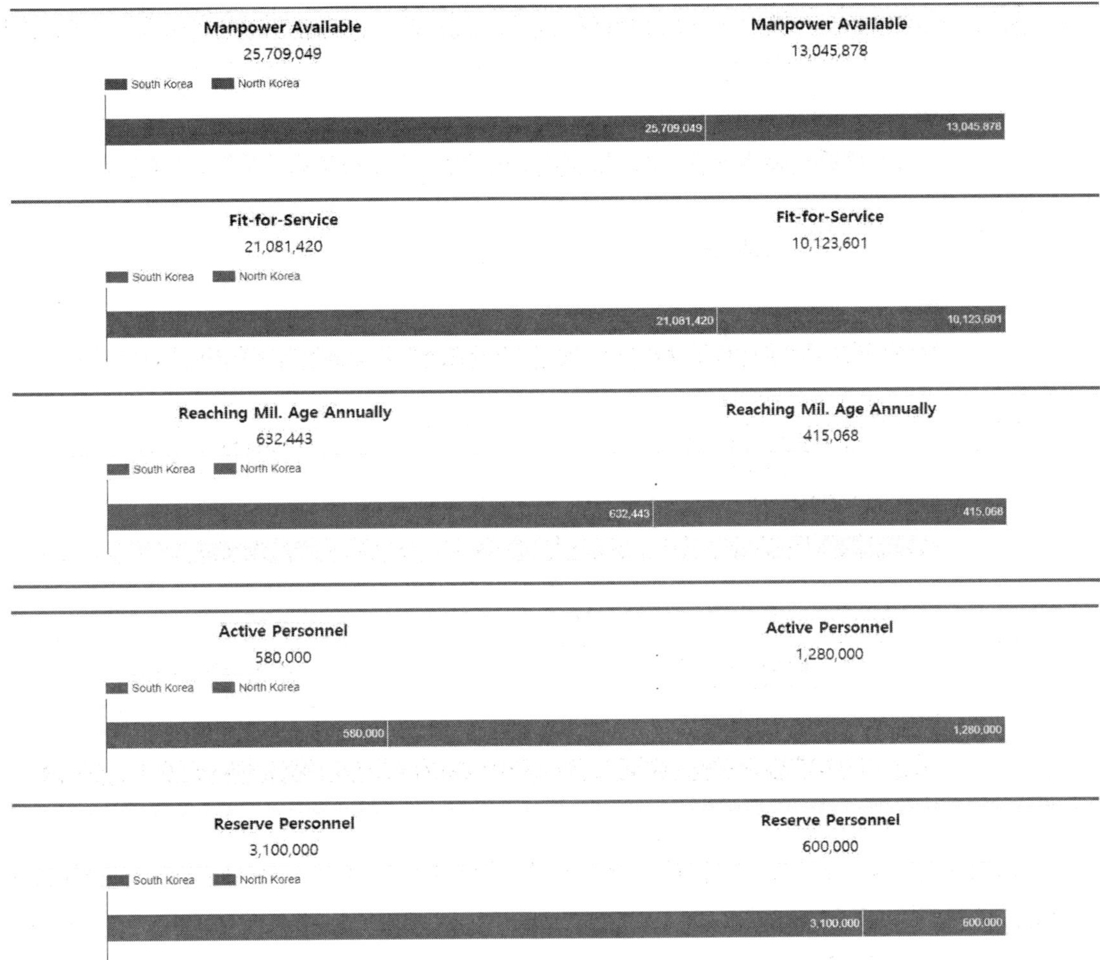

남북한의 2020년 국방예산(Defense Budget)은 각각 440억 달러와 16억 달러이다. 외채(External Debt), 외환보유고(Foreign Reserve), 구매력(Purchasing Power)을 보면 모두 대한민국이 북한을 압도적으로 우위에 있다.

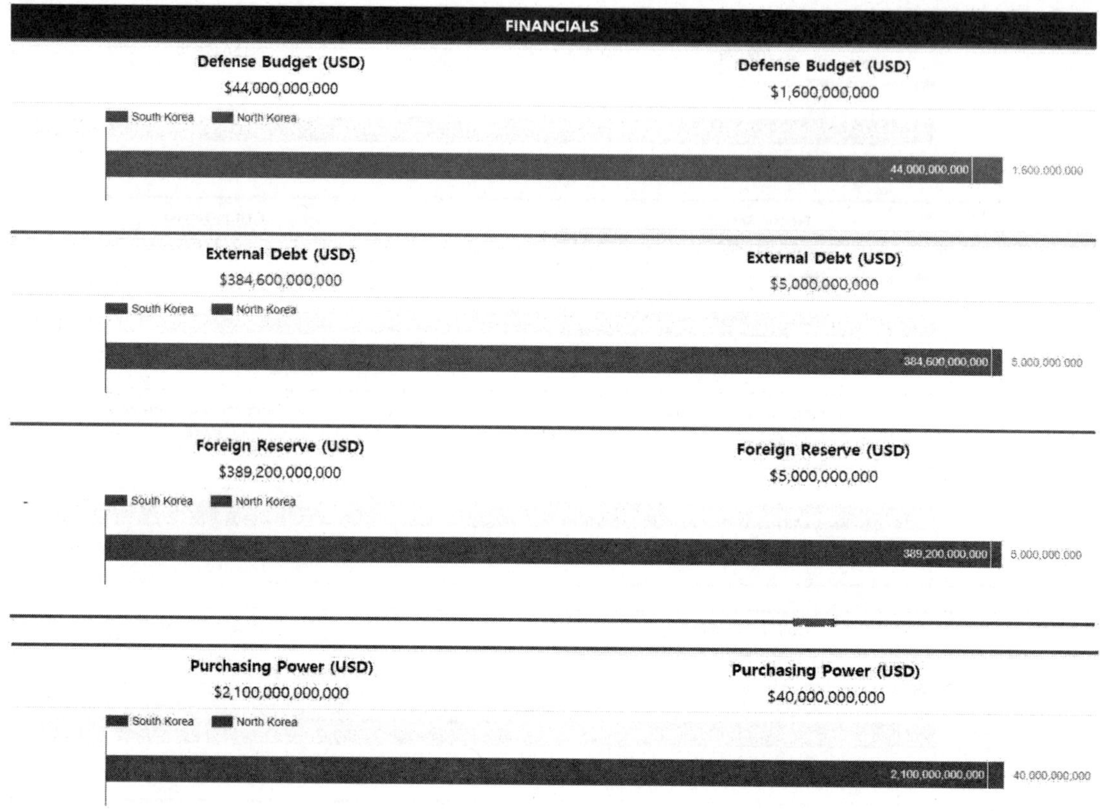

공중전력은 총 항공기 수에서는 남북한이 각각 1,649 대와 949 대이며 전투기(Combat Aircraft)와 공격기(Dedicated Attack)의 수에서는 북한이 우위에 있다. 그러나 이러한 현황은 항공기의 질적 평가는 하지 않고 단지 양적 평가에 머무르고 있다.

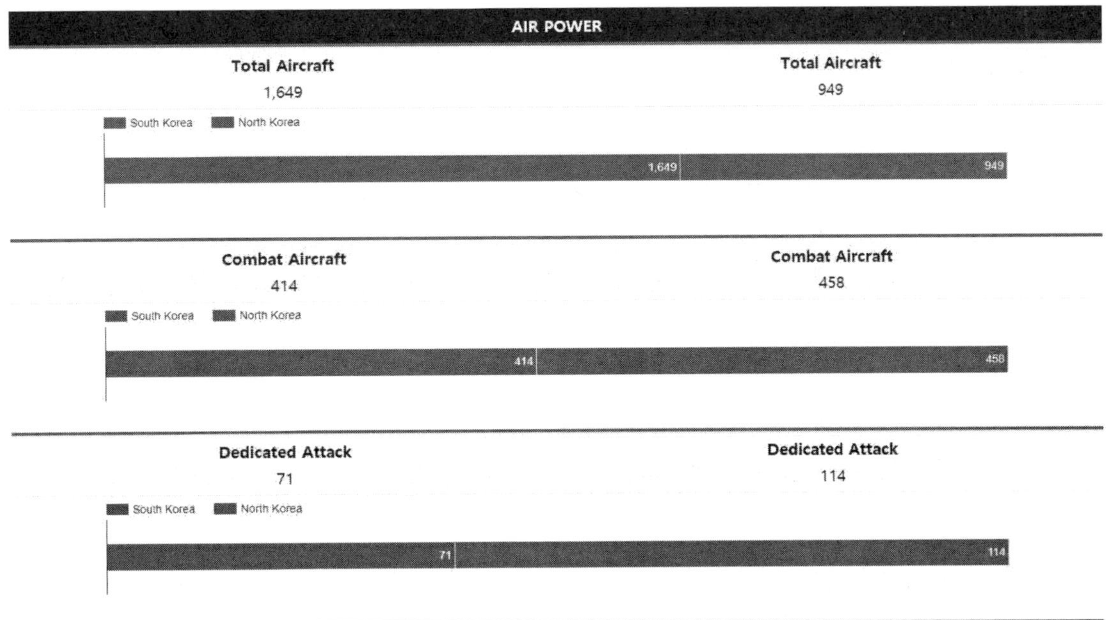

수송기(Transport)와 훈련기(Trainer), 특수 임무기(Special Mission)에서는 대한민국이 압도적 우위에 있으며 특히 전자전, 지휘통제 등 특수 임무기에서는 북한은 한대도 없는 반면 대한민국은 30 대를 보유하고 있다.

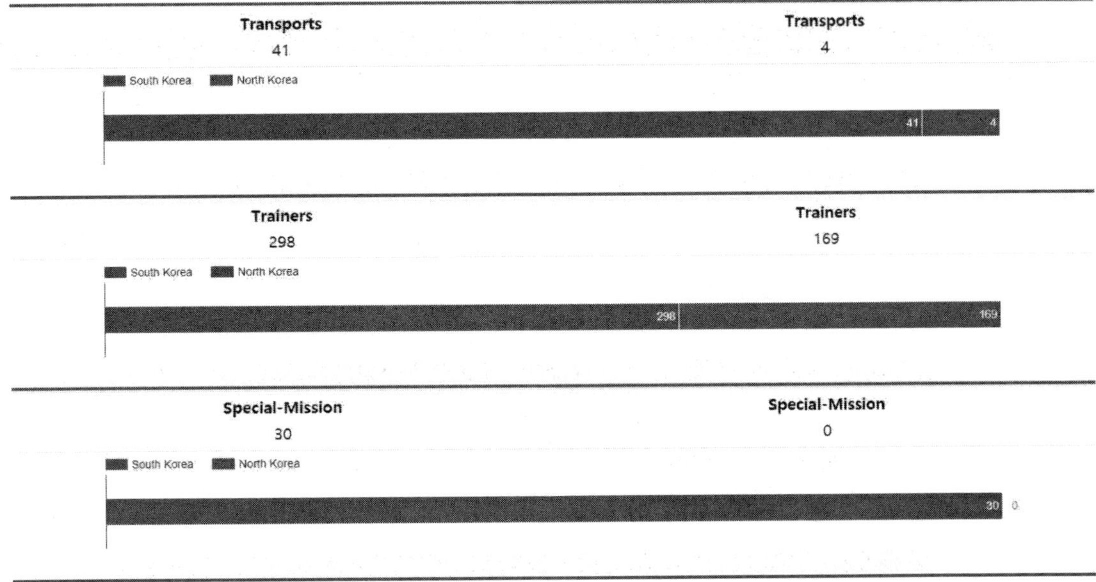

헬리콥터(Helicopter)와 공격용 헬리콥터(Attack Helos)에서는 대한민국이 북한을 압도하고 있다.

지상전력에서 전차(Tank)는 북한이 6,045 대로 대한민국의 2,614 대보다 많다. 그러나 전차의 노후화나 성능은 여기에 반영되어 있지 않다. 장갑차(Armored Vehicle)는 남북한이 각각 1.4 만대와 1 만대이며 자주포(Self-Propelled Artillery)는 각각 3,040 문과 800 문이다. 야포(Field Artillery)도 3,854 문과 1,000 문으로 대한민국이 우위에 있다. 다련장포(방사포)(Rocket Projector)에서는 북한이 2,110 문이며 대한민국이 575 문으로 북한이 우위에 있다.

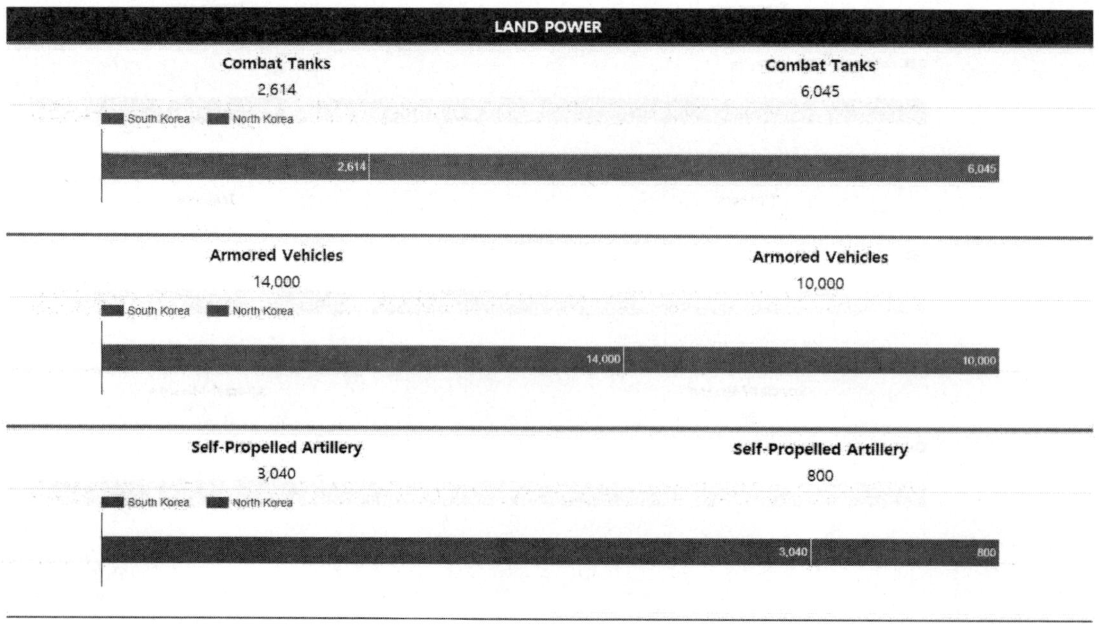

해상전력에서 북한은 총함정(Fleet Strength)이 984 척, 대한민국은 234 척이나 북한은 주로 소형함정이며 대한민국은 첨단화된 대형 함정위주로 편성되어 있는데 이러한 현황은 반영되어 있지 않다. 항공모함(Aircraft Carrier)은 대한민국이 2 척, 북한은 0 척인데 대한민국의 항공모함은 헬기가 착륙가능한 독도함급 함정을 이른다. 잠수함(Submarine)은 북한이 83 척으로 22 척의 대한민국을 수로 압도하고 있다.

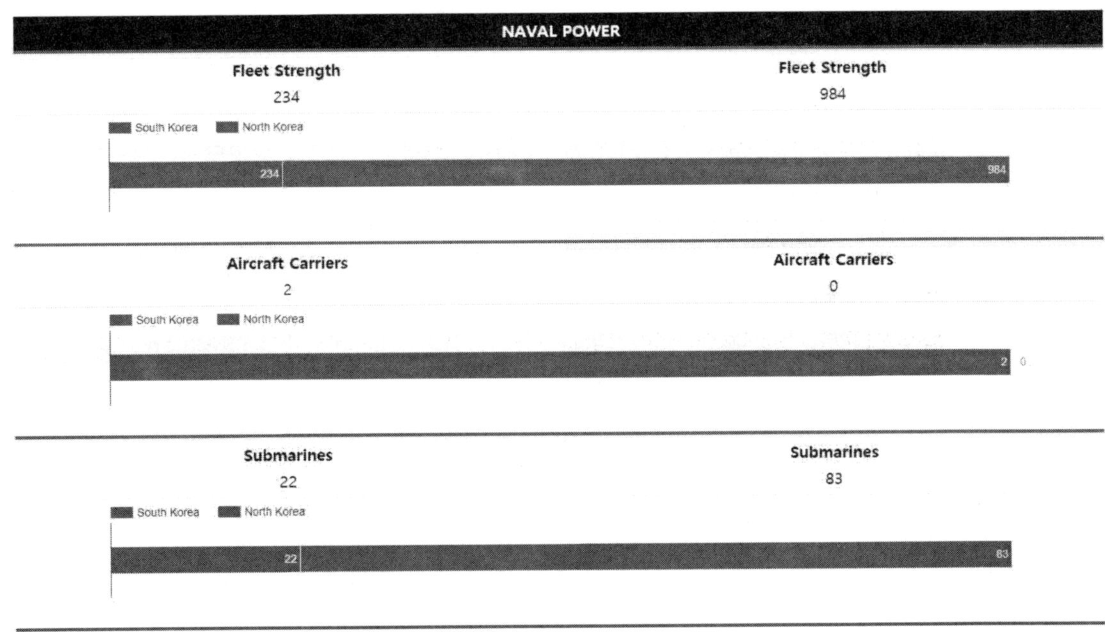

구축함(Destroyer)은 대한민국이 12 척을 보유하고 있는데 비해 북한은 한척도 없으며 호위함(Frigate)은 남북한 각각 18 척과 11 척을 보유하고 있고 소형호위함(Corvette)은 남북한 각각 12 척과 2 척을 연안 경비정(Coastal Patrol)은 남북한이 각각 111 척과

416 척을 보유하고 있다. 기뢰전함(Mine Warfare)은 남북한 각각 11 척과 23 척을 가지고 있어 기뢰 설치와 소해임무를 수행하고 있다.

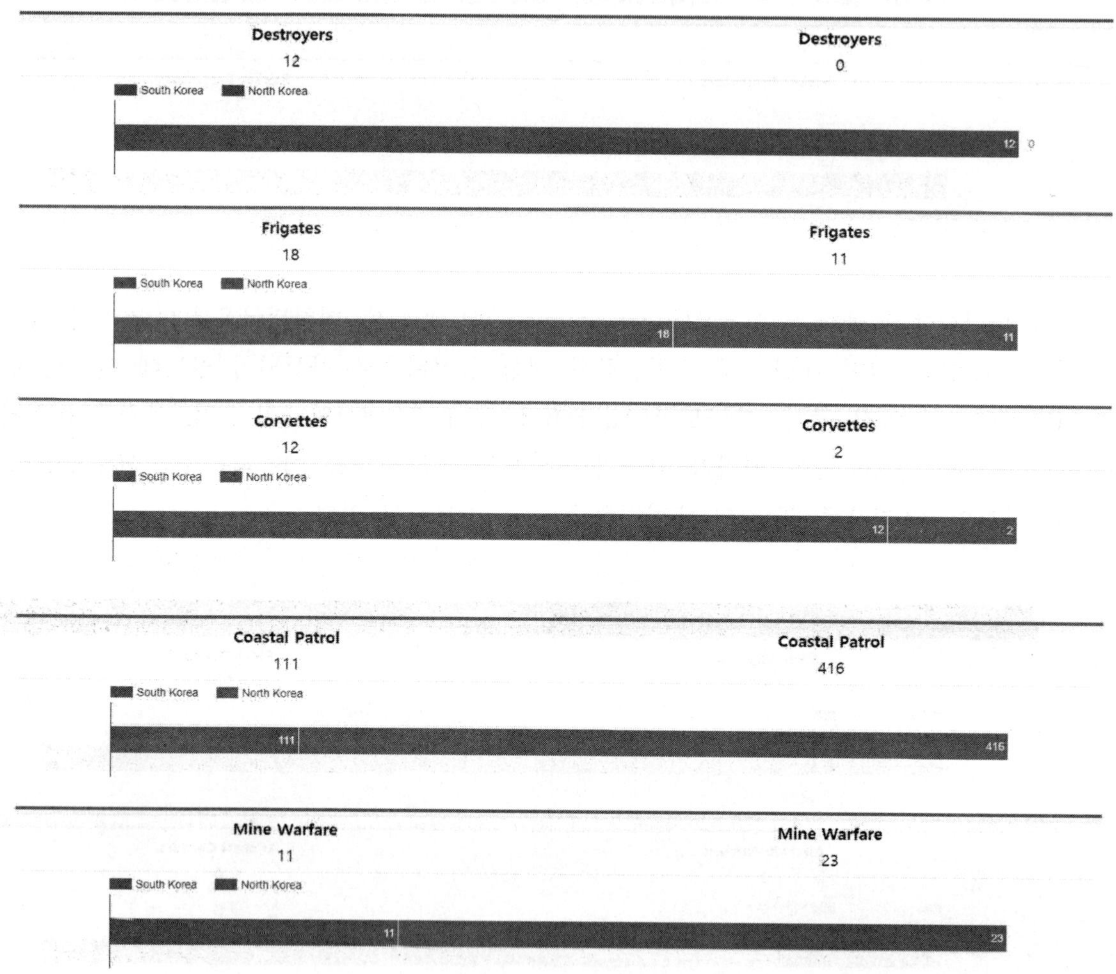

전쟁지속능력(Logistics) 측면에서는 공항(Airport)은 남북한이 각각 111 개와 82 개이며 상선(Merchant Marine)은 남북한이 각각 1,897 척과 274 척으로 대한민국이 압도적으로 많다. 항만과 터미널(Port & Terminal)은 남북한이 각각 11 개와 7 개이며 노동력(Labor Force)은 각각 2,747 만명과 1,400 만명이다. 도로망 길이(Roadway Coverage), 철도 길이(Railway Coverage), 원유 생산량(Oil Production), 석유 소비량(Oil Consumption) 등이 비교되어 있다.

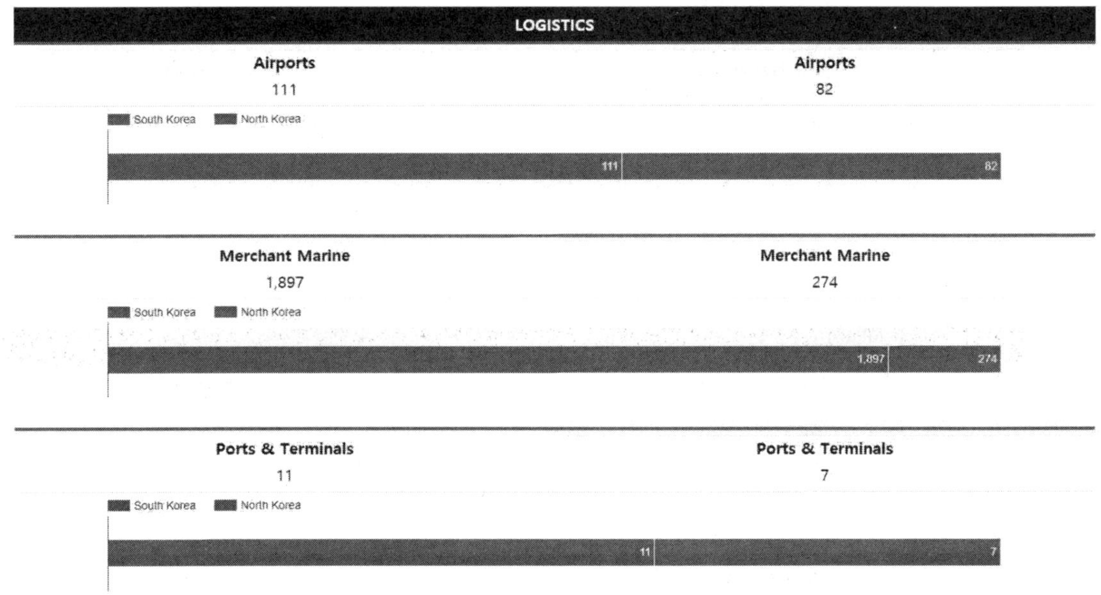

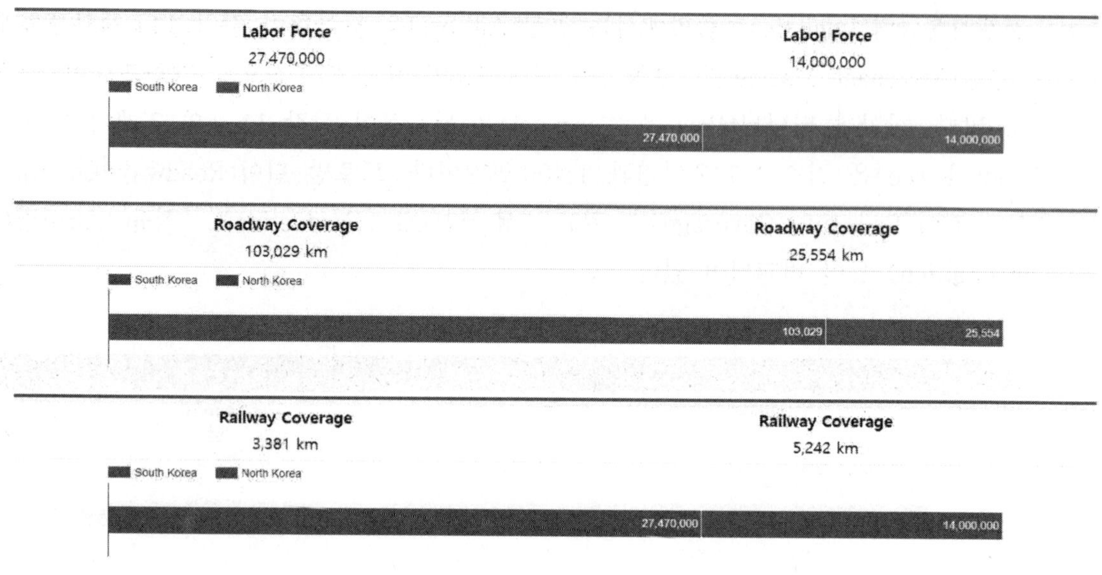

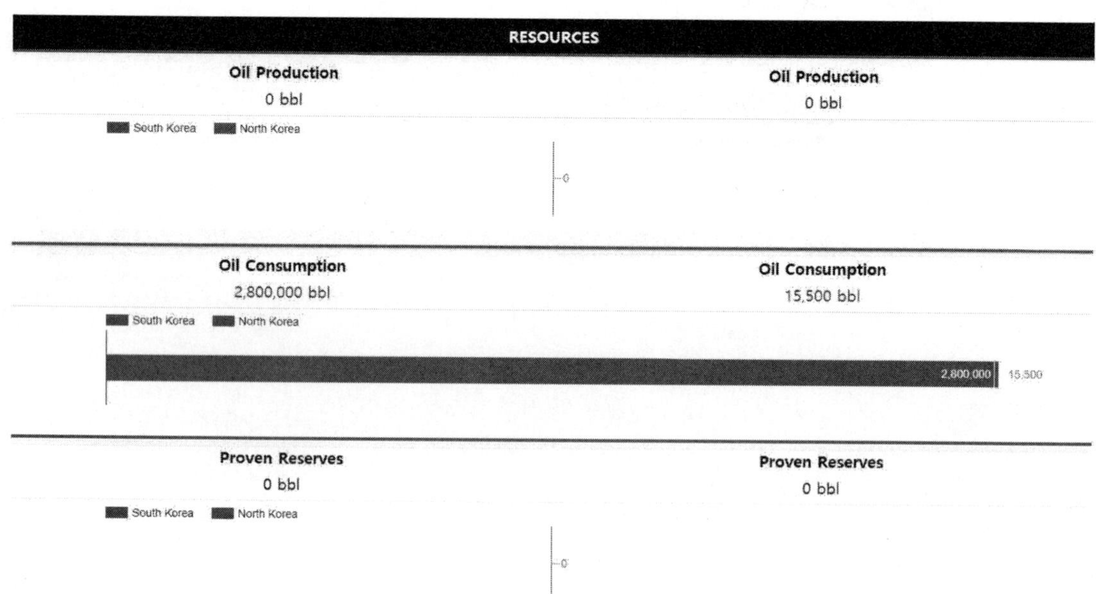

마지막으로 남북한의 국토면적(Square Land Area), 국경선 길이(Border Coverage), 수로 길이(Waterway Coverage), 해안선 길이(Coastal Coverage) 등이 비교되어 있다.

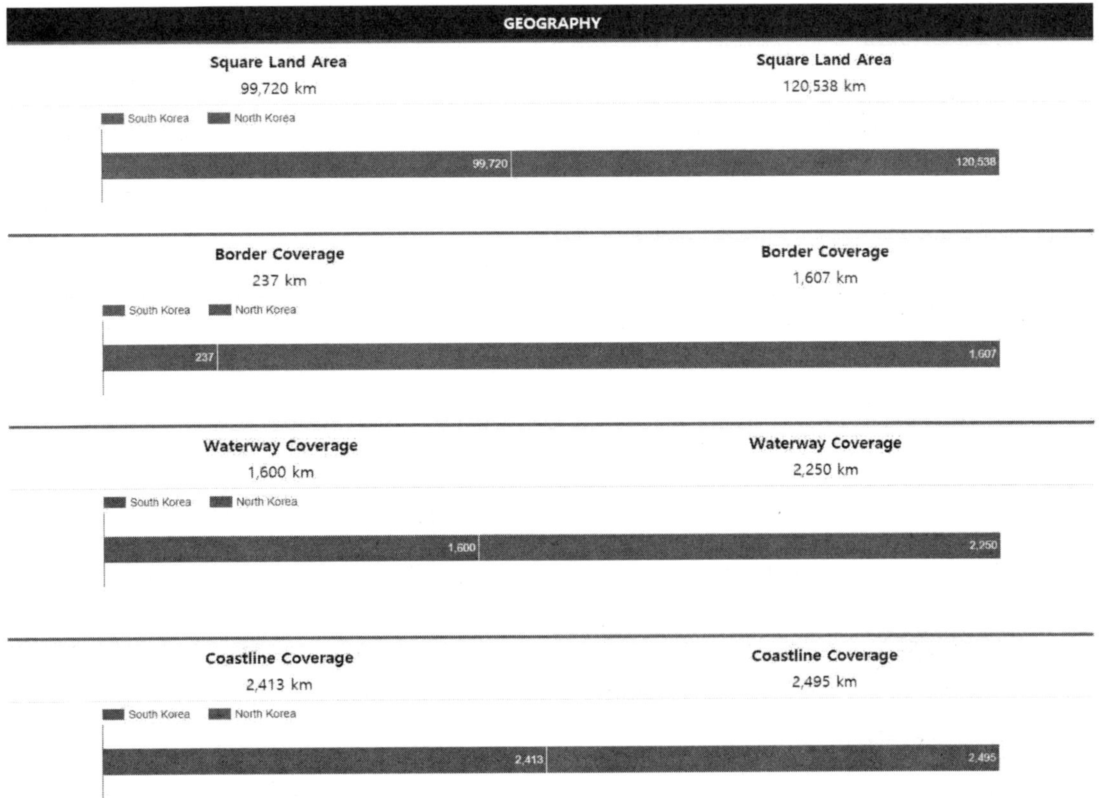

GFP 에서는 위와 같은 평가요소들에 적절한 가중치를 부여하여 가중합으로 평가하고 정성적 요소들로 조정을 하는 것으로 알려져 있으나 정확한 군사력평가 방법론은 공개하고 있지 않다.

GFP 에서는 아래 그림에서 보는 것과 같이 여러 가지 형태의 군사력 순위를 볼 수 있다. 비교 대상 국가 전체의 순위뿐만 아니라 점수, 비교, 동맹(연합)을 했을 때 비교, 지역별 비교, 인력 비교, 장비 비교, 경제력, 전쟁지속능력, 천연자원, 지리적 현황 등 분야별로도 순위를 제공하고 있다.

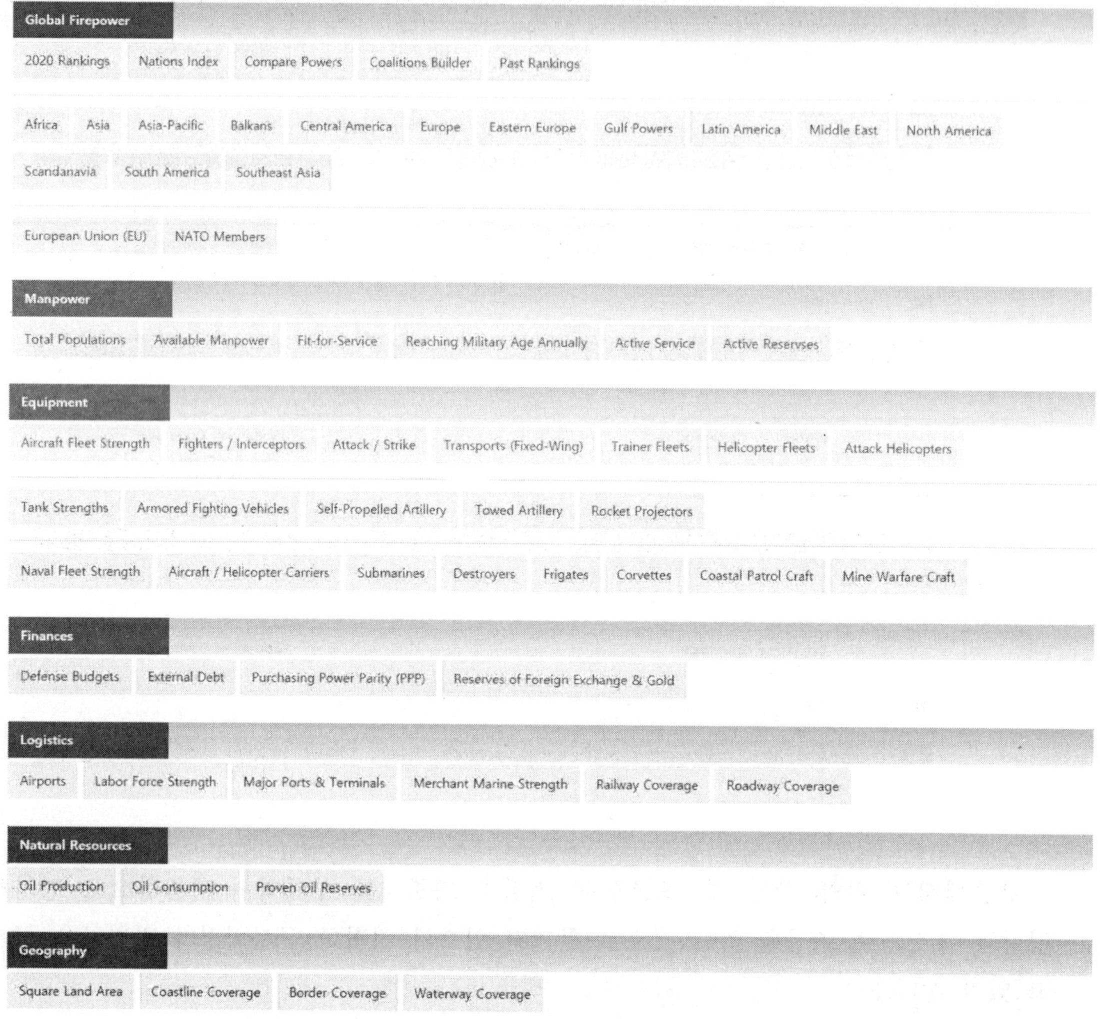

예를 들어 대한민국과 미국이 연합하고 북한과 중국이 동맹을 이룬 경우를 비교하면 그림 3.9.9 와 같다. 그러나 이 현황은 양국의 전력을 수적으로 더한 것이며 실제 한반도에 전개하는 미국과 중국의 병력과는 상이하다. 따라서 이러한 평가는 단지 참고를 할 자료에 해당하며 정확한 데이터는 정성적이고 객관적인 자료를 더해서 평가해야 한다.

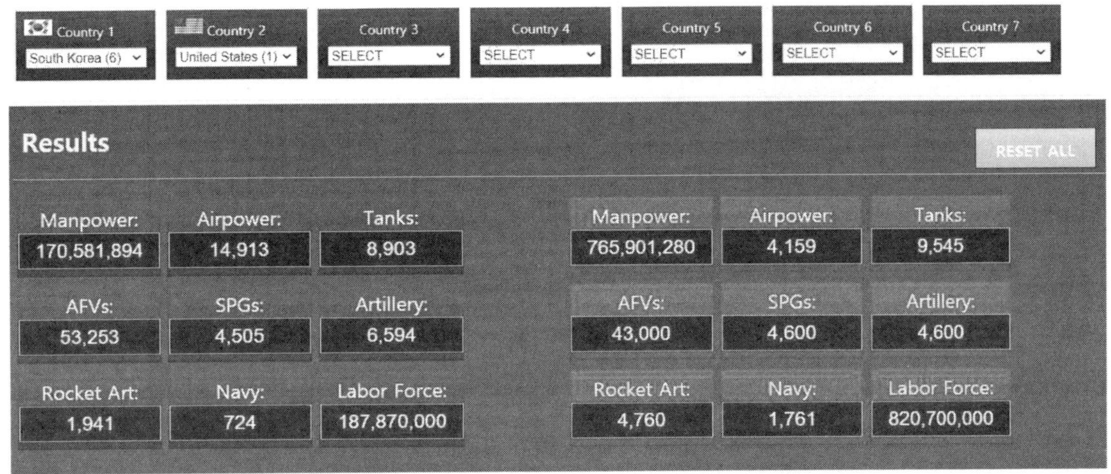

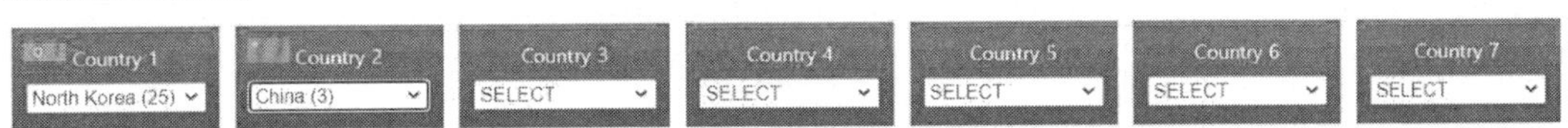

그림 3.9.9 (대한민국–미국) 대 (북한–중국) 군사력 비교 (GFP 제공)

4장

확장 정태적 군사력평가 방법론

4.1 전력지수 방법 개요

전력지수 방법은 무기체계의 전력을 지수화하여 계량적으로 비교 분석하는 방법이다. 무기의 성능자료를 계량화하여 개별 무기별로 무기체계 효과지수를 산출하고, 부대가 보유한 유효무기 수량을 곱하여 합산한 수치를 부대의 전투잠재력으로 산정하는 방식이다. 여기에서 유효무기라고 하는 개념은 전투에 직접 참가하는 무기를 말한다. 즉, 연대본부의 통신병이나 지원중대의 운전병은 전투정면에서 적과 직접 교전하지 않기 때문에 그들이 보유한 소총이나 운전병이 보유한 소총은 유효무기에서 제외시키는 개념이다.

무기체계를 점수로 평가하여 부대의 전력을 평가하고 나아가서 국가의 군사력을 평가하는 방법은 1964 년 미국에서 시작되었다. 이러한 접근법은 단순한 병력수 비교, 부대수 비교, 군사비 지출규모 비교에서 구할 수 없는 합리적이고 객관적인 자료에 근거해 전력을 평가하는 새로운 방법으로 인식되었다.

전력지수 방법의 가장 기초적인 개념은 소총을 1 점으로 했을 때 81mm 박격포는 6 점, 105mm 야포는 30 점, 전차는 50 점과 같이 점수화하는 것이다. 전력지수 방법론으로 부대의 전력을 평가할 때는 무기체계의 수량을 고려하여 선형가중합 방법으로 구한다. 즉, 부대가 보유한 유효 무기체계 수와 전력지수를 곱하고 모든 무기체계에 대해 더해 부대의 전투력을 구한다.

이러한 점수 부여는 다양한 방법으로 부여되었는데 초기에는 Delphi 기법에 의해 전문가들의 의견을 반영하였다. 점차 여러 무기체계의 특성을 반영하여 더 정교한 접근법으로 발전되었으나 그때마다 해당 방법론의 단점이 지적되어 이를 보완 발전시켜 왔다.

전력지수 방법은 기존의 단순 정태적인 방법론들보다 계량화를 시도했다는 데서 큰 의미를 가지게 되고 이를 바탕으로 워게임 모델들이 개발되고 발전되어 왔다. 그러나 전력지수 방법에서도 병력의 질, 부대구조, 지형, 기상, 전략, 전술, 사기, 지휘통솔력, 전투의지, 전투기량 등은 물리적인 힘의 크기로 환산할 수 없고 일부 요소만이 계량화가 가능하며 측정도구 자체의 가변성 때문에 군사력 비교평가의 신뢰성에 의문이 제기되기도 했다. 이러한 결점을 극복하기 위해 부대의 작전준비태세와 무기의 현대화 수준을 반영하기 위해서 질적인 인수를 산출하는 방법을 병행하기도 한다.

이러한 문제점과 정태적 전력지수의 문제점이 부각되어 전력지수 사용폐기에 이르기까지 되었고 이를 대체하기 위해 지형, 부대구조 등 특정 시점의 상황까지 고려된 상황전력지수로 발전되었다. 전력을 비교평가를 위해 전력지수 방법이 널리 활용된 점과 아직까지는 이를 대체할 만한 대안적 개념이 제한된다는 점을 감안할 때 전력지수에 의한 방법은 발전될 가능성이 충분하다.

그림 4.1.1 과 같이 미군의 전력지수 연구는 1964 년 미 역사평가연구소 (HERO: Historical Evaluation Research Organization)의 무기치사지수를 시작으로 1968 년에 미 연구분석협회(RAC: Research Analysis Cooperation)에서 개량된 전력지수인 무기화력지수를 발표하였으며, 1973 년 미 육군의 개념분석국(CAA: Concept Analysis Agency)은 무기화력지수의 일부 문제를 개선하여 잠재화력이라는 전력지수를 발표하였다. 1974 년 미 육군 개념분석국은 적성국 무기를 포함하여 무기의 화력, 기동력, 생존성 측면에서 전투실험한 후 그 결과를 지수화한 무기효과지수를 제시하였지만 이러한 방안은 과도한 예산 소요 및 적성국 무기분석 제한으로 인해 개발이 중단되었다. 1994 년 RAND 연구소는 무기효과지수 방식을 준용하여 전문가 판단에 의거 종합적으로 지수화하는 방법으로 JICM 무기점수(JWS: JICM Weapon Score)를 개발하였다.

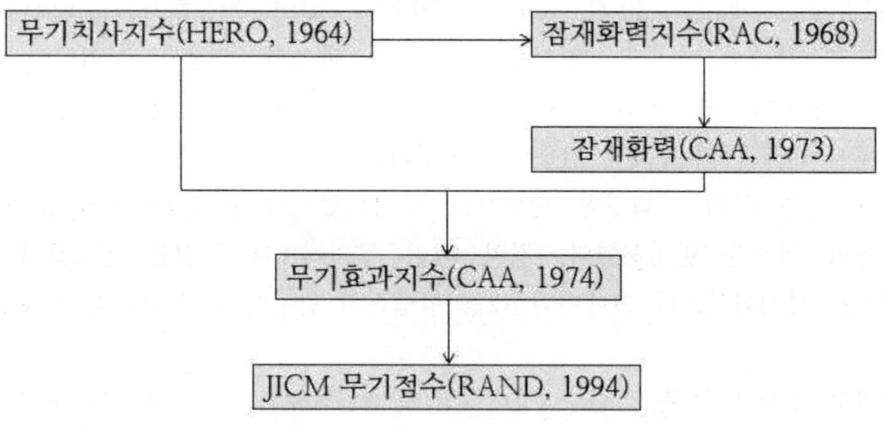

그림 4.1.1 전력지수 방법론 발전과정

한국국방연구원(KIDA: Korea Institute for Defense Analyses)는 미군의 JICM 무기점수를 산출하는 방식을 적용, 지상군 무기체계에 대해 전력지수를 개발하였으며 산출절차와 방법은 그림 4.1.2 와 같다.

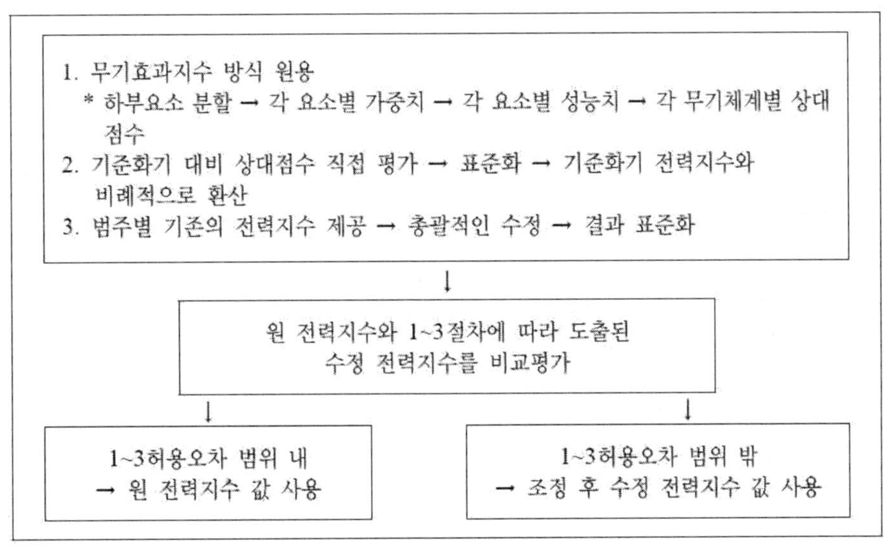

그림 4.1.2 KIDA 전력지수 산출절차 및 방법

KIDA는 무기효과지수 방식을 원용하여 미군의 JICM 무기점수를 기준으로 각 무기체계별 상대점수를 산출하고 기준화기와 그 성능을 화력, 기동성, 생존성, C4ISR 등의 세부요소로 구분하여 비교 평가한 뒤 종합하여 범주별 전력지수를 산출하였다. 이때 육군의 각 병과학교 교관들을 대상으로 해당 무기체계에 대한 제원과 정보를 제공하고, 무기체계 범주 내 평가대상 무기체계의 상대점수를 평가하게 하여 그 결과를 반영하였다. 적용한 설문방법은 설문의 형태에 따라 기준화기 대비 상대점수를 부여하는 배수법과 무기체계 범주 내 모든 무기체계에 대하여 현재 사용 중인 전력지수점수를 제공하고 수정하는 가감법 등 2가지 방법을 적용하였다. 설문결과가 일정 오차범위 내에 들어가면 기존 값을 반영하고, 일정 오차범위를 벗어나면 기존 값을 기각하는 방법으로 최종 전력지수를 산출하였다.

육군은 표 4.1.1에서 보는 바와 같이 2006년 '총전력분석(Total Army Analysis)'을 시작으로 2010년 '국방개혁 '09~'20 육군 기본계획 검증', 2013년 '국방개혁 '12~'30 육군 기본계획분석'을 수행하여 남북한 지상군 전력수준을 평가하였다. 평가방법은 KIDA에서 산출된 전력지수를 활용, 남북한 지상군 무기체계 위주의 전력비를 비교분석하고 JICM 및 AWAM, 비전21모델 등을 활용한 모의분석, AHP기법 등을 적용하여 임무수행능력을 검증하고 미래전력의 우선순위와 국방개혁 기본계획의 보완소요를 도출하였다.

표 4.1.1 육군에서 수행한 군사능력 평가 대상 (요소) 및 방법

연구명	구분	내용
총전력분석 (2006)	평가요소	협의의 전력 : 국방개혁 '06~'20 육군 기본계획 검증
	평가방법	전력지수, 모의분석(전부대)
	특징/한계점	최초의 지상군 총전력 분석, 무기체계 위주 반영
국방개혁 '09~'20 육군 기본계획 검증 (2009)	평가요소	협의의 전력 : 국방개혁 '09~'20 육군 기본계획 검증
	평가방법	전력지수, 모의분석(전부대)
	특징/한계점	무기체계 위주 반영
국방개혁 '12~'30 육군 기본계획 분석 (2013)	평가요소	협의의 전력 : 국방개혁 '12~'30 육군 기본계획 검증
	평가방법	전력지수, 모의분석(전방군단), AHP
	특징/한계점	무기체계 위주 반영

KIDA는 표 4.1.2에서 보는 바와 같이 1997년 전쟁수행능력 평가를 시작으로 2010년 전략환경 변환에 따른 군사력 비교평가까지 5회에 걸쳐 전력평가를 수행하였으며 평가 후 평가 한계점을 식별하여 평가대상 및 방법을 지속적으로 발전시켜 왔다.

표 4.1.2 KIDA 에서 수행한 군사력평가

연구명	구 분	내 용
전쟁수행 능력평가 (1997)	평가요소	·협의적 개념인 군사작전 수행능력을 평가
	평가방법	·지상무기의 상황전력지수체계 도입 ·해상/공군무기 전력지수 개선 ·모의전쟁 방법 (JICM 모델)
	특징	·평가환경 변화에 따라 새로운 방법론 제시 ·한·미 연합능력 포함 (미 증원군 포함)
	한계점	·전력지수 산정 시 비화력 장비/C4ISR 등 평가 불가 ·통합전력지수 산정 방법은 미제시 ·총체적 전쟁수행능력 평가는 미수행
남북한 전쟁수행 능력 비교·평가 (2001)	평가요소	·군사작전 수행능력을 평가+국력평가 수행
	평가방법	·1997년 연구와 동일
	특징	·2001년 기준의 군사력분야 재평가 및 수정/보완 ·총체적 전쟁수행능력 평가를 위해 국력평가
	한계점	·전력지수 산정시 비화력 장비/C4ISR 등 평가 불가
남북한 군사력 비교 (2004)	평가요소	·양적 요소(무기, 부대) + 질적 요소 (C4ISR, 훈련·사기)
	평가방법	·단순수량비교법 ·군사자산가치 비교법 ·전투효과지수 비교법 ·모의전쟁 방법(JICM 모델)
	특징	·C4ISR, 훈련·사기 등을 질적 승수로 반영
	한계점	·질적승수 산출 시 객관성 부족 ·비대칭무기 평가 미약 ·JWS-K의 실효성 검토 필요 ·동맹국지원이 평가대상에서 제외 ·모의전쟁 시, 한국군이 방어로 되어 있으면 상대적인 전력지수가 높아지는 오류 존재
남북한 전쟁수행 능력 비교·평가 (2006)	평가요소	·상비군사능력, 잠재군사능력, 전쟁지원능력, 핵능력
	평가방법	·상비군사능력은 정량적 평가 ·나머지는 정성적 평가(전투효과지수 산출) ·모의전쟁 방법(JICM 모델)
	특징	·잠재군사능력과 전쟁지원능력의 정성적 평가 ·WMD 평가 시도
	한계점	·잠재군사능력과 전쟁지원능력의 정량화 평가 미흡 ·증원 병력을 고려하지 않고 모의전쟁 수행
전략환경 변환에 따른 군사력 비교·평가 (2010)	평가요소	·남북한 전력평가, NCW 수준평가, 주변국 전력평가
	평가방법	·전력지수방법 ·전문가(SME) 의견조사
	특징	·전력지수 재산출 ·C4ISR 평가 ·전력평가 프로그램 신규 개발
	한계점	·전력지수만을 적용하여 전력평가

4.2 전력지수 발전

4.2.1 무기치사지수(WLI : Weapon Lethality Index)

무기치사지수를 설명하기 위해 먼저 무기체계의 효과에 대해 알아본다. 무기체계 효과는 화력, 기동성, 생존성, 가용성, 신뢰성 등으로 구분할 수 있다. 각 효과의 세부 요소는 아래와 같다.

○ 화력 : 치사면적, 살상확률, 발사속도, 사거리, 자동화 정도, 가용탄약
○ 기동성 : 장애물 통과능력, 노상속도, 등판능력, 도하능력, 항속거리, 환향비율
○ 생존성 : 장갑 두께, 피탄 면적, 피탐지/피격/파괴될 확률
○ 가용성 : 평균 작동시간, 평균 고장시간
○ 신뢰성 : 임무수행시간, 평균고장률

WLI 는 무기체계의 발사속도, 발당 치사 표적수, 상대적 살상효과, 유효사거리, 정확성, 신뢰성, 야전기동성 등을 고려하여 무기체계의 상대적 전투효과를 지수화한 것이다. 2 차 세계대전과 한국전 자료에 대한 정태적 분석을 통해 유사 무기체계 상대비교를 위해 역사적 자료분석을 근거로 무기치사성을 정량화한 것이다.

WLI 개발 시 고려요소는 사거리, 사격속도, 정확성, 효과반경, 기동성, 발당 치사표적의 수, 상대적 살상정도, 신뢰도, 과잉살상력 등이다. 여기에서 과잉살상력은 적 1 명에게 하나 이상의 전상을 줄 수 있는 무기에 할당하는 부가요소이다. WLI 에서는 전차 및 항공기는 타무기체계에 비해 치사성의 추가능력을 인정하여 치사지수를 상향 조정하였다.

무기치사지수 WLI를 구하는 방법은 식 (4.2-1)과 같다.

$$WLI = \prod_{i=1}^{n} V_i + A \qquad (4.2-1)$$

여기에서,

V_i: 효과요소 값

n: 무기체계 효과요소 수

A: 전차 및 항공기의 추가 치사성 지수

각 무기 치사지수에 근거해 부대의 치사지수 $UWLI$는 식 (4.2-2)와 같이 구한다.

$$UWLI = \sum_{i=1}^{n}(WLI_i \times NW_i) \quad (4.2-2)$$

여기에서,

WLI_i : i 유형 무기체계의 치사지수

NW_i : i 유형 무기체계의 수량

n : 무기체계 유형 수

WLI 방법의 단점은 소화기부터 최첨단 무기를 동일한 척도로 비교평가하기 위하여 공통적인 특성을 선정했다는 것이다. 또, 무기 치사지수 산출과정에서 효과요소 간 상호연관성을 무시하여 각 요소를 독립사상으로 간주하여 곱으로 표현했다는 것이다. 실제, 발당 치사표적수와 상대적 살상효과, 정확성과 유효사거리, 사격속도와 정확성 등은 상호연관성이 있는 것으로 확인되고 있다. WLI 에서는 각 효과요소가 무기체계 전투효과에 기여하는 정도가 동등한 것으로 간주하여 가중치를 주지 않고 있어 1 개 요소의 값이 타 무기체계에 비해 적으면 무기치사지수에 미치는 영향이 상당히 크다. 마지막으로 WLI 에서는 대인살상효과와 대장비파괴효과를 구분하지 않아 대인이나 대장비에 대한 살상 또는 파괴효과를 동일하게 구하고 있다.

무기치사지수의 적용방법의 예를 중전차 M4A3E8 을 들면 다음과 같다. M4A3E8 중전차의 무장은 76mm 포 1 문, 30mm 경기관총 2 정이고 기동성 지수는 5 라고 가정한다. 이러한 경우 무장한 무기치사지수는 407,456(76mm 포)+3,220(30mm 경기관총)×2=413,896 이 되고 추가능력지수는 407,546 이다. 그러므로 중전차(M4A3E8)의 WLI 는 413,896×5+407,546=2,477,026 이 된다.

Panzer KW IV 전차의 경우를 예를 들면 이 전차는 75mm 장거리포 1 문, 7.92mm 경기관총 2 정을 보유하고 있으며 기동속도는 시속 25mile 로서 기동성 지수는 5 이다. 무장한 무기치사지수는 407,546(75mm 포)+3,760(7.92mm 경기관총)×2=415,066 이며 전차의 추가능력지수는 342,428 이다. 따라서 이 전차의 WLI 는 415,066×5+342,428=2,417,758 이다.

4.2.2 무기화력지수(IF: Index of Firepower)

IF는 무기체계의 상대적 전투효과를 군사적 경험과 판단을 기준으로 결정하였다. IF는 표적을 파괴하는데 소비된 탄약의 수, 파괴위력, 사거리, 지형, 표적의 성질 등을 고려하여 다수의 무기체계를 상대적인 서열을 부여하여 점수화하였다. IF를 구할 때 주로 사용한 방법은 RAND 연구소에서 개발한 Delphi 방법으로 군사전문가들에게 여러 번의 비대면 설문을 통해 각 무기체계의 화력지수를 수렴해 나가는 방법으로 구하였다. IF로 구한 화기별 화력지수는 표 4.2.1과 같다.

표 4.2.1 화기별 화력지수

화기 종류	사거리(m)	화력지수
소총	300	1
기관총	300~1,000	6
전차	300~1,000	32
TOW	300~1,000	60
81 미리 박격포	100~3,650	12
4.2 인치 박격포	777~5,846	15
155 미리 자주포	0~18,000	50
8 인치 자주포	0~18,000	100

화력지수로 단위부대 화력지수 UIF는 식 (4.2-3)과 같이 구한다.

$$UIF = \sum_{i=1}^{n} (IF_i \times N_i) \quad (4.2-3)$$

여기에서,

IF_i : i 무기체계 화력지수

N_i : i 무기체계 수량

n : 부대가 장비한 무기체계 종류의 수

IF에 의한 전력지수 문제점은 무기에 서열을 부여 시 무기특성 고려와 특성 간 상대적 중요성 등 구체적인 방법론이 정립되어 있지 않고 화력지수 간의 차이를 설명하지 못하고 있다. 또한, 대인살상 능력과 대전차 살상능력 차이를 구분하지 못하고 있어 무기체계 한계효용의 개념이 미적용되어 있다.

4.2.3 잠재화력지수(IFP : Index of Firepower Potential)

IFP는 미 연구분석협회(RAC: Research Analysis Cooperation)에서 1968년 개발한 전력평가 방법론이다. RAC에서는 2차 세계대전과 한국전 자료를 기초로 무기체계의 탄착점 효과를 평가하여 지수화하였다. 탄착점 효과를 평가하기 위해 포탄의 대인 치사면적, 대전차탄의 살상확률, 1일 발사된 탄약의 양을 기준으로 IFP를 산정하였다. IFP는 무기체계에서 발사된 탄약 한발의 치사면적을 구하고 그 무기를 이용해 일정기간 동안 발사한 탄약의 수를 치사면적에 곱해서 무기의 능력으로 평가하였다. 이 방법에 따르면 한 무기체계에서 발사된 이종 탄종의 능력도 동시에 계산 가능하고 이후, 명중 조건부 살상확률로 수정 보완하였다.

IFP 효과요소로는 폭발성 탄약의 치사면적으로 대인 잠재화력지수로 발전시켰고 점사격 탄약의 적장비 파괴 능력을 나타내는 조건부 살상확률으로 대전차 잠재화력지수로 고려하였으며 소화기 탄약의 탄착점 효과와 1일 예상 탄약 소모량을 효과요소로 간주하였다.

IFP에 의해 무기체계 IFP를 구하는 방법은 다음과 같다. IFP는 대인 잠재화력지수 APIFP와 대전차 잠재화력지수 ATIFP의 합으로 표현된다. APIFP는 1발의 살상면적과 1일 예상 탄약 소모량을 곱하여 산정하였다. ATIFP는 1발 살상확률과 1일 예상 탄약 소모량 EEA(Expected daily Expenditure of Ammunition), 사거리 요소 r, 수정 인수 f를 곱하여 산정하였다.

IFP = APIFP(대인 잠재화력지수) + ATIFP(대전차 잠재화력지수)
- APIFP = LA(살상면적) × EEA(1일 예상 탄약 소모량)
- ATIFP = P_k(살상확률) × EEA × r(사거리 요소) × f(수정 인수)

사거리 요소 r은 최대 유효사거리를 500m 이내와 500~1,000m, 1,000m 이상으로 구분하여 보정 인수를 다음과 같이 적용하였다.

최대 유효사거리
- 500m 미만 거리 : r=1
- 500~1,000m 거리 : r=2
- 1,000m 초과 거리 : r=3

수정 인수 f는 APIFP와 ATIFP의 단위가 상이하기 때문에 이들을 합하기 위해서는 단위가 일치해야 하는데 APIFP의 단위는 m^2이고 ATIFP의 단위는 살상확률인 잠재수치로 표시되기 때문에 이를 일치시키기 위한 인수로서 치사면적과 동일한 단위로 전환한다.

부대 IFP인 UIFP는 식 (4.2-4)와 같이 구한다.

$$UIFP = \sum_{i=1}^{n}(IFP_i \times N_i) \quad (4.2-4)$$

여기에서,

IFP_i : i 무기체계 잠재화력지수

N_i : i 무기체계 수

n : 부대가 장비한 무기체계 종류의 수

화력지수(IF)와 잠재 화력지수(IFP) 문제점은 다음과 같다. 무기체계의 효과는 기동성과 생존성, 지휘통신 능력도 동시 고려해야 하나 오직 화력적인 측면만 고려하여 화력지수를 개발하였다. 특히 IPF에서 사용한 예상 탄약소모량은 무기체계의 기본적인 특성이 아니다. 예상 탄약소모량은 전투형태인 공격, 방어, 지연전 등에 상황에 따라 상이할 수 있고 지형적인 특성과 전투의 목적에 의해서도 상이하다. 예상 탄약소모량을 화력지수의 특성으로 간주한 것은 무리한 가정이다.

특히, IPF 방법론에서 1일 탄약소모량을 산정하는 구체적인 방법론을 미제시하여 방법론의 신뢰성을 상실하고 있다. 또, 소화기 탄약효과를 단발 살상확률로 구하지 않고 치사면적으로 평가한 것은 다소 논리적 비약이 있는 방법이다. IPF에서 2차 세계대전 자료를 분석하여 소화기 탄약효과를 $13m^2$로 분석하였는데 1일 예상 탄약소모량에 비해 상대적으로 너무 과대 평가되어 전투부대에서 소화기 위주로 무장을 선호할 가능이 있어 잘못된 정보를 제공할 수 있다. 즉, 무기체계 효과지수값이 1일 예상탄약소모량에 의하여 크게 좌우된다.

또, 폭발성 탄약에 대한 치사면적의 가중평균치를 산출할 때에도 노출된 병력과 엎드린 병력에 대한 피해능력만을 고려하고 참호 속에 있는 병력과 비탑승 병력에 대한 피해능력은 무시하거나 동일하다고 간주하여 평가하지 않았다. 그러나 다양한 탄종에 대한 피해효과도 포함하여 치사면적을 구하는 것이 필요하다.

IF 와 IFP 는 화력과 탄착점의 효과만으로 분석하고 있는데 탄의 물리적인 파편효과는 너무 다양하여 모든 경우에 타당하지 않다. 또한, 지휘관의 지휘능력, 부대의 사기와 군기, 전략, 전술과 같은 비계량적 요소는 제외되어 있어 전체적인 전력평가를 하는 데는 상당히 제한된 방법론이다.

4.2.4 잠재화력(FPP : Fire Power Potential)

1973 년 미 CAA(Concept Analysis Agency)에서 IFP 의 미비점을 보완하여 FPP 를 개발하였다. FPP 는 2 차 세계대전 이후의 장갑차 출현에 따른 경장갑차 파괴화력지수 추가한 것이 특징적이다. FPP 에서는 대인 치사면적, 대전차 및 대경장갑차 살상확률과 1 일 예상 탄약소요량을 계산할 때 무기체계가 사격한 탄의 종류와 표적의 상태를 고려하였다.

잠재화력 방법론에서 FPP 를 구하는 방법은 식 (4.2−5)와 같다.

$$FPP = APFPP + ALAFPP + ATFPP \qquad (4.2-5)$$

여기에서,

APFPP : 대인 잠재화력

ALAFPP : 대경장갑차 잠재화력

ATFPP : 대전차 잠재화력

APFPP 은 식 (4.2−6)로 구한다.

$$APFPP = \sum_i \sum_j \left[EEA_{ij} \left(\sum_k LA_{ijk} \times P_k \right) \right] \qquad (4.2-6)$$

여기에서,

i : 무기체계의 종류

j : 탄약의 종류

k : 인원의 방호상태

EEA_{ij} : i 번째 무기체계가 1 일간 인원에 사격한 j 번째 탄약의 수량

LA_{ijk} : i 번째 무기체계가 인원에 사격한 j 탄약의 k 인원방호상태에 대한 치사면적

P_k: 인원 방호상태에 있는 인원의 비율

$k=1$: 서 있는 상태

$k=2$: 엎드린 상태

$k=3$: 호 속에 있는 상태

$k=4$: 차량 속에 있는 상태

대인 잠재화력은 탄약의 치사면적을 탄종별, 방호상태별로 구체적으로 산출한다. 즉, 고폭탄, 개량탄, 소화기탄 등으로 구분하여 각 탄종이 인원 방호상태에 따라서 갖는 효과면적으로부터 대인 잠재화력을 산출하도록 함으로써, 무기들의 탄약조합비율이 변경되는 경우에도 정확한 치사면적을 계산할 수 있도록 합리성 및 구체성을 보완하였다.

대경장갑차 잠재화력(ALAFPP)과 대전차 잠재화력(ATFPP)은 식 (4.2-7)과 같이 구한다.

$$\text{ALAFPP 또는 ATFPP}= \sum_i\sum_j\left[EEA_{ij}\times f\times(\sum_k SSPK_{ijk}\times P_k)\right] \qquad (4.2\text{-}7)$$

여기에서,

i : 무기체계의 종류

j : 탄약의 종류

k : 경장갑차 또는 전차의 방호상태

EEA_{ij} : i 무기체계가 1일 경장갑차 또는 전차에 사격한 j 탄약의 수량

$SSPK_{ijk}$: i 무기체계가 k 방호상태에 있는 경장갑차 또는 전차에 사격한 j 탄약의 탄약의 단발 파괴확률

P_k : 방호상태에 있는 경장갑차 및 전차의 구성비율

$k=1$: 노출된 상태

$k=2$: 차폐된 상태

f : 수정계수

대경장갑차 또는 대전차 탄약에 의한 피해확률 P_A를 얻는 방법론을 다음과 같이 개선하였다.

N : 교전당 평균 탄약소모량

$SSPK$: 단발 살상확률

P_A : 교전당 평균 파괴확률 ($P_A = 1-(1-SSPK)^N$)

살상효과는 포탄이 장갑관통후 내부에 있는 인원이나 부속장비의 손상효과까지도 고려하였고 포탄의 단발살상확률을 탄종별로 구하여 대경장갑 및 대전차잠재화력 산출에 구체성과 정확성을 제시하였다.

이 방법론에서는 자동무기의 대경장갑 및 대전차 잠재화력을 산출함에 있어서 발당 살상확률과 단위시간당 예상탄약소모량 대신에 단위시간당 교전횟수와 교전당 예상살상확률 개념을 도입하였다.

소부대 전투에서 개별무기가 소비하는 탄약비율을 시뮬레이션하여 준비된 진지 방어시의 탄약소모량을 구하고 이를 기준으로 하여 실제 전술상황하에서 소모비율을 책정하였다. 또한, 대전차 잠재화력 산출에 고려하였던 사거리 요소를 삭제하고 사거리가 증가함에 따라 사격가능 무기의 탄약소모량이 증가되는 것으로 가정하였다.

이 방법은 기존 전력지수 방법론이 가지고 있던 문제점들을 합리적으로 개선하여 발전시켰으나 무기체계 전투효과를 계량화하는 과정에서 다음과 같은 제한사항을 여전히 가지고 있다. 첫째, 무기체계의 전투효과를 측정하기 위한 무기체계의 공통적 특성으로 무기체계가 사용하는 탄약의 탄착점 효과만을 고려하고 각종 무기체계가 상이한 전술임무에 따라 본래 가지고 있는 고유한 기술특성을 무시하거나 동일하다고 간주하여 평가대상에서 제외하였다. 둘째, 무기체계의 효과지수값이 1일 예상탄약소모량에 의하여 크게 좌우되는 단점을 가지고 있다. 셋째, 대인 잠재화력과 대경장갑차 및 대전차 잠재화력의 단위가 상이하지만 이를 일치시키기 위한 상관계수의 산출근거가 미약하다.

4.2.5 무기효과지수(WEI : Weapon Effectiveness Index)

앞에서 설명한 것과 같이 여러 가지 전력지수를 개발하여 전력을 계량화하는데 부족한 부분이 있고 HERO에서 화력지수와 부대 전진율 간의 무상관성을 밝힘으로써 새로운 전력평가 방법이 필요하게 되었다. 이러한 배경하에서 1974년 미국 개념분석국(CAA: Concept Analysis Agency)에서 WEI와 WUV를 개발하였다.

WEI/WUV는 서로 대치하고 있는 피아 부대 간의 상대적 전투력을 하나의 수치로 표시하는 것으로서 이 점수를 계산하기 위해서 각종 무기의 보유량뿐만 아니라 무기의 종류별 성능과 전투기여도와 같은 질적 요인도 고려하여 산출한다.

WEI 와 WUV 를 개발하기 위해 무기범주별 무기의 효과를 화력, 기동성, 생존성 등 세부요소로 구분하고, 각 세부요소를 구성하는 세세부 요소를 정의하였다. 세부요소나 세세부요소 등은 상위 요소에 기여하는 바에 따라 가중치를 정하여 결합하는데, 가중치의 결정은 해당분야 전문가들의 의견을 Delphi 방법 등의 방법으로 정하였다. WEI 와 WUV 에서는 각 무기체계별 세부요소별 효과를 측정하기 위해 대표화기를 선정하고, 이를 기준으로 각 화기의 성능을 대표 화기와 비교하는 방식을 채택하였다.

지상군뿐만 아니라 해·공군의 무기와 부대들에 대해서도 같은 방법을 적용하여 계량적으로 전력을 비교할 수 있다. 보유하는 모든 부대들의 부대효과지수를 합하여 산출한 점수를 전력지수라고 부른다. 전력지수를 계산하기 위해서는 무기의 수량, 무기효과지수, 무기범주별 가중치가 필요하다.

WEI 를 계산하기 위해서는 다음과 같은 절차를 따른다. 먼저, 범주별로 기준이 되는 무기를 정한다. 기준무기의 화력 점수, 기동성 점수, 생존성 점수를 구한다. 다음으로, 각 요소의 가중치를 구한다. 무기효과지수는 각 요소별 점수와 가중치를 가중합하여 구한다. 예를 들어 전차의 화력점수를 계산하는 세부요소는 장갑파괴능력, 포탄 신뢰도, 가용탄약의 형태, 사격준비시간, 비과시간, 부무기, 야간사격능력, 포상의 안전성, 기본휴대량 등이다.

4.2.5.1 가중치 결정을 위한 Delphi 방법

WEI 가중치는 전문가 의견수렴 방법인 Delphi 방법으로 구하였다. Delphi 라고 명명된 것은 예언의 신 아폴로의 신전에서 고대의 성현들이 모여 중요사항이나 예언에 관련된 토론을 벌였던 기록에서 유래한다. Delphi 방법은 예측하려는 문제에 관하여 전문가들의 견해를 유도하고 종합하여 집단적 판단으로 정리하는 일련의 절차로서 미국의 RAND연구소에서 1950 년대에 개발하였다. Delphi 방법은 미 국방성의 요청에 따라 긴급한 국방문제에 관하여 전문가들의 합의를 도출하는데 1950 년대 최초로 사용되었다. Delphi 방법은 미 국방성에서 10 년간 비밀로 분류하여 보호할 만큼 당시에는 획기적인 의사결정 방법이었다

WEI 를 위한 무기체계의 효과요소 가중치 산출에서 Delphi 방법은 동일 집단을 대상으로 설문을 수회에 걸쳐 반복하고 이전 설문결과를 설문대상자에게 제공하여

설문대상자가 집단의견과 개인의견의 차이를 인지한 후 이전 결과를 반영하여 재설문한다. Delphi 방법은 다수의 전문가들의 의견을 종합하여 체계화, 객관화 전문가의 의견을 조정하여 일치된 의견을 도출하는 방법으로 대면 토의과정에서 나타날 수 있는 부정적 효과를 제거한 조사연구 방법 중으로 하나로서 소수의견 무시, 권위자의 발언, 사전 집단 조율, 한번 취한 입장의 고수 등 여러 문제를 해소할 수 있다.

Delphi 방법의 논리적 근거는 추정하려는 문제에 대한 정확한 정보가 없을 때 두 사람의 의견이 한 사람의 의견보다 정확하다는 계량적 객관의 원리와 다수의 판단이 소수의 판단보다 정확하다는 민주적 의사결정 원리이다. Delphi 방법에서는 비대면 설문을 기본으로 하기 때문에 물리적인 회의장소에서 직접 대면하는 과정을 제거하여 전문가의 익명성을 보장하여 각 전문가의 자유로운 의견개진을 가능하게 하고 객관적 결론을 유도할 수 있다.

Delphi 방법의 절차를 설명하면 다음과 같다.

1. 초기계획수립: 측정대상 전제조건 확인, 전문가 섭외, 역할 배정
2. 산정: 전문가 각자의 경험지식 기반 산정
3. 합의도출: 의견조정작업, 합의도출, 중재, 반복수행
4. 정리 및 기록: 합의결과 정리, 산정치 결정, 전제조건 정의

1 단계: 문제설정 및 관련분야 전문가 집단 구성

먼저 문제를 잘 설정하여야 한다. 어떤 문제를 해결할 것인가 하는 것부터 정의하여야 하며 문제를 잘 정의하지 않으면 명확한 목표가 상실되어 Delphi 방법 적용 시 상당한 혼선이 있을 수 있다.

Delphi 방법에서는 전문가 집단의 일치된 의견을 도출하는 데에 목적이 있으므로 적절한 전문가 선정이 중요하다. 실제 Delphi 방법의 성패를 좌우하는 것은 전문가 집단의 선정에 있다. 어떤 사람이 전문가인가는 여러 관점이 있을 수 있다. 어떤 분야의 전문가를 정의하는 것은 각 사안에 따라 상이할 수 있으나 대체적으로 해당 분야 직무에 오랜 동안 근무한 사람, 그 분야에 학위를 가지고 있는 사람, 현재 그 분야 업무를 실제 담당하는 사람 등으로 나눌 수 있고 사회적인 평판이 전문가로 인정되어야 한다.

효율적인 집단의 규모는 통상적으로 최소 30명 이상에서 최대 100명까지로 선정하는 것이 실질적인 분석과 Delphi 방법을 적용 시 관리에 유용하다.

2단계: 1차 설문

1차 설문은 관련문제에 대해서 개방형 질문들로 구성된 설문지를 작성하여 비대면 설문을 통해 자유로운 의견 개진이 가능토록 한다. 이렇게 함으로써 해당분야 전문가에게 문제와 관련된 개괄적인 자료를 수집하여 분석의 기초자료로 활용한다. 개방형 설문이란 아래와 같이 육하원칙에 의해 자유롭게 대답하도록 유도하는 질문 형식이다.

○ 개방형 질문: 육하원칙에 의해 자유롭게 대답하도록 유도하는 질문 형식
 – (예문) 자동차의 효과 판단요소로서 어떤 것들이 있을까요?
○ 폐쇄형 질문: ‘예’, ‘아니오’ 식의 단답형 대답으로 유도하는 질문 형식
 – (예문) 엔진이 자동차의 효과에 미치는 영향은 몇 %일까요?

3단계: 2차 설문

1단계에서 설문한 개방형 설문지를 통해 수집된 응답들을 바탕으로 내용을 통계적 분석을 통해 평균값과 분산 등 자료를 제공하고 폐쇄형 질문들로 설문서를 구성한다. 2차 설문지를 동일 전문가에게 보내 비대면으로 설문을 실시한다.

4단계: 3차 설문

2차 설문으로부터 수집된 결과를 항목별로 종합하고 통계 처리
다시 동일 전문가 집단에게 3차 설문실시

5 단계: Feedback

3 차 설문의 결과를 종합하여 전문가들 사이의 합의점 및 최종결과를 도출한다.
다수의 의견을 수렴하고 Feedback 하여 수렴점을 찾는다.

결론에 도달 시까지 설문과 결과제시를 반복하며 결론을 유도

Delphi 방법을 적용 시 의견의 수렴도나 합의도를 점검하면서 의견의 분산을 줄여나간다.

○ 수렴도: (Q3−Q1)/2
  Q1: $\frac{1}{4}$ 분위 값
  Q3: $\frac{3}{4}$ 분위 값
  * 수렴도가 작을수록 전문가의 의견이 수렴된다고 판단
○ 합의도: 1−(Q3−Q1)/M
  M: 중간값

  * 합의도가 0.7 이라는 것은 4 분 범위와 중간값의 비가 0.3, 중간 50%의 응답자의 간격이 중간값을 중심으로 0.3 x 중간값 범위에 존재.
  합의도 0.7 보다 0.9 가 조사자의 응답이 더 합의된 것으로 판단 가능

Delphi 방법 장점은 의사결정계층 설계 시 전문가들의 다양한 의견수집이 가능하다는 것이다. Delphi Method 는 전문가들의 의견을 통해서 배경지식을 쌓아서 초기의 의사결정계층을 설계하는데 용이하다. 또한 직접 대면 시 토의에 쏟는 시간과 노력의 낭비를 줄일 수 있을 뿐만 아니라 토의의 과정을 다수에 걸친 설문으로 체계화하여 효율적으로 집단의 통일된 의견을 도출할 수 있다.

동시에 전(前)단계 설문의 결과를 공개하기 때문에 일련의 설문에 응하면서 토의를 한 것과 비슷한 효과를 얻을 수 있다. Delphi 방법의 또 다른 장점은 다수의 전문가 의견을 수렴, 피드백 할 수 있다는 것이다. 이전 설문결과를 제공하여 설문대상자가 집단의견과

개인의견의 차이를 인지하고 다음 설문에 응할 수 있기 때문에 전문가 집단의 의견을 체계화, 객관화시킬 수 있다. 이는 절차의 반복과 통제된 피드백으로 구성되기 때문이다.

더욱 중요한 장점은 설문에 참여하는 몇몇 사람의 의견이나 분위기, 권위에 휩쓸리지 않는다는 것이다. Delphi 방법은 비대면 설문을 하기 때문에 대면 토의과정에서 나타날 수 있는 소수의견 무시, 권위자의 발언, 사전 집단조율, 한번 취한 입장 고수 등 부정적 효과를 방지할 수 있다. 대면 조사 시는 권위자 의견에 대한 편승효과(Band-wagon Effect)나 집단소음(Group Noise), 후광효과(Halo Effect)와 같은 심리적 효과를 회피할 수 있고 설문자의의 익명성을 보장하기 때문에 소신있게 자신의 의견을 개진할 수 있다.

그러나 Delphi 방법의 한계도 존재하는데 설문지 자체에 결함이 있을 수 있다는 것이다. 설문지 질문들의 오류로 인하여 전문가 집단의 의견이 편향되어 수렴될 수 있는 가능성은 언제든지 있다. 따라서 단계별 설문지 작성에 개연성을 유지하는데 노력이 반드시 필요하다. 또한 반복적 조사이고 30 명 이상의 집단을 대상으로 3~4 회에 걸쳐 설문을 요구해야 하기 때문에 시간이 오래 걸리며 회수율이 낮아질 우려가 있다. 따라서 설문 조사의 수를 미회수율을 고려해서 충분한 수로 시작해야 한다.

결론적으로 Delphi 방법은 다양한 전문가 의견수렴을 통해 합의된 결론 도출이 가능하며 집단의 의견을 도출하는 데 체계적이고 객관적인 방법이라고 할 수 있다. Delphi 방법은 토의와 비슷한 효과를 가지나 그 시간과 노력을 줄일 수 있다고도 할 수 있으며 문제 해결을 위한 의사결정 설계에 효과적이다. 특히, 주제에 대한 배경지식이 부족한 단계에서 의사결정계층을 설계하는데 매우 도움이 되는 기법이다. 그러나 Delphi 방법은 전문가의 선택이 핵심적으로 중요한 사항이고 장기간이 연구가 수행되며 전문가 패널리스트의 지원유지가 필요하고 설문지 구성에 신중을 기하여야 한다.

4.2.5.2 다양한 가중치 결정방법

가중치를 결정하는 방법은 Delphi 방법 외 다양하게 발전되어 있다. Rank Sum Method, Rank Reciprocal Method, Rank Order Centroid Method, Rank Order Distribution Method, Rank Exponent Method, Churchman-Ackoff Method, Revised Churchman-Ackoff Method, Scoring Method, Resistance to Change Method, Eigen Vector Method, Weighted Least Square Method, Swing Method, Balance Beam Method, Centroid Method, Simple Multi-Attribute Rating Technique Method, Simple Multi-Attribute Rating Technique Exploiting Rank Method, Simos Procedure, Revised

Simos Procedure, Entropy Method, Standard Deviation Method, Linear Programming Technique for Multi-dimensional Analysis of Preference Method 등이 있다.

이러한 방법에 대한 자세한 내용은 권오정(2018)의 「다기준 의사결정 방법론 이론과 실제」를 참고하라.

[Delphi 방법 예]

보병의 병력 수송이나 보병탑승 전투를 위해 사용되는 장갑차의 효과요소를 찾아내고 각 효과요소의 가중치를 도출하고자 하는데 이와 관련된 사전지식이 부족한 상태라고 가정한다. 따라서 장갑차와 관련된 전문가들의 의견을 수렴하여 효과요소와 효과요소의 가중치를 도출하기 위해 Delphi 방법을 적용하고자 한다.

첫 번째 단계에서 해야 할 일은 관련분야 전문가 집단을 구성하는 일이다. 전문가 집단을 설문조사 패널로 선정하는데 해당 분야 전문가를 선정하는 것이 Delphi 방법 성패의 핵심요소이다. 여기에서는 장갑차 개발과 전투 및 교육훈련에 관련이 있는 국방과학연구소와 기계화부대 근무경력이 있는 보병 장교 및 부사관 등으로 70명의 전문가를 선정하였다.

그림 4.2.1 장갑차 종류

향후 장갑차 전력화 시 한반도 환경에서 장갑차가 전투효과를 발휘할 때 무엇을 효과요소로 작용할 지 적어주시기 바랍니다. (예) 화력, 기동성, 생존성, 크기, 가용포탄, 비용 등 1. 2. 3.

두 번째 단계는 1차 설문을 하는 것이다. 관련 문제에 대한 개방형 설문지 작성하고, 이를 관련분야 전문가에게 분배하여 문제와 관련된 자료를 수집하고 분석한다. 개방형 설문지 예시는 다음과 같다. 1차 설문의 목적은 장갑차의 전투효과를 설정하는 것이다.

장갑차 전투효과 항목 설문을 받아 분석해 본 결과 그림 4.2.2와 같은 결과를 얻었다.

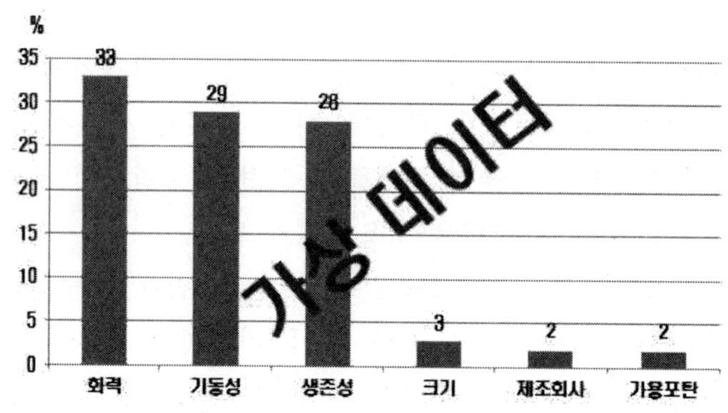

그림 4.2.2 1차 설문 데이터 분석 결과

따라서 설문자들의 개방형 설문으로 화력과 기동성, 생존성이 장갑차 전투효과로 가장 많이 고려된 것을 알 수 있고 크기, 제조회사, 가용포탄은 고려대상에서 제외해도 된다는 결론을 얻었다.

세 번째 단계는 1차 설문결과를 바탕으로 2차 설문을 하는데 1차 설문을 통해서 전투력을 측정하는 주요 기준으로 화력, 기동성, 생존성을 채택한 후, 이들의 중요도 즉 가중치를 묻는 설문을 작성한다. 2차 설문지의 예시는 다음과 같다.

차륜형 장갑차 전투 효과 항목 가중치 설문

다음은 전문가님께서 제시하신 차륜형 장갑차의 효과 항목입니다. 전문가님께서 생각하시는 합리적인 판단과 전문적인 식견으로 효과 항목이 차륜형 장갑차 전투효과 발휘에 몇 % 반영이 될지 나타내 주시기 바랍니다. 반영 비율의 합은 100%가 되도록 평가하여 주십시오.

구 분	계	화력	기동성	생존성
반영 비율(%)	100%			

2차 설문을 해서 나온 분석결과는 다음과 같다. 여기에서는 전투효과별 최솟값, 최댓값, $\frac{1}{4}$ 분위수, $\frac{3}{4}$ 분위수, 중간값 등 기초 데이터를 도출해 낸다.

그림 4.2.3 2차 설문 데이터 분석결과

네 번째 단계에서는 2차 설문결과를 바탕으로 3차 설문을 다시 실시한다. 3차 설문지 예시는 아래와 같다. 3차 설문에서는 전문가가 전체 전문가 집단의 의견을 보고 2차 설문 시에 자신이 부여한 가중치를 수정할 수 있도록 유도한다. 만약 $\frac{1}{4}$ 분위수와 $\frac{3}{4}$ 분위수를 벗어난 가중치를 다시 부여 시는 이유를 설명하도록 의견란을 부여하고 있다.

차륜형 장갑차 전투 효과 항목 가중치 설문

아래 평가요소 상단에는 제 2차 설문에 대한 전문가들의 응답 결과를 요약하여 중간값, $\frac{1}{4}$ 분위수, $\frac{3}{4}$ 분위수에 해당하는 수치를 기록하였습니다. 2 차 개인 의견란에는 전문가님의 가중치를 다시 응답할 수 있도록 하였습니다. $\frac{1}{4}$ 분위수, $\frac{3}{4}$ 분위수 범위를 벗어날 경우 그 이유를 의견란에 기록해 주시기 바랍니다.

평가요소	1차 개인 의견	1차 집단의견			2차 개인 의견	의견
		$\frac{1}{4}$ 분위수	중간값	$\frac{3}{4}$ 분위수		
화력	0.3	0.45	0.35	0.21		
기동성	0.25	0.5	0.4	0.18		
생존성	...	...	...	...	...	

다섯 번째 단계는 Feedback 단계로서 네 번째 단계의 결과를 가지고 전문가들 사이에 합의점 및 최종결과를 도출하는 단계이다. 만약 어떤 전문가가 제 $\frac{1}{4}$ 분위수와 제 $\frac{3}{4}$ 분위수를 벗어난 의견을 제시했다면 이유를 기술한 의견을 수렴하여 타당성을 판단한다. 이는 소수 의견에 대한 검토를 진행한다는 것이다. 이러한 절차를 거쳐 각 전투효과의 대표값들을 이용하여 최종결과를 표 4.2.2 와 같이 도출하였다.

표 4.2.2 장갑차 전투효과 가중치 *가상 데이터

화력	기동성	생존성
50.4%*	26.3%*	23.3%*

4.2.5.2 가법적 방법론에 의한 WEI 산출방법

이렇게 구한 전투효과 가중치를 사용하여 가법적 방법론(Additive Methodology) WEI 산출방법은 식 (4.2-8)과 같다.

$$WEI = C_f F + C_m M + C_s S \qquad (4.2-8)$$

여기에서 ,

F : 화력 효과지수

M : 기동성 효과지수

S : 생존성 효과지수

C_f : 화력 효과지수의 가중치

C_m :기동성 효과지수의 가중치

C_s : 생존성 효과지수의 가중치

효과지수는 식 (4.2-9)로 구한다.

$$\text{효과지수} = \sum_{i=1}^{n} C_i \left(\frac{K_i}{K_{is}} \right) \qquad (4.2-9)$$

$$\sum_{i=1}^{n} C_i = 1$$

$$0 \le C_i \le 1$$

여기에서,

K_i : 무기체계의 i 번째 특성값 (화력, 기동성, 생존성 등)

K_{is} : 무기체계 유형 내 기준 무기체계의 i 번째 특성값

C_i : 전체 무기의 성능면에서 i 번째 특성의 상대적 가중치

n : 무기체계의 특성 수

가법적 방법론 단점으로는 첫째, WEI가 기준 무기체계에 대단히 민감하다는 것이다. 즉, 기준 무기체계에 따라 WEI 변화의 폭이 커진다. 둘째, 기준 무기체계 변경에 따라 무기효과 서열의 변경이 가능하다는 것이다. 즉, 무기효과 서열의 역전이 가능하다는 것이다.

4.2.5.3 승법적 방법론에 의한 WEI 산출방법

승법적 방법론(Multiplicative Methodology)에 의한 WEI는 식 (4.2-10)과 같이 구할 수 있다.

$$WEI = \left(\frac{F}{C_f}\right)^{C_1} \times \left(\frac{M}{C_m}\right)^{C_2} \times \left(\frac{S}{C_s}\right)^{C_3} \quad (4.2-10)$$

식 (4.2-10)의 양변에 log를 취하고 정리하면 식 (4.2-11)과 같다.

$$WEI = Antilog\left(C_1 \log\frac{F}{C_f} + C_2 \log\frac{M}{C_m} + C_3 \log\frac{S}{C_s}\right) \quad (4.2-11)$$

효과지수를 구하는 방법은 식 (4.2-12)와 같다.

$$효과지수 = \prod_{i=1}^{n}\left(\frac{K_i}{K_{is}}\right)^{C_i} \quad (4.2-12)$$

$$\sum_{i=1}^{n} C_i = 1$$

$$0 \le C_i \le 1$$

여기에서,

K_i : 무기체계의 i 번째 특성값 (화력, 기동성, 생존성 등)

K_{is} : 무기체계 유형 내 기준 무기체계의 i 번째 특성값

C_i : 전체 무기의 성능면에서 i 번째 특성의 상대적 가중치

n : 무기체계의 특성 수

식 (4.2-12)에서 어느 무기의 특성값 비율, K_i/K_{is}이 무기의 평균특성값 비율의 40%를 벗어나지 않는 한 특성 가중인수인 C_i값은 가법적 방법론이나 승법적 방법론에서 같은 의미를 갖는다. 즉, 무기효과지수의 상대적 서열을 변경시키지 않는다.

따라서 C_i의 역할은 두 가지 방법론에서 거의 같다. 가법적 방법론과 승법론 방법론의 차이를 특성값 비율 F/C_f를 가지고 비교하면 다음과 같다.

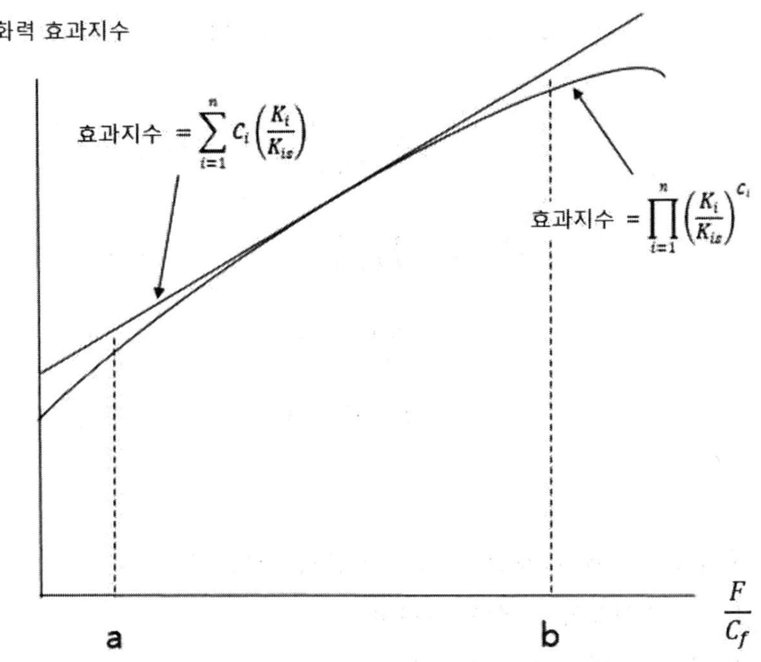

그림 4.2.4 가법론과 승법론 방법론의 차이를 특성값 비율 F/C_f로 비교

그림 4.2.4 에서 곡선의 형태는 C_i 값에 의하여 결정되는데 $C_i = 0.5$일 때 두 곡선의 차이가 크고 C_i 값이 0.0 또는 1.0 에 가까울 때 차이가 작아진다. 이는 C_i 값이 1.0 에 가까울 때에는 방법론에 관계없이 특성값 비율 K_i/K_{is} 값이 그대로 무기효과지수 크기를 결정하고 C_i 값이 0 에 가까울 때는 K_i/K_{is} 값이 지수 크기에 거의 영향을 미치지 못하기 때문이다.

대다수 무기체계의 특성값 비율이 평균값에서 일정한 범위(a~b) 있을 때는 적절한 방법이지만 범위 밖, 특히 a 보다 작은 경우가 상당수의 특성값 비율에서 나타나므로 채택이 곤란하다. 그러나 다른 방법론에 의하여 계산된 무기효과지수를 비교하는데 널리 이용되고 있다.

4.2.5.4 가상의 무기체계를 선정한 승법적 방법론

가상 무기체계 선정 방법은 4.4.5.2~4.4.5.3 절에서 설명한 것과 같이 식 (4.2−13), (4.2−14) 2 가지 방법이 있다. 첫 번째 방법은 무기체계 특성치의 평균값을 선정하는 것이고 두 번째는 이상적 무기체계를 선정하는 것이다. 이상적 무기체계란 현실에는 존재하지 않지만 전문가 집단의 의견수렴이나 다른 무기체계의 특성을 비교하여 가장 바람직한 무기체계의 특성들로 구성된 무기체계를 말한다.

$$효과지수 = \sum_{i=1}^{n} C_i \left(\frac{K_i}{K_{is}} \right) \quad (4.2-13)$$

$$효과지수 = \prod_{i=1}^{n} \left(\frac{K_i}{K_{is}} \right)^{C_i} \quad (4.2-14)$$

$$\sum_{i=1}^{n} C_i = 1$$

$$0 \leq C_i \leq 1$$

여기에서,

K_i : 무기체계의 i 번째 특성값 (화력, 기동성, 생존성 등)

K_{is} : 가상무기 무기체계의 i 번째 특성값

C_i : 전체 무기의 성능면에서 i 번째 특성의 상대적 가중치

n : 무기체계의 특성 수

가상의 무기체계를 선정한 승법적 방법론 장점은 새로운 무기체계 추가되는 경우에 발생하는 기준 무기체계 특성값의 작은 변화는 모든 무기효과지수 산정에 영향을 미치지 못함으로써 새로운 무기체계 추가가 되는 경우에도 가상무기 특성값의 재산정이 필요 없다는 것이다.

WEI 방법 특징은 산출과정이 상당히 체계적이며 과학적이라는 것과 성능 및 보유량에 대한 방대한 자료를 필요로 하는 만큼 이를 유지 보수하는데 많은 노력이 필요하다는 것이다. 또한 선형적인 산출과정의 특성상 고성능무기의 경우 기준 무기 선정이 어렵고 비교 대상이 없을 수 있기 때문에 고성능 무기체계를 평가 시 충분히 그 성능을 반영하지 못할 가능성이 있다.

[WEI 산출 예]

전차의 F, M, S 를 각각 화력효과지수, 기동효과지수, 생존성효과지수라 하고 화력효과지수 가중치 C_f가 0.6, 기동 효과지수 가중치 C_m가 0.2, 생존성 효과지수 가중치 C_s가 0.2 라고 하면 WEI는 식 (4.2-15)와 같다.

$$WEI = 0.6F + 0.2M + 0.2S \quad (4.2-15)$$

전차의 기동효과지수는 다음과 같은 요소로 측정하는데 전차유형의 기준무기인 M60A1 전차 특성치와 가중치는 괄호안 (특성치/가중치)로 표시되어 있다.

GP : 지표면 압력(12.0PSI/0.2)
V : 수직장애물 통과능력(2.9ft/0.12)
T : 호 통과능력(8.8ft/0.12)
WO: 도하능력(1.0/0.12)
RS : 도로상 주행속도(31.0mps/0.12)
GC : 지상고(17.7inch/0.08)
SL : 등반능력(32.0 도/0.08)
GW : 총중량(46.7t/0.04)
CR : 순항거리(248mile/0.04)
H/T : t당 마력(16.1HP/0.04)
L/T : 환향 비율(1.5/0.04)
S : 유형 기준무기 특성

기동요소의 세분화된 가중치를 적용하여 기동효과지수를 산출하는 공식은 아래와 같다.

$$M = 0.20\frac{GP_S}{GP} + 0.12\frac{V}{V_S} + 0.12\frac{T}{T_S} + 0.12\frac{WO}{WO_S} + 0.12\frac{RS}{RS_S} + 0.08\frac{GC}{GC_S}$$

$$+ 0.08\frac{SL}{SL_S} + 0.04\frac{GW_S}{GW} + 0.04\frac{CR}{CR_S} + 0.04\frac{H/T}{H/T_S} + 0.04\frac{L/T_S}{L/T}$$

여기에서 기준무기가 분모에 들어간 경우에는 그 항목이 크면 클수록 좋은 요소이고 기준무기가 분자에 들어간 경우에는 그 항목이 작으면 작을수록 좋은 요소이다. 만약 미래의 차기전차(TX)의 기동효과별 각 요구성능이 순서대로 각각 8.0, 3.5, 11.0, 1.5, 35.0, 20.0, 35,0, 35.0, 450, 20.0, 1.0 이라고 하면 가상전차의 기동효과지수는 다음과 같이 산출할 수 있다.

$$M = 0.20 \times \frac{12.0}{8.0} + 0.12 \times \frac{3.5}{2.9} + 0.12 \times \frac{11.0}{8.8} + 0.12 \times \frac{1.5}{1.0} + 0.12 \times \frac{35.0}{31.0} + 0.08 \times \frac{20.0}{17.7}$$

$$+ 0.08 \times \frac{35.0}{32.0} + 0.04 \times \frac{46.7}{35.0} + 0.04 \times \frac{450}{248} + 0.04 \times \frac{20.0}{16.1} + 0.04 \times \frac{1.5}{1.0} = 1.44$$

화력효과지수 항목은 주무장인 주포와 부무장인 기관총으로 구분된다.

MG : 주무장 (105mm/0.9)
SG : 부무장(7.62mm/0.1)

$$F = 0.90 \frac{MG}{MG_S} + 0.10 \frac{SG}{SG_S}$$

차기전차의 주포는 120mm 이며 부무장은 7.62mm 라고 하면 화력효과지수는 다음과 같이 계산할 수 있다.

$$F = 0.90 \times \frac{120}{105} + 0.10 \times \frac{7.62}{7.62} = 1.13$$

생존성효과지수 항목은 연막차장, NBC 보호장치, 크기로 구분된다. 여기에 크기는 적의 공격으로부터 받는 피탄면적과 관련이 있다.

SK : 연막차장(보유/0.2)
NBC : NBC 보호장치(보유/0.6)
SZ : 크기(길이 7.3m, 폭 2.8m, 높이 2.2m/0.2)

$$S = 0.2 \frac{SK}{SK_S} + 0.6 \frac{NBC}{NBC_S} + 0.2 \frac{SZ_S}{SZ}$$

차기전차는 연막차장과 NBC 보호장치를 보유하고 있으며 성능은 기준전차에 비해 1.5 배 좋다고 평가된다. 크기는 길이 7.0m, 폭 2.5m, 높이 2.0m 이다. 그러면 생존성 효과지수는 다음과 같이 구한다. 크기를 반영할 때는 길이, 폭, 높이를 곱해 체적으로 반영하였다.

$$S = 0.2 \times \frac{1.5}{1} + 0.6 \times \frac{1.5}{1} + 0.2 \times \frac{45.0}{35.0} = 1.46$$

그러면 차기전차 WEI는 다음과 같이 구한다.

$$WEI = 0.6F + 0.2M + 0.2S = 0.6 \times 1.44 + 0.2 \times 1.13 + 0.2 \times 1.46 = 1.38$$

마지막으로 차기전차의 WEI를 기준전차의 WEI로 나누어 정규화한다. 기준전차의 WEI가 0.98이라고 하면

정규화된 차기전차 WEI=1.38/0.98=1,41

4.2.6 부대가중치(WUV : Weight of Unit Value)

WEI 산정 시 무기체계 유형분류는 아래와 같이 실시하였다.

- 유형 1 : 소화기, 기관총
- 유형 2 : 병력수송 장갑차
- 유형 3 : 전차
- 유형 4 : 장갑수색차량
- 유형 5 : 대전차무기
- 유형 6 : 야포 및 로켓트
- 유형 7 : 박격포
- 유형 8 : 공격용 헬기
- 유형 9 : 방공무기
- 유형 10 : 보병전투차량

WUV는 식 (4.2−16)로 구한다.

$$WUV = \sum_{n=1}^{N} v_n \sum_{j=1}^{J} (q_{nj} \cdot w_{nj}) \qquad (4.2-16)$$

여기에서,

n :무기체계 유형

j : 무기체계 형태

v_n : n 무기체계 유형 가중치

q_{nj} : n 무기체계 유형내에 있는 j 형태 무기체계의 수량

w_{nj} : n 무기체계 유형내에 있는 j 형태 무기체계의 WEI

N: 무기체계 유형 수

J : 무기체계 형태수

전투효과를 산정하는 유효무기의 결정 시 실제 전투에 참가하는 무기만 고려한다. 그러한 의미에서 다음과 같은 기준으로 유효무기를 결정한다.

① 소총중대에 있는 운전병, 정비병의 소화기는 유효무기로 고려하지 않는다.
② 재보급된 것은 유효무기로 고려하지 않는다.
③ 대대 이상 제대의 본부에 편성된 차량은 유효무기로 고려하지 않는다.
④ 모든 박격포, 포병화기, 방공무기, 전차는 유효무기로 고려한다.
⑤ 공격용을 제외한 병력수송 또는 정찰용 헬기는 유효무기로 고려하지 않는다.

WUV 를 계산할 시는 공격과 방어로 구분하여 산출한다. 방어가 공격보다 일반적으로 높은 가중치를 가진다.

4.2.7 WEI 와 WUV 방법론의 문제점

WEI 와 WUV 방법론의 문제점으로는 첫째, 가중치의 신뢰성 문제이다. 군사 전문가 집단을 대상으로 Delphi 방법으로 가중치를 구하였지만 이것이 실제 정확한 가중치인지는 불명확하다. 둘째, 기동, 화력, 생존성만 고려하기 때문에 전투력 발휘의 다른 요인인 군수지원, 병력의 질, C4I 등은 포함하고 않고 있을 뿐만 아니라 무기체계의 노후정도와 가동율을 반영하지 못하고 있다.

무기체계의 노후화를 반영하는 방법은 무기체계의 경제적 수명을 고려하는 것이다. 경제수명까지는 적시 적절한 부품 교체와 정비로 정상적인 기능을 발휘한다고 보고 경제수명 이후는 부품교체의 어려움과 빈번한 고장 등으로 기능이 점차적으로 저하되어 예상폐기연도에 도달하면 효과도가 없는 것으로 적용한다.

무기체계가동율은 현존 무기체계 중 몇 %나 가동하여 장비성능을 전장에서 발휘하느냐 하는 것이다. 만약 보유장비의 평균 가동율이 70%라면 해당 장비의 전력지수합에 0,7 을 곱하여 실제 전력지수를 구한다.

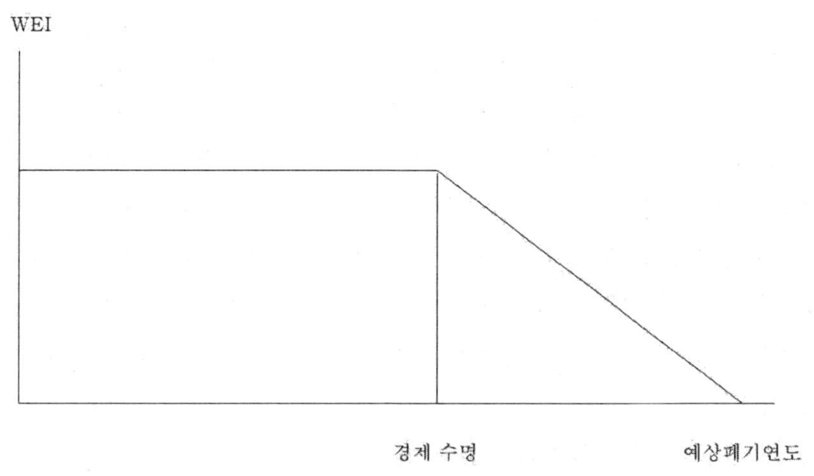

그림 4.2.5 무기체계의 사용기간과 효과지수 감소 관계

셋째, 전투의 진전에 따른 동적 변화가 고려되지 않는다. 마지막으로 지형, 전투형태, 무기체계 구성 등 전투상황에 무관한 평균적 전력지수를 이용하여 피아 전투력을 판단하고 있다는 점이다. 실제 전투결과는 피아 보유 전투력뿐만 아니라 전투상황과 밀접한 관련이 있다는 것은 명백한 사실이다. 마지막으로 무기체계의 동반상승효과 발휘를 묘사하지 못하고 있다는 것이다. 서로 다른 범주의 무기체계가 하나의 부대에

편성되어 있으면 각 무기체계의 합 이상의 동반상승효과가 발휘될 수 있다. 그러나 WUV 에서는 WEI 의 단순 가중합으로 계산한다.

특히, 전력지수에 의한 방법은 자신에게 유리하도록 자의적으로 수치를 과장할 가능성이 있다. 과거 미국 국방부는 WEI/WUV 방식을 통해 소련제 무기들을 다소 과대평가한 경험이 있다. 그리고 WEI/WUV 방식이 1979 년 유럽지역 무기들의 지수를 원용하여 추산한 결과의 지수라서 수십년이 지난 현재 무기효과를 그대로 적용한다는 것은 다소 무리가 있다.

이러한 관점에서 WEI 와 WUV 를 개선하여 지형, 전투형태, 무기체계 구성 등을 반영해야 하는 요구가 지속적으로 있어 왔다. 그 결과 1986 년 12 월 31 일 미 육군 개념분석국(CAA) 은 정태적인 WEI 와 WUV 체계의 오용을 우려하여 배포된 관련문서 회수하였으며 WEI/WUV 관련 연구보고서를 비문에서 해제하고 전력분석에서의 공식적인 사용을 중지시켰다.

4.2.8 해군 전력지수

해군의 전력지수 평가는 NCPI(Naval Combat Power Indices)로서 기본적으로 WEI/WUV 방법론을 사용하는데 한국국방연구원과 해군이 1979 년 공동개발하였으며 1987 년에 보완하였고 1997 년에 개정하였다. 해군 전력지수를 구할 때는 그림 4.2.6 에 보이는 것과 같이 수상 전투함, 상륙함 소해함, 잠수함, 해상항공기 5 개 영역의 무기체계로 구분하였다. NCPI 의 경우 1980 년대 이후 지속적으로 보완 발전해 왔으며 1990 년대 중반 이후 다소 활용도가 떨어진 적도 있으나 최근 이지스함 등 고성능 체계들이 등장함에 따라 과거의 방법론을 대폭 개선하여 사용하고 있다.

각 성분작전별 전투효과지수 평가구조는 성분작전의 특성에 맞추어 개발하여, 성분작전 간에는 다소 상이하지만 대체적인 구조는 유사하다. 수상전투함 전력 평가모형의 경우, 화력의 경우는 상대방의 위력이 높은 무기체계를 많이 손실을 입히면 상대적으로 높은 점수를 부여하는 방식인 대응비모델을 적용하여 산출하고 잠수함 지수, 상륙함 지수, 소해함지수, 대공전, 대잠전, 센서 및 C4I 능력으로 구분하여 평가한다.

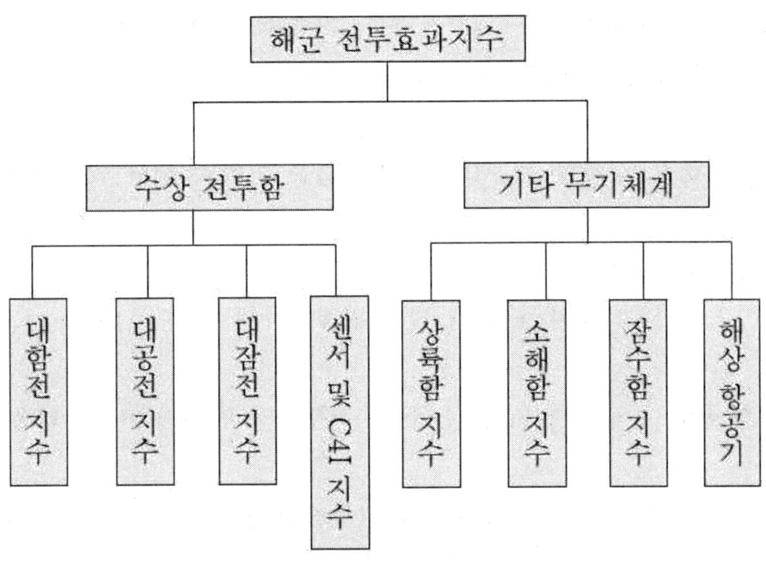

그림 4.2.6 해군 전투효과지수 평가구조

대공전지수, 대잠전지수 및 센서 및 C4I 지수 등의 경우, 각 전투함정의 해당하는 무장 및 체계능력을 기준으로 산출하고 해상항공기 지수 등도 유사한 방법으로 산출한다.

예를 들어 수상 전투함 전력지수는 그림 4.2.7 에서 보이는 것과 같은 방법으로 구조화하고 다음과 같이 구한다.

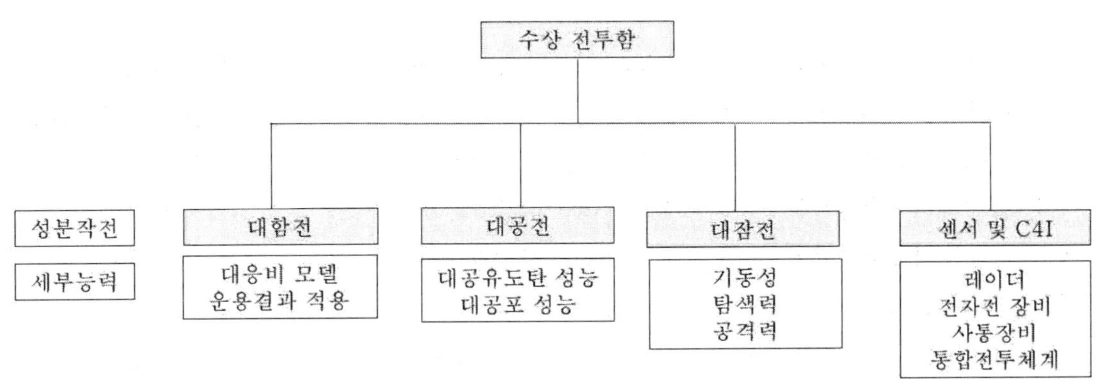

그림 4.2.7 수상전투함의 무기효과지수 성분작전별 요소

○ 수상전투함 전력지수
=(대함전지수×가중치)+(대공전지수×가중치)+(대잠전지수×가중치)
+(센서 및 C4I 지수×가중치)

잠수함, 소해함정, 상륙함 등 기타 무기도 같은 논리로 해당 효과지수를 구할 수 있다.

○ 잠수함 전력지수
=(수중 기동력×가중치)+(탐색 및 지휘통제능력×가중치)+(공격능력×가중치)

최종적으로 Blue Force 와 Red Force 간 전투함정 전력지수비는 다음과 같이 구한다.

○ 전투함정 전력지수비=(Blue Force 전투함정 효과지수 합)/
(Red Force 전투함정 효과지수 합)

전체적으로는 이러한 방식이 과게에 비해 크게 달라진 것은 없지만 해상무기체계의 발전에 따라 세부능력의 구분방법 및 가중치의 부여, 성능발전에 따른 세부 척도 부여방법의 최신화 등이 지속적으로 필요하다. 해군은 최근에 전력된 독도급 함정, 이지스함, 고속정 등 고성능 무기체계와 센서 및 C4I 체계의 발전을 보완할 필요성이 있다. 신규 무기체계의 획득에 따라 수시로 최신화할 필요가 있다.

4.2.9 공군 전력지수

공군 전력지수 ICE(Indices for Combat Effectiveness)는 1979 년에 한국국방연구원과 공군이 WEI/WUV 의 기본개념을 이용하여 공동개발하였고 1997 년에 개정하였다. ICE 에서는 기본적으로 공대공 능력과 공대지 능력으로 구분하여 단순 산출하던 것을 대폭 개선하여 방어제공 능력, Fight Sweep 능력, 항공차단 능력, 근접항공지원 능력, 대화력전 능력, 전략공격 능력 등 6 개의 임무수행 능력에 대한 지수를 산출하는 것으로 세분화하고 있다.

ICE 에서는 전투기를 다목적 전투기, 대지공격용 전투기, 폭격기로 분류하고 KF-16C/D 를 기준으로 전문가들의 쌍대비교를 통하여 항공기의 전력지수를 결정하였다. 이때 식별이 용이하도록 무기의 성능자료를 다양하게 세분화하였고 무기 운용환경, 전술 등 외적요인도 고려하였다. 무기체계 WEI를 구하기 힘든 경우에는 Delphi 기법을 적용하여 구해진 전력지수와 가중치를 가중합하여 공군의 전체 군사력을 구한다.

사격시험, 조준오차분석, 피격물의 취약도분석 등 공학적 실험데이터 또는 공학적 시뮬레이션에서 다양한 살상확률을 구하였다. Lanchester 파생모형을 이용하거나 해상도가 낮은 모형에 재입력하여 무기의 가중치를 계산한다.

공군 전투효과지수 평가 절차는 그림 4.2.8과 같다. 기종별로 세부평가 요소를 산출하기 위한 성능 데이터베이스를 구축한 후, 표적별 공대공 미사일 PK(Probability of Kill)를 산출하는 Eclipse 모형과 JMEM의 무기추천도구를 이용하여 평가대상 전투기별 무장과 그 무장별 살상확률(PK)을 산출한다.

전투기별 세부 임무별공격능력 및 생존능력을 산출하기 위해서는 가상전장 상황을 조성하여 대항군을 구성하고 전투기 효과도 분석모형인 QuickCam을 운용하여 대항군과 교전을 모의하는 방법으로 평가한다. 각 전투기별로 산출한 세부 임무별 공격능력과 생존능력을 종합하기 위해서 능력별로 가중치를 부여하였는데, 가중치의 부여는 전술개발 전문가들이 담당하였고 산출도구는 미국의 항공전력구조 평가용 모델인 FMM(Force Matrix Model)을 사용한다. FMM은 전투기 세부 임무능력과 가중치를 종합하여 무기효과지수를 산출하는 모델이다. 최종적으로 산출된 지수는 지상전과 항공전 모의가 가능한 전역급 모델인 Thunder를 활용하여 유효성을 평가하여 다소의 보정을 거쳐서 최종적으로 확정한다.

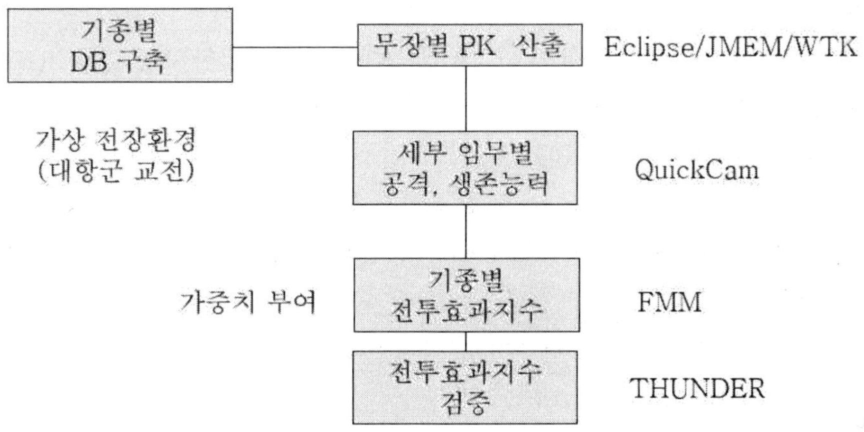

그림 4.2.8 전투기 전투효과지수 평가절차

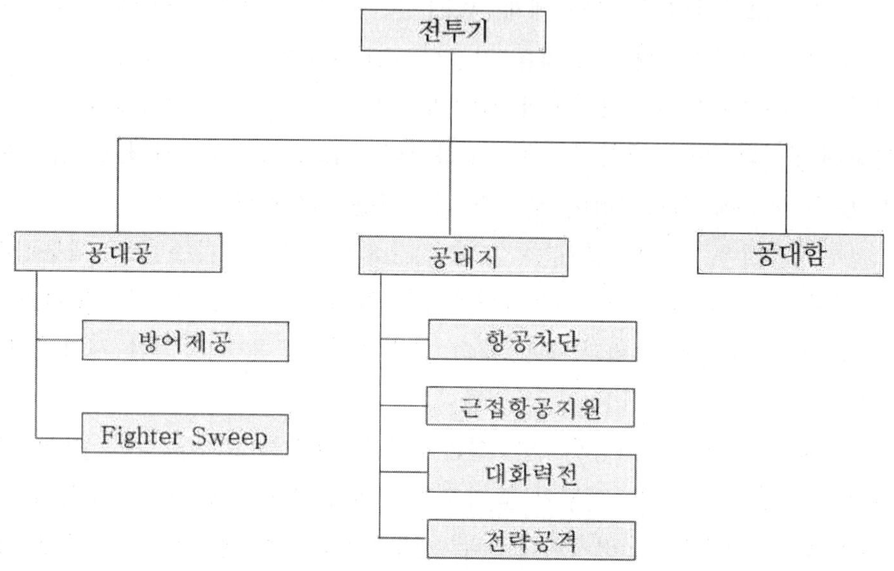

그림 4.2.9 전투기 무기효과지수 구성요소

공군의 전투기 효과지수는 다음과 같은 방법으로 구할 수 있다.

전투기 효과지수=(공대공능력×공대공능력 가중치)+(공대지능력×공대지능력 가중치)
+(공대함능력×공대함능력 가중치)

여기에서,
공대공(공대지, 공대함) 능력=(무장능력×무장능력 가중치)
+(화력제어능력× 화력제어능력 가중치)+(기동성능력×기동성능력 가중치)
+(생존성×생존성능력 가중치)

이와 같은 방법으로 폭격기, 수송기, 조기경보기, 지휘통제기 등 기종에 따른 효과지수를 구할 수 있다.

Blue Force와 Red Force의 전투기 전력지수비는 다음과 같이 구할 수 있다.

전투기 전력지수비
=(Blue Force 전투기 효과지수 합)/(Red Force 전투기 효과지수 합)

정태적 군사력 비교방법에서 지상군, 해군, 공군의 전력지수를 통합하는 문제는 아직 구체화되지는 않았다. 가능한 방법은 3군의 전력지수비를 가중합하는 방법이다. 그러나 지상군, 해군, 공군의 가중치를 설정하는 문제는 전략적, 작전적, 전술적 요소를 다 고려해야 하기 때문에 전장의 지형과 기상, 도로망, 수도권 위협 등 다양한 요소를 고려해야 한다.

4.2.10 타무기체계에 근거해 특정무기의 전력지수 추정방법

먼저, 무기효과 지수 방식 원용으로 특정 무기의 전력지수를 추정할 수 있다. 이 경우는 어떤 무기체계의 전력지수를 모를 때 기존에 알고 있는 무기체계의 전력지수를 근거로 그 무기체계의 전력지수를 추정하는 방법이다.

예를 들어 60mm 박격포와 81mm 박격포의 전력지수를 추정하기 위해 표 4.2.3과 같이 먼저 무기체계의 하위요소를 분할한다. 박격포의 전력지수에 관련있는 평가요소로 화력, 기동성, 생존성, 지원능력을 설정하고 각 요소별 하위요소를 선정한다.

표 4.2.3 박격포 상위요소 및 하위요소

상위 요소	화력	기동성	생존성	지원능력
하위 요소	· 살상 면적 · 사거리 증가 · 초탄발사 시간 · 사격통제장치	· 기동 형태 · 최대 속도 · 톤당 마력	· 방호형태 · 화생방 방호 · 진지변환 준비시간	· 탄 자동 장전여부 · 운용인원

다음으로 박격포 전력지수 각 평가요소별 가중치를 구하기 위해 박격포 전문가를 구성하여 설문조사를 진행한다. 이때 전문가 집단을 구성하는 것이 중요하다. 오랜 시간 동안 박격포의 성능과 구조에 대해 운용해 보고 연구한 전문가를 찾아야 한다.

설문조사를 통해 상위 요소 4가지에 대한 가중치를 구하고 각 상위 요소별 하위 요소는 합이 1이 되도록 설문조사를 구한다. 가중치를 구하는 방법은 다음과 같다. 예를 들어 5명의 전문가가 설문을 통해 표 4.2.4와 같은 가중치를 부여했다고 가정해 보자. 각 전문가별로 평가기준의 가중치 합은 1이다.

표 4.2.4 전문가들의 평가기준별 가중치 (예)

평가기준	전문가 1	전문가 2	전문가 3	전문가 4	전문가 5
기동	0,22	0.15	0.30	0.18	0.40
화력	0.12	0.20	0.30	0.15	0.30
생존	0.61	0.58	0.39	0.58	0.29
지원능력	0.05	0.07	0.01	0.09	0.01

먼저 각 행의 값이 작은 것부터 좌측에서 우측으로 재배열 후 열을 합한다.

기동	0,15	0.18	0.22	0.30	0.40
화력	0.12	0.15	0.20	0.30	0.30
생존	0.29	0.39	0.58	0.58	0.61
지원능력	0.01	0.01	0.05	0.07	0.09
합	0.57	0.73	1.05	1.25	1.40

다음으로 보간법으로 합이 1.0 에 해당하는 가중치를 구한다. 합이 1.0 이 되는 것은 합이 0.73 과 1.05 사이에 있으므로 보간법으로 각 평가요소의 가중치를 구한다.

기동	0,15	**0.18**	**0.22**	0.30	0.40
화력	0.12	**0.15**	**0.20**	0.30	0.30
생존	0.29	**0.39**	**0.58**	0.58	0.61
지원능력	0.01	**0.01**	**0.05**	0.07	0.09
합	0.57	**0.73**	**1.05**	1.25	1.40

예를 들어 기동의 가중치를 구해보면 다음과 같다.

$$(1.05-0.73):(0.22-0.18)=(1-0.73):(\text{기동 가중치}-0.18)$$

그러므로 기동 가중치는 $\{(0.22-0.18)\times(1-0.73)/(1.05-0.73)\}+0.18=0.21$ 이 된다. 동일한 방법으로 화력 가중치는 0.19 가 되고 생존 가중치는 0.55, 지원성능 가중치는 0.05 로 구했다고 하자. 이러한 방법으로 구한 각 상위 요소와 하위 요소의 가중치는 표 4.2.5 와 같다.

표 4.2.5 박격포 상위요소 및 하위요소의 가중치 (예)

상위 요소	화력(0.19)	기동성(0.21)	생존성(0.55)	지원능력(0.05)
하위 요소	· 살상 면적(0.3) · 사거리 증가(0.3) · 초탄발사 시간(0.2) · 사격통제장치(0.2)	· 기동 형태(0.5) · 최대 속도(0.3) · 톤당 마력(0.2)	· 방호형태(0.4) · 화생방 방호(0.3) · 진지변환 준비시간(0.3)	· 탄 자동 장전여부(0.4) · 운용인원(0.6)

다음은 60mm 박격포를 기준으로 81mm 박격포의 전력지수를 평가해 본다. 작전운용성능(ROC: Required Operational Capability)를 기준으로 평가하는 절차를 설명한다. 예를 들어 60mm, 81mm ROC가 표 4.2.6과 같다고 하자. 60mm 박격포의 성능을 1로 했을 때 81mm 박격포의 성능을 나타낸다.

예를 들어 60mm 박격포의 살상면적이 $20m^2$이고 81mm 박격포의 살상면적이 $30m^2$라면 $20m^2$를 1로 하면 $30m^2$는 1.5배가 된다. 이러한 방법으로 화력의 살상면적, 사거리 증가, 초탄발사 시간, 사격통제장치를 평가하고 기동에서는 기동형태, 최대 속력, t당 마력을 비교한다. 비교하는 두 박격포의 성능 값이 동일하면 1로 설정하고 t당 마력과 같이 비교할 수 없으면 1로 설정한다.

표 4.2.6 60mm, 81mm ROC(Required Operational Capability)

화력	60mm		81mm		**기동**	60mm		81mm	
	성능	기준값	성능	평가값		성능	기준값	성능	평가값
살상 면적	$20m^2$	1	$30m^2$	**1.5**	기동 형태	도수 운반	1	도수 운반	**1**
사거리 증가	1km		1.9km	**1.9**	최대 속력	4km/h		3km/h	**0.75**
초탄 발사 시간	9초		9초	**1**	t당 마력	-		-	**1**
사격 통제 장치	없음		없음	**1**					

다음으로 60mm 박격포의 전력지수는 기준이 1이므로 각 요소의 가중치를 곱하여 다음과 같이 구한다.

화력 가중치×기준값+기동 가중치×기준값+생존 가중치×기준값
+지원성능 가중치× 기준값=0.19×1+0.21×1+0.55×1+0.05×1=1

60mm 박격포를 1로 했을 때 81mm 박격포의 전력지수는 아래와 같이 구한다.

화력 가중치×평가값+기동 가중치×평가값+생존 가중치×평가값
+지원성능 가중치× 평가값
=0.19×(0.3×1.5+0.3×1.9+0.2×1+0.×1)+0.21×(0.5×1+0.3×0.75+0.3×1)
+0.55×(0.4×1.2+0.3×1+0.3×1.5)+0.05×(0.4×1.3+0.6×0.7)=1.18

즉, 60mm 박격포 전력지수를 1로 했을 때 81mm 박격포의 전력지수는 1.18로 추정한다. 그렇다면 60mm 박격포의 전력지수가 실제 0.6이라면 81mm 박격포 전력지수는 0.6×1.18=0.708이라고 할 수 있다.

4.2.11 기준무기를 대상으로 특정무기 전력지수 산정

다음으로 구체적인 무기체계의 성능이 없을 때 기준무기를 대상으로 특정무기의 전력지수를 추정하는 방법을 설명한다. 기준무기 대비 특정 무기의 상대점수를 전문가가 직접 평가한다. 위에서 설명한 60mm와 81mm 박격포 예를 들면 '기준무기 60mm 박격포 무기점수가 10.0일 때 81mm는 몇 점인가?' 하는 질문을 전문가에게 하여 전문가가 점수를 주도록 한다.

다음으로 기준무기를 기준으로 점수화를 하는 것이다. 전문가들의 평가결과를 종합하여 기준화기 60mm 무기점수가 10.0일 때 81mm는 몇 점인지 종합한다. 마지막으로 기준화기 전력지수와 비례적으로 환산하는 것이다. 예를 들어 60mm 박격포 전력지수가 0.6일 때 전문가들의 점수의 평균을 사용하여 81mm 박격포의 전력지수를 구한다.

이러한 과정을 수행하여 전차, 화포, 박격포, 장갑차, 대공무기 등 무기체계 범주별 기존 전력지수를 평가자에게 제공하고 무기 유형 범주별 새로운 무기체계의 점수간격을 확인하고 산출점수의 위치 등을 비교하여 과대 또는 과소 평가되었는지 토의 및 검토과정을 거친다. 이런 과정을 거쳐 전력지수를 최종 수정한다. 수정되니 결과를 전력지수의 값으로 변환한다.

마지막으로 원 전력지수와 수정 전력지수를 비교평가 후 허용오차 범위 내에 있으면 원래의 전력지수값을 사용하고 오차 범위 초과 시는 수정 전력지수값을 사용한다.

4.2.12 전력지수의 비율를 적용하여 특정 무기체계의 살상율 추정

여기서는 전력지수를 구하는 방법은 아니지만 전력지수를 이용하여 특정 무기체계의 살상율을 추정하는 방법에 대해 설명한다. 전력지수가 있는 무기는 전력지수의 비율을 적용하여 특정 무기체계의 미지의 살상율을 추정할 수 있다.

$$A\ 무기체계\ 살상률 = B\ 무기체계\ 살상률 \times 전력지수\ 비율$$

여기에서 전력지수 비율은 B 무기체계 대비 A 무기체계의 향상 정도를 의미한다.

예를 들어 그림 4.2.10 과 같이 T−62 전차에 대해 66mm LAW, 90mm 무반동총, 106mm 무반동총, 토우/METIS−M 의 전력지수와 살상률이 표시되어 있는데 106mm 무반동총의 살상률을 모를 때 다른 무기와 비교하여 어떻게 살상률을 구하는 방법을 설명한다.

먼저 106mm 무반동총과 토우/METIS−M 의 전력지수 비율을 구한다. 즉, 1/1.2=0.83 이다. 그렇다면 106mm 무반동총 살상률=토우 살상률×전력지수 비율=0.43×0.83=0.36 이다.

* 데이터는 가상자료임

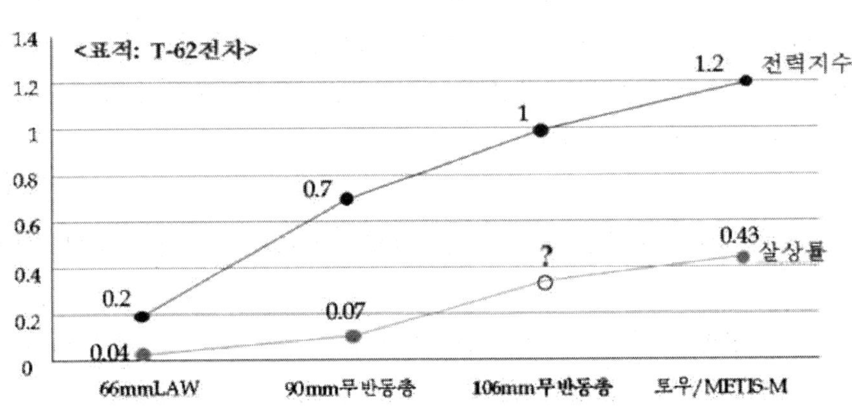

그림 4.2.10 전력지수의 비율를 적용하여 106mm 무반동총의 살상율 추정

전력지수가 없는 무기는 관통력 비율을 적용하거나 취약성 지수를 적용하여 미지의 살상률을 구할 수 있다. 먼저 관통력 비율을 적용하는 방법은 관통력(파괴력)을 활용하여

유사무기체계 살상률로부터 산출한다. PZF-III 의 살상률을 모른다면 PZF-III 의 관통력과 토우/METIS-M 의 관통력을 비교하여 PZF-III 의 살상률을 추정할 수 있다.

예를 들어 T-62 전차에 대한 토우/METIS-M 살상률이 0.43 이라면 PZF-III 의 살상률은 다음과 같다.

토우 살상률×(PZF-III 관통력/토우 METIS-M
관통력)=0.43×(700mm/900mm)=0.33

취약성 지수를 적용하는 방법은 미국 AMSAA(물자체계분석국)에서 파괴율을 산출하는 방식으로 장갑 두께 등 6 개 요소에 대한 가중합으로 산출 후 타무기와의 비율을 적용한다.

예를 들어 90mm 무반동총이 소형전술차량을 공격할 때 파괴율을 구하고자 한다. T-62 전차의 파괴율은 0.07 이고 소형전술차량의 취약성 지수는 2.56 이다.

사격무기		T-62	소형전술차량
90mm 무반동총	파괴율	0.07	?
	취약성 지수	1	2.56

90mm 무반동총이 소형전술차량을 공격할 때 파괴율을 구하기 위해 먼저 취약성 지수 비율을 구한다. 2.56/1=2.56 이 된다. 다음으로 90mm 무반동총의 T-62 전차 파괴율을 소형전술차량 취약성 지수비율과 곱한다. 즉, 90mm 무반동총이 소형전술차량을 공격할 때 파괴율은 0.07×2.56=0.18 이 된다.

4.2.13 전력지수의 불확실성에 대한 정보격차(Info-Gap) 모델 활용

4.2.6 절에서 설명한 것과 같이 WUV 를 $E(Q)$로 표현하면 식 (4.2-17)과 같다.

$$E(Q) = \sum_{n=1}^{N} v_n \sum_{j=1}^{J} (q_{nj} \cdot w_{nj}) \quad (4.2-17)$$

그러나 식 (4.2-17)은 미지의 불확실성을 반영하지 못하고 있다. 따라서 식 (4.2-18)과 같이 각 무기체계 형태의 감소하는 한계효용을 표현하는 q_{ij}의 4 차 함수, 양의 동반

상승효과 상호작용 또는 음의 다른 무기체계 형태의 경쟁적 상호작용을 $f(Q)$로 표현하여 식 (4.2−18)과 같이 $E(Q)$를 $E(Q,f)$로 확장한다.

$$E(Q,f)=\sum_{n=1}^{N}v_n\sum_{j=1}^{J}(q_{nj}\cdot w_{nj})+f(Q) \quad (4.2-18)$$

상이한 두 무기체계 수량 Q_i와 Q_j에 상응하는 추정된 효과를 각각 E_i, E_j라고 하자. $\overline{E}_{ij}$를 평균 추정 효과라고 정의하면 $\overline{E}_{ij}=(E_i+E_j)/2$가 된다. 여기에서 우리는 불확실성에 관련된 비선형함수 $f(Q)$를 모른다고 가정한다. 그러나 $f(Q)$는 어떤 특정한 무기체계 수량 Q의 행렬에 의해 결정된다.

그러면 $\overline{E}_{ij}$에 대한 $f(Q)$의 비율의 절대값은 0 보다 크거나 같은 어떤 상수 h보다 작다고 표현할 수 있다. 물론 h도 현재는 미지수이다.

$$\left|\frac{f(Q)}{\overline{E}_{ij}}\right| \le h \text{ and } h \ge 0 \quad (4.2-19)$$

식 (4.2−19)의 좌변은 어떤 특정한 무기체계 수량 Q의 행렬에 관련된 $f(Q)$를 알지는 못하지만 $\left|\frac{f(Q)}{\overline{E}_{ij}}\right|$의 상한은 h라는 것이다. 반면 우변은 상한의 값은 미지의 값이라는 것이다.

$U(h)$를 식 (4.2−19)의 좌변을 만족하는 $f(Q)$의 모든 집합이라고 하자. 그러면 $U(h)$는 $f(Q)$의 함수가 된다. h가 증가할수록 $U(h)$는 더 커진다.

$$U(h)=\left\{\left|\frac{f(Q)}{\overline{E}_{ij}}\right| \le h\right\},\ h \ge 0 \quad (4.2-20)$$

식 (4.2−20)은 식 (4.2−21)을 추가하여 확장할 수 있다. 식 (4.2−21)의 의미는 무기체계 수량이 증가할수록 $E(Q,f)$는 증가하고 한계효용은 감소한다는 것이다.

$$\frac{\partial f(Q)}{\partial q_{nj}}>0 \text{ and } \frac{\partial^2 f(Q)}{\partial q_{nj}^2}<0 \quad (4.2-21)$$

식 (4.2−21)을 $U(h)$에 포함하면 식 (4.2−22)와 같은 정보격차 모델 식으로 구성할 수 있다.

$$U(h)=\left\{f(Q):\frac{\partial f(Q)}{\partial q_{nj}}>0\,\text{and}\,\frac{\partial^2 f(Q)}{\partial q_{nj}^2}<0,\,\text{for}\,all\,n,j,\,\left|\frac{f(Q)}{\overline{E}_{ij}}\right|\le h\right\},h\ge 0 \quad (4.2-22)$$

Q_i, Q_j,E_i, E_j $\overline{E}_{ij}$를 위에서 정의한 대로 하고 식 (4.2−18)을 사용하고자 하나 $f(Q)$를 알 수 없기 때문에 $E(Q,f)$를 평가할 수 없다. 대신, 식 (4.2−17)을 사용하여 의사결정이 과도하게 위험하게 하지 않은 상태에서 얼마나 그 식이 잘못된 것인지를 확인하는 강건성(Robustness)을 확인한다.

식 (4.2−17)에서 Q_i가 Q_j보다 더 효과적이고 더 선호된다고 가정하자. 강건성 문제는 선호도 순위를 변경시키지 않고 식 (4.2−17)에 얼마만큼의 오류를 감내할 수 있는가 하는 것이다. 이것은 $E(Q,f)$의 $f(Q)$를 무시하고 식 (4.2−17)을 사용한 의사결정에서 $f(Q)$가 얼마나 클 수 있는가 하는 것과 동일하다.

만약 의사결정의 변경없이 큰 오류를 감내할 수 있다면 비록 식 (4.2−17)이 틀렸다고 하더라도 우리는 이 식을 사용할 수 있다고 확신할 수 있다. 우리는 효과도를 예측할 수 없지만 전력구성에 대해 자신있게 우선순위를 매길 수 있다.

강건성을 분석하는 절차는 다음과 같다. 먼저 Q_i가 Q_j에 비해 더 좋은 효과도를 나타낸다면 효과도 차이를 $\Delta=E(Q_i,f)-E(Q_j,f)$로 정의한다. 어떤 요구되는 효과도 차이, 즉, 미지의 함수 $f(Q)$의 최대로 감내할 수 있는 절대 오류를 $\hat{h}(\Delta)$로 하여 강건성을 정의하자. 큰 강건성은 비선형 상호작용의 무시에도 불구하고 식 (4.2−17)을 사용할 수 있다는 것을 암시한다. 반면, 작은 강건성은 자신있게 식 (4.2−17)을 사용할 수 없다는 것을 말한다.

$$\hat{h}(\Delta)=\max\left\{h:\left(\min_{f(Q)\in U(h)}\left[E(Q_i,f)-E(Q_j,f)\right]\right)\ge\Delta\right\} \quad (4.2-23)$$

강건성 $\hat{h}(\Delta)$는 전력 구성 Q_i, Q_j를 비교하였을 때 최대 불확실성의 기준으로서 미지의 함수 $f(Q)$가 속하는 불확실성 집합 $U(h)$에서 $E(Q_i,f)-E(Q_j,f)$가 요구되는 임계값 Δ 보다 큰 것 중 최소값을 h라 할 때 이 가운데 최대값을 말한다.

식 (4.2−23) 내부의 최소값은 불확실성 h의 기준에서 가장 나쁜 경우이고 강건성 $\hat{h}(\Delta)$는 $E(Q_i,f)-E(Q_j,f)$가 요구되는 임계값 Δ 보다 큰 것 중 최대값이다. 우리는 불확실성 기준 h를 모르므로 진정한 최악의 경우를 계산할 수 없다. 그럼에도 불구하고 가장 큰 감내할 수 있는 불확실성 $\hat{h}(\triangle)$을 계산할 수 있다.

강건성 함수는 식 (4.2-20)으로부터 유도되었다. $E_i = E(Q_i)$로 정의하고 E_j도 같은 개념으로 정의하자. 식 (4.2-18)은 $E(Q_i,f) = E_i + f(Q_i)$이고 j에 대해서도 동일하게 $E(Q_j,f) = E_j + f(Q_j)$이다. $m(h)$를 식 (4.2-23)의 내부 최소값으로 하면 $f(Q_i) = -h\overline{E}_{ij}$, $f(Q_j) = h\overline{E}_{ij}$($\overline{E}_{ij}$는 양수라고 가정한다)이 된다. 그러므로, $m(h)$는 $\triangle$ 보다는 작지 않아야 하고 식 (4.2-24), (4.2-25)와 같은 강건성을 표현할 수 있다.

$$m(h) = E_i - E_j - 2h\overline{E_{ij}} \geq \triangle \qquad (4.2-24)$$

$$\hat{h}(\triangle) = \frac{E_i - E_j - \triangle}{E_i + E_j} \qquad (4.2-25)$$

만약 $\hat{h}(\triangle)$가 음수이면 $\overline{E}_{ij} = (E_i + E_j)/2$이기 때문에 $\hat{h}(\triangle) = 0$이다.

[정보격차 이론 예]

아래 데이터는 1988년 미국 의회예산국 보고서에서 가져온 것이다. 다음과 같이 9개의 무기체계 유형의 가중치 v와 WEI W가 있다고 하자. W는 9개의 무기체계 유형이 행으로 무기체계 구성 대안이 열로 표현되어 있고 원소는 해당 무기체계의 WEI이다. 각 무기체계유형별 무기체계 수량은 나타나 있지 않다.

$$v = (94,109,56,71,73,99,55,30,4)$$

$$W = \begin{pmatrix} 1.11 & 1.31 & 0 \\ 1.00 & 1.77 & 0 \\ 1 & 0 & 0 \\ 1 & 0 & 0 \\ 0.79 & 0.69 & 0.2 \\ 1.02 & 1.98 & 1.16 \\ 0.97 & 1 & 0 \\ 1 & 0 & 0 \\ 1 & 1.77 & 0 \end{pmatrix}$$

우리는 대안 1, 2, 3 중에서 어떤 대안이 가장 좋은 대안인가를 확인하고자 한다. 무기구성을 Q_1, Q_2, Q_3으로 할 수 있는데 Q_1은 전차 M60A3, M1의 수량을, Q_2는 헬기

AH−1S, AH−64 수량을, Q_3는 대전차 무기 TOW, Dragon, LAW의 수량을 비교하는 것이다.

표 4.2.7 Q_1 구성

무기 구성	$q_{1,1}$	$q_{1,2}$	$q_{1,3}$
	M60A3	M1	−
대안 1	150	150	0
대안 2	0	300	0
대안 3	300	0	0

표 4.2.8 Q_2 구성

무기 구성	$q_{2,1}$	$q_{2,2}$	$q_{2,3}$
	AH−1S	AH−64	−
대안 1	21	18	0
대안 2	0	39	0
대안 3	39	0	0

표 4.2.9 Q_3 구성

무기 구성	$q_{5,1}$	$q_{5,2}$	$q_{5,3}$
	TOW	Dragon	LAW
대안 1	150	240	300
대안 2	540	150	0
대안 3	0	0	690

1,2,5번째 무기체계 유형 외 수량은 확인할 수 없지만 Q_1, Q_2, Q_3에 해당하는 추정효과값은 각각 $E_1 = 1.22 \times 10^5$, $E_2 = 1.40 \times 10^5$, $E_3 = 1.03 \times 10^5$이다. 각 Q_i, Q_j를 비교해 보는 $\overline{E}_{ij}$, $E_i - E_j$, $(E_i - E_j)/\overline{E_{ij}}$는 표 4.2.10과 같다. 대안 2와 대안 1의 WUV 차이는 1.82×10^4으로 대안 2의 WUV가 대안 1의 WUV보다 크다. 다음으로 대안 1의 WUV가 대안 3의 WUV보다 크며, 대안 2의 WUV가 대안 3의 WUV보다 크다. 가장 큰 대안 차이는 대안 2와 3의 차이로서 3.75×10^4이다.

표 4.2.10 Q_1, Q_2, Q_3 비교 $\overline{E}_{ij}$, $E_i - E_j$, $(E_i - E_j)/\overline{E_{ij}}$

i	j	$\overline{E}_{ij}$	$E_i - E_j$	$(E_i - E_j)/\overline{E_{ij}}$
2	1	1.31×10^5	1.82×10^4	0.138
1	3	1.13×10^5	1.94×10^4	0.172
2	3	1.22×10^5	3.75×10^4	0.309

대안 2의 WUV와 대안 3의 WUV의 차이는 다른 대안간 WUV의 차이의 평균에 대비해서 30.9% 차이를 보인다. 각 대안별 쌍에 해당되는 Δ와 $\hat{h}(\Delta)$를 각각 x, y축으로 해서 그려보면 그림 4.2.11과 같다. 실선은 대안 2와 대안 3을 비교한 그래프이다. 음의 기울기는 불확실성에 대한 강건성과 요구되는 효과도 차이의 관계를 보여준다. 크면 클수록 좋다고 간주되는 Δ가 작아질수록 바람직하지 않다고 간주되는 $\hat{h}(\Delta)$는 작아진다. 이것은 일반적이고 피할 수 없는 균형(비관론자들의 이론이라고 불린다)이다. 더 큰 효과도 Δ를 요구하는 것은 강건성 $\hat{h}(\Delta)$는 작아지는 것에 대해 더 취약하다.

실선 2−3 대안 비교를 보면 Δ가 3.75×10^4에 도달할 때 $\hat{h}(\Delta)$는 0이 된다. 이것은 추정된 WUV가 불확실성에 대한 강건성이 없다는 것을 의미한다. 이 일반적인 영점화 성질은 가장 좋은 추정값들이 불확실성에 대해 강건성이 없으므로 의사결정에 있어서 좋은 기반은 아니라는 것을 의미한다. 강건성 곡선의 균형과 영점화를 결합하면 식 (4.2−17)을 사용할 수 있다. 한편으로 2−3 대안의 WUV 차 3.75×10^4는 강건성이 0이므로 조심스럽게 처리해야 한다. 반면, 그림 4.2.11의 실선으로부터 요구되는 효과도 차이 Δ가 0일 때 강건성 $\hat{h}(\Delta)$이 0.15, 즉, $\hat{h}(0) = 0.15$라는 것을 알 수 있다. 이것은 미지의 비선형 함수 $f(Q)$가 이 두 전력구성의 평균 효과도의 15%보다 작을 때 Q_2가 Q_3보다 더 선호된다는 것을 의미한다. 우리는 $f(Q)$의 형태를 알 수 없고 광범위한 데이터와 지식이 $f(Q)$를 특정할 수 있을 것이다. 그러나 다소의 광범위한 전후사정과 관련된 이해는 $f(Q)$가 선형 모델의 15%보다 커질 수 있는지 없는지를 하는데 충분하다. 분석가는 이러한 매우 다른 전력구성에 대하여 무기체계의 비선형 상호작용과 실제 15% 강건성이 오히려 낮은 수준인지 판단을 할 수도 있다. 추정된 WEI/WUV에 기반하여 Q_2가 Q_3보다 더 선호된다고 확신을 가지지 못할 수도 있다. 반면, 분석가는 이러한 2개의 구성에도 불구하고 실제로 동일한 양을 가지고 있고 선형 상호작용이 관련 요소의 대부분을 포함하고 있다고 판단할 수도 있다. 이러한 경우, Q_2가 Q_3에 대한 15% 강건성 선호도는 아주 명확하다.

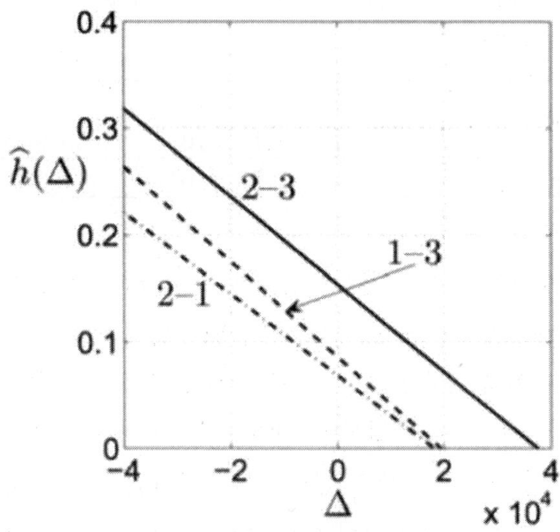

그림 4.2.11 Robustness 함수

4.2.14 JWS(JICM Weapon Scores)

JWS는 1995년 RAND 연구소에서 상황전력지수(SFS : Situational Force Scoring)개발하여 JICM 모델에 활용한 것을 기반으로 발전된 전투력 평가방법이다. JWS는 동일한 무기체계라도 상황에 따라 다른 전투력으로 평가해야 한다는 생각으로 만든 전투력 평가방법이다. 예를 들어 시가지 전투와 산악지역 전투에서의 소화기의 대전차 능력이 구릉지보다 월등하다는 것은 자명한 사실이다.

또 다른 예로 개활지에서의 전차의 능력은 착잡한 산악지역에서의 능력보다 더 뛰어나다. 이렇듯 전투상황 또는 지형에 따라 특정 무기체계의 능력은 다를 수 있다. 뿐만 아니라 특정 무기체계가 소속된 부대의 다른 유형의 무기체계가 잘 구성되어 있으면 특정 무기체계 전투력 발휘는 다른 유형의 무기체계가 잘 구성되어 있지 않은 부대에 속했을 때보다 더 큰 효과를 발휘할 수 있다. 왜냐하면, 통합 전투력 발휘 측면에서 차이가 나기 때문이다. 즉, JWS는 어떤 무기체계 그 자체의 전력지수만 고려하는 것이 아니라 무기체계가 운용되고 있는 상황에 따라 전력지수가 결정된다는 아이디어에서 시작하였다.

1963년 근접항공지원위원회(Close Air Support Board)로 알려진 육군-공군 패널은 당시 발간된 비핵 공대지탄약의 데이터에서 커다란 부정확성에 대한 주의를 촉구하였다. 이 부정확성을 고치기 위해 위원회는 포괄적인 표적 목록과 표적 공격을 위한 적절한 공중 투발탄의 효과를 포함하는 합동군 차원의 발간물 생산을 권고하였다. 미 합참은 이 도전적 과제에 대한 대답으로 공대지 무기의 합동탄약효과교범(JMEM: Joint Munitions Effectiveness Manual)을 준비하고 데이터의 차이를 수정하기 위해 합동군 실무위원회를 구성하였다. 육군에 이 역할을 선도하는 임무가 부여되었다.

1965 년 가을 임시 조직이었던 합동군실무위원회는 합동군수사령관에 의해 합동탄약효과 기술조정 사무국(JTCG/ME: Joint Technical Coordinating Group/ Munitions Effectiveness)으로 정규 조직이 되었다. JTCG/ME 국장은 국방성 예하에 분산된 군과 민간 과학자들을 통합하여 조직을 구성하였고 여기에는 군사작전 전문가, 운영분석 전문가, 공학자, 수학자, 통계학자, 물리학자 등이 참여하였다. JTCG/ME 에서 처음으로 무기를 평가하는 표준화된 방법론을 개발하였고 이 산출물은 공중투발 비핵무기를 위한 합동탄약효과교범으로 명명된 합동군 교범의 초안으로 간주되었다. 이 교범은 과학자와 군의 교수들뿐만 아니라 국방부 장관으로부터 인정되었다. 국방부 장관은 지대지 무기에 대해서도 동일한 접근방법을 적용하도록 요청하였다.

이후 JTCG/ME 는 각종 탄약의 살상 및 파괴율을 산출하기 위한 표준 방법 개발하였다.

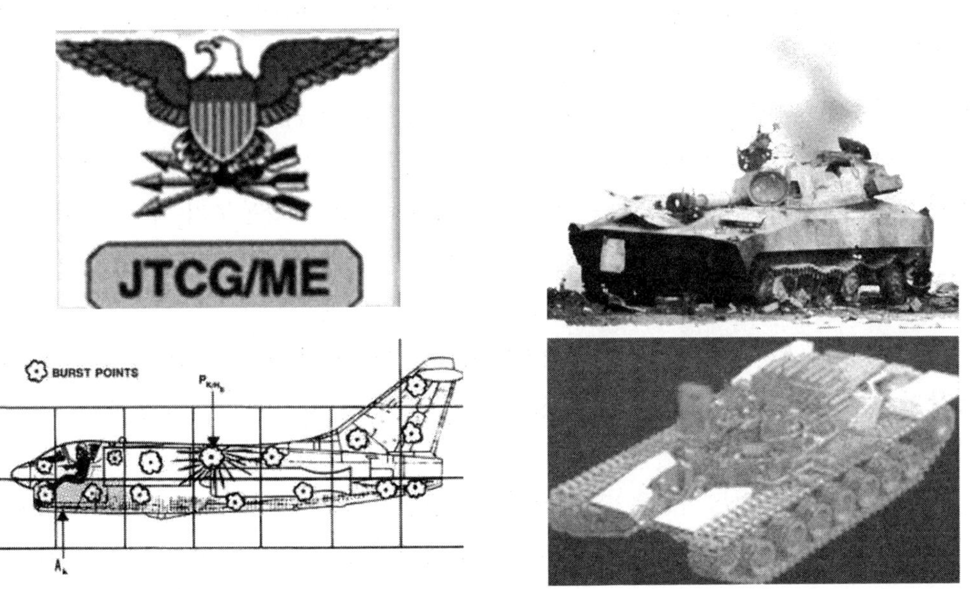

그림 4.2.12 합동탄약효과교범(JMEM)

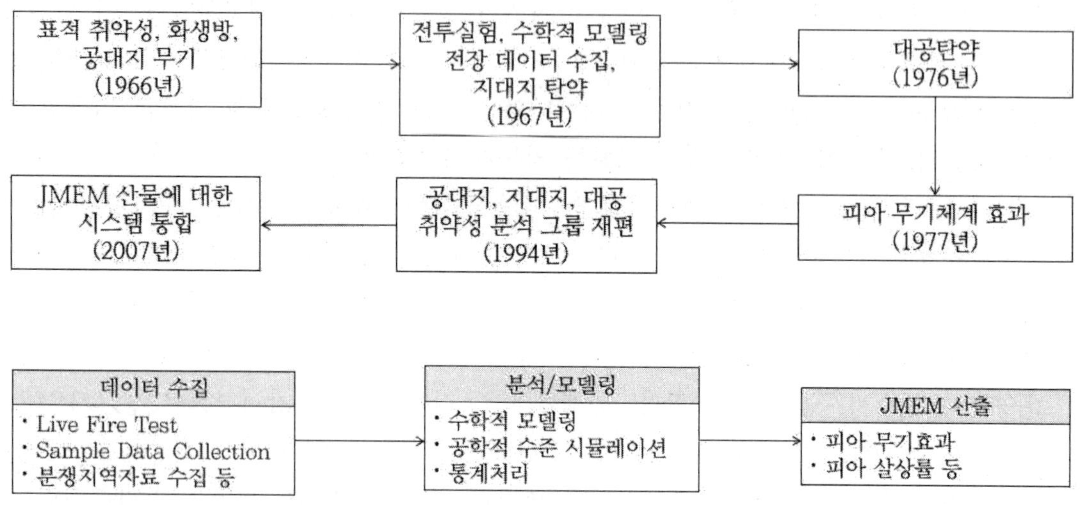

그림 4.2.13 JMEM 산출절차

전력지수를 보다 정량적으로 평가하기 위하여 미군이 합동탄약효과교범 생산의 산물인 합동무기추천체계를 전력지수 산출 시 적용하는 방법이 있다. 합동무기추천체계는 이동 및 정지한 표적에 대한 탄약 및 무기효과를 분석할 수 있는 관련 모델로 구성되어 있으며 대한민국 합동참모본부에서 2014 년부터 2016 년까지 FMS 로 10 종을 도입하였다.

합동무기추천체계의 국내 도입목적은 국내에서 개발하는 무기 및 탄에 대하여 표적에 대한 위력, 피해 메커니즘, 신관작용, 투발정확도 등의 조합에 따른 무기효과와 합동탄약효과교범 산출방법을 발전시키는 것이다. 도입될 합동무기 추천체계는 국내개발 무기 및 탄에 대한 정보가 포함되지 않은 단점이 있으나 체계연구를 통해 무기효과 및 합동탄약효과교범 산출방법 발전에 도움이 될 것으로 예측된다.

전력지수가 무기효과를 비교평가하여 지수화시키는 개념임을 고려한다면 합동무기추천체계는 무기효과를 정량적으로 평가할 수 있는 도구로 활용가능성이 충분하다.

전력지수를 보다 정량적으로 평가하기 위해서는 현 작전요구성능 및 전문가에 의해 산출된 결과와 합동무기추천체계에 의해 탄약 및 무기의 효과를 비교평가하여 최종 전력지수를 산출하는 방법이다. 이때 한반도 특성에 맞는 다양한 시나리오를 적용이 필요하다.

합동무기추천체계 적용에 따른 개선된 전력지수 산출방법은 그림 4.2.14 와 같다.

① 전장에서 발생할 수 있는 다양한 전장 시나리오 개발

② 계층적 분석방법(AHP) 기법을 적용한 시나리오별 가중치 산출
③ 시나리오별 합동무기추천체계의 무기효과 산출
④ 시나리오별 현재 전력지수 산출 수행방법인 작전요구성능 및 전문가 평가에 의한 전력지수 산출
⑤ 합동무기추천체계 산출결과와 전력지수 산출결과 비교, 분석 후 최종 전력지수 산출

합동무기추천체계를 활용한 전력지수 산출방법의 장점은 전문가에 의해 정성적으로 평가하는 방법에서 합동무기추천체계의 다양한 분석모델을 활용하여 정량적으로 평가함으로서 보다 신뢰성 있는 결과를 도출할 수 있다는 것이다.

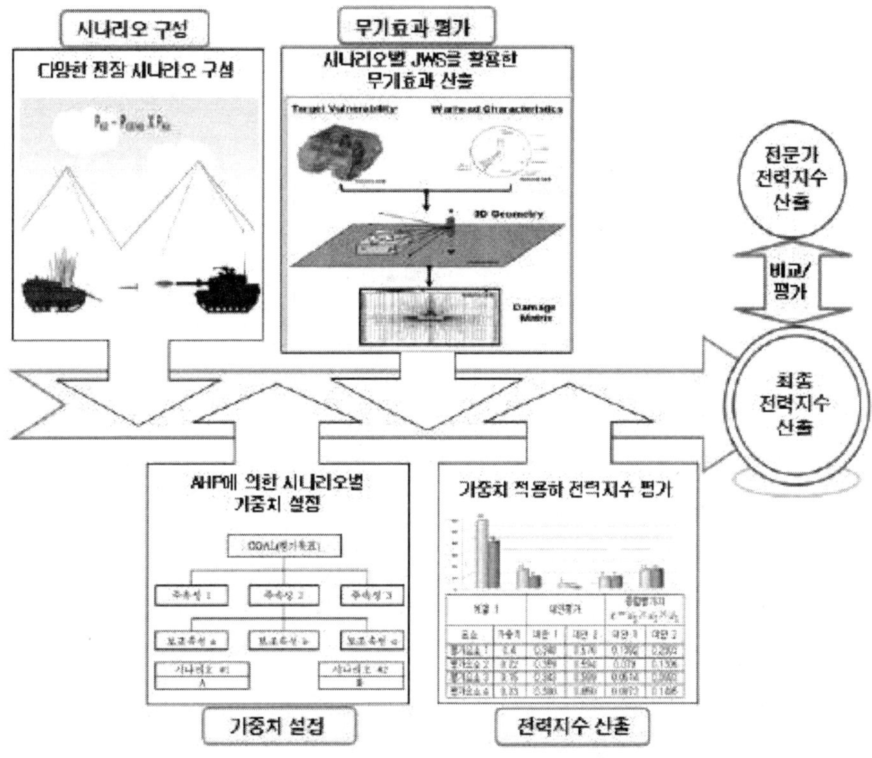

그림 4.2.14 합동무기추천체계를 활용한 전력지수 산출방법

JWS 방법론의 절차를 살펴보면 다음과 같다.

1 부 : 전투력 자산으로 전투력 계산
- 1 단계: 부대의 자산 수로 시작
- 2 단계: 전력지수로 자산 점수 판단
- 3 단계: 최초 전투력 판단
- 4 단계: 전투 효과승수의 적용
- 5 단계: 기본 전투력 판단
- 6 단계: 상황범주 승수 결정
- 7 단계: 상황범주 전투력 계산

2 부 : 전투력 구성에서 부족한 부분 반영
- 8 단계: 무기체계 구성 부족분에 대한 상황승수 산출
- 9 단계: 최종 범주별 전투력 결정

3 부 : 전투 평가
- 10 단계: 전투력 결정
- 11 단계: 전투력 비 계산
- 12 단계: 손실률 및 부대이동률 계산
- 13 단계: 양측에 의해 손실된 상황 전투력 결정

4 부 : 손실 분배
- 14 단계: 최종 범주별 전투력 점수로 시작
- 15 단계: 범주별 손실 승수 결정
- 16 단계: 무기체계 구성 부족분 요소 적용
- 17 단계: 상대적 손실률 계산
- 18 단계: 정규화된 범주별 전투력 계산
- 19 단계: 손실률
- 20 단계: 각 무기체계 범주에 의한 손실된 자산 수 계산

표 4.2.11 SFS 계산 예

단계 (행)	수행 절차	무기체계 범주			총점
		전차	보병	포병	
1	부대의 자산 수로 시작 (무기체계 수량 입력)	300	2,000	200	
2	전력지수로 자산 점수 판단 (WEI/WUV)	1.0	0.05	1.0	
3	최초 전투력 판단 (1 행 × 2 행)	300	100	200	600
4	부대 효과승수 적용 (선택)	1.0	1.0	1.0	
5	기본 전투력 판단 (3행 × 4행)	300	100	200	600
6	상황범주 승수 결정 (각종 참고표 참조)	0.8	1.0	1.2	
7	상황범주 전투력 계산 (5행 × 6행)	240	100	240	580
8	무기체계 구성 부족분에 대한 상황승수 산출 (참고표 참조)	0.8	1.0	1.0	
9	최종 범주별 전투력 결정 (7행 × 8행)	192	100	240	532
10	상대 측도 동일한 방법으로 전투력 결정				
11	전투력 비 결정				
12	방자 손실률(DLR), 교환율(ER), FLOT 이동률 결정 (참고표 참조)				
13	양측에 의해 손실된 상황 전투력 결정				
14	최종 범주별 전투력 (9행으로부터 가져옴)	192	100	240	532
15	범주별 손실 승수 결정 (참고표 참조)	1.3	1.0	0.3	
16	무기체계 구성 부족분 요소 적용 (8행으로부터 가져옴)	0.8	1.0	1.0	
17	상대적 손실률 계산 (14행을 15행으로 곱하여 16행으로 나눔)	312	100	72	484
18	정규화된 범주별 전투력 계산 (17행을 합(484)로 나누고 13행과 곱함)	27.4	8.8	6.3	42.5
19	부분 손실률 (%) (18행을 14행으로 나눔)	14.3	8.8	3.4	
20	각 무기체계 범주에 의한 손실된 자산 수 계산 (19행을 1행과 곱함)	42.9	176	6.8	
최초 무기체계 수량		300	2,000	200	

1 단계: 부대의 자산 수로 시작

JWS 에서는 표 4.2.12 에서 보는 것과 같이 무기체계를 기갑, 보병, 포병, 기타 등 4 개 범주와 13 개 세부 유형으로 구분한다. 이것은 RAND 연구소에서 설정한 Strategy Assessment System 분류 방법을 따른다.

표 4.2.12 무기체계 범주별 유형 및 무기

범주	유형	무기체계
기갑	전차	경전차 이상
	보병 전투차량	BRADLEY, BMP, IFV
	대기갑 무기 장착 장갑차(ARV/anti-armor)	ITV, BRDM/AT-3
	대기갑 무기 비장착 장갑차(ARV)	Ferret
	인원 수송 장갑차(APC)	BTR-50, M-113
보병	장거리 대기갑 무기 보유	TOW, AT-1/3
	단거리 대기갑 무기 보유	100mm RR
	박격포	100mm 이하의 박격포
	소화기	유효화기 개념적용
포병	자주포	자주식 야포 및 대구경(100mm 이상) 박격포
	견인포	견인식 야포 및 대구경(100mm 이상) 박격포
기타	공격헬기	AH-64
	방공무기	

피아 유효무기 판단은 최초 전력구성은 기갑, 보병, 포병의 3 개 범주 내 전투자산만 고려하고 기타 공격헬기 및 방공무기는 독립적으로 고려한다. 이때 지형 및 전선의 길이를 고려하여 실제전투에 참가하게 될 유효 무기체계를 판단하되 지형 및 범주별 배치 가능한 무기체계의 최대 밀도를 설정한다. 이때 유의할 사항은 적 위협 및 무기체계 치사능력, 기동 필요성, 생존성, 지형 등이 고려된 교리를 반영하는 것이다.

피아 유효무기 판단은 시뮬레이션 주기(예를 들어 4 시간) 안에서 실제전투에 참가하는 자산만 고려한다. 전투지역전단(FLOT : Forward Line of Own Troops)에 전개된 사단만 실제전투에 참가하는 전력으로 산정한다. 부대의 최대밀도는 지형과 부대구성에 의해 결정된다. 혼합지형이 전형적인 지형으로 간주되고 혼합지형에서 공격과 방어임무를 수행중인 기갑, 보병, 포병의 최대밀도는 표 4.2.13 과 같이 정한다. 그러나 일반적으로 방어 임무를 수행중인 부대는 공격하는 부대보다 전투력의 밀도는 낮다.

표 4.2.13 혼합 지형에서의 병과별 최대밀도

지형 형태	기갑	보병	포병
혼합 지형	80대/km	350명/km	80문/km

이러한 수치는 사단 또는 독립여단을 기초로 결정된 것이다. 그러므로 약 600 대의 기갑 차량을 보유한 옛 소련 차량화 보병사단은 약 7.5km 의 전투정면을 가지고 1,100 대의 기갑 차량을 가진 미 중무장 사단은 최소 14km 의 전투정면을 가진다.

2 단계: 전력지수로 자산 점수 판단

기본 전력지수는 RAND 연구소의 WEI/WUV 무기점수를 사용한다. 혼합 전투지형, 정밀 전투유형, 공방 전력비는 2.5 대 1 로 설정한다.

예를 들어 다음과 같은 전력을 생각해 보자. 전차(A 형)과 보병, 포병(B 형)을 각각 300 대, 2,000 명, 200 문을 가지고 있는 부대가 있고 각 전투자산의 WEI/WUV 점수가 각각 1.0, 0.05, 1.0 점이라고 하자.

구 분	전차 (A 형)	보병	포병 (B 형)
전투자산의 수량	300대	2,000명	200문
전투자산 WEI	1.0	0.05	1.0

3 단계: 최초 전투력 판단

부대의 최초 범주별 전투력 점수는 전투자산의 수량과 전투자산 JICM 점수를 곱한 점수가 되고 부대의 최초 전투력은 범주별 점수를 다 더한 점수가 된다.

구 분	전차 (A 형)	보병	포병 (B 형)	부대 전투력 점수
전투자산의 수량	300대	2,000명	200문	
전투자산 WEI 점수	1.0	0.05	1.0	
WUV 점수	300	100	200	600

4 단계: 전투 효과승수의 적용

다음으로 전투력 승수를 선택적으로 적용하는데 여기에는 부대의 사기, 군기, 단결력, 교육훈련, 정신력 등 무형전력을 고려하여 전투력 승수를 곱한다. 부대의 사기, 군기, 단결력, 교육훈련, 정신력이 잘 구비되어 있으면 1을 곱하여 앞에서 구한 범주별 전투력 점수를 그대로 두고 아니면 그 수준에 맞는 승수를 곱하여 범주별 전투력을 감소시킨다. 예를 들어 사기, 군기, 단결력, 교육훈련, 정신력 등 무형전력을 고려 시 가장 잘 구비된 것에 비해 90%라고 하면 0.9를 곱한다. 이 예에서는 사기, 군기, 단결력, 교육훈련, 정신력 등 무형전력이 잘 갖추어져 있다고 가정하여 1을 곱하여 앞 단계에서 구한 점수를 그대로 둔다. 만약 어떤 부대가 막 동원된 부대라고 하면 상비전력처럼 전투력을 바로 발휘할 수 없을 것이다. 이러한 경우에도 전투력 승수를 적용하여 전투력을 감소시킨다.

구 분	전차 (A 형)	보병	포병 (B 형)	부대 전투력 점수
전투자산의 수량	300 대	2,000명	200문	
전투자산 WEI	1.0	0.05	1.0	
WUV 점수	300	100	200	600
전투력 승수	1	1	1	

5 단계: 기본 전투력 판단

기본 전투력 판단은 전투력 점수에서 전투력 승수를 곱해 구한다.

구분	전차 (A 형)	보병	포병 (B 형)	부대 전투력 점수
전투자산의 수량	300 대	2,000명	200문	
전투자산 WEI	1.0	0.05	1.0	
WUV	300	100	200	600
전투력 승수	1	1	1	
기본 전투력 점수	300	100	200	600

6 단계: 상황범주 승수 결정

(1) 상황승수 개념

상황승수는 부대의 임무, 전투형태, 지형 등 다양한 상황별로 다양하게 구할 수 있는데 먼저 지형 상황승수는 JWS 에서 표 4.2.14 와 같이 제시되어 있다. 표 4.2.14 를 보면 전차는 산악지역에서는 전투력의 20% 밖에 발휘가 안되며 야지에서는 50%만 발휘된다는 것이다. 반면 보병은 혼합지역에서는 전투력이 그대로 발휘되고 산악지역에서는 60%가 발휘된다. 포병의 경우는 개활지, 혼합지형에서는 그대로 전투력이 손실없이 발휘되지만 산악지에서는 표적 획득의 어려움과 산악이 주는 방호 측면, 능선과 같은 지역을 타격하기 어려움 등으로 인해 40%만 전투력이 발휘된다.

표 4.2.14 지형형태별 상황승수

지형 형태	기갑	보병	포병
개활지(Open)	0.8	0.8	1.0
혼합 지형(Mixed)	1.0	1.0	1.0
야지(Rough)	0.5	0.8	0.8
도심지(Urban)	0.4	1.2	0.7
산악(Mount)	0.2	0.6	0.4

(2) 순수 지형만 고려한 부대 형태별 상황승수

공격과 방어 임무를 수행하는 부대의 지형 상황승수는 표 4.2.15 와 같다.

표 4.2.15 공자와 방자의 지형 상황승수

지형 형태	공자				
	기갑	보병	포병	헬기	방공
개활지(Open)	1.15	0.90	1.10	1.30	0.80
혼합 지형(Mixed)	1.00	1.00	1.00	1.00	1.00
야지(Rough)	0.90	1.20	0.90	0.70	1.20
도심지(Urban)	0.80	1.50	0.70	0.40	1.10
산악(Mount)	0.80	0.60	0.80	1.00	1.50

지형 형태	방자				
	기갑	보병	포병	헬기	방공
개활지(Open)	1.10	0.90	1.10	1.20	0.70
혼합 지형(Mixed)	1.00	1.00	1.00	1.00	1.00
야지(Rough)	0.90	1.20	0.90	0.90	1.30
도심지(Urban)	0.80	1.50	0.70	0.50	1.10
산악(Mount)	0.80	0.60	0.80	1.00	2.00

표 4.2.15 를 보면 공격하는 보병의 개활지에서의 전투 승수는 0.9 로서 지형만 고려했을 때 전투승수 0.8 보다 0.1 이 더 높다. 공격하는 기갑부대의 개활지 전투승수는 1.15 이고 방어하는 기갑부대의 전투승수는 1.10 으로서 0.05 가 더 높다. 이것은 공격하는 기갑부대의 전투력 발휘가 방어하는 기갑부대보다 약간 더 용이하다는 것을 의미한다.

(3) 임무와 전투형태, 지형에 따른 상황승수

표 4.2.16 은 부대의 전투형태, 지형, 부대 형태에 따른 전투승수를 보여준다. 전투형태는 돌파(Breakthrough), 철수(Withdrawal), 지연전(Delay), 급편공격(Hasty), 정밀공격(Deliberate), 준비된 공격(Prepared), 강화된 진지(Fortified) 공격, 교착(Static), 조우전(Meeting)으로 구분하고 있다. 예를 들어 공격(att) 임무 중인 전차(Tanks) 또는 보병전투장갑차(IFV: Infantry Fighting Vehicle)가 돌파(Breakthrough) 전투임무를 개활지(Open)에서 수행 중일 때는 1.601 승수를 적용하게 되는데 이는 기본 전투력의 약 1.6 배 전투력을 가지게 된다는 의미가 된다.

표 4.2.16 임무와 전투형태, 지형에 따른 상황승수(공격)

Type of Battle	Type of Terrain	Category of Weapon					
		att Tank IFVs	att APCs	att LR atgms	att SR atgms	att inf	att arty
Break-through	Open	<u>**1.601**</u>	·	0.426	·	0.288	0.440
	Mixed	1.400	·	0.380	·	·	0.400
	Rough	1.260	·	·	·	·	0.810
	Urban	1.120	·	·	·	·	·
	Mount	1.120	·	·	·	·	·
With-drawal	Open	1.380	·	·	0.405	·	·
	Mixed	·	·	·	0.450	·	·
	Rough	·	·	·	·	·	·
	Urban	·	·	·	·	·	·
	Mount	·	·	·	·	·	·
Delay	Open	·	·	·	·	·	·
	Mixed	·	·	·	·	·	·
	Rough	·	·	·	·	·	·
	Urban	·	·	·	·	·	·
	Mount	·	·	·	·	·	·
Hasty	Open	·	·	·	·	·	·
	Mixed	·	·	· 생략	·	·	·
	Rough	·	·	·	·	·	·
	Urban	·	·	·	·	·	·
	Mount	·	·	·	·	·	·
Deliberate	Open	·	·	·	·	·	·
	Mixed	·	·	·	·	·	·
	Rough	·	·	·	·	·	·
	Urban	·	·	·	·	·	·
	Mount	·	·	·	·	·	·
Prepared	〃	·	·	·	·	·	·
Fortified	〃	·	·	·	·	·	·
Static	〃	·	·	·	·	·	·
Meeting	〃	·	·	·	·	·	·

* att(Attacker), atgms(Anti-Tank Guided Missile System), LR(Long Range), SR(Short Range), inf(Infantry), arty(Artillery)

방어 임무를 수행중인 부대의 전투 승수는 표 4.2.17 과 같다.

표 4.2.17 임무와 전투형태, 지형에 따른 상황승수(방어)

Type of Battle	Type of Terrain	Category of Weapon					
		def Tank IFVs	def APCs	def LR atgms	def SR atgms	def inf	def arty
Break-through	Open	0.880	·	0.540	·	0.450	0.220
	Mixed	0.800	·	0.500	·	·	0.200
	Rough	0.720	·	0.460	·	·	0.180
	Urban	0.640	·	·	·	·	·
	Mount	0.640	·	·	·	·	·
With-drawal	Open	0.990	·	·	0.540	·	·
	Mixed	·	·	·	0.600	·	·
	Rough	·	·	·	·	·	·
	Urban	·	·	·	·	·	·
	Mount	·	·	·	·	·	·
Delay	Open	·	·	·	·	·	·
	Mixed	·	·	·	·	·	·
	Rough	·	·	·	·	·	·
	Urban	·	·	·	·	·	·
	Mount	·	·	· 생략	·	·	·
Hasty	Open	·	·	·	·	·	·
	Mixed	·	·	·	·	·	·
	Rough	·	·	·	·	·	·
	Urban	·	·	·	·	·	·
	Mount	·	·	·	·	·	·
Deliberate	Open	·	·	·	·	·	·
	Mixed	·	·	·	·	·	·
	Rough	·	·	·	·	·	·
	Urban	·	·	·	·	·	·
	Mount	·	·	·	·	·	·
Prepared	〃	·	·	·	·	·	·
Fortified	〃	·	·	·	·	·	·
Static	〃	·	·	·	·	·	·
Meeting	〃	·	·	·	·	·	·

위에서 정의한 내용을 지형별로 먼저 분류하고 전투형태별로 정리한 상황승수는 표 4.2.18과 같다.

표 4.2.18 지형별/병과별/임무별/공방 상황승수

Type / Battle	Attacker					Defender				
	Arm	Infty	Arty	Helos	AD	Arm	Infty	Arty	Helos	AD
Open/Mixed Terrain										
Brk	1.40	0.40	0.40	1.80	0.70	0.80	0.50	0.50	0.80	0.40
Wth	1.20	0.50	0.50	1.60	0.80	0.90	0.60	0.60	1.00	0.50
Rough/Urban/Mountain Terrain										
Brk	1.40	·	·	·	·	·	·	·	·	·
Wth	1.20	·	·	·	·	·	·	·	·	·
All Terrain Types										
Dly	1.00		0.60	1.40			·	·	·	0.70
Hsty	·	1.20	·	·	·	·	생략·	·	·	0.80
Delb	·	·	·	·	·	·	·	·	·	·
Prep	·	·	·	·	·	·	·	·	·	·
Ftf	·	·	·	·	·	·	·	·	·	·
Stm	·	·	·	·	·	·	·	·	·	·
Mtg	1.20	1.00	·	·	·	·	·	·	·	0.50

* Brk(Breakthrough), Wth(Withdrawal), Dly(Delay), Hsty(Hasty), Delb(Deliberate) Prep(Prepared), Ftf(Fortified), Stm(Stalemate), Mtg(Meeting)

(4) 조우전 보병의 상황승수

여기에서 우리가 다시 고려할만한 상황승수는 엄호부대나 습격전투 시 발생한 조우전에서 마주치 Blue Force와 Red Force의 비장갑화된 보병의 전투력 상황승수다. 예를 들어 비장갑화되어 있고 장거리 대기갑무기를 장착한 보병은 기본 전투력에 0.95를 곱해 전투력을 감소해 주고 단거리 대기갑무기를 장착한 보병과 박격포를 보유한 보병은 0.9, 소화기로만으로 편성된 보병은 0.8을 곱해 각각 전투력을 10%, 20%를 감소시킨다.

표 4.2.19 조우전 공격보병 승수

무기 유형	공격 보병 승수
장거리 대기갑 무기	0.95
단거리 대기갑 무기	0.90
박격포	0.90
소화기	0.80

(5) 부대 형태별 상황승수

미 육군의 기갑 사단(Armr Div: Armored Division), 경보병 사단(LID: Light Infantry Division), 소련군의 전차사단(Sov Tank Div: Soviet Tank Division), 소련의 차량화 보병사단(Sov MR Div: Soviet Motor Rifle Division) 형태별로 지형, 전투형태에 대해 상황승수를 산정하여 제공하고 있다. 표 4.2.20 에서 제시된 자료는 실제 데이터는 보안상 공개하지 못해 SFS 를 설명하기 위한 가상 데이터이다.

예를 들어 혼합지형에서 준비된 방어를 하는 미 기갑사단의 전투력이 1.0 이라면 강화된 방어를 하는 산악지형에서의 전투력은 0.59 가 된다.

표 4.2.20 미군과 소련군 부대 형태별 상황승수(방어)

Type of Battle	Type of Terrain	Defender			
		US Armor Div	US LID	Soviet Tank Div	Soviet MR Div
Break-through	Open	0.80	0.09	0.53	0.37
	Mixed	0.73	0.09	0.49	0.35
	Rough	0.62	0.11	0.45	0.33
	Urban	0.46	0.13	0.37	·
	Mount	0.28	0.14	·	·
With-drawal	Open	0.93	·	·	0.45
	Mixed	·	·	·	0.42
	Rough	·	·	·	·
	Urban	·	·	·	·
	Mount	·	·	·	·
Delay	Open	·	·	·	·
	Mixed	·	·	·	·
	Rough	·	·	·	·
	Urban	·	·	·	·
	Mount	·	·	·	·
Hasty	Open	·	·	·	·
	Mixed	·	·	·	·
	Rough	·	·	·	·
	Urban	·	·	·	·
	Mount	·	·	·	·
Deliberate	〃	·	·	·	·
Prepared	〃	·	·	·	·
Fortified	〃	·	·	·	·
Static	〃	·	·	·	·
Meeting	〃	·	·	·	·

생략

표 4.2.21 미군과 소련군 부대 형태별 상황승수(공격)

Type of Battle	Type of Terrain	Attacker			
		US Armor Div	US LID	Soviet Tank Div	Soviet MR Div
Break-through	Open	1.42	0.07	0.93	0.62
	Mixed	1.24	0.07	0.81	0.55
	Rough	0.94	0.18	0.73	0.61
	Urban	0.71	0.20	0.53	·
	Mount	0.46	0.22	·	·
With-drawal	Open	1.24	·	·	0.56
	Mixed	1.09	·	·	0.50
	Rough	·	·	·	·
	Urban	·	·	·	·
	Mount	·	·	·	·
Delay	Open	·	·	·	·
	Mixed	·	· 생략	·	·
	Rough	·	·	·	·
	Urban	·	·	·	·
	Mount	·	·	·	·
Hasty	Open	·	·	·	·
	Mixed	·	·	·	·
	Rough	·	·	·	·
	Urban	·	·	·	·
	Mount	·	·	·	·
Deliberate	〃	·	·	·	·
Prepared	〃	·	·	·	·
Fortified	〃	·	·	·	·
Static	〃	·	·	·	·
Meeting	〃	·	·	·	·

(6) 무기 범주별 부대 전투력 구성 비율

SFS에서는 각 부대형태별로 임무, 전투형태, 지형에 따라 전투력 기여도를 분석해서 제시하고 있다. 표 4.2.22는 방어 임무를 수행하는 미 기갑사단이 개활지에서 돌파작전을 수행할 때 전차(Tank), 보병 전투장갑차(IFV), 장갑차(ARV)의 전투력 기여도는 83%이고 인원수송 장갑차(APC)의 기여도는 8.7%, 장거리 대장갑 무기(LR A

Arms)는 0%, 단거리 대장갑(SR A Arms) 무기는 1.5%, 소화기(Sml Arms)는 3.5%, 포병(Arty)은 3.2%인 것을 나타내고 있다.

이러한 방식으로 임무와 부대형태, 전투형태, 지형에 따른 전투기여도를 산정하여 표 4.2.22 와 같은 형식으로 제시하고 있다.

표 4.2.22 방어중인 미 기갑사단의 범주별 기여 비율

Type of Battle	Type of Terrain	Tank IFV ARV	APC	LR A Arm	SR A Arm	Sml Arms	Arty	Total
Break-through	Open	68.3	8.7	0	1.5	3.5	3.2	100
	Mixed	82.1	8.6	0	1.6	4.3	3.2	100
	Rough	79.7	8.3	0	2.5	6.0	3.4	100
	Urban	76.0	6.1	0	4.3	10.1	3.5	100
	Mount	61.9	6.5	0	7.4	17.6	6.6	100
With-drawal	Open	79.6	8.4	·	·	·	·	100
	Mixed	78.7	8.3	·	·	·	·	100
	Rough	·	8.0	·	· 생략	·	·	100
	Urban	·	5.8	·	·	·	·	100
	Mount	·	5.9	·	·	·	·	100
Delay	Open	·	·	·	1.4	·	·	100
	Mixed	·	·	·	1.7	·	·	100
	Rough	·	·	·	·	·	·	100
	Urban	·	·	·	·	·	·	100
	Mount	·	·	·	·	·	·	100
Hasty	Open	77.1	·	·	·	4.6	·	·
	Mixed	76.0	·	·	·	·	·	·
	Rough	·	·	·	·	·	·	·
	Urban	65.3	·	·	·	·	·	·
	Mount	·	·	·	·	·	·	·
Deliberate	〃	·		·		·		·
Prepared	〃	·		·		·		·
Fortified	〃	·		·		·		·
Static	〃	·		·		·		·
Meeting	〃	·		·		·		·

(7) 공격부대의 준비시간 승수

SFS 에서는 공격하는 부대와 방어하는 부대의 준비기간에 따른 상황승수도 부여하고 있다. 공격하는 부대가 공격을 위해 준비하는 것은 정찰, 포병 준비, 공병 지원, 전반적 준비와 예행연습이 포함된다. 이러한 준비는 급속 공격하는 것보다 전투에 많은 유리한 점을 부여한다. 이러한 승수는 방어하는 부대의 전투강도(Intensity)를 수정하거나 손실 교환율(Exchange Ratio)를 조정하는데 사용 가능하다. 표 4.2.23 에서 보는 것과 같이 예를 들어 공격하는 부대가 7 일 이상 준비해서 공격할 경우 손실률 수정 승수는 1.0 이고 손실 교환율 조정 승수는 0.95 가 된다.

표 4.2.23 공격부대의 준비시간에 따른 전투강도와 교환율 조정 인수

공격준비 기간	전투강도 승수	교환율 조정 인수
7일 이상	1.00	0.95
5~6일	0.95	1.00
3~4일	0.85	1.05
1~2일	0.75	1.10
1일 이하	0.65	1.15

포병의 경우는 급속공격보다 준비된 공격이 더 좋은 전투상황을 유도할 수 있다. 따라서 포병의 경우는 다음과 같은 식으로 승수를 부여한다.

1. 준비 기간이 10일 이하인 경우

 포병 준비기간 승수 = 0.9 + 0.02 × 준비기간(일)

2. 준비 기간이 10일보다 클 때

 포병 준비기간 승수 = 1.1

7 단계: 상황범주 전투력 계산

앞에서 설명한 지형, 부대형태, 임무, 전투형태, 준비기간 등 여러 가지 상황을 고려한 전차(A 형), 보병, 포병(B 형) 승수가 각각 0.8, 1.0, 1.2 라면 기본 전투력 점수에서 상황승수를 곱해 전투력을 다시 산정한다. 이러한 절차를 거치면 모든 상황을 고려한 전투력으로 산정되었다고 간주된다.

표 4.2.24 상황승수를 고려한 전투력 산정

구분	전차 (A 형)	보병	포병 (B 형)	부대 전투력 점수
전투자산의 수량	300 대	2,000명	200문	
전투자산 WEI	1.0	0.05	1.0	
WUV	300	100	200	600
전투력 승수	1	1	1	
기본 전투력 점수	300	100	200	600
상황승수	0.8	1.0	1.2	
상황승수 고려한 전투력	240	100	240	580

8 단계: 무기체계 구성 부족분에 대한 상황승수 산출

(1) 무기체계 구성에서의 부족 승수

어떤 부대에 전투력이 적절히 혼합되어 있어야 제병협동 전력효과가 적절히 발휘된다. 통합전투력을 발휘하는데 어떤 무기체계 요소가 빠져 있거나 부족하면 전투력 발휘에 제한을 가져온다. 제병협동전력을 발휘하기 위해 구성되는 무기체계 범주는 보병, 기갑, 포병을 기본으로 결정된다. 3 가지 병과의 전력의 부족분이 적을 살상하는데 부족한 효과나 효과적인 작전을 수행하는데 제한을 주는 효과를 승수로 표현하는 것이다.

예를 들어 전차는 적전차나 적보병에 대해서는 공격해서 손실을 가져올 수 있지만 적 후방에 위치한 적포병에 대해서는 사거리 제한으로 인해 특별한 경우를 제외하고는 손실을 끼칠 수 없다. 200 점으로 평가된 미 육군의 포병은 단순히 200 점의 포병전력이고 여기에 기갑과 보병전력은 포함되어 있지 않다. 만약 Blue Force 는 전차와 보병만으로 구성되어 있고 Red Force 는 전차, 보병, 포병으로 구성되어 있으면 양측의 전투가 대등한 위치에서 진행된다고 말할 수 없다. 이러한 상황을 염두에 두고 무기체계 구성 부족분에 대한 상황승수를 적용하여 전투력을 평가해야 한다.

육군항공 전력은 분리해서 평가하지만 만약 육군항공 지원이 가용하다면 다른 병과의 부족분을 보상할 것은 자명한 사실이다. 예를 들어 육군 항공의 대전차 능력이 부대의 대기갑 전력에 추가된다면 이 능력은 제압효과와 충격효과 때문에 대기갑과 대포병 전력에도 각각 포함된다. 이론적으로 방공무기도 방공무기 자체의 효과가 특정 지역에 국한되지만 특별한 경우에 보병을 공격할 수 있어서 이러한 효과에 포함될 수 있다.

표 4.2.25 는 각 전투력이 어떤 전력 Platform 에 속하는 지를 표현한 것이다. 예를 들어 전차(Tank)는 기갑(Armor) 전력의 범주에 속하고 장거리 대기갑무기(Long-range anti-armor)는 보병에 의해 사용이 되는 것이어서 보병에 속하고 공격헬기(Attack Helicopter)는 기갑(Armor) 범주에 30%, 포병(Arty) 범주에 50%에 속하는 것으로 간주하여 무기체계 구성에서의 부족분을 보상한다.

표 4.2.25 무기체계 범주별 병과 소속과 비율

무기체계 범주	병과		
	기갑	보병	포병
전차	1	0	0
대기갑 능력 보유한 IFV	1	0	0
대기갑 능력 보유한 ARV	1	0	0
APC	1	0	0
ARV	0	1	0
장거리 대기갑 무기	0	1	0
단거리 대기갑 무기	0	1	0
박격포	0	1	0
자주포	0	0	1
견인포	0	0	1
공격헬기	0.3	0	0.5

표 4.2.26 은 무기체계 범주가 제병협동능력에 기여하는 바를 표현한 표이다. 예를 들어 표 4.2.26 에서 보는 것과 같이 공격작전을 수행하는(Attacker) 전차(Tank)는 대기갑에는 100%의 전력을 발휘하고 대인원 전력은 80%, 대 포병전력에는 전력발휘를 전혀 할 수 없으나 돌파 때나 철수작전 때는 30%의 전력을 발휘한다는 것을 의미한다. 공격작전을 수행하는(Attacker) 공격헬기(Attack helicopter)는 대기갑 전력에는 80%의 전력발휘를 대인원 전력은 50%, 대포병 전력에는 40% 효과를 발휘한다는 의미다.

Note 1 은 괄호 안에 있는 숫자는 돌파나 철수 작전을 수행중인 경우에 한해서 적용하라는 의미이다. 이는 전차나 장갑차 같은 기동자산이 방어하는 포병전력을 앞서거나 공격중인 포병자산이 우회된 방어 기동부대가 역공격하는 것을 설명하기 위해서이다. 철수작전 시는 포병 손실을 더 현실적으로 반영하기 위해 이 숫자에 0.5 를 곱해 사용한다.

Note 2 는 준비된 진지와 요새화된 진지를 공격하는 단거리 대기갑 무기의 인원표적에 대한 효과는 0.2 를 사용하라는 것이다. 기타 방어형태를 취하고 있는 적에 대한 공격시는 0.05 를 사용한다.

Note 3 이 의미하는 바는 다음과 같다. 자주화 포병(SP arty: Self Propelled Artillery)과 견인 포병(Twd arty: Towed Artillery)의 대포병 효과는 0.0~0.7 로 되어

있는데 대포병 전력은 대포병 레이더와 자동화 사격통제 시스템 능력에 의해 결정되기 때문에 미 육군 포병은 0.7을 적용하고 다른 국가의 포병은 대포병 레이더와 자동화 사격통제 시스템 능력에 따라 감소시켜 사용하는 것이다.

표 4.2.26 무기범주를 제병협동전력과 Mapping(공격/방어)

Categories of Weapon	Anti-Armor	Anti-soft	Anti-arty	Notes
Attacker:				
Tank	1.0	0.8	0.0(0.3)	Note 1
IFV/anti-armor	0.8	0.4	0.0(0.2)	
ARV/anti-armor	0.8	0.3	0.0(0.2)	
APC	0.05	0.3	0.0(0.05)	
ARV	0.05	0.2	0.0(0.05)	
Long-range anti-armor	1.0	0.05	0.0(0.2)	
Short-range anti-armor	1.0	0.05	0.0(0.05)	Note 2
Mortars (under 100mm)	0.05	1.0	0.0(0.05)	
Small arms	0.02	1.0	0.0(0.05)	
SP arty	0.4	1.0	0.0-0.7	Note 3
Twd arty	0.3	1.0	0.0-0.7	
Attack helicopters	0.8	0.5	0.4	
Defender:				
Tank	1.0	0.8	0.0(0.1)	Note 1
IFV/anti-armor	0.8	0.4	0.0(0.1)	
ARV/anti-armor	0.8	0.3	0.0(0.1)	
APC	0.05	0.3	0.0	
ARV	0.05	0.2	0.0	
Long-range anti-armor	1.0	0.05	0.0(0.05)	
Short-range anti-armor	1.0	0.05	0.0	
Mortars (under 100mm)	0.05	1.0	0.0	
Small arms	0.02	1.0	0.0	
SP arty	0.4	1.0	0.0-0.7	Note 3
Twd arty	0.3	1.0	0.0-0.7	
Attack helicopters	0.8	0.5	0.4	

Note 1 : ( ) 안의 숫자는 방자의 포병자산을 초과하는 기동부대 또는 우회된 방자의 기동부대에 의해 역공격을 당한 공자의 포병자산을 설명하기 위해 Breakthrough(돌파) 또는 Withdrawal(철수)의 경우에 적용된다. 철수의 경우 포병 손실을 더 잘 묘사하기 이 숫자에 0.5를 곱하라.

Note 2: 준비된 방어와 강화된 방어 진지를 공격할 때 인원 표적에 대해 공격하는 단거리 대기갑 자산에는 0.2를 사용하라. 이것은 경대전차무기의 벙커 파괴 능력을 반영한다.

Note 3: 이 대포병 수치는 대포병 레이더와 자동화사격통제체계와 같은 대포병 능력에 의존한다. 미군의 대포병 능력은 0.7을 사용하고 다른 국가의 경우는 최소 0까지 비율적으로 감소시켜라.

표 4.2.26을 보면 대인원능력이 부족한 무기는 거의 없다. 그러나 장거리 대기갑(Long-range anti-armor) 무기와 같은 특정 무기는 대보병 능력이 부족한 것도 있다. 만약 보병이 부족하면 지형을 확보하거나 유지할 수가 없다. 보병이 없는 전차나 장갑부대에 의한 적 후방 돌파가 가능하나 지역확보는 할 수 없는 것이다.

무기체계 구성 부족분이 존재하는지 결정하는 절차는 다음과 같다. 각 무기체계의 범주에 대해 표 4.2.27에서 제시된 수치를 비교하여 결정한다. 표 4.2.27은 전력배치가 가용한 전선의 km 당 최소 전력 밀도를 정의하고 있다. 예를 들어 기갑전력이 운용가능한 야지(Rough)에서 20km 전선에서 준비된 방어를 하는 부대를 공격하는 부대는 전력밀도 요구사항을 충족하기 위해 0.30(=0.015×20)SED(Situationally Adjusted ED)를 필요로 한다. 만약 이 전력밀도를 충족하지 못하면 무기체계가 부족한 것으로 해서 전력 조정을 실시한다.

표 4.2.27 능력 밀도 요구(공격/방어)(SED/Usable km)

Terrain	Type of Battle	Attacker			Defender		
		Armor	Soft	Arty	Armor	Soft	Arty
Open	Assault	0.025	0.003	0.008	0.015	0.002	0.005
Mixed	Assault	0.025	0.003	0.008	0.015	0.002	0.005
Rough	Assault	0.015	0.006	0.007	0.010	0.004	0.004
Urban	Assault	–	0.008	0.004	–	0.0055	0.0025
Mntn	Assault	–	0.008	0.004	–	0.0055	0.0025
Open	Hsty/Mtg/Stm	0.025	0.0015	0.004	0.015	0.001	0.0025
Mixed	Hsty/Mtg/Stm	0.025	0.0015	0.004	0.015	0.001	0.0025
Rough	Hsty/Mtg/Stm	0.015	0.003	0.0035	0.010	0.002	0.002
Urban	Hsty/Mtg/Stm	–	0.004	0.002	–	0.003	0.0012
Mntn	Hsty/Mtg/Stm	–	0.004	0.002	–	0.003	0.0012
Open	Dly/Wth/Brk	0.025	0.001	0.0016	0.015	0.0005	0.0015
Mixed	Dly/Wth/Brk	0.025	0.001	0.0016	0.015	0.0005	0.0015
Rough	Dly/Wth/Brk	0.015	0.002	0.0014	0.010	0.0010	0.0012
Urban	Dly/Wth/Brk	–	0.0025	0.0008	–	0.0015	0.0008
Mntn	Dly/Wth/Brk	–	0.0025	0.0008	–	0.0015	0.0008

* Hsty/Mtg/Stm(Hasty(급속)/Meeting(조우전)/Stalemate(교착)),
  Dly/Wth/Brk(Delay(지연)/Withdraw(철수)/Breakthrough(돌파))

예를 들어 혼합지형에서 준비된방어를 수행하는 완편된 미 기갑사단은 5268.4 점 전투력으로 평가된다. 완편된 미 기갑사단 전력을 1.0 SED 로 정의한다. 그러므로 기갑 전력 3,000 점은 0.569 SED 와 동일하다고 할 수 있다. 표 4.2.28 은 미 기갑사단(U.S. Armor Div : Armor Division), 미 경보병사단(U.S. LID : Light Infantry Division)과 소련군 전차사단(USSR Tank Div : Tank Division), 소련군 차량화 보병사단(USSR MRD : Motor Rifle Division)의 지형에 따른 전투력 점수를 제시하고 있다.

상황에 따른 무기체계 점수를 무기체계 수량과 곱해 전체 무기의 점수를 구한다. 이것을 SED 단위로 환산하여 표 4.2.27 에서 제시된 요구 SED 와 비교하여 부족한 무기에 대한 승수를 적용한다.

표 4.2.28 표준 공격부대 무기와 범주 가중치

U.S. Armor Div						
Terrain	Tanks IFVs, ARVs	APCs	LR Anti-armor	SR ANti-armor	Mortars Sm Arms	Arty
Mountain	228	92	0	454	1,800	159
Urban	456	184	0	454	1,800	159
Rough	570	230	0	454	1,800	159
Mixed/ Open	778	314	0	454	1,800	159
U.S. LID						
Terrain	Tanks IFVs, ARVs	APCs	LR Anti-armor	SR ANti-armor	Mortars Sm Arms	Arty
All	0	0	36	372	3,890	62
USSR. Tank Div						
Terrain	Tanks IFVs, ARVs	APCs	LR Anti-armor	SR ANti-armor	Mortars Sm Arms	Arty
Mountain	220	20	9	469	1,800	180
Urban	440	40	9	469	1,800	180
Rough	586	54	9	469	1,800	180
Mixed/ Open	674	634	9	469	1,800	180
USSR. MR Div						
Terrain	Tanks IFVs, ARVs	APCs	LR Anti-armor	SR ANti-armor	Mortars Sm Arms	Arty
Mountain	134	106	72	610	2,800	198
Urban	238	212	72	610	2,800	198
Rough	342	271	72	610	2,800	198
Mixed/ Open	342	271	72	610	2,800	198
Average Scores						
Side	Tanks IFVs, ARVs	APCs	LR Anti-armor	SR ANti-armor	Mortars Sm Arms	Arty
Blue	5.00	1.00	1.20	0.30	0.18	3.80
Red	4.00	1.00	1.00	0.25	0.15	2.50

short_mult={short_base+(Level/Requried)}/(short_base +1)

여기에서 short_base 수치는 표 4.2.29에서 구할 수 있다. Required는 능력 밀도 요구(공격/방어)(SED/Usable km) 표에서 구한다. Level은 작전을 수행하는 현 전투력 수준을 말한다.

표 4.2.29 기본 능력부족 승수(Capability Shortage Multiplier Base)

Terrain	Attacker			Defender		
	Armor	Soft	Arty	Armor	Soft	Arty
Open	0.2	0.6	0.2	0.4	0.6	0.2
Mixed	0.2	0.6	0.2	0.5	0.6	0.2
Rough	0.6	0.4	0.4	0.7	0.4	0.4
Urban	0.8	0.2	0.6	0.8	0.2	0.6
Mntn	0.8	0.2	0.6	0.8	0.2	0.6
Applied to:	Soft	Armor	Armor Soft	Soft	Armor	Armor Soft

* Open(개활지), Mixed(혼합지), Rough(야지), Urban(도심지), Mntn(산악지)
  Hsty/Mtg/Stm(Hasty(급속)/Meeting(조우전)/Stalemate(교착)),
  Dly/Wth/Brk(Delay(지연)/Withdraw(철수)/Breakthrough(돌파))

예를 들어 개활지(Open)에서 공격작전(Attacker)을 수행중인 기갑부대(Armor)의 전투력이 요구하는 밀도의 50% 전력만 있다면 무기구성 부족분 상황승수 short_mult는 다음과 같이 구한다.

short_mult=(0.2+0.5)/(0.2+1.0)=0.58

(2) 대응능력 부족 승수

대응능력 부족 승수도 무기 부족 승수와 같은 방법으로 계산되지만 상대방의 능력에 대한 상대적 비율에 기반하여 구한다. 예를 들어 아군이 대기갑 능력이 부족하지만 적군이 기갑 능력을 많이 가지고 있지 않다면 대응능력 부족은 이 상황에서 큰 의미가 없다. 그러므로 이 대응능력 부족은 적의 무기 능력의 최소 비율에 기반하여 계산된다.

모든 경우에 있어서 단순히 일 대 일 비율로 비교하는 것만으로 이러한 대응능력 부족 승수를 계산하는 것으로 충분하다.

기본 능력부족 승수표에서 제시된 수치를 적군의 무기 범주로 나누어 최초 값을 조정한다. 예를 들어 만약 개활지에서 방어작전을 수행하는 어떤 부대가 요구되는 대기갑 전력의 절반만 보유하고 있는 상황에서는 적의 기갑 능력을 0.58 로 나누어 적의 기갑 능력은 기존 능력의 거의 2 배가 된다. 아군이 대기갑 전력이 부족하면 적의 기갑 전력은 상대적으로 증가되는 것은 자명한 일이다.

이러한 방식은 두가지 결과를 초래한다. 먼저, 적군은 더 효과적이 될 것이고 더 큰 전력을 가지므로 더 큰 전력비를 가진다. 아군은 전력 부족에 의한 더 큰 손실률이 발생할 것이고 적에게는 더 낮은 손실률이 발생한다. 결론적으로, 손실분포 계산에 의해 적은 더 작은 기갑 손실이 발생하게 된다.

표 4.2.30 대응능력 부족 비율 요구(공격/방어)

Terrain	Type of Battle	Attacker			Defender		
		Armor	Soft	Arty	Armor	Soft	Arty
Open	Assault	2.0	2.0	0.5	0.5	1.0	0.2
Mixed	Assault	2.0	2.0	0.5	0.5	1.0	0.2
Rough	Assault	1.5	2.0	0.5	0.4	1.0	0.2
Urban	Assault	1.0	2.0	0.5	0.3	1.0	0.2
Mntn	Assault	1.0	2.0	0.5	0.3	1.0	0.2
Open	Hsty/Mtg/Stm	2.0	1.0	0.25	0.5	1.0	0.2
Mixed	Hsty/Mtg/Stm	2.0	1.0	0.25	0.5	1.0	0.2
Rough	Hsty/Mtg/Stm	1.5	1.0	0.25	0.4	1.0	0.2
Urban	Hsty/Mtg/Stm	1.0	1.0	0.25	0.3	1.0	0.2
Mntn	Hsty/Mtg/Stm	1.0	1.0	0.25	0.3	1.0	0.2
Open	Dly/Wth/Brk	2.0	0.6	1.0	0.5	0.5	1.0
Mixed	Dly/Wth/Brk	2.0	0.6	1.0	0.5	0.5	1.0
Rough	Dly/Wth/Brk	1.5	0.6	1.0	0.4	0.5	1.0
Urban	Dly/Wth/Brk	1.0	0.6	1.0	0.3	0.5	1.0
Mntn	Dly/Wth/Brk	1.0	0.6	1.0	0.3	0.5	1.0

* Open(개활지), Mixed(혼합지), Rough(야지), Urban(도심지), Mntn(산악지)
Hsty/Mtg/Stm(Hasty(급속)/Meeting(조우전)/Stalemate(교착)),
Dly/Wth/Brk(Delay(지연)/Withdraw(철수)/Breakthrough(돌파))

(3) 대응능력 부족 비율 요구

무기 부족에 따라 발생하는 효과를 다 설명하지 못하는 다른 효과도 있다. 예를 들어, 어떤 효과는 돌파를 더 용이하게 할 수도 있고 소련군의 작전기동군(OMG: Operational Maneuver Group) 첨입을 더 용이하게 할 수도 있다. 이러한 추가적 효과를 상황전력지수를 묘사하는 CAMPAIGN-ALT Wargame 모델에 반영하여 묘사한다.

이러한 효과를 모의하는 승수는 표 4.2.31 과 같다. 예를 들어 방어를 수행하는 부대가 기갑이 부족하면 방어부대가 신속하게 대응하지 못해 돌파가 더 쉽게 발생할 수 있어서 방어수행 부대의 정면을 1.25 를 곱하여 확장시킨다. 이렇게 하면 같은 전력으로 더 넓은 정면을 담당하게 되면 공격부대의 돌파가 쉬워진다. 만약 공격하는 부대가 기갑전력이 부족하면 전투지역전단(FLOT) 이동율에 0.75 를 곱해 FLOT 이동을 감소시킨다.

표 4.2.31 기타 사항 부족분 효과

방자가 기갑전력이 부족 시	방자가 신속히 행동하지 못하기 때문에 돌파가 쉽게 발생 가능(방자의 유효 정면길이를 1.25배로 하라)
공자가 기갑전력이 부족 시	FLOT 이동율을 감소(FLOT 이동율에 0.75를 곱하라) 방자가 충분한 기갑전력을 가지고 있으면 돌파는 적게 일어난다.(방자의 유효정면을 0.8배로 하라)
방자가 보병전력이 부족 시	지형을 확보하지 못함. 준비된 방어와 지연전을 수행토록 강요될 수 있음. (방자의 유효정면을 1.25배로 하라)
공자가 보병전력이 부족 시	지형을 확보하지 못함. 만약 돌파조건이 형성되면 OMG(작전기동단) 또는 다른 기갑전력을 투입할 수 있음.
방자가 포병전력이 부족 시	화력집중을 신속히 할 수 없어서 돌파가 더 많이 생길 수 있음.
방자가 대기갑전력이 부족 시	준비된 진지가 아닌 개활지에서는 유린당할 수 있음.
공자가 대기갑전력이 부족 시	만약 방자가 충분한 기갑전력을 보유하고 있다면 돌파가 발생하지 못함.
방자가 대보병전력이 부족 시	만약 공자가 충분한 보병전력을 보유하고 있다면 지형을 확보하기 힘듬.
공자가 대보병전력이 부족 시	FLOT이 이동하지 못할 것임. (FLOT 이동율이 0이 됨)

보병만이 지역을 확보하고 유지할 수 있다는 것에 따라 포병과 기갑 전역으로만 구성된 부대는 그 전력이 얼마나 강한지에 상관없이 지역을 확보하고 유지할 수 없다. 중기갑 부대는 적의 영토 깊숙이 돌파가능하나 병참선은 보장되지 않는다. 포병만으로 구성된 방어부대는 공격하는 부대에 의해 돌파당할 수 있다.

9 단계: 최종 범주별 전투력 결정

무기체계 부족 승수를 구하여 범주별 전력의 승수에 적용하는 단계이다. 앞에서 설명한 무기체계 부족과 대응전력 부족에 관련한 승수를 구하여 적고 상황승수 고려한 전투력으로 곱하여 최종 상황전력지수비를 산출하기 위한 최종범주 전투력을 표 4.2.32 와 같이 구한다.

표 4.2.32 최종범주 전투력

구분	전차 (A 형)	보병	포병 (B 형)	부대 전투력 점수
전투자산의 수량	300 대	2,000명	200문	
전투자산 WEI	1.0	0.05	1.0	
WUV	300	100	200	600
전투력 승수	1	1	1	
기본 전투력 점수	300	100	200	600
상황승수	0.8	1.0	1.2	
상황승수 고려한 전투력	240	100	240	580
무기체계 부족 승수	0.8	1.0	1.0	
최종 범주 전투력	192	100	240	532

무기체계 부족 승수를 구하는 예시를 설명한다. 표 4.2.33 과 같이 기갑, 보병, 포병으로 구성된 방어부대의 총 전투력 점수는 580 점이고 공격부대의 전투력 점수는 1,160 점이다. 방어부대에는 기갑부대와 포병부대가 편성되어 있지 않다. 공격부대와 방어부대 최초 전투력 비율은 2:1 이다.

표 4.2.33 무기체계 부족 승수

구분	기갑	보병	포병	총 전투력 점수
방어 부대 전투력	0	580	0	580
공격 부대 전투력	480	200	480	1,160

방어를 수행하는 부대가 포병이 전혀 없기 때문에 short_base 는 표 4.2.29 에서 0.6 이고 포병의 능력요구 승수는 다음과 같이 계산된다.

$$\frac{0.6+0}{0.6+1} = 0.375 \cong 0.38$$

방어를 수행하는 부대가 기갑 전력이 전혀 없고 도심작전에서 기갑 부대가 필요하지 않기 때문에 표 4.2.29 에서 short_base 는 0.8 이고 기갑의 능력요구 승수는 다음과 같이 계산된다.

$$\frac{0.8+0}{0.8+1} = 0.444 \cong 0.44$$

만약 방어하는 부대의 보병이 대기갑 전력이나 대포병 능력이 전혀 갖추어져 있지 않다고 가정하면 공격하는 부대의 기갑과 포병에 각각 0.44 와 0.38 로 나누어 계산하면 다음과 같은 결과를 얻을 수 있다. 방어부대 보병의 경우도 보병이 시가전에서 기갑 능력은 요구되지 않으나 포병능력이 전혀 구비되어 있지 않으므로 제병협동 작전에 제한되어 포병능력 부족분만큼 비율적으로 보병능력을 감소시킨다. 따라서 보병 능력은 $580 \times 0.38 = 220.4$으로 감소된다.

표 4.2.34 무기체계 부족 승수에 따른 능력 감소

구분	기갑	보병	포병	총 전투력 점수
방어 부대 전투력	0	220	0	220
공격 부대 전투력	1,091 (=480/0.44)	200	1,263 (=480/0.38)	2,554

공격부대와 방어부대 전투력의 새로운 비율은 11.6 대 1 이다. 이러한 상황에서 방어부대가 개활지에서 준비된 진지에서 방어하지 않는다면 공격부대에 의해 유린되거나 고립될 수 있다.

만약 방어부대에 공격헬기 지원이 가능하다면 부족한 포병전력을 보충할 수 있어 0.38 로 공격부대 포병을 나누어 공격부대 포병전력을 높이 평가하지 않아도 된다. 같은 방법으로 방어부대에 충분한 공격헬기 지원이 주어진다면 기갑과 포병전력에 공격부대

전투력을 증가시키지 않아도 될 것이다. 그러므로 방어부대에 충분한 공격헬기 지원이 가능하다는 가정하에 최초 전력비 2 대 1 을 그대로 유지할 수도 있다.

10 단계: 전투력 결정

범주별 최종 상황전력을 결정하면 양측의 총 전투력을 구하기 위해 각 범주별 상황전력을 합한다. 표 4.2.11 의 9 행에서 구할 수 있다.

11 단계: 전투력 비 계산

방어부대에 대한 공격부대의 전투력 비율은 전투형태와 더불어 양측의 손실률과 FLOT 이동율을 결정한다. 더불어 특수 상황에 의한 돌파 발생과 같은 전투단계의 변화가 확인되면 이러한 변화도 역시 평가된다. 추가적으로 특수한 조건에 의해 돌파와 같은 상황으로 변화되는 전투단계의 변화가 확인되면 이러한 변화는 앞에서 설명한 것과 같이 평가된다.

조우전, 교착전과 같은 전투형태에서는 실제적으로는 양측이 유사한 행동을 하고 방자의 유리한 점을 얻지 못하지만 계산상 편의를 위해 공자가 더 강하다는 것을 가정한다. 다른 전투형태에서는 여기에서 계산하는 적정 전투력 비율을 설정한다. 통상적으로 방자의 유리한 점을 묘사하기 위해서 조우전과 교착전에서는 전투력 비율에 1.7 을 곱해야 한다.

전투력 비율을 결정할 때 고려사항은 기습효과이다. 기습효과는 방자의 전투력에 1.0 보다 작은 지수로 표현한다. 이렇게 하면 방자의 전투력이 감소되는 효과가 발생한다. 수정된 전투력 비율을 MFR(Modified Force Ratio)라고 하면 MFR 은 식 (4.2−26)과 같다.

$$MFR = \frac{A'}{Surprise \times D'} \qquad (4.2-26)$$

여기에서,

A' : 공자의 조정된 상황전력지수

D' : 방자의 조정된 상황전력지수

$Surprise$: 기습지수

기습지수는 전력 분석가에 의해 선택적으로 적용되고 비교적 짧은 기간에 적용한다.

12 단계: 손실률 및 부대이동률 계산

손실률 및 부대이동율을 계산하기 위한 첫 단계는 공격의 치열도를 결정하는 것이다. 공격의 치열도는 전투구역별로 결정할 수 있다. 전투치열도는 저(Low)치열도, 중(Medium)치열도, 고(High)치열도 3 단계로 구분한다. 중치열도가 통상적 공격 치열도이다. 고치열도는 통상적으로 주공을 실시하는 부대가 최소의 전투력을 가진 방어부대와 전투할 때 2~3 일 정도의 제한된 기간만 발생한다. 저치열도 전투는 미 육군의 교리에서 말하는 견제공격이라고 불리는 공격을 할 때 발생한다. 견제공격은 주공이 성공하기 위해 방어부대를 고착시키기 위해 실시하는 공격형태이다. SFS 는 견제공격을 급편방어, 정밀방어, 준비된 방어, 강화된 진지 방어 및 지연전, 철수, 돌파와 같은 전투형태로 구분해서 제공하고 있지만 교착전은 고려하지 않는다. 조우전은 공방측의 전투강도보다 더 높아야 한다.

표 4.2.35 전투강도에 따른 승수(공격)

전투 강도	공격강도 승수		
	DLR−Intens	ER−Intens	FMR−Intens
저	0.3	1.2	0.2
중	1.0	1.0	1.0
고	1.5	1.0	1.5

DLR−Intens : Defender's Loss Rate Intensity (방어측 손실률 치열도)
ER−Intens: Exchange Rate Intensity (손실 교환율 치열도)
FMR−Intens : FLOT Movement Rate Intensity (전투전단 이동율 치열도)

저치열도는 손실률과 이동율을 감소시킨다. 한편, 공격하는 부대는 저치열도 전투에서는 효과적으로 작전을 할 수 없어 결과적으로 약간 높은 손실교환율을 강요받는다. 이 방정식은 분석가의 선호도에 따라 구간선형함수 또는 대수적으로 표현가능하다. 대수적 형태에서는 방어측의 손실률과 손실교환율은 모든 상황요소로 수정된 전투형태와 전투력 비율의 함수이다. ER'를 통상적인 손실교환율이 아닌 모든 상황요소로 수정된 공자와 방자의 손실 교환율이다.

그러면 DLR, ER은 식 (4.2−27), (4.2−28)과 같이 결정할 수 있다.

$$DLR=Intensity \times 0.03 \times MRF^{0.64} \quad (4.2-27)$$
$$ER=ER-intens \times 4.5 \times MRF^{-0.57} \quad (4.2-28)$$

여기에서 모든 손실관련 치열도는 식 (4.2−29)와 같다.

$$Intensity=Bat-Intensity \times Intensity-Prep-Mult \times DLR-Intens \quad (4.2-29)$$

전투형태 치열도 지수 Bat−Intensity는 표 4.2.36과 같다. Bat−Intensity는 전사(戰史)와 전문가로부터 구한 수치이다. Bat−Intensity는 바로 DLR에 영향을 주는 요소라서 강화된 지지 방어나 비슷한 형태의 방어작전에서는 급편방어보다 상대적으로 작은 손실이 발생한다. 공자에서 보면 급편방어 진지를 공격하는 것보다 강화된 방어를 공격하는 것이 더 큰 손실을 초래한다.

그림 4.2.15는 전투치열도 곡선으로 일일 손실율과 투입병력수의 관계를 나타내고 있다. No 5가 통상적인 전투치열도인 것을 표현하고 있다.

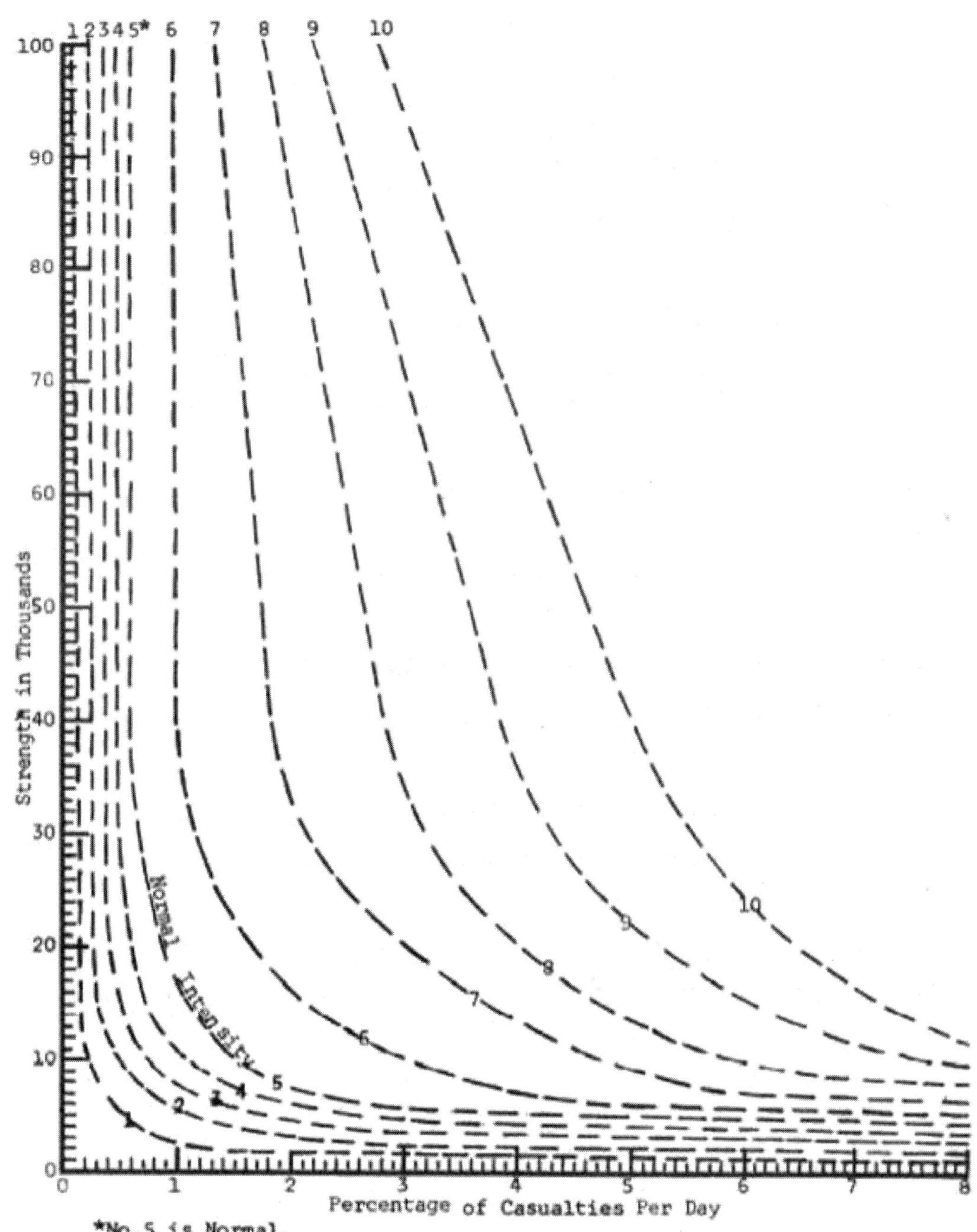

그림 4.2.15 전투치열도 곡선

표 4.2.36 전투형태별 Bat-Intensity

전투형태	Bat-Intensity
Withdrawal(철수)	1.05
Breakthrough(돌파)	1.05
Delay(지연전)	1.00
Stalemate(교착)	0.10
Hasty(급편) 방어	1.05
Deliberate(정밀) 방어	1.00
Prepared(준비된) 방어	0.95
Fortified(강화된)방어	0.80
Meeting(조우전)	0.85

공자의 손실률(ALR : Attacker's Loss Rate)는 식 (4.2-30)과 같다.

$$ALR = (DLR \times ER')/MFR \quad (4.2-30)$$

FMR 은 전투형태와 상대적인 손실률의 함수이다. 손실률은 헬기와 전술항공으로부터의 손실을 포함한다.

$$DLR' = DLR + dlr(helos) + dlr(tacair) \quad (4.2-31)$$

$$ALR' = ALR + alr(helos) + alr(tacair) \quad (4.2-32)$$

여기에서 DLR', ALR'은 각각 수정된 DLR, ALR이고 $dlr(helos), dlr(tacair)$은 각각 헬기와 전술항공에 의한 방자의 손실률이고 $alr(helos), alr(tacair)$은 각각 헬기와 전술항공에 의한 공자의 손실률이다.

전투형태별 기본 FMR 공식은 표 4.2.37 과 같다. FMR 은 DLR', ALR'의 함수이다.

표 4.2.37 전투형태별 FMR-Base

전투형태	FMR-Base
Breakthrough(돌파)	$(30.0+5.0\times(DLR'/ALR'))$
Withdrawal(철수)	$(40.0+6.0\times(DLR'/ALR'))$
Delay(지연전)	$(10.0+18.0\times(DLR'/ALR'))$
Hasty(급편)	$(0.0+9.0\times(DLR'/ALR'))$
Deliberate(정밀)	$(0.0+12.5\times(DLR'/ALR'))$
Prepared(준비된)	$(0.0+12.0\times(DLR'/ALR'))$
Fortified(강화된)	$(-0.5+10.0\times(DLR'/ALR'))$
Meeting(조우전)	$(0.0+5.0\times(DLR'/ALR'))$
Stalemate(교착)	0

FMR-Intens를 FMR-base와 곱해 최종적인 FMR을 식 (4.2-33)과 같이 구한다.

$$FMR = FMR\text{-}Intens \times FMR\text{-}base \quad (4.2\text{-}33)$$

이 표현은 FLOT 이동률은 전투강도와 더불어 증가한다는 것을 제시하고 있다. FMR-Intens의 전투치열도 요소는 특정 구역에서의 이동을 위한 공자의 우선권의 척도이지 모든 전투치열도의 척도는 아니다. 실제 시뮬레이션에서는 준비된 방어를 공격하는 공격부대의 고치열도 작전기간 중 이동은 매우 느리다. 빠른 이동은 방자가 철수를 하고 재편성할 때와 같이 돌파하는 국면에서 상대적으로 작은 손실률이 발생하는 기간과 상관관계가 있다.

FLOT 이동률은 각 지형형태의 최대속도에 의해 제한된다. 이러한 결과는 전투력 비율과 전투형태가 방자의 손실률과 손실교환율을 결정하고 결국 FLOT 이동율에 영향을 미친다. DLR은 이러한 평가 주기에서 방자와 관련된 것이다. 예를 들어 방자가 전력의 10%를 손실 당한다고 하면 만약 방어력이 240점인 경우 방자는 24점을 손실 당한다. ER은 방자 손실에 대한 공자의 손실 비율이다. 만약 ER이 2.0이라면 공자는 24점의 2.0배인 48점을 손실 당한다. 공자의 손실률은 손실량을 최초 전투력으로 나누어 결정한다. 만약 공격하는 부대의 최초 전투력이 600점이라면 48/600=0.08 (8%) 손실이 발생한다.

시뮬레이션에서 발생하는 손실률은 총손실이다. 정비가능한 손실을 반영하기 위해 분리된 정비율을 적용한다. 이러한 정비율은 양측의 손실에 대한 정비능력의 함수로 표현되고 전술적 상황도 정비율에 반영된다. 예를 들어 신속히 후방으로 이동을 강요받는 방자는 손상된 장비를 정비를 통해 전장복귀가 불가능하다. 시뮬레이션에서는 부분 정비노력을 현장 정비함수로 반영한다. 어떤 시뮬레이션에서는 전구차원 전투에서의 후송정비 시간을 고려한 정비 함수를 적용하고 있다.

13 단계: 양측에 의해 손실된 상황 전투력 결정

12 행의 손실률을 9 행의 총점으로 곱한다. 이러한 방법은 손실분포 계산에 사용될 것이다. 앞에서 든 예에서는 532 점의 8%인 42.5 점이 상황 전투력 점수가 된다. 전투결과를 평가하고 난 이후 양측의 손실이 양측의 자산에서 분포된다. 한 부대의 총 손실 점수는 알려져 있기 때문에 상황전력지수 방법론은 전투에서 총 전투력 손실에 대한 각 무기체계 범주별 손실을 확인할 수 있다. 상황 범주 전투력은 상이한 형태의 무기체계 사이에서 손실의 비율이 어떠한지 결정하는데 사용될 수 있다. 이러한 일련의 평가의 순환에서 각 부대 전투력 손실이 부대 총전투력 손실과 동일하도록 이러한 값을 정규화하는데 전투 이전의 최종 전투력이 사용된다.

이 단계를 상세히 설명하기 전에 절차 뒤의 개념을 간략히 설명한다. 도입부에서 언급한 것처럼 전통적인 전투력 소모 모형에서는 정적 전투력 점수를 채택하여 전투력 손실률이 모든 무기체계 범주별에서 손실률이 동일하다는 것이다. 예를 들어 전투력이 5% 손실을 입었다면 모든 무기체계 범주에서 손실률은 5%로 동일하다. 그러나 이러한 사실은 전사(戰史)의 증거나 고해상도 전투모형에서도 일치하지 않는다.

전사연구와 고해상도 게임과 시뮬레이션을 광범위하게 살펴보면 기갑전력에서는 손실률이 높고 포병에서는 손실률이 낮은 것이 분명하다. 예를 들어 교전한 기갑부대의 손실률이 18%라고 하면 포병손실률은 2% 정도이고 보병의 손실률은 5% 정도이다. 이러한 형태의 정보를 확장하기 위해 각 무기범주별 손실인수를 추정한다. 현재의 인수는 단지 최초의 주관적인 판단에 의한 인수일 수는 있어도 모든 부대에 적용하는 인수보다는 훨씬 더 좋다.

주어진 조정단계에서, 전차가 최초 전투력의 40%를 보충받지만 전투에서 전투력의 50%를 손실 당한다고 가정하면 전차는 특정 형태의 전투에서 1.25 배의 손실을 입는다. 이 비율 1.25 는 외삽할 경우 상대적인 크기를 결정하는데 사용된다. 예를 들어 장갑차가 10%의 보충을 받는다면 단지 12.5%의 손실을 입을 것이다. 반대로 만약 장갑차가 64%의 전투력 보충을 받는다면 장갑차는 80%의 전투력 손실을 입는다.

모든 결과적 상대적 손실률의 합이 100%가 되게 하는 방법이 없기 때문에 각 무기체계 범주에 대한 모든 상대적 손실률을 정규화한다. 그러므로 만약 어떤 전력이

5% 손실을 입었다고 평가되었다면 전투력 점수의 합은 정규화 이후에 최초 전투력의 5%를 더한다.

이러한 손실배분 방법은 상대적 손실을 유도하는데 있어서 양측 사이와 무기체계 범주 사이에서 한 측이 올바른 방향으로 움직이는 것 같다. 예를 들어 만약 한측이 상황인수와 부족분인수 덕분에 더 효과적이라면 그것 때문에 상대방 측보다 더 적은 손실을 입는다. 만약 주어진 무기의 범주가 더 효과적이면 더 적은 손실을 입는다. 방자가 대기갑 능력이 거의 없다고 하자. 그러므로 공자의 기갑은 소모를 평가하기 이전 효과도면에서 유리한 점을 부여받는다. 방자는 더 많은 손실을 입을 것이고 공자는 방자의 대기갑 능력 부족으로 인해 더 적은 손실을 입는다. 만약 돌파가 발생했다고 평가한다면 추가적 손실과 손실된 자산에 대한 복구의 부족이 방자에 대하여 평가되어야 한다. 추가적으로 손실배분를 계산하는 중에도 동일한 부족분인수가 공격하는 기갑전력에 대해 분배되어야 한다. 결과적으로 만약 방자가 더 나은 대기갑 능력을 가지는 경우보다는 이 경우에는 기갑전력은 다른 범주보다 더 낮은 상대적 손실을 입는다.

14 단계: 최종 범주별 전투력 점수로 시작

최종 범주별 전투력 점수는 손실분포 계산의 시작점이 된다. 표 4.2.11 의 9 번째 행에서 찾을 수 있다. 이 전투력은 각 무기범주에 의해 유발된 전투력 비율을 결정하는데 사용된다.

15 단계: 범주별 손실 승수 결정

손실분포는 상황과 상대방의 능력에 따른 다른 무기형태가 다른 비율로 파괴된 것이기 때문에 중요하다. 예를 들어 우리의 조정의 경우 전차가 최초 전투력의 40%를 보충받지만 전투에서 50%가 손실된다고 하자. 결과적으로 전차의 손실은 최초 전차 전투력의 1.25 배이다. 참고표를 각 교전형태의 손실분포를 결정하는데 사용할 수 있다. 참고표는 전사 데이터나 고해상도(High Resolution) 전투모델로부터 만들 수 있다. 최초 값은 표 4.2.38 에서 보는 것과 같다.

표 4.2.38 범주별 손실 인수

Primary Assault Weapon	Type of Battle	Attacker			Defender		
		Armor	Infty	Arty	Armor	Infty	Arty
Armor	Assault	1.5	1.0	0.7*CB	1.2	1.0	0.7*CB
Infantry	Assault	0.5	2.0	0.7*CB	0.5	2.0	0.7*CB
Armor	Meeting	1.5	1.0	0.7*CB	1.5	1.0	0.7*CB
Infantry	Meeting	0.5	2.0	0.7*CB	0.5	2.0	0.7*CB
Armor	Stalemate	1.5	1.0	2.0*CB	1.5	1.0	2.0*CB
Infantry	Stalemate	0.5	1.0	2.0*CB	0.5	1.0	2.0*CB
–	Withdrawal	2.0	1.0	0.2*CB	1.2	1.0	0.4*CB+0.4
–	Break –through	2.0	1.0	0.2*CB	1.2	1.0	0.4*CB+0.4
–	Delay	1.5	1.0	0.7*CB	1.5	1.0	0.5*CB

*CB는 상대측의 대포병능력이다.

표 4.2.38에서 Assult–type 전투는 방자의 급편방어, 정밀방어, 준비된 방어, 강화된 방어와 같은 전투준비상태에 대응된다. 여기에서 주된 공격수단이 상대측 보병에 대한 기갑전력이라면 구분한다. 이것은 전력이 혼성편성되어 있는 것보다 교리적 질문사항이 더 발생할 수 있다. 예를 들어 한국에서 최초의 공격과 방어는 보병에 의해 지배될 것이다. 기갑은 기껏해야 화력지원과 전과확대의 역할에 머무를 것이다. 기갑은 그러므로 상대적으로 더 적은 손실을 기대할 수 있고 보병은 상대적으로 높은 손실을 입을 것이다. 물론 여기와 다른 지역에서 인수와 기본적 상황전력지수 논리조차도 상황전력지수 개념이 양측의 부대 구조와 교리를 적절히 반영하고 있는지 적용할 때 검토할 필요가 있다.

또한 포병의 손실을 상대방 측의 대포병사격 능력의 함수로 간주하여야 한다. 만약 포병의 손실이 높다면 다른 범주의 무기 손실도 평가의 순환주기 동안 높을 것이다. 왜냐하면 대포병사격에 중점을 두고 있는 포병은 기동부대를 타격하는데 중점을 두지 않을 것이기 때문이다. 그러나 한 측의 포병이 대포병사격으로 인해 아주 심하게 전투력 저하가 발생한다면 다음의 전투평가 순환주기 동안 해당측의 기동부대의 효과는 감소될 것이다. 마지막으로 돌파나 철수의 경우에 포병자산에 대한 추가적인 손실이 평가된다.

16 단계: 무기체계 구성 부족분 요소 적용

16 행에 8 행을 복사한다. 무기체계 구성 부족분 승수를 손실분포에 포함한다. 왜냐하면 무기체계 구성부족분이 손실분포에 영향을 미치기 때문이다. 예를 들어 상대측이 대기갑 무기가 부족하다면 적의 기갑전력을 파고하는 능력은 손상받기 때문에 적의 기갑전력의 손실은 적어진다.

17 단계: 상대적 손실률 계산

이 계산은 범주별 손실률을 최종 범주별 점수에 곱하고 이 곱한 수치를 무기체계 구성 부족분 승수로 나눈다. 구한 수치는 각 무기범주가 할당되어야 하는 상대적 손실률을 반영한다. 1 보다는 적은 무기체계 구성 부족분 승수는 무기 범주가 덜 효과적이라는 것을 의미하며 평가 순환주기 동안 손실될 상대적 범주 점수를 증가시킨다.

18 단계: 정규화된 범주별 전투력 계산

17 행을 13 행으로 곱하고 17 행의 총점수로 나눈다. 이 수치는 각 무기체계 범주에서 범주별 손실을 정규화한 것이다. 각 범주의 손실의 합은 최종 총 전투력 손실이다. 이 예의 경우 42.5 점이다.

19 단계: 손실률

18 행을 14 행으로 나눈다. 이 수치는 각 무기체계 범주에서 최종 전투력 손실의 비율이다. 이 단계는 RSAS 가 무기체계 범주에 의해 손실된 자산의 수를 처음으로 계산하는 것이 아니라 무기체계 범주에서 손실된 자산의 비율로 계산하는 과정을 취하고 있기 때문에 중요하게 포함되어 있다.

20 단계: 각 무기체계 범주에 의한 손실된 자산 수 계산

19 행을 표 4.2.11 에 있는 1 행과 곱한다. 이 수치는 각 무기체계 범주에 의해 손실된 자산의 수를 나타낸다. 이것으로 상황전력지수 방법론을 몇가지 선택적 특징을 제외하고 완전히 설명하였다. 예를 들어 각 무기체계 범주에서 손실된 자산이 결정되면 선택적

KV(Killer－Victim) Scoreboard 결과를 만든다. 만약 각 자산형태의 수를 동일한 것으로 외삽을 할 때 사용한다면 각 무기의 범주에서 손실된 자산의 수는 완전히 조정의 경우와 일치할 것이다. 만약 외삽의 경우 입력 자산의 수가 조정의 경우와 다르다면 SFS 방법론은 다른 KV scoreboard와 유사하게 외삽방법으로 작용할 것이다. 이것은 아주 중요한 전투 방법론의 특징이다. 왜냐하면 이전의 KV scoreboard 방법론이 그러한 주장을 펼칠 수가 있었기 때문이다.

4.2.15 임무와 기능관점에서 전력평가

4.2.15.1 임무와 기능지수 개념

임무와 기능지수에 의한 군사력평가방법론은 정연오(2016)의 논단을 기반으로 하여 설명한다. 기존 전력지수를 이용한 군사력 비교평가 방법은 대상 부대 또는 국가의 전력을 무기체계 유형별로 한눈에 비교할 수 있는 장점이 있다. 이것은 하나의 무기체계가 하나의 종합적인 지수를 갖는 데서 비롯된다. 하지만 특정 무기체계가 여러 가지 기능을 발휘할 수 있는 경우, 같은 무기체계라도 수행하는 임무에 따라 다른 기능을 발휘할 수 있다. 따라서 종합적인 평가 지수인 전력지수로는 임무에 따라 무기체계가 발휘하는 다양한 기능을 평가하는 것이 적절하지 않다.

전력기획 관점에서의 군사력평가는, 임무 목표를 달성하기 위한 전력수준을 평가하고, 부족한 전력에 대해 어떤 무기체계를 보강하는 것이 효과적인지를 결정하는 것에 그 목적이 있다. 그러나 전력지수를 이용한 평가방법은 일반적으로 임무별 평가가 아닌 무기체계 유형별로 평가한다. 임무별 평가를 위해서는 임무별로 무기체계가 발휘할 수 있는 특정 기능에 대한 평가가 반영되어야 한다. 따라서 전력기획 관점에서 정책적 결정을 위해 전력지수를 활용하기에는 제한사항이 존재한다.

예를 들어, 상륙돌격장갑차의 경우, 상륙작전에서는 해상에서 상륙기동 기능을 발휘하지만, 상륙 후 지상작전에서는 전차 및 전투장갑차와 같이 교전 및 지상기동 기능을 수행한다. 이런 경우, 수행하는 임무에 따라 다른 점수로 평가되어야 한다. 또한, 전력지수는 화력을 갖는 무기체계에 대해서만 평가되고 있어, 감시정찰, 지휘통제통신, 공병, 교육훈련 등 비교전 무기체계에 대해서는 평가할 수 없는 단점이 있다. 따라서 임무 목표 달성도를 평가하기 위해서는 화력 중심 무기체계의 하나로 종합된 지수가 아닌, 무기체계가 발휘하는 다양한 기능에 따라 각각 다르게 평가될 수 있도록 정의되어야 한다.

전력기획 관점에서는 단순한 전력 수준보다는 특정 임무를 고려한 전력 수준에 대한 평가가 필요하다. 그리고 무기체계 유형에 따른 평가가 아니라, 기능에 따른 평가를 하는 것이 합리적이므로, 임무와 기능을 고려한 전력평가가 필요하다.

이를 위해, '임무'와 '기능'이 조합된 '능력'을 정의한다. 그리고 '능력'에 대한 평가를 위해서는 '임무구조'와 '기능구조'를 설정할 필요가 있다. '임무구조' 상의 각 임무는 개별적으로 가치를 지니고, 같은 가치 수준의 다른 임무가 대체할 수 없도록 독립적으로 정의되어야 한다. 그리고 각 임무는 국방목표 관점에서 설정된 다양한 위협 상황에 따른 시나리오로 구체화된다.

'기능구조' 상의 기능은 전장인식, 지휘통제통신, 전력운용, 방호, 지속지원, 전력관리 등의 전장기능을 의미한다. 전장기능은 타 기능과 중복되지 않도록 기능별 상호 배타적으로 정의되어야 한다. 또 모든 무기체계를 분류할 수 있도록 완전성을 갖추어야 하며, 평가의 용이성을 위해 최대한 단순화되어야 한다. 그리고 평가자가 그 기능에 대해 명확한 이해를 할 수 있도록 기능에 대한 명확한 설명이 제시되어야 한다.

또한, 전장기능은 합동능력영역(JCA: Joint Capability Area)을 기반으로 평가 목적에 맞도록 수정하여 적용하며, 개별 무기체계를 평가할 수 있도록 세분화하여 분류한다. 기능의 기본 분류는 대분류, 중분류, 소분류, 세분류로 구성되며, 개별 무기체계의 특성에 따른 추가 분류를 수행할 수 있다. 합동임무와 기능구조에 대한 정의가 완료되면, 정의된 기능구조를 바탕으로 평가할 수 있는 지수의 산출이 필요하다.

4.2.15.2 임무와 기능지수 산출 방법

임무와 기능의 조합으로 이루어진 '능력'에 대한 평가를 위해서 무기체계 유형 중심이 아닌 기능 중심의 지수(이하 '기능지수'라 한다)의 산출이 필요하다. 기능지수는 기능 특성에 따라 크게 무기체계 기능지수와 부대 기능지수로 구분하여 산출된다. 무기체계 기능지수는 무기체계의 성능과 수량만으로 그 능력을 평가할 수 있는 기능에 적용된다. 대표적으로 기동·교전 기능을 포함한 전력운용 기능이 이에 해당되며, 전장인식·방호 등 지휘통제통신 기능을 제외한 대부분의 기능은 무기체계 기능지수를 이용하여 평가할 수 있다.

하지만 단순히 무기체계의 성능과 수량만으로 평가하기 어려운 기능 분야가 존재한다. 대표적인 것이 지휘통제통신 기능이다. 한 부대의 지휘통제통신 기능을 평가하기 위해서는 그 부대의 전반적인 지휘통제통신 능력을 평가하는 것이 적합하다. 즉, 특정 임무를 수행하는 그 부대의 지휘통제통신 능력은 얼마나 좋은 단말기를 얼마나 많이 갖고 있느냐로 평가되는 것이 아니라, 부대의 지휘통제통신이 어느 정도로 원활히 이루어지는가로 평가되어야 한다. 이를 위해서는 그 부대가 보유하고 있는 단말기의 성능뿐 아니라, 상하위 부대와의 연동 수준, 서비스 수준 등이 종합된 그 부대의 지휘통제통신 능력 평가가 이루어져야 한다.

4.2.15.3 무기체계 기능지수 산출

먼저, 무기체계 기능지수는 식별된 기능구조상 해당기능의 대표체계 기능지수를 1 점으로 한 상대적 성능척도이다. 즉, 무기체계 기능지수는 해당 기능 수행에 필요한 주요 성능척도 및 척도별 가중치를 설정하고 척도별 성능값의 가중평균값으로 종합한 후, 대표 체계의 기능지수를 1 점으로 하여 환산한 것이다.

무기체계 기능지수는 각 기능에 대해 3 단계의 절차에 의해 산출된다. 기능구조에서 정의된 세부 기능과 관련된 무기체계 기능지수는 다수의 기능에 중복되게 평가할 수 있다. 이러한 방법론을 바탕으로 기능지수가 산출되는 과정을 '중방호기동' 기능의 예를 통해 살펴보자. '중방호기동' 은 '지상에서 중방호차량을 사용하여 전개, 교전, 우세, 확보를 위해 유리한 위치로 이동하는 기능'으로 정의되며, 다음과 같은 과정을 거쳐 산출된다.

1 단계로, 중방호기동의 대표 체계를 A 무기체계로 정의하고, B~E 무기체계를 기능과 관련된 체계로 식별한다. 2 단계로, 중방호기동 기능 수행을 위한 주요 성능척도로, 기동성, 화력, 수송능력, 생존성을 설정한다. 주요 성능척도별 평가기준과 척도별 가중치는 표 4.2.39 와 같이 설정할 수 있다.

표 4.2.39 주요 성능척도 평가기준 및 가중치 설정

성능척도	가중치	평가기준
기동성	0,3	· 기동성 수준 평가기준 설정 －상(3) : 000 차량 수준 －중(2) : 000 차량 수준 －하(1) : 000 차량 수준
화력	0.3	· 주포의 구경에 따른 평가기준 설정 －상(3) : 000mm 이상 화기 수준 －중(2) : 000mm 이상 화기 수준 －하(1) : 000mm 미만 화기 수준
수송능력	0.2	· 최대 탑승인원 수
생존성	0.2	· 전면 발사거리 기준 설정 －상(3) : 000~000m 이상 －중(2) : 000~000m －하(1) : 000m 미만

3 단계로, 각 체계의 성능척도별 성능값과 2 단계에서 설정된 척도별 가중치를 종합한 후, 대표체계인 A 무기체계의 기능지수를 1 점으로 하여 각 체계의 기능지수를 환산하여 평가한다. 이렇게 환산된 기능지수는 표 4.2.40 에서 보는 바와 같이 대표체계의 기능점수를 1 점으로 했을 때의 상대적인 지수로 나타낼 수 있다.

표 4.2.40 '중방호기동' 기능지수 산출 (예)

<table>
<tr><th colspan="3" rowspan="2">구분</th><th colspan="4">주요 성능척도</th><th rowspan="3">기능지수</th></tr>
<tr><th>기동성</th><th>화력</th><th>수송능력</th><th>생존성</th></tr>
<tr><td colspan="2">체계</td><td>가중치</td><td>0.3</td><td>0.3</td><td>0,2</td><td>0,2</td></tr>
<tr><td colspan="2">대표</td><td>A무기체계</td><td colspan="4" rowspan="5">생략</td><td>1.0</td></tr>
<tr><td rowspan="4">관련</td><td>1</td><td>B무기체계</td><td>0.9</td></tr>
<tr><td>2</td><td>C무기체계</td><td>0.8</td></tr>
<tr><td>3</td><td>D무기체계</td><td>0.7</td></tr>
<tr><td>4</td><td>E무기체계</td><td>0.6</td></tr>
</table>

산출 결과, C 무기체계의 기능지수가 0.8 점으로 산출되었다면, 이는 중방호기동 기능 면에서 C 무기체계는 대표체계인 A 무기체계의 80% 수준인 것으로 해석할 수 있다. 부대 기능지수 산출 다음으로, 기능지수의 두 번째 유형인 부대 기능지수는 부대 유형별로 주어진 기능의 능력 수준을 평가하는 방식으로 산출한다.

산출 절차를 살펴보면, 먼저 주어진 기능과 관련된 부대유형을 분류하고, 그 기능의 능력 수준을 평가하는 평가요소와 요소별 가중치를 설정한다. 다음으로, 각 부대의 요소별 평갓값과 가중치를 활용하여 종합한 후, 대표 부대의 기능지수가 1 점이 되도록 각 부대의 기능지수를 환산하여 평가한다. 기본적으로 무기체계 기능지수의 산출방법과 동일하나, 그 산출의 단위가 무기체계가 아닌 부대가 된다는 점이 차이라고 볼 수 있다.

이러한 개념을 바탕으로, '지상지휘통제' 기능의 예를 살펴보자. 1 단계로, 지상지휘통제 기능에 해당되는 부대의 계층구조와 부대 유형을 분류한다. 제대별 부대 유형은 표 4.2.41 과 같이 분류할 수 있다.

표 4.2.41 지상지휘통제 기능과 관련된 부대 유형분류

계층구조	부대유형
작전사급 이상	A 작전사, B 작전사 등
군단급	A 군단, B 군단, C 군단 등
사단급	A 사단, B 사단, C 사단, D 사단 등
연대급	A 연대, B 연대, C 연대, D 연대 등
대대급 이하	A 대대, B 대대, C 대대, D 대대 등

2 단계로, 제대별·유형별 부대의 지상지휘통제 기능의 능력 수준을 평가하기 위한 평가요소와 요소별 가중치를 설정한다. 평가요소별 정의와 요소별 가중치는 표 4.2.42 와 같이 설정할 수 있다.

표 4.2.42 지상지휘통제 기능의 능력 수준 평가요소 예

평가요소	가중치	정의
공통상황인식	0.3	공통작전상황도(COP) 등을 통해 전장상황을 도시하고 이를 인식하는 능력수준을 평가하기 위한 요소
상황인식 공유수단	0.2	상황인식 정보를 얼마나 다양하고 신속한 방법으로 공유가능한지를 평가하기 위한 요소
상황인식 범위	0.2	상황인식을 얼마나 많은 타 지휘체계, 감시체계, 타격체계 등과 공유할 수 있는지를 평가하기 위한 요소
생존성	0.2	전산쉘터의 생존성 수준을 평가하기 위한 요소
체계보안	0.1	체계의 주요자원에 대한 보호 및 백업능력을 평가하기 위한 요소

3 단계로, 각 부대의 평가요소별 평갓값과 2 단계에서 설정된 요소별 가중치를 종합한 후, 대표 부대의 기능지수를 1 점으로 하여 각 부대의 기능지수를 환산하여 평가한다.

산출 결과, 연대급 대표 부대 A 대대 1 점을 기준으로 B 대대가 1.2 점으로 산출되었다면, 이는 '지상지휘통제' 기능 면에서 B 대대가 A 대대의 120% 수준인 것으로 해석할 수 있다. 기능지수를 이용한 군사력비교와 군사력평가 임무구조와 기능구조, 기능지수의 산출이 이루어졌다면, 이를 이용하여 기능 중심의 군사력을 비교평가할 수 있을 것이다.

특정 임무를 수행하는 군사력을 비교하고자 한다면 다음과 같이 할 수 있다. 임무와 관련된 기능별로 임무에 투입되는 부대의 보유 무기체계 수량을 식별한 뒤, 무기체계 기능지수에 수량을 곱하여 능력지수를 산출하고, 지휘통제통신 기능의 경우는 부대 유형별 수준을 평가함으로써, 해당 임무를 수행하는 부대와 국가들의 능력을 비교평가할 수 있다. 표 4.2.43 과 그림 4.2.16 에서 보는 바와 같이, A 임무와 관련된 A 기능과 B 기능에 대한 양적 및 질적인 평가를 할 수 있다. 하지만 기능지수를 이용한 평가 방법은 특정 임무와 기능 내에서의 평가만 유효하며, 무기체계의 종합적인 평가에는 적합하지 않다.

표 4.2.43 기능지수를 이용한 군사력평가 예 (I)

구분			A 임무		
			수량	기능지수	능력지수
A 기능	A 국가	A 무기체계			
		B 무기체계			
		C 무기체계			
		소계			
	B 국가	D 무기체계			
		E 무기체계			
		F 무기체계			
		소계			
B 기능	A 국가	G 무기체계		생략	
		H 무기체계			
		I 무기체계			
		소계			
	B 국가	J 무기체계			
		K 무기체계			
		L 무기체계			
		소계			

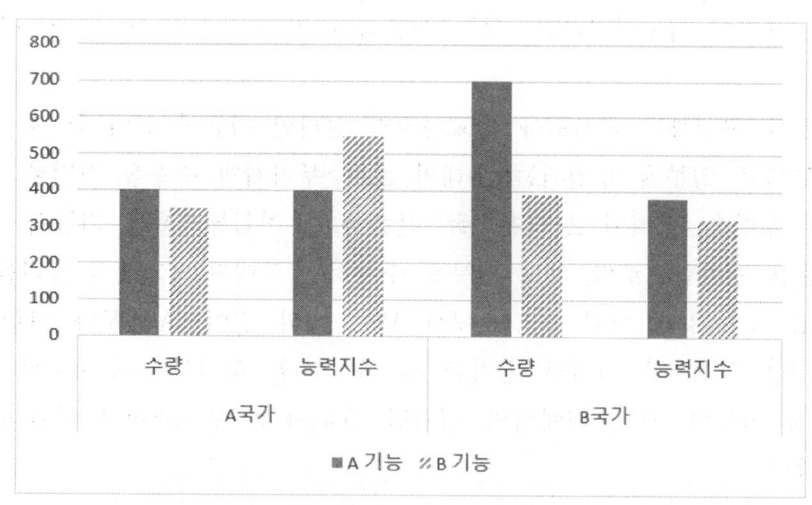

그림 4.2.16 기능지수를 이용한 군사력평가 예 (II)

또한, 임무와 기능관점에서의 능력 비교 역시 시나리오에 의존적이어서 위협에 따른 적절한 시나리오를 설정하는 것이 매우 중요하다. 이러한 특성은 여러 가지 불확실성으로 인해 산출 결과의 신뢰도를 저하시키는 요인이 될 수 있다. 따라서 산출

결과의 신뢰도를 보장하기 위해서는 임무구조 및 기능구조 설정에 대한 신뢰도가 전제되어야 한다.

4.3 Dunnigan의 전력 수정인수 방법

미국의 정치군사 분석가 James F. Dunnigan(1943~)은 부대가 보유하고 있는 모든 개별 무기체계의 수량과 전투가치를 망라하여 그 부대의 전력을 산출하는 방법을 제시하였다. 전력을 병력과 병력 질의 함수로 판단하고 비교적 단순한 수식으로 계산하였는데, 여기에서 병력이란 24 시간 이내 전투준비완료가 가능한 병력을 의미한다. 병력의 질은 지휘 통솔력, 태세, 기습, 훈련 등의 항목별로 가중치를 둔 점수를 부여하여 합산한다.

Dunnigan 모형에서는 수정인수를 사용하여 적절한 전력을 조정 평가하는데 수정인수는 표 4.3.1 과 같다. 각 수정 요인별 최대 감소 효과를 상정하였고 이 최대 감소 효과에서 평가된 적절한 수치를 적용한다. 그는 승수에 의한 전력감소 효과의 최대치를 지형(0.5), 기상(0.2), 제공효과(0.1), 통솔력(0.4), 태세(0.4), 기습(0.4), 보급(0.5), 훈련(0.7), 지휘통제 및 통신(0.7), 사기(0.8)로 제한할 것을 제안하였다.

표 4.3.1 Dunnigan 수정요인 및 최대감소 효과

수정 요인	지형	기후	공중 우세	지휘 통솔력	태세	기습	보급	훈련	C4I	사기
최대 감소 효과 (%)	50	20	10	40	40	40	50	70	70	80

예를 들어 기본 전력이 30,000 인 부대가 있다고 하면 이 부대가 공중 우세의 상실 상태라면 전력 10% 감소효과가 발생하고 훈련 저조인 상태라면 전력 30% 감소, 지휘 통솔력 부족이라면 전력 20% 감소, 기습을 당한 상태라면 전력 40% 감소, 사기 저하 상태라면 전력 20% 감소가 발생하여 수정된 기본 전력은 $30{,}000\times 0.9\times 0.7\times 0.8\times 0.6\times 0.8=7{,}258$ 이 된다.

'전쟁론'을 저술한 프로이센의 군사사상가 Clausewitz 는 전력을 무기 효과지수, 전투상황 인수, 전투 효과도의 곱으로 표현하였다. 미국의 군사전문가 Trevor N. Dupuy 는 전력을 다음과 같이 정의하였다.

Clausewitz 전력 모형: 전력 = 무기 효과지수×전투상황 인수×전투 효과도

Dupuy 전력 모형: 전력 = 병력의 수×작전적/환경적 요소×부대(병력)의 자질

여기에서 무기효과 지수는 개별 무기의 효과지수에 무기범주별 환경가중치를 반영한 값이며 전투상황 인수는 지형, 기후, 계절 등의 자연 환경변수와 전투태세, 방어물 구축, 공중우세권, 기습효과 등의 작전적 변수, 지휘통솔, 교육훈련, 사기 등의 인간 행태적 변수를 감안하였고 전투효과도 승수는 C4I, 군수지원능력, 무형전력 등에 0~1 사이의 승수를 부여하였다.

4.4 QJM(Quantified Judgement Model)

4.4.1 QJM 개요

QJM은 미국 퇴역 육군 대령이자 군사 연구가인 T. N. Dupuy에 의해 개발되었다. 그는 HERO(Historical Evaluation Research Organization)의 연구자들과 함께 수많은 전사연구에서 얻은 경험을 토대로 QJM을 개발하였는데 QJM은 전술적 기습과 사기와 같은 무형적 전투요소가 전투결과에 미치는 영향을 분석할 수 있는 유일한 방법으로 평가되고 있다.

이러한 전투분석 방법은 QJMA(Quantified Judgement Method of Analysis)라 불리고 있고 이 방법론을 사용하여 개발한 전투분석모형은 QJM(Quantified Judgement Model)으로 구분하여 불리고 있다. 분석대상 전투는 비핵, 비화학전인 재래식 전투이며 주로 제 2차 세계대전의 지상전 자료를 사용하여 QJM을 개발하였으며 이 모형으로 중동전을 분석하기도 하였다.

QJM은 지상무기의 발사율, 단발 파괴율, 명중률, 포구속도, 유효사거리 등의 기본적인 치사능력을 전투 당시의 전장병력밀도, 기상, 지형, 전술항공지원 등의 전장환경요소 및 전술적 기습, 사기, 군기 등의 무형요소와 연결지어 전투를 분석하는 순수한 경험적인 방법의 하나이다.

이 방법을 사용하여 과거의 전투를 분석하고 전투에 영향을 미치는 요소들에 대한 의미를 재조명할 수 있으며 미래에 발생가능한 전투의 결과를 예측할 수 있게 된다. 각 요소들은 공식이나 표를 이용하여 다른 변수와 연결되며 이 변수에 대입되는 수치는 무기 성능자료, 과거 전투자료, 군사적 판단 등으로부터 유추된다. 따라서 내부적으로

논리의 일치성을 어느 정도 갖는가는 주로 변수의 정의와 그것들이 취할 수 있는 범위에 달려 있다.

Dupuy는 Calusewitz의 이론을 수학적으로 정교하게 정립하였으며 분석적으로 적용하였다. Clausewitz는 「Law of Numbers」 라는 책에 전투의 전력을 무기 효과지수, 전투상황 인수, 전투 효과도의 곱으로 표현하였다.

Clausewitz 사후 150년 이후 무기는 치명성, 사거리, 운반수단 그리고 기동성 측면에서 급격하게 발전하였다. Dupuy의 Clausewitz 이론의 해석은 식 (4.4-1)과 같이 표현된다.

$$P = N \times V \times Q \quad (4.4\text{-}1)$$

P : 총전투력

N : 병력 수

V : 작전적/환경적 요소

Q : 부대(병력)의 질

표 4.4.1 전력 요소별 범위

구분	값	대략적인 범위
N	실수	500~500,000
V	실수	0.25~4.0
Q	실수	0.20~5.0

4.4.2 QJM 기초 분석

예를 들어 Blue Force와 Red Force가 아래와 같은 값을 가지고 있을 때 전투력비는 다음과 같다.

전투력 요소	Blue Force	Red Force
N	500	1,000
V	1.0	1.0
Q	5.0	5.0

$$전투력비=\frac{P(R)}{P(B)}=\frac{1,000\times1.0\times5.0}{500\times1.0\times5.0}=2 \text{ 또는 } \frac{P(B)}{P(R)}=\frac{500\times1.0\times5.0}{1,000\times1.0\times5.0}=0.5$$

여기에서,

$P(B)$: Blue Force 의 총전투력

$P(R)$: Red Force 의 총전투력

위의 경우는 작전적/환경적 요소(V)와 부대(병력)의 질(Q)가 동일하지만 병력수에 있어서 Red Force 가 Blue Force 보다 2 배 많음으로 전투력은 Red Force 가 2 배가 된다.

두 번째로 다음의 경우를 예를 들어 보자.

전투력 요소	Blue Force	Red Force
N	500	1,000
V	1.0	1.0
Q	3.0	1.0

$$전투력비=\frac{P(R)}{P(B)}=\frac{1,000\times1.0\times1.0}{500\times1.0\times3.0}=0.666 \text{ 또는 } \frac{P(B)}{P(R)}=\frac{500\times1.0\times3.0}{1,000\times1.0\times1.0}=1.5$$

작전적/환경적 요소(V)는 양측 모두 동일하여 이 요소는 전투력에 영향을 미치지 않는다. 부대(병력)의 질(Q)이 Blue Force 가 Red Force 보다 3 배 높다. 병력은 Red Force 가 Blue Force 보다 2 배 높은 경우이다. 따라서 Blue Force 가 Red Force 보다 1.5 배 전력이 높다. 마지막으로 또 다른 예를 들어 보자.

전투력 요소	Blue Force	Red Force
N	500	1,500
V	2.5	1.0
Q	1.5	2.0

$$전투력비=\frac{P(R)}{P(B)}=\frac{1,500\times1.0\times2.0}{500\times2.5\times1.5}=1.6 \text{ 또는 } \frac{P(B)}{P(R)}=\frac{500\times2.5\times1.5}{1,500\times1.0\times2.0}=0.625$$

위의 경우는 방어진지에서 방어하는 Blue Force 를 압도적 병력의 Red Force 가 공격하는 상황이다. Blue Force 는 방어를 하기 때문에 압도적인 작전 환경적 유리한 점을 가지고 있다. 그러나 Red Force는 잘 훈련되고 잘 지휘되고 있어 Blue Force보다 Q에서 다소 유리하다. 이러한 모든 요소를 고려 시 Red Force가 Blue Force보다 더 큰 전투력을 발휘한다.

Dupuy는 Clausewitz의 이론에 계량적 가중치를 부여하여 전투에서 나온 결과를 전사와 비교하여 정량화하기를 원하였다. 그는 전투력의 산출물이 임무달성도, 공간적 효과, 피해효과로 구분하여 다음과 같이 전투결과 R(Result)을 정량적으로 평가하는 수식을 제안하였다. 전투결과의 측정기준은 식 (4.4−2)로 표현 가능하다.

$$R=MF+Esp+Ecas \qquad (4.4-2)$$

여기에서,

MF(임무달성도) : 군사전문가 의한 전투부대의 목표 또는 임무달성 정도에 대한 정성적 주관적으로 판정

Esp(공간적 효과) : 전투에 의한 공간의 획득 또는 손실된 면적의 크기

Ecas(피해 효과) : 쌍방전력에 의한 사상자 및 전투력의 손실, 치사 효과도 비율

식 (4.4−2)에서 보는 것과 같이 전투결과의 측정은 각 요소의 합으로 결정한다.

표 4.4.2 R, MF, Esp, Ecas 값 형태 및 범위

구분	값	대략적인 범위
R	실수	−5.5~16.5
MF	정수	1~10
Esp	실수	−3.0~3.0
Ecas	실수	−3.5~3.5

임무달성도 MF는 다음과 같은 기준하에 전문가들의 의견수렴 후 적용한다.

표 4.4.3 임무달성도 평가 기준

임무 달성도 수준	범위	평균값
완벽한 달성	7~10	8
상대한/비교적 만족	5~7	6
부분 만족/만족보다 적음	2~5	4
거의 달성한 것이 없음	1~3	2

아래와 같이 Blue Force와 Red Force의 전투결과 요소가 주어졌을 때 전투결과 비율을 구해 보면 아래와 같다.

전투결과 요소	Blue Force	Red Force
MF	2	8
Esp	1.0	2.0
Ecas	1.5	1.0

전투결과 비율$=\dfrac{R(R)}{R(B)}=\dfrac{8+2.0+1.0}{2+1.0+1.5}=2.44$ 또는 $\dfrac{R(B)}{R(R)}=\dfrac{2+1.0+1.5}{8+2.0+1.0}=0.41$

Red Force는 임무달성도 측면에서 Blu Force를 압도한다. 더욱이 지역을 확보하는 측면에서 Red Force가 2배 더 효과적이다. 그러나 Blue Force가 전투 측면에서 Red Force에 더 많은 손실을 강요한다. 그러나 이 요소가 다른 두 요소를 상쇄할 만큼 효과적이지는 않다. 전투결과 비율 측면에서 Red Force가 훨씬 효율적이다.

4.4.2.1 이론적 전투력

P=N×V×Q에서 부대(병력)의 질을 의미하는 Q를 생략한 $P'=N\times V$를 이론적 전투력이라고 한다. 왜냐하면 Q는 군기, 사기, 전투기량, 지휘, 경험, 행운의 기회 등 무형적 요소를 포함하기 때문에 측정하기 어렵기 때문이다. 그러므로 이론적 전투력비는 식 (4.4-3)과 같이 표현가능하다.

$$\frac{P'(B)}{P'(R)} \text{ 또는 } \frac{P'(R)}{P'(B)} \qquad (4.4-3)$$

반면 실제 전투력 결과비율은 앞에서 설명한 것과 같이 식 (4.4-4)와 같다.

$$\frac{R(R)}{R(B)} \text{ 또는 } \frac{R(B)}{R(R)} \qquad (4.4-4)$$

앞에서 이론적 전투력 비율에서 Q를 생략하였지만 실제 전투에서는 이러한 인간적 행태 요소들이 전투결과에 많은 영향을 미친다. 따라서 전투효율도를 분석하는 것이 매우 중요하다. 그러므로 전투모델에서 이러한 요소들을 포함하는 것이 논리적으로 필요하다. 따라서 QJM에서는 이러한 요소를 전투효과도(CEV : Combat Effectiveness Value)라 하고 이를 포함한다. CEV는 식 (4.4-5), (4.4-6)으로 표현가능하다.

$$\text{Blue Force의 CEV : } CEV(B) = \frac{\frac{R(B)}{R(R)}}{\frac{P'(B)}{P'(R)}} = \left[\frac{R(B)}{R(R)} \times \frac{P'(R)}{P'(B)}\right] \qquad (4.4-5)$$

$$\text{Red Force의 CEV : } CEV(R) = \frac{\frac{R(R)}{R(B)}}{\frac{P'(R)}{P'(B)}} = \left[\frac{R(R)}{R(B)} \times \frac{P'(B)}{P'(R)}\right] \qquad (4.4-6)$$

$\frac{R(R)}{R(B)}$와 $\frac{P'(R)}{P'(B)}$는 하나의 요소가 다른 요소에 비해 독립적이지 않다. 만약, 한측이 상대방에 비해 병력이나 무기가 월등히 우세한 상황에서 가까스로 승리하거나 승리하지 못한다면 상대측의 CEV가 더 좋은 것으로 해석해서 훈련이 잘되어 있고 사기와 군기가 높은 것으로 해석할 수 있다.

다음 표와 같은 경우를 생각해 보자.

전투력 요소	Blue Force	Red Force
N	500	1,500
V	2.5	1.0

$$\frac{P'(B)}{P'(R)} = \frac{500 \times 2.5}{1,500 \times 1.0} = \frac{1,250}{1,500} = 0.83$$

$$\frac{P'(R)}{P'(B)} = \frac{1,500 \times 1.0}{500 \times 2.5} = \frac{1,500}{1,250} = 1.2$$

이론적 전투력 비율은 Red Force가 Blue Force에 비해 1.2배 높다.

전력 요소	Blue Force	Red Force
MF	5	3
Esp	2.0	0.5
Ecas	2.0	−1.0

$$\frac{R(R)}{R(B)}=\frac{3+0.5-1}{5+2.0+2.0}=\frac{2.5}{9.0}=0.28$$

$$\frac{R(B)}{R(R)}=\frac{5+2.0+2.0}{3+0.5-1}=\frac{9.0}{2.5}=3.6$$

실제 전투결과는 Blue Force가 승리하는 것으로 나타났다.

위의 결과를 바탕으로 CEV를 구해보면 다음과 같다.

Blue Force의 CEV : $CEV(B)=\left[\frac{R(B)}{R(R)}\times\frac{P'(R)}{P'(B)}\right]=3.6\times1.2=4.32$

Red Force의 CEV : $CEV(R)=\left[\frac{R(R)}{R(B)}\times\frac{P'(B)}{P'(R)}\right]=0.28\times0.833=0.23$

마지막으로 전투력을 구하는 공식은 식 (4.4−7)과 같다.

$$P(R)=P'(R)\times CEV(R)=\frac{R(R)}{R(B)}\times CEV(R) \qquad (4.4-7)$$

다음은 N, V, R의 입력값으로 CEV를 구하는 절차를 표현한 것이다.

요소	Blue Force	Red Force
N	500	1,500
V	2.5	1.0
P'	1,250	1,500
$P'(B)/P'(R)$, $P'(R)/P'(B)$	0.83	1.2
R	9.0	2.5
R(B)/R(R), R(R)/R(B)	3.6	0.28
CEV	4.32	0.23

Blue Force 의 전투력: $P(B) = P'(B) \times CEV(B) = 1,250 \times 4.32 = 5,400$

Red Force 의 전투력: $P(R) = P'(R) \times CEV(R) = 1,500 \times 0.23 = 345$

Blue Force 가 Red Force 를 전투력에서 압도적인데 병력수는 작지만 CEV 가 훨씬 크기 때문이다. Blue Force 의 CEV 가 병력의 부족함에도 불구하고 전투력을 상승시키는 승수로 작용하였다. 반면, Red Force 의 CEV 는 잠재적 전력의 약화를 초래한 원인이다.

4.4.2.2 전투력 비율(CPR : Combat Power Ratio)

QJM 에서 상대측의 전투력 비율을 평가하고 조정함으로써 전사(戰史)에 대해 평가하였다. Dupuy 는 이를 전투력 비율이라고 규정하고 식 (4.4−8), (4.4−9)로 표현하였다.

Dupuy 는 분모을 이론적 전투력 P' 으로 대체한 것으로 보인다.

$$CPR(B) = \frac{P(B)}{P(R)} = \frac{N(B) \times V(B) \times CEV(B)}{N(R) \times V(R)} \qquad (4.4-8)$$

$$CPR(R) = \frac{P(R)}{P(B)} = \frac{N(R) \times V(R) \times CEV(R)}{N(B) \times V(B)} \qquad (4.4-9)$$

이렇게 전투력 비율을 정의하면 $P(B)/P'(R)$은 여전히 이해가 안되는 부분이 발생하고 수학적으로도 아래와 같이 $R(B)/R(R)$로 정리되어 이러한 모델을 수립한 의도가 명확하지 않다.

$$CPR(B) = \frac{P(B)}{P(R)} = \frac{N(B) \times V(B) \times CEV(B)}{N(R) \times V(R)} = \frac{P'(B) \times CEV(B)}{P'(R)}$$

$$P'(B) \times \frac{\frac{R(B)}{R(R)}}{\frac{P'(B)}{P'(R)}}$$
$$= \frac{\qquad\qquad}{P'(R)} = \frac{R(B)}{R(R)}$$

이후, Dupuy 의 저서 「Understanding War」 에서는 전투력비율 CPR 을 식 (4.4−10), (4.4−11)과 같이 기술하고 있다.

$$CPR(B) = \frac{P(B)}{P(R)} = \frac{N(B) \times V(B) \times CEV(B)}{N(R) \times V(R) \times CEV(R)} \qquad (4.4-10)$$

$$CPR(R) = \frac{P(R)}{P(B)} = \frac{N(R) \times V(R) \times CEV(R)}{N(B) \times V(B) \times CEV(B)} \qquad (4.4-11)$$

2 차 세계대전 시 독일군(G)와 연합군(A)의 CPR(G)를 Dupuy 는 다음과 같이 계산하고 있다.

$$CPR(G) = \frac{P(G)}{P(A)} = \frac{1.712 \times 1 \times 1.2}{720 \times 1.82 \times 1.0} = 1.57$$

Dupuy 가 QJM 과 그의 다른 저서에서 CPR 을 다르게 정의한 것에 대해 다음과 같은 해석이 가능하다.

첫째, 만약 Dupuy 가 한측에게만 CEV 를 적용시키고 싶었다면(Blue Force 라고 가정하자) 그는 전투력 비율을 다음과 같이 정의하기를 원했을 것이다.

$$\frac{P'(B)}{P'(R)} \times CEV(B)$$

앞에서 보는 것과 같이 이러한 표현은 수학적으로 $R(B)/R(R)$이 된다. 이것은 Dupuy의 의도는 아닌 것으로 보인다. 왜냐하면 $R(B)/R(R)$는 완전히 다른 의미를 통해 계산되기 때문이다.

둘째로 상대측 CEV의 상호 호혜적이지 않다는 것으로 해석이 가능하다. 앞에서 설명한 것과 같이 독일군과 연합군의 CEV는 상호적이지 않다.

이러한 명확하게 다른 두가지 전투력 정의에 대해 다시 한번 검토를 해야한다. 첫 번째로 다음과 같이 상호간의 전투력 정의가 동등한 개념하에서 이루어지는 것이다.

$$CPR(B) = \frac{P(B)}{P(R)} = \frac{N(B) \times V(B) \times CEV(B)}{N(R) \times V(R) \times CEV(R)}$$

$$CPR(R) = \frac{P(R)}{P(B)} = \frac{N(R) \times V(R) \times CEV(R)}{N(B) \times V(B) \times CEV(B)}$$

앞에서 예를 든 같은 데이터로 상호간의 전투력 비율을 구해 보자.

요소	Blue Force	Red Force
N	500	1,500
V	2.5	1.0
P'	1,250	1,500
$P'(B)/P'(R)$, $P'(R)/P'(B)$	0.83	1.2
R	9.0	2.5
$R(B)/R(R)$, $R(R)/R(B)$	3.6	0.28
CEV	4.32	0.23

$$CPR(B) = \frac{P(B)}{P(R)} = \frac{500 \times 2.5 \times 4.32}{1,500 \times 1.0 \times 0.23} = 15.65$$

$$CPR(R) = \frac{P(R)}{P(B)} = \frac{1,500 \times 1.0 \times 0.23}{500 \times 2.5 \times 4.32} = 0.063$$

위 가상의 전투에서 제안된 전투력 비율은 상대측에 대한 상대적 전투력과 교전능력을 나타낸다. 이 예에서 Blue Force의 전투력 비율은 15.65로 커졌다. 이 결과가 합리적인

가? 앞에서 언급한 대로 상대측 CEV는 상호적이다. 즉 Blue Force의 CEV인 CEV(B)는 Red Force의 CEV인 CEV(R)의 역수이어야 하는데 이 예에서 CEV 비율을 보면 왜곡요소가 있는 것처럼 보인다.

$$4.32/0.23=18.8, \quad 0.23/4.32=0.05$$

Blue Force의 전투력 비율 15.65는 데이터에 의해 설명되지는 않는다. 비록 Blue Force가 Red Force보다 약간 열세하지만 1 CEV 기준으로 4보다 큰 CEV를 가지고 있다. 그러나 이 유리점이 전투력 비율 15.65로 압도적인 전투력을 생산하는 것으로 보이지는 않는다. 명확하게 상호 CEV를 나누어 봄으로써 이 전투를 정량화하는 시도를 왜곡시키는 것으로 보인다. 그러므로 제안된 전투력 비율은 비합리적으로 보이고 전사를 비교하는데 적합하지 않은 것으로 보인다.

4.4.3 QJM 절차

QJM 전투분석 절차는 표 4.4.4와 그림 4.4.1과 같다.

표 4.4.4 QJM 전투분석 절차

단계	분석내용
1	자료 수집
2	전투치사지수 계산
3	환경변수 및 작전변수 결정
4	환경변수를 고려한 전투력 계산
5	환경변수 및 작전변수를 고려한 잠재전투력 계산
6	잠재전투력 비 계산
7	전투결과 비교
8	잠재전투력비와 전과의 비교
9	분석
10	전투인수 재조정 혹은 새로운 인수 적용
11	자료 기록

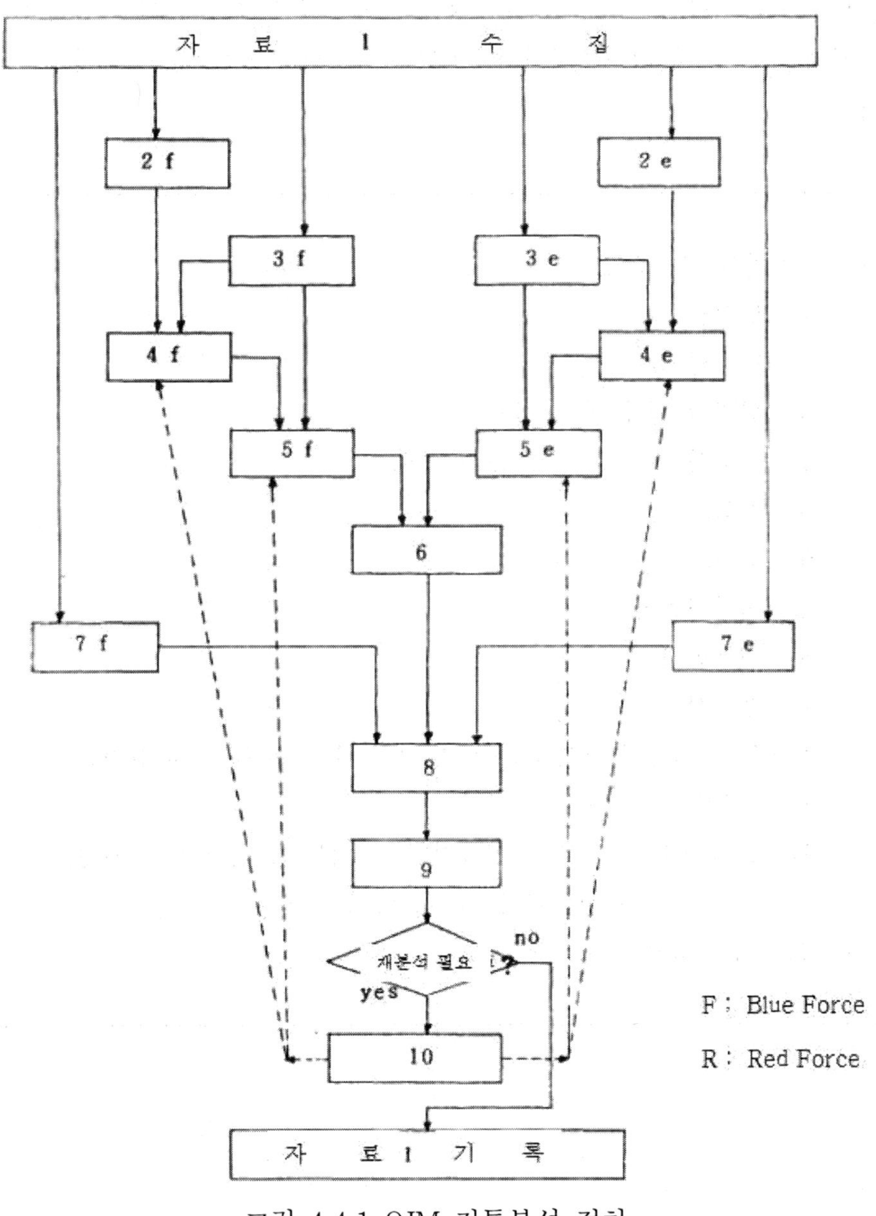

그림 4.4.1 QJM 전투분석 절차

4.4.2.1 자료 수집

먼저 정량적인 자료로서 교전쌍방의 완전한 전투서열이 필요하다. 편제장비표의 모든 무기와 부대에 있었거나 병력에 의하여 지원임무로서 운반되었거나 작동된 무기까지도 모두 가용한 것으로 추정한다. 전투쌍방의 보유무기의 종합목록도 필요하다. 각 교전마다 교전자료용지가 마련되어야 한다.

정성적인 자료는 반드시 필요하지는 않으나 전투기간 중에 있었던 중요한 자료들에 대한 간략하게 기술한 자료를 준비한다. QJM에서 전투결과에 영향을 미치는 요소는 아래와 같다.

A : 무기치사성능 요소
- 1 : 발사율
- 2 : 단발당 표적수
- 3 : 단발당 명중 시 피격율
- 4 : 유효사거리 또는 포(총)구속도
- 5 : 정확도
- 6 : 신뢰도
- 7 : 전장이동성
- 8 : 전투반경
- 9 : 생존성
- 10~13 : 기갑성능(자주능력, 미사일 유도, 다련장, 다장전)
- 14 : 헬기
- 15~21 : 기타 무기효과(신속발사, 화기통제, 탄약보급, 차량, 악천후 지형극복, 상륙, 병력수송)
- 22 : 전장병력 밀도

B : 지형 요소
- 23 : 기동 효과
- 24 : 방어태세 효과
- 25 : 보병무기 효과
- 26 : 포병무기 효과
- 27 : 항공무기 효과
- 28 : 기갑무기 효과

C : 기상 요소
- 29 : 기동 효과
- 30 : 공격태세 효과
- 31 : 포병무기 효과
- 32 : 항공무기 효과
- 33 : 기갑무기 효과

D : 계절 효과
- 34 : 공격태세 효과
- 35 : 포병무기 효과
- 36 : 항공무기 효과

E : 항공우세 효과
- 37 : 기동 효과
- 38 : 포병무기 효과
- 39 : 항공무기 효과
- 40 : 취약성 효과

F : 전투태세 효과
- 41 : 전투력 효과
- 42 : 취약성 효과

G : 기동 요소

43 : 기동 효과

44 : 환경 효과

H : 취약성 요소

45 : 노출 효과

46 : 환경 효과

47 : 접안

48 : 도하(엄호하)

49 : 도하(비엄호하)

I : 전술항공 효과

50 : 근접항공지원의 살상 효과

51 : 근접항공지원의 사기 효과***

52 : 후방차단(군수)**

53 : 후방차단(부대이동 지연)**

54 : 후방차단(살상 효과)

55 : 후방차단(혼란야기 효과)***

J : 기타 전투과정

56 : 기습의 기동 효과

57 : 기습자의 취약성 효과

58 : 피기습자의 취약성 효과

59 : 기타 기습 효과

60 : 피로와 살상감소**

61: 전장피로 효과

62 : 혼란 효과**

K : 무형 전력 요소
63 : 전투효과*
64 : 지휘통솔력**
65 : 훈련/경험**
66 : 사기***
67 : 군수*
68 : 시간***
69 : 공간***
70 : 전투의지***
71 : 첩보***
72 : 기술***
73 : 주도권***

* : 때때로 계산가능한 요소
** : 대체로 계산가능할 것으로 보이나 현재 계산하지 못하고 있는 요소
*** : 개별적으로 계산할 수 없는 요소

4.4.2.2 전투치사지수(OLI: Operational Lethality Index) 계산

OLI는 전투에 사용한 각종 무기를 기동장비와 비기동장비로 구분하고 무기자체의 기계적인 특성을 중심으로 산출한다. 기동무기는 화력과 기동능력이 결합되어 직접전투력을 발휘하는 무기로 전차, 장갑차, 항공기 등을 말한다. 비기동무기는 소총, 기관총, 중화기 등 자체 기동능력이 없고 운반·견인된 무기, 자주포, 지상방공지원, 근접항공지원을 위한 고정익 항공기와 헬기 등 기동무기에 탑재되는 무기를 말한다.

비기동무기의 전투치사지수 OLI(W)는 식 (4.4-12)로 계산한다.

$$W = RF \times PTS \times RIE \times RN \times A \times RL \times SME \times GE \times MCE \times MBE \times AE/Di \quad (4.4-12)$$

여기에서,
RF : 발사율 인수
PTS : 단발당 파괴가능 표적수 인수

RIE : 단발 치사율 인수
RN : 유효사거리 인수
A : 정확도 인수
RL : 신뢰도 인수
SME : 자주능력 인수
GE : 미사일유도 인수
MCE : 다장전 인수
MBE : 다련장 인수
AE : 항공기 탑재무기 인수
Di : 전장병력밀도 인수

기동무기의 전투치사지수(W')는 기동무기의 전투치사지수의 기본값 W를 기동무기에만 적용되는 여러 요인을 곱하는 형식으로 식 (4.4-13)와 같이 계산한다. 즉, 기동무기의 전투치사지수의 기본값 W는 비기동무기의 전투치사지수와 같은 방법으로 구한다.

$$W' = (\mathrm{W} \times \mathrm{MOF} \times \mathrm{RA} + \mathrm{PF}) \times \mathrm{RFE} \times \mathrm{FCE} \times \mathrm{ASE} \times \mathrm{WHT} \times \mathrm{AME} \times \mathrm{CL} \quad (4.4\text{-}13)$$

여기에서,
W : 기동무기의 전투치사지수의 기본값
MOF : 전장이동속도 인수
RA : 기동반경 인수
PF : 저항능력 인수
RFE : 신속발사능력
FCE : 화력통제 인수
ASE : 탄약보급능력 인수
WHT : 차량 인수
AME : 상륙능력 인수
CL : 상승고도 인수

○ 발사율 인수(RF: Rate of Fire)

먼저 발사율(RF)은 1 시간을 기준으로 지속적인 발사속도로서 군수제한이 없는 것으로 가정한다. 탑승자가 작동하는 화기는 '분당 발사율×4', 휴대용 자동화기는 '분당 발사율×2', 항공기 탑재화기는 '분당 발사율×2', 기타 수동화기의 발사율은 표 4.4.5 를 사용하여 환산한다. 단, 박격포는 기타 수동화기의 1.2 배로 한다.

표 4.4.5 구경별 발사율 인수(RF)

구경(mm)	발사율(발/시간)	구경(mm)	발사율(발/시간)
20	320	225	25
40	275	250	21
60	250	275	18
80	150	300	15
100	100	325	13
125	80	350	11
150	60	375	9
175	40	400	7
200	30	425	6
		450	5

○ 단발당 파괴가능 표적수 인수(PTS: Number of Potential Targets per Strike)

단발당 파괴가능 표적수(PTS)를 계산하는데 개인화기 및 경기관총은 1.0, 구경이 10~15mm 인 기관총은 2.0, 19 세기 이전의 화포는 25.0 이다. 고폭탄의 파괴표적수는 치사면적내의 $1m^2$ 당 1 인으로 한다. 화포의 구경별 파괴가능 표적수는 표 4.4.6 과 같다.

표 4.4.6 단발당 파괴가능 표적수 인수(PTS)

구경(mm)	파괴가능 표적수	구경(mm)	파괴가능 표적수
20	60	250	5,200
40	135	275	5,700
60	250	300	6,000
80	450	350	6,300
100	1,800	400	6,900
125	2,500	450	7,200
150	3,000	500	7,500
175	3,500	600	8,000
200	4,000	700	9,000
225	4,800	800	10,000

○ 단발 치사율 인수(RIE: Relative Incapacitating Effect)

단발 명중 시 표적이 무력화되는 비율을 나타내는 단발 치사율(RIE)은 중기관총 이상은 항상 1.0 이고 기타 무기는 표 4.4.7 에 나타나 있다.

표 4.4.7 단발치사율 인수(RIE)

무기	발사율	1회 파괴 목표	단발 치사율	유효거리				
				사거리		포구초속		
				유효 사거리	인수	속도	구경	인수
	1시간			km		km/s	mm	
권총	350	1	0.7	–	–	0.315	9	1.00
기관총	2600	1	0.8	2.25	2.50	0.745	7.6	21.44
박격포	168	760	1.0	3.04	2.74	0.210	82	1.33
76mm포	148	640	1.0	11.96	4.46	0.95	76.2	5.80
D30 곡사포	120	1975	1.0	15	4.87	0.69	122	5.33
.	.	.		.	.	.	.	.
.	.	.		생략	.	.	.	.
.	.	.		.	.	.	.	.

○ 유효사거리 인수(RN: Range Factor)

유효사거리(RN)은 특별한 정보가 없는 한 무기의 최대사거리의 90%를 적용하고 다음과 같이 유효사거리와 포구초속에 따라 계산한다. *RN*의 최소치는 1.0 이다. 박격포와 미사일을 제외한 무기의 *RN*은 사거리에 따른 *RN*보다 포구초속에 따른 *RN*이 크면 포구초속에 따른 *RN*을 사용한다. 만약, 사거리에 따른 *RN*이 크면 포구초속에 따른 *RN*과 합쳐 평균치를 사용한다. 박격포와 미사일은 두 가지 값 중 큰 것을 사용한다. 공대지 폭탄은 포구초속에 따른 *RN*을 사용하되 포구초속은 250km/s 을 적용한다. 구경에 따라 표 4.4.8 을 사용하여 탄두중량에 따라 결정한다.

$$\text{유효사거리 기준 } RN = 1.0 + \sqrt{\text{유효사거리}(km)}$$

$$\text{포구초속 기준 } RN = 0.007 \times MV(\text{포구초속})(km/s) \times \sqrt{0.1 \times \text{구경}(mm)}$$

표 4.4.8 구경에 따른 탄두중량

화기		로켓/폭탄/박격포	
구경(mm)	탄두중량(pound)	구경(mm)	탄두중량(pound)
50	50	50	35
100	100	100	70
150	180	150	100
200	240	200	150
300	500	300	250
400	1,000	400	500
500	2,500	500	1,000
600	3,500	600	3,000
700	5,000	700	4,000
800	7,000	800	6,000

○ 정확도 인수(A: Accuracy)와 신뢰도 인수(RL: Reliability)

정확도(A)와 신뢰도(RL)는 주관적으로 판단한다.

○ 자주능력 인수(SME: Self-propelled Artillery Factor)

자주능력 인수(SME)은 중장갑무기가 아닌 화포의 자주능력 인수는 1.05 를 적용하고 여기에 자주 장비에 상부 보호장갑이 있으면 1.10 을 적용한다.

○ 미사일유도 인수(GE: Missile Guidance Effect)

미사일유도 인수(GE)는 Beam 또는 유선유도일 경우에는 2.0, 레이다 유도의 경우는 1.5 를 적용한다.

○ 다장전 인수(MCE: Multiple Charge Artillery Weapon Effect)

다장전 인수(MCE)는 표 4.4.9 를 사용한다.

표 4.4.9 다장전 인수(MCE)

장전수	단위 인수	종합
1~2	1.00	1.00
3	0.05	1.05
4	0.04	1.09
5	0.03	1.12
6	0.02	1.14
7 이상	0.01	1.15

○ 다련장 인수(MBE: Multi-barreled Weapon Effect)

다련장 인수(MBE)는 표 4.4.10 을 사용한다.

표 4.4.10 다련장 인수(MBE)

포(총)신수	단위 인수	종합
1	1.00	1.00
2	0.50	1.50
3	0.33	1.88
4	0.25	2.13
...	...	...
24 이상		4.18

○ 항공기 탑재무기 인수(AE: Aircraft Mounted Weapon Effect)

항공기 탑재무기 인수(AE)는 지상에서의 치사인수의 0.25 배를 적용한다.

○ 전장병력밀도 인수(Di: Dispersion Factor)

전장병력밀도 인수(Di)는 전투병력 1 인당 점유면적을 의미하며 단위는 m^2이다. 시대별 전장에서의 병력의 밀도는 표 4.4.11 과 같다.

표 4.4.11 시대별 전장병력 밀도

시대	밀도	시대	밀도
고대	1	1 차 세계대전	250
나폴레옹 전쟁	20	2 차 세계대전	3,000
미국 남북전쟁	25	1970 년대 중반	4,000

'기동무기의 전투치사지수(W')', 즉 OLI 는 다련장 인수와 같은 방식을 적용하여 구한다. 예를 들어 다수의 무기가 탑재된 기동화기의 OLI 는 개별 무기의 치사지수 및 그 무기 수량이 각각 300 이 1 개, 3 이 1 개, 20 이 3 개인 경우에, 먼저 치사지수 크기 순서로 나열한다. 즉, 300, 20, 20, 20, 3 이 된다. 따라서 주무기인 300 은 100% 적용하고 그 뒤의 무기부터는 다련장 인수를 적용하면 다음과 같이 계산된다.

$$\text{총 } OLI = 300 + 20 + 20 \times 0.5 + 20 \times 0.33 + 3 \times 0.25 = 337.35$$

○ 전장이동속도 인수(MOF: Battlefield Mobility Effect)

전장이동속도 인수(MOF)는 다음과 같다.

$$\text{MOF} = 0.15 \times \sqrt{\text{도로 이동속도(또는 항공기 속도)}(km/h)}$$

근접항공지원의 최적 항공속도는 500km/h 이다. 항공속도가 500~1,500km/h 이면 $0.1 \times$ 증가분을 가산하며 1,500km/h 이상이면 $0.01 \times$ 증가분을 가산한다. 예를 들어 근접항공지원 항공기 속도가 2,900km/h 이면 $500 + 1{,}000 \times 0.1 + 1{,}400 \times 0.01 = 614.0$이다.

○ 기동반경 인수(RA: Radius of Action Factor)

기동반경(RA)는 $0.08 \times \sqrt{\text{기동반경}(km)}$ 이다.

○ 저항능력 인수(PF: Punishment Factor)

저항능력은 아래와 같이 구한다.

- PF=3000 × 중량$(ton)/4 \times \sqrt{2 \times 중량(ton)}$
- 중량$(ton)/8 \times \sqrt{2 \times 중량(ton)}$ (항공기, 돌격포, 대전차화기의 경우)
- 이 효과는 승산하지 않고 가산한다.

○ 신속발사능력 인수(RFE: Rapidity of Fire Effect)

전차, 수색장갑차, 장갑차, 돌격포(자주포 제외), 대전차무기에 대해서는 먼저 기본적인 치사지수를 "OLI× 기동속도 × 기동반경 + 저항능력"으로 산출하고 신속발사능력인수(RFE)는 주무기의 발사 및 재장전능력이며 그림 4.4.2 를 사용하여 인수를 적용한다.

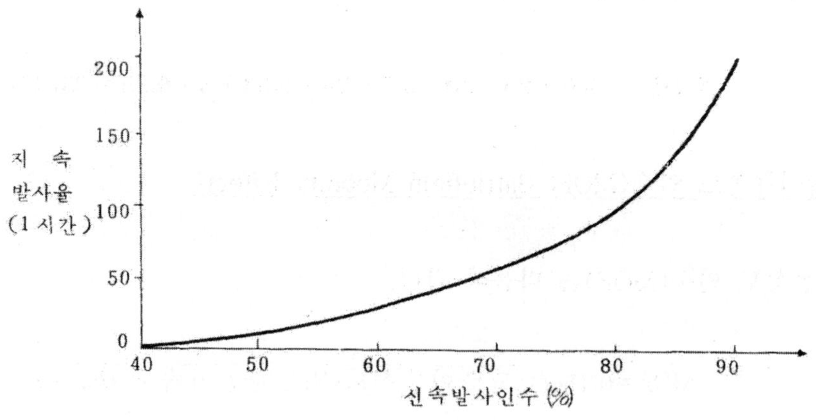

그림 4.4.2 전차와 대전차화기의 신속발사능력 인수

○ 화력통제능력 인수(FCE: Fire Control Effect)

화력통제능력 인수(FCE)는 실질적인 사격통제효과도를 반영하여 주관적으로 판단한다. 예를 들어 1973 년 미군의 M60A1 전차의 FCE 는 0.9 이었다.

○ 탄약보급능력 인수(ASE: Ammunition Supply Effect)

탄약보급능력 인수(ASE)는 주무기의 탄약보급능력이며 그림 4.4.3 을 사용한다.

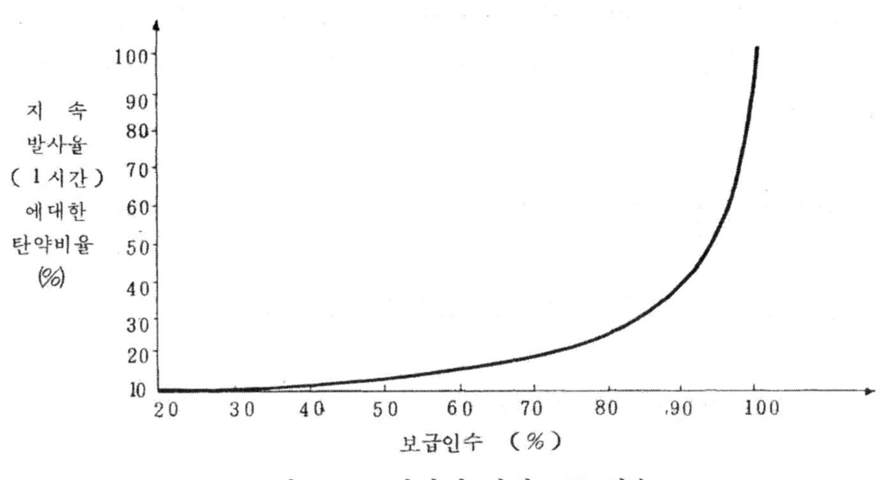

그림 4.4.3 전차의 탄약보급 인수

○ 차량 인수(WHT: Wheel/Half-tracks Effect)

차량 인수(WHT)는 차륜차량은 0.9 를 적용하고 반궤도차량은 0.95 를 적용한다. 장갑차량의 지형극복능력 인수(Adverse Environmental Effect)는 악천후 또는 악지형에서도 치사력 발휘가 가능한 점을 반영하는 것으로 기본치사능력의 0.5 배를 적용하되 포병과 같이 그값의 최소치 이하로는 저하시키지 않는다.

○ 상륙능력 인수(AME: Amphibious Capability Effect)

상륙능력 인수(AME)는 일반적으로 1.1 을 적용하고 잠항 및 제한적인 경우에는 1.05 를 적용한다. 인원수송 장갑차(APC: Armored Personnel Carriers)는 보병의 중화기로 구분하고 OLI 는 돌격포나 대전차무기와 같은 방식으로 계산하되 무장발사대용이 아니면 차량 인수는 적용하지 않는다. 고정장착무기의 OLI 에 탑승자 무기들의 OLI 를 합산한다. 이렇게 하면 소화기의 무기효과는 2 배로 계산되는 결과가 된다.

○ 상승고도 인수(CL: Ceiling Effect)

고정익 항공기의 경우에는 기본 OLI 는 장갑차와 같은 방식으로 적용하되 기동속도 인수는 근접항공지원 인수를 적용한다. 상승고도(CL)는 기본고도는 30,000ft 로서 이때의 인수를 1.0 으로 하여 1,000ft 증가당 +0.005 를 하고 1,000ft 감소당 -0.02 를 적용한다. 헬기의 경우는 자체취약성으로 (자체 OLI+탑승자 무기 OLI)/2 를 적용한다. 상승고도 인수는 0.6 을 적용한다.

4.4.2.3 환경인수 및 작전인수 결정

OLI 를 구하고 난 후 환경인수 및 작전인수를 적용한다.

○ 환경인수를 고려한 전투력(S) 계산

공자와 방자의 전투력 S는 각 무기의 기본전투치사지수(OLI)에 환경인수를 적용하여 다음과 같이 계산한다. 소화기, 기관총, 중화기의 OLI 합은 지형이 보병에 미치는 영향인수를 곱하고 화포와 방공무기의 OLI 합은 지형·기상·계절·항공우세 인수를 곱하고 장갑화된 무기의 OLI 합은 지형·기상요인을 곱해 적용하고 항공화력의 OLI 합은 지형·기상·계절·항공우세 인수를 곱한다. 각 무기들에 대한 인수를 곱하고 더해서 환경인수를 고려한 전투력 S를 계산한다.

$$S=[(W_s+W_{mg}+W_{hw})\times r_n]+(W_{gi}\times r_n)+[(W_g+W_{gy})\times(r_{wg}\times h_{wg}\times z_{wg}\times w_{yg})]+(W_i\times r_{wi}\times h_{wi})+(W_y\times r_{wy}\times h_{wy}\times z_{wy}\times w_{yy})$$

여기에서,

W : 기본 전투치사지수

n : 보병무기

i : 장갑무기

s : 소화기

mg : 기관총

gi : 대전차무기

g : 화포

gy : 방공무기
hw : 중화기
y : 항공화력
h : 기상
z : 계절
r : 지형
w : 항공우세

구체적인 인수적용은 아래와 같다.

대전차무기 OLI(W_{gi})는 다음 2가지 사항을 고려한다. 첫째로, 환경과 작전인수는 보병무기와 같은 방식으로 계산한다. 둘째로, 대전차무기는 적 전차의 총 OLI(W_{ei})까지는 100%를 반영하고 초과분은 1/2만 가산한다.

지상방공무기 OLI(W_{gy})는 대공포(AAA)와 지대공미사일(SAM)으로 구분한다. 환경과 작전인수는 화포와 같은 방식으로 계산한다. 적의 CAS(근접항공지원, W_{ey}) 양 만큼은 100% 반영하고 초과분은 1/2만 가산한다.

항공화력 OLI(W_y)의 변환은 다음의 규칙을 따른다. 총 지상화력보다 큰 항공화력은 100% 효과적이지 못하다. 만약 $W_y \geq W_s + W_{my} + W_{hw} + W_{gi} + W_g + W_{gy} + W_i$이 성립하면 지상무기화력의 합을 넘어서는 항공화력 OLI는 1/2만 적용한다. 항공화력 OLI(W_y)의 최대치는 지상화력의 3배를 넘지 못한다.

○ <u>환경변수 및 작전변수를 고려한 잠재전투력(P) 계산</u>.

잠재전투력은 전투력에 앞에서 산출한 모든 작전인수를 적용하여 산출한다. 즉, 공자의 잠재전투력 P_a는 다음과 같다.

$$P_a = S \times [M_a - (1 - r_m \times h_m)(M_a - 1)] \times le \times t \times o \times b \times u_s \times r_u \times h_u \times z_u \times v$$

방자의 잠재전투력 P_d는 다음과 같다.

$$P_d = S \times [M_d - (1 - r_m \times h_m)(M_d - 1)] \times le \times t \times o \times b \times u_s \times r_u \times h_u \times z_u \times v$$

여기에서.

M_a : 공자의 기동성특성

M_d : 방자의 기동성특성

S : 전투력

le : 지휘통솔력 인수

t : 교육훈련 인수

o : 사기 인수

b : 군수 인수

u : 태세 인수

r : 지형 인수

h : 기상 인수

z : 계절 인수

v : 취약성 인수

u_s : 전투태세 인수

m : 기동성 인수

○ 지형 인수 (r)

지형은 살상률, 기동성, 방어유리성, 취약성에 영향을 미치며 보병, 포병, 기갑, 항공지원 등의 작전에 영향을 미친다. 지형은 험준한 산, 경사진 산, 구릉, 평지, 기타 지형으로 대별되며 이들은 각각 다시 3~4 개의 종류로 세분된다. 울창한 산은 기동성은 30%까지 감소되고 산림에서 방어유리성은 50%까지 증가되며 정글에서는 보병무기 효과가 50%까지 감소된다. 포병무기효과도 70%까지 감소될 수 있고 항공효과도는 80%까지 감소된다. 정글에서 전차는 30%, 야산에서 50%로 효과가 감소되며 산림에서 피해율은 30%, 야지에서는 40% 감소된다.

지형 인수(r)은 표 4.4.12 와 같다. 모든 방어태세에 대해서 공격측은 항상 1.0 을 적용한다. 소총, 기관총, 기타 보병화기 또는 대전차무기에도 보병무기 지형변수를 적용한다. 방공포는 화포의 지형 인수를 적용한다.

표 4.4.12 지형 인수(r)

지형특성	이동성 (r_m)	방어태세 (r_u)	보병화기 (r_n)	화포 (r_{wg})	항공 (r_{wy})	전차 (r_{wi})
착잡-울창	0.4	1.5	0.6	0.7	0.8	
착잡-보통	0.5	1.55	0.7	0.8	0.9	0.2
착잡-빈약	0.6	1.45				0.4
기복-울창						
기복-보통						
기복-빈약		,		생략		
평지-울창		,	,	,	,	,
평지-보통						
평지-빈약						
평지-사막		1.18	,	,	,	
.....	.....	0.7	.....	.....	.....	.....

○ 기상 인수 (h)

기상은 기동성, 공격작전, 피해율에 영향을 주며 포병, 항공, 전차작전에 영향을 준다. 기상은 통상적으로 건조, 청명, 우천, 폭우로 대별하여 그 각각을 혹서, 혹한, 보통으로 세분한다. 기동성은 폭우 시 50%까지 감소되고 방어보다 공격작전이 기상의 영향을 많이 받으며 우천 시 90%로, 폭우 시는 60~70%로 능력익 감소된다. 포병효과는 폭우 시 80%까지, 항공능력은 건조 청명 시에 비하여 흐를 때 70%로, 우천 시는 50%로, 폭우 시 20%로 전력이 저하된다.

표 4.4.13 기상 인수(h)

기상특성	이동성 (h_m)	공격 (h_{wu})	화포 (h_{wg})	항공 (h_{wy})	전차 (h_{wi})
건조-청명-고온	0.9	1.0	1.0	1.0	0.9
건조-청명-온화	1.0	1.0	0.8	0.9	1.0
건조-청명-한랭	1.0	0.9		1.0	0.9
건조-흐림-고온	1.0				
건조-흐림-온화					
건조-흐림-한랭		,	생략		
다습-보통-고온		,	,	,	,
다습-보통-온화					
다습-보통-한랭					
다습-흐림-고온		0.7	,	,	
.....		....	....	....	....

○ 계절 인수 (z)

공격에는 6~8 월이 좋고 11~2 월은 나쁘고 포병운용에는 여름이 불리하고 항공작전에는 겨울이 유리하다.

표 4.4.14 계절 인수(z)

계절특성	공격 (z_u)	화포 (z_{wg})	항공 (z_{wy})
겨울-정글	1.1	0.9	0.7
겨울-사막	1.0	1.0	1.0
겨울-보통	1.0	1.0	1.0
봄-정글		0.9	
봄-사막			
봄-보통	,	생략	
여름-정글	,	,	,
여름-사막			
여름-사막			
가을-정글	1.1	,	,
.....	...		

○ 항공화력 인수(y)

기동성, 포병 및 항공운용에 10% 정도에 영향을 미친다. 표 4.4.15 에서 m_{yw}는 기상인수(h_{wy})가 0.5 이하인 경우에 적용한다.

표 4.4.15 항공화력 인수에 따른 m, w_{yg}, w_{yy}, v_y

항공화력 정도	이동성(m)		화포 (w_{yg})	항공 (w_{yy})	취약성 (v_y)
	건조 (m_{yd})	다습 (m_{yw})			
우세	1.1	1.0	1.1	1.1	0.9
대등	1.0	1.0	1.0	1.0	1.0
열세	0.9	1.0	0.9	0.8	1.1

○ 방어태세 인수(u)

표 4.4.16 방어태세 인수

방어태세	부대전투력(u_s)	취약성(u_v)
공격	1.0	1.0
급편 방어	1.3	0.7
준비된 방어	1.5	0.6
강화된 방어	1.6	0.5
철수	1.15	0.85
지연	1.2	0.65

○ 공자의 기동 인수(m_a)

$$m_a = M_a - (1 - r_m \times h_m) \times (M_a - 1)$$

방자의 기동 인수(m_d)는 1.0 을 적용한다.

$$\text{공자 기동성 특성}(M_a) = \sqrt{M_a' / M_d'}$$

$$\text{방자 기동성 특성}(M_d) = \sqrt{M_d' / M_a'}$$

피아 기동특성치(M')은 다음과 같다.

$$M' = [\text{병력수} + 20J + \text{기본치사성능}(W_i)] \times \text{항공우세별 이동성}(m_y)/\text{병력수}$$

$$M_a' = [N_a + 20J_a + W_{ia})] \times m_{ya}/N_a \text{ (공자)}$$
$$M_d' = [N_a + 20J_d + W_{id})] \times m_{yd}/N_d \text{ (방자)}$$

여기에서 J 는 2차 세계대전 시에는 20을, 1970년대에는 12를 적용한다.

○ 취약성 인수(v)

아군 취약성 인수 v_f는 아래와 같다.

$$v_f = 1 - (V_f/S_f)$$

취약성 인수의 최대치는 0.6이고 V/S가 3.0 이상이면 조정된 V/S를 사용한다.

$$V/S = 0.3 + 0.1 \times (\text{계산된 } V/S - 0.3)$$

예를 들어 V/S가 0.42이면 조정된 V/S=0.3+0.1×(0.42−0.3)=0.312이다. 적군에 대한 취약성 인수 V_e와 작전운용인수 v_e도 같은 방식으로 계산한다.

여기에서 아군 취약성 특성(V_f)는 다음과 같이 계산한다.

$$V_f = N_f \times u_v/r_u \times \sqrt{S_e/S_f} \times v_y \times v_r$$

여기에서.
N_f : 아군의 병력수
u_v : 방어태세별 취약성 인수
r_u : 지형별 방어태세 인수
S_e : 적군 전투력
S_f : 아군 전투력

v_y : 항공화력별 취약성 인수
v_r : 접안(도하) 시 취약성 인수

v_y는 항공화력 변수(y) 표 4.4.15를 사용하고 접안(도하 시) 취약성 인수(v_r)는 표 4.4.17을 사용한다.

표 4.4.17 접안(도하 시) 취약성 인수(v_r)

함포사격	접안	도하	비엄호하 도하
소화기(해안 1km)	2.0	1.5	1.3
경포(해안 10km)	1.6	1.3	1.1
중포(해안 15km)	1.3	1.1	1.0

○ <u>전술적 기습효과 인수(sur)</u>

기습효과는 양(Mass)과 기동(Maneuver), 그리고 어떤 질적 요소에 의한 인수 효과보다도 그 영향이 가장 크다고 Dupuy는 지적하였다. 전술적인 기습이 달성되었으면 기습효과가 발생하여야 한다. 기습은 보통 공자가 하지만 방자가 하는 경우도 있다. 기습달성 정도를 완전, 상당, 미약 등 3가지로 구분한다. 표 4.4.18로부터 기습정도에 따라 기동성(M), 취약성(V) 인수를 선택한다. 이 인수가 선택되면 새로운 기동성(m), 취약성(v) 인수가 계산되어 다음 단계의 잠재전투력(P) 계산에 반영된다.

표 4.4.18 전술적 기습효과 인수(sur)

기습 달성정도	기습자의 기동성 증가(M_{sur})	기습자의 취약성 감소(V_{sura})	피기습자의 취약성 증가(V_{surd})
완전한 기습	$\sqrt{5}$	0.4	3
상당한 기습	$\sqrt{3}$	0.6	2
미약한 기습	$\sqrt{1.5}$	0.9	1.2

기습효과는 2차 세계대전 이후 더욱 강하게 나타나고 있으나 그것이 기술의 발전에 의한 것인지는 명확하지 않다. 1966년 이후는 2차 세계대전보다 1.33배 증가된 것으로 본다. 기습의 혼란야기 효과는 적어도 2일간 발휘된다. 제 2일차에는 제 1일차의 2/3을, 제 3일차에는 제 1일차의 1/3의 인수를 적용한다. 예를 들어 2차 세계대전 시

2.24 배의 기습효과는 제 1 일차 1+1.24=2.24, 제 2 일차 1+1.24×2/3=1.83, 제 3 일차 1+1.24×1/3=1.41 등으로 계산된다.

○ 지휘통솔력, 훈련/경험, 사기, 군기 등 기타 무형적인 전투효과

기타 지휘통솔력, 훈련/경험, 사기, 군기 등 기타 무형적인 전투효과는 주관적인 판단에 의존한다. 사기인수의 예는 표 4.4.19 와 같다.

표 4.4.19 사기 인수 (예)

사기정도	인수	사기정도	인수
최강	1.0	미약	0.7
양호	0.9	공포	0.2
보통	0.8		

기습효과는 기습이 있는 경우와 없는 경우로 두 번 적용하고 u_s는 방어태세 인수표를 사용한다. 사전대비효과 인수는 쌍방간에 전투효과도 CEV 의 차이가 1.5 이상 있는 경우 전력이 열세한 측에서 사전대비를 하였다면 이를 반영하여야 한다. 사전대비 인수는 (CEV−1.0)×1/3 을 열세인 측에 적용한다.

앞에서 설명한 전력 P 를 구하는 식을 요약하면 아래와 같다.

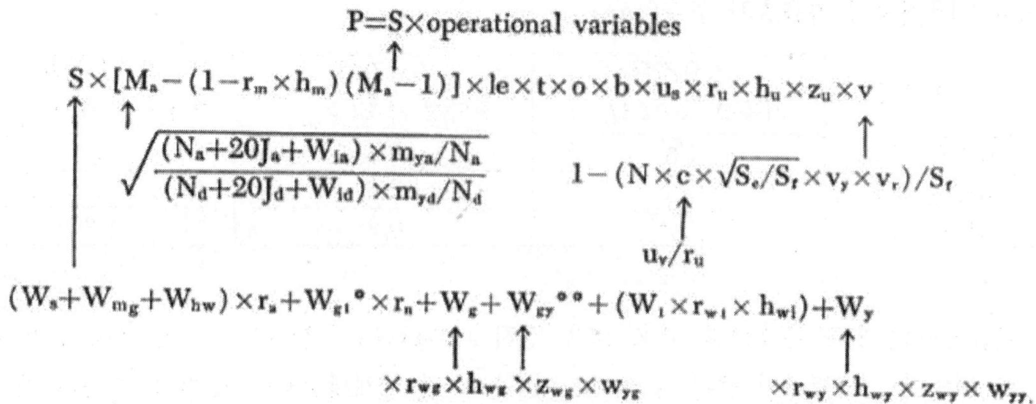

* Up to total of W_{ei}; thereafter only half value.
** Up to total of W_{ey}; thereafter only half value.

4.4.2.4 잠재전투력비 (P_f/P_e) 계산

앞 단계에서 공격과 방어를 고려하여 이미 계산된 아군 전투력 P_f와 적군의 전투력 P_e 비율을 계산한다. P_f/P_e이 1 보다 크면 수집한 전투자료에 의거하여 논리적으로 아군이 그 전투에서 승리할 확률이 크고 P_f/P_e이 1 보다 작으면 패배할 확률이 크다. 이 비율이 0.9~1.1 이면 승부예측이 불가능하다.

기습이나 사전대비 등의 행위요소를 고려할 때는 2 개 이상의 전투력비율이 계산되어야 한다. 예를 들어 기습의 정량적 효과를 결정하기 위해서 기습인수를 적용할 경우와 적용하지 않을 경우로 각각 나누어서 비율을 계산해 보는 것이 의미가 있다. P_f'/P_e'은 이와 같은 행위요소가 고려된 비율을 나타낸다.

$$P_f'/P_e' = \text{인위적 인수} \times P_f/P_e$$

4.4.2.5 전투결과(R_f, R_e) 계산

전투결과 R은 다음 식으로 구한다.

$$R = MF + E_{sp} + E_{cas}$$

여기에서,

R : 전투결과

MF : 임무달성도

E_{sp} : 점유지역 면적

E_{cas} : 살상비율

$R_f - R_e$가 양수이면 아군이 승리, 음수이면 적군이 승리하고 −0.5~+0.5 이면 전투결과가 결정적이라고 할 수 없다.

○ 임무달성도 (MF)

임무달성도는 표 4.4.20 을 사용하여 결정한다.

표 4.4.20 임무달성도와 적용범위

임무달성도	적용범위	평균
완전	7~10	8
상당	5~7	6
부분적	3~5	4
미약	1~3	2

○ 아군 점유지역 면적(E_{fsp})

$$E_{fsp} = \sqrt{(S_e \times u_{se})/(S_f \times u_{sf}) \times (4Q+D_e)/3D_f}$$

여기에서,

E_{sp} : 획득 또는 손실 지역면적 비율

S : 전투력

u_s: 전투태세 인수

Q : 진출 또는 후퇴한 거리(km)

D : 전투종심(km)

f : 아군

e : 적군

Q는 한측이 양수이면 상대방은 음수이다. $4Q+D_e<0$ 이면 $E_{fsp}<0$ 이다. 만약, 다른 자료가 없으면 전투 쌍방의 종심은 병력 10 만명당 최대종심을 기준하여 환산한다. 시대별 전투종심과 전투정면은 표 4.4.21 과 같다.

표 4.4.21 시대별 전투종심

시대	종심(km/10 만명)	시대	정면(km/10 만명)
고대	0.15	고대	6.67
나폴레옹 전쟁	2.5	나폴레옹 전쟁	8.00
미국 남북전쟁	3.0	미국 남북전쟁	8.33
1차 세계대전	12.0	1차 세계대전	20.83
2차 세계대전	60.0	2차 세계대전	50
1970년대 중반	67.0	1970년대 중반	60

그러므로, 2차 세계대전 병력이 25,000명인 부대의 종심은 60 × 25,000/100,000=15km이다. 단, 대부대에 소속된 소부대의 종심은 대부대의 종심과 같이 계산한다.

전투력 비율과 전진거리에 관한 연구는 많이 되어 있지 않다. Dupuy 연구소에서 제시한 전투력 비율과 전진거리(km/일)의 관계를 보면 두 변수간의 상관관계가 명확하지 않다. 지난 60년간 이 두 변수간의 관계에 대해 연구한 것은 1972년 HERO(Historical Evaluation Research Organization)와 1990년 CAA(Center for Army Analysis)의 Robert Helmbold뿐이다. 이 두 연구에서 두 변수간의 관계를 명확히 밝히지 못했고 결론을 내리지 못했다.

그러나 모든 워게임에서는 전투력 비율과 전진거리에 대한 특별한 방법론을 채택하고 있고 직접적이거나 선형관계로 설명하고 있다. 그러나 앞에서 설명한 대로 이 두 변수간의 명확한 관계는 밝혀지고 있지 않다. 워게임을 개발하고 운용하는 사람들은 전투력비율과 전진거리에 대한 관계를 전력점수를 사용하여 워게임에 반영하고자 한다. CEM(Concept Evaluation Model)과 같은 워게임모델에서는 한 전투원당 유효 전력점수를 반영하여 간편하게 사용하고 있다. COSAGE(Combat Sample Generator)모델과 ATCAL(Attrition Calibration)모델에서는 SSPK(Single Shot Kill Probability)를 사용하여 복잡한 과정을 거쳐서 전진율에 대한 매우 광범위한 방법론을 채택하고 있는데 CEM에서는 전투원이 전차를 보유하든 창을 보유하든 간에 전력점수를 사용하는 간단한 방법을 사용한다는 것은 어색하다. 왜냐하면 CEM은 COSAGE와 ATCAL로부터 데이터를 받기 때문이다.

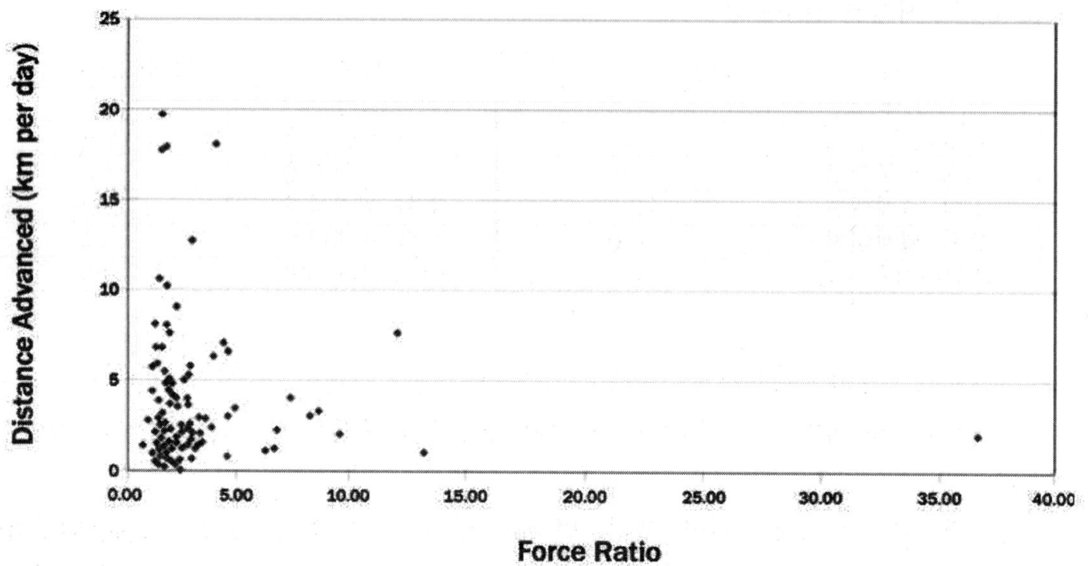

그림 4.4.4 공자 방어 돌파, 방자 포위 상황하 전투력 비율과 전진거리(km/일)

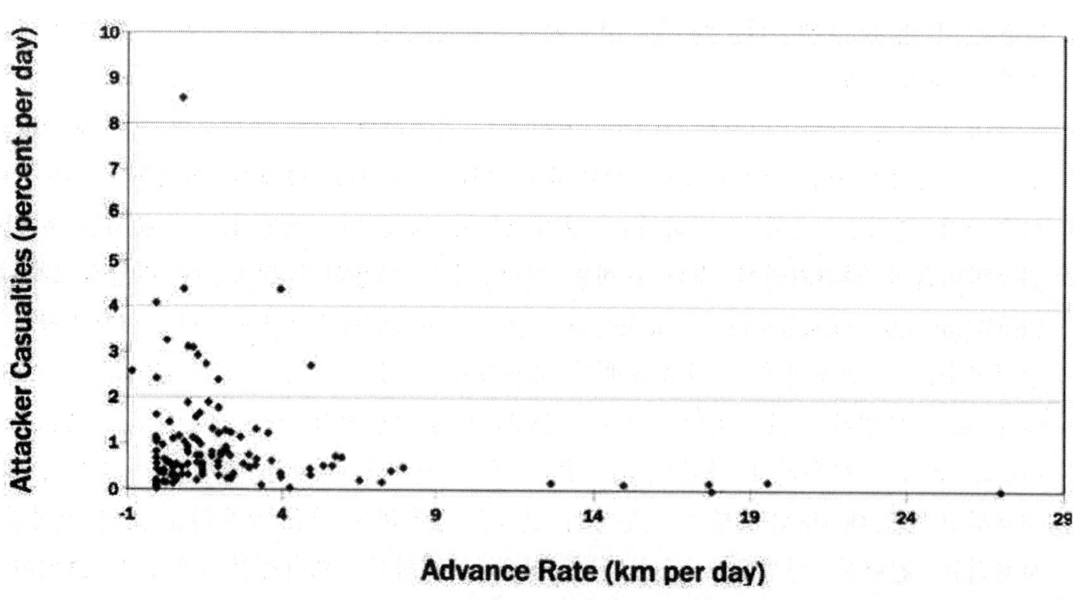

그림 4.4.5 공자 방어 돌파, 방자 포위 상황하 전진거리와 공자 손실율(%/일)

○ 피해 효과(E_{cas})

적의 병력에 대한 피해 효과 E_{case}는 아래와 같다.

$$E_{case} = v_f^2 \times \left[\sqrt{(Cas_f \times us_e/S_f)/(Cas_e \times u_{sf}/S_e)} - \sqrt{100Cas_e/N_e}\right]$$

아군 병력 피해 E_{casf}는 아래와 같다.

$$E_{casf} = v_e^2 \times \left[\sqrt{(Cas_e \times us_f/S_e)/(Cas_f \times u_{se}/S_f)} - \sqrt{100Cas_f/N_f}\right]$$

여기에서,
E_{cas} : 살상비율
Cas : 살상율(%)
us : 전투태세 인수
N : 병력수
v : 취약성 인수
f : 아군
e : 적군

4.4.2.6 전투력 비율과 전투결과 비교

다음 관계가 성립하는 것이 정상적인 현상이다.

$P_f/P_e>1$ 이면 $R_f - R_e > 0$이고 $P_f/P_e<1$ 이면 $R_f - R_e < 0$이다.
만약, 이 관계가 성립하지 않으면 다음 단계인 분석단계를 거쳐야 한다.

어떠한 전투자료를 선택하더라도 다음 2가지 사항은 반드시 명심하여야 한다. 첫째로 인적인 행위를 정확하고 편차없이 모형에 맞추기는 어렵다. 각 자료는 결코 완전하지도 않고 전체적으로 정확하지도 않으며 인간의 기록은 오류를 가지고 있다. 또, 방법이 완전하다고 하더라도 인간행위의 변덕스러운 때문에 변칙적일 수 있다. 그리고 어떤 변칙은 설명이 불가능하기도 하다. 둘째로, 방법론은 2차 세계대전과 중동전의 결과가 상당히 일치하는 것을 보여주고 있다. 변칙의 대부분은 분석을 통하여 조정이 가능하다고 본다.

변칙은 다음 2가지로 분류된다. 첫째, P_f/P_e>1이면서 $R_f - R_e < 0$인 경우, 또는 그 반대의 경우. 둘째, 관계는 일치하나 수치상 편차가 심한 경우이다. P_f/P_e와 $(R_f - R_e)/5+1$의 차이가 1.0 이상 생기면 그림 4.4.6의 정상적인 전투선과 비교하여 본다.

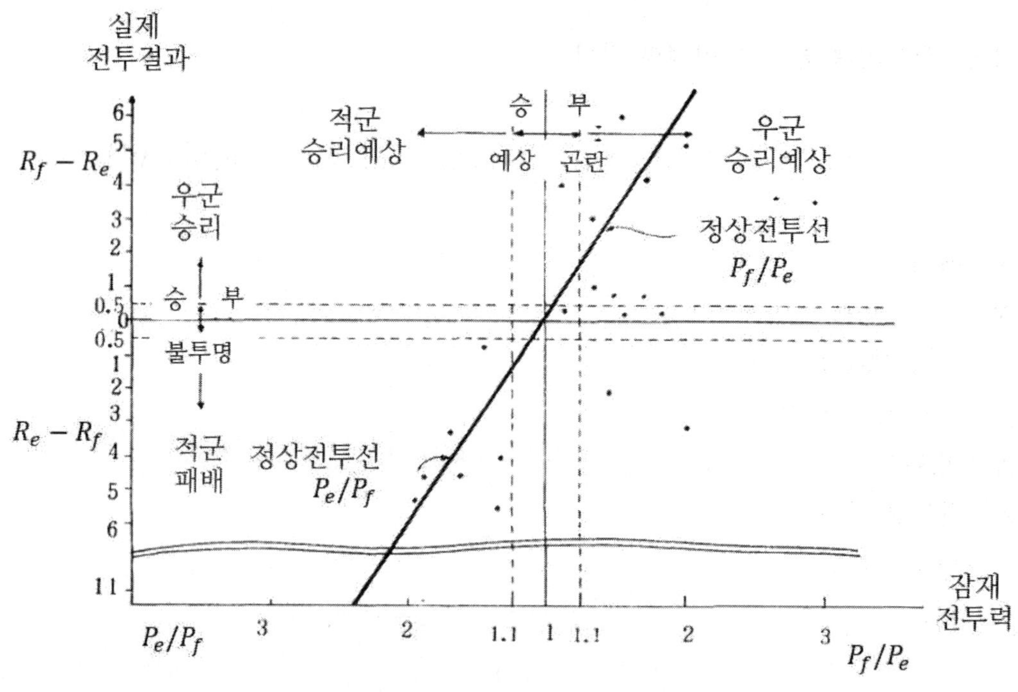

그림 4.4.6 예상전투결과와 실제전투결과의 관계

이 변칙이 발생하면 비슷한 다른 전투사례와 비교하여 본다. 만약, QJM에서 같은 현상이 나타나면 국가간의 인수등을 재조정해 본다. 자료와 전사를 재검토하여 오류를 찾거나 인수를 재조정할 필요가 있는지 결정하고 한편으로 자료와 전사상의 불일치를 발견한다. 다른 한편으로는 기습과 같은 작전적인 요소가 그 변칙을 설명해 주는 수도 있다.

큰 변칙이 없거나 다음 단계에서 이 문제들이 해소되면 무기의 실제 효과, 그 전투결과에 대한 상대적인 전투효과 등의 표준 전투변수를 계산하는 것이 바람직하다. 이것은 다음과 같은 순서로 수행한다. 여기서 f는 아군을 e는 적군을 표현한다.

1. 병력비 계산 : N_f/N_e
2. 전투력비 : S_f/S_e

3. 비인적(非人的) 작전변수 : P_f/P_e
4. 사전준비와 기습이 관계되면 조정된 전력비인 P'_f/P'_e을 계산하기 위하여 m과 v를 조정한다.
5. 전과 $R_f - R_e$을 계산
6. 전투효율(PR_f/PR_e)를 계산

$$PR_f/PR_e = (R_f - R_e)/5 + 1.0$$

7. CEV를 결정

$$CEV = (P'_f/P'_e)/(PR_f/PR_e)$$

이 비율과 수치를 비교하여 결론을 도출한다.

앞 단계에서 변칙이 생겼을 때는 새로운 인수(기습이나 자료수집단계 착오 시)를 결정한다. 앞의 단계를 반복한다.

4.4.4 QJM에 의한 전사 분석

4.4.4.1 Bekaa 계곡전투에 대한 QJM 분석

1982년 6월 시작된 이스라엘과 시리아 간의 Bekaa계곡 전투를 미국의 군사 분석가 Trevor N. Dupuy는 자신의 QJM 모형에 맞추어 이스라엘과 시리아의 전력을 비교하였다.

Bekaa계곡 전투는 레바논내의 팔레스타인 해방기구(PLO : Palestine Liberation Organization)를 격멸하기 위한 작전의 일환으로 실시되었다. 1982년 PLO는 병력 15,000명을 보유하고 있었고 정규훈련을 받은 병력 4,500명을 포함한 6,500명이 남부 레바논에 배치되어 있었다. 이들은 60대의 T-34, T-85 전차와 20여대의 T-54, T-55 전차를 보유하고 있었으며 기동중인 이스라엘 전차를 상대할 경우를 대비하여 전차호에 은폐되어 있었다. 또한, 130mm, 155mm 야포가 90문, 122mm 방사포 80문, 120mm~160mm 박격포 200문으로 포병전력을 구축하였다. 이외에도 대공화기,

대전차미사일 등을 장비하여 게릴라 조직의 수준을 넘어 준정규군급의 무장을 하였으며 무장의 속도도 급격히 빨라 이스라엘 정보부가 분석한 바로는 1981 년 6 월에 약 80 문이었던 야포와 로켓포를 불과 1 년만에 3 배 이상 증가한 250 문으로 증강시켰다.

그러나 정규군이 아닌 PLO 가 장비나 규모면에서 이스라엘군을 상대한다는 것은 불가능한 일이었고 이스라엘은 PLO 처리를 목적으로 했지만 레바논 침공 시에 가장 강력한 저항이 될 것은 시리아군으로 예상했다. 시리아는 소련의 원조로 Yom Kippur 전쟁에서 괴멸되다시피 한 공군력을 재건하여 MIG-23, MIG-25, SU-22 등 공산권의 최신예 전투기를 도입하였고 북한, 소련, 베트남 등지에서 군사고문을 초빙하여 훈련을 강화하였다. 지상군에 있어서도 당시에 신비의 전차로 불리던 T-72 를 도입하여 10 년전 보다 질적으로나 양적으로 괄목할 만한 성장을 이루었다. 독립된 6 개 사단으로 구성된 시리아군은 1976 년 이래 항상 1 개 사단전력을 레바논에 주둔시키고 있었으며 레바논의 시리아 주둔군은 Bekaa 계곡과 베이루트에 둘로 분리하여 병력 30,000 명과 전차 712 대를 보유하고 있었다.

이에 비해 이스라엘은 건국 초기부터 적대국가에 포위되어 있었고 국방에 많은 노력을 경주하였다. 그러나 국방에 대한 과다한 투자는 이스라엘의 경제와 잠재역량을 저하시키는 원인이기도 했다. 따라서 이스라엘은 평시에는 적절한 소규모 기간병력을 유지하다가 전쟁이 발생하게 되면 상비군이 공격을 방어하는 동안 예비군이 소집되어 병력을 완편하고 공세로 전환한다는 것을 방어전략의 기본으로 삼았다. 1973 년 전쟁 이후에도 공군력을 강화하고 제공능력이 부족한 F-4 는 전폭기로 전환하고 F-15 와 F-16 을 적극적으로 도입하여 주변 아랍국가보다는 최소 10 년을 앞서는 공군력을 구축하였다.

1982 년 6 월 6 일 영국주재 이스라엘 대사에 대한 PLO 의 테러에 대한 보복을 명분으로 이스라엘은 '갈릴리의 평화작전'을 개시하였다. 이스라엘군은 약 60,000~78,000 명의 병력을 서부군(지중해 방면)과 중부군(레바논 산지 서쪽 능선), 동부군(Bekaa 계곡과 헤르몬 산지) 3 개 임무부대로 나누어 레바논 영내로 진입을 개시하였다.

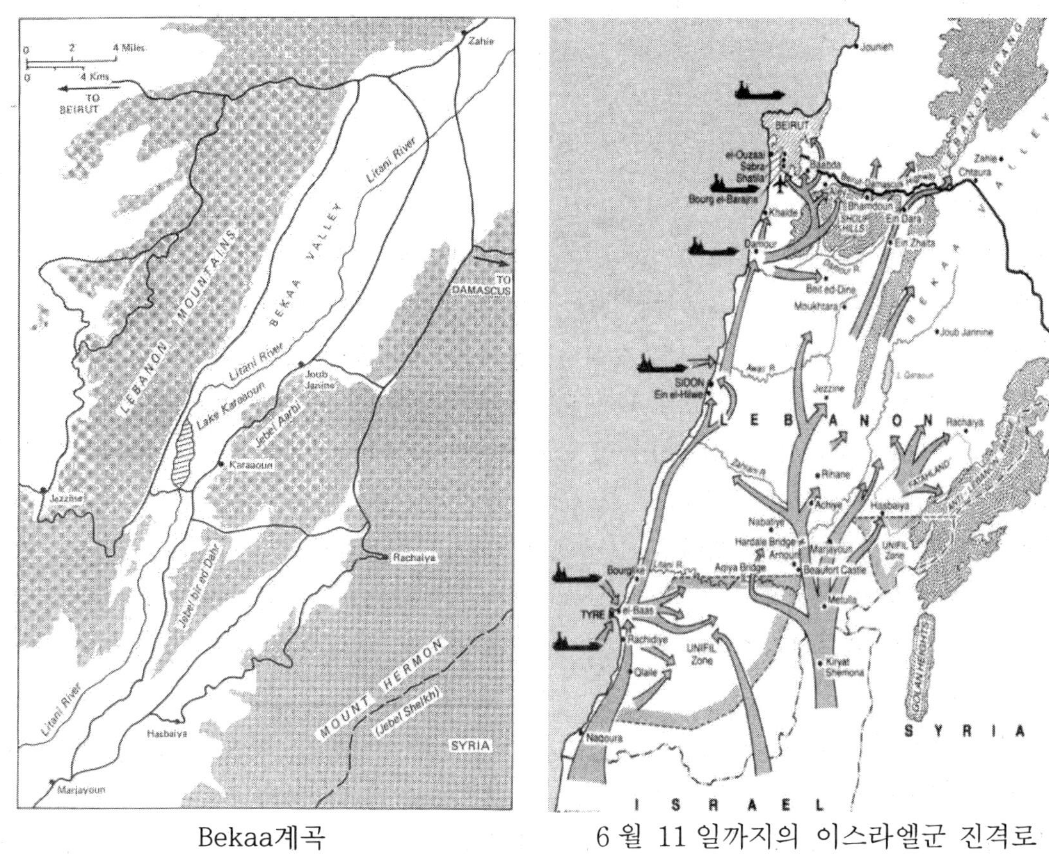

Bekaa계곡　　　　　　6 월 11 일까지의 이스라엘군 진격로

그림 4.4.7 Bekaa 계곡과 이스라엘군 진격로

1982 년 6 월 9 일, 레바논 북동부 Bekaa 계곡 상공. 수십 대씩 편대를 이룬 시리아와 이스라엘 전투기들이 공중전을 시작하였다. 사흘간 이어진 공중전의 결과는 놀라웠다. 86 대 1 로 이스라엘의 일방적인 승리였다. 이스라엘이 상실한 정찰형 RF-4E 팬텀 전폭기 한 대도 공중전이 아니라 지상 대공사격으로 추락하였다.

이스라엘이 전대미문의 공중전 기록을 남길 수 있었던 비결은 크게 3 가지라고 분석된다. 무엇보다 이중 삼중의 강력한 대공 화망을 자랑하는 시리아군 지역 상공에서 전투하면서도 위협적인 대공 미사일 사격을 거의 받지 않았다. 이것은 개전초 무인기를 활용해 레이더와 미사일 기지를 파괴하였기 때문이다. 이스라엘군은 가장 먼저 RPV(Remote Piloted Vehicle)를 시리아군의 SAM(Surface to Air Missile) 기지 방향으로 보냈다.

시리아군의 대공 레이더가 작동하는 순간, 이스라엘군은 주파수와 위치를 파악하고 인근의 자주포병에 포격을 지시하는 한편 홍해상에서 대기하던 공군 전투기 편대를 발진시켰다. 이스라엘 공군 공격 제 1 파의 미국제 F-4E, F-16A/B, F-15A/B 전투기와 국산 Kfir 전투기는 시리아군의 레이더를 향해 AGM-45, AGM-78 미사일부터 발사했다. 레이더 발신 신호를 쫓아가는 이들 미사일은 정확하게 목표를 파괴시켰다.

모두 96 대로 구성된 이스라엘 공군의 공격 제 1 파가 작전을 개시한 시각이 이날 13 시 30 분이었는데 승패는 사실상 이로써 결정 났다. 레이더와 대공미사일을 동시에 운용하는 기지 19 개 가운데 17 개가 파괴되고 15 시 50 분경 92 대로 편성된 공격 제 2 파와 다음 날 제 3 파는 남은 레이더 기지 두 곳마저 파괴했다. 시리아군은 개전 첫날 주력인 SA-6 대공미사일을 57 발이나 발사했으나 모두 표적을 맞출 수 없었다. 레이더로 추적하는 대신 육안으로 발사했으니 명중률이 떨어질 수 밖에 없었다.

둘째는 공중경보기의 존재였다. 미국제 E-2C 공중경보기는 반경 400 ㎞의 비행체 130 개를 추적 감시하며 전투기 편대에 적의 접근을 미리 통보했다. 시리아 공군 조종사들은 지상관제마저 제대로 연결되지 않았다. 시리아 조종사들은 사실상 정보를 하나도 받지 못한 상태에서 전투에 임했다. 이스라엘에는 다른 비밀 병기도 있었다. 보잉 707 여객기를 개조한 전자전 전용기도 방해전파를 발사하며 전투기 세력의 제공권 장악을 지원했다.

압도적 승리를 거둔 세 번째 요인은 장비의 차이이었다. 이스라엘은 미국제 최신 기종인 F-15, F-16 전투기에 프랑스의 Mirage-5 를 불법 복제한 자국산 Kfir 전투기로 무장했다. Kfir 전투기는 미국제 엔진을 달아 '사상 최강의 Mirage 전투기'라는 평가를 받을 만큼 우수한 기종이었다. 미국제 F-4 도 대지 공격용으로 일선을 지켰다. 반면 시리아는 소련제 MIG-23, MIG-25 전투기 같은 최신예 기종을 보유했지만 성능이 한참 떨어지는 MIG-21 이 주력이었다.

주 무장의 차이는 더욱 컸다. 이스라엘 공군은 Sidewinder 대공미사일 중에서도 최신 버전 AIM-9L 형으로 무장해 어떤 방향에서든 공격이 가능했다. 반면 시리아 공군에는 이 같은 성능을 지닌 공대공 미사일이 아예 없었다. 이스라엘 공군은 AIM-7 Sparrow 중거리 공대공 미사일도 운용해 시리아 전투기들은 이유도 모르고 공격당하는 경우까지 일어났다. F-15, F-16 전투기에 달린 20 ㎜기관포는 컴퓨터로 연동돼 정확도를 자랑했다.

승부를 가른 진짜 요인은 보이지 않는 곳에 있었다. 사람에 대한 교육과 평가, 활용도 차이가 컸다. 우선 이스라엘 공군 조종사의 훈련 비행시간과 실전 경험이 시리아 공군보다 훨씬 많았다.

워낙 강렬한 인상을 줬기 때문인지 Bekaa 계곡 공중전은 여러 가지 평가를 받고 있다. '2 차 세계대전 이후 최대 규모의 공중전', '역사상 가장 일방적인 공중전', 'Bekaa 계곡 공중전'이 아니라 'Bekaa 계곡 칠면조 사냥', '서방제 무기 시스템의 소련제 시스템에 대한 종합적 우위를 확인한 전투'로 불리는 Bekaa 계곡 공중전은 우리에게 몇 가지 숙제와 질문을 동시에 던진다.

이스라엘 공군이 완벽한 승리를 거두자 이스라엘은 Bekaa 계곡의 시리아군 제 1 기갑사단을 공격하기로 하고 세 방향에서의 공격을 실시하였다. 제 252, 90 전투단으로 구성된 이스라엘군은 시리아군 제 1 기갑사단을 공격하기 위해 저브제닌을 목표로 기동하였다. 우측에서는 252 전투단의 엄호하에 라샤예를 향하고 좌측에서는 90 전투단의 엄호하에 쉬우프 산맥을 따라 제벨바룩으로 기동하였다.

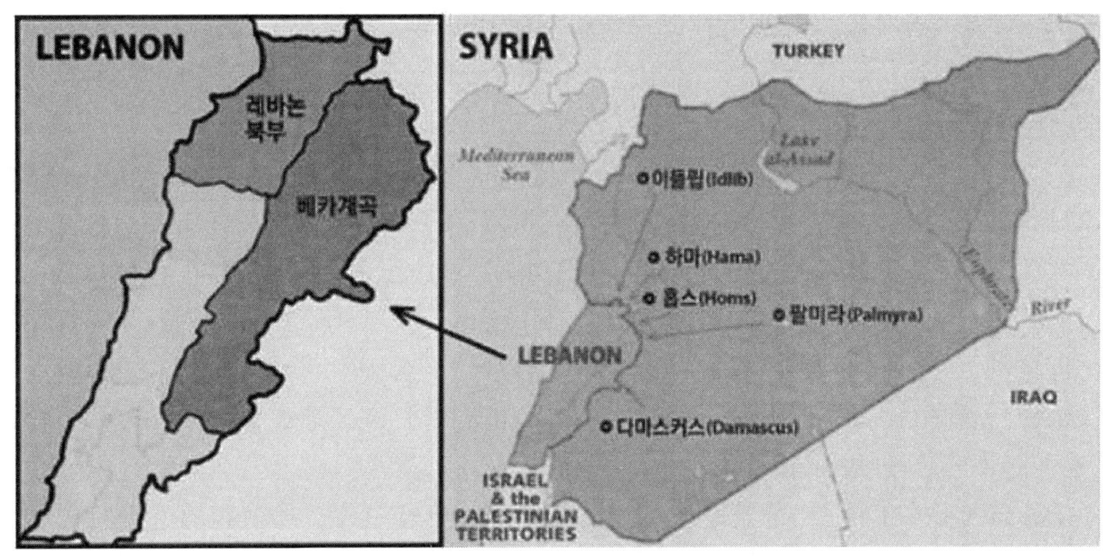

그림 4.4.8 Bekaa 계곡

북으로 전진할수록 도로가 험하고 협소하여 기동이 쉽지 않았다. 대개의 경우 선도부대가 적과 전투를 치르며 전진하였다. 라사예와 카룬호수 사이의 도로 교차점에서 치열한 전투가 벌어졌다. 시리아군은 이 교차점의 중요성을 잘 알고 있어서 도로 주변에 지뢰를 설치하는 한편 T-62 전차로 구성된 2 개 기갑대대를 방어진지에 배치하였다.

이 전투에서 이스라엘 고유의 Merkava 전차가 위력을 발휘하는데 두꺼운 장갑으로 직사화기의 공격을 잘 견디었고 뛰어난 화력통제 시스템으로 많은 수의 T-62 전차를 격파하였다. 또한 이 전투에서 여러 대의 Merkava 전차가 피격되었지만 중상을 입은 병력이 한명도 나오지 않았다. Yom Kippur 전쟁에서 많은 전차병들이 희생당한 이래 꾸준한 생존성 향상을 위해 노력해온 결과가 나타난 것이다.

이스라엘군이 시리아군의 방어진지를 유린할 시점에 시리아군의 Gazelle 공격헬기가 공격해 왔다. Gazelle 공격헬기에서 발사된 HOT 미사일에 의해 1 대의 Centurion 전차와 2 대의 Merkava 전차가 피격되었다. 기습공격을 받은 이스라엘군은 공군에 지원요청을 하고 Kfir C-2 전투기가 전투현장에 나타나자 시리아군 Gazelle 헬기는 계곡사이로 회피기동을 하였다. 이스라엘군은 Gazelle 헬기의 지원없는 시리아군을 공격하여 계속 전진해 나갔다.

6 월 10 일 시리아군 방어선이 붕괴되고 이스라엘군은 베이루트-다마스커스 고속도로를 향해 전진하였다. 이스라엘군은 예하부대에 곧 발효될 휴전에 앞서 아인다라를 신속히 점령하라는 명령을 내린다. 아인다라는 베이루트-다마스커스 고속도로를 감제할 수 있는 요충지로 시리아군의 핵심전력을 위협할 수 있는 요충지였다.

시리아군도 더 이상 후퇴할 수 없는 곳으로 여겨 이지역에 3 개 기갑대대와 대전차미사일로 무장한 탱크킬러 Commando 를 배치하였다. 이스라엘군도 이미 이들의 전투력을 잘 알고 있었고 전투에서 패배한 경험을 가지고 있었다. 또다시 무모한 공격을 두려워한 이스라엘군은 즉시 공격헬기 부대의 지원을 요청하고 Cobra 와 Defender 공격헬기들이 전투상공에 나타나 TOW 미사일로 시리아군 기갑부대를 공격하였다. 이스라엘군의 공중공격에 많은 시리아군 전차와 장갑차량이 파괴되었다. 시리아군은 Gazell e 헬기를 전투현장에 보내지만 지상 대공포의 화력망에 격추를 당하고 남은 전력은 후퇴할 수 밖에 없었다.

Bekaa 계곡에서 전투 중인 이스라엘군은 시리아군의 강한 저항에 직면하였다. 6 월 10~11 일 야간에 이루어진 시리아군의 저항으로 이스라엘군은 베이루트-다마스커스 고속도로에서 불과 5km 떨어진 아나, 자노브 엘 제디다에 어렵게 도달하였다. 이곳이 이스라엘군이 진격한 최북단 지점이었다. 그러나 이스라엘군은 예하 부대에게 진격 최북단에서 후퇴하여 보다 유리한 지점에서 강력한 방어선을 구축하도록 명령하였다.

Bekaa 계곡 동측 방향에서 전진하던 이스라엘군은 시리아군의 거센 도전과 보급문제로 인해 전진을 할 수 없었다. 라사예 점령을 목표로 전진하던 부대는 라사예를 목전에 두고 파괴된 교량 앞에서 정지하였다. 공병대가 교량을 수리하는 동안 부대는 전진을 멈추고 임시 숙영지를 편성하였다. 2 시 30 분 시리아군 Tank Killer Commando 팀이 이스라엘 부대를 감제할 수 있는 고지를 점령하고 공격준비를 하였다. 시리아군의 기습으로 이스라엘군은 적시적인 대응이 불가하고 혼란에 빠졌다.

모든 전차가 1시간 정도의 연료만을 보유하고 있었던 이스라엘군은 연료보급을 기다리고 있을 수 없었다. 이스라엘군은 새벽까지 치열한 전투속에서 시리아군의 공격을 잘 지탱하고 90 전투단의 선도부대가 간신히 얀타에 도착하였다.

M-60 Patton 전차로 구성된 이스라엘 예비군 전차여단은 Bekaa 계곡의 작은 마을인 술탄야콥으로 향하고 있었다. 이스라엘군은 술탄야콥을 점령하여 강력한 방어선을 구축하여 시리아 제 3기갑사단의 전진을 막을 계획이었다. 이 전차여단의 지휘부는 술탄야콥 인근의 시리아군 상황에 대한 정보를 전혀 보유하고 있지 않았다. 이미 술탄야콥은 다마스커스에서 보낸 시리아군의 강력한 기갑부대인 제 3기갑사단이 점령하고 있었다.

술탄야콥으로 전진하는 선도부대의 지휘관은 전투경험이 많은 아이라 에프로니 소령이었다. 이스라엘군도 사주경계를 하며 술탄야콥으로 들어서지만 이미 시리아군은 주위 건물에 매복을 하고 있었다. 건물 사이사이에 매복한 시리아군 Commando 들은 RPG, Sagger 미사일을 발사하여 수대의 이스라엘군의 전차를 파괴시키자 이스라엘군은 행동불능에 빠졌다. 이스라엘군도 포와 기관총으로 반격하지만 이미 시리아군의 포위망에 완전히 들어가 있었다. 아직 에프로니 소령 예하 중대 일부는 술탄야콥으로 들어서지 못하고 있었다. 에프로니 소령은 대대 전체를 지휘할 수 없는 상황에 빠져 야간에 현상황을 유지하다가 이튿날 여명에 포위돌파를 시도하기로 하였다. 아직 피해 상황은 심각하지 않은 상태로 몇 대의 전차와 장갑차만 피해를 입은 상태였다.

시리아군 Commando 들의 지속적인 공격이 계속되었고 이스라엘군은 방어태세로 전환하여 전투를 지속하였다. 여명이 되자 이스라엘군은 시리아군의 포위망에 완전히 갇힌 것을 인식하게 되고 가장 인접한 이스라엘군도 5km 이격되어 있었다. 이스라엘군이 방어하고 있는 지형은 방어가 곤란한 곳으로 시리아군이 유리한 상황이었다. 그래서 시간이 지나면서 이스라엘군의 피해는 점차 증가하기 시작했다.

에프로니 소령은 행동불능에 빠진 전차와 장갑차, 사상자의 수가 증가하고 연료와 탄약까지 고갈되어 부대전체가 소멸되지 않는지 고민하게 된다. 항공지원요청도 불가하였고 심지어 시리아군 MIG-23 까지 나타나 근접항공지원을 하고 있었다. 이스라엘군은 공황상태로 점차 빠져 들어가고 통신망에는 구조요청과 지원요청으로 가득 차 있었다. 상급부대에 구조요청을 해 보지만 그것도 여의치 않자 에프로니 소령은 가장 가까운 이스라엘 부대를 향해 전속력으로 탈출하기로 결정하고 신속히 가용한 장비와 병력을 집결시켰다.

Bekaa 계곡의 모든 이스라엘군은 에프로니 부대를 구출하기 위해 8시 45분 M-109 자주포와 공군의 지원이 시작되고 에프로니 소령은 포위망을 탈출을 시도하였다.

전차엔진의 출력을 최대한 높여 시리아군의 포위망을 뚫기 시작하였다. 강력한 시리아군의 공격에도 불구하고 탈출이 시작된 후 약 20 분만에 포위망을 탈출하였다.

미국이 중재하는 휴전협상이 이루어져 6 월 11 일 12 시를 기해 이스라엘과 시리아간 휴전이 발효될 예정이었다. 휴전이 발효되기 직전인 11 시 시리아군 제 3 기갑여단이 술탄야콥으로 진입하였다. 선도대대는 당시 최신형 T-72 전차로 무장한 제 82 전차여단으로 이스라엘군을 향해 진격 중이었다. 이스라엘 Merkava 전차는 T-72 전차를 향해 공격하였고 TOW 탑재 Cobra, Defender 헬기와 지상 TOW 가 참가하는 입체 기동전을 펼치게 되어 9 대의 시리아군의 T-72 전차와 13 대의 T-62 전차가 파괴되었다.

6 월 11 일 12 시를 기해 휴전이 발효되었고 이스라엘과 시리아는 적대적 행위를 중지하였다. 이렇게 Bekaa 계곡 전투는 종료되었다.

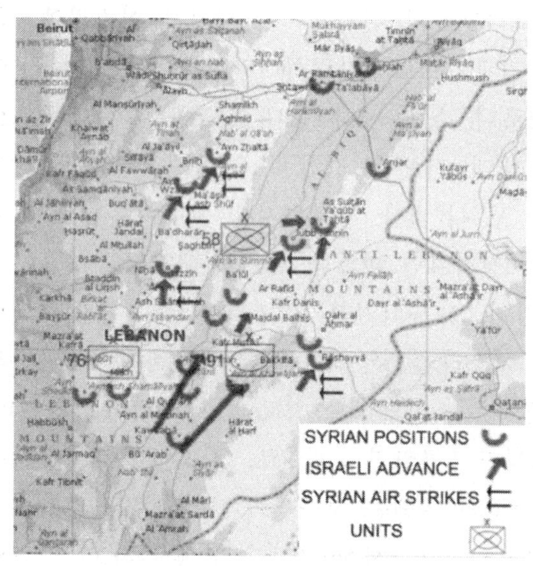

Bekaa계곡 전투 상황도

시리아군 Commando

그림 4.4.9 Bekaa 계곡 전투상황도

Dupuy 는 Bekaa 계곡 전투를 QJM 방법에 의해 전투를 분석하였다. 8~11 일 동안 Bekaa 계곡 전투에 투입한 양측의 병력과 장비는 표 4.4.22 와 같다. 그러나 시리아는 전투동안 전투력을 축차투입한 것을 전제로 한다.

표 4.4.22 6 월 8~11 일까지 추정 투입 전력

구분	이스라엘	시리아
병력	35,000	300,00
전차	800	600
근접항공지원 항공기	275	225
지대공 미사일	–	120*

* SA2, SA3, SA6 등 76 개의 발사부대

표 4.4.23 6 월 8 일말 기준 Bekaa 계곡 전투 1 단계 추정 투입 전력

구분	이스라엘	시리아
병력	34,000	22,000
전차	800	300
근접항공지원 항공기	275	225*
지대공 미사일	–	120**

* 6 월 9 일 오후 중반까지 200 보다 작게 감소

** 6 월 9 일 오후 중반까지 약 12 개(8 발사부대)로 감소

표 4.4.24 6 월 10 일초 기준 Bekaa 계곡 전투 2 단계 추정 투입 전력

구분	이스라엘	시리아
병력	34,000	28,000
전차	750	300
근접항공지원 항공기	225	130
지대공 미사일	–	12

자세한 전투서열 정보없이 의미있는 분석을 수행하기 위해서 다음과 같은 몇 개의 가정을 수립한다.

2 차 세계대전과 1982 년 이전의 이스라엘–아랍 초기 전쟁에서 투입전력과 전투결과 사이에 있는 일관성 있는 관계를 1982 년 Bekaa 계곡 전투에도 적용한다. 1982 년 6 월 Bekaa 계곡 전투에선 이스라엘군의 시리아군에 대한 CEV 는 1967 년과 1973 년 전쟁에서 적용했던 2.50 을 적용한다.

지형과 태세를 위한 QJM 전진율 인수와 방어태세 인수는 표 4.4.25 를 적용한다. 전진율 인수는, 상대방의 전투력과 전투형태에 표준율을 적용, 공자의 기대 전진율을 추정할 때 기초값을 제공한다. 방어태세 인수는 방자에게 유리하게 전투력에 곱해주는 승수역할을 한다.

이스라엘군과 시리아군에서 장비한 현대의 주전투 전차는 장갑과 항공지원이 없는 100 명의 병력과 동일한 전력을 갖는다. 여기서 병력이라 함은 보병무기, 포병, 대전차무기, 방공무기를 포함한다. 이 가정은 1973 년 10 월 전쟁에 대한 QJM 분석의 기본이고 매우 일반적이며 QJM 의 통합된 화력 관계성을 반영한다.

동일한 기반하에 이스라엘군의 1 회 근접항공지원의 평균값은 이스라엘 부대 병력 250 명과 동일하다고 가정한다. 같은 방법으로 시리아군의 1 회 근접항공지원의 평균값은 이스라엘 부대 병력 200 명과 동일하다고 가정한다. 시리아군의 1 발의 SAM 방공미사일의 평균값은 1 회의 시리아군 전투기와 같다고 가정한다.

표 4.4.25 Bekaa 계곡 전투 전진율 인수와 방어태세 인수

구분	전진율 인수	방어태세 인수
지형 (대부분 험지이며 약간의 평지가 있음)	0.6	1.5
태세 (시리아군 급편방어와 준비된 방어의 혼합)	0.7	1.4

위의 가정사항을 적용한 다음 8~11 일간 이스라엘군과 시리아군의 전투력과 부대전력을 다음과 같이 계산한다. 표 4.4.26 에서 보는 것과 같이 이스라엘군과 시리아군의 전투력은 각각 183,750 과 159,000 으로서 1.16 : 1 이다. 여기에 방어를 하는 시리아군의 지형과 방어태세 인수를 적용하면 부대전력은 183,750 과 333,900 으로 CEV 가 적용되지 않은 상태에서 0.55 : 1 의 비율이 된다. 앞의 가정사항에서 이스라엘군의 대시리아군 CEV 2.50 을 적용하면 전투력 비율이 1.38 : 1 로 역전된다.

표 4.4.26 이스라엘군과 시리아군 전투력 (I)

구분	이스라엘			시리아			전력비
	수량	효과지수	지수합	수량	효과지수	지수합	
병력	35,000	1	35,000	30,000	1	30,000	2.85
전차	800	100	80,000	600	100	60,000	
전투기	275	250	68,750	225	200	45,000	
SAM	–	–	–	120	200	24,000	
전투력			183,750			159,000	
지형	–	1	–	–	1.5	–	1.36
방어태세	–	1	–	–	1.4	–	
부대전력			183,750			333,900	

표 4.4.26 의 이스라엘군과 시리아군의 전투력을 보면 각각 183,750, 159,000 으로서 일방이 압도적이지 않아서 쌍방간에 대치가 있었을 것으로 생각된다. 데이터만으로는 이스라엘군의 우세를 평가하는데 충분하지 않다. CEV 가 없는 전투력은 거의 쓸모가 없다. 의미있는 비교를 위해서는 CEV 가 필요하다. 6 월 8 일부터 11 일까지의 이스라엘군의 압도적인 우세는 전투력 우세 1.38 로는 설명이 부족하다.

다음 단계는 3 일간의 전투를 36 시간씩의 2 단계로 구분하여 분석하는 것이다. 먼저 1 단계의 전투력을 분석해 보면 표 4.4.27 과 같다. 병력이 가지고 있는 소총의 전력지수를 1 로 했을 때 전차는 100, 전투기는 250 으로 계산하였다. 병력, 전차, 전투기, 지대공 미사일 SAM 의 전투력비는 이스라엘군 대시리아군이 2.85 : 1 이다. 지형과 방어태세를 고려했을 때 시리아군이 방자의 입장에서 더 유리하므로 이를 고려하면 전력지수 비는 1.36 : 1 로 조정된다.

표 4.4.27 이스라엘군과 시리아군 전투력 (II)

구분	이스라엘			시리아			전력비
	수량	효과지수	지수합	수량	효과지수	지수합	
병력	35,000	1	35,000	22,000	1	22,000	2.85
전차	800	100	80,000	200	100	20,000	
전투기	275	250	68,750	100	200	20,000	
SAM	–	–	–	12	200	2,400	
전투력			183,750			64,400	
지형	–	1	–	–	1.5	–	1.36
방어태세	–	1	–	–	1.4	–	
부대전력			183,750			135,240	

그러나 CEV 까지 고려하면 표 4.4.28 과 같이 이스라엘군이 시리아군보다 2.5 배가 높아 최종적인 전력지수 비는 3.4 : 1 이 된다. 즉, Bekaa 계곡에 방자의 입장에서 유리한 시리아군이 지형과 방어태세의 유리한 점은 있으나 이스라엘군의 CEV 가 2.5 배 높아 최초 전력지수 2.85 대 1 보다 더 높은 3.40 : 1 이 되는 것이다.

표 4.4.28 이스라엘군과 시리아군 전투력 (III)

구분	이스라엘			시리아			전력비
	수량	효과지수	지수합	수량	효과지수	지수합	
병력	35,000	1	35,000	22,000	1	22,000	2.85
전차	800	100	80,000	200	100	20,000	
전투기	275	250	68,750	100	200	20,000	
SAM	–	–	–	12	200	2,400	
전투력			183,750			64,400	
지형	–	1	–	–	1.5	–	1.36
방어 태세	–	1	–	–	1.4	–	
부대 전력			183,750			135,240	
CEV	–	2.5	–	–	1		3.40
수정 전력			459,375			135,240	

중동전에서의 이스라엘군 전투효과도를 Dupuy는 표 4.4.29와 같이 제시하였다

표 4.4.29 중동전에서의 이스라엘군 전투효과도

연도	대 요르단	대 이집트	대 시리아	대 이라크
1967	1.54	1.75	2.44	–
1973	1.88	1.98	2.54	3.43

전진율 분석

1단계 작전에서 이스라엘군의 전진율을 조사해 보면 이스라엘군의 CEV가 2.5보다 훨씬 큰 것을 알 수 있다. 6월 8일 이스라엘 기갑부대는 Bekaa계곡 양쪽이 모두 험준한 지형으로 형성되어 있음에도 불구하고 평균 12km를 전진하였다. 앞의 지형에 따른 전진율 인수(0.6)와 방어태세 인수(0.7)를 적용하면 이스라엘군은 평균 28km를 전진한 것으로 추산된다. QJM 매뉴얼에 따르면 평균 일일 28km를 전진하려면 CEV가 4.0이 되어야 한다. 이스라엘군의 CEV가 4.0이 되도록 CEV가 없을 때 전투력 비율 1.36을

나누어 이스라엘의 CEV를 계산해 보면 4.0/1.36=2.94가 된다. Bekaa 계곡 1단계 전투에서 이스라엘군의 CEV는 약 2.90이 된다는 것을 의미한다.

6월 10일 일찍 시작된 2단계 작전의 결과로 시리아군으로 하여금 6월 11일 정오를 기해 휴전하자고 제안을 하게 만들었다. 표 4.4.30은 추정된 전투손실과 비전투손실로 인한 시리아군의 증원과 추정 병력손실을 반영하고 있다.

2단계에서는 이스라엘군과 시리아군의 전투력은 2.19 : 1이며 지형과 방어태세를 고려한 부대전력은 1.16 : 1이 된다. 그러나 CEV를 이스라엘이 2.5배 높은 것으로 고려하여 수정전력을 구해 보면 이스라엘이 2.90 : 1로 약 3배 가량 높다. 따라서 CEV를 고려해 보면 이스라엘군의 일방적인 승리가 설명된다.

표 4.4.30 6월 10일 2단계 작전간 전투력 비교

구분	이스라엘			시리아			전력비
	수량	효과지수	지수합	수량	효과지수	지수합	
병력	34,000	1	34,000	28,000	1	28,000	2.19
전차	750	100	75,000	400	100	40,000	
전투기	225	250	56,250	12	200	2,400	
SAM	–	–	–	–	–	–	
전투력			165,250			75,400	
지형	–	1	–	–	1.5	–	1.16
방어태세	–	1	–	–	1.4	–	
부대전력			165,250			142,506	
CEV	–	2.5	–	–	1		2.90
수정전력			413,125			142,506	

2단계 작전에서 이스라엘은 일일 평균 10km를 전진했다. 다시 전진율 인수 0,7과 0.6을 적용하면 평균 표준 전진율은 일일 24km가 된다. 1 단계에서 적용했던 논리를 그대로 적용하면 일일 24km를 전진하기 위해서는 전투력 비율이 3.60이어야 한다. 3.60을 1.16으로 나누면 3.10이 되고 이것이 2단계의 이스라엘 CEV가 된다. 시리아군의 떨어진 사기를 고려하면 이스라엘군의 CEV는 더 높아질 수도 있다. 1, 2단계 전진율을 고려했을 때 이스라엘군의 CEV는 2.5보다 더 높다는 것을 알 수 있다.

전투손실 분석

6 월 8 일부터 11 일까지 Bekaa 계곡 전투에서 발생한 이스라엘군과 시리아군의 추정된 피해는 표 4.4.31 과 같다.

표 4.4.31 Bekaa 계곡 전투의 이스라엘군과 시리아군 피해

구분		이스라엘	시리아
인원	전사	195	800
	부상	872	3,200
	실종	15	150
	소계	1,082	4,150
전차		30	400
항공기		0	90
대공미사일(SAM)		0	120
일일 피해율(%)		1.05	5.53
100 명으로 일일 상대측 인원피해를 발생시킬 수 있는 수		4.01	1.44

이스라엘군이나 시리아군의 일일 손실률이나 피해율에 접근할 수 있는 데이터는 충분하지 않다. 그러나 시리아군의 추정 손실과 비교되는 이스라엘군의 전반적 손실률은 QJM 비교 타당성을 점검함으로써 가능하다. 2 차 세계대전과 이스라엘-아랍전쟁의 두 적대국의 피해발생능력은 일반적으로 상대적 CEV 의 제곱과 거의 같았다.

표 4.4.31 에서 보면 이스라엘군의 총인원손실은 1,082 명이며 시리아군의 총인원손실은 4,150 명이다. 이스라엘군의 손실수가 비교적 더 정확하며 시리아군의 손실수는 추정값이다. 이 숫자에 근거해서 이스라엘군의 일일 피해율은 1.05%이며 시리아군의 추정 일일 손실률은 5.53%이다. 100 명의 이스라엘군 병력에 의해 일일 시리아군의 피해발생 인원수는 4.01 명이며 그 반대로 100 명의 시리아군 병력에 의해 일일 이스라엘군 피해발생 인원수는 1.44 명에 불과하다.

그러나 시리아군은 지형의 이점과 방어의 유리함으로 인해 1.5 와 1.4 의 인수를 전투력에 곱해서 전투력이 증강된다. 이러한 유리점이 없는 시리아군 100 명이 일일 이스라엘군에 대해 정규화된 피해발생 가능인원수는 약 0.68(=1.44/(1.5×1.4))명이다. 이스라엘군 100 명이 시리아군에 대해 일일 피해발생 가능 인원수는 5.98(=4.01/0.67)명이다.

이 비율의 제곱근은 대략적으로 이스라엘군의 CEV와 동일하다. 이 값은 2.45($=\sqrt{5.98}$)이다.

그러므로 비록 포괄적인 QJM 분석을 허락할 만한 자세한 데이터가 충분하지 않더라도 2차 세계대전과 중동전의 데이터로 Bekaa 계곡전투에서 3일간의 이스라엘군-시리아군 CEV를 대략적으로 계산할 수 있었다. 이스라엘군의 전진율에 기반해서 이스라엘군의 CEV가 대략적으로 3.0이라는 것을 알 수 있고 상대측에 피해를 줄 수 있는 능력에 기반해서 이스라엘군의 CEV가 2.45라는 것을 추정할 수 있었다. 주어진 데이터의 부족으로 근사값이 필요하며 다른 방법론의 CEV 추정결과는 실제 CEV는 이 방법들에서 계산된 값들 사이에 있다고 확신할 수 있는 근거를 마련해 준다.

4.4.4.2 미국 남북전쟁 시 Gettysburg 전투(1863. 6.1~3) 분석

Gettysburg 전투는 1863년 7월 1일부터 1863년 7월 3일까지 Pennsylvania 주 Gettysburg 인근에서 Gettysburg 전역 가운데 가장 중요한 전투이자 남북전쟁에서 가장 참혹한 전투였으며, 흔히 남북전쟁에서 전환점으로 평가한다. 이 전투에서 북부의 George Meade 장군이 이끄는 Potomac 군은 남부의 Robert Lee 장군이 이끄는 북 Virginia 군의 공격을 결정적으로 무너뜨렸다. 이로써 Lee 장군의 두 번째이자 마지막 북부 침입은 실패로 끝났고, 워싱턴을 공격하여 남부 독립을 승인받고 전쟁을 끝내고자 했던 남군의 전략도 실패로 끝났다.

남부 육군은 1863년 5월의 Chancellorsville 전투에서 연방 육군의 Potomac 군을 격파하여 기세가 올라있었다. Rober Lee 장군은 이를 활용하여 북부로 진격하고자 결정한다. Lee 장군이 북부로 진격하고자 한 데에는 몇 가지 목적이 있었는데 우선은 북부 육군의 여름 전쟁계획을 흐트러뜨리는 동시에 Vicksburg에 포위된 남부 육군 수비대를 구원하고자 했으며, 잇단 전쟁으로 피폐해진 Virginia 주를 위해 북부의 농장들에서 물자를 탈취하려는 것 등이었다.

하지만 Lee 장군의 궁극적 목적은 북부의 주력군을 격파하여 Abraham Lincoln 대통령으로 하여금 어쩔 수 없이 종전협상 테이블에 나오게 하여 남부에게 유리하게 종전협상을 이끌고자 하는 것에 있었다. 남부의 형편상 북부와 전쟁을 길게 끌고가면 갈수록 불리할 수 밖에 없다는 것을 Lee는 가장 잘 알고 있었기 때문이다.

당초 Vicksburg의 수비대를 구원하기 위해 James Longstreet 장군의 2개 사단을 파병하는 안이 추진되었지만 Lee 장군은 이번 기회에 아예 북부 육군 주력을 격파하자는 생각으로 이 안을 반대하고 Longstreet 장군의 2개 사단뿐만 아니라 가용 가능한 모든 병

력을 동원하여 Philadelphia, Baltimore, Washington DC 를 위협하는 전략을 구상하게 된다.

Longstreet 장군의 2 개 군단을 보내는 사이에 Ulysses Grant 장군에게 포위되어 있던 Vicksburg 가 함락될 수도 있기 때문에 그럴 바에야 차라리 북부의 주력군을 격파한다면 자연스럽게 Vicksburg 의 포위가 풀리고 그때까지 남부연합을 정식 국가로 인정하는데 미적거리는 유럽 각국들을 움직일 수 있을 것이라 판단했기 때문이다. 또한 북군의 잇단 패배로 북부에선 전쟁을 그만두자는 평화운동이 일고 있었기 때문에 북군을 격파한다면 이런 추세가 더 가속화될 것이라는 기대도 있었다. 이에 따라 Lee 장군은 Longstreet 의 2 개 군단과 가용가능한 육군 병력을 모두 모아 75,000 명의 대군을 이끌고 북부로 진격했다.

이에 맞서는 북군의 Potomac 군은 Joseph Hooker 장군의 지휘 아래 약 95,000 명의 육군 병력이 있었다. 그러나 Lincoln 대통령은 Hooker 를 소환하고 George Meade 장군을 후임으로 임명한다. Hooker 가 Chancellorsville 전투의 패배후 Potomac 진격에 소극적인 태도를 보이자 Meade 로 교체한 것이다. 게다가 Hooker 는 이미 허풍으로 악명높았던 인물이라 애초에 Lincoln 대통령의 눈 밖에 난 후였다.

양측은 전면전보다는 탐색전 성격의 전투로 6 월 한달 동안을 보냈다. 최초의 충돌은 6 월 3 일에 벌어진 Virginia Culpeper 근처의 기차역에서의 기병대 전투였다. 북군 기병대가 남군 기병대를 기습하여 벌어진 이 전투에서 초반 북군 기병대에 밀리던 남군 기병대가 결국 승리하긴 했으나, 이 습격으로 남군 기병대를 지휘하던 James Stuart 은 분을 참지 못하고 북군 후방 깊숙히 들어가 보복전에 매달렸다. 본래 기병대의 역할이 적정탐색과 보병대 엄호라는 것을 생각한다면 Stuart 의 이런 행동은 Gettysburg 전투 초장부터 남군에게 불리하게 작용한 셈이다. 실제로 Lee 장군은 북군 Potomac 군의 동향에 대해 전혀 정보를 얻지 못했다. 반면 북군의 Meade 는 충실하게 남군의 동향을 보고받고 있었다.

더욱이 Lee 장군은 Stuart 가 전투목적에 부합하지 않는 행동을 하는데도 불구하고 그에게 기병대 지휘를 맡기고 북군을 견제하게 했다. Stuart 는 결국 Gettysburg 전투의 중요한 첫째 날과 둘째 날에 그 자리에 없어서 패배에 큰 영향을 주고 말았다. 아무튼 Stuart 을 제어하지 못한 Lee 장군에게도 상당한 책임이 있을 수 밖에 없다.

Stuart 가 보복전에 몰두하는 가운데, Lee 장군의 본대인 북 Virginia 은 Potomac 강을 건너 Maryland 주로 진격할 채비를 갖췄다. Hooker 가 지휘하는 북군의 Potomac 군도 6 월 25 일에서 6 월 27 일 사이에 남군을 추격하며 Potomac 강을 건넜다. 그리하여 6 월

29 일, 남군은 Gettysburg 북서쪽과 북쪽 20~30km 지점에 반원형으로 길게 산개하여 전개했다.

그러는 사이 북군은 Lincoln 대통령과 Potomac 군의 Hooker 소장 간에 갈등이 일어나 Hooker 는 사표를 제출했고 이를 기회로 Lincoln 은 Hooker 의 사표를 수리하고 6 월 28 일, 전혀 예상치 못했던 5 군단장 George Meade 를 기용했다.

George Meade 가 Potomac 군의 사령관이 된 다음날인 6 월 29 일, Lee 장군이 Potomac 강을 건넜다는 정보를 입수한다. Lee 장군은 전군에게 Gettysburg 서쪽 13km 에 있는 Cashtown 으로 집합할 것을 명령했다. 사실 Lee 장군도 Meade 도 Gettysburg 가 아닌 다른 결전장을 생각하고 있었지만, Gettysburg 에 양군 통틀어 가장 먼저 도착한 북군 기병사단장 John Buford 는 Gettysburg 와 그 주변이 구릉지대를 먼저 장악한 쪽에게 유리하다는 사실을 간파하고 자신의 기병대를 모두 말에서 내리게 하여 전투 준비를 하는 한편 1 군단장 John Reynolds 에게 구원병을 요청했다. Buford 의 빠른 판단이 북군 승리에 기여한 셈이다.

남군은 기병대가 없는 탓에 전혀 상황을 파악하지 못한 남군은 6 월 30 일, Hill 중장이 지휘하는 3 군단 휘하의 Johnston Pettigrew 가 이끄는 북 Carolina 여단이 Gettysburg 에 접근하여 북군 John Buford 의 기병대가 Gettysburg 서쪽의 언덕에 주둔하고 있음을 파악하게 된다.

그러나 그때까지만 해도 남군은 Gettysburg 에 북군의 대병력이 있을 것이라곤 생각하지 못했다. 기껏해야 Pennsylvania 민병대 정도일 것이라 생각한 Hill 중장은 다음날 상당한 규모의 정찰병력을 Gettysburg 에 보내기로 결정했다.

7 월 1 일 오전 5 시, 남군의 보병대가 북군의 기병대에 발포하면서 Gettysburg 전투가 시작되었다. 남군측 Hill 의 제 3 군단 소속의 Henry Heth 사단 휘하 2 개 여단이 북군측 John Buford 기병대에 저지당하는 사이, Reynolds 가 지휘하는 북군 제 1 군단이 지원병력으로 가세했다. 이로 인해 남군은 Chambersburg Pike 의 진군은 저지당했으나 남군 저격병에게 1 군단장 Reynolds 가 전사했다.

전투는 남군과 북군의 대규모 지원병력들이 가세하면서 점점 가열찬 방향으로 전개 되었다. 오후에 북군 제 11 군단이 도착했고, 남군은 Richard Ewell 의 제 2 군단이 도착하여 남군은 북쪽에서 대공세를 취하고, 북군은 막는 형국이 되었다.

그러다가 남군측 Robert Rose 의 사단과 Henry Heth 사단이 Oak Hill 과 Seminary Ridge 에 맹렬한 공세를 퍼붓자 북군 제 11 군단은 뒤로 밀리기 시작했다. 11 군단이 밀리자 우측이 비게 된 1 군단도 후퇴하게 되어 Cemetery Ridge 까지 밀리게 되었다.

Lee 장군은 2 군단장 Ewell 에게 '가능하다면' Cemetery Hill 을 공격하라는 명령을 내렸지만 Ewell 은 이 명령에 따르지 않았다. 사실 '반드시'라는 명령을 내리지 않았던 Lee 장군의 잘못이겠지만 Lee 장군은 후에 "Chancellorsville 에서 사망한 'Stonewall Jackson' 이 그 자리에 있었더라면..."하고 통탄했다고 한다.

어쨌거나 Ewell 은 Cemetery Hill 을 공략하지 않았고 북군은 덕분에 전열을 정비할 수 있게 되었다. 오늘날도 역사학자들 사이에서 Lee 장군의 애매한 명령이 Gettysburg 전투의 패전 원인인지에 대해 논란이 있다.

첫째 날의 전투에서 남군이 승리하게 되자 Lee 장군은 본격적으로 공세를 취하기로 결심한다. Lee 장군은 자신의 휘하인 북 Virginia 군을 북군 Potomac 군의 양 날개를 상대로 다방면으로 투입했다. 남군 측의 Longstreet 가 지휘하는 1 군단이 이날 도착하여 북군의 좌익에 공세를 취했고, John Bell Hood 의 사단이 Little Round Top 과 Devil's Den 으로 공세를 가했다.

당초 늦게 Gettysburg 에 도착한 Longstreet 는 형세를 살피고서는 구릉지대를 장악하고 있는 북군을 공격하는게 쉽지는 않겠다는 판단을 하여 Lee 장군에게 방어적인 전략으로, 즉 후퇴해서 Washington 과 Potomac 군 사이로 위치를 잡아서 Washington 을 위협해 Meade 가 공격하게 만들게 하자는 전략을 밀었다. 그러나 평소 빠른 공격적 전략을 선호하는 Lee 장군은 이에 반대했다. Lee 장군은 빨리 공세로 나가고자 했으나 Longstreet 는 Hood 사단 소속 Law 여단이 아직 도착하지 않았기 때문에 아침에 공세를 취하는 것은 무리라고 주장하여 결국 아침에 공세가 취해지지 않게 되었다.

Lee 장군의 계획은 일단 현 위치를 고수하면서 Ewell 의 2 군단이 Culp's Hill 을 향해 양동작전을 구사하여 북군 우익을 고착시키면, Cemetery Ridge 을 우회한 Longstreet 의 1 군단이 북군 좌익 배후를 겨냥하여 주공격을 퍼붓고 결정적일 때 Ewell 의 2 군단도 가세하여 북군을 공격한다는 생각이었다. 그러나 이 계획에는 문제가 있었는데 Lee 장군이 북군의 정확한 위치를 알지 못했다는 점이었다. Lee 장군은 북군 좌익이 Cemetery Ridge 에 있다고 생각했다.

게다가 북군측 제 3 군단장 Daniel Sickles 의 단독적인 판단이 Lee 장군의 구상을 흐트러버렸다. Meade 는 Sickles 에게 Cemetery Ridge 에 포진할 것을 명했다. Sickles 는 처음에는 이 명령에 따랐지만 Cemetery Ridge 가 방어상 용이하지 않다고 판단하고 Cemetery Ridge 정면 1.12km 에 있던 고지대인 복숭아 과수원으로 병력을 이동시켰다. Sickles 의 단독적인 행동은 위험스러워 보였다. Sickles 의 군단이 적을 향해 돌출되어버린 형국이 되어버린 데다가 2 개 군단이 지키기에는 방어선이 너무 길어졌다는 문제가 생긴 것이다. Meade는 이런 Sickles의 단독적 판단을 나중에야 알고 격노했지만, 이미 남군의 공격이 임박해져 버린 상황이었다.

그런데 Longstreet의 오판이 Sickles의 단독적 판단과 결합하여 재미있는 결과를 만들어 내버렸다. Longstreet는 Little Round Top의 북군 통신부대 관측소에 관찰되지 않으려고 멀리 우회하다가 공격지점으로 오다보니 공세가 한나절 가까이 지체되어 버렸고 그 틈에 북군 제3군단의 병력이 Emmetsburg 도로에 배치되어 Longstreet의 1군단 정면에 있는 형국이 돼버렸다. 이 상황에 Longstreet의 부관들은 깜짝 놀랐다.

Hood는 상황이 달라지자 Longstreet에게 Round Top을 우회하여 북군의 후미를 치기 위해 Little Round Top 고지를 점령하자고 제안했지만 Longstreet는 Lee장군의 계획대로 움직여야 한다며 이를 무시했다. 이미 이날 오전에 Lee장군과 작전진행에 관한 이견으로 인해 격론을 벌였던 Longstreet로서는 Lee장군의 계획을 자신이 수정한다는 것이 부담이 되었을 것이다. 그러나 Little Round Top에는 그때까지 북군이 없었기 때문에 남군으로선 승리의 실마리를 걷어차 버린 셈이 되어버렸다. 이런 상황이 Sickles의 단독 판단과 결합하여 Longstreet는 Sickles의 위치를 놓친 채로 당초 계획과는 달리 Emmetsburg의 왼쪽으로 선회하여 공격을 시작하게 되었다.

이날의 전투는 대단히 치열하고 거친 전투였다. Hood는 전투중 부상으로 전선을 이탈하여 팔을 절단해야 했고 애매한 명령을 내리는 바람에 그의 부대는 제대로 통제가 되지 않은 채로 북군과 전투를 벌이게 되었다. 이때 북군 전선 가장 좌익에 포진한 북군 제20메인 의용보병연대 지휘관 Joshua Chamberlain 대령은 남군 2개 연대의 맹렬한 공격을 수 차례 격퇴한 끝에 탄약이 다 떨어지자 허를 찌르는 착검돌격을 감행, 일대를 무아지경으로 내달리며 남군 우익을 완전히 밀어내고 Little Round Top 고지 점령 시도를 막아낸다.

다른 곳에서도 남군이 의도한 대로의 전투가 진행되지 못했다. 남군은 Cemetery Ridge의 정상에 도달하긴 했지만 북군의 지원병력에 밀려 철수해야 했다. 양측은 상당한 병력의 피해를 보았지만 북군은 현재의 방어선을 고수했고, 남군은 상당한 희생에도 불구하고 북군의 방어선을 무너뜨리지 못한데에 실망하고 있었다.

그런 가운데 Meade는 Lee장군이 북군의 좌우 날개를 공략하는데 실패하여 다음날 북군의 중앙으로 돌격할 것이라 예상했다. 예상한 대로, 북군의 좌우익이 이미 강력한 방어진지를 편성했다고 판단한 Lee장군은 중앙 돌파를 선택했고 이는 Gettysburg 전투의 승패를 결정짓게 돼버린다.

Lee 장군은 전날과 같은 계획으로 전투에 임하고자 했다. 그러나 Longstreet 가 미처 전투준비를 마치기도 전에 북군 제 12 군단이 전날 남군에게 빼앗긴 Culp's Hill 을 탈환하기 위해 맹공을 퍼부었다.

남군 포병대는 보병대의 진격을 용이하게 하기 위해 게 남북전쟁 중 최대 규모인 150 여 문의 포를 동원해 포격을 북군 방어선에 퍼부었다. 그러나 남군은 포탄이 부족했고, 그나마도 질이 좋지 않은 Fuze 가 장착된 작열탄이 사용되어 예상지점보다 더 뒤쪽에서 포탄이 터지는 상황이 벌어져 북군 방어선에 유효한 타격을 입히지 못했다. 이날 15 시가 되자, 포격은 멈췄고 그 사이에 Longstreet 가 지휘하게 된 피켓의 Virginia 사단과 Trimble 이 이끄는 사단, 그리고 Pettigrew 가 이끄는 사단으로 구성된 12,500 명의 남군 병사들이 Cemetery Ridge 를 향해 돌격했다. 이것이 유명한 'Pickett 의 돌격'이다.

그러나 어처구니 없게도 남군을 기다리고 있는 것은 학익진의 형국과 비슷하게 3 면으로 포진하고 있던 북군이었다. 게다가 그곳은 탁 트인 평원으로 엄폐물이 전혀 없었다. 그러나 남군은 3 면의 포격에도 불구하고 돌격을 멈추지 않아 한때 북군이 동요하기도 했다. 그 여파로 북군이 방어선으로 삼던 낮은 돌담이 뚫리기도 했으나 지원병력의 가세로 남군의 공세는 차단되었다.

돌격으로 인해 남군이 입은 피해는 실로 끔찍한 것이었다. 12,500 명의 남군 병사 중 6,555 명이 전사하거나 부상, 실종 포로가 되는 피해를 입었다. 돌격에 가담한 병력의 절반 이상을 한순간에 손실당한 것이다. 남군의 피해 중 적어도 1,123 명은 전장에서 즉사했으며, 4,019 명은 부상당했다. 부상자 중에는 다리를 잃어버린 사단장 Trimble 과 팔 부상을 당한 사단장 Pettigrew 가 포함됐다. 남은 한 명의 사단장 Pickett 은 부상을 당하지 않았지만 그 휘하 여단장 3 명 중에 두 명이 전사했고, 남은 한명 역시 중상을 입었으며 결국 후퇴 중에 포로로 잡혔다. 북군 보고서에 의하면 남군 3,750 명이 포로로 사로잡혔다. 남군이 이런 막대한 피해를 입는 동안 북군의 피해는 사상자 합계 1,500 여 명에 불과했다.

그 다음날인 7 월 4 일, Ulysses Grant 에 포위되어 있던 Vicksburg 의 남군 수비대는 항복하게 된다. 상당한 피해를 입은 남군은 퇴각을 결정하고 Lee 장군은 방어형으로 부대를 재편했다. 그러나 신중한 성격인 Meade 는 Lee 를 추격할 생각이 없었다. 결국 형식적으로 남군 잔존병력을 추격했고 이 때문에 나중에 Meade 는 비판을 받았다. 남군은 Potomac 강의 범람으로 퇴각이 지체되었지만 7 월 13 일 Virginia 로 철수하여 Gettysburg 전투는 완전히 막을 내리게 된다.

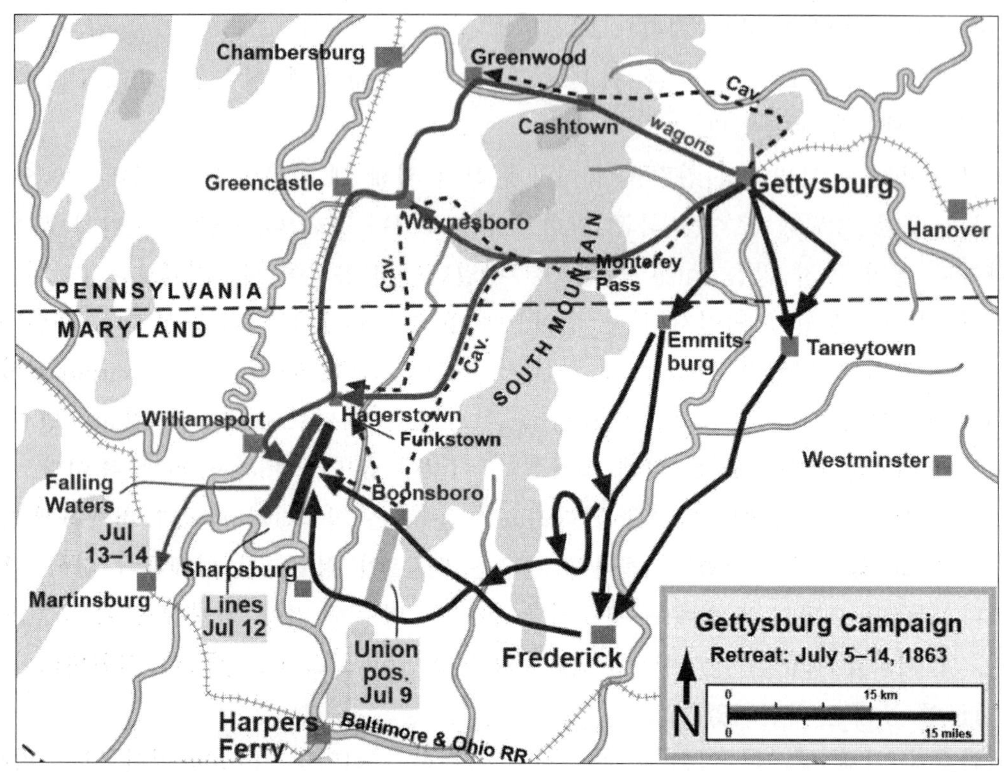

그림 4.4.10 Gettysburg 전역

Vicksburg의 함락으로 남부는 Ohio 강에서 서부 주들, Texas, Louisiana, Arkansas로 통하는 교통로가 차단될 위기에 처했다. 이에 남부는 Vicksburg를 탈환하기 위해 Gettysburg에서 비교적 피해를 덜입은 Longstreet의 군단에 Lee 장군의 휘하인 북 Virginia 군의 병력 일부를 차출하여 서부전선으로 파병했다. 이 때문에 Lee 장군은 더이상 대규모 공세를 펼치기가 어려워지게 되었다.

Lee 장군이 북부에 대한 공세를 택했던건 그렇게 밖에 할 수 없었던 상황 때문이었다. 하지만 역설적이게도 정면 공세만을 선호하고 느슨한 지휘방식을 고수한 Lee 장군 본인의 실책으로 인하여 이기면 상황을 반전시킬 수 있었던 전투에서 패배했기 때문에 전환점이라고 볼 수 있을지도 모른다.

Gettysburg에선 북군과 남군을 모두 합쳐 51,000명의 사상자가 났다. 그 중에서 7,000 명의 병사들은 전투에서 전사한데다 5,000마리 말들도 죽었다. 숨진 병사들이 묻힌 곳은 국립묘지가 되었다. Lincoln 대통령은 11월 19일, Gettysburg에서 열린 국립묘지 개소식에서 유명한 Gettysburg 연설을 남기게 된다.

Gettysburg 전투의 기본 자료는 표 4.4.32 와 같다.

표 4.4.32 Gettysburg 전투의 기본 전투력 현황

구분	보병	기병	포병	계	화포	손실/일	전진거리/일(km)
북군	64,100	11,800	12,389	88,289	264	7,683	0
남군	54,400	10,100	10,500	75,000	225	9,354	0

가정사항은 아래와 같다.

1. 북군의 전투종심은 3.0×0.883, 남군의 전투종심은 3.0×0.75
2. 임무 달성도 : 북군 7.0, 남군 3.0
3. 북군은 방자로서 급편방어의 지형과 태세의 유리점을 보유

표 4.4.33 북군과 남군 전투력

구분	북군	남군
W_n	76,489×4.1×0.9=282,244	64,900×4.1×0.9=239,481
W_g	264×38×0.9=9,029	225×38×0.9=7,695
W_i	11,800×4×0.8=47,200	10,000×5×0.8=40,400
S_u	338,473	287,576
	$S_{북군}/S_{남군}$=1.1770	$S_{남군}/S_{북군}$=0.8496

$$M_{남군} = \sqrt{\frac{(75,000+(10,100+22,500)+10,000\times 5)/75,000}{(88,289+(11,800+26,400)+11,800\times 5)/88,289}} = 1.0020$$

$$m_{남군} = 1.0020-(0.2\times 0.002) = 1.0016$$

$$P_{북군} = 338,473\times 1.3\times 1.3 = 572,019$$

$$P_{남군} = 287,576\times 1.1\times 1.0016 = 316,840$$

$$P_{북군}/P_{남군} = 1.81$$

$$P_{남군}/P_{북군} = 0.55$$

다시 말하면 남군은 지휘력이 거의 2배 이상이 되지 않으면 북군을 이길 수 없다는 것이다.

$$E_{sp-북군} = \sqrt{[0.8496 \times (4 \times 0 + 3.1 \times 0.883)]/(3 \times 3.0 \times 0.75)} = 0.5774$$

$$E_{cas-북군} = \sqrt{1.1770 \times 7{,}683/9{,}354} - \sqrt{76{,}830/88{,}289} = 0.9832 - 0.9329 = 0.0503$$

$$E_{sp-남군} = \sqrt{[1.770 \times (4 \times 0 + 3 \times 0.75)]/(3 \times 3 \times 0.883)} = 0.5773$$

$$E_{cas-남군} = \sqrt{0.8496 \times 9{,}354/7{,}683} - \sqrt{93{,}540/75{,}000} = 1.0170 - 1.1168 = -0.0998$$

$$R_{남군} = 3 + 0.5773 - 0.0998 = 3.4775$$

$$R_{북군} = 7 + 0.5774 + 0.0503 = 7.6227$$

$$R_{북군} - R_{남군} = 7.6227 - 3.4775 = 4.1502$$

$$P_{북군}/P_{남군} = 1.81$$

이 결과는 남군 사령관 Lee 장군의 지휘력이 거의 발휘되지 못했다는 사실을 제시하고 있다.

4.4.4.3 1차 세계대전 시 Somme 전투 (1916. 7~11) 1단계 분석

1916년 서부전선에서 벌어진 Somme 전투는 전투 첫날 58,000여 명에 달하는 영국군 사상자로 인해 잘 알려진 전투다. 이것은 그때까지 하루 사상자 기록으로는 최고 기록이었으며 이 중 3분의 1이 전사자였다. 이 전투는 1916년 7월 1일 Arras와 알메르트 사이 Somme강 북쪽 30km에 걸친 전선에서 시작해서 11월 18일까지 계속되었다.

전투는 1915년 말 프랑스군과 영국군의 합동작전으로 계획했었다. 이 작전은 프랑스군 최고사령관 Joseph Joffre가 입안했는데, 영토 탈환보다 독일 예비병력을 소모하게 해서 독일군 전체 전력을 약화하기 위한 소모전 목적이었다.

이 계획은 1915년 12월 19일에 영국 원정군 총사령관으로 임명된 Douglas Haig가 동의하였다. 그는 영국 정부에 1916년 이 대규모 공세에 관한 허가를 받아낸다. 이 전투를 위해 영국군은 공격부대를 편성하였고, 프랑스군과 더불어 우세한 병력과 장비를 집중해 공격에 나서려고 했으나 독일의 Verdun 전투로 말미암아 많은 프랑스군이 이 지역으로 파견되어 다른 성격의 전투를 치르게 된다.

결국, 작전은 변경되고 프랑스 요구로 8월 1일로 계획했던 작전이 7월 1일로 당기게 된다. 이는 Verdun에 대한 독일의 압박을 줄이기 위한 의도였다. Haig는 Joffre로부터 이 작전의 모든 권한을 위임받는다. Haig는 꼼꼼하게 작전을 준비하고, 선봉부대 지휘관인 Rawlinson 장군과 함께 세부 작전을 수립한다.

6월 26일 독일군 진지에 대한 5일 동안의 영국군의 대규모 포격으로 작전이 시작된다. 이는 독일이 Verdun 공격에서 생각한 것과 마찬가지로 포격으로 독일군 병력을 괴멸시킨 뒤 보병을 무인지대를 거쳐 적의 참호로 돌격시키기 위한 작전이었다. 특히 주안점은 기관총과 철조망의 제거였다. 이 포격에는 영국군의 1,500문의 대포가 동원되었고 거의 비슷한 숫자의 프랑스군 대포도 합세하였다.

대규모 포격 뒤에 보병의 돌격이 시작되었고 포병의 지원사격이 계속되었다. 이는 보병이 첫 번째 독일군 참호선으로 돌격하는 동안 포병은 2번째 세 번째의 방어선을 포격하는 형식으로 영국 포병은 잘 짜인 통신망과 관측으로 정확하게 포격을 계속하였다. 즉 전방의 전선상황에 따라 계속 포격의 대상을 바꾼 것이었다.

작전 지역 서쪽은 Henry Rawlinson의 이러한 대규모 포격 진격전의 결과로 중앙부의 Haig가 직접 지휘하는 부대들은 어느 정도 전진한 뒤 그곳의 진지를 강화했다. Rawlinson의 부대는 이 작전을 위해 많은 보급품과 전투 물자를 투입한다. 그러는 동안 영국 제4군의 잔여부대가 있는 북쪽에서는 제3군의 1개 군단이 합류한 뒤 기병 돌격전과 함께 독일 전선 돌파를 위해 돌격한다.

또한, Haig의 후위에 있던 7 왕립경기병대가 독일군의 라인을 분리시키기 위해 돌격하고 같은 시간 남쪽의 프랑스 제6군의 1개 군단이 작전계획대로 전진을 시작한다. 27개 사단이 이 전투에 동원되었고 그 중 80%가 영국군이었다. 연합국은 750,000명의 병력을 동원했는데 그에 비해 독일군은 제2군 예하의 16개 사단이 전부였다. 이는 명확히 연합군에게 우세한 작전이었다.

그러나 연합국의 대규모 포격은 독일군의 잘짜여진 철조망과 견고하게 지어진 벙커들을 파괴하는 데 실패하였고 결국 연합국은 많은 수의 포탄을 낭비한 결과만을 초래한다. 당시 영국군이 사용한 포탄에 불발탄이 많이 발생했다. 뇌관의 문제도 있었지만, 지상에 떨어진 포탄이 충격으로 뇌관이 작동하여 터지기에는 너무 약해서 그대로 땅속으로 파고 들어간 채 터지지 않은 경우가 많았던 것이다. 지금까지도 서부전선의 농부들은 이때의 벙커나 전투 흔적을 발견할 정도로 잘 구축된 방어선이었다. 연합군의 포격이 진행되는 동안 많은 독일군들은 벙커나 방공호에 숨어있었고 연합국은 엄청난 포격으로 독일군에게 치명적인 피해를 주는 데 실패하게 된다.

7월 1일 아침 7시 30분 대규모 17개의 지하 부설 지뢰 폭파와 함께 본격적인 공격을 개시하는데 사실 최초의 지뢰폭파는 10분 전인 7시 20분에 이루어졌다. 이러한 지뢰폭파를 통한 공격방식은 오늘날에도 보인다.

첫 번째 대규모 돌격이 감행되었고 사실 이는 독일군들에게 그다지 놀랄 만한 일이 아니었다. 독일군들은 지난 8일간의 포격으로 이미 연합국의 대공세가 있을 것이라 예상하고 있었다. 그러나 사전 대규모 포격의 실패로 인해 영국군은 첫 주 동안 아주 짧은 구간의 전진만을 성공시킨다. 무엇보다 내심 제거되었을 것으로 기대했던 철조망 지대와 기관총 진지들이 상당수가 여전히 포격 전처럼 유지되고 있었다.

사실, 보다 성공적인 돌격은 남부전선의 끝자락에 위치한 프랑스군에 의해 이루어졌다. 프랑스군은 돌격전 몇 시간 포격을 계속하였고 갑작스런 기습으로 독일군을 혼란에 빠트린 것이다. 또한 독일군들은 Verdun에서의 엄청난 피해로 인해 프랑스군이 대규모 공격을 이지역에서 감행하리라곤 생각하지 못한 것이었다. 프랑스군은 전투 초반 그들의 계획을 거의 모두 달성한다.

하지만 영국군은 독일군의 기관총 사격으로 인해 거의 대부분의 병력이 원래의 진지로 들어가 있는 상황이었다. 또 많은 수의 보병들이 느린 속도로 독일군의 방어선을 향해 전진하였는데 이는 독일 기관총 사수들에게 좋은 표적이 될 뿐이었다. 따라서 많은 영국군이 무인지대에서 전사한다.

첫날의 58,000명에 달하는 영국군 희생에도 불구하고 Haig는 다음날 다시 진격을 명령한다. 이는 성공하긴 하지만 많은 피해와 함께 결국 목표를 완전히 달성하진 못한다. 아무튼 7월 11일 영국군은 독일의 첫 번째 방어 진지를 점령하는 데 성공하지만 이날 독일군은 Verdun 전투에서 15개 사단을 이 지역으로 보내 방어를 강화한다.

7월 19일 지역의 독일군은 재편되고 방어를 더욱 강화하게 된다. Haig는 이 공세를 여름을 지나 11월까지 계속하게 된다. 비록 독일군 장군을 사로잡는 등의 몇번의 괄목한만한 성과도 있었지만 전선은 다시 고착상태에 빠지게 된다.

9월 초순 프랑스 제10군이 이 공세에 합류하고 산발적인 공세를 계속한다. 특히 후반에는 전차가 전선에 등장해 영국군의 15개 사단에서 이 탱크를 사용하게 된다. 이 첫 번째 전차의 등장은 처음에 50대로 시작하였는데 기관총 중대에 배속되어 3, 4소대로 편성되었다. 그리고 9월 Somme에 도착하는데 기계적 결함과 고장으로 인해 전차의 숫자는 24대로 줄어있었다.

이 전차의 등장은 독일군에게 엄청난 충격을 주었고 활약도 했지만 초반의 전차들은 많은 결함과 고장으로 그리 신뢰받지는 못하였다. 9월 15일 처음으로 전차가 전선에 투입되었고 이날의 전투는 성공적으로 끝났다.

Rawlinson의 부대는 프랑스의 제6군이 영국 주력의 우익으로터 독일군의 공세를 막으며 이를 격파하는 동안 전 참호를 돌파하는 데 성공한다. 그동안 캐나다군은 그들의 7대의 전차와 함께 Courcelette를 점령하고 제15 Scotland사단은 Martinpuich를 점령한다. 이는 모두 전차의 활약에 힘입는다. 그러나 동남부에서는 독일군들에게 전차를 노획당하기도 한다.

9월 25일에서 27일 사이 Haig는 새로운 공세를 시작한다. 그 후 영국군은 여러번의 공격을 감행하는데 그 성과는 그리 크지 못했다. 프랑스군도 이 공세에 가담한다. 프랑스의 Joffre 장군은 Haig에게 공세를 계속할 것을 주문하는데 이 당시 프랑스군은 베르됭에서 공격을 계속해 잃은 땅을 계속해서 되찾고 있었다. 따라서 이는 공세의 중단으로 Somme의 독일군이 Verdun으로 다시 배치되는 것을 막기 위해서였다.

11월 13일 영국군은 마지막 공세를 취해 독일군의 Beaumont Hamel 요새를 점령하는 데 성공하게 된다. 이 Somme 전투는 11월 18일 폭설로 인해 중단된다.

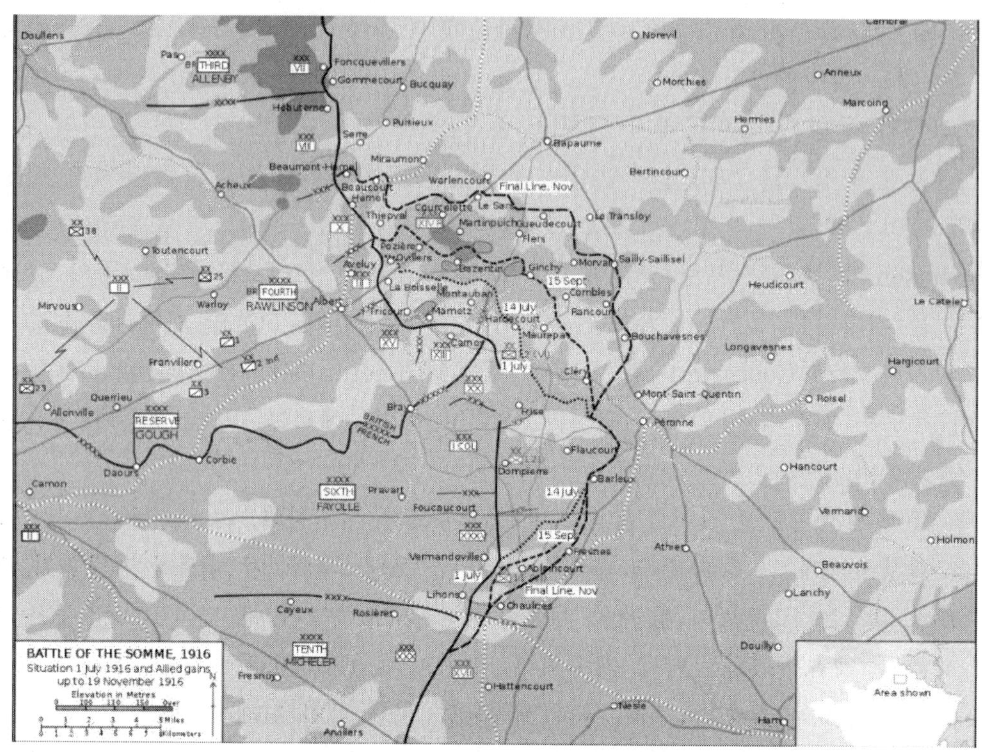

그림 4.4.11 Somme 전투 진행경과

Somme 전투의 1 단계 기본자료는 표 4.4.34 와 같다.

표 4.4.34 Somme 전투 독일군과 연합군 전투력 현황

구분	독일군	연합군
교전 병력	600,000	250,000
기관총	10,000	4,000
박격포	3,532	1,400
포병	6,473	2,500
전차	120	100
항공기	820	1,000
피해	70,000(11,672/일)	120,000(20,000/일)
전진거리(km)	30	−30

가정사항은 아래와 같다.

1. 양측의 무기체계 OLI는 동일하며 다음과 같다.

무기체계	OLI	비고
보병 소총	1.2	(미국 Springfield는 1.4)
기관총	14.0	
박격포	200.0	
포병(평균)	1,600.0	(프랑스 75'는 1,546)
전차	150.0	
항공기	140.0	

2. 1 단계의 연합군의 태세는 요새화된 방어이다.

3. 정확한 기동 계산을 위한 데이터는 충분하지 않다. 양측의 기동은 본질적으로 동일하다.

4. 지형은 평지 및 혼합지형이고 기상은 우천 또는 청천, 온화하다. 계절은 봄이며 온화하다. 각측의 공중우세권은 없다.

5. 독일군이 초기 공격에서 약한 기습의 유리점을 가진다. 이 기습효과는 전력비교에 직접 적용된다.

6. 양측 군의 최대 전투종심은 12km이다.

7. Somme 전투 1 단계의 임무 요소인수는 독일 7, 연합군 3이다.

구분	독일군(g)	연합군(al)
W_s	600,000×1.2×0.9=648,000	250,000×1.2×0.9=270,000
W_{mg}	10,000×14×0.9=126,000	4,000×14×0.9=50,400
W_{hw}	3,532×200×0.9=635,760	1,400×200×0.9=252,000
W_g	6,473×1,600×1=10,356,800	2,500×1,600×1=4,000,000
W_i	120×150×0.9×0.7=11,340	100×160×0.9×0.7=9,450
W_y	820×140×1×0.5×0.9=51,660	1,000×140×1×0.5×0.9=63,000
전투력	$S_g = S_{독일군}$=11,829,560	$S_{al} = S_{연합군}$=4,644,850
전투력비	$S_{독일군}/S_{연합군}$=2.5468	$S_{연합군}/S_{독일군}$=0.3926

$m_g = m_{al} = 1$

$V_g = 600{,}000 \times 1/1 \times 0.6266 = 375{,}970$

$v_g = 1 - 375,970/11,829,560 = 0.9682$

$V_{al} = 250,000 \times 0.5/1.2 \times 1.5959 = 166,240$

$v_{al} = 1 - 166,240/4,644,850 = 0.9642$

$P_g = 11,829,560 \times 1 \times 0.9682 = 11,453,379$

$P_{al} = 4,644,850 \times 1.6 \times 1.2 \times 0.9642 = 8,598,844$

$P_g/P_{al} = 1.33$

$P_{al}/P_g = 0.75$

약한 기습효과는 다음과 같다.

$M = \sqrt{1.3} = 1.1402$

$m = 1.1402 - (1 - 0.8 \times 0.9)(0.1402) = 1.1010$

취약성 효과는 다음과 같다.

$V_g = 338,373$

$v_g = 0.9714$

$V_{al} = 1.2 \times 166,240 = 199,488$

$v_{al} = 0.9571$

그러므로

$P_g' = 12,651,848$

$P_{al}' = 8,535,525$

$P_g'/P_{al}' = 1.48$

$P_{al}'/P_g' = 0.67$

$$E_{sp-g} = \sqrt{[0.3926 \times 1.6 \times (4 \times 5 + 12)]/(3 \times 12)} = 0.7472$$

$$E_{cas-g} = (0.9571)^2 \times \sqrt{2.5468 \times 20,000/11,667} - \sqrt{1,166,700/600,000} = 0.6367$$

$$R_g = 7 + 0.7472 + 0.6367 = 8.3839$$

$$E_{sp-al} = \sqrt{[2.5468 \times 1/1.6 \times (4 \times -5 + 12)]/(3 \times 12)} = -0.5947$$

$$E_{cas-al} = (0.9714)^2 \times \sqrt{0.3926 \times 11,667/20,000} - \sqrt{2,000,000/250,000} = -2.2173$$

$$R_{al} = 3 - 0.5947 - 2.2173 = 0.1880$$

$$R_g - R_{al} = 8.3839 - 0.1880 = 8.1959$$

$$P_g/P_{al} = 2.64$$

기습을 고려한 $P_g/P_{al} = 1.48$

독일군 우세지수=1.78(=2.64/1.48)

4.4.4.4 2차 세계대전 시 Flanders 전역(1940. 5~6) 분석

1940년 5월 13일 독일과 벨기에~프랑스에 걸쳐있는 Ardenne 삼림지대. 어두운 숲에서 수많은 독일군과 전차들이 쏟아져 나왔다. 3일 전 북쪽에서 시작된 독일군의 공세를 막는 데 정신이 팔려있던 연합군이 전혀 예상치 못한 공격이었다. Ardenne는 숲이 빽빽하고 길이 좁은 고원지역이다. 전차나 차량은커녕 대규모 보병부대의 이동도 쉽지 않다. 때문에 2선급 부대를 배치한 이곳의 방어선은 허술했다. 프랑스가 자랑하던 Maginot 선도 이 지역엔 없었다.

연합군은 1차 대전과 같은 상황을 예상하고 있었다. 독일군 주력이 평탄한 벨기에 북부 평야를 통해 프랑스를 노리는 시나리오다. 이에 따라 5월 10일 독일군이 첫 공격을 시작하자 150만 명 이상의 정예병력이 네덜란드와 벨기에로 진군해 방어선을 쳤다. 이때 Ardenne 숲에서 튀어나온 독일군은 유령처럼 보였다. 기습을 당한 연합군 전선은 금세 뚫렸다. 간혹 저항하는 거점은 3호 전차와 보병, Ju87 급강하 폭격기가 어우러진 협동작전으로 분쇄됐다. 예상을 뛰어넘는 독일군의 진격속도에 연합군은 심리적 마비상태에 빠졌다. 참호에 있던 소총수부터 파리의 총사령부 모두 공황상태에 빠져 어쩔 줄을 몰랐다. 싸우지 않고 달아나거나 항복하는 병사와 부대가 속출했다.

미국 Patton, 프랑스 De Gaulle 도 전격전 연구 일주일 만인 5 월 20 일 첫 독일군 부대가 영불해협에 도달했다. 영국군 중심의 30 여만명이 Dunkirk 의 작은 교두보에서 버티고 있었지만 이미 끝난 싸움이었다. 6 월 4 일 영국군이 해상으로 철수하면서 사실상 프랑스는 붕괴됐다. 6 월 14 일 무방비 도시로 선언된 파리에 독일군이 입성하고, 22 일 공식 항복이 이뤄졌다. 세계 최대의 육군국인 프랑스가 무너지는 데 단 6 주가 걸렸다. 그나마 전투가 벌어진 기간은 첫 2 주에 불과했다.

그림 4.4.12 1940 년 서부전선 독일 전격전과 낫질작전

개전 당시 양측의 전력을 감안하면 예상을 한참 벗어난 결과였다. 프랑스와 영국을 중심으로 한 연합군은 독일군과 비슷한 144 개 사단, 330 만 병력을 배치했다. 전차는 3,400 대를 보유해 독일군보다 1,000 대 가량 많았다. 주포의 크기나 방어력도 연합군 전차가 대개 우세했다. 대포는 2 대 1 로 독일군을 압도했다. 독일이 앞섰던 건 공군력뿐이었다. 그럼에도 싸움이 워낙 일방적이고 단기간에 끝나자 전 세계는 독일군의 능력에 전율했다. 무적의 전차 군단과 공군력을 집중 운용해 적의 주력을 단번에 포위 섬멸한다는 '전격전(Blitzkrieg)'이란 용어가 이때 탄생했다. 이후 발칸반도 점령, 소련 침공 초기 승리 등이 이어지며 전격전은 독일군의 Trademark 이자 필승전략이 됐다.

그림 4.4.13 독일군 전차부대

그림 4.4.14 독일군 급강하 폭격기

사실 독일도 이런 대승리를 예상하진 못했다. 불과 반년 전인 1939년 9월 폴란드 침공 당시 독일군은 전차 전력이 빈약한 폴란드군을 완전히 제압하는 데 한 달 이상 걸렸다. 프랑스와 영국군의 전력은 폴란드군에 비할 바가 아니었다. 독일군으로선 베네룩스 3국과 프랑스 국경지대에서 발이 묶여 막대한 희생을 강요당한 1차 대전의 악몽을 되풀이할까 우려할 수밖에 없었다.

이런 곳에서 단 2주만에 완벽한 승리를 달성했으니 독일 스스로도 믿기지 않았던 것 같다. 작전 초기 독일군이 예상 밖으로 빠르게 전진하자 Hitler와 독일군 최고사령부는 '적의 함정은 아닐까', '선봉부대가 고립돼 섬멸되지 않을까'라는 걱정에 밤잠을 못이뤘다. 작전계획의 속도를 훌쩍 뛰어넘어 질주하던 Erwin Rommel 7기갑사단장은 '현 위치에서 대기하라'는 정지 명령을 끊임없이 받아야 했다.

전격전의 일등 공신은 Heinz Guderian 소장과 Erich von Manstein 중장이었다. 전차가 1차 대전 때 등장한 뒤 각국에선 이를 공격의 주축으로 삼아 제병협동전술을 펴야 한다는 주장이 등장했다. 영국의 Fuller 나 Liddell Hart 가 일찍이 이를 이론화했고, 미국의 Patton 과 프랑스의 De Gaulle 같은 소장파 장교들이 이를 지지했다.

750 ㎞ 방어선 믿고 새로운 전략에 소홀하지만 보수적인 군 수뇌부들은 전차를 움직이는 대포라고 여겼다. 보병을 따라다니며 지원하는 무기일 뿐이었다. Guderian 의 환경은 상대적으로 나았다. 베르사이유 조약으로 10 만명에 묶여 있던 독일군을 재건해야 했던 히틀러가 기계화에 우호적이었기 때문이다. Guderian 은 보병과 포병·공병·공군의 지원을 받는 전차부대의 운용법을 꾸준히 개발했다. 지휘통제와 협동작전을 위해 무전기가 필수라는 점을 알아채고 모든 전차에 장비한 것도 그였다. 개별적으론 성능이 떨어졌던 독일 전차가 프랑스 전투 내내 연합군 전차를 압도할 수 있었던 것은 무전기 덕분이라 해도 과언이 아니다.

2 차 대전이 시작되기 전 Guderian 은 독자적인 작전능력을 갖춘 전차부대를 군단급 이상의 대규모로 편성해 적의 후방 깊숙이 침투시키는 전술을 완성했다. 하지만 독일군 지휘부 역시 이런 전술을 너무 모험적이라고 봤다. 이 때문에 독일군의 당초 프랑스 침공 계획은 1 차 대전 때와 별 차이가 없었다. 이때 Hitler 를 설득해 Ardenne 를 통한 구데리안식 전격전을 채택하도록 한 사람이 Manstein 이었다.

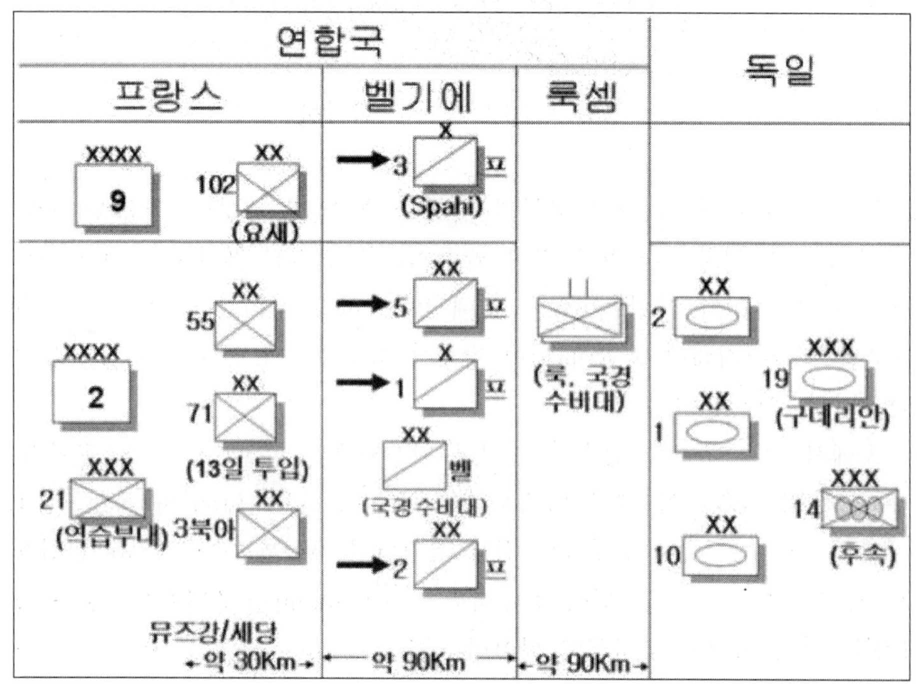

그림 4.4.15 Ardenne 삼림지대 지역 양측 부대 배치

전격전 신화의 완성엔 프랑스의 퇴행도 결정적인 역할을 했다. 프랑스는 1차 대전에서 승전했지만 주전장인 북서부 국경지대는 폐허가 됐다. 이 때문에 '한 치의 땅도 뺏겨선 안된다', '프랑스 내에서 싸워서는 안된다'는 분위기가 정치권과 군부에 팽배했다. 이 결과가 '사상 최대의 바보짓'이라 불리는 마지노선 건설로 나타났다. 육군성 장관 André Maginot의 이름에서 유래한 방어선이 1920년대 후반부터 스위스에서 룩셈부르크에 이르는 독일과 프랑스 국경에 건설되기 시작했다.

750㎞에 이르는 Maginot선은 콘크리트 요새와 대전차 장애물, 해자 등이 결합된 강력한 방어선이었다. 2차 대전이 발발할 즈음엔 대부분이 완성된 상태였다. 프랑스군은 독일군이 직접 프랑스 땅으로 들어오는 건 Maginot선으로 막고, 벨기에로 대병력을 투입에 독일군을 분쇄할 계획이었다. 하지만 이는 프랑스 혼자만의 달콤한 꿈이었다. Ardenne라는 아킬레스건을 찔린 프랑스는 바로 무너졌다.

2차 세계대전 Flanders 전역에 대한 QJM으로 분석해 보자.

연합군과 독일군의 최초 전력현황은 표 4.4.35 와 같다.

표 4.4.35 Flanders 전역 연합군과 독일군 전투력 현황 단위: 만명

구분	연합군		독일군	
	내용	수	내용	수
병력	영국과 프랑스 네들란드 벨기에	200 40 60	독일군	208
항공기	1,700대×100	17	3,500대×100	35
전차	3,600대×50	18	12,075대×40	48.3
계		335		291.3

* 항공기 1대-병력 100명,
전차-병력 40명(독일군), 50명(연합군) 기준

표 4.4.35 를 보면 연합군이 독일군에 비해 약 1.15배로써 더 유리하다. 그러면 왜 방어에 실패했는지 QJM에 의해 분석해 보면 아래와 같다. 먼저, 병력배치는 그림 4.4.16 과 같다.

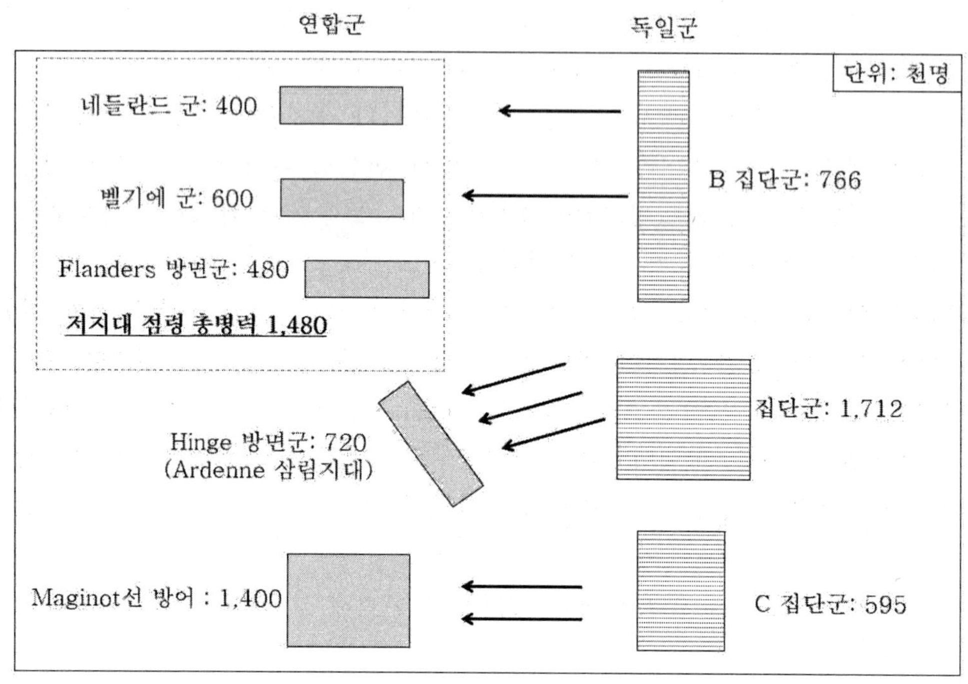

그림 4.4.16 병력배치 현황

독일군은 북부지역에 766,000 명을 배치하여 연합군 1,480,000 명을 견제시키고 중부지역에 주력을 두고 1,712,000 명을 배치하고 남부 마지노선에 595,000 명을 배치하였다. 이를 각 전장별로 분석하면 다음과 같다.

전투력은 $P = S \times V \times CEV$로 구한다. 여기서 부대의 질이라고 할 수 있는 CEV는 미국의 HERO(Historical Evaluation Research Organization)의 광범위한 분석에 기반하여 도출되었다. 독일군은 연합군에 비해 지상전에서 1.2 배의 CEV를 가지고 있는 것으로 분석되었다. 이것은 대략적으로 100 명의 독일군이 120 명의 연합군과 동등한 전투력을 발휘할 수 있다는 것이다.

네들란드 벨기에 저지대 방면

연합군은 최초 네들란드, 벨기에군으로 저지하려다가 이 방향이 독일군의 주공으로 착각하여 3 개군 480,000 명을 북부 저지대로 이동하여 급편방어를 구축하여 방어를 실시하였다. 양측의 전투력비를 보면 아래와 같다.

$$\frac{P_{독일군}}{P_{연합군}} = \frac{766 \times 1.0 \times 1.0 \times 1.2}{1,480 \times 1.4 \times 1.1 \times 1.0} = 0.4$$

여기서 V는 환경요소와 작전요소의 곱으로 표시된다. 공격부대는 환경요소와 작전요소를 각각 1.0 을 부여하였다. 방어부대는 북부지형의 환경요소를 1.4, 급편방어진지 구축에 따른 작전요소를 1.1 로 부여하였다. 독일군의 전투승수는 1.2, 연합군은 1 로 설정하였다.

이러한 분석결과 전투력면에서는 연합군이 우세하고 방어가 가능한 것으로 판단된다.

<u>Ardenne 삼림지대 방면</u>

중부 Ardenne 삼림지대는 독일군이 주공으로 공격을 실시했고 이에 따라 연합군은 방어를 실시했다. 전투력비는 다음과 같다.

$$\frac{P_{독일군}}{P_{연합군}} = \frac{1,712 \times 1.0 \times 1.0 \times 1.2}{720 \times 1.4 \times 1.3 \times 1.0} = 1.57$$

환경요소는 독일군과 연합군이 동일하고 연합군은 준비된 방어태세를 취했으므로 작전요소를 1.3 으로 부여하였다. 결론적으로 중부지역에서는 독일군이 훨씬 우세하고 연합군은 방어에 실패한다.

<u>Maginot 선 방면</u>

Maginot 선에서는 프랑스군은 방어, 독일군이 공격을 실시하였다.

전투력은 아래와 같다.

$$\frac{P_{독일군}}{P_{연합군}} = \frac{595 \times 1.0 \times 1.0 \times 1.2}{1,400 \times 1.6 \times 1.3 \times 1.0} = 0.25$$

Maginot 선에서 연합군이 우세하며 방어에 성공한다. 실제 전투에서는 마지노선 후방으로 우회해서 들어온 독일군에 마지노선은 방어진지로서 역할을 못하고 항복하게 된다.

4.5 TNDM(Tactical Numerical Deterministic Model)

4.5.1 TNDM 개요

TNDM은 미국 전쟁사학자 Trevor N. Dupuy가 QJM을 지속적으로 발전시켜 수많은 지상전투 자료를 계량적으로 분석한 결과를 워게임 모형으로 발전시켜 전투의 무형적 요소도 전투결과의 평가에 적용하고 있다. TNDM은 공지전(Air Land Battle)을 간단한 수식으로 표현하고 부대간 교전 묘사에 적합한 것으로 알려져 있다.

TNDM의 특징은 전투묘사를 위한 수리모형의 하나이지만 역사적 경험에 기초하고 과학적 타당성의 확립을 노력한 것과 전투현상의 무기의 물리적 특성과 인간의 행위적 특성의 상호작용으로 파악하고자 노력한 것이다.

Dupuy의 전력평가 정량화 판단기법은 단순한 수학적 모델이기보다는 전사에서의 풍부한 표본을 추출하여 방정식을 수립했다는 점과 이러한 전투방정식이 수학적 전투모델로서 사용되었다는 점에서 높이 평가될 뿐만 아니라 1970년대 초기 모델 발표 이후 20년간 정기적으로 수정, 개선되었고 이를 데이터베이스화 하여 1992년 5월 TNDM 간이게임을 발표하였으며 걸프전 시에 이 간단한 워게임 모형이 어떤 모형보다 예측성이 높다고 주장하였다. 이 모델은 학계에서 큰 주목을 받지 못했으나 모델과 함께 도입된 자료들은 연구자가 그 활용성을 예감할 수 있었고 전장실상에 가장 근접한 전투결과라는 믿음을 주었다.

TNDM은 이질적(Heterogeneous) Lanchester 유형의 소모방식을 적용하였고 기습과 사기, 병력의 질 등 무형적 요소를 반영하였다. TNDM에서는 부대화력지수와 편성 및 편제표(T/O&E: Tables of Organization and Equipment)를 사용하였으며 무기성능자료를 무기화력지수로 전환하여 사용하였다. 전투결과의 판정에 과거 전쟁자료와 군사적 판단자료를 병행 사용하고 있다.

모의 범위는 비핵, 비화학의 재래식 전투로서 주로 2차 세계대전 시의 지상전을 기준으로 하였다. 모의 가정사항은 역사적 경험과 유사한 전투는 유사한 결과로 가정하고 있으나 특수한 상황묘사에서는 정확성이 결여된다. 따라서, 실제 세계의 사실적 묘사능력이 결여된다는 평가를 받고 있으며 모형이 단순하여 신개념의 묘사가 거의 불가능하다.

묘사방법은 무기치사능력, 전장병력밀도, 기상, 지형, 전술항공지원, 기습, 사기 등 73개 요소로 분할하여 전투를 묘사한다. 전투묘사를 위한 요소는 승 또는 합의 방식으로 적용된다. 피아의 잠재적인 전투력을 전투력비로 환산하고 이에 근거하여 임무달성도, 전선이동거리, 살상 및 피해 등을 산출한다.

주요 입력자료는 무기성능, 기갑성능, 헬기, 전장 병력밀도, 지형에 따른 기동효과, 방어효과, 보병/포병/항공/기갑 무기효과, 기상에 따른 기동/공격/포병/항공/기갑 효과. 계절에 따른 공격/포병/방공 효과, 기동/포병/항공 효과의 공중우세, 전투력/취약성 효과에 따른 전투태세, 기동, 노출/환경/도하 취약성, 전술항공에 의한 근접항공지원의 살상, 사기효과, 군수차단, 후방차단, 기습효과, 피로, 혼란효과, 지휘통솔력, 사기, 군기, 시간, 공간, 기동, 첩보, 기술, 주도권 등 무형요소이다.

TNDM은 입력자료에 따라 출력자료가 결정되는 결정적 모델이다. 즉, 모델 내부에 확률적 개념이 포함되지 않는다. 이 모델의 입력과 출력은 전사자료로부터 추출된 것이며 사단급에서 군단급까지 모의된다. TNDM은 정량화가 어려운 인간요소 등을 모의하며 통솔력, 훈련, 경험, 사기, 피로, 기습과 공포를 모의한다. 1979년까지 66개의 교전결과가 검증되었고 그 중 1967년의 중동전 모의결과 승패의 85%를 정확히 예측하였으며 그 피해율은 40% 이하 오차, 전진율은 15% 오차 그리고 전차 손실률은 실제치의 80%에 근접하였다.

4.5.2 TNDM 기본가정

전투력의 비율은 전투결과의 비율에 비례한다는 것이 기본 전제로 우월한 전투력을 가진 측이 압도하여 공격 시는 전진하고 방어 시는 적을 격퇴하며 승리한 측은 손실률도 상대적으로 낮아진다고 가정하였다.

화력을 중심으로 계량화된 부대의 전투력은 기상, 지형, 태세, 군수, 사기 등 요소의 효과를 반영하는 상황인수 또는 전력승수로 전환된 수치를 적용함으로써 보다 전장상황하에서의 실제 전투력에 근접하게 수정된다. 그리고 이렇게 계산된 부대전투력은 환경적, 작전적, 인간적 요소들이 전투활동에 미치는 영향에 따라 수정된다. 아무리 복잡한 현대적 워게임도 기본적인 구조는 이와 유사하고 분석적인 전력계산도 여기에서 벗어나지 못한다. 그림 4.5.1은 Dupuy의 전투변수를 나타내고 있다.

Circumstantial Variables of Combat (Dupuy)

ENVIRONMENTAL
Terrain*
Weather*
Season*

OPERATIONAL
Posture and Fortifications*
Mobility*
Vulnerability*
Air Superiority*
Weapons Sophistication*
Logistical Capability
Intelligence
Initiative
Command and Control
Communication

BEHAVIORAL (MORAL)
Leadership
- Training/Experience
- Application of Combat Multipliers*
- Set-Piece Battle Preparations*
- Logistical Effectiveness

Disruption
- Surprise*
- Suppression*
- Unit "Breakpoints"*

Quality of Forces & Manpower
- Relative Combat Effectiveness*
- Trends over Time*
- Morale
- Cohesion
- Fatigue*

Relationship of Physical & Moral Factors*
- Interaction of Firepower, Mobility, Dispersion*
- Combat Intensity*
- Friction*
- Defensive Posture*
- Momentum
- Time & Space
- Chance

그림 4.5.1 Dupuy 의 전투변수

4.5.3 TNDM 모델 절차

TNDM 모델의 운용절차는 그림 4.5.2 와 같다. 먼저 자료수집을 해야 하는데 대치하는 쌍방이 얼마나 전투력을 발휘하여 쌍방 사상자나 손실 그리고 전투상황 전개에 따라 어떤 결과를 초래할지 짐작하기 어려우나 전사에서의 꾸준한 실전결과들을 통계처리하고 군사적 혜안을 가진 분석가들에 의해 꾸준히 연구되고 있다.

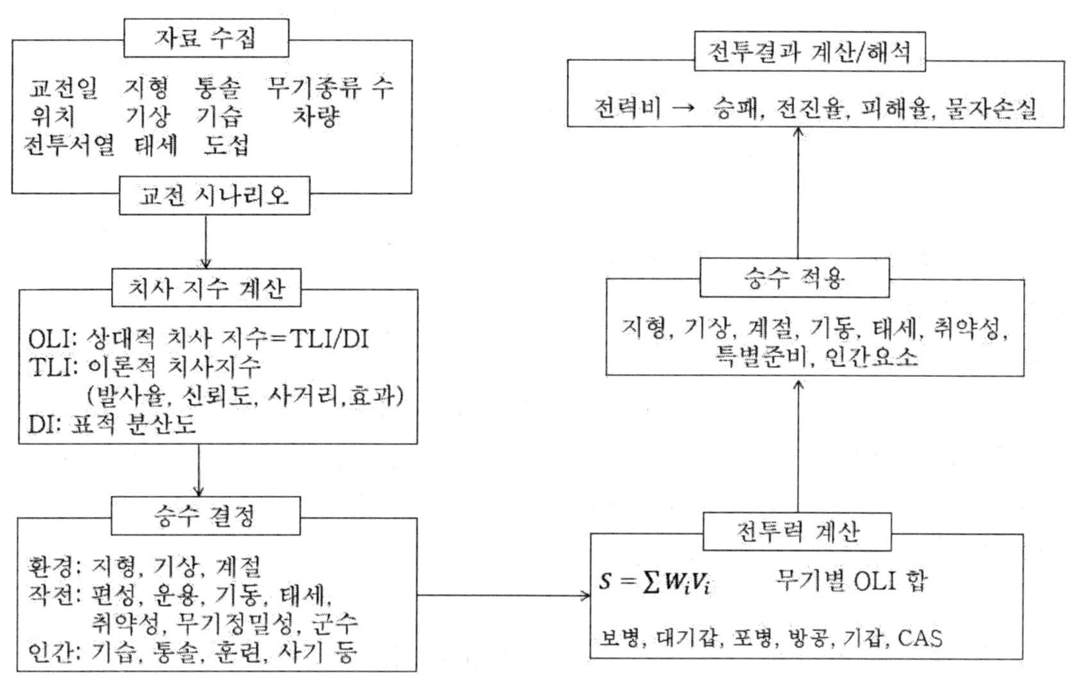

그림 4.5.2 TNDM 절차

예를 들어 방어작전 시 준비된 진지에서의 접적사단 전투부대의 첫날 손실은 전체병력의 몇 %라고 하는 것은 중요한 작전계획의 자료이다. Dupuy는 전력을 식 (4.5−1)로 판단하였다.

$$S = \sum W_i V_i \quad (4.5-1)$$

여기에서.

W_i: i번째 무기능력

V_i: i번째 무기 환경인수

식 (4.5−1)은 무기형태별로 총 작전치사능력과 운용환경 인수를 곱하여 이를 합한 것으로 부대 효율지수 계산방식과 유사하다.

4.5.4 무기체계 분류

Dupuy 는 단일무기(Single Weapon)와 기동화력장비(MFM: Mobile Fighting Machine)으로 구분하였다. 단일무기는 화력만을 발휘하며 크든 작든, 휴대하건, 견인하건, 자주이건 같은 범주이다. 기동화력장비는 전차, 전투헬기, 전투기 등으로 분류한다. 무기체계는 보병(n), 대기갑(gi), 포병(g), 방공(d), 기갑 및 항공지원(y) 등으로 구분한다.

보병무기(n)은 소화기, 기관총, 박격포, 수류탄, 인원수송 장갑차(APC) 등이며 대기갑무기(gi)는 대전차포, 대전차 유도탄 등이다. 포병무기(g)는 곡사포, 직사포, 로켓, 지대지유도탄 이며 방공무기(d)는 방공포, 유도탄이다. 기갑무기(i)는 전투차량, 전차, 전차기관총, 로켓, 유도탄이며 항공지원무기(y)는 전투헬기, 전투기, 포, 로켓, 유도탄, 폭탄 등이다.

4.5.5 이론적 치사지수(TLI : Theoretical Lethality Index)

사격율은 무기의 치사율을 측정하는 여러 방법 중 하나이다. 1960 대 초에 (HERO: Historical Evaluation Research Organization) 의 Dupuy 와 동료 연구자들은 증가하는 무기치사성의 역사적 경향이 전투의 모습을 변화시킬 수 있는지 연구하였다. 이것을 측정하기 위해 주어진 무기에 고유의 치사성 점수를 부여하는 이론적 치사지수(TLI)를 개발하였다.

TLI 는 사격율, 타격당 표적수, 사거리 요소, 정확도, 신뢰도와 같은 요소로 산출된다. TLI 방법론에서 사격율은 1 시간 증가당 이상적인 조건하에서 무기가 발사할 수 있는 효과적인 사격발수로 정의된다. 전투근무지원의 제한사항은 없는 것으로 가정하였다.

TLI 에 의해 측정된 것과 같이 사격율의 증가는 무기의 치사성을 증가시킴에 틀림없다. 20 세기 초의 반자동 소총의 TLI 는 19 세기 중반 총구장전 소총보다 거의 5 배 이상 사격율이 높다. 낮은 정확도와 신뢰도를 보유함에도 불구하고 2 차 세계대전에서 기관총은 사격율 때문에 반자동 소총보다 10 배의 TLI 를 가진다. 2 차 세계대전 이후의 현대의 군이 채택한 공격용 소총은 21 세기 초에도 표준 보병화기로 남아 있다. 그림 4.5.3 은 시대별 무기체계의 치사성 증가를 나타내고 있다.

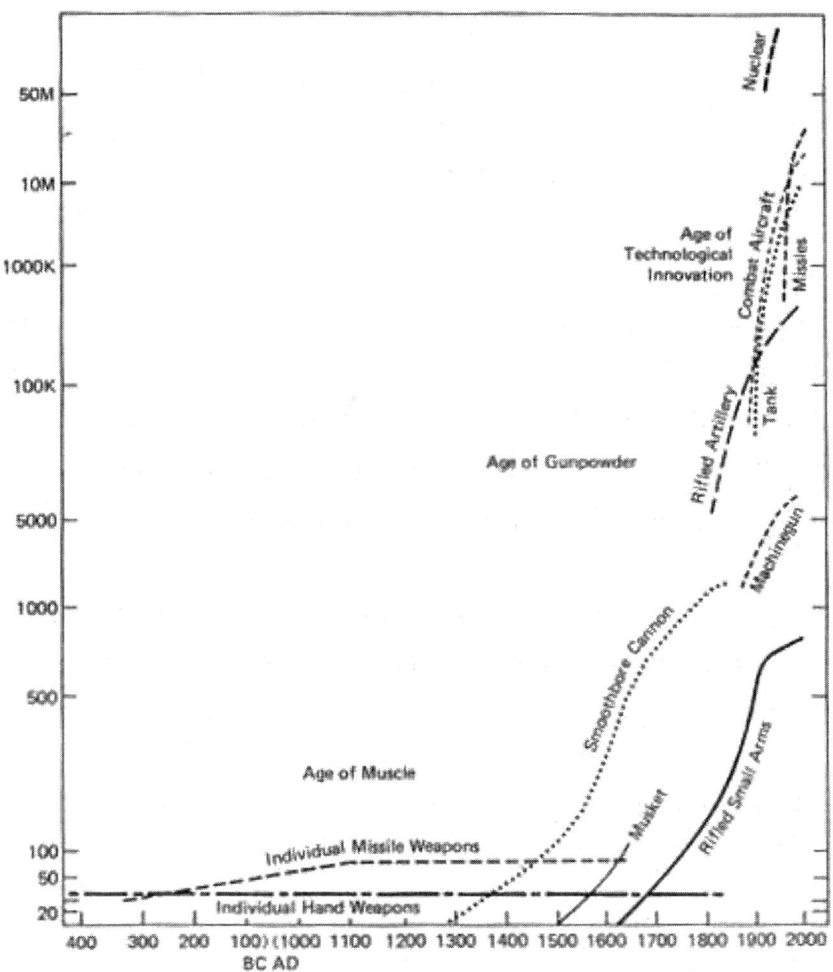

그림 4.5.3 시대별 무기체계의 치사성 증가

치사성이라고 하는 것은 명확히 정의된 것은 없이나 무기의 치사성을 정의를 무기에 의해 타격받았을 때 손상이 죽음에 이르는 확률이라고 하면 표 4.5.1 에서 보는 것과 같이 3 가지 무기에 대해 치사성을 정할 수 있다.

표 4.5.1 무기별 부상자 및 부상으로 인한 사망 확률

무기체계	한단위 무기 사용으로 발생하는 부상자 수	부상자 중 사망 확률
수류탄	6~8 명	0.06
원자폭탄	144,000 명 이하	0.5 이하
대검	1 명	0.95

표 4.5.1 에서 보는 것과 같이 대검의 사용으로 부상자 중 사망하는 비율이 0.95 라고 해서 원자폭탄의 0.5 이하 보다 치사성이 높다고 말할 수 있는 것은 아니다. 이러한 오류는 데이터의 부재나 의료지원효과를 감안하지 않은 것이다. 전장에서 전사와 관련된 부정확하고 부적절한 데이터 수집이 자주 발생한다. 따라서 특정 무기체계에 피격당해 전장에서 전사하는 정확한 병력수에 대한 데이터가 있어야 치사성을 정확히 추정할 수 있다.

표 4.5.2 는 1 차 세계대전 시 독일, 영국, 미국, 프랑스의 전상 및 전사 비율을 나타내고 있는데 탄과 포탄의 파편에 의한 비율이다. 소총이나 기관총보다는 포탄에 의해 많이 사상자가 발생했다는 것을 알 수 있다.

표 4.5.2 1 차 세계대전 시 무기별 독일, 영국, 미국, 프랑스 육군 손실

피해원인	독일(1914~1917)		영국 (일자 미상)	미국(1918)		프랑스 (1918)
	전상(%)	전사(%)	전상(%)	전상(%)	전사(%)	전상(%)
탄두	51	39	39	14	8	30
파편*	46	56	61	85	92	58

* 포탄, 수류탄, 박격포탄

표 4.5.3은 2차 세계대전 시 1944년 동부전선에서 독일군이 입은 피해율을 무기체계별로 구분하여 나타내고 있다. 무기체계별로 전사나 중상, 경상의 비율이 서로 다른 것을 알 수 있다.

표 4.5.3 2차 세계대전 시 독소전쟁의 독일군 피해율과 무기 치사성

무기	전사(%)	중상(%)	경상(%)	치사성
보병무기	30	31	39	0.30
지뢰	22	40	38	0.22
항공기 폭탄	20	37	43	0.20
포병탄	19	29	52	0.19
슈류탄	17	18	65	0.17
박격포탄	8	31	61	0.08
전차/장갑차탄 및 대전차탄	69	22	9	0.69
대검	64	14	22	0.64
전차에 의한 압사	34	33	33	0.34
소총개머리판	62	31	7	0.62

표 4.5.4 미군의 전쟁별 피해

전쟁	전상자와 전사자 비율	전상후 생존자와 전사/전상후 사망자 비율
멕시코 전쟁(1846~1848)	3.72	2.18
남북전쟁(1861~1865)	4.55	2.38
스페인-미국전쟁(1898)	5.88	3.94
필리핀 반란(1899~1902)	3.81	2.72
1차 세계대전(1917~1918)	5.96	2.88
화학전 미포함 시	4.20	4.10
2차 세계대전(1941~1945)	3.57	2.41
육군항공대 미포함 시	4.25	2.77
한국전(1950~1953)	4.02	3.56
베트남전(1957~1973)	4.45	4.16

표 4.5.4에서 보는 것과 같이 미군이 참전한 전쟁에서 전상자와 전사자 비율은 약 4 : 1로서 전상을 입은 인원의 약 20%는 사망했다. 멕시코전쟁(3.72)와 남북전쟁(4.55)는 4:1의 언저리에 머물고 있다. 걸프전에서는 354명 전상에 98명이 전사해서 전상자 대 전사자 비율이 3.61 : 1이었다. 지난 10년간 미군이 싸운 이라크전과 아프카니스탄전에서 전상자 대 전사자 비율은 9:1로서 현저한 차이를 보였다. 이것은 의료지원 체계가 발달하였고 전투현장에서 지원된 결과로 보인다.

표 4.5.5 2차 세계대전 시 미 육군에 대한 추정된 무기치사성

전상유발 무기	전투 중 전사	전투 중 전사 및 전상후 사망
소화기	0.34	0.38
박격포탄/포병탄	0.22	0.26
로켓 및 폭탄	0.22	0.26
수류탄	0.05	0.08
지뢰	0.18	0.22

표 4.5.6 는 1943 년 태평양전쟁 시 Bougainville 전역에서 입은 미군의 손실 데이터이다. Bougainville 전역은 연합군과 Bougainville 섬의 이름을 따서 명명된 연합군과 일본군 간의 2 차 세계대전의 태평양 캠페인의 일련의 육상 및 해상 전투였다.

표 4.5.6 에서 보는 것과 같이 미군의 피해는 박격포, 소총, 수류탄, 포탄 순으로 크며 무기의 치사성을 구해 제일 우측 칸에 제시하고 있는데 치사성은 전사자수를 총 부상자수로 나누어 구하였다. 전사자는 전투 중 전사하거나 부상으로 전투 종료 후 사망한 것까지 포함하고 있다.

기관총, 지뢰, 소총 순으로 치사성이 크다. 기관총의 치사성이 소총의 치사성보다 큰 것은 다량의 총탄을 한꺼번에 사격할 수 있는 특성 때문으로 보인다. 소총과 기관총으로 인한 부상자 각각 445 명과 152 명으로는 총 부상인원 1,799 명의 33.2%에 달한다. 박격포로 인한 부상자는 총 부상자의 38%에 달하나 치사성는 0.12 에 불과하다. 박격포, 수류탄, 포병, 지뢰와 같이 파편효과로 인원을 부상시키는 무기의 평균 치사성은 0.11 이다.

표 4.5.6 2 차 세계대전 Bougainville 전역에서 무기별 미군 손실

무기	피해인원	생존	전사	무기 치사성
박격포	693	611(43%)	82(22%)	0.12
소총	445	302(21%)	143(38%)	0.32
수류탄	224	210(15%)	14(4%)	0.06
화포	193	172(12%)	21(6%)	0.11
기관총	152	64(4%)	88(24%)	0.58
지뢰	34	21(2%)	13(3%)	0.38
기타*	47	35(3%)	12(3%)	0.26
총계	1,788**	1,415	373	
				평균 치사성 : 0.21

* 공중투하 폭탄, 권총, 대검과 유사무기

** 원 데이터는 1,799 명이나 원 데이터가 잘못된 것으로 보임

표 4.5.7 은 2 차 세계대전 시 노르망디 상륙작전에서 영국군 피해 데이터이다. 포탄에 의한 손실이 가장 많았고 소총이나 기관총과 같은 총격, 박격포 순으로 피해가 많이 났다. 무기 치명성은 총격, 포탄, 폭탄이 높으나 대검에 의한 치명성이 0.31 로서 높게 나타났다. 이것은 상륙후 진지를 돌격하는 단계에서 육박전을 한 이유로 해석이 된다.

표 4.5.7 2차 세계대전 시 노르망디 상륙작전에서 영국군 피해(1944년 6~7월)

무기	모든 전상 인원에 대한 백분율(%)	전상 정도				치사성
		미미	중증	심각	매우 위험	
지뢰	4	34	42	33	25	0.19
폭탄	4	64	22	26	35	0.24
포탄	39	450	303	281	356	0.27
박격포탄	21	184	228	199	134	0.18
수류탄	1	13	10	8	5	0.14
소총탄, 기관총탄	31	177	235	284	439	0.39
대검	-	3	4	2	4	0.31
다수 무기에 의한 복합 전상	-	-	3	6	-	-
	총전상자	925	847	839	998	

표 4.5.8은 2차 세계대전 시 전구별 및 무기별 미육군 피해율을 나타내고 있다. 폭탄에 의한 전사자수는 미미하며 박격포탄 및 포병탄에 의한 피해가 50%를 넘는다. 그다음 전사자 발생원인은 소총탄과 기관총탄이다. 지뢰에 의한 전사자 발생 비율은 2~4% 정도이다. 전상 원인도 전사자 발생 비율과 유사한 형태를 띠고 있다.

표 4.5.9~표 4.5.14는 한국전에서 추정 무기 치사성, 한국전에서 무기별 미군 전사와 부상자 수, 베트남전에서 무기별 치사성, 미군의 베트남전 전술적 임무/무기별 작전 중 부상 비율, 베트남전 미 육군 무기별 피해, 2차 세계대전·한국전·베트남전에서 피해율(%)을 각각 나타내고 있다.

표 4.5.8 2차 세계대전 시 전구별/무기별 미육군 피해율

피해	전체	유럽전구	지중해전구	남서 태평양전구	태평양 전구
전사	192,220	120,043	35,185	19,426	12,361
아래 무기에 의한 전사	90,975	53,553	18,809	11,940	4,278
폭탄	1%	1%	2%	2%	2%
박격포탄/포병탄	50%	52%	65%	28%	40%
소총탄/기관총탄	32%	33%	20%	52%	44%
지뢰	2%	2%	4%	2%	2%
수류탄	–	–	–	1%	1%
전상	599,724	393,987	107,323	59,646	33,556
폭탄	2%	1%	2%	3%	3%
박격포탄/포병탄	57%	59%	62%	41%	49%
소총탄/기관총탄	20%	19%	14%	32%	29%
지뢰	4%	4%	5%	2%	1%
수류탄	2%	2%	2%	7%	2%

* 항공기와 기갑부대 전투에 의한 손실이 제외되어 합이 100% 이하이다.

표 4.5.9 한국전에서 추정 무기 치사성

전상유발 무기	전투 중 전사	전투 중 전사 및 전상후 사망
소화기	0.23	0.26
박격포탄/포병탄	0.20	0.22
로켓 및 폭탄	0.17	0.34
수류탄	0.03	0.04
지뢰	0.50	0.25
기타 파편 무기	0.50	0.54

표 4.5.10 한국전에서 무기별 미군 전사와 부상자 수

구분	전사	부상
소총탄/기관총탄	2,584	19,833
포병탄	3,859	36,379
지뢰	305	2,401
수류탄	97	6,557
미상	10,643	1,377

표 4.5.11 베트남전에서 무기별 치사성

전상 유발 무기	치사성 가정	
	A*	B**
소화기	0.49	0.30
파편 무기	0.14	0.07
지뢰 및 부비츄랩	0.15	0.08

* 기록만을 위한 자료 제외, 치명상 23%

** 기록만을 위한 자료 포함, 치명상 12%

표 4.5.12 미군의 베트남전 전술적 임무/무기별 작전 중 부상 비율

피해 요인	전술적 태세	
	수색 및 파괴 (1966)	기지 방어 (1970)
소총탄/기관총탄	42 %	16 %
파편	50 %	80 %

표 4.5.13 베트남전 미 육군 무기별 피해

무기	전사	부상	전체에 대한 비율(%)
소총탄/기관총탄	926	1,455	30
박격포	187	1,299	19
부비츄랩	388	734	14
RPG	396	561	12
수류탄	115	786	11
대인지뢰	30	239	3
포병	59	180	3

표 4.5.14 2차 세계대전/한국전/베트남전에서 피해율(%)

기타	2차 대전 전사	한국전 전사	베트남전 전사	2차 대전 전상	한국전 전상	베트남전 전상
소화기	32	33	51	20	27	16
파편	53	59	36	62	61	65
지뢰	3	4	11	4	4	15
함정	–	–	–	–	–	2
기타 (대검 등)	12	4	2	14	8	2

이와 같이 작전형태나 작전지역에 따라 무기의 치사성은 상이한 것을 알 수 있다. 사격율은 무기 치사성에 영향을 끼치는 많은 요소들 중의 하나일 뿐이다. 그러나, 포병은 낮은 사격율에도 불구하고 소화기보다 더 높은 TLI 값을 가지고 있다. 이것은 포병이 소화기보다 훨씬 먼 거리를 사격할 수 있으며 각 탄이 타격당 다수의 표적을 공격할 수 있기 때문이다.

무기치사성 점수를 부여하는 다른 방법들이 있지만 TLI는 논리적이고 일관성 있게 각 무기체계들을 비교한다. 그림 4.5.4에서 보는 것과 같이 TLI를 통해서 Dupuy는 무기들이 특히 지난 세기를 거치면서 시간이 흐를수록 치사성이 증가되었다는 것을 알 수 있었다.

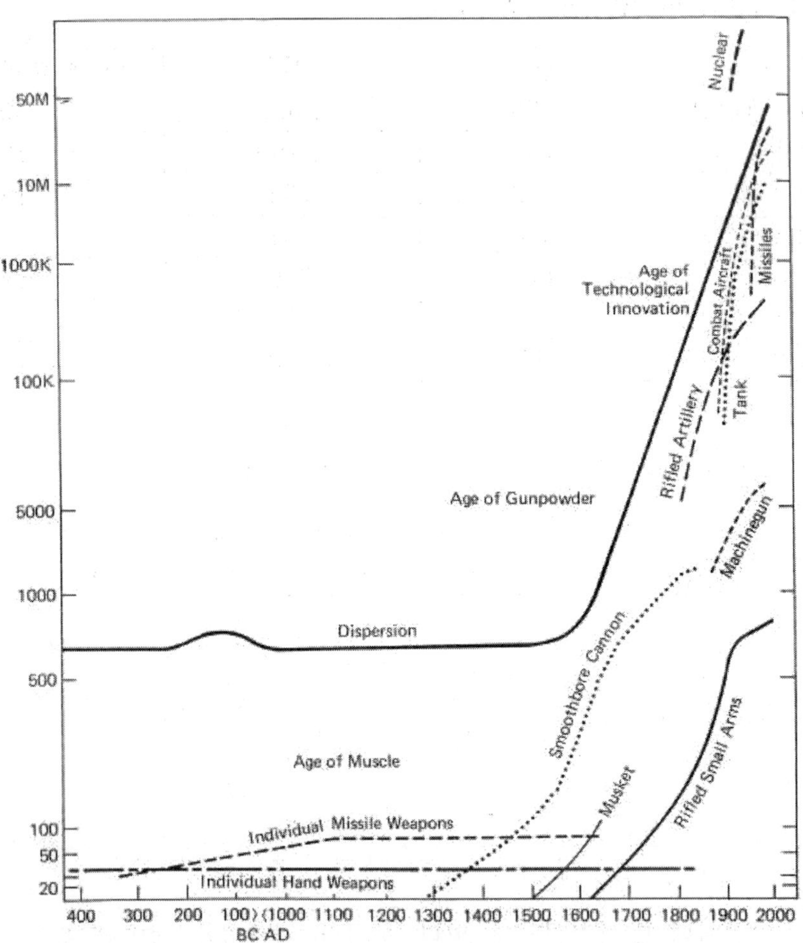

그림 4.5.4 시대별 병력 분산의 증가에 따른 치사율 증가

표 4.5.15는 무기체계별 TLI을 계산하여 제시한 것이다. 화포의 출현으로 TLI는 급격히 증가하였으며 V-2 탄도미사일과 핵폭탄 출현으로 폭발적인 TLI의 증가를 가져왔다.

표 4.5.15 무기체계별 TLI

무기	TLI	무기	TLI
Hand-to-Hand(Sword)	23	16th Century 12-pdr Cannons	43
Javelin	19	17th Century 12-pdr Cannon	224
Ordinary Bow	21	Gribeauval 12-pdr Cannon	940
Longbow	36	French 75mm Gun	386,530
Crossbow	33	155mm GPF	914,428
Arquebus	10	105mm Howitzer	657,215
17th Century Musket	19	155mm "Long Tom"	1,180,681
18th Century Rifle	43	WW I Tank	34,636
Early 19th Century Rifle	36	WW II Medium Tank	935,458
Mid-19th Century Rifle	102	WW I Fighter-bomber	31,909
Late 19th Century Rifle	153	WW II Fighter-bomber	1,245,789
Springfield Model 1903 Rifle	495	V-2 Ballistic Missle	3,338,370
WW I Machine Gun	3,463	20KT Nuclear Airburst	49,086,600
WW II Machine Gun	4,973	One Megaton Nuclear Airburst	695,385,000

그러나 만약 무기가 더 치명적이 되면 전투가 더 피비린내 나는가? 그렇지는 않은 것 같다. Dupuy 와 그의 동료들은 직관적이지는 않지만 지상전에서 평균 피해율이 17 세기 이후 계속 감소하고 있다는 것을 발견했다. 전투 피해율은 그림 4.5.5 에서 보는 것과 같이 19 세기 초와 중반에 확실히 감소했고 19 세기 후반부터 20 세기 말까지 가파르게 떨어졌다.

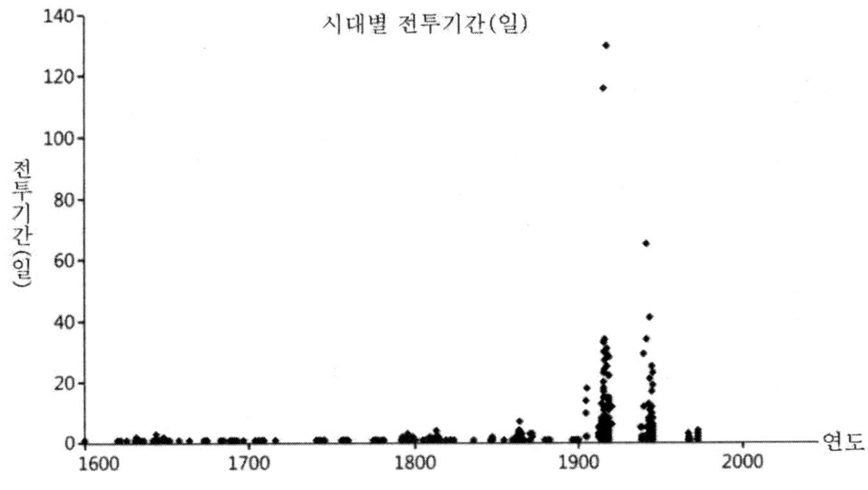

그림 4.5.5 시대별 전투기간(일)

그림 4.5.6 은 시대별 전투기간 분포를 나타내고 있는데 고대에서는 전투승패가 1 일만에 결정된 것이 많았는데 비해 현대에 가까울수록 전투기간이 늘어나는 것을 볼 수 있다.

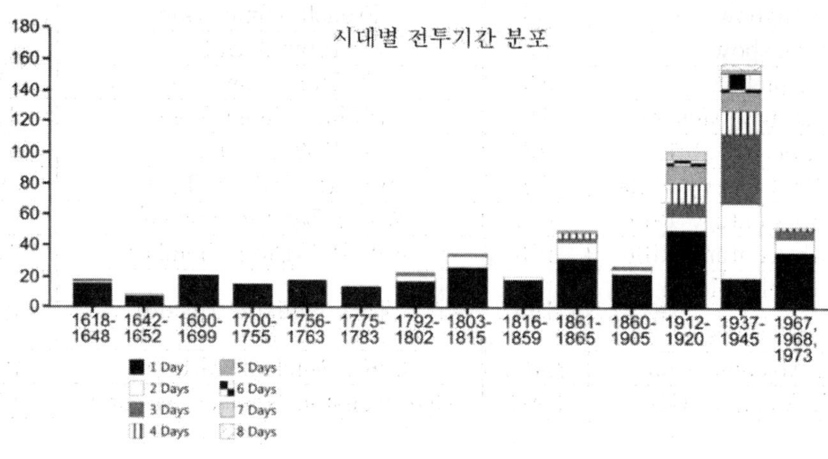

그림 4.5.6 시대별 전투기간 분포

표 4.5.16 은 시대별 공격(A)과 방어(D) 피해를 나타내고 있다. Strength divided by losses[1]의 역수는 손실률이다. Strength per kilometer relative to WW II data[2]의 수는 공격과 방어의 전투정면의 km 당 총병력수를 취하고 이것을 2 차 세계대전 자료(5,983)로 나누어 계산하였다. Losses per kilometer relative to WW II data[3]의 수는 공격과 방어 전투정면의 km 당 손실인원수를 취하고 이것을 2 차 세계대전 자료(600)로 나누어 계산하였다.

표 4.5.16 시대별 공격(A)과 방어(D) 피해

Category	Strength per kilometer of front	Losses per kilometer of front	Strength divided by losses[1]	Strength per kilometer relative to WWII data[2]	Losses per kilometer relative to WWII data[3]
1618 A	8,148	1,649	4.9	2.8	6.4
1618 D	8,329	2,193	3.8	2.8	6.4
1642 A	6,765	942	7.2	2.5	6.4
1642 D	7,902	2,903	2.7	2.5	6.4
1699 A	10,324	1,573	6.6	3.6	5.7
1699 D	11,341	1,830	6.2	3.6	5.7
1755 A	10,629	2,063	5.2	4.3	7.1
1755 D	14,866	2,222	6.7	4.3	7.1
1765 A	9,511	1,785	5.3	3.1	5.8
1765 D	8,747	1,702	5.1	3.1	5.8
1775 A	4,851	977	5.0	1.7	2.4
1755 D	5,506	487	11.3	1.7	2.4
1792 A	4,630	605	7.7	1.4	1.9
1792 D	3,471	563	6.2	1.4	1.9
1803 A	10,644	1,683	6.3	3.2	6.1
1803 D	8,798	1,959	4.5	3.2	6.1
1859 A	3,965	637	6.2	1.4	2.9
1859 D	4,223	1,111	3.8	1.4	2.9
1861 A	10,135	1,282	7.9	3.1	4.0
1861 D	8,266	1,111	7.4	3.1	4.0
1905 A	6,991	885	7.9	1.8	2.6
1905 D	3,755	689	5.4	1.8	2.6
1912 A	5,784	1,009	5.7	1.5	3.0
1912 D	3,165	814	3.9	1.5	3.0
1937 A	4,169	214	19.5	1.0	1.0
1937 D	1,814	386	4.7	1.0	1.0
1967 A	2,533	67	37.8	0.76	0.26
1967 D	2,019	89	22.7	0.76	0.26

그림 4.5.7 은 1600~1973 년간 발생한 전투에서의 일일 평균피해율을 나타내고 있다. 승자와 패자의 피해율은 현대에 가까워질수록 감소하다가 나폴레옹 전쟁과 미국 남북전쟁, 프랑스-프러시아 전쟁에서 일시 높아지나 지속적으로 감소하고 1, 2 차 세계대전과 1973 년 중동전에서는 급격히 감소하고 있다.

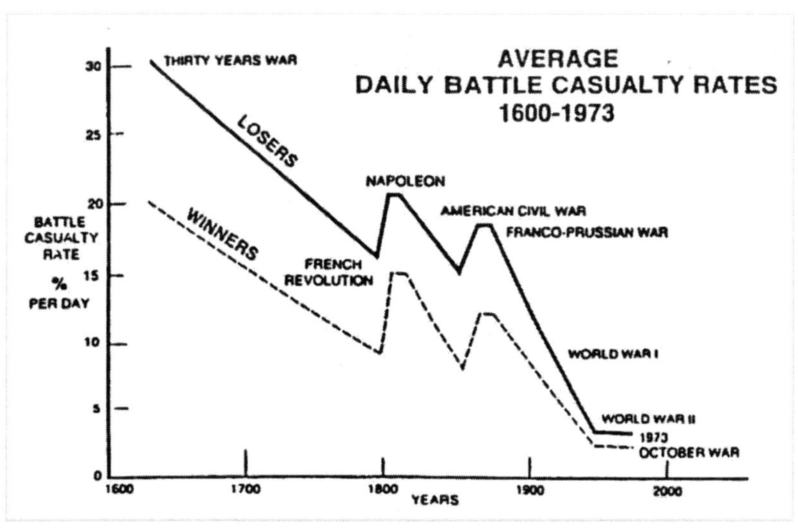

그림 4.5.7 1600~1973 년간 일일 평균 피해율

1600년대부터 1800년대까지 총구장전 화승총과 Musket 소총으로 무장한 쌍방의 병력집단이 전장에서 교전하는 수많은 사례가 발생하였다. 일일 전투종료 시에는 교전병력의 20~30%가 손실되기도 했다. 거의 4백년 이후, 2차 세계대전과 아랍-이스라엘 전쟁에서는 사단 규모의 병력이 전장에서 전투를 수행하였고 양측 모두 3% 보다 많은 손실은 거의 발생하지 않았으며 종종 1% 이하의 손실이 발생하였다. 2차 세계대전과 중동전에서는 소총은 발달되었고 강력한 포병과 전차, 항공기와 현대적인 통신수단이 사용되었다.

무기의 효과와 치명성은 지난 400년을 거쳐 지속적으로 증가되었으나 전투에서 손실률은 감소하였다. 이러한 현상이 발생한 것은 군이 무기의 치명성에 대응하기 위해 전장에서 병력을 크게 분산하였기 때문이다. 또, 전술적 의사결정을 분권화하고 기동성을 증가시켰으며 제병협동 전술을 더 강조하였기 때문으로 분석하였다. 고대와 20세기 말 사이에 10만명의 병력이 점령하는 면적은 4,000배 증가하였다. 평균 지상군 분산은 2차 세계대전과 1973년 중동전 사이에 1/3 이상 증가하였고 1990년까지 또다시 1/4이 증가하였다.

천연색 전투복을 입고 전투 중 어깨에 어깨를 맞대고 전진하는 전투형태가 1600~1800년대에는 보편적이어서 1 km^2에 10,000명에서 20,000의 병력이 밀집하여 피해가 많이 발생하였다. 그러나 현재는 10,000명에서 20,000명 사이의 병력을 가진 사단은 10~20km 전투정면을 가지고 있고 종심도 매우 깊이 운용한다. 따라서, 병력의 분산과 엄폐와 은폐, 교전거리 증가와 지휘통제, 정보 등은 손실률 감소의 원인으로 분석된다.

이러한 현상을 Dupuy는 그림 4.5.8과 식 (4.5-2)로 설명하였다.

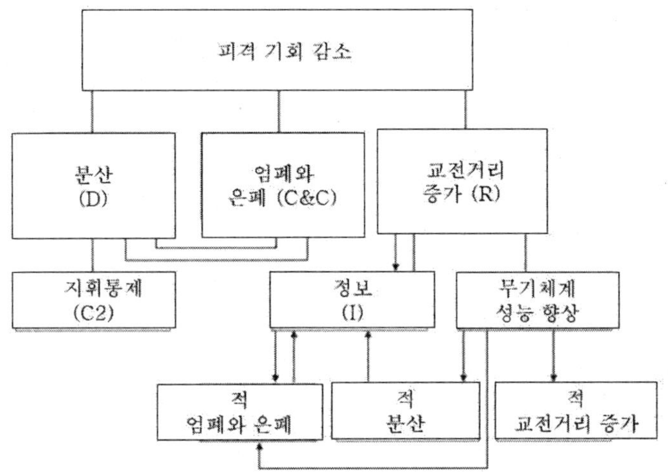

그림 4.5.8 손실율 감소 원인

$$H = (K \times \Delta D) + (K \times \Delta C\&C) + (K \times \Delta R) \qquad (4.5-2)$$

$$\Delta D = K \times \Delta C2$$

$$\Delta C\&C = K \times \Delta D$$

$$\Delta R = (K \times \Delta W) + (K \times \Delta I)$$

여기에서,

K : 상수

Δ : 변화량

D : 분산

CC : 엄폐와 은폐

R : 교전 거리

W : 무기체계 특성

H : 피격 기회

$C2$: 지휘통제

I : 정보. 즉, 적 관측능력

이러한 현상을 전사를 통해 분석하기 위해 Dupuy는 표 4.5.17과 같은 전투를 시대별로 구분하여 자료를 분석하였다.

표 4.5.17 연대별 전쟁분류

Category	Years	Number of Examples	Number of Listed Battles[1]
Thirty Years War	1618–1648	18	20
English Civil War	1642–1652	9	15
Other wars	1650–1699*	21	12+
Other wars	1700–1755	15	46+
Seven Years War	1756–1763	18	48
Revolutionary War	1775–1783	14	43
French Revolutionary Wars	1792–1802	23	51
Napoleonic Wars	1803–1815	33	140
Other wars	1816–1859	19	63+
American Civil War	1881–1865	49	143
Other wars	1860–1905	30	123+
World War I	1912–1920**	131	68++
World War II	1937–1945***	172	92+++
Arab-Israeli wars	1967, 1968, 1973	53	0++
Other post-World War II wars	****	—	44+

1. From Clodfelter, *Warfare and Armed Conflicts*.

*Includes one battle before 1650.

**Includes Balkan Wars and Russo-Polish War.

***Includes one Spanish Civil War battle and several Russo-Japanese engagements.

****The only post–World War II battles that this version of the LWDB looks at is the Arab-Israeli wars from 1967 to 1973. It thus leaves out the Korean War, the Vietnam War, and anything after 1973. This was corrected in later versions of the database.

그림 4.5.9는 표 4.5.17에서 언급한 시대별 공격과 방어의 평균 병력수이다. 1803~1815년의 나폴레옹 전쟁, 1860~1905년, 1912~1920년 1차 세계대전, 1937~1945년 2차 세계대전 시 공격과 방어의 평균 병력수가 높다는 것을 알 수 있다. 이 시기에는 대규모 전쟁이 발생해서 이러한 현상이 나타난 것으로 해석할 수 있다.

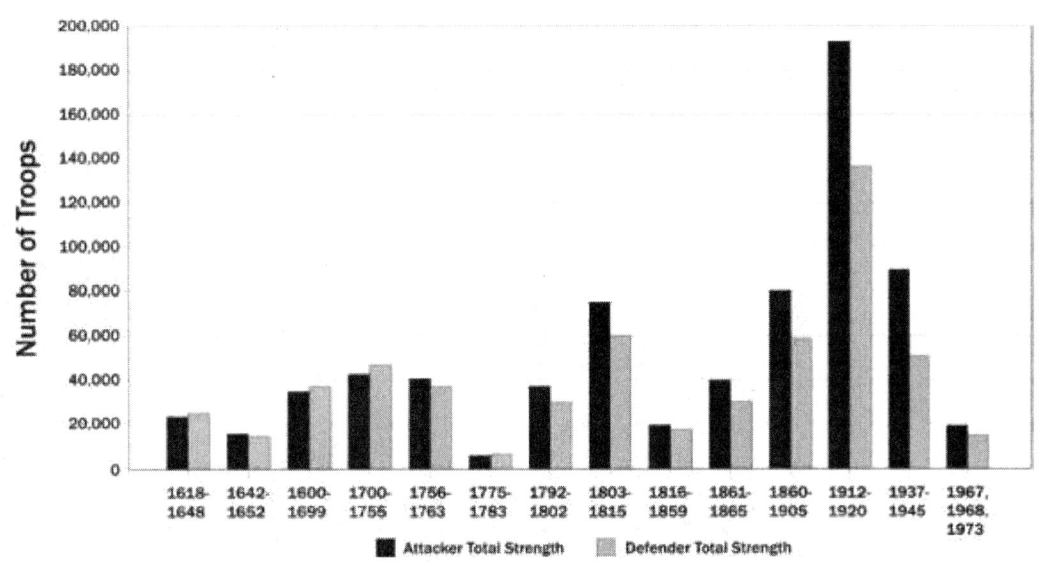

그림 4.5.9 시대별 공방 평균 병력수

그림 4.5.10 은 시대별 공격과 방어의 평균 손실수이다. 나폴레옹 전쟁, 1860~1905 년, 1912~1920 년 1 차 세계대전, 1937~1945 년 2 차 세계대전 시 공격과 방어의 평균 손실이 높다는 것을 알 수 있다.

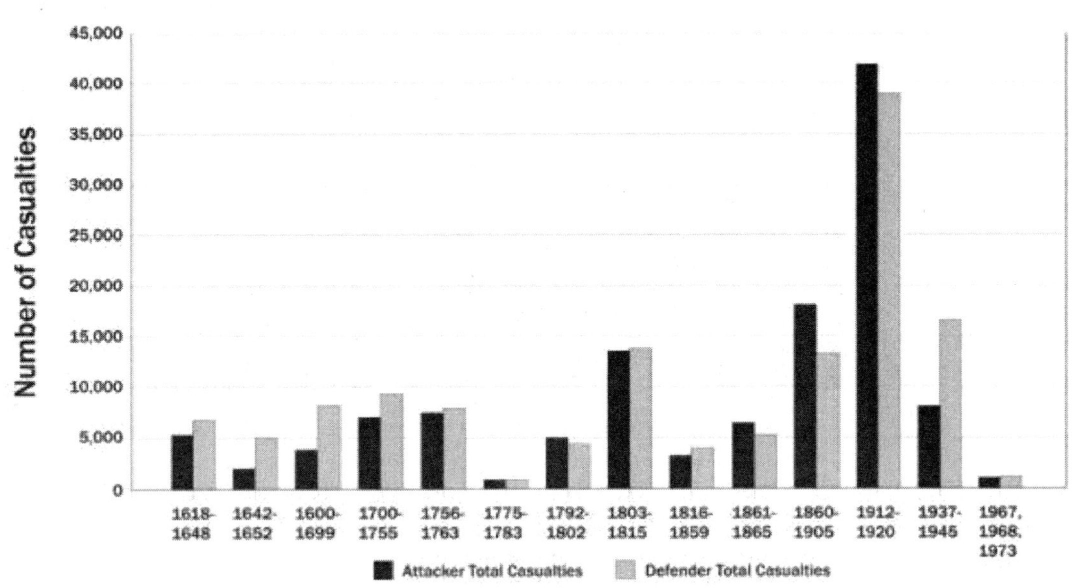

그림 4.5.10 시대별 공방 평균 손실수

그림 4.5.11은 시대별 일일 평균 공방손실율을 나타낸 것이며 현대에 가까워질수록 공방손실율이 감소하는 것을 볼 수 있다. 이것은 앞에서 언급한 무기의 능력은 강력해 지지만 병력의 분산도가 높아 이러한 현상이 발생한 것으로 보인다.

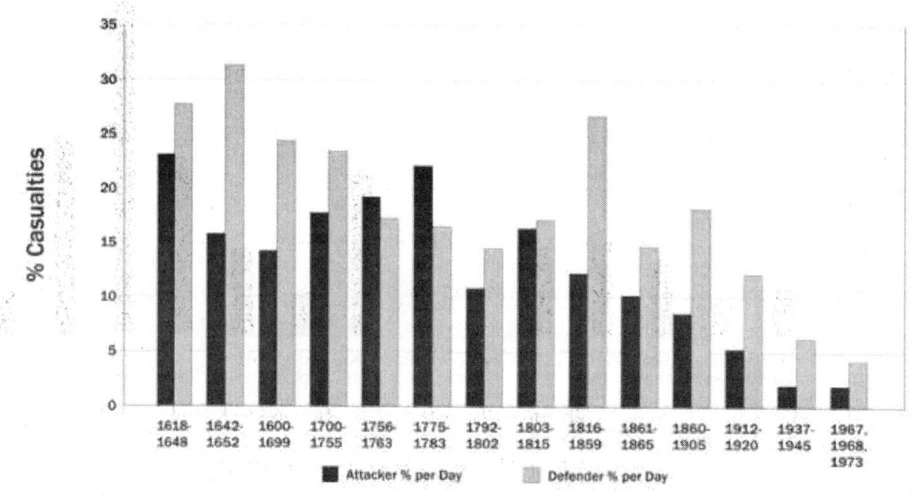

그림 4.5.11 시대별 일일 평균 공방 손실률

그림 4.5.12는 시대별 km당 평균 공방병력수인데 현대에 가까울수록 감소하는 것을 볼 수 있다.

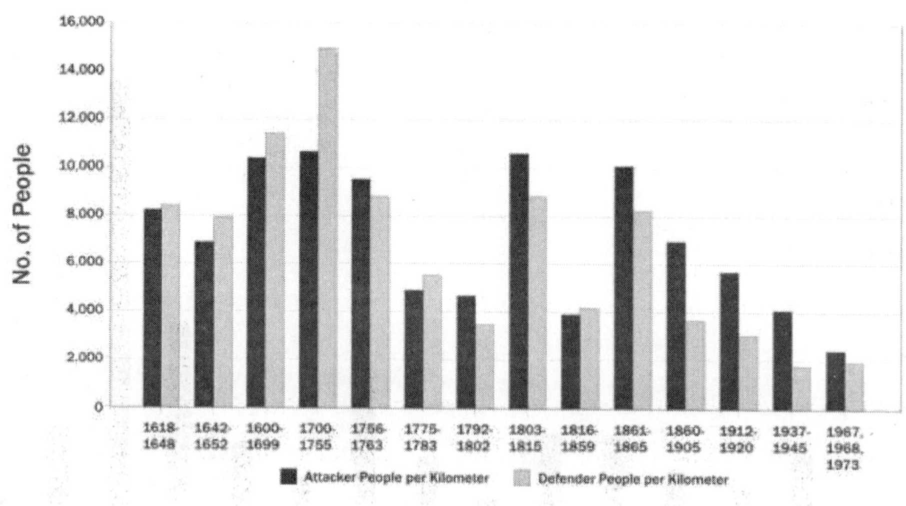

그림 4.5.12 시대별 km 당 평균 공방병력수

그림 4.5.13 은 시대별 전선에서의 km 당 공방 손실병력수를 나타내고 있다. 2 차 세계 대전과 중동전에서는 전선에서의 km 당 공방 손실병력수는 급격히 감소한다.

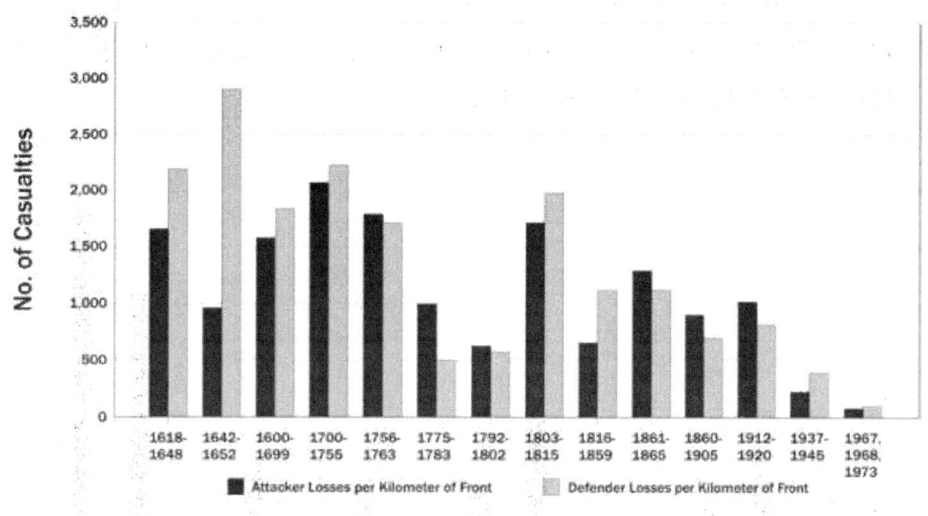

그림 4.5.13 시대별 전선에서 km 당 공방 손실병력수

그림 4.5.14 는 시대별 km 당 공방 병력수와 손실수를 나타내고 있다.

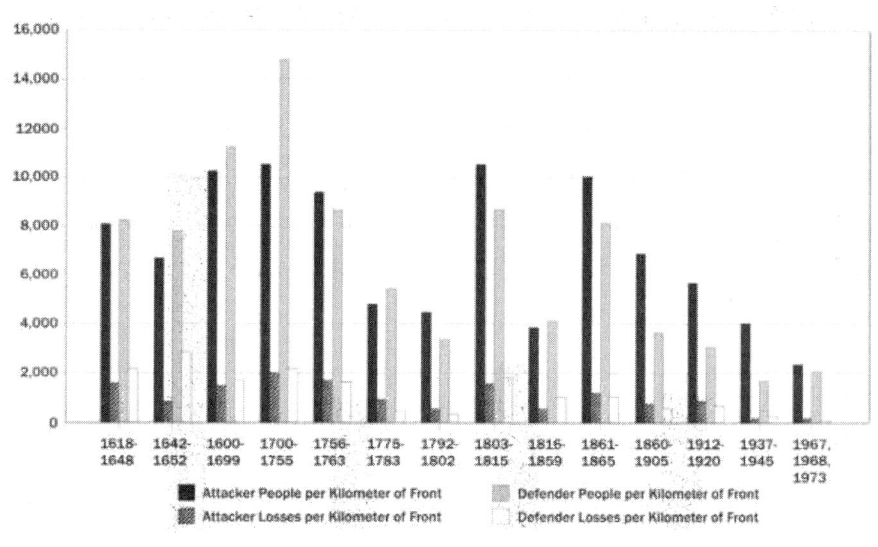

그림 4.5.14 시대별 km 당 공방 병력수와 손실수

그림 4.5.15 는 시대별 전선의 km 당 공방 병력수 대 손실수 비율을 나타내고 있다. 공자의 손실률이 방자의 손실률보다 큰 것은 방자가 유리한 지형을 점하고 방어준비를 한 상태에서 전투를 해서 발생한 것이다. 현대에 가까울수록 공방 병력수 대 손실수 비율이 증가하는 추세에 있다. 그림 4.5.16 은 세기별 전선의 km 당 공방 병력수 대 손실수 비율을 나타내고 있는데 유사한 형태를 보인다.

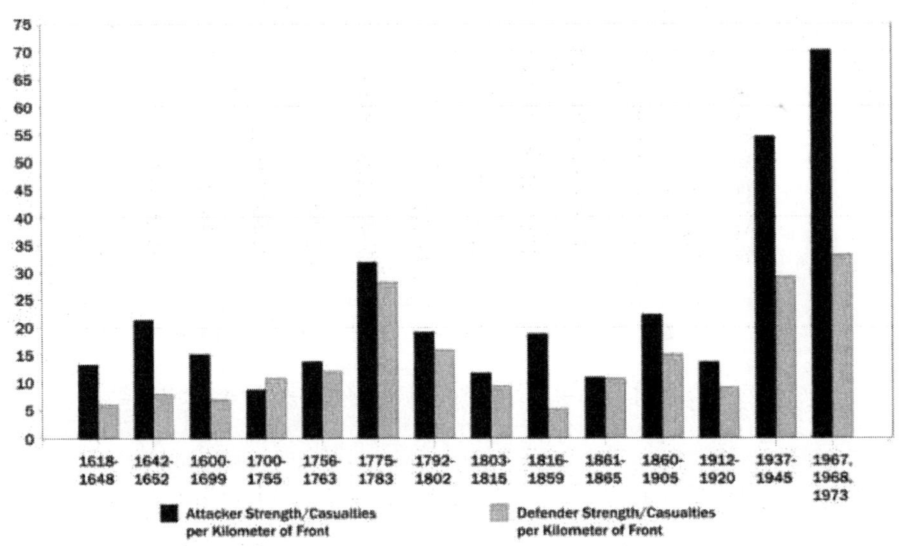

그림 4.5.15 시대별 전선의 km 당 공방 병력수 대 손실수 비율

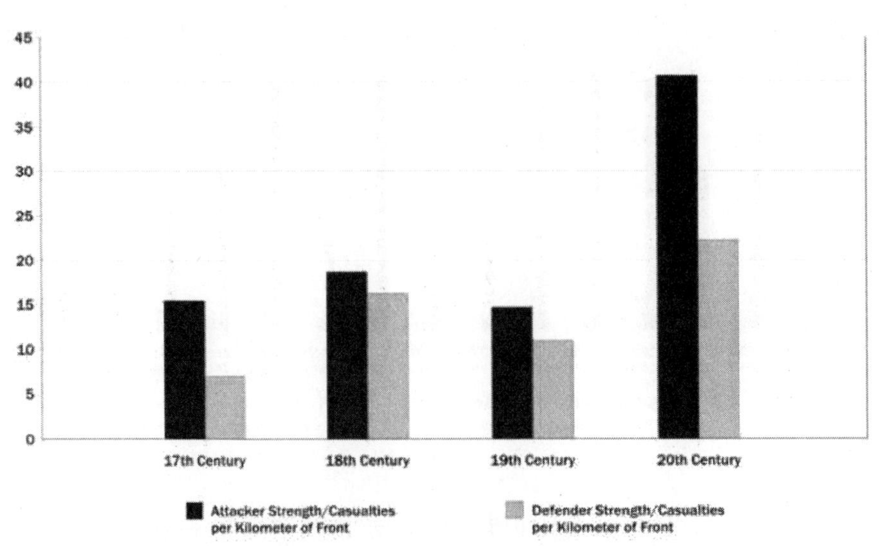

그림 4.5.16 세기별 전선의 km 당 공방 병력수 대 손실수 비율

Dupuy 는 그의 전투모델링에서 1 차 세계대전의 1 명당 면적을 2,475m^2로 판단하였다. 이것은 km^2당 404 명 정도이다. 표 4.5.18 에서 보는 것과 같이 1 차 세계대전 사단은 17.33km 의 종심을 가지고 있다고 표현하고 있고 점차 전투종심과 전투정면은 증가하는 추세에 있다.

표 4.5.18 시대별 병력 분산

구분	고대	나폴레옹 전쟁	미 남북전쟁	프러시아 전쟁	1차 세계대전	1973년 중동전	이스라엘 10월 전쟁
10만명 점유 면적(km^2)	1.00	20.12	25.75	45.00	248.00	2,750	3,500
전투정면 (km)	6.67	8.05	8.58	11.25	14.33	48	54
종심(km)	0.15	2.50	3.00	4.00	17.33	57	65
병력/km^2	10,000	4,970	3,883	2,222	404	36	29
m^2/1인	10.00	200.00	257.50	450.00	2,475	27,500	35,000

표 4.5.19 는 20 세기 지상군 분산도를 표현하고 있는데 병력, 차량, 포병, 기타무기 등 모든 분야에서 현대에 가까울수록 분산도가 낮아지고 있다.

표 4.5.19 20 세기 지상군 분산 (평균 밀도/km^2)

구분	병력	군용 차량	포병	기타 무기
1 차 세계대전	404	0.40	1.62	16.15
2 차 세계대전	36	0.31	0.20	2.05
1973 년 10 월 전쟁	25	0.61	0.11	1.38
1980 년 NATO 교리	15	0.60	0.11	1.11

간단히 생각하면, 비록 무기가 더 치명적이 되더라도, 전장에서 타격할 표적의 수가 더 작아진다는 것이다. 19 세기 중반을 거쳐 낮은 사격율과 비교적 짧은 사거리는 치명적 효과를 얻기 위해 다량의 보병사격을 필요로 하였다. 1850 년 이전에는 포병사격은 보병의 소화기사격보다 더 많은 전장 피해를 야기시켰다. 이 비율은 사격율 증가와 사거리 증가, 1850 년대와 1860 년대의 장전 무기가 도입됨으로써 깨지게 되었다. 표 4.5.20 에서 보는 것과 같이 19 세기 중후반의 전투피해의 대부분은 보병의 소화기 사격에 의한 것이었다.

표 4.5.20 19세기 전투피해 요인

구분	1850년 이전	1860년 이후
포병	40~50%	8~10%
보병 소화기	30~40%	85~90%
기병, 총검	15~20%	4~6%

현대의 기관총과 결합된 소화기의 치명성은 20세기 전장에서 더 분산하고 전술적 의사결정의 분권화를 가져왔다. 표 4.5.21에서 보는 것과 같이 야전통신의 발달, 1차 세계대전 중의 간접사격 기술과 더불어 개선된 사거리와 더 강력한 탄약은 포병의 피해율 증가가 가능하였고 오랫동안 지켜온 '전장의 왕' 지위를 다시 회복하였다.

표 4.5.21 포병과 박격포 파편에 의한 전투피해

전쟁	피해율(%)
1차 세계대전	71
2차 세계대전	55
한국전	60
베트남전	43

표 4.5.22는 시대별 이론적치사지수 TLI를 비교한 것이다. 무기체계가 발달할수록 TLI가 급격히 증가하고 있는 것을 볼 수 있다. 육박전(Hand-to-Hand)에서의 TLI는 23에 불과한데 통상적 활(Ordinary Bow)은 21, 아르퀴버스 소총(Arquebus)는 10, 머스켓 소총(Musket)은 19, 19세기 초의 C 형태 소총(C rifle)은 43, 17세기 C 형태 12파운드 포(C 12-pdr cannon)은 224, 105미리 곡사포(105mm howitzer)는 637,215, 155미리 곡사포(155mm GPF)는 912,428이며 1차 세계대전 시 전차(WW I Tank)는 34,636, 2차 세계대전 시 중형 전차(WW II Medium tank)는 935,458, 2차 세계대전 시 전폭기(WW II fighter-bomber)는 1,245,789로 급격히 증가하고 20킬로톤 핵폭탄(20KT nuclear airburst)는 49,086,000으로 폭발적으로 증가한다.

무기별 분산도를 보면 현대에 가까울수록 분산도가 낮아지고 있다. 이것은 병력과 장비를 타격당하지 않기 위해 넓은 지역에 분산시킴으로써 생존성 향상을 도모했기 때문이다.

표 4.5.22 시대별 이론적치사지수 TLI 와 분산도

Historical Period		Ancient or Medieval	17th Cent	18th Cent	Nap. Wars	Civil War	W.W. I	W.W. II	1975
Dispersion Factor		1	5	10	20	25	250	3,000	4,000
Weapons	TLI Values								
Hand-to-Hand	23	23	4.6	2.3	1.1	0.9	0.09	0.007	0.006
Javelin	19	19							
Ordinary Bow	21	21							
Longbow	36	36	7.2	3.6					
Crossbow	33	33	6.6						
Arquebus	10	–	2.0						
17th C musket	19	–	3.8						
18th C flintlock	43	–	8.6	4.3	2.2	1.7			
Early 19th C rifle	36	–	–	3.6	1.8	1.4			
Mid-19th C rifle	102	–	–	–	–	4.1			
Late 19th C rifle	153	–	–	–	–	6.1	0.61	0.05	
Springfield Model 1903 rifle	495	–	–	–	–	–	1.98	0.17	0.12
WW I machinegun	3,463	–	–	–	–	–	14.0	1.15	0.87
WW II machinegun	4,973	–	–	–	–	–	–	1.66	1.24
16th C 12-pdr cannon	43	43	8.6						
17th C 12-pdr cannon	224	–	45.0	22.0					
Gribeauval 12-pdr cannon	940	–	–	94.0	47.0	38.0			
French 75 mm gun	386,530	–	–	–	–	–	1,546.	129.	97.
155 mm GPF	912,428	–	–	–	–	–	3,650.	304.	228.
105 mm Howitzer	637,215	–	–	–	–	–	–	219.	164.
155 mm "Long Tom"	1,180,681	–	–	–	–	–	–	394.	295.
WW I tank	34,636	–	–	–	–	–	139.	12.	
WW II medium tank	935,458	–	–	–	–	–	–	312.	234.
WW I fighter-bomber	31,909	–	–	–	–	–	128.	11.	
WW II fighter-bomber	1,245,789	–	–	–	–	–	–	415.	311.
V-2 ballistic missile	3,338,370	–	–	–	–	–	–	1,113.	835.
20 KT nuclear airburst	49,086,000	–	–	–	–	–	–	16,362.	12,272.
One megaton nuclear airburst	695,385,000	–	–	–	–	–	–	231,795.	173,846.

Dupuy 는 이론적 치사지수(TLI: Theoretical Lethality Index) 값을 전장에서의 분산도를 나눔으로 작전치사지수(OLI: Operational Lethality Index)를 구하고 역사적 자료로부터 치사성과 분산도 관계를 분석하였다. 이러한 효과를 고려하면 OLI 는 비교하는 무기효과에 대한 훌륭한 이론적 기준값이다.

이 문제에 대해 경험적 연구가 거의 없었지만 이 방법은 정밀유도무기가 향후 더 크게 사용되는 경향에 적어도 소위 '텅빈 전장'에 대한 부분적 해답은 되는 것 같다. 제 3 상쇄전략 입안자는 1970 년대의 미국에 의한 정밀무기 개발을 강조함으로써 소련의 제 2 상쇄, 즉, 소련의 대량화력에 대응하는 계산된 방책으로 상정하였다. 현대 정밀무기의 목표는 '한 발 사격으로 끝내는 것'이다. 감소된 사격율은 훨씬 큰 사거리와 정밀도로 보완된다. 현대 전장에서 이러한 무기들은 매우 충분하게 치명적이어서 생존할 수 있는 좋은 방법을 찾기가 어렵다.

먼저 TLI 를 구해보는 방법에 대해 설명한다. TLI 는 m^2당 1 개의 표적이 분포되어 있을 때 시간당 치사표적 수이다. TLI 는 식 (4.5−3)으로 계산한다.

$$TLI = RF \times R \times A \times C \times RN \quad (4.5-3)$$

여기에서,

RF: 발사속도(발/시간)

R: 유효발사/발, $R \leq 1$

A: 명중률(명중/유효발수), $A \leq 1$

C: 치사율(살상/명중)

RN: 사거리 인수

각 요소는 아래와 같이 구한다.

○ 구경별 시간당 발사속도 인수(RF)

아래에 나타난 발사속도에 소화기는 1.5 배, 장치된 자동화기는 2 배, 박격포는 1.2 배를 적용한다.

구경 (mm)	20	30	40	60	75	81	90	105	120	130	155	175	203
RF(발)	295	260	225	175	152	144	134	113	99	90	60	47	30

○ 명중률 인수 (A)

명중률은 아래와 같으며 조준사격을 가정하였다. 실험치가 가용할 때는 이를 아래 표와 대체해서 사용할 수 있다.

종류	소화기	자동화기	박격포	로켓	폭탄	포	활강포	직사포
명중률	0.85	0.70	0.75	0.5	0.4	0.85	0.6	0.9

○ 살상률(명/시간)

살상률(명/시간)은 표적이 m^2당 1 명이 노출된 가정하에 아래와 같다.

구경 (mm)	20	30	40	60	75	81	90	105	120	130	155	175	203
폭파 면적 (m^2)	40	100	170	344	625	752	985	1485	2000	2437	3594	4375	5000

○ 치사율 인수(C)

10mm 이하에서는 C=1 을 적용하고 10mm~15mm 자동화기에서는 C=2 를 적용한다.

○ 사거리 인수 (RN)

사거리 인수 RN은 유효사거리 또는 포구초속을 기반으로 다음과 같이 계산한다.

$$RN = 1 + \sqrt{\text{유효사거리}(km)}$$

또는

$$RN = 0.007 + \sqrt{\text{포구초속}(mps) \times 0.01 \times \text{구경}(mm)}$$

여기에서,

mps : meter per second

폭탄의 경우 포구초속은 200 mps를 사용한다.

이렇게 구한 TLI 는 표 4.5.23, 4.5.24 와 같다.

표 4.5.23 상대적 TLI (I)

Weapons	*Rate of Fire Strikes/hour*	*Targets /Strike*	*Relative Effectiveness*	$1+\sqrt{Range/1000}$ =	*Range Effect*	*Muzzle* $.007 \times velocity \times \sqrt{Cal/100}$ =	*Muzzle Velocity Effect*
Hand-to-Hand (Sword, pike, etc.)	60	1	.4	$1+\sqrt{.001}$	1.03		
Javelin	60	1	.4	$1+\sqrt{.02}$	1.14		
Ordinary bow	55	1	.4	$1+\sqrt{.08}$	1.28		
Longbow	55	1	.5	$1+\sqrt{.2}$	1.45		
Crossbow	50	1	.5	$1+\sqrt{.23}$	1.48		
Arquebus	40	1	.6	$1+\sqrt{.1}$	1.32		
17th C musket	45	1	.7	$1+\sqrt{.15}$	1.39		
18th C flintlock	60	1	.8	$1+\sqrt{.2}$	1.45		
Early 19th C rifle	40	1	.8	$1+\sqrt{.55}$	1.74		
Mid-19th C rifle with conoidal bullet	65	1	.8	$1+\sqrt{2.0}$	2.41		
Late 19th C breechloading rifle	120	1	.8	$1+\sqrt{1.5}$	2.22		
Springfield Model 1903 rifle (magazine)	300	1	.8	$1+\sqrt{2}$	2.41		
World War I machinegun	4000	1	.8	$1+\sqrt{1.5}$	2.22		
World War II machinegun	5000	1	.8	$1+\sqrt{1.5}$	2.22		
16th C 12-pdr cannon	10	10	1.	$1+\sqrt{.5}$	1.71		
17th C 12-pdr cannon	20	12	1.	$1+\sqrt{1.5}$	2.22		
Gribeauval 18th C 12-pdr cannon	30	18	1.	$1+\sqrt{2.5}$	2.58		
French 75mm gun	150	675	1.	$1+\sqrt{10.4}$	4.23	$.007 \times 697 \times \sqrt{.75}$ =	4.23
155mm GPF	60	3370	1.	$1+\sqrt{18}$	5.00	$.007 \times 573 \times \sqrt{1.55}$ =	5.00
105mm Howitzer, M-1	120	1570	1.	$1+\sqrt{9.5}$	4.08	$.007 \times 570 \times \sqrt{1.05}$ =	4.08
155mm "Long Tom"	60	3370	1.	$1+\sqrt{30}$	6.47	$.007 \times 742 \times \sqrt{1.55}$ =	6.47
World War I tank							
World War II medium tank							
World War I fighter-bomber							
World War II fighter-bomber (P-47)							
V-2 ballistic missile	6	75,000	1.	$1+\sqrt{200}$	15.14		
20 KT nuclear airburst	1	600,000	1.	$1+\sqrt{1000}$	101.		
One megaton nuclear airburst	1	8,500,000	1.	$1+\sqrt{1000}$	101.		

*Does not reflect multiple charge versatility.
** $\sqrt{.01} \times$ range (mi)

표 4.5.24 상대적 TLI (II)

Weapons	*Accuracy*	*Reliability*	*TLI*	*Mobile Fighting Machines* *Total TLI*	*Endurance***	*Mobility****	*Punishment*	*TLI*
Hand-to-Hand (Sword, pike, etc.)	.95	1.0	23					
Javelin	.75	.95	19					
Ordinary bow	.8	.95	21					
Longbow	.95	.95	36					
Crossbow	.95	.95	33					
Arquebus	.55	.6	10					
17th C musket	.55	.8	19					
18th C flintlock	.65	.95	43					
Early 19th C rifle	.8	.8	36					
Mid-19th C rifle with conoidal bullet	.9	.9	102					
Late 19th C breechloading rifle	.9	.8	153					
Springfield Model 1903 rifle (magazine)	.95	.9	495					
World War I machinegun	.65	.75	3463					
World War II machinegun	.7	.8	4973					
16th C 12-pdr cannon	.5	.5	43					
17th C 12-pdr cannon	.6	.7	224					
Gribeauval 18th C 12-pdr cannon	.75	.9	940					
French 75mm gun	.95	.95	386,530					
155mm GPF	.95	.95	912,428					
105mm Howitzer, M-1	.9	.95	657,215					
155mm "Long Tom"	.95	.95	1,180,681					
World War I tank				6,926	$\sqrt{.5}$	$\sqrt{1.5}$	$3000 \times 9/4 \times \sqrt{18}$	34,636
World War II medium tank				575,000	$\sqrt{1.}$	$\sqrt{2}$	$3000 \times 24/4 \times \sqrt{48}$	935,458
World War I fighter-bomber				6,926	$\sqrt{2}$	$\sqrt{10}$	$3000 \times 1.4 \times \sqrt{2}$	31,909
World War II fighter-bomber (P-47)				135,000	$\sqrt{2.6}$	$\sqrt{32}$	$3000 \times 6/4 \times \sqrt{12}$	1,245,789
V-2 ballistic missile	.7	.7	3,338,370					
20 KT nuclear airburst	.9	.9	49,086,000					
One megaton nuclear airburst	.9	.9	695,385,000					

예를 들어 Early 19th Century Rifle 의 TLI 를 구하면 다음과 같다.

1. 발사율 : 이론적으로 시간당 60 이지만 정비를 고려하면 1/3 이 감소하여 40
2. 타격당 표적 : 1
3. 상대적 효과 : 0.8
4. 유효사거리(300 yards) : $1+\sqrt{0.3}=1.547$
5. 정확도 : 0.8
6. 신뢰도 : 0.9

$$TLI = 40\times0.8\times1.547\times0.8\times0.9=36$$

4.5.6 작전치사지수(OLI : Operational Lethality Index)

4.5.6.1 작전치수지수 계산

OLI 란 작전치사지수로 km^2에 10 만명이 있을 때의 시간당 살상자수를 말한다. OLI 는 TLI 를 Di(Dispersion Index)로 나누어 계산한다. 이때 Di 는 TLI 가 m^2당 1 명을 기준으로 한 것이므로 10 만명당 점유면적을 Di 로 정의하여 현대전에서는 통상 5,000 을 사용한다.

Dupuy 가 인류 전쟁사를 연구해 군대의 분산도를 표 4.5.25 와 같이 제시하였다.

표 4.5.25 시대별 군대의 분산도

시대	10 만명 주둔지(km^2)	m^2당 병력수	분산 인수
고대	1	10	1
나폴레옹	20.12	200	20
미 남북전쟁	25.75	250	25
1 차 세계대전	247.5	2,500	250
2 차 세계대전	3,100	30,000	3,000
73 년 중동전	4,000	40,000	4,000

그림 4.5.17 은 시대별 분산도와 시간당 살상능력을 표현한 것이다. 시간당 살상능력 즉 치사성은 현대에 가까울수록 증가하는 추세에 있고 이에 따라 분산도도 1900 년 이후 급격히 증가하였다.

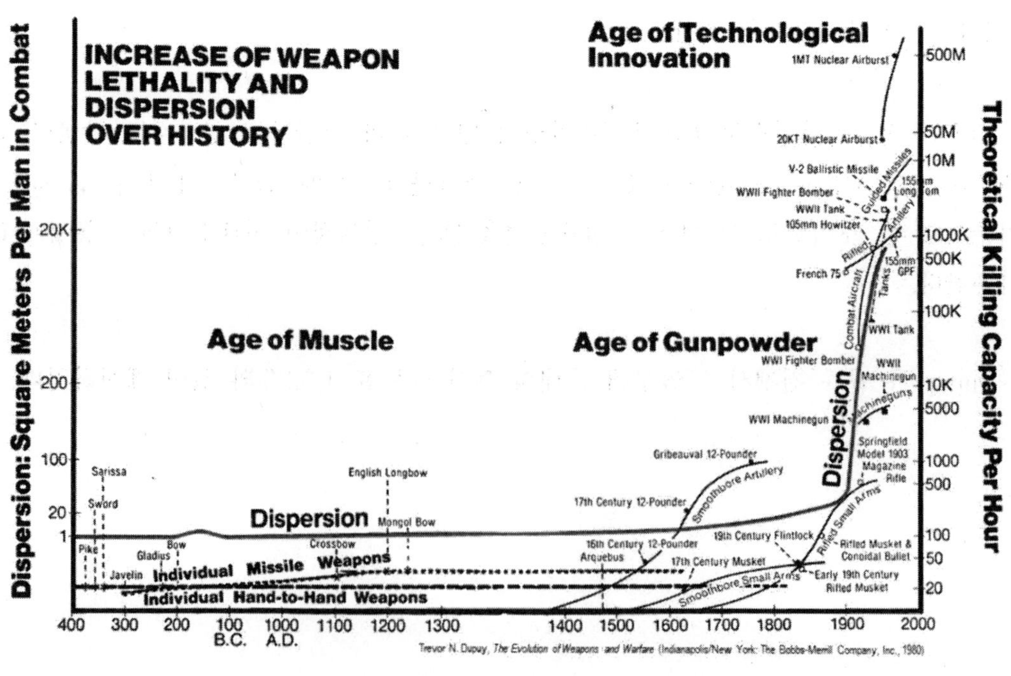

그림 4.5.17 시대별 분산도와 이론적 시간당 살상능력

4.5.6.2 작전치사지수 정밀성 향상

위에서 구한 OLI 에 아래와 같은 자주화기 인수, 다련장 인수, 다장약 인수, 함포 인수, 대전차 인수 등을 곱해 OLI 를 더 정교하게 발전시킨다.

○ 자주화기 인수 (SPF)

OLI 를 계산할 때 SPF(Self-Propelled Factor), 즉 자주화기 인수는 1.05, 자주화기에 사수장갑 보호 시는 1.1 을 적용한다.

○ 다련장 인수(MBF)

다련장 인수(MBF), 즉 쌍열, 다련장포 등 포신이 다수로 구성되어 있을 때 적용인수는 아래와 같다.

포신수	1	2	3	4	5	6	7	8	9	12	16	20	24 이상
인수	1	1.5	1.83	2.08	2.28	2.47	2.65	2.82	3	3.4	3.8	4	4.18

○ 다장약 인수(MCF)

곡사포, 방공포, 함포 등 화포에서 3 개 이상의 장약을 사용하는 다장약 인수(MCF)는 1.05 를 적용한다.

○ 함포사격 인수(NGF)

함포사격 인수(NGF)는 0.8 을 적용하고 ATGM(Anti-Tank Guided Missile)은 야간제한 시는 0.8, 주야 또는 무선을 사용할 시는 0.85, 레이더 0.9, 레이저 0.95 를 적용한다.

기동화력장비(MFM)의 OLI 는 속도와 사거리에 따라 변동된다.

○ 기동화력장비 인수(MFM)

기동화력장비 인수는 기동인수와 행동반경인수로 구분되는데 기동인수 BMF 는 다음과 같이 구한다.

$$BMF = 0.15 \times \sqrt{\text{작전속도}(kph)}$$

여기에서, kph는 km per hour 이다.

○ 작전반경 인수(RAF)

작전반경 인수(RAF)는 다음과 같다.

$$RAF = 0.14 \times \sqrt{작전반경(km)}$$

작전반경이 50km 일 때 RAF 는 1 이 되고 최대거리의 1/2 을 적용한다.

전투차량은 VAF(Vehicle Punishment Factor), VSF(Vehicle Supply Factor). VAF(Vehicle Attack Factor), VMF(Vehicle Movement Factor)가 적용된다.

전투헬기는 HVF(Hel Vulnerability Factor), 전투기는 AAF(A/C Attack Factor), AVF(A/C Vulnerability Factor)가 적용된다.

○ 장갑보호 인수(VPF)

장갑보호 인수는 아래 표와 같다.

중량(톤)	60이상	50	40	30	20	10	5	2이하
VPF	1.3	1.25	1.2	1.1	1	0.85	0.7	0.5

○ 보급 인수(VSF)

VSF=사격시간/총시간

* 사격시간=60×기본휴대량(BL: Basic Load)(발)/발사속도(발/분)
  총시간=사격시간+재보급시간[RE(10 분)]

VSF=(60×BL)/(6×BL+RE)

○ 공격능력 인수(VAF)

M60A1 의 성능을 1 로 했을 때 속도, 사격통제장치 등을 고려, 상대적 점수를 부여한다.

○ 기동성 인수(VMF)

차량형태	도하능력 미보유	스노클	도하능력 보유
완전 궤도	1.00	1.05	1.10
반 궤도	0.95	1.00	1.05
차륜	0.90	0.95	1.00

○ 헬기 취약성 인수(HVF)

공격속도(kph)	400	300	200	200 미만
HVF	0.8	0.75	0.7	0.65

○ 전투기 공격 인수(AAF)

공격속도	700	600	500	400	300	200	200미만
AAF	0.8	0.9	1	0.9	0.8	0,7	0.6

○ 전투기 취약성 인수(AVF)

F-16 을 1 로 했을 때 F-4 는 1.1, A-10 은 0.9 를 부여한다.

앞에서 설명한 각종 인수를 고려해서 미군과 소련군의 OLI 를 구해 보면 표 4.5.26~표 4.5.27 과 같다.

표 4.5.26 미군무기의 작전치사지수(OLI)

종류	OLI
Rifle, M-16, 5.56mm	0.35
Machine Gun, M-66, 30Cal	1.0
Machine Gun, M-2	1.7
Mortar, 81mm, M-125, SP	50
Mortar, 4.2", M-106, SP	80
RR, 90mm	79
RR, 106mm	112
LAW	62
TOW, SP	176
Howitzer, 155mm, SP	235
Howitzer, 8", SP	212
Missile, Chaparral	158
AA Gun, SP, 20mm, Vulcan	86
Rocket, Honest John(HE)	107
Tank, M-60A1	797
ARV, M-551	381
Helicopter AH-IG	509

표 4.5.27 소련군 무기의 작전치사 지수

종류	OLI
Rifle, AK-47, 7.62mm	0.32
Machine Gun, RPG 7.62	0.66
AAMG APU-4, 14.5mm	35
AA Gun ZSU-23-4, 23mm, Grenade	179
Launcher, ATRPG-7	31
ATGM-AT-3, Sagger	70
Gun AT, M-55, 100mm	205
Mortar, 120mm	68
MRL, 122mm, BM-21	559
Howitzer, 122mm, M-1938	227
Gun-Howitzer, 152mm, D-20	236
SCUD, SSM	86
GRAIL, SAM, SA-7	34
SAM, SA-4, TEL	328
Tank, Med, T-54	405
Tank, Med, T-55	573
Tank, Med, T-62	767
Tank, Lt, PT-76	160

다음은 환경인수를 적용하는 단계이다.

4.5.6.3 환경 인수 (V) 적용

이러한 무기체계별 살상능력(W=OLI)은 무기가 운용되는 환경에 영향을 받게 되며 무기형태별 환경 인수의 적용은 다음과 같다.

표 4.5.28 환경 인수 (V)

√: 적용가능

번호	무기 형태	부호	지형 (r)	태세 (u)	양(量)의 효과 (q)	기상 (h)	계절 (z)	항공 우세 (y)	무기 정밀도 (s)
1	보병	n	$\surd r_n$	$\surd u_n$	$\surd q_n$	–	–	–	–
2	대기갑	gi	$\surd r_n$	$\surd u_n$	–	–	–	–	–
3	포병	g	$\surd r_g$	$\surd u_g$	–	$\surd h_g$	$\surd z_g$	$\surd y_g$	$\surd s_g$
4	방공	d	$\surd r_g$	–	–	$\surd h_d$	–	$\surd y_d$	–
5	기갑	i	$\surd r_i$	$\surd u_i$	$\surd q_i$	$\surd h_i$	–	–	–
6	항공 지원	y	$\surd r_y$	$\surd u_y$	–	$\surd h_y$	$\surd z_y$	$\surd y_y$	$\surd s_y$

표 4.5.28에서 지형(r)과 무기형태($n, i, \ldots$)의 합성단어는 r_i, r_y 등으로 표시되는데 예를 들면 $\surd r_n$은 지형이 보병의 전투효과에 영향을 미치는 환경인수를 고려해야 한다는 의미이다.

무기 치사능력은 식 (4.5-4)와 같다.

$$S = \sum W_i V_i \qquad (4.5-4)$$

여기에서.

W_i: i번째 무기능력(OLI)

V_i: i번째 무기 환경 인수

Clausewitz의 총전력 공식 $P=S\times V\times Q$에서 환경 인수 V는 기본전력인 S의 계산에도 영향을 미친다. 전력 P의 계산에서 Q는 CEV로 대치된다.

$$P=S\times V\times Q \rightarrow P=S\times V\times CEV$$
$$V=m\times u\times r\times h\times z\times q\times v\times ff\times Su\times set$$
$$P=S\times V\times CEV=S\times m\times u\times r\times h\times z\times q\times v\times ff\times Su\times set\times CEV$$

여기에서

m : 기동 인수
u : 태세 인수
r : 지형 인수
h : 기상 인수
z : 계절 인수
q : 양(量)적 효과 인수
v : 취약성 인수
ff : 피로도 인수
Su : 기습 인수
set : 준비태세강화 인수

○ 기동 인수 (m)

병력수를 N, 차량대수를 J 라 하자. 차량의 가중치는 트럭 1, 궤도차량 2, 편제항공기 10, 모터사이클 1/2 로 하면 공자 기동의 상대적 특성 M_a은 다음과 같이 구한다.

$$M_a=\frac{(N_a+12J_a+W_{ia}+15W_{ga}+15W_{ya})y_{ma}/N_a}{(N_d+12J_d+W_{id}+15W_{gd}+15W_{yd})y_{md}/N_d}$$

$$m_a=M_a-(1-rm\times \mathrm{hm})(\mathrm{M_a}-1)$$

방자의 m_d은 항상 1 이다.

여기에서,

N_a : 공자의 병력수

N_d : 방자의 병력수

W_{ia} : 공자의 기본치사능력

W_{id} : 방자의 기본치사능력

W_{ga} : 공자의 포병 지수

W_{gd} : 방자의 포병 지수

W_{ya} : 공자의 항공 지수

W_{yd} : 방자의 항공지수

y_{ma} : 공자의 항공화력 지수

y_{md}: 방자의 항공화력 지수

rm : 기동성 지형 인수

hm: 기동성 기상 인수

기동성은 이동거리나 속도의 영향이 아니라 OLI 에 미치는 영향력을 환산시키기 위한 것이다.

○ 태세 인수(u)

태세(u)는 공격 및 방어형태에 따른 태세 인수와 치사율은 표 4.5.29 와 같다.

표 4.5.29 태세 인수(u)

전투치열도		태세 인수						살상률 인수			
		보병, 기갑 (u_n· u_i)	항공 (u_y)	포병 (u_g)	방자 (u_s)	취약성 (u_r)	전진율 (u_{ar})	공자 인원	방자 인원	공자 전차	방자 전차
통상 공격 표준 방어	요새화	0.9	0.7	0.9	1.6	0.5	0.4	1.0	0.8	1.0	1.0
	준비된 진지	0.95	0.8	0.95	1.5						1.0
	급편	1.0									1.0
	지연	1.0									
	철수	1.0									
통상 공격 총력 방어	요새화	0.9									
	준비된 진지										
	급편									,,,	
총공격 표준 방어	요새화				,,,,			,,,,			
	준비된 진지									,,,	
	급편										
	지연						생략				
	철수	,,,			,,,,			,,,,			
총공격 총력 방어	요새화										
	준비된 진지	,,,						,,,			
	급편										

방자 태세인수 u_s는 방자전력에 적용하고 기타 태세인수는 공자에 적용한다. 태세인수는 기본전력 S에 적용한다. 치열한 공격 시의 공자 전진율은 정규공격 시 1.3 배를 적용한다. 치열한 공격 시 부대규모는 사단의 35% 이하 규모이며 이 효과는 48 시간 이내만 계속되고 48 시간 이상 휴식 또는 72 시간의 약한 공격만 가능하다. 전진율이 10km 이하일 때 방자태세는 지연전 인수 또는 철수 (인수 0.75)를 적용한다.

○ 지형 인수(r)

지형(r)은 살상률, 기동성, 방어진지 강도, 취약성과 보병, 포병, 기갑, 항공지원에 영향을 미치며 지형 인수는 표 4.5.30 과 같다.

표 4.5.30 지형 인수(r)

유형	지형 특성	기동성 (r_m)	방어 진지 (r_u)	보병 무기 (r_n)	포병 무기 (r_g)	항공 (r_y)	전차 (r_i)	피해율 (r_c)
험준 산악	울창	0.30						0.30
	야지	0.45	....					0.40
	민둥산	0.50						
경지	산림							
	야지	.					.	
	불모지	.					.	
구릉	울창	.	....				.	
	야지	.					.	
	불모지	.		생략			.	
평지	산림	.	....	....	....		.	
	야지	.						
	불모지							
	사막							
기타	사구	0.30						0.50
	정글	0.30	....	.....	......	..	...	0.30
	습지	0.40						0.40
	도시 지역	0.60						0.50

r_u은 방자에게 적용하고 r_m은 공자에게 적용한다. 경사지 하향공격은 1.1 을 적용한다.

○ 기상 인수(h)

기상(h)는 기동성, 공격, 피해율과 포병, 항공, 전차에 영향을 미치고 기상 인수는 표 4.5.31 과 같다.

표 4.5.31 기상 인수(h)

유형	기상특성	기동성 (h_m)	공격 (h_u)	포병 (h_g)	항공 (h_y)	전차 (h_i)	피해율 (h_c)
건조 청명	혹서	0.9					0.8
	보통	1.0				....	1.0
	혹한	0.9		....			
건조 흐림	혹서	.					
	보통	.		생략			1.0
	혹한	.	....	....	....		
우천	혹서	.					
	보통	.					
	혹한						
폭우	혹서	0.5		.....			0.5
	보통	0.6					0.5
	혹한	0.5					0.5

○ 계절 인수(z)

계절(z)은 지역에 따라 공격, 포병, 항공, 피해율에 영향을 끼친다. 4월~10월이 공격에 유리하다.

표 4.5.32 공자의 계절 인수(z)

월	사막				보통				아열대				열대			
	공격 z_u	포병 z_g	항공 z_y	살상률 z_c	공격 z_u	포병 z_g	항공 z_y	살상률 z_c	공격 z_u	포병 z_g	항공 z_y	살상률	공격 z_u	포병 z_g	항공 z_y	살상률 z_c
1	1.0							0.6				0.8		0.9	...	
2	1.0							0.6				0.8				
3																
4		...			...											
5										생략						
6									....	...						
7																
8							....				....				...	
9			....													
10								....	....							
11	1.0				1.3											
12	1.0				1.3									0.9		

○ 전력비의 양적효과 인수(q)

전력비가 1.5 이상일 때는 전력비의 증가에 따라 압도적인 측의 전력효과가 많은 전사에서 확인가능하다. 이를 양적 질적 효과 또는 양적효과 인수라 한다. 표 4.5.33 은 전력비의 양(量)적 효과 인수를 나타내고 있다.

표 4.5.33 전력비의 양(量)적효과 인수(q)

전력비	양(量)적효과 인수
1.5:1 이하	1.00
1.6:1	1.01
1.7:1	1.02
1.8:1	1.02
1.9:1	1.04
2.0:1	1.05
2.2:1	1.06
2.4:1	1.07
2.6:!	1.08
2.8:1	1.09
3.0:1	1.10
3.25:!	1.11
3.5:1	1.12
3.75:1	1.13
4.0:1	1.14
4.33:1	1.15
4.67:1	1.16
5.0:1	1.17
5.5:1	1.18
6.0:1	1.10
7.0:1	1.20

* 전력비가 4:1 일 때 4×1.14=4.56 의 인수 0.56 증가

○ 취약성 인수(v)

$$v_d = 1 - (V_d / S_d),\ \ V_d \le 0.6$$
$$v_a = 1 - (V_a / S_a)$$

$$V_d = N_d \times (u_v/r_u) \times (S_a/S_d) \times y_v \times r_v$$
$$V_a = N_a \times (u_v/r_u) \times (S_d/S_a) \times y_v \times r_v$$

여기에서,

N_a : 공자의 병력수

N_d : 방자의 병력수

u_v : 태세 인수

r_u : 지형 인수

S_a : 공자의 전투력

S_d : 방자의 전투력

y_v : 항공 인수

r_v : 지형의 취약성 인수

최소 v는 임의로 0.6 으로 설정되어 있다. 만약 V/S가 0.30 보다 크면 0.30 보다 0.3 과 계산된 값의 차이를 0.1 을 곱해서 계산한다. 예를 들어 V/S가 0.42 라면 새로운 값 V/S는 $0.3+0.12\times0.1=0.312$ 가 되고 $v=1-V/S=1-0.312=0.688$ 이 된다.

○ 상륙, 도하, 도보, 취약성 인수(r_v) 및 살상 치사율 인수 (sh)

상륙전 등의 공격 또는 작전실시 부대의 전력은 이에 따른 취약성을 표 4.5.34 와 같이 적용한다.

표 4.5.34 상륙, 도하, 도보, 취약성 인수(r_v) 및 살상 치사율 인수 (sh)

적사격 형태	상륙			도하			도보		
	FEBA 이내 (r_v)	공격 (sh_a)	방어 (sh_d)	FEBA 이내 (r_v)	공격 (sh_a)	방어 (sh_d)	공자 인수 (r_v)	공격 (sh_a)	방어 (sh_d)
대안 1km 이내 소화기	2.00	2.00	0.50	1.50	1.50	0.67	1.30	1.30	0.76
대안 10km 이내 경포병	1.60	–	–	1.30	–	–	1.00	–	–
대안 15km 까지의 중포병	1.30	–	–	1.10	–	–	1.00	–	–

* FEBA 가 해안선 사이에 존재 시 FEBA 이내라고 하고 공자만 적용
공자의 인수는 제 2 일에는 1.07, 제 3 일 이후에는 1.33 적용

○ <u>피로도 인수(ff)</u>

전진율과 살상력은 전투지속에 따라 감소되는 경향이 있으며 그 정도는 표 4.5.35 와 같다.

표 4.5.35 피로도 인수(전진율, 살상률에 영향, ff)

일자	인수	일자	인수
0	1.000	13	0.792
1	0.984	14	0.776
2	0.968	15	0.760
3	0.952	16	0.744
4	0.936	17	0.728
5	0.920	18	0.712
6	0.904	19	0.696
7	0.888	20	0.680
8	0.872	21	0.664
9	0.856	22	0.684
10	0.840	23	0.632
11	0.824	24	0.616
12	0.808	25	0.600

○ 전술적 기습효과 인수(Su)

전술적 기습이 공자 및 방자의 피해에 미치는 영향은 표 4.5.36~4.5.37 과 같다.

표 4.5.36 전술적 기습효과 인수(Su)

구분	공자의 기동성 증가	공자의 피해 감소	피격부대의 피해증가
완전 기습	$\sqrt{5}$	0.4	3
상당한 기습	$\sqrt{3}$	0.6	3
약한 기습	$\sqrt{1.3}$	0,9	1,2

표 4.5.37 날짜별 작전-전술적 기습요소 인수

작전-전술적 기습요소		제 1 일	제 2 일	제 3 일
기동성	완전 기습	2.83	2.32	1.67
	상당한 기습	2.24	1.96	1.55
	미약한 기습	1.55	1.38	1.22
공자 취약성	완전 기습	0.25	0.50	0.75
	상당한 기습	0.50	0.67	0.83
	미약한 기습	0.75	0.83	0.90
피기습부대 취약성	완전 기습	4.80		
	상당한 기습	3.20		
	미약한 기습	1.50		.....
손실률 (피기습부대)	완전 기습		생략	.
	상당한 기습	.	.....	.
	미약한 기습	.		.
피기습부대 기갑부대 손실률	완전 기습	.	....	.
	상당한 기습	.		.
	미약한 기습			
전진율	완전 기습	1.60		1.20
	상당한 기습	1.40		1.13
	미약한 기습	1.20		1.05

○ 항공화력 인수(y)

항공화력(y)는 표 4.5.38과 같이 기동성, 포병, 항공 및 취약성에 10%까지 영향을 미친다.

표 4.5.38 항공화력 인수(y)

구분	기동성(y_m)		포병(y_g)	항공(y_y)	취약성(y_v)
	건조	우천			
항공화력	1.1	1.0	1.1	1.1	0.9
항공대등	1.0	1.0	1.0	1.0	1.0
항공열세	0.9	0.9	0.9	0.8	1.1

○ 무기정밀도 인수(s)

표 4.5.39 에서 보는 것과 같이 무기체계별로 국가에 따라 일반적으로 정밀도의 수준 격차가 인정되며 최고 15%까지 포괄적인 국가별 기술수준을 적용한다.

표 4.5.39 무기정밀도 인수(s)

시기	무기	미국	영· 프	독일	소련	이스라엘	아랍	중국	한국	북한
2 차 대전	포병 (s_g)	0.9	0.7	0.8	0.5	–	–	–	–	–
	항공 (1943 년 이전)	0.7	0.8	0.8	0.5	–	–	–	–	–
	항공 (s_y)	0.9	0.9	0.9	0.6	–	–	–	–	–
1970 년 이전	포병 (s_g)	0.95	0.9	0.9	0.9	0.8	0.6	–	–	–
	항공 (s_y)	0.95	0.9	0.9	0.9	0.8	0.5	–	–	–
1990 년 이전	포병 (s_g)	0.95	0.9	0.9	0.9	0.85	0.8	0.8	0.85	0.8
	항공 (s_y)	0.95	0.9	0.9	0.9	0.9	0.8	0.8	0.85	0.8

○ 전투효과도 인수(CEV) 또는 전력 인수

각종 무형전력요소인 지휘통솔력, 훈련, 경험, 군수지원, 사회의 기술수준, 사기, 군기와 같은 것을 총괄하여 전투효과도(CEV)라고 한다. 전사를 분석하여 공자의 전력과 방자의 전력간의 전력비 P_a/P_d를 기초로 한 이론적인 전투결과의 비가 실제전투결과인 R_a/R_d와 차이가 있을 때 CEV는 아래와 같이 계산한다.(a:공자, d: 방자)

$$CEV = (R_a/R_d)/(P_a/P_d)$$

이와 같이 많은 전투에 대하여 전투결과의 비와 투입된 전력비에 대한 비율을 평균하면 전반적인 실제 전력효과도 CEV 의 평균치를 얻게 된다. 이와 유사한 살상효율성이 있는데 표 4.5.40 은 2 차 세계대전 시 독일군의 병사 1 명이 평균적으로 2 명의 연합군을 살상하였고 연합군은 5 명이 독일 병사 1 명을 살상한 것을 나타낸다. 방자는 평균적으로 1:3 의 방어 인수의 유리함을 인정할 때 종합적인 효율성이 제시되어 있다.

표 4.5.40 연합군과 독일군의 전투결과

구분		동원	피해인원	점수	효율성
1 차 세계대전 (58 개월)	연합군	2,800 만명	1,200 만명	600/2,800=0.21	0.21
	독일군	1,100 만명	600 만명	1,200/1,100=1.09	0.84
2 차 세계대전 (68 개월)	연합군	4,040 만명	2,300 만명	1,010/4,040=0.25	0.25
	독일군	1,250 만명	1,010 만명	2,300/1,250=1.84	1.42

표 4.5.41 은 2 차 세계대전 중 독일군과 소련군의 전투결과에서 전력비를 전투결과비로 나눈 독일군의 CEV 는 평균 2.31 로 독일군의 질적 전력 인수는 소련군의 2.31 배이다.

표 4.5.41 2 차 세계대전 중 독소 작전결과와 *CEV*

작전	연도	병력비	화력비	전력비	전투결과비	독일군 CEV
우크라이나	1941	1.14	0.85	1.07	0.30	3.58
레닌그라드	1943	4.00	4.83	2.21	1.51	1.47
쿠르스크	1943	1.45	1.27	2.04	0.76	2.68
벨그쿠르크프	1943	4.67	5.03	2.38	1.57	1.52

돌파작전 시 상대적인 열세인 전력으로 이를 성공시킨 요인에 대해서는 전력승수(Force Multiplier)란 개념으로 설명된다. 표 4.5.42 는 2 차 세계대전 시 주요 작전 14 개의 전투에 대한 전력 인수는 공자에 대한 기상 및 지형, 상대적 전투효과, 기동성, 항공화력, 기습 및 자원의 가용성 등 6 개 요소로 분석하였고 방자의 경우는 진지강도, 예비부대, 지휘통솔력 등 3 개 요소로 분류하였다. Dupuy 는 이상의 9 개 요소에 대해 5 단계 점수를 부여하였는데 절대 유리(A+), 유리(A), 대등(−), 불리(D), 절대 불리(D)의 척도를 사용하였다.

표 4.5.42 돌파작전의 전력승수

전력비(공/방)	사례	평균전력비	전력발휘도	전력승수
1.0 미만	5	0.79	3.23	4.09
1.0~3.0	6	1.58	3.60	2.53
3.0 초과	3	4.29	2.02	0.48
평균	14	1.88	3.13	1.66

전사(戰史)에서 CEV를 보면 1차 세계대전 시 독일군은 영국군 대비 1.27이었으며 영국군은 터키와의 전투에서 1.08이었다. 2차 세계대전 시 독일군은 연합군 대비 1.26, 소련 대비 2.0이었다. 태평양전쟁 시 일본군의 CEV는 1.04이었으며 한국전 시 한국군의 CEV는 0.37이었다.

독일군과 이스라엘군의 CEV가 가장 우수하고 베트남전 초기의 미군은 2차 세계대전과 한국전의 미군만 못하나 2차 세계대전의 일본군, 소련군보다 우수하였다. Dupuy의 연구결과 문맹 여부는 전투력과 직결되어 있다.

국가의 CEV는 시간의 경과에도 불구하고 대단히 느리게 변화한다. 2차 세계대전 시 소련군의 CEV는 25년 전 1차 세계대전 시 러시아군의 CEV보다 약간 향상되었을 뿐이다. 동일하게 서유럽군 대 독일 CEV도 1차 세계대전이나 2차 세계대전 시 거의 유사한 수준이었다. 따라서, 부대의 질, 통솔력, 군기, 훈련, 전술 등은 한번 잃으면 회복하기 어려운 요소이다.

전사를 보면 18세기의 프러시아 보병, 나폴레옹 군대, 19세기의 미군 보병, 1·2차 세계대전 시 독일군, 중동전에서의 이스라엘군이 높은 CEV를 보였으며 2차 세계대전 시의 이탈리아군, 1990년 이후의 이라크군이 졸렬한 전투를 했다. 전사가들은 CEV에 영향을 미치는 효소가 통솔력이라고 결론 짓는다. 명량해전에서 이순신 장군이 보여준 지휘통솔력은 불리한 환경속에서도 어떤 전투결과를 만들 수 있는지 극단적으로 보여준다.

CEV와 부대특성에 대한 연구결과 통솔력은 승전의 결정적 요소이며 단결력과 충성심, 실전조건의 부대훈련, 전투경험, 군기와 연습이 매우 중요한 것으로 나타나고 전투 시 공황은 개인적인 특성보다 집단환경의 함수이며 불과 몇명이 이를 시작하고 또 몇 명이 중지시킬 수 있는 것으로 연구되었다. 전장에서의 인간적 요소는 매우 중요한 것인데 지휘관의 자질이 핵심역량이다. 훈련강도는 지휘관의 자질에 기인하며 공격성, 진취성, 치밀성, 엄격한 훈련, 영감적 대화, 철저한 복종 및 점검, 목표와 비전 제시 등이 중요한 요소로 식별되었다.

○ 사기 인수

전장에서 인간행태적 요소를 전투효과도(CEV)로 표시하나 사전에 전사를 통한 CEV 획득이 어려울 경우 전장에 임하는 쌍방부대의 사기를 주관적으로 판단한다. 사기는 최고 1.0 으로부터 공황 0.2 로 분류된다. 적용되는 사기 인수 예는 표 4.5.43 과 같다.

표 4.5.43 사기 인수 (예)

사기 상태	승수
왕성	1.0
양호	0.9
보통	0.8
열악	0.7
공황	0.2

4.5.7 전투결과(R)의 정량적 평가

4.5.7.1 전투결과의 측정기준

① 임무달성도(MF) : 군사전문가 의한 전투부대의 목표 또는 임무달성 정도에 대한 정성적 판정
② 공간적 효과(Esp) : 전투에 의한 공간의 획득 또는 유지
③ 피해 효과($Ecas$) : 쌍방전력에 의한 사상자 및 전력의 손실

$$R = MF + E_{sp} + E_{cas}$$

이러한 정량화에는 많은 문제점이 따르므로 통상은 피해효과만을 고려하여 계산한다.

- 전투결과비$=R_a/R_d$(공자 전투결과/방자 전투결과)
  - R_a/R_d이 1.1 보다 크면 공자 승리
  - R_a/R_d이 0.9~1.1 이면 교착
  - R_a/R_d이 0.9 보다 작으면 방자 승리

4.5.7.2 임무달성도(MF)

전투는 적의 살상이 아니라 특정 지역의 확보, 돌파, 견제 등 다양한 목적이 있으므로 그러한 목적 또는 임무달성도를 정량적으로 판단하여 다음과 같은 인수를 부여한다.

표 4.5.44 임무달성도 인수

임무달성도	범위	승수
임무달성	7~10	8
대체로 만족	5~7	6
부분적 임무수행	3~5	4
임무달성 미약	1~3	2

4.5.7.3 공자의 공간확보효과(Esp_a)

$$E_{spa} = \sqrt{(S_a \times u_{sa})/(S_d \times u_{sd}) \times (4Adv + D_d)/3D_a}$$

여기에서,

S : 4.5.6.3 절의 무기 치사능력 참조

u_s : 표 4.5.29 참조

Adv : 1 일 실제 전진거리(km), 적의 종심의 2 배 이하 거리
　　일방이 Adv가 "+"이면 상대방은 "-"가 된다.

D : 종심
　* D_d는 방어종심, 종심이 명시되지 않았을 때 70km 적용

방자의 공간확보효과는 다음과 같다.

$$E_{spd} = \sqrt{(S_d \times u_{sd})/(S_a \times u_{sa}) \times (4Adv + D_d)/3D_d}$$

○ 전진율(Adv)

현대 전사를 분석한 결과인 표준 전진율(S_r)이 표 4.5.45 에 제시되어 있다. 전진율은 이 표준 전진율에 영향을 미치는 요소들을 곱하여 구한다.

$$Adv(\text{km/일}) = 1.6 \times S_r \times me \times r_m \times h_m \times RQ \times RD \times St \times u_{ar} \times dn \times Su \times ff$$

여기에서,

S_r : 표준 전진율

me : 임무 치열도

r_m : 지형 인수

h_m : 기상 인수

RQ : 도로의 질

RD : 도로밀도

St : 강 및 시내 인수

u_{ar} : 태세 인수

dn : 주야 인수

Su : 기습효과 인수

ff : 피로도 인수

○ 표준전진율(S_r)

표준전진율은 표 4.5.45 를 사용한다.

표 4.5.45 표준전진율(km/일)

방어강도	전력비	기갑사단	기계화사단	보병사단
초강	1.03~1.05	2.0	2.0	2.0
	1.06~1.09	2.3	2.3	2.3
	1.10~1.14	2.7	2.6	2.6
	1.15~1.19	3.1	3.0	2.9
	1.20~1.24	3.6	3.4	
	1.25~1.29	4.2	3.9	
	1.30~1.34	4.8		
	1.35~1.39	5.5		
강	.			
	.			
	.		.	.
	.	.	.	
	.	.	.	
	.			
	.			
	.	생략		
보통	,			
	,		.	.
	,		.	.
	,	.		
약	,	21.5	19.3	13.3
	,	.	21.0	14.7
	,	.	.	.
	,	.	.	.
		.	.	.
	5.00~5.69	42.0	38.0	20.2
	5.70~6.50	50.0	46.0	22.0
	6.51~	60.0	55.0	24.0

* 기갑 및 기계화사단은 개전 10 일내만 적용, 10 일후 20 일까지는 상기 제원의 1/2 이 한계임

표 4.5.46 은 19 세기~20 세기 일부 전투에서의 전진율을 나타내고 있다.

표 4.5.46 19 세기~20 세기 전투 전진율

전역	거리(km)	일자	거리/일 (km/일)
Marengo, 1800	350	31	11
Ulm, 1850	475	22	11
Jena, 1806	140	6	23
Friedland, 1807	210	9	23
Danube(Aspern), 1809	405	30	14
Russia, 1812	680	57	12
Lutzen−Bautzen, 1813	300	20	15
Vicksburg, 1863	190	19	10
Savannah−Releigh, 1865	1,010	121	8
Appomatoox, 1865	100	6	17
Sadowa, 1866	230	18	13
Metz−Sedan, 1870	390	30	13
Mane, 1914	560	28	20
Caporetto, 1917	160	20	8
Gaza III, 1917	150	39	4
Somme II, 1918	110	16	7
Megiddo, 1918	167	3	56
Flanders, 1940	368	12	31
Barbarossa, 1941	700	24	29
Malaya, 1941−1942	515	28	18
Luzon I, 1941−1942	216	15	14
Caucasus, 1942	775	34	23
Normandy Breakout, 1944	880	32	28
Luzon II, 1944	230	26	9
Manchuria, 1945	300	6	50
N. Korea Offensive, 1950	560	42	13
Un Offensive, 1951	790	42	19
Sinai, 1967	220	4	55
Samaira, 1967	80	3	27
Golan, 1967	35	2	18

○ 임무 치열도(me)

치열한 공격 시 임무치열도 $me=1.3$ 을 적용한다. 그 외는 1 을 적용한다.

○ 지형 인수(r_m) 및 기상 인수(h_m)

지형 인수는 표 4.5.30 을 기상 인수는 표 4.5.31 을 참조한다.

○ 도로의 질(RQ) 및 도로밀도(RD) 인수

도로의 질과 도로밀도 인수는 표 4.5.47 를 사용한다._

표 4.5.47 도로의 질(RQ) 및 도로밀도(RD) 인수

구분	상태	인수
도로의 질(RQ)	양호	1.0
	보통	0.8
	불량	0.6
도로밀도(RD)	양호	1.0
	보통	0.8
	불량	0.6

○ 강 및 시내 인수(St)

표 4.5.48 강 및 시내 인수(St)

폭(m)	20	50	500
도섭가능	0.9	0.85	0.7
도섭불가	0.85	0.8	0.5

○ 태세 인수(u_{ar})

태세 인수는 표 4.5.29 을 적용한다.

○ 기습효과 인수(Su)

표 4.5.36 과 4.5.37 참조

○ 주야 인수(dn)

주야 구분(야간작전 시 0.5, 주간작전 시 1.2, 24 시간이상 1)

○ 피로도 인수(ff)

표 4.5.35 참조

4.5.7.4 손실효과(Ecas)

- 공자

$$E_{casa} = v_d^2 \times \sqrt{(Cas_d \times u_{sa}/S_d)/(Cas_a \times u_{sd}/S_a)} - \sqrt{100 Cas_a/N_a}$$

- 방자

$$E_{casd} = v_a^2 \times \sqrt{(Cas_a \times u_{sd}/S_a)/(Cas_d \times u_{sa}/S_d)} - \sqrt{100 Cas_d/N_d}$$

$$v_d = 1 - (V_d/S_d)$$
$$V_d = N_d \times (u_v/r_u) \times (S_a/S_d) \times y_v \times r_v$$

인원손실률(CR)

$$CR = \frac{\text{사상자수/일}}{\text{병력수}}$$

$$DC_a = CN \times N \times uc \times CEV_d \times Su \times op \times tz \times rc \times hc \times zc \times vl \times sh_d \times dn \times ff$$

여기에서,

DC_a : 공자의 일일 사상자 수

CN : 표준손실률(공자 0.04, 방자 0.06)

N : 병력수

uc : 태세 인수(표 4.5.29 를 적용)

CEV_d : 방자의 전투효과도(1.5 까지만 적용)

Su : 기습받은 측만 적용

op : 저항력, 부대규모 클수록 살상율이 낮아짐

tz : 부대규모가 작을수록 살상률이 높은 것을 반영

rc : 지형 인수

hc : 기상 인수

zc : 계절 인수

vl : 전진속도가 빠를수록 살상률이 감소되는 효과 인수

sh_d : 방자의 상륙, 도하, 도보이동 시 살상 치사율 인수

dn : 주야요소(야간요소 시 0.5, 주간전투 1.2, 주야전투 0.8 적용)

ff : 피로도 효과도

$ff = 1 - 0.016 \times$ 일자수

CR_a : DC_a / N_a

CR_d : DC_d / N_d

* 비전투 인원손실률 : 살상율에 포함되지 않으며
4 월 16 일~ 10 월 15 일 간은 0.1%/일 적용.
그 외 기간은 0.2%/일 적용.
열대 기후에서 1 년 단위 전투시는 0.3%/일 적용.

병과별 살상률

보병(n), 기갑(i), 포병(g), 기타(x)를 고려 다음 식으로 표현한다.

$$CR = [(18 \times CR_n \times N_n) + (6 \times CR_n \times N_i) + (2 \times CR_n \times N_g) + (CR_n \times N_x)] / (18 \times N)$$

- 보병 살상율(CR_n)$= C_n / N_n$(보병 일일 사상자수/ 보병 병력수)
- 기갑 살상율(CR_i)$= CR_n / 3$

- 포병 살상율(CR_g)=$CR_n/9$
- 기타 살상율(CR_x)=$CR_n/18$
- N_n : 보병 병력수
- N_i : 기갑 병력수
- N_g : 포병 병력수
- N_x : 기타 병력수

○ <u>저항효과 인수(op)</u>

표 4.5.49 저항효과 인수(op)

전력비	인수	전력비	인수
6.00~	0.30	0.60~0.64	1.28
5.00~5.99	0.35	0.55~0.59	1.36
4.50~4.99	0.40	0.50~0.54	1.45
4.00~4.49	0.46	0.45~0.49	.
.	.	.	.
.	. 생략	.	.
.	.	.	.
.	.	.	.
.	.	.	.
0.70~0.74	1.13	0.10 이하	3.00
0.65~0.69	1.20		

○ 부대규모 증가에 다른 살상률 감소 인수(tz)

표 4.5.50 부대규모 증가에 다른 살상률 감소 인수(tz)

인원손실		전차손실	
500 명 이하	20.0	50 대 이하	1.50
500~1,000	8.0	50~57	1.45
1,000~2,000	5.0	58~64	1.40
2,000~4,000	2.5	65~72	.
.	생략	73~79	.
.			.
.			.
.			.
75,000~80,000		1,200~1,394	0.83
80,000~100,000		.	.
100,000 이상		2,000	0.80

○ 전진율의 살상률감소 인수(vl)

표 4.5.51 전진율의 살상률감소 인수

속도(km/일)	승수
0~5	1.00
6	0.95
7	0.90
8	0.85
9	.
10	.
.	생략 .
.	.
.	.
15	0.50
20이상	0.40

○ 장갑차량 손실률

전사를 보면 장갑차량 손실률은 인원손실률에 비례하였으며 표준 장갑차량 손실률(CKT)은 인원이 적을 때(보병부대가 적거나 대대 이하 경우) 또는 장갑차량 부분이 커질 때 다음과 같이 수정된다.

$$DTL_a = CR \times CKT \times N_T \times CEV_d \times tz \times uc \times Su_i$$

여기에서,

DTL_a : 공자의 일일 전차손실

CR : 인원 손실률

CKT : 표준전차 손실률

공자는 6.0

방자는 3.0

N_T : 전차 대수

CEV_d : 방자의 CEV. 특별한 전쟁사적 증거가 없으면 통상적으로 1.0 을 적용하고 전쟁사에서 확실한 증거가 있으면 공자의 CEV 의 2 배까지 적용

tz : 부대규모 증가에 다른 살상률 감소 인수(표 4.5.50 적용)

uc : 피해변수(태세 인수 표 4.5.29 적용)

Su_i: 기습변수(표 4.5.36 과 4.5.37 적용)

○ 전장복귀율

전장복귀율은 다음과 같다.

공자 : 전투 제 2 일차에 손실차량의 50%는 복귀하고 이후 5 일간 1 일 10%씩 복귀

방자 : 전투 제 2 일차에 손실의 30% 복귀, 이후는 1 일 6%씩 5 일간 복귀

* 기갑 손실률(CT)=DTL/N_T

○ 포병손실률

$$DAL_a = CR \times CKA \times N_A \times CEV_d$$

여기에서,

DAL_a: 공자 1 일 포병손실

CR : 인원손실률

CKA : 표준 포병손실률

견인포는 0.1

자주포는 0.3

N_A : 포병 문수

CEV_d : 방자 CEV

확실한 전쟁사적 증거가 없으면 1 을 적용하고 증거가 있으면 공자 CEV 의 2 배 적용

* 포병 전장복귀율

50%는 전투 익일부터 2 일간 절반씩 복귀, 50%는 완전손실

* 포병손실률 $C_A = DAL/N_A$

○ <u>전투기 손실률</u>

전투기 손실률 : yya(대공포 요소)× CR(인원손실률)

$$\text{공자 } yyg = (W_{yd} + W_{gyd})/W_{ya} + 1$$

$$\text{방자 } yyg = (W_{ya} + W_{gya})/W_{yd} + 1$$

여기에서,

W_y : 항공지원 인수

W_{gy} : 항공화력 인수

○ <u>기타 손실률</u>

* 표준손실률

• APC : 전차 손실률과 동일

- 보병 중화기 손실률=1.5CR(대전차 무기 제외)
- 대기갑무기 손실률=CR
- 방공무기 손실률 : 포병 손실률과 동일
- 고정익 항공기 손실률=CR
- 회전익 항공기 손실률=CR
- 일반 차량 손실률=0.5CR

○ <u>표준복귀율</u>

- APC : 전차복귀율과 동일(RR)
- 보병무기 복귀율=0.5RR
- 대전차무기 복귀율=0.5RR
- 방공무기 복귀율=포병복귀율
- 항공기 복귀율=0.5×전차 복귀율
- 일반차량 복귀율=포병복귀율

○ <u>항공기 Sortie 수 계산</u>

- 최소한 3 일간의 정비 후 초일에는 가용기의 90%가 첫 Sortie 에 가담
- 첫 Sortie 후 2 일간 정비후 85% 운용
- 1 일간 정비후 75% 작전참여
- 계속되는 전투에는 통상 첫 임무에 가용기의 70% 참가. 군수, 인력 등의 이유로 감소가능
- 기종을 불문하고 1 일 3 Sortie 가 최대치, 4 시간 내에는 1Sortie 만 가능

○ <u>항공기의 지상공격</u>

- 항공기의 지상공격 피해 산출(전개된 지상부대)
- 공격항공기의 OLI(A)를 피격지상군(G)로 나눈 비율 A/G 와
  방공 OLI 와의 비 A/AD 계산
- 인원손실률 : (A/G)/(A/AD)×0.004
- 전차손실률 : 3×인원손실률

- 포병손실률 : 인원손실률의 70%
- 기타손실률 : 인원손실률의 75%
- 공격항공기 손실 : 공격항공기의 OLI 는 0.25×방공 OLI 만큼 감소

○ <u>준비된 진지에 대한 공중공격</u>

- 인원손실 : (A/G)/(A/AD)×0.002
- 전차손실 : 3.5×인원손실률
- 포병손실 : 인원손실률의 60%
- 공격항공기의 손실 : 방공 OLI 는 30%만큼을 항공기 OLI 에서 차감

○ <u>요새진지에 대한 공격</u>

- 인원손실률 : (A/G)/(A/AD)×0.001
- 전차손실률 : 4×인원손실률
- 포병손실률 : 인원손실률의 50%
- 기타손실률 : 인원손실률의 75%
- 공격항공기의 손실 : 방공 OLI 는 35%만큼을 항공기 OLI 에서 감소

○ <u>집결지의 지상군에 대한 공격</u>

- 인원손실 : (A/G)/(A/AD)×0.005
- 전차손실 : 3×인원손실률
- 포병손실 : 인원손실률의 75%
- 기타 물자손실률 : 인원손실률의 75%

○ <u>이동하는 지상군 공격</u>

- A/G > 0.1 이면 최소한 1 시간 이상 지체, 0.1 마다 1 시간 추가
- AD/A ≥ 0.05 이면 10 분 지체
- AD/A ≥ 0.01 이면 20 분 지체
- AD/A ≥ 0.15 이면 30 분 지체

• 손실률은 집결지 공격 시와 같음

○ <u>군수지원</u>

군수지원은 전력과 직접 연관짓기가 다른 정성적 요소와 마찬가지로 대단히 어려움

군수요소를 포함한 군수지원 PP

$$P = S \times m \times le \times t \times o \times b \times u \times r \times h \times z \times v$$

여기에서,
S : 전투력
m : 기동성
le : 지휘통솔력
t : 훈련 및 경험
o : 사기
b : 군수요소
u : 태세 인수
r : 지형 인수
h : 기상 인수
z : 계절 인수
v : 취약성 인수

4.6 QJM과 TNDM의 차이점

TNDM은 QJM을 개선하여 만든 모델이다. 따라서 TNDM의 논리는 대부분 QJM의 논리를 따른다. 다만 TNDM은 각 상황 및 작전인수 데이터를 더 세밀히 개선하였다. 그리고 TNDM은 2차 세계대전 이후의 전투를 분석할 수 있으며 그 이전의 전투는 QJM으로 분석한다.

초기 QJM 버전에서 피해를 표현하는 대략적인 공식은 아래와 같다.

(%로 표현된 표준피해율*) × (부대규모 인수) × (임무 인수) × (전투력 비율과 관련된 적 인수) × (주야간 인수) × (특수 조건**) = % 손실

* 공자 (2.8%), 방자 (1.5%)
** 1차 세계대전과 2차 세계대전의 특정 부대 및 한국전에 적용

이와 대비하여 TNDM에서 피해를 표현하는 대략적인 공식은 아래와 같다.

(표준 병력손실 인수*) × (병력수) × (태세/임무 인수) × (적의 전투효과도(CEV),1.5까지 적용) × (기습 인수) × (전투력 비율과 관련된 적 인수) × (부대규모 인수) × (지형 인수) × (기상 인수) × (계절 인수) × (전진율 인수) × (상륙전과 도하작전 인수) × (주야 인수) × (피로도 인수) = 손실 병력수

* 공자 (0.04), 방자 (0.06)

TNDM에서 특수 조건은 포함되어 있지 않지만 필요하다면 포함시킬 수 있다.

부대규모 인수의 최대치는 2.0이며 병력이 5,000명 이하일 때 적용한다. 병력이 5,000~10,000명일 때는 1.5, 10,000~20,000명일 때는 1.0을 적용한다. 이러한 데이터는 모델을 검증할 때 확인되었다.

5장

준동태적 군사력평가 방법론

5.1 Kaufmann 모형

5.1.1 Lanchester Square Law 개요

먼저 Lanchester 법칙을 수학적으로 모델링하기 위해 다음과 같은 기호를 정의하자.

B : Blue Force 의 전투력
R : Red Force 의 전투력
$\frac{dB}{dt}$: 단위시간당 Blue Force 의 전투력 손실량
$\frac{dR}{dt}$: 단위시간당 Red Force 의 전투력 손실량
α : 단위시간당 Red Force 의 단위 전투력에 의한 Blue Force 의 손실량으로 일반적으로 손실률로 표현
β : 단위시간당 Blue Force 의 단위 전투력에 의한 Red Force 의 손실량으로 일반적으로 손실률로 표현
t : 단위시간

Lanchester Square Law 는 식 (5.1−1), (5.1−2)와 같이 표현할 수 있다.

$$\frac{dB}{dt} = -\alpha R \qquad (5.1-1)$$

$$\frac{dR}{dt} = -\beta B \qquad (5.1-2)$$

식 (5.1−1), (5.1−2)로부터 식 (5.1−3)을 유도할 수 있다.

$$\frac{dB}{dR} = \frac{\alpha R}{\beta B} \qquad (5.1-3)$$

식 (5.1−3)으로부터 t시점의 Red Force 전투력 $R(t)$와 Blue Force 전투력 $B(t)$는 식 (5.1−4), (5.1−5)와 같다.

$$R(t)= R_0\cosh(\sqrt{\alpha\beta}\,t)-\sqrt{\frac{\beta}{\alpha}}\,B_0\sinh(\sqrt{\alpha\beta}\,t) \quad (5.1-4)$$

$$B(t)= B_0\cosh(\sqrt{\alpha\beta}\,t)-\sqrt{\frac{\alpha}{\beta}}\,R_0\sinh(\sqrt{\alpha\beta}\,t) \quad (5.1-5)$$

여기에서 $\cosh(\sqrt{\alpha\beta}\,t)= \frac{1}{2}(e^{\sqrt{\alpha\beta}\,t}+e^{-\sqrt{\alpha\beta}\,t})$

$$\sinh(\sqrt{\alpha\beta}\,t)= \frac{1}{2}(e^{\sqrt{\alpha\beta}\,t}-e^{-\sqrt{\alpha\beta}\,t})$$

$B(t)=0$되는 시점 t를 t_B라고 하고 $R(t)=0$가 되는 시점 t를 t_R이라고 하자.

$$t_R=\frac{1}{2\sqrt{\alpha\beta}}\ \ln\left(\frac{\sqrt{\beta}\,B_0+\sqrt{\alpha}\,R_0}{\sqrt{\beta}\,B_0-\sqrt{\alpha}\,R_0}\right)$$

$$t_B=\frac{1}{2\sqrt{\alpha\beta}}\ \ln\left(\frac{\sqrt{\beta}\,B_0+\sqrt{\alpha}\,R_0}{\sqrt{\alpha}\,R_0-\sqrt{\beta}\,B_0}\right)$$

만약 Red Force 가 승리한다면 이때 잔여 전투력 R_e는 식 (5.1−6)과 같다.

$$R_e^2=R_0^2-\frac{\beta}{\alpha}B_0^2 \quad (5.1-6)$$

5.1.2 Kaufmann 의 Lanchester 모델

미 핵전략가이자 7 명의 국방장관 자문위원이었던 William Kaufmann(1918~2008)은 유럽의 재래식 군사력 균형의 적정성과 개선을 측정하는 효과를 평가하기 위해 Kaufmann 모델을 개발하였다. Kaufmann 모델은 북대서양 조약기구(NATO: North Atlantic Treaty Organization)의 패배확률을 계산하기 위해 Lanchester Square 법칙을 사용하였고 Lanchester Square 법칙의 결과를 전투지역전단(FEBA:Forward Edge of the Battle Area)이동 모델의 입력자료로 사용하였다. FEBA 이동과 군사력균형이 Kaufmann 의 2 가지 관심사였다.

비록 이 모델이 전투의 길이에 대한 정보와 바르샤바 조약기구(WTO: Warsaw Treaty Organization)의 전진에 대한 거리를 제공하는 정적인 전력 비교를 개선하는 방법을 제시했지만 다음과 같은 여러 방법론적 결함을 지적받았다.

1. 화력지수가 비록 다른 None-Lanchester Square 법칙을 위해 개발되었지만 이질적 전투력의 결합을 위해 사용되었다는 것이다.
2. Kaufmann 모델은 어떤 명시적이거나 암시적인 검증없이 Lanchester Square 법칙이 대규모 지상전에서 적절하다는 가정을 하고 있다.
3. 상이한 살상율을 사용하는 동질적 부대를 결합하는데 잘못된 식이 사용되었다.
4. 승리의 확률을 계산하는 잘못된 식이 사용되었다.

이를 종합하면 이러한 문제점들은 Kaufmann 모델이 건전성이나 타당성에서 의심을 받고 있다. 가장 기본적인 문제는, 기초적 전구급 Lanchester 모델에서 내재하는 것으로서, 하나의 부대가 다른 무기체계로 구성된 이질적(Heterogeneous) 요소를 통합하는 것이며 이는 자세한 검토를 필요로 하는 주제이다.

일반적으로 동일한 수준의 취약성과 동일한 형태의 무기를 가진 동질적(Homogenous) 부대에 대해 Lanchester 법칙이 많이 적용되어 왔다. 그러나 실제 전장에서는 많은 이질적 형태의 무기가 다른 수준의 취약성과 사격효과를 가지는 무기들로 구성되어 있다. 이러한 것들을 이질적 부대라고 하고 기초적 Lanchester 모델링의 어려운 점으로 간주되어 왔다. Lanchester 법칙을 사단 또는 전구급 전투에 적용하려고 하면 제병과가 같이 존재하는 부대이므로 전투모델에 이질적 부대를 고려하는 것이 필요하다.

5.1.3 이질적 부대의 통합 문제

Lanchester 방정식에서 전투력 수준을 묘사하는데 주로 병력수를 사용해 왔다. '무엇이 이질적 부대 상황에서는 적절한 전투력 수준의 척도인가?'하는 문제가 대두되었다. Kaufmann의 모델에서는 부대의 무기 화력점수를 통합하는 기본하는 지수를 전투력 수준으로 사용하였다. 미 육군에 의해 개발된 화력점수는 어떤 기준무기의 파괴력을 중심으로 다른 무기들의 효과를 비교하여 점수화한 것이다. 그러므로 소총의 점수가 1점이면 전차는 32점, 대전차화기 TOW는 60점으로 간주되는 방법이다. 이러한 점수는 사거리와 다른 요소에 의해 조정가능하다. 근접항공지원은 '비행하는 포병' 으로 간주되어 NATO 측에서는 화력점수로 통합되어 있다. Kaufmann은 사단의 무기들을 상이한 규모의 다른 사단들의 무기와 결합 가능하도록 사단급 화력지수에 통합하였다. 그러나 화력점수는 완전히 다른 모델들에서 사용할 수 있도록 개발되었기 때문에 무기의 파괴능력을 반영하고 취약성 평가는 포함되어 있지 않다. 화력점수의 특성은 기초 Lanchester 모델에서 사용할 수 있다.

살상율(파괴율)과 같은 효과도를 위해 Kaufmann은 Non-Lanchester 모델 기반 하 개발된 살상율을 다시 사용하였다. 이러한 접근법의 명확한 논리성과 간편성에도 불구하고 몇가지 측면에서 결함이 있다. Square 법칙의 근본적인 가정을 생각하면 이는 더 명확해 진다.

Lanchester Square 법칙에 따르면 사격은 직접적이어야 하고 사격과 피격은 동질적이어야 한다. 그러므로 모든 표적에 대한 모든 사격의 살상확률은 동일해야 한다. 더욱이, 전투력 수준은 사격하는 무기의 수량뿐만 아니라 취약한 표적의 수를 표현해야 한다. Blue Force의 전투력 수준이 100이라는 것은 100개의 부대와 100개의 표적, 즉, Red Force가 Blue Force에 대해 사격할 수 있는 부대, 이 있어야 한다는 것을 의미한다. 이를 Lanchester Square 법칙의 방정식으로 다시 표현하면 식 (5.1-1), (5.1-2)와 같다.

식 (5.1-1), (5.1-2)에서 전투력 수준은 좌변과 우변에 동시에 나타난다. 우변에서는 전투력 수준이 사격하는 부대의 수로 표현된다. 그러나 좌변에서는 표적의 수로 표현된다. 그러므로 전투력 수준은 사격하는 부대의 수와 표적의 수로 표현된다. 표적과 사격하는 부대의 정체성이 Lanchester Square 법칙의 정수이다. Lanchester Square 법칙에서 화력부대의 사용은 근본적인 Lanchester Square 법칙의 기본과 상충하여 타당성이 없는 것으로 간주되어야 한다.

보병이나 전차에 있어서 전투력 수준의 적절한 수는 표적의 수이고 이는 사격부대의 수와 같아야 한다. 만약 화력점수를 식에서 사용하고, 전차 점수를 32점을 부여한다면 식의 논리는 적에 대해 32개의 표적이 있다는 것을 의미하거나 표적을 무력화하기 위해 32번의 사격을 한 것으로 간주되어야 한다. 만약 무기를 무력화하기 위해 요구되는 타격의 수가 화력점수와 동일하다면 수학적 접근법은 정확하게 작동할 것이다. 그러나 이것은 일반적으로 정확하지 않다. 전투원을 타격한 하나의 소총탄은 전투원을 무력화하기에 충분하지만 32발의 소총탄이 전차를 무력화할 수는 없다. 실제, 무기의 파괴율이 표적의 취약성에 비례적으로 표현되는 척도를 개발하기는 쉽지 않은 듯하다.

이질적 부대에서 단일 지수를 개발하는 것은 여러 가지 난관에 봉착하게 된다. 이것은 무기가 설계와 효과도에서 매우 다양할뿐만 아니라 무기의 임무와 표적 또한 아주 다양하기 때문이다. 무기의 살상확률이 무기가 사용되는 표적의 종류에 대해 핵심요소이다.

소총은 인원을 살상할 목적으로 개발되었고 대전차유도탄은 전차를 공격할 목적으로 개발되었다. 소총이 전차에 대한 효과는 0에 가깝고 대전차유도탄은 수백미터 거리에서 보병에 대하여는 매우 낮은 효과를 발휘할 뿐이다. 예를 들어, 포병사격은 보병, 전차, 포병에 대해 서로 다른 살상확률을 가진다. 그러므로 각 무기체계는 교전하는 모든 다른 표적에 대해 평가되어야 한다.

Blue Force는 대전차유도탄을 장착한 보병과 참호 속 전차를 보유하고 있고 Red Force는 보병과 전차로 공격한다고 가정해 보자. 이 경우 Blue 전차는 Red 전차에 대해 0.1의 파괴확률을 가지고 Red 보병에 대해서는 0.01의 살상확률을 가진다. Blue 보병은 Red 전차에 대해 0.2 파괴율을 Red 보병에 대해서는 0.001 살상율을 가진다.

구분	Red 전차	Red 보병
Blue 전차	0.1	0.01
Blue 보병	0.2	0.001

동일하게 Red 전차와 보병도 Blue 전차와 보병에 대해 특정 숫자의 파괴율과 살상율 행렬을 가질 수 있다. 이것은 기본적 Lanchester Square 법칙이 더 이상 작동하는 살상확률은 아니다. 전투를 모형화하기 위해 양측에 의해 제시된 표적에 대해 어떻게 화력을 분배해야 할 것인지 생각해야 한다. 그리고 경험적 데이터에 따라 화력이 어떻게 할당되어야 할지 결정하여야 한다. 또는 적을 최대한 많이 손실시키기 위한 최적 화력 할당을 연구해야 한다. 이것은 더 많은 데이터와 더 많은 계산을 요구한다. 무기와 표적이 더 많아지면 이 문제는 정말 복잡한 문제가 된다.

Lanchester Square Law에서 Red Force의 승리확률 $P_{win}(R)$은 식 (5.1−7)과 같이 계산 가능하다.

$$P_{win}(R) = \frac{\alpha R_0^2}{\beta B_0^2 + \alpha R_0^2} \qquad (5.1-7)$$

Kaufmann(1918~2008)은 식 (5.1−8)로부터 식 (5.1−7)을 유도하였다.

$$P_{win}(R) + P_{win}(B) = 1,\ \frac{P_{win}(R)}{P_{win}(B)} = \frac{R_o dB}{B_0 dR} \qquad (5.1-8)$$

식 (5.1−8)은 잘못된 것이다. 먼저, 승리의 확률이 0.5일 때를 묘사하는 함수일 뿐이다. 모든 확률을 생성하는 일반적인 해는 아니다. 두 번째로 연구된 과정의 확률분포를 고려하지 못하고 있다. 연속적 형태의 Lanchester 식이 결정적인 형태이다. 확률분포는 확률적 형태에서 유도되어야 한다. 마지막으로 식 (5.1−8)은 쌍방 병력의 비율에 의존하고 각 측의 절대적인 값에는 의존하지 않고 있다는 것이다. 병력이나 부대 규모가 커질수록 작은 병력과 부대에 대한 이점을 주는 무작위 변동의 기회가 없어진다. 그러므로 Kaufman의 승리식의 확률은 열세한 병력과 부대의 승리확률이 과다평가된 경향이 있다.

승리의 확률을 유도하는 문제는 해석적 방법이나 근사화 방법을 통해 자세하게 연구되어 왔다. 확률적 전투과정의 중요성을 고려하면서 승리의 확률분포를 제시하는 방향으로 발전되어 왔다.

$$P_{win}(R) = \frac{1}{\sqrt{2\pi}} \int_{-\infty}^{w} \exp^{(-t^2/2)} dt \qquad (5.1-9)$$

여기에서,

$$w = \sqrt{3}\left(\frac{\alpha}{\beta}\right)^{1/4}\left[\frac{R-(\beta/\alpha)^{1/2}B}{\sqrt{R+B}}\right]$$

w를 식 (5.1−9)에 대치하면 표준정규분포 곡선 아래 면적을 의미하고 표준정규분포표를 사용하여 함수를 계산할 수 있고 전투가 종료되는 것을 가정하고 있다. 그러므로 이식은 임의의 시점 전투 정지 시에 대한 승리확률을 구할 수 있는 일반적 식은 아니다.

5.1.4 일일 전진거리 유도

Kaufmann은 최초 전력으로부터 Lanchester의 Square Law 이용하여 피아 전력 손실을 판단하고 표준정규분포 곡선으로부터 피아 전력비에 의한 전선 이동식을 추정하여 전투개시 이후 일별 전선이동상황을 묘사한 결정적 준동태 모형을 제시하였다. 그는 전투지역전단(FEBA)의 일일 전진거리를 식 (5.1−10)으로 제시하였다.

$$\text{일일 전진거리} = M[e^{-(8/x^2)}] \qquad (5.1-10)$$

여기에서 M은 잠재적 이동인수로서 저항을 받지 않는 부대의 일일 전진율이며 x는 일말(日末) 양측의 전투력 수준의 비율이다. 식 (5.1−10)은 Lanchester Equation에서 유도된 것이 아니라 전사(戰史)의 전진율 자료로부터 대략적으로 찾은 것이다. 식 (5.1−10)을 다시 표현하면 식 (5.1−11)와 같이 표현할 수 있다.

$$V(t)=\frac{V_{max}}{\sqrt{e^{\left(\frac{4}{x}\right)^2}}} \qquad (5.1-11)$$

여기에서,

$V(t)$: t 일의 전선 이동거리(km)

x : Red Force/Blue Force 일말(日末) 전력비

V_{max}: Red Force의 무저항 상태와 평균적 지형조건의 가정하에서
전선의 일일 최대 이동가능 거리(km)

V_{max}을 20km/일로 가정하면 Red Force/Blue Force 일말(日末) 전력비 x와 일일 전진거리 $V(t)$의 관계를 그림 5.1.1과 같이 표시할 수 있다.

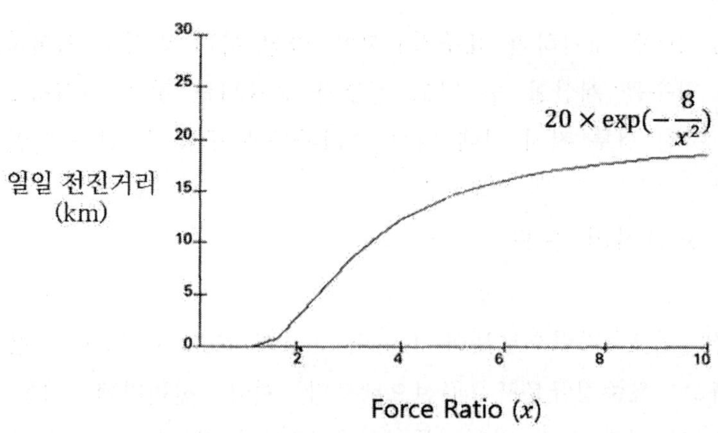

그림 5.1.1 전력비와 일일 전진거리 관계

식 (5.1−11)의 중요한 특성 중 하나는 V_{max}에 근접할 때까지 아주 급격히 $V(t)$가 증가한다는 것이며 $V(t)$는 Red Force/Blue Force 일말 전력비에 관련이 있고 부대의 살상율 α, β에 관련이 없다는 것이다.

어떤 경우에서는 식 (5.1−11)은 패자가 승자를 향해 FEBA로 전진할 때 실제적으로 지역을 차지하는 비정상적 결과를 초래하기도 한다. 상이한 살상율을 가진 무기로 구성된 부대들간의 전투에서는 Lanchester가 제시하고 Kaufmann이 사용한 식 (5.1−11)은 부정확하다. 상이한 살상율을 가진 무기로 구성된 부대들간 전투는 다음과 같은 가정을 한다.

Blue Force는 2가지 살상율을 가진 무기체계로 구성된 부대이며 동시에 전투를 한다. Red Force는 Blue Force의 2개 무기체계에 대해 하나에 대해 우선적으로 사격하지 못하고 Blue Force의 잔여 생존 무기체계의 수에 비례해서 화력을 분배한다.

식 (5.1−12), (5.1−13), (5.1−14)가 이러한 상황을 묘사하는 식이다.

$$B_1 = B_1(t),\ B_2 = B_2(t),\ R = R(t)$$

$$dR = -(\beta_1 B_1 + \beta_2 B_2)dt$$

$$dB_1 = \frac{-\alpha_1 B_1 R}{B_1 + B_2}dt$$

$$dB_2 = \frac{-\alpha_2 B_2 R}{B_1 + B_2}dt$$

$$\frac{dR}{dB_1} = \frac{(\beta_1 B_1 + \beta_2 B_2)(B_1 + B_2)}{\alpha_1 R B_1},\ \frac{dB_1}{dB_2} = \frac{\alpha_1 B_1}{\alpha_2 B_2} \quad (5.1-12)$$

$$\alpha_1 R dR = (\beta_1 B_1 + (\beta_1 + \beta_2)B_2 + \beta_2 \frac{B_2^2}{B_1})dB_1 \quad (5.1-13)$$

식 (5.1−12)을 적분하고 $s = \frac{\alpha_2}{\alpha_1}$으로 두면

$$B_2 = B_{20}^2 (\frac{B_1}{B_{10}})^s$$

위 식을 식 (5.1−13)에 입력하면

$$\alpha_1 R dR = [\beta_1 B_1 + (\beta_1 + \beta_2) B_{20} (\frac{B_1}{B_{10}})^s + \frac{\beta_2}{B_1} B_{20}^2 (\frac{B_1}{B_{10}})^{2s}] dB_1$$

여기에서 B_{10}, B_{20}는 각각 B_1, B_2의 최초 병력수 또는 전투력이다.

적분하고 R, B_1가 교착상태가 되고 B_2가 0 로 가는 상황이라면

$$R_0^2 = \frac{\beta_1}{\alpha_1} B_{10}^2 + 2\frac{(\beta_1 + \beta_2)}{(\alpha_1 + \alpha_2)} B_{20} B_{10} + \frac{\beta_2 B_{20}^2}{\alpha_2}$$

만약 $\alpha_1 = \alpha_2$이면

$$R_0^2 = \beta_1 B_{10}^2 + (\beta_1 + \beta_2) B_{20} B_{10} + \beta_2 B_{20}^2 = [\beta_1 B_{10} + \beta_2 B_{20}][B_{10} + B_{20}]$$

2 개 이상의 무기체계로 구성된 Blue Force 에 대해 일반화를 식 (5.1−14)와 같이 할 수 있다.

$$\beta B^2 = (\beta_1 B_1 + \beta_2 B_2 + ... + \beta_n B_n)(B_1 + B_2 + ... + B_n) \qquad (5.1-14)$$

식 (5.1−14)은 다수의 무기로 구성된 부대에 대해 Lanchester 가 사용한 가정에 부합한다.

표 5.1.1 은 전사(戰史)에서 나타난 전력비와 평균 일일 진출속도에 대한 자료이다.

표 5.1.1 정태적 전력비와 평균 일일 진출속도

전쟁	전력비	평균 진출 속도 (km/일)
Ukraine (1941)	0.85	24
Malaya (1941)	0.49	10
Belgorad−Kharkov (1943)	0.20	9
Kursk−Oboyan (1943)	1.26	5
Leningrad (1943)	0.20	1
Normandy (1944)	0.13	7
Korea (1950)	0.58	17
Sinal−Rafa (1967)	0.69	35
Sinal−Abu Agelia (1967)	1.06	20
Syria−Qala (1967)	0.44	7
Syria−Tel Fahar (1967)	0.56	5

그림 5.1.2 는 표 5.1.1 에 나타난 전사에서 가져온 전력비와 일일 전진거리 관계이다. 전력비가 크면 일일 전진거리가 커야 할 것 같은데 전력비가 0.7 일 때 전진거리가 가장 크고 오히려 전력비가 큰 전투에서의 일일 전진거리가 작다. 이는 전투에서의 지형, 기상, 작전계획, 지휘력 등 부대가 놓인 환경이 다르기 때문에 나타난 결과이다. 따라서 일일 전진거리는 오직 전력비만의 관계가 아니라는 것을 말해 준다.

그러나 전투에 관련된 모든 요소를 고려하여 일일 전진거리를 구하는 것은 워게임에서도 힘든 제한사항이다. 따라서 Kaufmann 모형은 전력비로 일일 전진거리를 구하는 과감한 생략을 추구한다. Kaufmann 이 생각한 일일 전진거리의 지배적인 요소는 전력비로 생각한 것이다. 여러 가지 미흡한 점이 있겠지만 과감한 생략으로 빠른 시간에 부대의 전진거리를 찾는 것도 어떤 점에서는 의미있는 일이다.

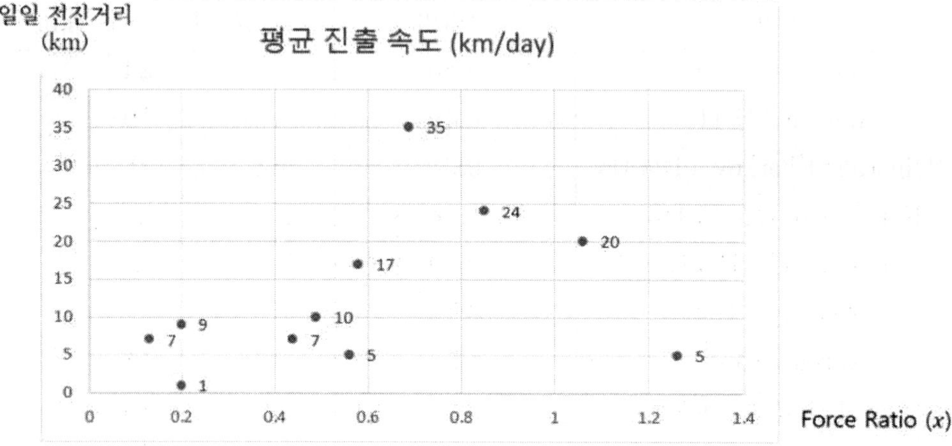

그림 5.1.2 전사에 나타난 전력비와 일일 전진거리 관계

5.1.5 Kaufmann 전투모형 절차

Kaufmann 전투모형의 절차는 아래와 같다.

① Blue Force와 Red Force 양측의 전투력 지수 비교
- WEI/WUV와 유사한 방법으로 FPU(Firepower Unit) 산출
- 초기 총전투력 지수=부대수×FPU

② Blue Force와 Red Force 양측의 전투효과도 비교
- 전투효과도=상대방 전투력에 손실을 줄 확률×FPU

③ 전투정면 폭, 전방배치 상태, 예비전력 투입방침 결정
- 전체 투입요구 전력=전선의 길이(km)×km 당 투입요구 전투력
- 예비전력=총전투력−투입요구전력

④ 지상전투결과 예측
- Lanchester 전투모델에 근거하여 산출
  (승자의 잔여 전투력, 전투지속 기간)

⑤ 근접항공지원 항공기 지상전 효과 반영

- 공자의 항공기와 방자의 방공포의 FPU 와 확률적 전투효과(p_k)
- 쌍방이 동등한 전투력 지수를 확보하기 위해 소요되는 추가 전투력 지수를 Lanchester Square 법칙에 의해 산출
- 이질적 전력의 복합적 총전투력 $FPU_{complex}$은 개별 전투력 i의 제곱근 합의 제곱으로 산출

$$FPU_{complex} = (\sum \sqrt{FPU_i^2 \times p_k^2})^2$$

[Kaufmann 모델 예]

Blue Force 와 Red Force 의 사단 전력지수와 보유 사단수가 다음과 같다고 하자.

구분	사단 전력 지수	보유 사단수	총 전력 지수	비율
Blue Force	50,000	40	3,600,000	1.8
Red Force	40,000	90	2,000,000	1

Blue Force 와 Red Force 사단의 일일 살상률은 다음과 같다.

<table>
<tr><th colspan="2" rowspan="2">구분</th><th colspan="2">표적</th></tr>
<tr><th>Blue Force</th><th>Red Force</th></tr>
<tr><td rowspan="2">공격</td><td>Blue Force</td><td>–</td><td>0.04</td></tr>
<tr><td>Red Force</td><td>0.02</td><td>–</td></tr>
</table>

① Blue Force 사단 일일 피해: 40,000×0.02=800

② Red Force 사단 일일 피해: 50,000×0.04=2,000

③ Blue Force 사단의 전투효과도 2,000:800=2.5:1

예비전력을 판단하는 절차는 아래와 같다.

① 전선 정면 길이 700km
② 1km 당 최소 방어 투입 전력지수 1,500
③ 전방 배치 전력지수 700km×1,500=1,050,000
④ Blue Force 의 예비전력 50,000×40 개 사단−1,050,000=950,000
⑤ Red Force 의 예비전력 40,000×90 개 사단−1,050,000=2,250,000

지상전투 결과의 예측은 Lanchester Square 법칙으로 최종 잔여전투력을 아래와 같이 계산한다. Lanchester Square 법칙에 의해 Red Force 가 승리하며 Red Force 의 잔여전투력 R_e과 Blue Force 가 전멸하는 전투종결시간 t_B는 아래와 같이 계산된다.

$$R_e^2 = R_0^2 - \frac{\beta}{\alpha} B_0^2$$

$$R_e = \sqrt{R_0^2 - \frac{\beta}{\alpha} B_0^2} = \sqrt{(3{,}600{,}000)^2 - \frac{0.04}{0.02}(2{,}000{,}000)^2} = 2{,}227{,}106$$

$$t_B = \frac{1}{2\sqrt{\alpha\beta}} \ln\left(\frac{\sqrt{\beta}B_0 + \sqrt{\alpha}R_0}{\sqrt{\alpha}R_0 - \sqrt{\beta}B_0}\right) =$$

$$\frac{1}{2\sqrt{0.02 \times 0.04}} \ln\left(\frac{\sqrt{0.04} \times 2{,}000{,}000 + \sqrt{0.02} \times 3{,}600{,}000}{\sqrt{0.02} \times 3{,}600{,}000 - \sqrt{0.04} \times 2{,}000{,}000}\right) = 37.5\text{일}$$

⑥ 근접항공지원 항공기 효과의 지상전 반영

마지막으로 근접항공지원 효과를 반영한다. 1 대의 항공기가 1 일 발휘할 수 있는 전투력 지수가 200 FPU 이고 확률적 전투효과도는 0.3 이라 하고 이에 대응하여 Red Force 가 보유하고 있는 방공포의 전투력지수는 427,500 FPU 로서 확률적 전투효과도가 0.04 라고 하자. 이러한 상황에서 1,250,000 FPU 를 이미 전개하고 있는 Blue Force 가 Red Force 와 대등한 수준의 전투력지수를 확보하기 위하여 소요되는 추가 전투력지수는 1,76,767 FPU 이다.

또 Red Force 가 2,800,000 FPU 를 전개하고 있으므로 Blue Force 의 근접항공지원 전력은 Red Force 의 지상전투력 1,082,233 FPU 와 방공전투력 427,500 FPU 를 합한

것에 해당하는 Red Force의 전력을 상대해야 한다. 물론, 지상전투력과 방공전투력이 발휘할 수 있는 확률적 전투효과도는 상이하다. 이와 같이 서로 이질적인 전투력이 복합적으로 전선에 전개되어 있을 경우에 Lanchester 전투방정식에 의하면 총전력은 Lanchester Square의 합의 법칙이다. 따라서 Red Force의 총전투력은 다음과 같다.

$$(\sqrt{1,767,767^2 \times 0.02} + \sqrt{1,082,233^2 \times 0.02} + \sqrt{427,500^2 \times 0.04})^2$$

그러므로 Blue Force가 Red Force의 총전투력과 대등한 수준을 유지하기 위해서는 다음과 같은 전투력지수를 확보해야 한다.

$$(\sqrt{1,767,767^2 \times 0.02/0/04} + \sqrt{1,082,233^2 \times 0.02/0.3} + \sqrt{427,500^2 \times 0.04/0.3})^2$$

Red Force는 이미 1,250,000 FPU에 해당하는 지상군전력을 보유하고 있으므로 근접항공지원에 의해서 추가로 확보해야 할 전투력은 435532 FPU이다. 항공기 1대당 FPU가 200이므로 2,178대의 항공기에 해당하는 전투력이다.

5.2 Epstein 전투모형

5.2.1 Lanchester 전투모형의 제한점과 극복방안

Lanchester 방정식에 의한 전투력 손실은 오직 손실인수 및 초기 전투력에 의해서 계산하고 손실의 감소를 위한 전술 즉 철수를 반영하지 못하고 있으며 손실교환율은 체감없이 전투력비가 증가할수록 전투력비에 일정 상수 비율로 증가한다는 것이 가장 기본적인 문제점으로 지적되고 있다.

Joshua. M. Epstein은 이러한 Lanchester 방정식의 문제점을 해결하고자 새로운 단순집약적 방정식을 설정하여 쌍방의 손실률에 철수율을 고려해 주었다. 그러나 손실교환율을 일정 상수로 준 점과 초기철수율을 0으로 설정한 점 등의 문제점이 발견되었다.

전투의 결과를 결정하는 것은 적군 및 아군 쌍방간의 병력이나 장비의 수 이외에 조기경보, 준비태세, 지형, 전술, 협조, 군수, 사기, 군기, 단결력, 정신력 등이 복합적으로 작용하는 것이므로 이들 요인들의 개별적 평가만으로서는 전투 시 우위를 비교할 수 없다. 실제로 평화 시 무기 재고의 수량 비교가 국가 전시목표 달성의 기준으로서 이용된다면 위험을 초래할 수 있다. 즉 수치상의 불일치가 곧 군사능력의 불균형으로 된다는 가정하에서는 자원배분의 오류와 적능력의 과대 또는 과소평가를 유발하여 분쟁의 격화와 전쟁의 확전으로 치닫게 된다. 이러한 오류를 피하고 군사적 자산에 근거한 합리적인 판단이 이루어지려면 전투 시 군사력을 입력받아 전시임무 수행 시의 능력을 자연스럽게 출력하는 해석적 방법을 택해야 하며 특히 주요변수와 변수들간의 상호작용을 시간경과에 따라 가능한 분명히 나타낼 수 있어야 한다.

앞에서 설명한 Lanchester Equation은 많은 장점을 가지고 있어 수학적 전투모형으로서 많이 활용되고 해석되었다. 그러나 Lanchester Equation의 제한점으로 다음과 같은 것을 들 수 있다.

첫째, 철수의 필요성과 철수에 따른 결과를 고려하지 못하고 있다. 지상전 모형이 타당성 있게 받아 들여지기 위해서는 손실과 전선이동간의 관계를 내포하여야 한다. 역사적으로 볼 때 철수의 근거는 손실감소에 있다. 즉 만약 방자가 손실이 한계치를 초과한다면 후퇴할 수도 있고 후퇴는 손실을 감소시킨다. 그러나 기본 Lanchester Equation은 이러한 철수를 고려하지 않고 있으며 철수의 결과에 대한 반영을 하지 못한다. 왜냐하면 양측의 전투력은 오직 시간과 양측의 손실률 인수와 초기 전투력에 의해 결정되기 때문이다.

둘째, 공간을 고려하지 않고 시간만 반영되고 있다. 철수율로부터 손실률에 이르는 반영이 없기 때문에 Lanchester Equation은 방자가 수십 km를 철수했느냐 안했느냐에 상관없이 전투지속시간이 결정되고 이에 따른 손실이 결정된다. Lanchester 지속시간은 철수율 또는 전선에서부터의 철수속도에 상관없이 구해지기 때문이다. t_R과 t_B를 각각 Red Force와 Blue Force가 소멸되는 시간이라 할 때 걸리는 시간은 식 (5.2−1), (5.2−2)와 같이 구해진다. 여기서 기호는 5.1 절에서 정의한 것을 그대로 사용한다.

$$t_R = \frac{1}{2\sqrt{\alpha\beta}} \ln\left(\frac{\sqrt{\beta}\,B_0 + \sqrt{\alpha}\,R_0}{\sqrt{\beta}\,B_0 - \sqrt{\alpha}\,R_0}\right) \quad (5.2-1)$$

$$t_B = \frac{1}{2\sqrt{\alpha\beta}} \ln\left(\frac{\sqrt{\beta}\,B_0 + \sqrt{\alpha}\,R_0}{\sqrt{\alpha}\,R_0 - \sqrt{\beta}\,B_0}\right) \quad (5.2-2)$$

여기에서,

t : 시간

B_o : Blue Force 의 $t=0$ 에서의 전투력

R_o : Red Force 의 $t=0$ 에서의 전투력

α : 단위시간당 Red Force 의 단위 전투력에 의한 Blue Force 의 손실량으로 일반적으로 손실률로 표현

β : 단위시간당 Blue Force 의 단위 전투력에 의한 Red Force 의 손실량으로 일반적으로 손실률로 표현

식 (5.2−1)과 (5.2−2)에서 보는 것과 같이 t_R, t_B는 오직 양측의 손실인수와 초기치의 함수로 표시된다. 그러므로 Lanchester Equation 은 전투에서 가장 근본적인 전술적 고려사항인 철수공간을 표현할 수 없다.

셋째, 수확체감 현상을 고려하고 있지 않다. Lanchester Square 전투모형에서는 교착상태란 양측의 손실률 인수와 전투력의 제곱을 곱했을 때 양측의 전투력이 동일할 때를 뜻한다. 즉, $\beta B_0^2 = \alpha R_0^2$인 경우이다. 그러나 이와 같은 사실은 1973 년도에 발생한 이스라엘의 Golan Height 에 있는 7 여단이 수적으로 5 배나 우수한 상대편과 교착상태에 빠졌다면 손실률 인수는 25 배로 계산되며 이는 현실적으로 불합리하여 Lanchester 모형의 타당성을 의심하는 계기가 된다.

Lanchester 방정식을 보면 그림 5.2.1 에서 보는 것과 같이 Blue Force 대 Red Force 의 한계비는 전투력비의 선형함수이다.

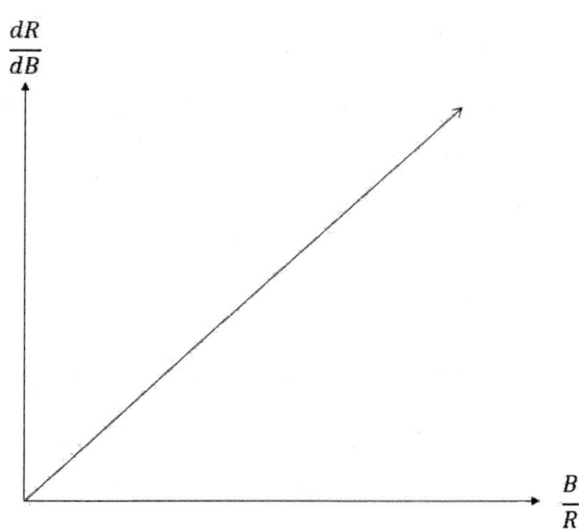

그림 5.2.1 Lanchester 방정식 Blue Force 대 Red Force 의 한계비와 전투력비

그러므로 손실교환율은 체감없이 전투력비가 증가할수록 전투력비에 일정 상수 비례로 증가한다. 그 결과는 교전부대의 동태적 상호작용에는 영향을 미치나 추후에 전선에 투입된 증원병력인 예비병력과는 상관이 없다. 한편, Linear Law 에서 양측과 Mixed Law 에서의 선형법칙을 만족하는 한측은 각각의 손실률 적용법칙이 달라져 불균형의 해를 쉽게 유도할 수 있다.

5.2.2 Epstein 모형

Epstein 모형을 설명하기 위해 먼저 다음과 같이 기호를 정의한다.

$A_g(t)$: t번째 일 시작 시 공자의 가용 지상 전투력

$\alpha_g(t)$: 공자의 일일 지상군 공격계획소모율, $0 \le \alpha_g(t) \le 1$

$\alpha(t)$: 근접항공지원 미포함된 공자의 일일 지상전 손실률

$\alpha_a(t)$: 근접항공지원 미포함된 공자의 일일 총 지상 전투력 손실률,

$0 \le \alpha_a(t) \le 1$

α_{aT}: 공자의 균형 손실률, 즉 공자가 성취하려는 값,

$0 \le \alpha_{aT} \le 1$

$D_g(t)$: t번째 날, 시작 시 방자의 가용 지상전투력

ρ: $\frac{\text{공격하는 측의 손실된 지상전투력}}{\text{방어하는 측의 손실된 지상전투력}}$ (평균 지상전 손실교환율)

$\alpha_{dT}(t)$: 방자의 균형 손실률 즉, 이동 한계치, $0 \le \alpha_{dT}(t) \le 1$

$\alpha_d(t)$: 근접항공지원 포함된 방자의 총 지상전 손실률, $0 \le \alpha_d(t) \le 1$

$W(t)$: 방자의 철수율, $Km/$일

$W_{\max}$: 방자의 최대 철수율

t: 일수 $t = 1,2,3,\ldots$

공자는 전투의 주도권을 가지고 있어서 전력의 소모율을, 공격중단 시는 0 의 값, 결정할 수 있다. 공자는 전략, 전술, 정책 등의 이유로 빠른 결전이 최선이라고 판단한다면 최대의 속도로 공격을 감행할 것이며 따라서 큰 손실도 감수하려고 할 것이다.

손실교환율을 통하여 방자에게 손실을 적용할 것이며 방자는 자기의 위치를 고수하여 공자의 손실교환율을 받아들이거나 아니면 일정한 속도로 후퇴함으로써 손실을

감소하려고 할 것이다. Epstein 모형은 이러한 전술적 상황뿐만 아이라 지상전에서의 동태적 이동묘사도 허용한다. 이러한 전선이동은 전통적인 방법에 의해서 생성되는 평탄한 곡선이라기보다는 실전의 전투양상인 전투개시와 중단을 반영하는 들쭉날쭉한 곡선을 형성한다.

Epstein 모형의 구성은 식 (5.2−3)과 같이 전개된다. 먼저 근접항공지원을 제외하고 전개시키면 t일에 있어서 공자의 지상전투력 $A_g(t)$는 $(t-1)$일의 지상전투력에서 일의 손실을 뺀 값이다. $\alpha(t-1)$을 $(t-1)$일의 공자의 손실률이라고 한다면 식 (5.2−3)과 같이 표시할 수 있다.

$$A_g(t) = A_g(t-1) - \alpha(t-1) \times A_g(t-1) \quad (5.2-3)$$

t일의 방자의 지상전투력 $D_g(t)$은 $(t-1)$일의 지상전투력에서 $(t-1)$일의 손실을 뺀 값이다. ρ를 공자의 손실 대 방자의 손실로 정의하면 방자의 손실은 공자의 손실에 $1/\rho$를 곱한 값과 같게 된다. 그러므로 t일의 방자의 전투력은 식 (5.2−4)와 같이 표시할 수 있다.

$$D_g(t) = D_g(t-1) - \frac{\alpha(t-1)}{\rho} A_g(t-1) \quad (5.2-4)$$

손실교환율 ρ 및 공자의 초기 $t=1$ 전투력이 주어졌을 때 공자의 시간종속적인 손실률 $\alpha(t)$만으로 방자의 전투력이 나타난다. 공자의 손실률은 공자의 공격계획소모율 $\alpha_g(t)$ 방자의 최대철수율 $W_{\max}$ 및 실제 철수율 $W(t)$에 의존한다고 가정하면 식 (5.2−5)를 설정할 수 있다. 여기에서 공격계획소모율은 공자가 자기의 의도대로 공격하기 위하여 감수해야 하는 계획된 소모율을 의미한다. 단, 조기 철수율은 0이다.

$$\alpha(t) = \alpha_g(t)\left(1 - \frac{W(t)}{W_{\max}}\right) \quad (5.2-5)$$

만약 방자가 철수하지 않는다면 철수율은 0이며 전투의 의도는 근본적으로 공자의 판단에 달려 있다. 그러나 방자가 철수함으로써 손실을 조정할 수 있으며 철수는 방자의 손실률이 이동한계치를 초과할 때부터 시작되는 것을 원칙으로 한다. t일의 방자의 손실률은 그날이 경과한 후 계산할 수 있기 때문에 t일의 방자의 손실률은 $(t-1)$일의 손실률의 함수이다. 방자의 철수율의 변동은 방자의 실제 손실률 $\alpha_d(t)$과 이동한계치 $\alpha_{dT}(t)$의 차이에 의존한다. 방자의 손실률이 1에 가까워질수록 방자의 철수율이 최대철수율에 근접되도록 식을 세우면 식 (5.2-6)과 같다.

$$W(t)=\begin{cases} W(t-1)+\left(\dfrac{W_{\max}-W(t-1)}{1-\alpha_{dT}(t)}\right)(\alpha_d(t-1)-\alpha_{dT}), & \alpha_d(t-1)>\alpha_{dT} \\ 0 & \alpha_d(t-1)\le\alpha_{dT} \end{cases} \quad (5.2-6)$$

$$where \quad \alpha_d(t)=\frac{\alpha_g(t)-\alpha_a(t+1)}{\alpha_a(t)}$$

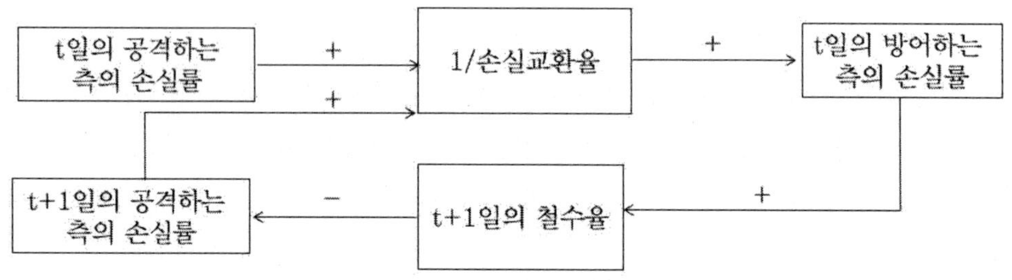

그림 5.2.2 방자의 행동양식

즉 방자의 손실은 손실교환율의 역을 이용하여 산출한다. 만약 이 값이 방자의 이동한계치를 초과하면 일 방자는 철수하게 되어 공자의 손실률을 감소시킨다. 방자는 철수율이 반영된 더 적응된 시스템이 되었는데 철수율은 손실조정용 자동제어장치로 작동된다. 그동안 방자 또한 적응하는데 공격계획소모율 $\alpha_g(t)$가 자동제어장치가 된다. 방자가 철수를 시작하는 한계치가 있는 것처럼 공자도 균형손실률 $\alpha_{aT}(t)$를 가지고 있다. $(t-1)$일에 공자의 총손실률 $\alpha_a(t)$가 균형손실률을 초과하면 공자의 전투속도를 조정하는 공격계획소모율을 감소시킨다. 만약 공자의 총손실률이 균형손실률보다 적으면 공자는 공격계획소모율을 올려서 공격을 증가시킨다.

한편 공자의 총손실률이 균형손실률에 접근한다면 공격계획소모율의 변화는 0에 접근한다. 따라서 다음과 같이 식 (5.2-7), (5.2-8)을 수립할 수 있다.

$$\alpha_g(t)=\alpha_g(t-1)-\left(\frac{\alpha_a(t)-\alpha_g(t-1)}{\alpha_a(t)}\right)(\alpha_a(t-1)-\alpha_a(t)) \quad (5.2-7)$$

$$\alpha_a(t) = \frac{A_g(t) - A_g(t+1)}{A_g(t)} \qquad (5.2-8)$$

양측은 상대방의 적응성에 따라 확대, 축소 및 역공 등의 대응으로 나타난다. 즉 교전 쌍방간에 균형을 찾아 상황적응을 해 가면서 교전하게 되는데 이것이 바로 동태적 작용이며 양측의 실제 이동과 실제 손실로 나타난다.

5.2.3 근접항공지원을 추가한 Epstein 모형

지상과 공중전투력을 망라한 총손실은 지상전 전투력에 의한 손실에 추가하여 근접항공지원에 의해서 발생한 손실을 더해 주는 것이 되며, 이때 근접항공지원 Sortie 율 및 Sortie 당 손실률이 적용된다. 즉 항공기 Sortie 당 전투력을 장갑전투차량의 전투력으로 환산하여 대입하는 것이다. 근접항공지원은 전투기가 모두 피격되거나 또는 한쪽의 지상전투력이 계산정지 점수 이하로 떨어질 때까지 진행된다. 계산정지 점수는 임의로 지정할 수 있다.

먼저 근접항공지원 전력을 포함하는 모형을 만들기 위해 다음과 같은 기호를 정의한다.

$D_a(t)$: 방자의 t번째일 시작 시 생존하는 근접항공지원 전투기 대수 (소요 대수)

α_{da} : 방자의 Sortie 당 근접항공지원 전투기 손실률, $0 \leq \alpha_{da} \leq 1$

S_d : 방자의 CAS 일일 Sortie 율

K_d : 방자의 CAS Sortie 당 공자의 손실된 장갑전투차량 (AFVs)

$A_a(t)$: 공자의 t번째 날 시작 시 생존하는 근접항공지원 전투기 대수

α_{aa} : 공자의 Sortie 당 근접항공지원 전투기 손실률, $0 \leq \alpha_{aa} \leq 1$

S_a : 공자의 근접항공지원 일일 Sortie 율

K_a : 공자의 근접항공지원 Sortie 당 방자의 손실된 장갑전투차량 (AFVs)

V : 사단급 장갑전투차량 효과지수

L : 사단급 부대효율지수

$ACAS(t)$: t번째 날 공자의 근접항공지원에 의해서 손실된 방자의 지상 전투력

$DCAS(t)$: t번째 날 방자의 근접항공지원에 의해서 손실된 공자의 지상 전투력

t일 경과 후 공자의 근접항공지원에 의하여 손실된 방자의 지상전투력 $ACAS(t)$와 방자의 근접항공지원에 의해 손실된 공자의 지상전투력 $DCAS(t)$는 각각 식 (5.2-9)와 (5.2-10)과 같다.

$$ACAS(t)=\frac{L}{V}A_a(1)(1-\alpha_{aa})^{S_a(t-1)}\left[K_a\sum_{i=1}^{S_a}(1-\alpha_{aa})^i\right] \quad (5.2-9)$$

$$DCAS(t)=\frac{L}{V}D_a(1)(1-\alpha_{aa})^{S_d(t-1)}\left[K_d\sum_{i=1}^{S_d}(1-\alpha_{da})^i\right] \quad (5.2-10)$$

5.2.4 Epstein 모형의 문제점과 보완

Epstein은 공방 양측의 손실교환율 ρ를 상수로 두고 있으나 실제전투에서는 손실교환율이 공방간의 전투력 크기 및 전투 구간, 전투준비태세 등에 따라 상이할 수 있다. 즉, 교전시간이 경과함에 따라 양측의 전투력비가 달라지며 또 어떤 전투구간은 다른 구간에 비해서 방어진지 구축이 잘 되어 있으므로 해서 방자의 손실률이 감소하는 경우가 있다. 또한 방자의 손실을 줄이기 위해서 철수를 하는 경우에는 방자와 공자 공히 손실률이 작아지지만 상대적으로 공자는 공격계획소모율을 증가시키기 때문에 공자의 손실률을 방자의 손실률로 나눈 손실교환율의 값이 커진다.

그러므로 ρ를 철수거리상 공간 및 방어진지 구축에 따라 조정할 수 있도록 전투지역전단으로부터의 이동거리 s의 함수로 식 (5.2-11)과 같은 손실교환율의 함수를 정한다. 즉 전투구간을 종심 10씩 구분하여 각 구간에서의 손실교환율의 함수로 설정한다.

$$\rho(s)=a-b_i\times\left(\frac{10-s(\text{mod }10)}{10}\right) \quad (5.2-11)$$

여기에서,

$i=1,2,\ldots\ldots,n$ 여기에서 n은 설정한 구간의 수

a : 최초 접적상에서의 손실교환율

b_i : i번째 구간의 진지강도, 즉 방어진지 상태에 다른 진지의 방호성을 나타내는 인수이며 진지 유형별 방자의 손실 인수로 정의 $0 \leq b \leq 1$

진지손실에 따른 인수를 준비된 방어진지를 0.5를 기준으로 하여 표 5.2.1과 같이 정의한다면 손실교환율은 요새화정도에 비례한다. 따라서 방자의 전투손실률은 요새화정도에 반비례한다는 전투손실 기준원리를 만족하고 있다는 사실을 알 수 있다.

표 5.2.1 진지별 손실 인수

구분	진지 유형별 손실 인수
요새화 진지	0.0
준비된 방어진지	0.5
급편 방어진지	1.0

요새화 진지란 시간, 인력, 물자가 가용할 때 영구적인 제반시설을 구축하여 편성한 진지를 말하며 준비된 진지란 적과 접촉이 없거나 또는 접적이 긴박하지 않아 진지편성에 상당한 시간이 가용할 때 편성하는 진지이며 급편진지는 적과 접촉 중이거나 접적이 긴박하여 진지편성을 위한 가용시간이 크게 제한될 때 편성하는 진지이다.

지금까지 설명한 논리를 전방에서 20km까지 준비된 진지로 되어 있을 때 이동거리의 변화에 따른 손실교환율의 변화를 통해 살펴보면 표5.2.2와 같다. 단 최초 접적선상에서의 손실교환율을 1.65라고 가정한다.

표 5.2.2 이동거리별 손실교환율

이동거리	손실교환율
12 km	1.25
15 km	1.40
18 km	1.55

다음으로 전투개시일에 방자가 철수해야 할 경우에 철수율(km/일)을 미리 결정해 주어야 하는데 Epstein 모형에서는 $W(1)=0$로 정함으로써 이의 결정 방법 제시가 없다. 철수는 전투력뿐만 아니라 지형, 방자의 부대유형 및 교전 유형에 따라 달라진다.

그러므로 이러한 모든 요소를 고려하여 과거 전투자료에서 얻어진 전진 또는 철수를 위한 한계전투력지수를 설정하여 초기철수율을 정한다. u를 공자의 초기 전투력 대 방자의 초기 전투력비율이라고 정의한다. u_A를 공자가 철수하는 시점의 전투력비, 즉 방자가 전진을 시작하는 시점에서의 전투력비율(전진 전투력비율)이라고 정의한다. 또, u_R을 방자가 철수하는 시점의 전투력비라고 하고 W_{max}를 최대철수율이라고 하면 초기철수율은 식 (5.2-12)와 같다.

$$W(1)=\begin{cases} \frac{W_{max}}{u_A}\left(\frac{u-u_A}{u+1.0}\right), & 0 \le u \langle u_A \\ 0, & u_A \le u \le u_R \\ W_{max}\left(\frac{u-u_R}{u+1.0}\right), & u_R \langle u \end{cases} \quad (5.2-12)$$

여기에서 u_A를 전진전투력비율, u_R을 철수전투력비율이라고 정의한다.

$W(1)$이 0보다 작아지는 경우는 방자의 초기 대응전투력이 우세하여 공자가 철수하는 모습이라고 할 수 있다. 여기에서는 $u_A = 0.7$, $u_R = 1.7$로 가정하여 모형의 분석한다. 입력요소를 표 5.2.3과 같이 결정하여 모형을 진행시켜 본다.

초기의 공자의 지상전투력 대 방자의 지상전투력 비율은 1.74로써 방자의 초기철수율은 0.3km이고 다음날 방자는 철수를 하지 않고 전투를 벌이지만 손실이 이동한계치 5%를 초과하기 때문에 그 이후 철수를 시작한다. 초기에 방자는 지상전투력이 약했지만 30일 이후부터는 공자의 지상전투력보다 우세하여 궁극적으로 방자의 승리로 끝난다. 30일째 방자는 철수를 중단하며 총전투지역전단 이동거리는 45.5km가 되었다.

표 5.2.3 모형 입력변수

변수	값	변수	값
$A_g(1)$	330,000	α_{da}	0.05
$\alpha_g(1)$	0.020	S_d	1.50
$D_g(1)$	190,000	K_d	0.50
ρ	1.65	$A_a(1)$	250
α_{dT}	0.050	α_{aa}	0.05
α_{aT}	0.075	K_a	0.25
W_{max}	20.00	S_a	1.00
$D_a(1)$	300	V	1,200
		L	47,490

양측의 행동양식을 보면 공자는 처음 25일 동안 꾸준히 공격계획소모율, $\alpha_g(t)$를 올려 손실률을 7.4%까지 증가시킨다. 반면 방자는 처음 25일 동안 철수율을 증가시켜

손실률은 4.971%까지 감소시킨다. 그러나 공자는 26 일 너무 과도한 공격을 감행하여 손실률이 거의 8.3%까지 올라가게 되며 이때부터 손실률은 균형손실률 이하로 낮추기 위하여 공격계획소모율을 감소시킨다. 방자는 27 일부터 29 일까지 약간의 철수를 시도한 뒤에 30 일부터는 전투의 안정된 속도를 찾는다.

공자는 다소 주저하면서 즉 2%의 계획소모율로 전투를 시작하며 방자가 공자만큼 손실을 감당할 능력이 없다는 사실을 인지하여 전투의 속도를 높인다. 그 결과 2 일째 방자의 손실은 5.579%까지 증가하여 방어의 이동한계치 5%를 초과하게 되어 3 일째 방자는 공격계획소모율을 계속 증가시키기 때문에 방자의 손실률 감소는 이루어지지 않으며 방자의 철수율은 계속 증가된다.

마침내, 25 일째 3.0km 의 철수율은 방자의 손실을 4.971%까지 감소시킨다. 방자의 계속되는 철수는 공자가 공격계획소모율을 증가시킴에도 불구하고 방자로 하여금 표적을 찾는데 혼란을 야기시켜 균형손실률 7.5%를 초과하게끔 한다. 한편 25 일째 방자의 3.0km 철수는 방자의 손실률을 균형손실률 즉 이동한계치보다 감소시켜 26 일째는 철수를 중단한다. 따라서 26 일 전투가 개시되면 공자는 25 일의 7.414%의 손실률을 산출한 공격계획소모율과 거의 같은 값을 가지고도 공자의 손실률은 8.32%가 된다.

즉 철수율에 따라 동일한 공격계획소모율의 값으로 매우 다른 손실률을 산출해 낸다. 그러나 8.32%는 공자의 균형손실률을 초과하기 때문에 공자는 전투가 끝날 때까지 공격계획소모율을 감소시킨다. 방자는 30 일째 균형을 찾지만 공자는 시도에도 불구하고 56 일째 전투가 끝날 때까지 형평에 도달하는 것은 실패한다. 여기에서 전투가 끝나는 시점의 설정은 전투력이 사단급 부대유효지수의 10%가 될 때까지로 한다. 주어진 입력자료 중 손실교환율 및 공자와 방자의 초기 지상전투력을 변화시켜 승자 및 전투지역전단의 이동거리를 알아보면 표 5.2.4 와 같다.

표 5.2.4 승자 및 전투지역전단의 이동거리

손실교환율	공자의 초기 지상 전투력	방자의 초기 지상 전투력	총 전투지역전단 이동거리(km)	승자
1.65	330,000	190,000	45.5	방자
1.65	330,000	200,000	13.1	방자
1.5	330,000	190,000	약 360.0	공자
1.5	330,000	200,000	76.6	방자

6장

동태적 군사력평가 방법론

6.1 워게임 모델 분류

워게임은 가상의 인원과 장비가 가상의 환경속에서 실시하는 군사시뮬레이션이다. 워게임은 활용목적과 형태 등에 따라 그림 6.1.1 과 같이 훈련용, 분석용, 획득용, 합동/전투실험용으로 분류할 수 있다.

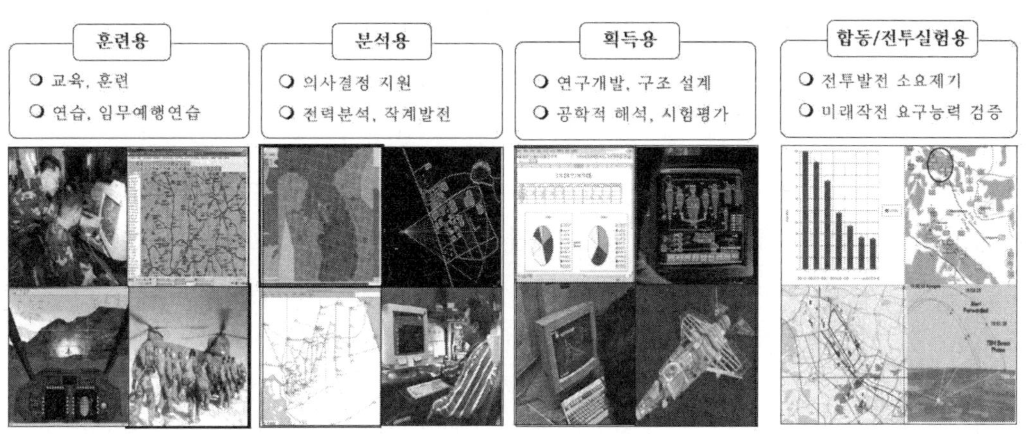

그림 6.1.1 워게임 용도

훈련용 워게임은 가상 전장환경을 구성하여 지휘관 및 참모를 훈련시키는 목적으로 실시하는데 사용된다. 훈련의 대상은 훈련대상 부대의 지휘관 및 참모이며 주로 연합부대 및 합동부대, 작전사, 사·군단을 대상으로 한다. 훈련부대의 모든 예하부대들이 참여하지 않기 때문에 예하부대가 대항군과 전투하는 상황은 워게임을 통해 묘사하고 대항군은 연습의 목표를 달성하기 위해 운용된다. 훈련대상 부대와 대항군을 통제하여 연습목표를 달성하도록 상황을 조정통제하는 훈련통제실이 있다. 훈련이 종료되고 난 이후 워게임에서 나온 결과로 훈련대상 부대의 지휘관 및 참모가 조치한 사항에 대해 교훈을 얻기 위한 사후검토를 실시한다.

분석용 워게임은 주로 작전계획을 발전시키거나 기존 작전계획을 검증하고, 국방개혁의 안을 검토하여 최적의 안을 도출하는 등 의사결정에 관련된 분석분야에 사용하는 모델이다. 분석용 워게임에는 피아간의 부대구조, 무기체계 수량 및 능력, 부대 이동 시나리오 등이 입력되어 전투조건이 갖추어지면 자동교전이 이루어지고 피해가 발생하며 전투종료 및 전투이탈과 같은 활동, 병력과 장비의 보충 및 증원 등이 이루어져 사전에 설정한 안에 대해 분석을 하는 기능이 있다.

획득용 워게임 모델은 주로 무기체계의 연구개발 시 주로 사용되는 공학적 수준의 모델들이다. 물론 무기체계의 필요성과 수량 결정 등을 하기 위해 분석용 워게임 모델을 획득용으로 사용하기도 하지만 무기체계 연구개발 시 부품 및 모듈, 체계의 공학적 해석을 위해 주로 사용된다.

합동/전투실험용 워게임은 미래 작전 요구능력을 검증하여 전투발전의 소요를 도출하기 위해서 사용된다. 전투발전 소요는 교리, 조직구조 및 편성, 교육·훈련, 군수, 인적자원, 시설 등이다. 합동/전투실험을 위한 워게임은 모든 제대급, 목적별 워게임을 망라하여 필요에 따라 조합하여 사용한다.

워게임 모델은 묘사 수준에 따라 그림 6.1.2 와 같이 전구(전역/전쟁/전장)급 모델, 임무급 모델, 교전급 모델 및 공학급 모델로 구분된다. 전구급 모델은 국가급 전쟁에 관한 모델로서 합동 및 연합 전투위주의 전장 상황을 대상으로 한다. 임무급 모델은 군단이나 사단급에 해당하는 모델로 무기체계 관점에서는 다 대 다(Many-to-Many) 전투를 묘사하며 교전급 모델은 연대, 대대 및 소부대 급의 모델로 주로 일 대 일(One-to-One) 전투가 일어난다. 교전급 모델은 특정 표적이나 적의 위협 무기체계에 대한 개별 무기체계의 효과도를 평가하는데 사용하는 모델로서 제한된 시나리오에 의한 일 대 일, 소수 대 소수 무기 체계간의 전투효과를 모의한다.

학술적 분류로는 이산사건 시스템 모델에 해당하며 Lanchester 방정식, Event Scheduling Approach, Activity-Scanning Approach, Process-Interaction Approach, DEVS(Discrete Even Systems Specification) 형식론 등으로 모델링할 수 있으며 전술 및 교전 교칙과 같은 군사학 또는 OR(Operations Research) 등의 분야 지식을 필요로 한다. 이러한 모델은 공학급 모델로부터 얻은 체계 성능을 이용하며 상위 수준 즉 임무급 모델에 생존율, 취약성, 치사율 등과 같은 체계효과도라 불리는 MOE(Measure of Effectiveness)를 제공한다.

공학급 모델은 공학분석을 위해 무기체계 및 하부 구성품의 공학적 특성을 분석할 때 사용되는 모델을 말한다. 공학급 모델은 무기체계 개발 시 체계의 성능이나 제원, 설계 검증 및 개발, 생산가능성 판단 등을 분석하거나 이들 요소사이의 Trade-off 분석 시 사용되는 국방 M&S 모델이다. 학술적 분류로는 연속 시스템 모델에 해당하며 미분방정식 등으로 모델링 할 수 있으며 물리나 전기, 전자, 기계 등과 같은 공학에 관련된 영역의 지식을 필요로 한다. 이러한 공학급 모델은 MOP(Measure Of Performance)라 불리는 성능 척도를 제공한다. MOP 의 예로는 레이더의 탐지 범위, 오차거리, 속도 등이 있다. 이러한 성능 매개변수는 체계개발 시 규격으로 사용된다.

이렇게 계층적으로 구성된 모델들은 사용 및 분석 목적에 따라 그 적용영역이 달라지는데, 큰 틀에서 보면 위협, 환경, 작전 및 전술, 기술 등이 주어진 상황에서 시스템의 임무, 운용, 규격 등에 대한 요구사항을 도출하는 논리로 적용될 수 있다. 먼저 하향식으로 적용할 경우, 전구급 모델을 이용하여 임무수준의 요구사항을 도출하고, 임무급 모델을 이용하여 체계수준의 요구사항을 도출하고, 교전급 모델을 이용하여 체계의 성능항목별 요구사항을 도출하게 된다. 도출된 성능목표를 바탕으로 체계개발이 진행되며, 체계성능의 타당성 검증은 역방향으로 성능, 체계 및 임무 능력을 예측하는 방식으로 이루어진다. 즉, 공학급 모델을 이용하여 달성 가능한 성능을 예측하고 그 결과를 교전급 모델에 입력하여 임의의 시나리오에서 체계의 운용효과, 즉, 체계능력을 예측한다. 이 결과를 임무급 모델의 입력으로 사용하고 임무달성도를 예측한다. 궁극적으로 이러한 반복과정을 통하여 요구되는 능력차이를 충족시킬 수 있는 대안을 식별하게 되는 것이다.

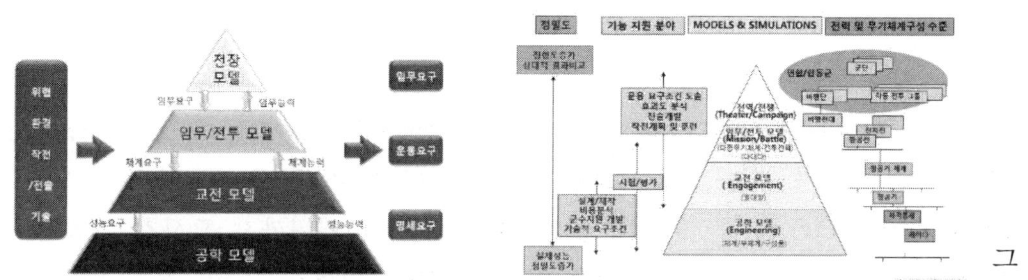

그림 6.1.2 워게임 모델 분류

워게임 모델을 특성별로 분류하면 그림 6.1.3 과 같이 결정적(Deterministic) 모델과 확률적(Stochastic) 모델 그리고 혼합형(Hybrid) 모델로 구분할 수 있다. 결정적 모델은 확률적 개념이 포함되지 않은 모델로서 동일한 입력자료에 대해서 동일한 결과가 항상 도출되는 모델이다.

이에 비해 확률적 모델은 확률개념이 모델 내 포함되어 동일한 자료를 입력하더라도 상이한 결과가 확률에 근거해 나올 수 있는 모델을 말한다. 혼합형 모델은 결정적 모델과 확률적 모델이 혼합되어 있는 모델로서 주모델은 결정적 모델이고 보조모델이 확률적 모델이어서 보조모델에서 나온 결과를 주모델의 입력자료로 사용하는 경우를 말한다. 이러한 모델로는 CEM(Concept Evaluation Model)이 있다. 대부분 훈련용 워게임 모델은 Constructive 시뮬레이션이 주를 이루고 전역 및 전쟁 모델로 분류할 수 있으며 확률적 모델이 대부분이다.

구분	유 형			기반 이론	
수리적 모델	시간변수의 포함여부	미포함	정적(static) 모델	연속시스템 모델링 이론	대수학
		포함	동적(dynamic) 모델		
	확률변수의 포함여부	미포함	결정적(deterministic) 모델		미분방정식
		포함	확률적(stochastic) 모델		
	상태변수 값의 성질	연속값	연속형(continuous) 모델		확률 이론
		이산값	이산형(discrete) 모델		
	상태변수의 묘사시점	연속시점	연속시간(continuous time) 모델		집합 이론
		이산시점	이산시간(discrete time) 모델	이산 시스템 모델링 이론	기타
논리적 모델	기능구조		DFD, ER, IDEF0, IDEF1x 모델 등		기능분해
	객체 상호작용		UML(Unified Modeling Language)		객체지향
물리적 모델	물리적 제작		프로토타입		
	컴퓨터 묘사		가상 프로토타입		

그림 6.1.3 워게임 모델 특성별 분류

워게임 모델은 해상도(Resolution)에 따라 High Resolution 모델과 Low Resolution 모델로 구분할 수 있다. 해상도는 현실 표현에 대한 상세도 혹은 정밀도이다. High Resolution 모델은 병사 개개인, 전차, 화포의 개체 단위까지 묘사가 가능한 상세모의 모델이고 Low Resolution 모델은 중대, 대대, 연대와 같이 부대단위로 모의하는 개략모의 모델이다. 상세모의는 자세한 모의와 결과를 알 수가 있으나 데이터베이스 구축과 컴퓨팅 자원소요가 너무 많이 소요되어 대부대 교전 모의에는 부적합하다. 일반적으로 대부대 교전 모의 시에는 개략모의 모델이 사용된다.

High Resolution 모델은 상세(Disaggregation) 모델로 Low Resolution 모델은 집약(Aggregation)으로 설명할 수 있는데 상세는 하나의 개체를 여러 개로 나누어서 구체적으로 표현하는 것이며 집약은 여러 가지 개체를 하나로 추상화해서 표현하는 것이다. 그림 6.1.4 와 같이 전차 소대(개체 1)는 4 개의 전차 반으로 상세화되고 4 개 전차 반은 16 개의 전차 단차로 상세화된다. 16 개 전차 단차는 144 개의 개체로 더 세분화된다. 집약은 그 반대 방향이다.

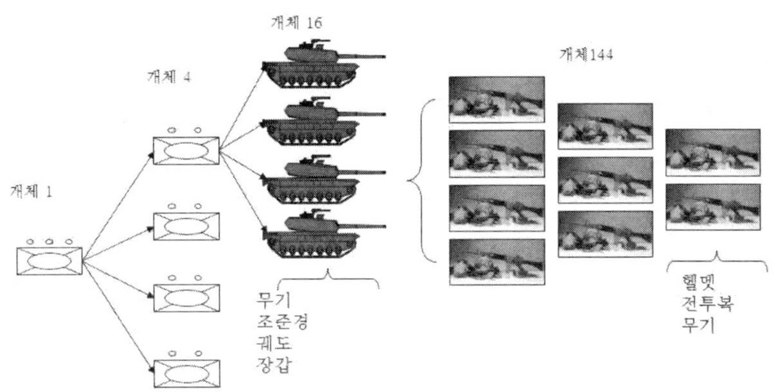

그림 6.1.4 집약과 상세

그림 6.1.5 에서 보는 것과 같이 워게임의 충실도(Fidelity)는 현실에 대한 표현의 정확도(Accuracy)이다. 일반적으로 Low Resolution 은 충실도가 낮고 High Resolution 은 충실도가 높다고 할 수 있으나 반드시 그러한 것은 아니다.

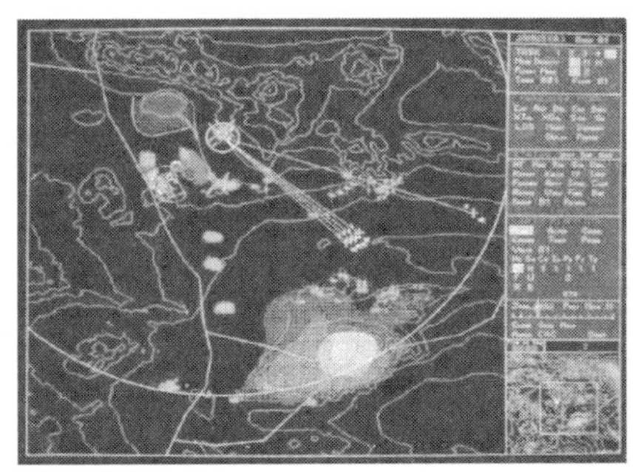

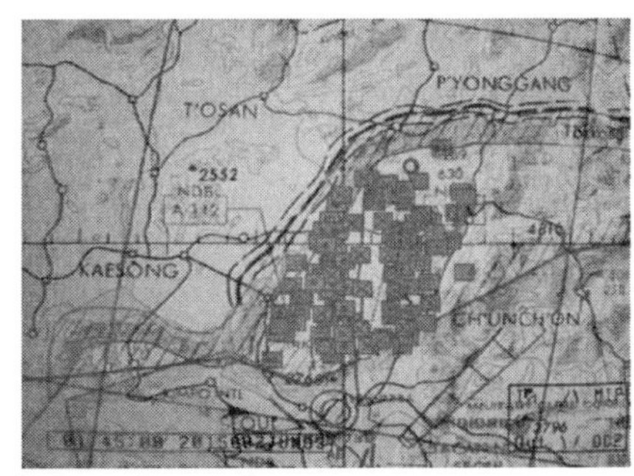

그림 6.1.5 상세 및 개략모의 모델

6.2 워게임 사후검토

워게임의 사후검토모델은 모의 결과 및 훈련진행상태를 수집·저장·분석할 수 있는 체계이다. 상황도를 이용하여 각 제대별, 시간별, 특정작전별 상황전시와 상황재연을 할 수 있고, 인원, 장비, 교전, 피해 등 전장기능별 현황조회와 분석, 지역별, 국면별 상황재연 그리고 디지털 지도를 이용하여 가시선, 거리측정, 기복도 등 지형분석 기능을 제공한다. 사후검토 모델은 전투모의에 의한 연습을 수행한 경험과 결과를 바탕으로 어떠한 현황이 연습간 필요할 것인가를 과학적이고 계량적으로 분석한 결과 요구사항이 나와 구현한 것이다.

사후검토 모델을 통해 연습간 진행된 모든 상황을 검토하여 교훈을 얻을 수 있고 사후검토를 원활히 진행할 수 있다. 지휘관이 어떤 국면에서 어떤 결심을 하였고 부대는 어떻게 기동했으며 적과 교전하여 어떤 피해가 발생했는지에 대해 데이터로 설명할 수 있다.

표 6.2.1 사후검토 모델 기능

주요 기능	세부 기능
상황전시	· 지도전시(벡터 지도, 래스터 지도) · 전시정보 선택 · 관심목록 · 지도 이동(부대명, 지명, 좌표) · 투명도 편집
상황재연	· 특정국면 상황재연 · 상황도 저장
현황조회 및 분석	· 정형화 자료 조회 · 엑셀 출력 · 그래프 전시
지형분석	· 가시선 분석 · 단면도 분석 · 거리 측정

상황재연 기능에서는 연습 전체 또는 특정기간에 대한 재연이 가능하다. 상황재연을 원하는 시간대를 입력하고 전시하기를 원하는 전투개체를 피아별, 부대별, 부대속성별로 구분하여 표시하면 이에 상응하는 상황재연용 로그파일이 생성되면 상황을 시간 진행속도를 조절하여 상황을 재연해 볼 수도 있고 순간화면을 캡쳐하여 저장할 수도 있다.

현황조회 및 분석기능에서는 현황 데이터에 대한 조회가 가능하고 엑셀 형태 파일로 전환하거나 다양한 그래프 형태로 현황을 확인할 수 있는 기능을 제공한다. 예를 들면 지휘통제 분야에서는 전투력 복원에 대한 현황통계를 볼 수 있고 정보분야에서는 정보와 전자전 자산현황과 종심표적 정보와 피해현황을 볼 수 있다. 기동분야에서는 전력현황을 세부적으로 제공해 주며 화력이나 방공, 전투근무지원분야에서 다양하게 데이터를 수집할 수 있다. 지형분야에서는 디지털 지도인 벡터지도를 활용하여 거리측정, 단면도 분석, 가시선 분석 등이 가능하다. 이러한 기능을 활용하여 기동부대의 기동이 적절한지, 장애물 설치의 적절성, 통신소 위치 설정의 적절성, 전투력변화 추이, 탄약 통제보급율 초과사용 분석 등을 분석할 수 있다.

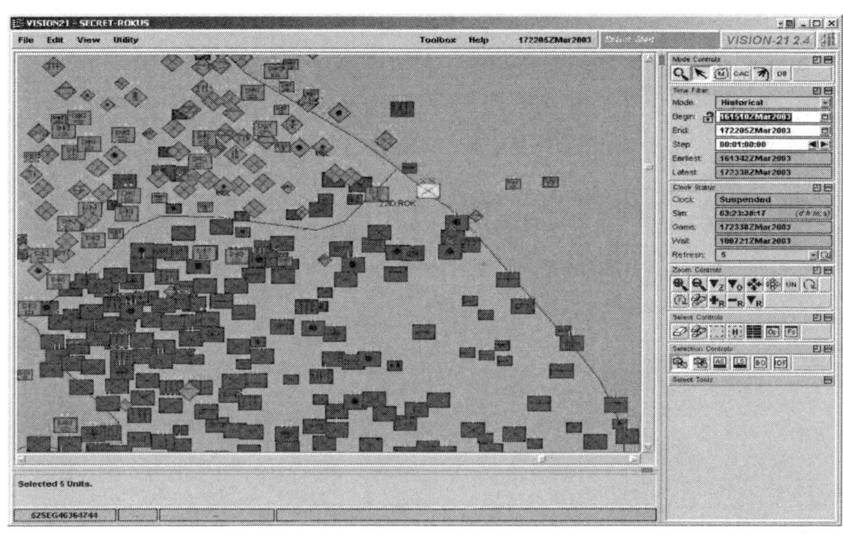

그림 6.2.1 미군 사후검토모델 '비전 21' 화면

그림 6.2.3 은 사후검토모델 KAARS 의 특정시점의 상황재연 기능을 표현한 것이다. KAARS 는 한국군 지상전 전투모델 '창조 21'의 사후검토모델로서 '창조 21'에서 발생한 모든 전투상황을 사후검토할 수 있는 모델이다. 특정시점의 상황재연은 투명도를 지도에 동시에 보일 수 있고 특정시점에 부대들의 위치와 현황을 볼 수 있다. 일정 시간 간격으로 저장해서 시간 경과로 보면 작전 진행경과를 볼 수 있다.

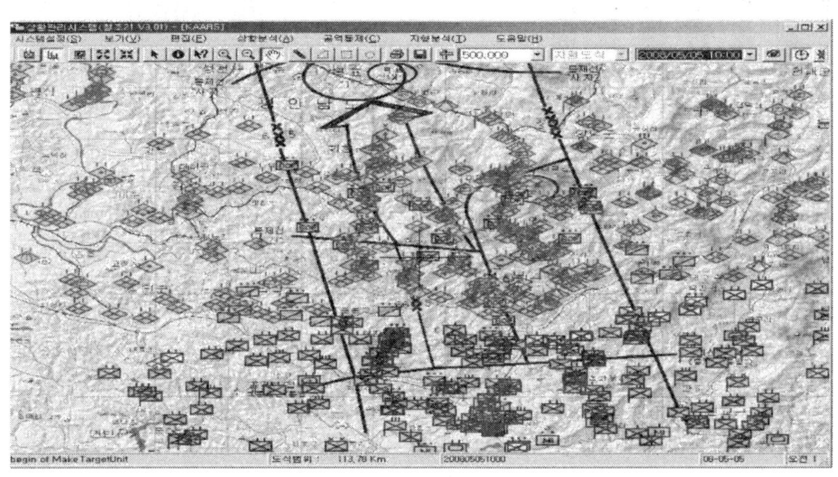

그림 6.2.3 사후검토모델 KAARS의 상황 재연 기능

그림 6.2.4는 전장기능별 주요상황 분석 기능 중 사격현황 분석을 나타낸 것이다. 어떤 부대가 어느 표적에 대해 사격을 실시했는지 도식화해서 볼 수 있다.

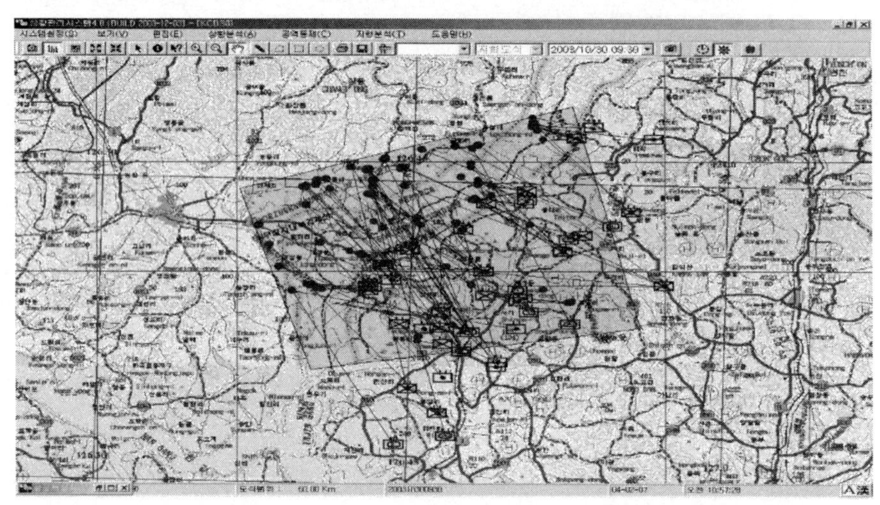

그림 6.2.4 사후검토모델 KAARS의 사격현황 분석 기능

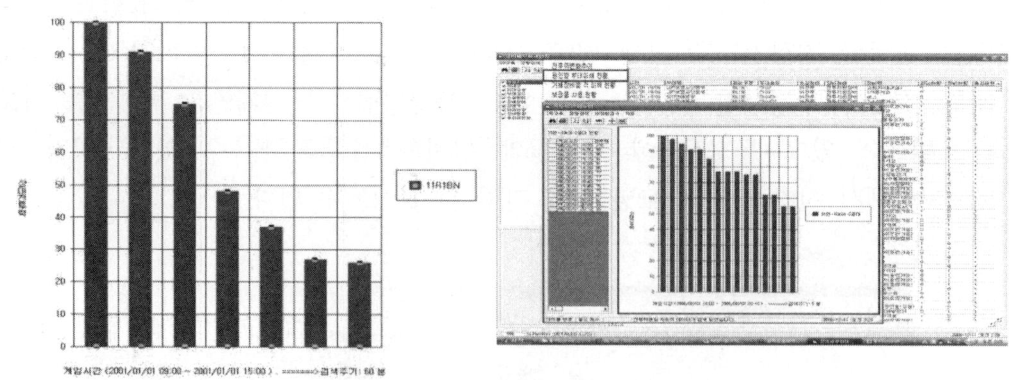

그림 6.2.5 사후검토모델 KAARS의 각종 통계기능

6.3 훈련용 워게임

훈련용 워게임의 하나의 특징은 분석용 워게임과는 다르게 훈련대상 부대와 대항군이 결정한 부대이동과 화력운용, 정찰활동 등을 명령을 워게임 모델에 입력하는 게임어가 있다는 점이다.

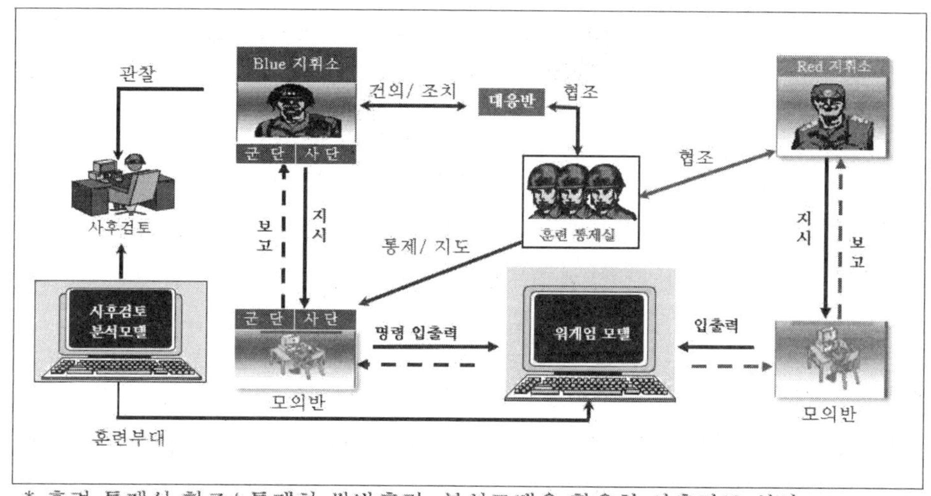

* 훈련 통제실 협조/ 통제하 쌍방훈련, 분석모델을 활용한 사후검토 실시

그림 6.3.1 워게임을 이용한 전투지휘훈련

전투지휘훈련 시 1개의 워게임 모델로 가상 전장상황을 구성할 수도 있으나 현재는 다수의 워게임 모델을 연동시켜 더 실전적인 가상 전장상황을 묘사하기도 한다. 육군의 경우 초기 전투지휘훈련에서는 창조 모델 단독으로 가상 전장상황을 구성하였으나 현재는 '창조21 모델', '전투근무지원 모델', '화랑 모델'을 연동하여 가상 전장상황을 구성하고 있다. 한미 연합연습 시에는 한국군과 미군의 지상전, 해상전, 공중전, 상륙작전, 전투근무지원, 정보 모델 등 20여개 모델들이 연동되어 더 실전적인 가상전장 상황을 구성한다. 그림 6.3.1에서 Blue Player는 훈련대상인 지휘관 및 참모들이다.

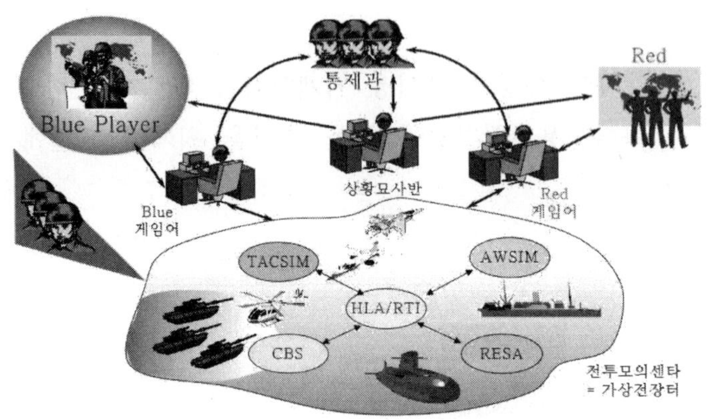

그림 6.3.2 다수 워게임 모델을 연동하여 가상전장상황을 묘사

6.4 분석용 워게임

분석용 워게임은 군사적 의사결정을 위해 사용하는 워게임이다. 따라서, 분석을 위해 피아 전투서열, 적 작전계획 판단(안), 아 작전계획, 전투시나리오, 피아 무기체계 등 가용한 모든 자료가 미리 준비되어야 한다. 결정적 모델은 동일한 입력자료에 대해 동일한 결과를 산출하고 확률적 모델은 동일한 입력자료에 대해서 서로 다른 결과를 산출하기 때문에 통계적 의미를 갖는 수만큼 반복적으로 모델을 운용하여 결과를 얻는다.

그림 6.4.1 은 분석용 워게임의 상황도를 나타내고 있는데 메뉴창과 부대 목록창, 모의엔진/상황도 정보창, 명령 단축 아이콘 등이 있다.

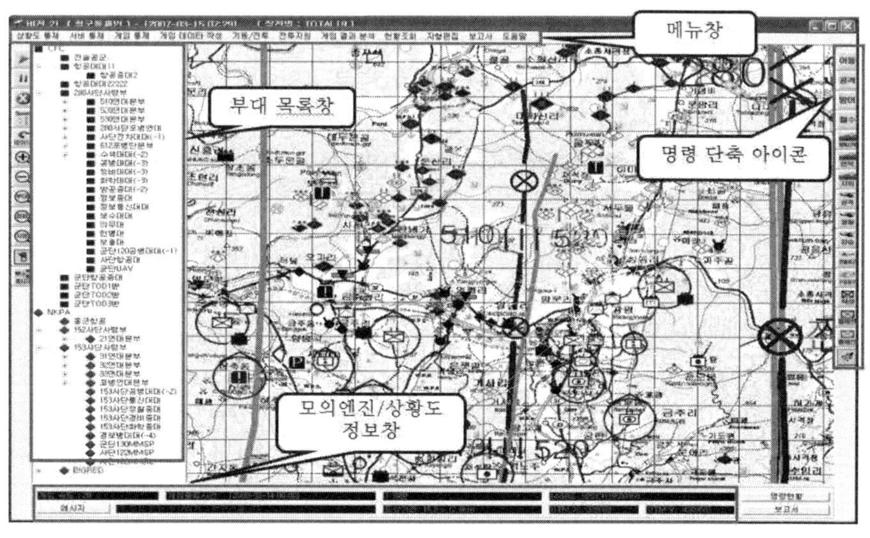

그림 6.4.1 분석용 워게임 모델 상황도 전시

분석용 워게임에서는 먼저 기초데이터를 구축해야 하는데 이 단계에서 각종 매개변수를 편집한다. 무기체계 특성, 모의변수 등 입력하고 확인 및 수정을 하는 단계이다. 그림 6.4.2 와 같이 직사화기와 곡사화기의 특성과 살상율, 탐지자산의 탐지율 등의 매개변수를 설정하는 단계이다.

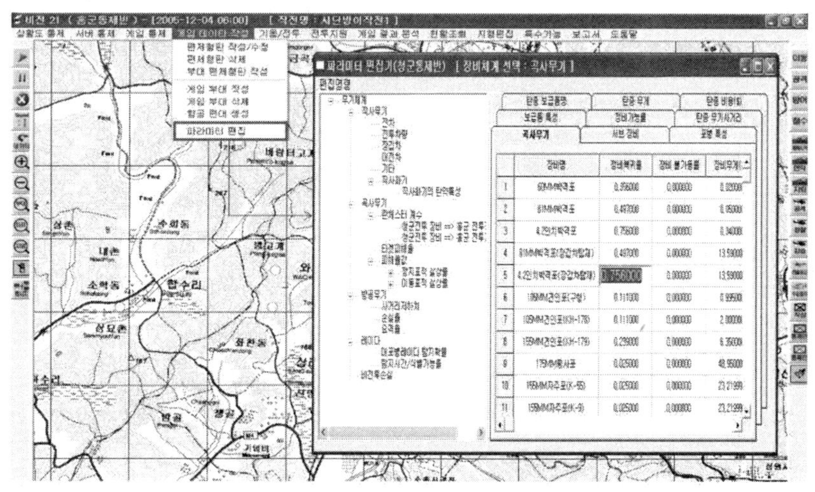

그림 6.4.2 워게임 기초 데이터 구축

다음으로 그림 6.4.3 과 같이 인원 및 장비의 편제형판을 사용하여 부대가 보유한 장비의 수량을 작성하고 부대유형 및 위치 등 게임을 하는 부대정보를 입력한다.

모의하는 부대수준으로 모든 장비 수량 및 구조를 편성해야 하기 때문에 상당한 시간이 소요된다.

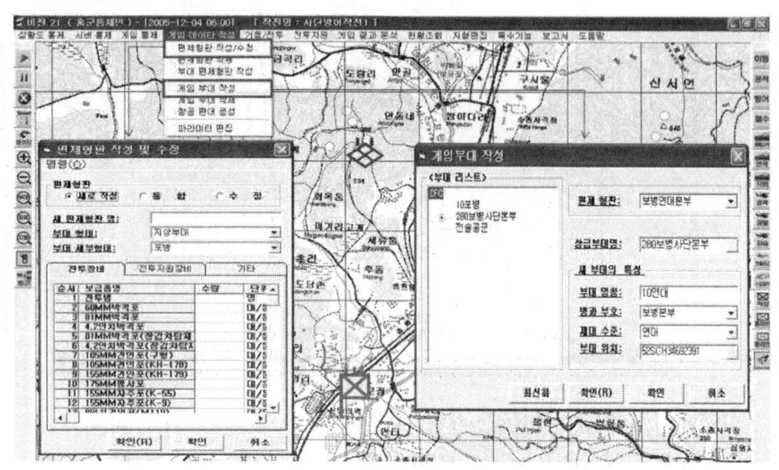

그림 6.4.3 인원 및 장비 현황 구축

다음은 시나리오를 작성하는 단계인데 그림 6.4.4 와 같이 이동할 부대를 지정하고 이동경로를 입력한다. 어느 부대가 언제 어느 경로를 따라 기동하고 작전을 수행하는지 입력한다. 지정된 경로를 따라 부대가 이동한다.

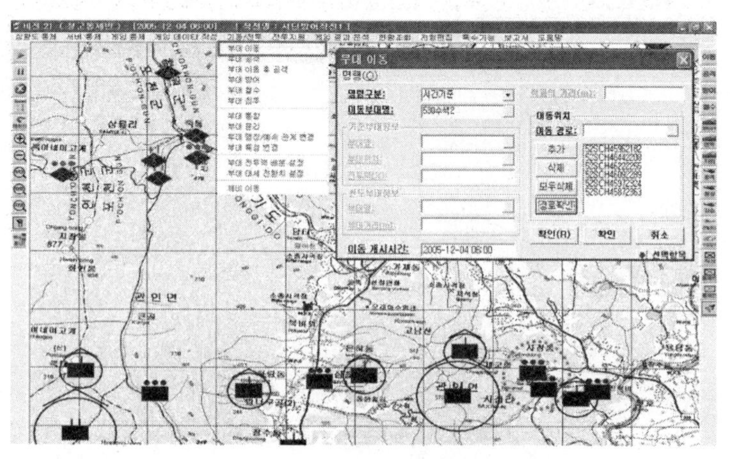

그림 6.4.4 분석 시나리오 구축

다음은 화력지원을 위해 그림 6.4.5 와 같이 사격임무, 관측부대, 표적위치 정보를 입력하고 전투근무지원을 위해 부대보급에 대한 정보를 입력한다.

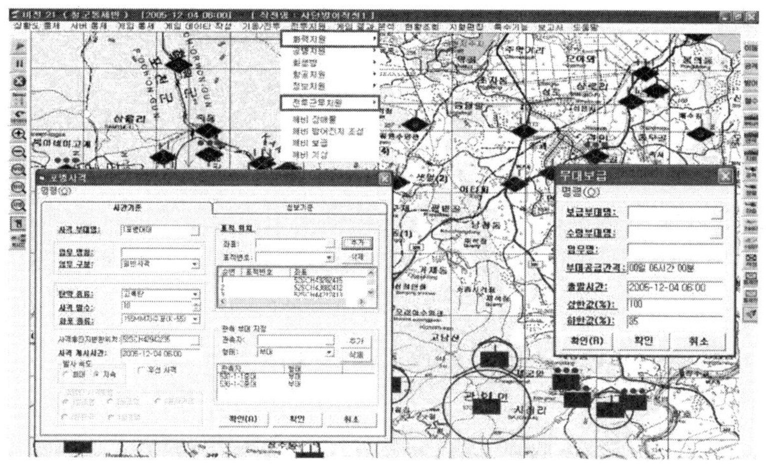

그림 6.4.5 화력지원 임무 정보입력

데이터 입력이 종료되면 모델을 운용하여 주요 전투경과를 확인하고 명령과 시나리오 오류를 찾아 수정한다. 모델 운용은 주로 'Run' 명령을 입력하여 모델 내에서 사전 구축된 모의 논리에 따라 전투가 실시된다. 현재 컴퓨팅 속도가 비약적으로 발전하여 이 단계에는 그렇게 많은 시간이 소요되지는 않는다. 각 부대는 보유한 병력과 장비와 작전계획에 의한 기동계획에 따라 이동하고 적을 찾고 교전하고 피해를 발생시키고 사전 계획된 부대에 의해 인원, 장비, 탄약, 유류를 보급받고 피해난 장비에 대해 정비를 실시한다.

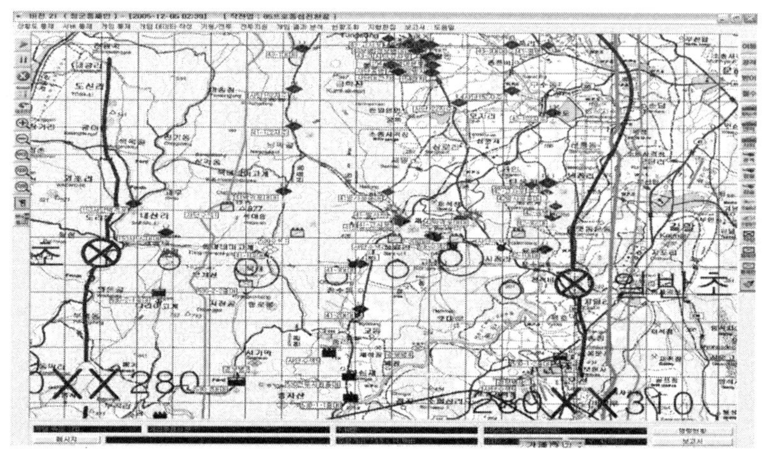

그림 6.4.6 전투모의 진행

마지막으로 사후검토를 하는 단계인데 전투력변화 추이, 원인별 부대피해 현황 등 모델에서 제공되는 정형화된 형태로 워게임 결과를 분석하기도 하고 포병피해현황, 근접전투피해현황, 장비보급 현황 등 비정형검색을 통해 분석한다. 최종적으로 부대전투력 현황, 병력·장비·포병사격 현황 등 종합현황으로 워게임 결과를 분석한다. 현재 개발된 대부분의 워게임은 비정형 데이터를 찾아 엑셀 형식으로 데이터를 받아 그래프와 같은 시각적 효과를 강화시키고 있다.

사후검토는 워게임의 가장 중요한 단계라고 할 수 있다. 사후검토를 통해 작전계획의 검증, 국방개혁의 문제점 식별, 부대개편의 타당성 확인 등을 할 수 있다. 여러 시나리오를 변경시켜 가면서 어떤 대안이 가장 좋은 대안인지 비교분석할 수 있다.

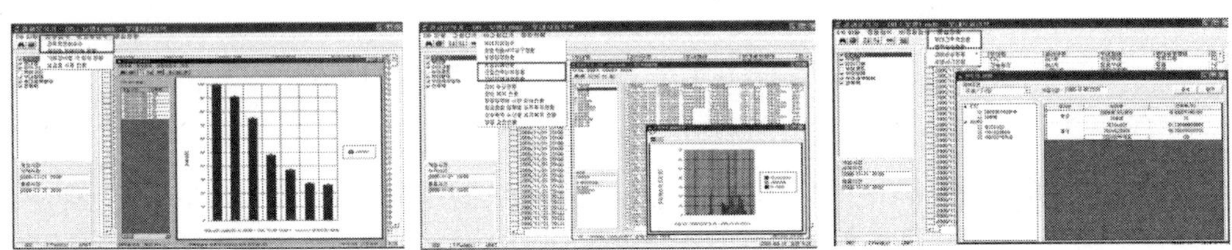

그림 6.4.7 사후검토 데이터 분석

6.5 군사력평가를 위한 전구급 워게임 모델

군사력평가를 위한 워게임은 주로 전구급 워게임 모델을 사용하여 비교 평가한다. 현재 우리 군에서 사용하고 있는 전구급 워게임 모델은 표 6.5.1 에서 보는 것과 같다.

표 6.5.1 전구급 워게임 종류

모델명	개요	주요기능(특성 및 모의범위)
JICM (미군 모델) / JOAM-K (한국군 모델)	전력평가 및 전구급 작전계획분석 등 합참 수준의 의사결정을 위한 지상전 중심의 3 군 합동분석모델	· 작전술 차원 전쟁묘사 · 결정형 전투평가 · 상황전력지수 또는 손실보정법 지상전 평가 · 네트워크 기동 묘사
ITEM	해상전 중심의 3 군 합동모델로 지상전, 공중전, 방공, 미사일전 등 분석 모델	· 대화형 게임 진행 · 무기체계별 상세묘사 기능 · Time Step 으로 설정으로 전투경과 분석에 용이
STORM	합동작전 상황하에서 공중전 중심의 항공작전에 대한 효과적인 전구급 분석모델	· 합동작전이 수행되는 전구급 전장에서 우주-항공전력 효과분석 · 다국적군 모의 · 이산사건, 확률적 모델링 방법론 적용
TACWAR	지상 및 공중 재래전투와 화학전을 모의할 수 있는 전구급 분석모델	· 여단급 이상 작전제대 · 결정형 전투평가논리 · 통합환경을 통하여 지상부대 전개, 지휘 및 통제, 공중전, 군수 및 화학전 관련 모의
EADSIM	임무급 방공 무기체계 및 전투기 효과분석으로부터 전구급 수준 공중작전 분석에 이르는 통합방공작전 분석	· 전단계 항공작전 묘사 · 모든 수준의 방공체계에 대한 분석, 평가 · C4ISR 체계 모의지원
DNS	단차로부터 군단규모의 작전계획분석, 사단 이하 제대에서의 C4ISR 효과분석	· 일반적인 사군단급 전투모의 · C4ISR 체계/자산 모의 · Agent 기능을 사용 사용자 개입 최소화
GORRAM	인원, 장비, 탄약, 유류 등 전시에 필요한 자원에 대한 산정 모델	· 제대별/작전기간별/작전형태별 소요 기준을 제시
OneSAF	개별무기에서 여단급 전투까지 모의 가능한 조립형 Computer Generated Forces	· 기존의 BBS, OTB/ModSAF, CCTT/AVCATT SAF, Janus, JCATS MOUT 를 대체하는 모델

전구급 분석모델은 지상전 평가를 위해 기존의 상황전력지수(SFS) 기법이나 잠재능력비교법 등에 추가하여 미 육군분석센터(CAA)에서 개발한 전투표본자료를 활용하는 손실보정법을 적용하고 있다. 전투표본자료는 임무/교전급 수준 모델인 COSAGE(Combat Sample Generator)를 통해서 생성되는데, 피아 무기체계를 사단 수준에 맞게 편제한 가상의 지상군 표본사단을 48 시간 동안 운용하여 무기체계별 교전결과인 '전투표본'을 제공한다. '전투표본'은 다양한 부대태세와 지형에 따라 개별적으로 산출하는데, 이를 종합하여 구축한 '전투표본자료'는 JICM, STORM, JOAM-K, GORRAM 등 전구급 분석모델의 지상전 평가를 위한 필수적인 기초자료이다. 또한 전투표본자료 구축을 위해 합동무기효과편람 자료가 COSAGE 의 입력자료로 활용되는 등 계층적 모델체계가 상호 연관되어 운용된다.

전구작전 분석을 위해서는 지상, 해상, 공중 등 합동작전이 모의되어야 하며 이와 관련한 전구급 분석모델의 입력자료 활용 체계는 그림 6.5.1 과 같다. 첫째, Blue Force 와 Red Force 지상군, 해군, 공군의 전투서열이 필요하며 이를 통해 부대 배비 및 무기체계 종류별 수량을 구성한다. 둘째, 작전계획을 통해 부대기동, 임무 설정 및 수행, 전투그룹 편성 등을 입력한다. 이때 사용되는 작전계획은 주로 유엔사/연합사 작전계획, 공군 작전사령부 Pre-ATO 및 Daily-ATO, 해군 작전사령부의 작전계획 등이다. 셋째, 전투서열에 명시된 해·공군 및 전략무기의 효과를 입력하는 데 항공무장 살상확률, 대함무장 살상확률, 지대지미사일·장사정포·화학탄 살상확률, 방공무장 살상확률 등이 요구된다. 넷째, 지상군 무기효과를 입력하기 위해서는 여러 단계를 거치는데 우선 합동무기효과편람의 직사화기 단발살상률, 곡사화기 살상면적, 곡사화기 투발정확도를 전투표본생성모델에 입력해서 운용한다. 다음 단계로 생산된 전투태세, 전투지형, 작전단계, 전투유형, C4ISR 수준 등 5 개 요인 조합별 다양한 전투표본자료가 전구급 분석모델에 입력되어 지상군 무기효과(Killer-Victim Scoreboard)를 도출한다.

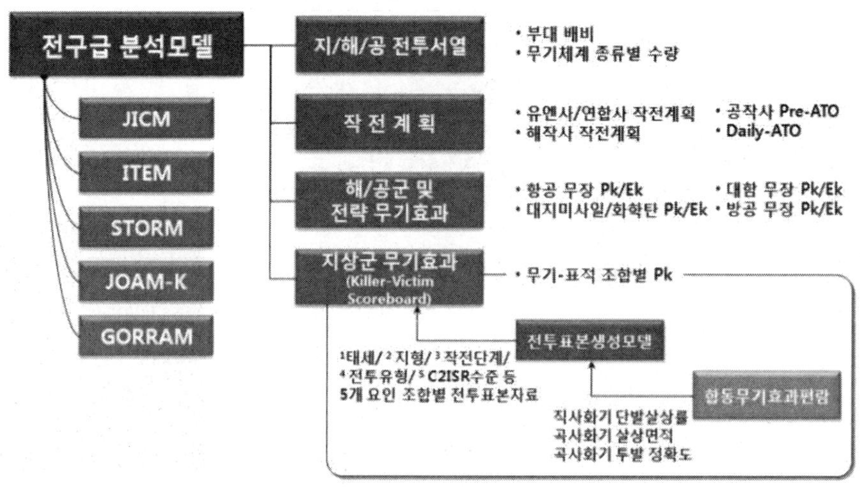

그림 6.5.1 전구급 분석모델 입력자료 활용 체계

COSAGE는 여타 다른 분석모델들과 달리, 타 모델의 입력자료를 생성하는 것을 주요 목적으로 설계된 모델이다. 따라서 순수 결과를 도출하는 것 자체에만 초점이 맞추어져 있어, 모델 운용방법이 매우 단순하다. COSAGE 의 입력자료 구축을 위해서 전장, 부대·장비, 지휘·통제·정보, 기타 등 4 개 분야 17 종의 모의논리를 분석하고 탄약, 부대, 장비 및 화기, 탐지자산, 모의환경 등 5 개 분야에 38 종을 구축해야 한다. 이를 바탕으로 1 개 유형의 전투표본자료 구축을 위해 최소한 30 회의 반복실행한 결과를 도출한다. 이는 COSAGE 가 확률적인 모의논리를 가지고 있기에 30 회 정도의 반복실행한 결과를 평균함으로써 현실적으로 수용가능한 결과물을 얻을 수 있다고 판단하기 때문이다.

결과 확인 및 분석은 전투표본 산출 전투표본자료의 내용은 개별 무기체계 간의 교전 결과로서, 어떤 무기체계가 어떤 표적에 대하여 어떤 탄약을 몇 발 사격하여 몇 기를 살상하였는지를 담고 있다. 전투표본의 레코드는 C 레코드(전투표본 식별코드 설명), B 레코드(전투 횟수), I 레코드(무기체계 초기 보유수량), D 레코드(직사화기 교전결과), S 레코드(곡사화기 화포 및 탄약별 사격량), K 레코드(곡사화기 사격결과), P 레코드(곡사화기 탄약의 추진장약), F 레코드(곡사화기 탄약의 신관), T 레코드(전술항공기 Sortie) 등 총 9 개 유형으로 분류된다. 이 레코드들을 결과분석 척도 및 사후분석 도구를 활용하여 확인하고 분석한다.

여러 제대에서 사용하는 워게임의 전시화면은 그림 6.5.2 에서 보는 것과 같다.

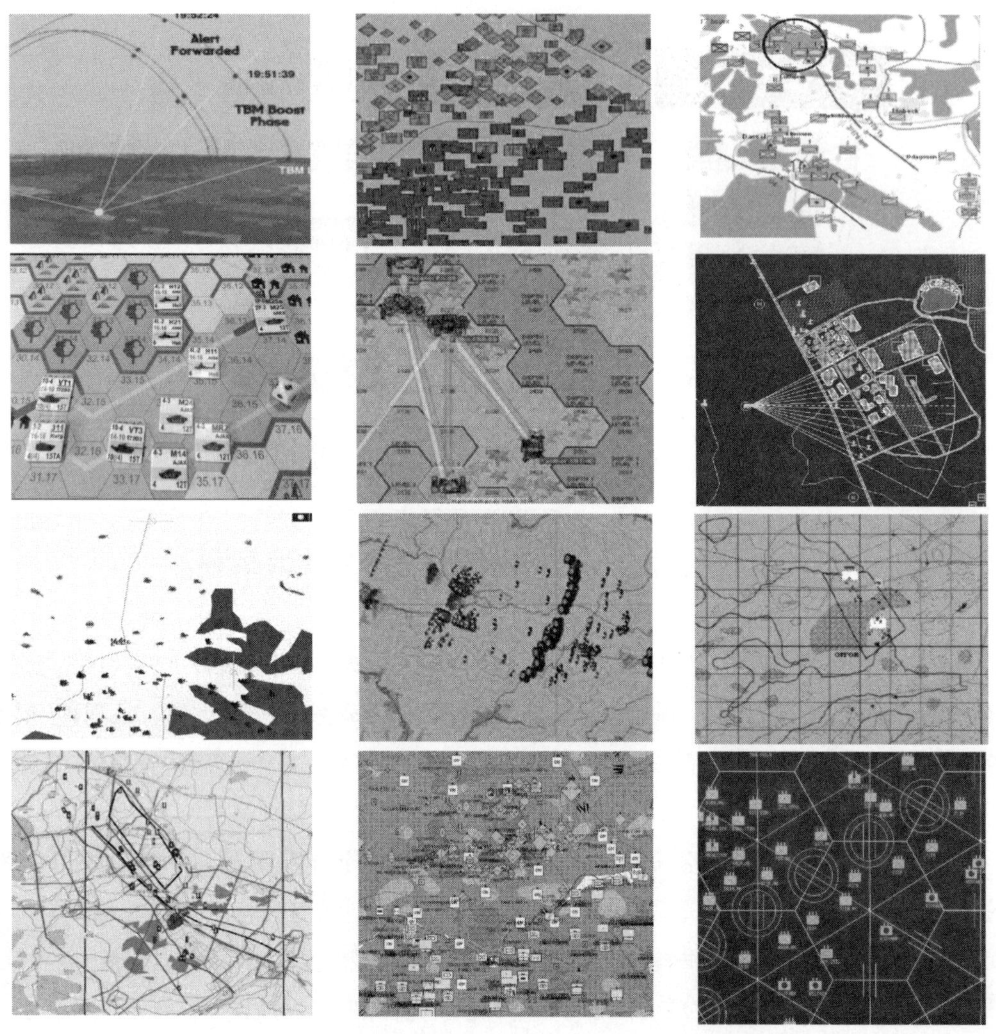

그림 6.5.2 여러 가지 워게임 전시화면

6.6 Lanchester Combat Model

워게임에서 부대단위로 전투를 묘사할 때 모의논리로 사용하는 것이 Lanchester 모델이다. 1914 년 영국의 항공공학자인 Frederick W. Lanchester(1868~1946)는 1 차 세계대전의 공중전 결과를 분석하여 Lanchester 법칙을 발표하였다. Lanchester 는 과학자, 발명가, 항공이론가이며 항공기 엔진 설계에 참여했으므로 특별히 공중전의 결과를 예측하는데 관심이 많았다. 1914 년 1 차 세계대전 이전에 공학저널에 공중전에 관련된 몇 편의 논문을 발표하였다. 1916 년에는 이러한 논문을 모아 'Aircraft in

Warfare: the Dawn of the Fourth Arm'이라는 제목으로 책으로 발간하기도 했다. 이 책에는 Lanchester Square Law라고 알려진 미분방정식을 묘사한 부분이 포함되어 있다.

Lanchester의 관심은 피아 생존율과 손실에 관한 것이었다. 공중전 사례를 분석하던 Lanchester는 아주 특이한 사실 하나를 발견했는데 잔여 생존 전력의 문제였다. Dover 해협을 사이에 두고 영국군 전투기와 독일군 전투기 사이의 공중전에서 상식에 어긋나는 전투결과를 보고 그는 새로운 직관에 눈을 떴다. 예를 들어 같은 성능을 가진 영국군 전투기 10대와 독일군 전투기 8대가 끝까지 전투를 한다면 상식적으로는 영국군 전투기 2대가 생존해야 한다고 생각된다. 그러나 1차 세계대전의 공중전 결과는 더 많은 영국군 전투기가 생존했다. 처음에는 조종사 개개인의 능력이나 전투기량의 결과가 아닐까 하는 생각을 하기도 했으나 그렇게 단정하기는 너무 많은 사례들이 상식의 밖에 있었다. 수학과 확률이론에 해박했던 Lanchester는 새로운 직관을 동원하여 그의 이론을 펼치기 시작했다.

Lanchester는 1차 세계대전 공중전에서 그의 전투모형 직관력을 얻었다. Lanchester가 주장한 Square Law에서는 현대전의 장거리를 운용하는 무기는 전투의 본질을 극적으로 변화시킬 수 있는 능력이 있다고 제시하였다. Lanchester 법칙은 전투에 대한 해석뿐만 아니라 1960년대 경영학의 주요 원리로 부각되어 한정된 자본을 어디에 투자하여 경쟁사보다 효율적인 수익을 창출할 것인가? 라는 문제에 적용되었다.

Lanchester 법칙의 한계는 실제 전투에서 중요시되는 지형, 기상, 전술, 전략, 지휘관 의도, 사기, 군기, 정신력 등은 묘사되지 않는다. 그러나 전투력을 평가하고 전투결과를 과학적으로 분석하는 데는 아주 우수한 직관력과 영감을 줄 수 있는 유용한 수단이며 무형의 요소들도 Lanchester 법칙에 포함하고자 하는 노력들이 진행되고 있다.

Lanchester 모형은 Homogeneous 모형과 Heterogeneous 모형으로 구분한다. 두 모형 모두 손실률, 소모율, 피해율, 전투효율 등을 기본으로 한다. Homogenous 모형은 부대의 전투력을 단일 Scalar로 표현한다. 교전하는 부대들이 같은 무기효과를 가지고 있다고 간주한다. 반면 Heterogeneous 모형은 손실률은 무기와 표적 형태, 그리고 다른 변동 요인들로 평가된다.

전투는 적을 탐지하고 식별하여 표적을 타격하는 것을 결심하고 부대를 이동시키거나 화력으로 표적을 공격한다. 이러한 일련의 절차의 가운데 표적획득과 교전결심, 표적 선정을 한 다음, 공격하고 피해평가를 한 다음 표적을 적절한 수준에서 파괴하였으면 공격을 종결하고 추가적 타격이 필요 시 다시 재타격하는 절차를 반복함으로써 소모와 피해가 발생하게 된다.

Lanchester 법칙을 수학적으로 모델링하기 위해 다음과 같은 기호를 정의하자.

B : Blue Force 의 전투력

R : Red Force 의 전투력

$\frac{dB}{dt}$: 단위시간당 Blue Force 의 전투력 손실량

$\frac{dR}{dt}$: 단위시간당 Red Force 의 전투력 손실량

α : 단위시간당 Red Force 의 단위 전투력에 의한 Blue Force 의 손실량으로 일반적으로 손실률로 표현

β : 단위시간당 Blue Force 의 단위 전투력에 의한 Red Force 의 손실량으로 일반적으로 손실률로 표현

t : 단위시간

6.6.1 Lanchester Square Law

Lanchester Square 법칙은 Lanchester Power 법칙이라고도 불리는데 전투력의 집중 효과를 설명하는 법칙으로 해석된다. Lanchester Square 법칙은 직사화기 교전사항을 묘사한다. 피아 전투부대가 화기의 사정거리에 위치하고 상대방의 위치와 사격 후 표적의 생존여부 관측이 가능하며 표적이 무력화되면 다른 생존 표적으로 전환하여 사격하는 것으로 가정한다.

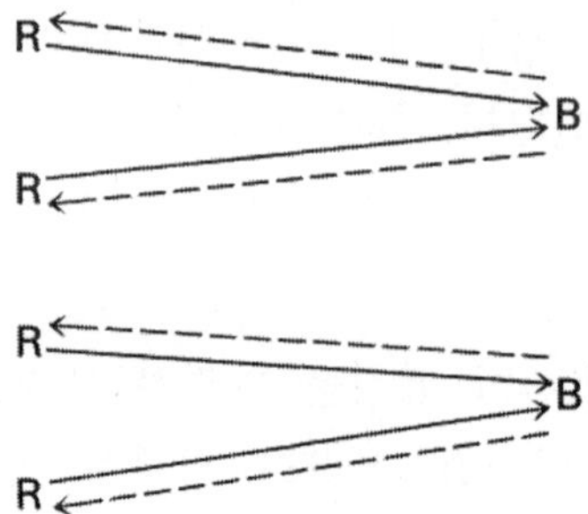

그림 6.6.1 Square Law에서의 화력집중 개념

그림 6.6.1 과 같이 Red Force 는 2 개의 Blue Force 에 대해 사격을 집중할 수 있다. 이 의미는 Red Force 들은 같은 Blue Force 표적에 사격을 할 수 있다. 현대전에서

사용하는 총포류, 화포류, 항공기 등이 화력의 집중 및 분배가 용이하다는 것을 나타내고 있다.

Square Law의 점사격과 지역사격에 대해 다음과 같이 해석할 수 있다.

○ 점사격: 표적이 충분히 많거나 공격하는 전투원이 일정한 비율로 표적의 정확한 위치 확인이 아주 쉽다.
○ 지역사격: 공격하는 각 전투원이 단위시간 동안 특정 지역 내의 모든 표적과 교전한다. 표적은 일정한 밀도를 유지하는 지역에 분산되어 있어서 표적 수를 감소시키는 것이 확보하고 있는 지역을 감소시킨다.

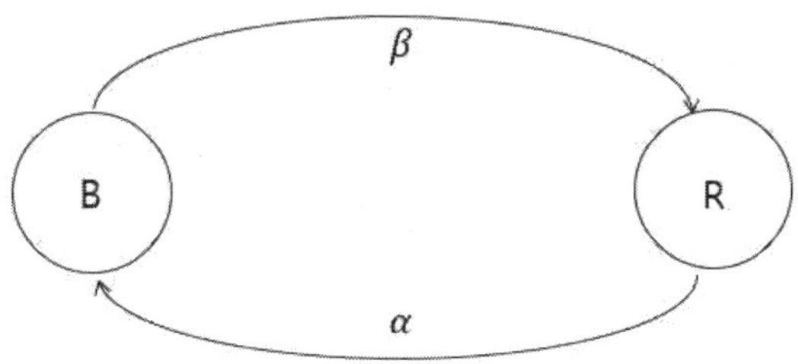

그림 6.6.2 Lanchester Square Law Concept Diagram

일반적으로 손실률은 소모율, 살상률, 전투효율과 같은 의미로 사용된다. 실제 이 매개변수는 무기체계, 병력, 훈련수준, 전투근무지원, 지형, 기상, 지휘통솔력, 사기, 군기 등 제 요소가 입력변수가 되는 함수이다. 그러나 여기에서는 단순히 이를 종합하여 결정된 매개변수로 가정한다. 그러면 식 (6.6−1), (6.6−2)를 수립할 수 있다.

$$\frac{dB}{dt} = -\alpha R \qquad (6.6-1)$$

$$\frac{dR}{dt} = -\beta B \qquad (6.6-2)$$

식 (6.6−1), (6.6−2)은 Blue Force 전투력의 시간당 감소량은 Red Force의 규모와 단위시간당 Red Force의 단위 전투력에 의한 Blue Force의 손실률의 곱에 비례한다는 것을 나타내고 있다. 반대로 Red Force 전투력의 시간당 감소량은 Blue Force의 규모와 단위시간당 Blue Force의 단위 전투력에 의한 Red Force의 손실률의 곱에 비례한다는 것을 의미한다.

식 (6.6−1), (6.6−2)의 양변을 나누면 아래와 같다.

$$\frac{\frac{dB}{dt}}{\frac{dR}{dt}}=\frac{-\alpha R}{-\beta B} \quad \rightarrow \quad \frac{dB}{dR}=\frac{\alpha R}{\beta B}$$

양변을 시간에 대해 적분하면 아래와 같다.

$$\int_{B_0}^{B}\beta B dB=\int_{R_0}^{R}\alpha R dR$$

여기에서 B_0, R_0는 각각 최초 시점의 Blue Force와 Red Force의 전투력이며 B, R은 특정 t시점의 Blue Force와 Red Force의 전투력이다. 위 식을 풀어 보면 식 (6.6−3)과 같은 Square 형태의 수식이 성립한다. 따라서 이러한 전투모형을 Lanchester Square 법칙이라고 한다.

$$\beta\left(B_0^2-B^2\right)=\alpha\left(R_0^2-R^2\right) \qquad (6.6-3)$$

6.6.1.1 어느 측이 승리할 것인가?

Blue Force가 최종적으로 승리하려면 최종적으로 $R=0$이 되어야 한다. 식 $\frac{\alpha}{\beta}=\frac{\left(B_0^2-B^2\right)}{\left(R_0^2-0\right)}$을 전개하면 $\frac{\alpha}{\beta}=\frac{\left(B_0^2-B^2\right)}{\left(R_0^2-0\right)}$이 되고 $\frac{B_0}{R_0}>\sqrt{\frac{\alpha}{\beta}}$ 조건이 나온다.

$$\alpha R_0^2=\beta\left(B_0^2-B^2\right)$$

$$\beta B_0^2- \alpha R_0^2=\beta B^2$$

$$B^2>0 \rightarrow B_0^2-(\alpha/\beta)R_0^2>0$$

$$\frac{B_0}{R_0}>\sqrt{\frac{\alpha}{\beta}}$$

이때 Blue Force의 잔존 전투력 B_e는 다음과 같다.

$$B_e^2 = B_0^2 - \frac{\alpha}{\beta} R_0^2$$

양측의 승패의 원인은 초기 전투력 비율과 상대적 손실률에 의해 결정된다는 것을 알 수 있다. 동일한 방법으로 Red Force가 최종적으로 승리하려면 최종적으로 $B=0$이 되어야 하므로 $\frac{B_0}{R_0} < \sqrt{\frac{\alpha}{\beta}}$ 조건이 나온다. 이때 Red Force의 잔존 전투력 R_e은 다음과 같다.

$$R_e^2 = R_0^2 - \frac{\beta}{\alpha} B_0^2$$

6.6.1.2 t시점에서 전투력 수준은?

Lanchester Square 법칙의 방정식은 식 (6.6-4)와 같다.

$$\beta\left(B_0^2 - B^2\right) = \alpha\left(R_0^2 - R^2\right) \quad (6.6-4)$$

식 (6.6-4)를 다시 정리하면 다음과 같다.

$$B = \sqrt{B_0^2 - \frac{\alpha}{\beta}\left(R_0^2 - R^2\right)}$$

위 식을 $\frac{dR}{dt} = -\beta B$에 대입한다.

$$\frac{dR}{dt} = -\beta\sqrt{B_0^2 - \frac{\alpha}{\beta}\left(R_0^2 - R^2\right)} = -\sqrt{\alpha\beta}\ \sqrt{\left(\frac{\beta}{\alpha}\right)B_0^2 - \left(R_0^2 - R^2\right)}$$

$$\int_R^{R_0} \frac{dR}{\sqrt{R^2 + \left(\frac{\beta}{\alpha}\right)B_0^2 - R_0^2}} = \int_0^t -\sqrt{\alpha\beta}\,dt$$

위 적분을 풀기 위해 다음과 같은 부정적분 공식을 이용한다.

$$\int \frac{dx}{\sqrt{x^2+y^2}} = \ln\left(x+\sqrt{x^2+y^2}\right)+C$$

$x^2 = R^2,\ y^2 = \left(\frac{\beta}{\alpha}\right)B_0^2 - R_0^2$로 놓으면 다음과 같이 풀 수 있다.

$$\ln\left(R+\sqrt{R^2+\left(\frac{\beta}{\alpha}\right)B_0^2-R_0^2}\right)-\ln\left(R_0+\sqrt{\left(\frac{\beta}{\alpha}\right)B_0^2}\right) = -\sqrt{\alpha\beta}$$

$$\frac{\left(R+\sqrt{R^2+\left(\frac{\beta}{\alpha}\right)B_0^2-R_0^2}\right)}{\left(R_0+\sqrt{\left(\frac{\beta}{\alpha}\right)B_0^2}\right)} = e^{-\sqrt{\alpha\beta}\,t}$$

$$\left(\sqrt{R^2+\left(\frac{\beta}{\alpha}\right)B_0^2-R_0^2}\right)=\left(R_0+\sqrt{\left(\frac{\beta}{\alpha}\right)B_0^2}\right)e^{-\sqrt{\alpha\beta}\,t}-R$$

양변을 제곱하고 R로 정리하면 다음과 같다.

$$R^2+\left(\frac{\beta}{\alpha}\right)B_0^2-R_0^2=\left(R_0+\sqrt{\left(\frac{\beta}{\alpha}\right)B_0^2}\right)^2 e^{-2\sqrt{\alpha\beta}\,t}+R^2-2R\left(R_0+\sqrt{\left(\frac{\beta}{\alpha}\right)B_0^2}\right)e^{-\sqrt{\alpha\beta}\,t}$$

$$R=\frac{1}{2}\left\{\left(R_0+\frac{\beta}{\alpha}B_0\right)e^{-\sqrt{\alpha\beta}\,t}+\frac{\left(R_0^2-\frac{\beta}{\alpha}B_0^2\right)e^{\sqrt{\alpha\beta}\,t}}{R_0+\sqrt{\frac{\beta}{\alpha}}B_0}\right\}$$

$$= \frac{1}{2}\left\{\left(R_0 + \frac{\beta}{\alpha}B_0\right)e^{-\sqrt{\alpha\beta}\,t} + \frac{\left(R_0 + \sqrt{\frac{\beta}{\alpha}}\,B_0\right)\left(R_0 - \sqrt{\frac{\beta}{\alpha}}\,B_0\right)e^{\sqrt{\alpha\beta}\,t}}{R_0 + \sqrt{\frac{\beta}{\alpha}}\,B_0}\right\}$$

$$= \frac{1}{2}\left\{\left(R_0 + \sqrt{\frac{\beta}{\alpha}}\,B_0\right)e^{-\sqrt{\alpha\beta}\,t} + \left(R_0 - \sqrt{\frac{\beta}{\alpha}}\,B_0\right)e^{\sqrt{\alpha\beta}\,t}\right\}$$

$$= \frac{1}{2}\left\{R_0(e^{\sqrt{\alpha\beta}\,t} - e^{-\sqrt{\alpha\beta}\,t}) - \sqrt{\frac{\beta}{\alpha}}\,B_0\left(e^{\sqrt{\alpha\beta}\,t} - e^{-\sqrt{\alpha\beta}\,t}\right)\right\}$$

$$=R_0\left(\frac{1}{2}\right)(e^{\sqrt{\alpha\beta}\,t} - e^{-\sqrt{\alpha\beta}\,t}) - \sqrt{\frac{\beta}{\alpha}}\,B_0\left(\frac{1}{2}\right)\left(e^{\sqrt{\alpha\beta}\,t} - e^{-\sqrt{\alpha\beta}\,t}\right)$$

여기에서 $\cosh\theta = \frac{1}{2}(e^{\theta} + e^{-\theta})$, $\sinh\theta = \frac{1}{2}(e^{\theta} - e^{-\theta})$공식을 사용하면 t시간의 Red Force 의 전투력 수준 $R(t)$는 식 (6.6−5)와 같다.

$$R(t)= R_0\cosh(\sqrt{\alpha\beta}\,t) - \sqrt{\frac{\beta}{\alpha}}\,B_0\sinh(\sqrt{\alpha\beta}\,t) \qquad (6.6-5)$$

동일한 방법으로 유도해 보면 t시간의 Blue Force 의 전투력 수준 $B(t)$는 식 (6.6−6)과 같다.

$$B(t)= B_0\cosh(\sqrt{\alpha\beta}\,t) - \sqrt{\frac{\alpha}{\beta}}\,R_0\sinh(\sqrt{\alpha\beta}\,t) \qquad (6.6-6)$$

6.6.1.3 전투는 언제 종결될 것인가?

전투가 종결되는 시점은 $R(t)=0$이거나 $B(t)=0$가 되는 시점 t이다. $B(t)=0$가 되는 시점 t를 t_B라고 하고 $R(t)=0$가 되는 시점 t를 t_R이라고 하자. 먼저 t_R을 구해보면 식 (6.6−7)과 같다.

$$R(t)= \frac{1}{2}\left(R_0 + \sqrt{\frac{\beta}{\alpha}}\,B_0\right)e^{-\sqrt{\alpha\beta}\,t} + \frac{1}{2}\left(R_0 - \sqrt{\frac{\beta}{\alpha}}\,B_0\right)e^{\sqrt{\alpha\beta}\,t} = 0 \qquad (6.6-7)$$

$$\left(R_0+\sqrt{\frac{\beta}{\alpha}}B_0\right)e^{-\sqrt{\alpha\beta}t}=-\left(R_0-\sqrt{\frac{\beta}{\alpha}}B_0\right)e^{\sqrt{\alpha\beta}t}$$

양변에 ln를 취하고 정리하면 다음과 같다.

$$-\sqrt{\alpha\beta}t+\ln\left(R_0+\sqrt{\frac{\beta}{\alpha}}B_0\right)=\sqrt{\alpha\beta}t-\ln\left(R_0-\sqrt{\frac{\beta}{\alpha}}B_0\right)=\sqrt{\alpha\beta}t+\ln\left(\sqrt{\frac{\beta}{\alpha}}B_0-R_0\right)$$

$$2\sqrt{\alpha\beta}t=\ln\left(R_0+\sqrt{\frac{\beta}{\alpha}}B_0\right)-\ln\left(\sqrt{\frac{\beta}{\alpha}}B_0-R_0\right)=\ln\left\{\left(R_0+\sqrt{\frac{\beta}{\alpha}}B_0\right)/\left(\sqrt{\frac{\beta}{\alpha}}B_0-R_0\right)\right\}$$
$$=\ln\left(\frac{\sqrt{\beta}B_0+\sqrt{\alpha}R_0}{\sqrt{\beta}B_0-\sqrt{\alpha}R_0}\right)$$

그러므로 t를 t_R로 대체하면 식 (6.6−8)과 같다.

$$t_R=\frac{1}{2\sqrt{\alpha\beta}}\ln\left(\frac{\sqrt{\beta}B_0+\sqrt{\alpha}R_0}{\sqrt{\beta}B_0-\sqrt{\alpha}R_0}\right)\quad(6.6-8)$$

위와 동일한 방법으로 t_B를 구해 보면 식 (6.6−9)와 같다.

$$t_B=\frac{1}{2\sqrt{\alpha\beta}}\ln\left(\frac{\sqrt{\beta}B_0+\sqrt{\alpha}R_0}{\sqrt{\alpha}R_0-\sqrt{\beta}B_0}\right)\quad(6.6-9)$$

6.6.2 Lanchester 1st Linear Law

현대전 이전의 창, 칼과 같이 직접 교전을 하는 집단 간의 전투상황은 Lanchester 제 1 선형법칙으로 설명된다. Lanchester 1 선형법칙에서는 Square 법칙에서 설명되는 전투력의 집중은 발생하지 않으며 개인과 개인, 무기와 무기가 교전하는 상황을 묘사한다. 그러므로 Blue Force와 Red Force 양측의 전투시간에 따른 손실률은 일정하다.

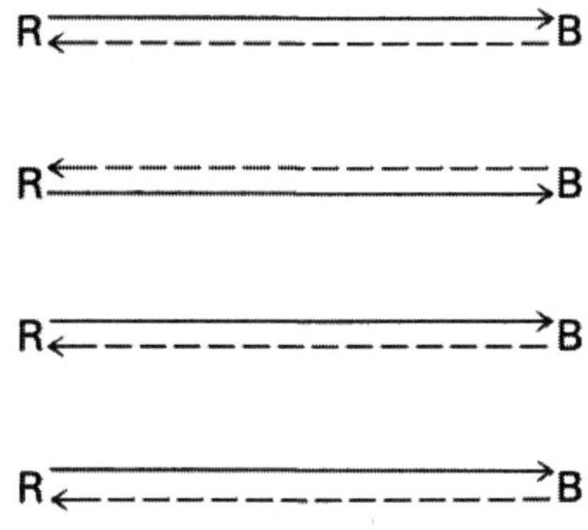

그림 6.7.3 Linear Law: 화력의 집중 불가

Lanchester가 고대 전투라고 부른 Linear Law에서는 Red Force는 Blue Force에 집중하여 공격할 수 없다. 한 시점에서 Red Force는 한 개의 Blue 표적과 교전할 수 있다. 그 반대도 마찬가지이다. Linear Law의 점사격과 지역사격에 대한 해석은 다음과 같다.

○ 점사격: 표적수가 충분히 작거나 공자가 표적의 정확한 위치 확인과 공격이 아주 어려워서 공격하는 각 전투원이 주어진 표적의 수에 비례하는 비율로 표적의 정확한 위치를 확인한다.

○ 지역사격: 공격하는 각 전투원이 단위시간 동안 특정 지역의 모든 표적과 교전한다. 표적은 일정한 밀도를 유지하며 확보된 지역에 분산되어 있어서 표적 수를 감소시키는 것이 표적 밀도를 감소시킨다.

이러한 Lanchester 1 선형 법칙은 식 (6.6-10), (6.6-11)과 같이 표현할 수 있다.

$$\frac{dB}{dt} = -\alpha \qquad (6.6-10)$$

$$\frac{dR}{dt} = -\beta \qquad (6.6-11)$$

식 (6.6-10)과 (6.6-11(의 양변을 나누면 다음과 같다.

$$\frac{\frac{dB}{dt}}{\frac{dR}{dt}} = \frac{\alpha}{\beta} \rightarrow \frac{dB}{dR} = \frac{\alpha}{\beta}$$

양변을 시간에 대해 적분하면 다음과 같다.

$$\int_{B_0}^{B} \beta dB = \int_{R_0}^{R} \alpha dR$$

$$\beta(B - B_0) = \alpha(R - R_0)$$

$$\beta(B_0 - B) = \alpha(R_0 - R)$$

6.6.2.1 승리의 조건

만약 Blue Force가 승리한다면 $R = 0$ 가 되므로 승리의 조건은 다음과 같다.

$$B = \frac{\beta B_0 - \alpha R_0}{\beta} = B_0 - \frac{\alpha R_0}{\beta} > 0$$

$$\beta B_0 \rangle \alpha R_0$$

동일하게 Red Force가 승리한다면 $B = 0$, $R \rangle 0$ 가 되므로 승리의 조건은 다음과 같다.

$$\beta B_0 \langle \alpha R_0$$

6.6.2.2 전투 지속시간

Lanchester 1 선형법칙의 공식은 다음과 같다.

$$\frac{dB}{dt} = -\alpha$$
$$\frac{dR}{dt} = -\beta$$

위 식을 다시 정리하면 다음과 같다.

$$dB = -\alpha dt$$
$$dR = -\beta dt$$

양변을 시간에 대해 적분하면 다음과 같다.

$$\int_{B_0}^{B} dB = \int_0^t -\alpha dt$$
$$\int_{R_0}^{R} dR = \int_0^t -\beta dt$$

위 식을 풀면 아래와 같이 전투 종료시간을 구할 수 있다.

$$B = B_0 - \alpha t \rightarrow t = \frac{B_0 - B}{\alpha}$$
$$R = R_0 - \beta t \rightarrow t = \frac{R_0 - R}{\beta}$$

6.6.3 Lanchester 2nd Linear Law

Blue Force와 Red Force 양측이 포병사격과 같은 조준사격이 아닌 지역에 대해 실시하는 지역사격의 경우를 생각해 보자. 지역사격이 경우 쌍방이 존재하는 일반적인 위치는 알 수 있으나 정확한 장소와 화력의 결과를 알 수 없어 화력집중이 불가능하다. 이러한 경우 한측의 시간경과에 따른 전력 손실률은 상대방의 전투력에도 비례하고 자신의 전투력에도 비례하게 된다. 왜냐하면 상대방이 지역사격을 하기 때문에 자신의 전투력이 크면 클수록 피해가 더 커지게 되기 때문이다. 이러한 전투조건에 해당되는 전투 모델링이 Lanchester 2 선형법칙이다.

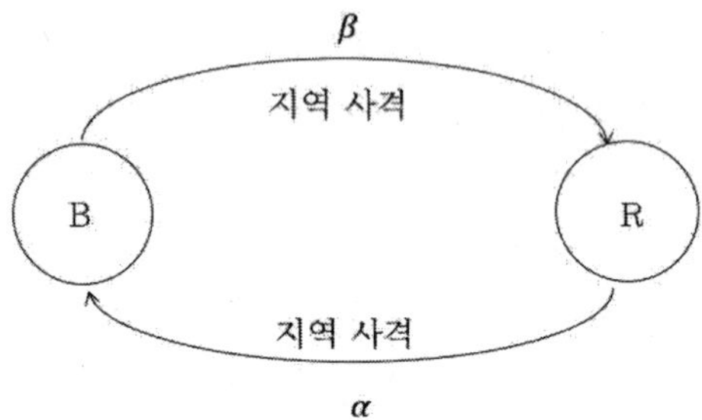

그림 6.7.4 Lanchester 2nd Linear Law 개념 그래프

Lanchester 제 2 선형법칙의 전투모형은 식 (6.6−12), (6.6−13)과 같이 구성할 수 있다.

$$\frac{dB}{dt} = -\alpha RB \qquad (6.6-12)$$

$$\frac{dR}{dt} = -\beta BR \qquad (6.6-13)$$

6.6.3.1 승리의 조건

식 (6.6−12), (6.6−13)의 양변을 나누면 아래와 같다.

$$\frac{dB}{dR} = \frac{-\alpha RB}{-\beta BR} = \frac{\alpha}{\beta}$$

$$\beta dB = \alpha dR$$

$$\int_{B_0}^{B} \beta dB = \int_{R_0}^{R} \alpha dR$$

$$\beta(B_0 - B) = \alpha(R_0 - R)$$

$\beta B = \beta B_0 - \alpha(R_0 - R)$을 $\dfrac{dR}{dt} = -\beta BR$에 대입하여 아래와 같이 전개한다.

$$-\frac{dR}{dt} = \{\beta B_0 - \alpha(R_0 - R)\}R = (\beta B_0 - \alpha R_0 + \alpha R)R = \beta B_0 R - \alpha R_0 R + \alpha R^2$$

$$\frac{dR}{dt} = (\alpha R_0 - \beta B_0)R - \alpha R^2$$

$$\frac{dR}{(\alpha R_0 - \beta B_0)R - \alpha R^2} = dt$$

$$\frac{dR}{R^2 - \dfrac{\alpha R_0 - \beta B_0}{\alpha}R} = -\alpha dt$$

$\dfrac{\alpha R_0 - \beta B_0}{\alpha} = 2K$라고 두면 아래 식으로 전환된다.

$$\frac{dR}{R^2 - 2KR} = -\alpha dt$$

좌변을 부분분수 후 R은 $[R_0, R]$구간에서 t는 $[0, t]$구간에서 적분하면 아래와 같이 진행된다.

$$\frac{1}{2K}\int_{R_0}^{R}\left(\frac{1}{2K - R} + \frac{1}{R}\right)dR = \int_0^t \alpha dt$$

$$\frac{1}{2K}[-\ln|2K - R| + \ln|R|]_{R_0}^{R} = [\alpha t]_0^t$$

$$\ln\frac{|R||2K - R_0|}{|R_0||2K - R|} = 2K\alpha t$$

$$\frac{R(2K - R_0)}{R_0(2K - R)} = e^{2K\alpha t}$$

$$R = \frac{2KR_0}{(2K - R_0)e^{-2K\alpha t} + R_0}$$

$2K = \frac{\alpha R_0 - \beta B_0}{\alpha}$을 대입 후 α를 양변에 곱하면 아래와 같다.

$$R = \frac{(\alpha R_0 - \beta B_0)R_0}{-\beta B_0 e^{-(\alpha R_0 - \beta B_0)t} + \alpha R_0}$$

$y = \frac{\alpha R_0}{\beta B_0}$로 놓고 정리하면 Blue Force와 Red Force의 전투력은 식 (6.6−14), (6.6−15)와 같다.

$$B = \frac{-B_0(y-1)e^{(-\beta B_0(y-1))t)}}{e^{(-\beta B_0(y-1))t} - y} \qquad (6.6-14)$$

$$R = \frac{-R_0(y-1)}{e^{-\beta B_0(y-1)t} - y} \qquad (6.6-15)$$

Lanchester 2 선형법칙의 승리 조건은 다음과 같다. Blue Force와 Red Force의 비율은 식 (6.6−16)과 같다.

$$\frac{B}{R} = \frac{B_0}{R_0} e^{-\beta B_0(y-1)t} \qquad (6.6-16)$$

만약 $y < 1$이면 t가 증가할수록 $\frac{B}{R}$가 커진다. 따라서 Blue Force가 승리하거나 더 큰 전투력을 갖게 된다. 반대로 만약 $y > 1$이면 t가 증가할수록 $\frac{B}{R}$가 작아진다. 따라서 Red Force가 승리하거나 더 큰 전투력을 갖게 된다.

6.6.4 Lanchester Logarithm Law

H. K. Wiess는 1966년에 15,000명 이상 참가한 미국 남북전쟁의 전투를 분석해 본 결과 이러한 규모의 전투에서는 Linear 법칙과 Square 법칙이 잘 적용되지 않는 것을 발견하였다. 경계부대 전투와 같은 소부대 접적 전투와 같은 초기 단계의 전투에서는 손실률이 자측 전투력 규모에 비례하는 것을 발견하였다. 이러한 현상은 전투초기 상대방의 표적을 획득하기 곤란하고 오히려 상대방에게 가장 취약한 시기라 자측 손실률은 자측 전투력 규모에 상대방의 손실률은 상대방 측의 전투력 규모에 비례하는 것을 발견하였다. 소규모 부대의 전투가 실시된 이후 주력 전투부대가 사거리 내에 위치하게 되면 자동으로 사격을 개시하는 전투상황이라면 이러한 현상은 더 잘 설명된다.

R. H. Peterson은 1967년에 2차 세계대전 전차전을 연구해서 첫 번째 경계부대 전투에서는 자측 전차수량에 비례하는 손실률을, 주력부대간 전투 시에는 Square 법칙을 따르는 것을 발견하였다.

Weiss와 Peterson 은 식 (6.6−17), (6.6−18)과 같은 전투모델링 미분방정식을 제안하였다.

$$\frac{dB}{dt} = -\alpha B \ln R \qquad (6.6-17)$$

$$\frac{dR}{dt} = -\beta R \ln B \qquad (6.6-18)$$

Peterson은 이를 단순화하여 식 (6.6−19), (6.6−20)과 같은 미분방정식으로 수정하였다.

$$\frac{dB}{dt} = -\alpha B \qquad (6.6-19)$$

$$\frac{dR}{dt} = -\beta R \qquad (6.6-20)$$

앞의 Square, Linear 법칙처럼 식 (6.6−19), (6.6−20)을 양변을 나누어 전투결과를 예측하지 않고 Logarithm 법칙에서는 식 (6.6−19), (6.6−20)으로부터 전투결과를 예측하는데 전개과정은 아래와 같다.

$$\frac{1}{B}dB = -\alpha dt$$

$$\int_{B_0}^{B}\frac{1}{B}dB = \int_{0}^{t} -\alpha dt$$

$$\ln B - \ln B_0 = -\alpha t$$

$$\ln\frac{B}{B_0} = -\alpha t$$

$$\frac{B}{B_0} = e^{-\alpha t}$$

$$B = B_0 e^{-\alpha t}$$

동일한 방법으로 식 (6.6-21)과 같이 $R = R_0 e^{-\beta t}$를 유도할 수 있다.

$$\frac{B}{R} = \frac{B_0}{R_0}e^{-(\alpha-\beta)t} \qquad (6.6-21)$$

시간이 경과함에 따라 $\beta > \alpha$이면 $\frac{B}{R}$가 커지고 $\beta < \alpha$이면 $\frac{B}{R}$가 작아진다. 따라서 Blue Force가 승리하기 위해서는 $\beta > \alpha$이어야 하고 Red Force가 승리하기 위해서는 $\beta < \alpha$의 조건을 만족하여야 한다.

즉, Logarithm 법칙에서는 특정시간에서의 자측 전투력 규모는 상대 측의 전투력 규모와는 어느 정도 독립적이며 전투손실은 자측 초기 전투력 규모와 손실인수에 의존한다는 것을 알 수 있다.

6.6.4.1 t 시점에서의 전투력 비율

t시점에서 Blue Force와 Red Force의 전투력비율을 구해 보면 아래와 같다.

$\frac{dB}{dt} = -\alpha B$, $\frac{dR}{dt} = -\beta R$의 양변을 나누면 $\frac{dB}{dR} = \frac{\alpha B}{\beta R}$이다.

$$\int_{B_0}^{B} \beta \frac{1}{B} dB = \int_{R_0}^{R} \alpha \frac{1}{R} dR$$

$$\beta(\ln B - \ln B_0) = \alpha(\ln R - \ln R_0)$$

$$\beta \ln \frac{B}{B_0} = \alpha \ln \frac{R}{R_0}$$

$$\beta \ln \frac{B_0}{B} = \alpha \ln \frac{R_0}{R}$$

t시점에서 Blue Force와 Red Force의 전투력비율은 아래와 같다.

$$\frac{B}{R} = \frac{B_0}{R_0} \exp(\beta - \alpha)t$$

만약 $\beta > \alpha$이면 t가 증가할수록 $\frac{B}{R}$이 커지고 Blue Force가 승리한다. 반대로 $\beta < \alpha$이면 가 증가할수록 $\frac{B}{R}$이 작아지고 Red Force가 승리한다. $\beta = \alpha$이면 어느 측도 승리할 수 없으며 전투종료 시에는 양측 모두 소멸된다.

6.6.4.2 승리한 측의 잔여 전투력

Blue Force가 승리 시 잔여전투력을 분석해 보면 아래와 같다.

$$\frac{dR}{dB} = \frac{\beta R}{\alpha B}$$

$$\frac{1}{\alpha} \times \frac{1}{B}\ dB = \frac{1}{\beta} \times \frac{1}{R}\ dR$$

$$\frac{1}{\alpha}\int_{B}^{B_0}\frac{1}{B}\ dB=\frac{1}{\beta}\int_{R}^{R_0}\frac{1}{R}\ dR$$

$$\frac{1}{\alpha}\ln\frac{B}{B_0}=\frac{1}{\beta}\ln\frac{R}{R_0}$$

$$\left(\frac{B}{B_0}\right)^{\frac{1}{\alpha}}=\left(\frac{R}{R_0}\right)^{\frac{1}{\beta}}$$

$$B=B_0\left(\frac{R}{R_0}\right)^{\frac{\alpha}{\beta}}$$

동일한 방법으로 Red Force 승리 시 잔여 전투력을 유도하면 $R=R_0\left(\frac{B}{B_0}\right)^{\frac{\beta}{\alpha}}$이다.

여기에서 B_0, R_0, α, β는 알려진 값이며 R을 안다면 B를 알 수 있다. 즉, 쌍방의 전투력감소는 지수형태를 따른다. 이러한 이유로 Lanchester Logarithm 법칙은 Exponential 법칙이라고도 한다.

위와 같은 다양한 Lanchester 모형을 조합하여 새로운 모형을 만들어 낼 수 있다. 전투상황에 따른 여러 가지 조합을 구해 표 6.7.1 의 Brakeney, Morse & Kimball 모형과 같은 새로운 Lanchester 모형으로 구성할 수 있다.

자세한 Lanchester 모형에 대한 이론과 해석은 권오정(2019)의 「전쟁사의 수학적 분석과 평가」를 참조하라.

표 6.7.1 다양한 Lanchester 방정식

구 분	미분 방정식	비고
조준사격 vs. 조준사격	$\frac{dB}{dt}=-\alpha R,\ \frac{dR}{dt}=-\beta B$	Lanchester Square Law (1916)
지역사격 vs. 지역사격	$\frac{dB}{dt}=-\alpha RB,\ \frac{dR}{dt}=-\beta BR$	Lanchester 2nd Linear Law (1916)
조준사격 vs. 지역사격	$\frac{dB}{dt}=-\alpha R,\ \frac{dR}{dt}=-\beta BR$	Brackney(1959)
작전손실 vs. 작전손실	$\frac{dB}{dt}=-\alpha B,\ \frac{dR}{dt}=-\beta R$	Lanchester Logarithm Law(1953)
조준사격 + 작전손실	$\frac{dB}{dt}=-\alpha R-\beta B,\ \frac{dR}{dt}=-\beta B-\alpha R$	Morse & Kimball (1951)

7장

NCW의 군사력평가 적용

7.1 NCW(Network Centric Warfare)에 의한 전력 상승효과

7.1.1 NCW 개념

현대 무기체계는 네트워크로 연결되어 플랫폼 단위로 운용되던 무기와는 확연히 다른 효과를 발휘한다. 따라서, 군사력을 평가할 때 네트워크화된 군대의 군사력은 플랫폼 단위로 운용되는 군대의 군사력과는 다르게 평가해야 한다. 따라서 이 장에서는 네트워크 중심 전투에 대해 소개한다.

NCW는 미군이 군사혁신(RMA: Revolution in Military Affairs)를 추진하는 과정에서 정리되기 시작하였다. 1988면 미 해군의 Arthur Cebroski 제독과 Jhon Garska가 공동으로 작성한 논문 'NCW, 그 기원과 미래'라는 글을 통하여 본격적으로 소개되었다. 현대의 발전된 컴퓨터 기술을 군에 도입하여 모든 부대와 각개 전투원들과 같은 플랫폼(Platform)을 연결한다는 개념이다. 무기체계 면에서도 정밀타격능력의 발전으로 인하여 표적을 정확하게 탐지하기만 하면 즉시 공격이 가능하고 부대의 기동성이 증대되어 물리적 공간과 시간의 제한사항이 축소되고 있다. 따라서 NCW는 기존 플랫폼 중심전에서 새로운 개념의 전장개념을 제시하였다.

NCW는 컴퓨터의 자료처리 능력과 네트워크로 연결된 통신기술을 활용하여 정보의 공유를 보장함으로써 군사력의 효율성을 향상시킨다는 개념으로 목적은 C4ISR 네트워크를 통해 Sensor to Shooter의 단절 없는 연결을 구현함으로써 전투공간 내의 모든 전투원들에게 정보공유 능력을 제공하고, 전투공간에 대한 공통상황인식과 자기 동기화 능력을 제공함으로써 정보우위를 기반으로 한 전투 프로세서의 효과적인 연결로 전투력의 상승효과를 유발하는 것이다. 네트워크에 의한 전투자산의 연결과 통합적 운용은 플랫폼 중심에서 네트워크 중심으로 패러다임의 전환을 유도하였으며, 소모중심에서 속도중심의 전략개념으로 변환을 유도하였다

NCW는 4가지 기본원리로 설명된다. 첫째, 네트워크화된 군사력은 정보의 공유정도를 개선한다. 둘째, 정보의 공유는 정보의 질과 상황인식의 공유정도를 향상시킨다. 셋째, 상황인식의 공유는 공동노력과 자체 동시통합을 가능하게 하면서 지속성과 지휘속도를 향상시킨다. 마지막으로, 이러한 과정은 결과적으로 임무수행의 효과성를 극적일 정도로 증대시킨다.

NCW는 정보우위(Information Superiority)를 바탕으로 지휘속도를 향상시킴으로써 정보우위를 달성하는 데 중점을 두고 있다. NCW을 수행하면 전장에서 적보다 먼저 정확하게 제반 상황을 파악한다. 그리고 이것을 모든 전투원들이 공유함으로써 대응의 시간을 단축시키고 대응 조치의 정확성을 기하게 된다. 즉 NCW는 산업화시대에서 정보화시대로 변화되면서 정보라는 새로운 힘의 근원을 식별하고 그것을 전쟁에 최대한 활용하는 개념으로서, 지금까지의 전쟁에서는 무기나 병력의 수를 중심으로 하는 투입에 관한 사항이 기준이었다면, NCW에서는 정보우위를 가늠할 수 있는 속도, 최신화의 빈도, 혁신의 정도 등 산출에 관한 사항이 기준이 된다고 말한다.

이러한 정보우위 결과로써 NCW는 의사결정 절차를 빠르게 순환시킴으로써 의사결정에 있어서 상대적 우위를 확보하게 한다. 충분하고 정확한 정보가 실시간에 제공되는 만큼 전장의 불확실성이 해소되고 명확한 의사결정이 가능해지기 때문이다.

현대전에서 가장 일반적으로 사용되고 있는 의사결정 순환고리인 John. R. Boyd의 Observe(관측)−Orient(지향)−Decide(결정)−Act(행동)에 있어서 NCW는 특히 관측과 지향의 단계를 단축시킴으로써 후속되는 결정과 행동의 질을 향상시키며 지휘의 속도를 높인다고 말한다.

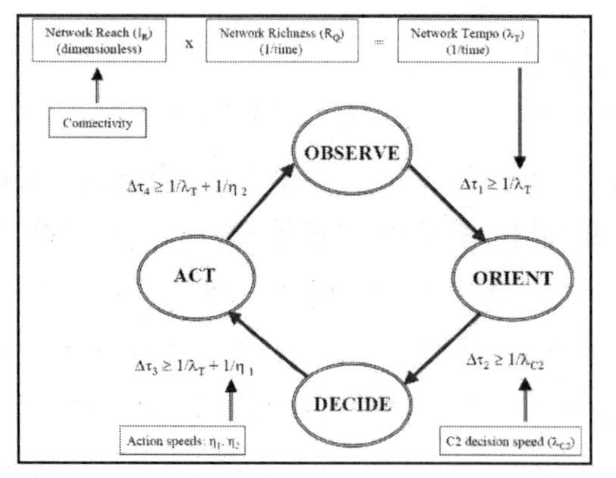

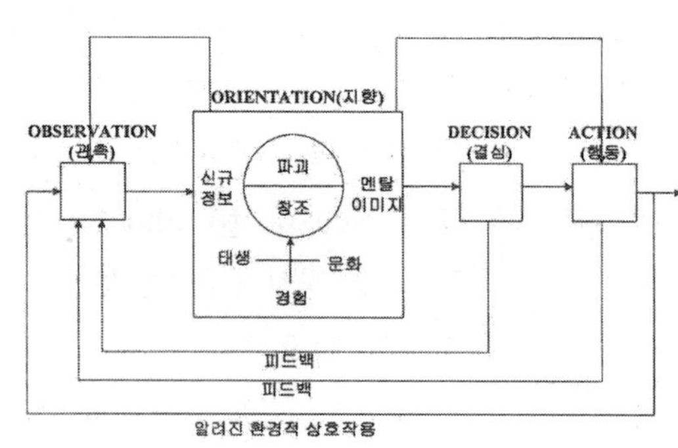

그림 7.1.1 OODA Cycle

7.1.2 NCW 적용 영역

NCW는 전쟁의 물리, 정보, 인지, 사회의 4가지 영역에 걸쳐있고 그 공통되는 부분을 핵심적인 대상으로 하여 전쟁의 모든 영역, 수준, 형태에 적용 가능하다. 즉 NCW는 군사력의 시공간적 이동에 관한 물리적 영역(Physical Domain), 정보의 창출 활용과 전파에 관한 정보의 영역(Information Domain), 전투원들의 심리에 관한 인지적 영역(Cognitive Domain). 그리고 인간관계와 문화에 관한 사회적 영역(Social Domain)을 연결시키고 그러한 4 가지 영역이 만나는 곳의 중심에 위치하고 있다.

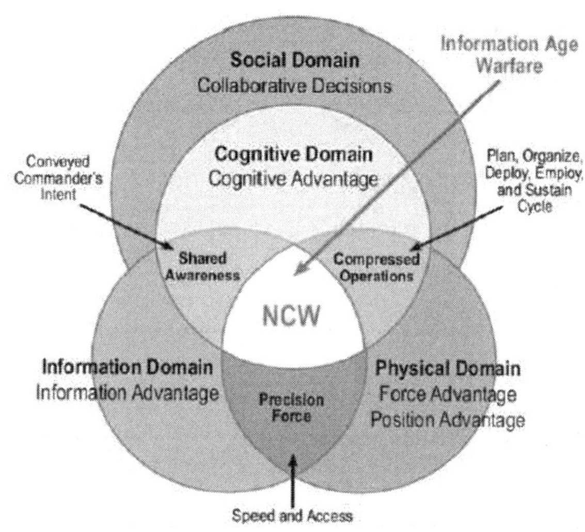

그림 7.1.2 NCW 수행을 위한 4 개 영역

NCW 는 최초에는 전술적인 측면에 치중하여 발전되었으나 현재에는 작전술적인 차원에 중점을 두고 있다. 나아가 여러 나라 군대들은 NCW 를 전략적인 수준까지도 충분히 확대되어 적용될 수 있다는 개념 하에 그 적용범위를 확대를 추진하고 있다.

미군은 2001 년 아프카니스탄 전쟁과 2003 년 이라크 전쟁을 통하여 NCW 의 개념을 실전에 적용할 기회를 가졌으며 개념의 타당성을 검정하고 구현을 가속화하였다.

미군은 이라크전을 통해 그동안 추구해 온 21 세기 군사력 변혁의 중간성과를 실험하고 그 유용성을 입증하였다. 걸프전에서는 특정 목표를 확인하고 폭탄을 투하하는데 2 일이 걸렸으나, 이라크전에서는 40 분밖에 소요되지 않았다. 이라크전에서 수행된 지상작전은 개량된 Stryker 장갑차의 기동속도와 은밀성, 정보획득 능력을 활용하여 정보우위 및 결심속도의 단축을 달성할 수 있었으며, 전투효과를 극적으로 증폭시켰다. 개인에게 공유된 정보의 질은 8 배, 전투효과는 10 배가 증가했으며, 지휘속도는 1/7 로 단축되었고 사상자는 1/10 로 감소되었다는 평가가 있다.

과거의 전쟁과는 달리 지상작전의 핵심적 역할을 하는 단위부대로서 여단급 부대가 운용될 수 있었던 이유는 정보의 획득 및 공유를 가능하게 해 주는 고도의 네트워크를 토대로 한 부대구조의 개편이었다. 이라크전에서의 지상군 운용은 병력중심의 전력이 아닌 첨단화된 무기체계와 네트워크 중심의 시스템 복합체 기반전력을 이용한 운용이었다. 이라크전을 통해 NCW 개념은 실전에 적용될 기회를 가짐으로써 그

타당성이 검증되고 위력이 입증되었으며 공감대를 형성하게 되어 구현이 가속화되기 시작하였다.

NCW는 전투작전에서부터 안정화작전 및 평화유지활동에 이르기까지 모든 군사작전 영역에 적용된다. 이라크전쟁에서는 주요 전투작전 위주로 NCW를 적용되고 실험되었지만 대테러전쟁과 같은 비정규전에서도 적용되고 오히려 더욱 효과적일 가능성이 크다. 다만 NCW을 추구하게 되면 병력규모가 축소될 가능성이 크기 때문에 미군들이 이라크에서의 안정화작전에서 기술이나 정보가 지상통제를 위한 적절한 병력의 보유를 대체하지 못한다는 것을 체험하였듯이 비정규전에서 지역과 주민을 통제하는 데 어려움이 발생할 수 있다.

최근 들어 전쟁 수행 패러다임은 네트워크를 핵심 기반으로 하여 필요로 하는 정보를 효과적으로 획득하고 효율적인 활용을 통해 전투 수행 능력을 극대화시킬 수 있는 정보중심전(ICW: Information Centric Warfare), 지식중심전(KCW: Knowledge Centric Warfare)으로 진화해 가고 있다.

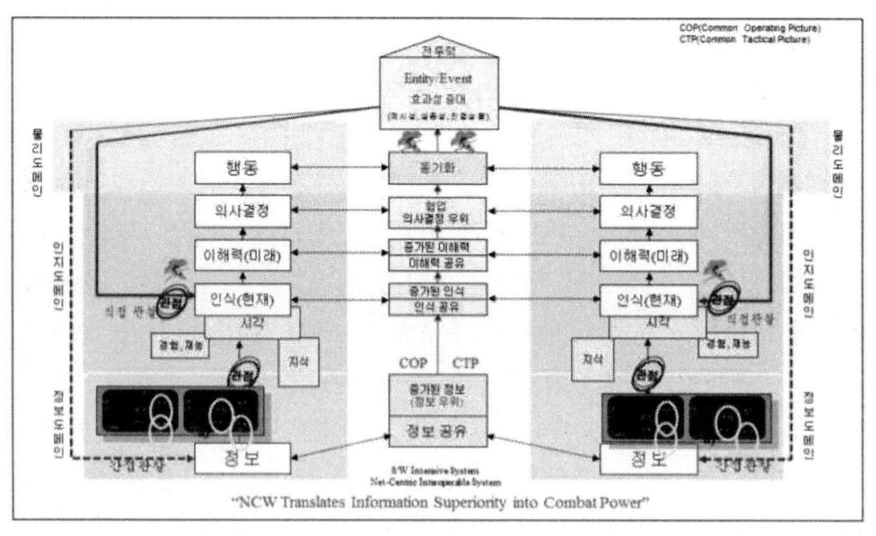

그림 7.1.3 NCW 개념

7.1.3 Schutzer의 C2(Command and Control) 이론 적용

Schutzer의 C2 이론을 적용한 방법은 Lanchester 전투모델을 이용하는 것이다. C2 이론에 의하면 아군의 자산 가치는 아군 i형 단위부대가 적군의 각 단위부대와의 교전과 관련이 있음을 가정하며 지휘통제시간과 정보의 정확도에 의해 생존확률, 할당비율,

교환비율의 3가지 요인에 대한 변수를 계량화하여 최초 전투력 대비 교전 후 잔존 전투력의 비율을 상호 비교 분석함으로써 전투력 상승효과를 평가하는 방법이다.

생존확률은 지휘관의 관심지역 내에 위치한 적을 정확하게 분석할 수 있는 확률을 의미하며, 할당비율은 특정 교전지역에 투입되는 자산비율로 통제구역 중심의 개념이다. 교환비율은 각 자산별 적 손실 대비 아군 손실비율을 의미하며, 생존확률과 반비례한다. C2 이론 적용은 생존확률 증가, 할당된 자산비율 증가, 자산 개별효과 증가의 3가지 효과요소를 설정 후 지휘통제 과정상의 시간변수들과 Lanchester 전투모델을 이용하여 교전 전후 부대 전투력 상승효과(MOE: Measure Of Effectiveness)를 상호 비교하여 최종 전투력 상승효과 평가를 하는 알고리즘으로 식 (7.1-1)과 같다.

$$MOE_i = \frac{\langle N_i^2 \rangle - \langle M_i^2 \rangle}{N^2} \qquad (7.1-1)$$

여기에서,

MOE_i : 교전 i에서의 전투력 상승효과

N_i : 교전 i에서의 아군의 자산

M_i : 교전 i에서의 적군의 자산

N : 아군의 전력지수

<ㅇ> : ㅇ의 확률적 평균치

고전역학 이론을 적용한 지휘통제 시간이 기준이 되고 중요한 비중을 차지하는 Schutzer의 C2 이론 및 Lanchester 전투모델 적용에 의한 전투력 상승효과 평가 방법은 전투력을 구성하는 각 요소간의 상호작용에 의한 상승효과를 종합적으로 고려하지 못하는 한계가 있다. 이를 보완하기 위해 고전역학이론을 전투력 상승효과 평가에 적용한 것이다. 정보전에 대한 개념연구에서 전투력에 대한 개념적 모델을 Newton의 제2법칙을 적용하여 식 (7.1-2)와 같이 정의하였다.

$$F = ma = mvC \qquad (7.1-2)$$

여기에서,

F : 전투력

m : 타격력

a : 가속도
v : 기동력
C : 정보전력

식 (7.1−2)는 전투력은 타격력, 기동력 및 정보전력의 곱으로 표현되는데 이는 미래전에 있어 군사력을 극대화하기 위해서는 타격력과 기동력을 일정수준 이상 갖춘 상태에서 정보전력이 중요한 비중을 차지한다는 개념이다. 이는 전체 군사력에서 정보전력이 차지하는 비중에 대한 개념에는 공감하나 정보전력의 효과측정을 위한 구체적 방법을 제시하기에는 다소 한계가 있다.

이를 기반으로 노드(전투개체)간의 상호작용, 즉 네트워크 능력을 추가적으로 고려하여 전투력에 대한 개념적 모델을 식 (7.1−3)과 같이 정의하였다.

$$F = ma = m\left(\frac{\Delta v}{t}\right) \Rightarrow \frac{MvI}{T} = \frac{(n^2 - n)vI}{T} \qquad (7.1-3)$$

여기에서,
F : 전투력
m : 질량 $\leftrightarrow M$ Network 능력
t : 시간
v : 속도 $\leftrightarrow T$: 지휘통제 시간
I : 정보의 정확도

7.1.4 NCW 의 효과

Marshall 은 NCW 의 효과측정을 위해서 Metcalfe 법칙을 사용하였다. 사업분야에서의 네트워크 특징을 설명하는 주요개념인 Metcalfe 법칙의 의미를 보면, 네트워크의 잠재적 가치 또는 효율성은 네트워크 내에 존재하는 n개 노드 수의 승수에 비례하여 증가하는데, 식 (7.1−4)와 같이 네트워크에 있는 n개 노드들이 다른 모든 노드와 연결된다는 가정을 적용하여 네트워크의 잠재적 가치를 노드 사이의 상호작용 함수로 나타낸다.

$$Network\ Power = n(n-1) = n^2 - n \qquad (7.1-4)$$

$$if\ n\ is\ large,\ Network\ Power \propto n^2$$

네트워크 능력은 Metcalfe 법칙을 적용하여 계산된다. Metcalfe 법칙은 상호관계가 존재하는 네트워크 상에서 노드 수가 증가할 때 네트워크의 가치는 노드 수의 승수에 비례하여 증가한다는 이론으로 그림 7.1.4 와 같다. 속도는 '전투가 진행되는 속도'라는 의미로 '전투속도'는 전투진도를 시간으로 나눈 개념으로 수식에 적용되었으며, 힘에 대한 표현을 나타내는 Newton 의 제 2 법칙에 정보의 정확도를 곱함으로써 기존수식이 확장되었다. 시간은 고전역학과 전투이론에서 동일하게 사용되는 개념이다. 기동에 소요되는 시간, 공격개시시간, 전투지속시간 등은 물리적 시간을 그대로 사용한다. 질량은 '물리적 전투력'에 해당하며 '전투질량'이라는 용어를 사용한다. 이와 같이 고전역학 이론을 적용하여 전투력을 개념적으로 모델링하며 이를 기반으로 *MOE* 는 식 (7.1-5)와 같이 평가된다.

$$MOE = \frac{F_{(a)}}{F_{(b)}} \quad (7.1-5)$$

여기에서,

MOE: NCW 체계 구축에 따른 전투력 상승효과

$F_{(a)}$: NCW 체계 구축 이후 전투력

$F_{(b)}$: NCW 체계 구축 이전 전투력

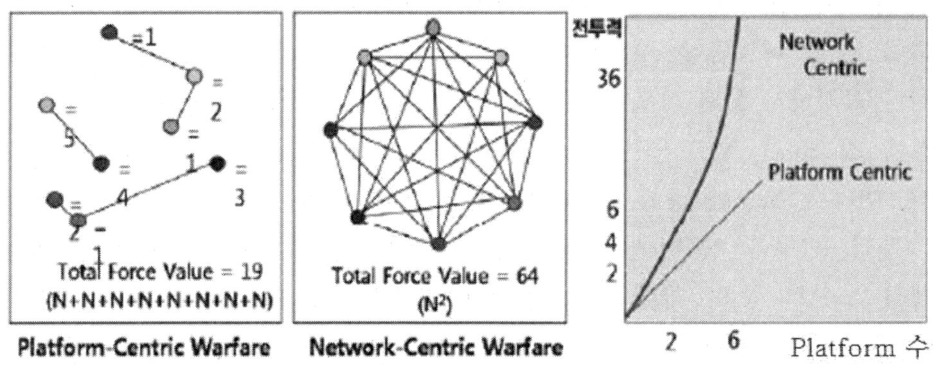

그림 7.1.4 Metcalfe 법칙에 의한 네트워크 파워 증가율

그림 7.1.4 에서 보는 것과 같이 Marshall 은 PCW(Platform Centric Warfare)에서의 전투력은 노드들이 가진 가치의 단순합으로 나타나지만 NCW 에서의 전투력은 네트워크에 포함된 노드수의 제곱으로 나타난다고 설명하였다. PCW에서는 각 노드 간의 연결의 전투력만 발휘되기 때문에 전체 전투력이 19 로 표현되지만 NCW 에서는 각 노드들이 모두 연결되어 있어 전체 전투력은 64 로 증가한다. 그림 7.1.4 의 제일 오른쪽 그림은 플랫폼의 수에 따른 전투력이 네트워크 중심전에서는 기하급수적으로 늘어난다는 것을 알 수 있다.

반면, 전장에서의 네트워크 효과에 대한 연구는 아니지만 Metcalfe 법칙이 인터넷 기반 사업 분야의 특징을 설명하는 중요한 키워드임을 고려하여 사업 분야의 네트워크 효과를 수리적으로 모델링한 연구에서는 네트워크 내에서 사용자들이 동일한 가치를 갖고 있다는 Metcalfe 법칙의 가정에 무리가 있음을 지적하였다. 또한, 전장에서의 네트워크 연결성 실험환경 구축에 관한 연구에서는 n개의 노드가 나머지 $n-1$개의 노드와 연결을 맺고 있어야 한다는 가정은 전장에서 실질적으로 적용하는 것이 불가능하다고 지적하였다. 이에 C4I 체계 네트워크 효과를 반영하여 상승하는 전투력을 측정한 연구에서는 Metcalfe 법칙에서 각 노드의 가치를 고려하지 않는다는 점과 하나의 노드는 모든 노드와 상호작용을 한다는 가정사항의 비현실성을 고려하여 새로운 네트워크 효과 산출방법으로 개선된 Metcalfe 법칙을 제시한 바 있다.

NCW 와 효과와 관련하여 Metcalfe 법칙을 적용한 해외연구는 Marshall 의 저서 외에 찾아보기 어렵다. 이는 Metcalfe 법칙에 따른 전투력 가치가 네트워크 효과로 인해 비선형으로 상승할 것이라는 의미는 어느 정도 수용될 수 있으나, Metcalfe 법칙의 두 가지 가정사항 즉, 전장에서의 모든 노드들의 가치는 모두 1 로 동일하고, 각 노드는 나머지 노드와 완벽하게 연결된다는 가정사항이 현실적으로 적용하기 어렵기 때문이라 판단되며, 또한 네트워킹으로 인한 잠재적 이득인 네트워크 효과와 전투력과의 개념상 연결이 논리적이지 못해 설득력이 상당히 떨어지기 때문이라 판단된다.

전장에 참가하는 노드 즉, 전장에서의 노드는 항공기, 함정, 전차, 병력, 기타 부대 등이다. 따라서 노드의 종류, 성능 및 역할 등에 따라 각 노드의 가치가 다를 수밖에 없다. 뿐만 아니라 NCW 가 구현되었다고 해서 지휘구조와 작전계통 등이 엄격한 전장에서 노드의 종류, 역할 및 작전절차와 상관없이 모든 노드들이 무조건 상호연결 되는 것은 아니다. 따라서 이러한 사실에 바탕을 두고 NCW 묘사를 하여야 한다.

소모전에서의 전투력은 일반적으로 단조감소함수의 형태를 보이나 실제로는 상황인지와 통신능력 등의 제한으로 새로운 정보가 일정시간 후에 수신되어 정보가 수신되는 시점에서 수직으로 증가하는 계단형 함수의 형태로 변화한다. 따라서,

단조감소형 곡선함수와 계단형 함수 사이의 면적의 차이만큼 마치 기회비용 손실과 같은 형태로 잠재적인 전투력의 손실이 발생한다.

그림 7.1.5 에서와 같이 OODA 주기와 시간지연에 따른 원하는 전투수행능력과의 차이, (전투수행 기회능력 감소분)을 곱하면 잠재손실전투력(LCP : Lost Combat Power)를 구할 수 있다.

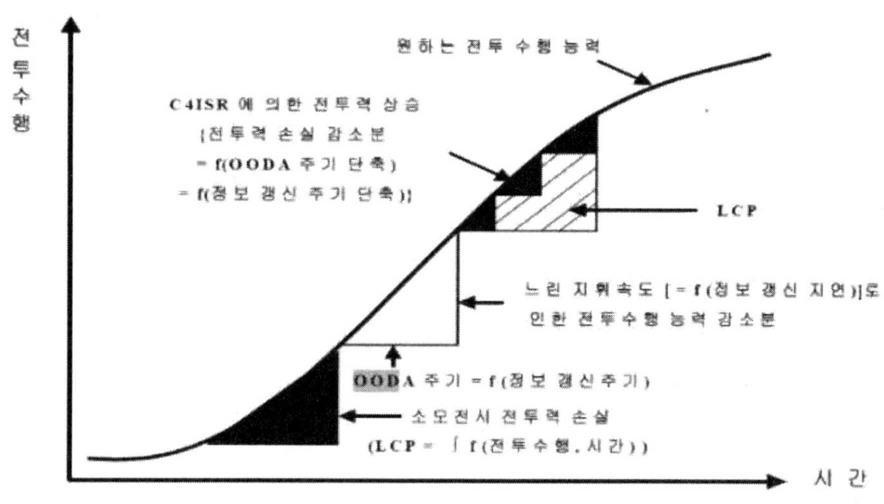

그림 7.1.5 시간과 전투수행 관계

그림 7.1.6 에서와 같이 아군의 정보유통 속도가 빨리지면 OODA 주기가 단축되어 적군의 OODA Loop 를 파괴하거나 최종 행동단계에 이르는 시간적 여유를 차단하여 아군의 우위적 행동을 할 수 있게 된다. 이는 궁극적으로 전투력 손실 감소분만큼 전투력을 증가시킬 수 있음을 의미하며 C4ISR 체계에 의한 전투력 상승효과로 표현될 수 있다.

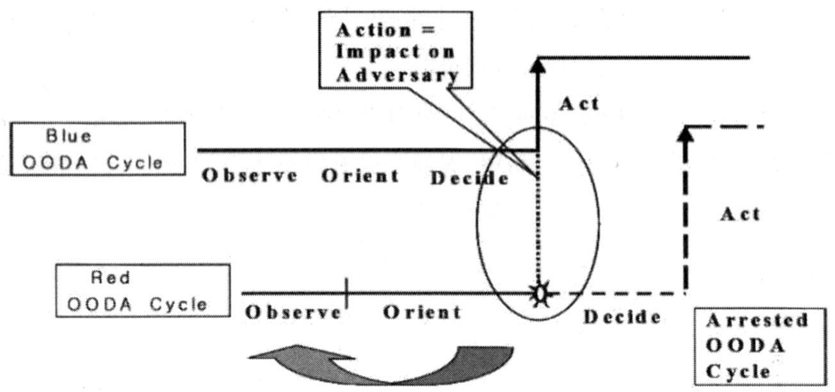

그림 7.1.6 아군과 적군 OODA 주기의 상호작용 개념

C4ISR 체계에 의한 전투력 상승효과는 잠재손실 전투력과 등가를 이루며 식 (7.1−6)으로 표현 가능하다.

$$\Delta LCP = \left| \int_{NCW} f(E,T)\,dE\,dT - \int_{PCW} f(E,T)\,dE\,dT \right| \qquad (7.1-6)$$

여기에서,

E : Execution (전투수행)

T : Time (시간)

PCW : Platform Centric Warfare

7.2 C4ISR 효과

현대전에서 C4ISR 은 전력운영과 승리를 위한 핵심요소이다. 현대전 이전에는 주로 플랫폼 단위로 전투를 진행해 와서 병력의 수, 전차의 수, 화포의 수, 항공기의 수, 함정의 수가 많은 측이 전력지수도 높고 전투력과 군사력이 우세한 것으로 판단되었다. 그러나 현대전에서는 여러 플랫폼들이 C4ISR 체계로 상호 연결되어 먼저 적을 찾고 전파하며 빨리 결심하고 상황을 공유하여 적시적이고 최적의 타격수단으로 표적을 공격함으로써 전장의 속도도 빨라지고 기존 플랫폼들이 가지고 있는 여러 전투력을 통합하여 전체 전투력을 향상시키는 효과를 가져왔다. 따라서 PCW 에서 NCW 가 가능해지고 있다. 그러므로 이러한 NCW 환경하 군사력을 평가하는 것은 또 다른 영역으로 현대전에서는 반드시 고려해야 하는 요소가 되었다.

C4ISR 체계의 효과를 평가하는 방법은 여러 가지가 있다. 첫째, 수리적 방법으로 Entropy 개념을 활용한 확률모델, Lanchester 방정식을 활용한 C2 효과분석, Metcalfe 법칙을 통한 평가방법 등이 있다. 둘째, 가치평가 방법으로, AHP, ANP, TOPSIS, ELECTRE, MACBETH 등 다기준의사결정 기법 등이 있다. 셋째, M&S에 의한 방법으로 여러 가지 모의 모델로 C4ISR 효과를 분석할 수 있다. 마지막으로 NATO COBP(Code Of Best Practice), NCO CF(Network Centric Operation Conceptual Framwork), CAPE(C4ISR Analytic Performance Evaluation) 모델 등 기타 방법이다.

7.2.1 Entropy에 의한 C4I 효과 측정방법

물리학에서 Entropy는 무질서도를 의미한다. 정보이론에서의 Entropy 역시 정보의 무질서도를 말한다. 정보 Entropy 이론은 미국의 수학자이자 전기공학자인 Claude Shannon(1916~2001)이 제안한 이론이다. Shannon은 정보이론의 아버지라고 불리며, 그가 작성한 'A Mathematical Theory of Communication' 논문은 정보이론의 시초가 되었다. 또한, 그는 Bool 논리를 전기회로로 구현할 수 있는 방법을 발명하여 디지털 회로 이론을 창시하였다.

Shannon은 1948년의 논문 'A Mathematical Theory of Communication'에서 정보를 수량적으로 다루는 방법을 고찰하였다. '정보량'의 개념을 만들고 이 개념을 사용하여 통신의 효율화와 정보 전달에 대해 이론적인 해결책을 제시하였다. Boltzman의 Entropy 방정식 $S = K \log W$와 같은 형태의 함수로 정보량을 정의하였다. Entropy는 어떤 물질로 이루어진 집합 전체의 배열을 확률의 개념으로 정리한 것이다. 어떤 기호의 연속이 얼마나 많은 정보를 가질 수 있는지를 파악하기 위해 'Channel Capacity Theorem'을 제시하였다.

정보이론의 중심 아이디어는 Entropy 개념에서 나왔다. 그가 제시한 함수는 bit의 열이 얼마나 예측 불가능한가에 대한 척도이다. 예측 가능성이 작을수록 bit 열로부터 메세지 전체를 생성해 낼 가능성이 작다. 메세지의 잉여부분이 적을수록 그 메세지에 들어갈 정보의 양은 많아진다. 그는 예측 불가능성을 측정함으로써 그 메세지에 저장된 정보의 양을 측정할 수 있다고 생각했다. 이런 면에서 정보는 Entropy와 유사하다.

Shannon의 정보이론을 쉽게 이해하기 위하여 Entropy를 먼저 정의하자. Entropy는 어떤 확률변수의 불확실성을 측정하는 것이다. 또한, Entropy는 정보량을 의미한다. 이를 이해하기 위해 다음과 같은 예를 들어 보자.

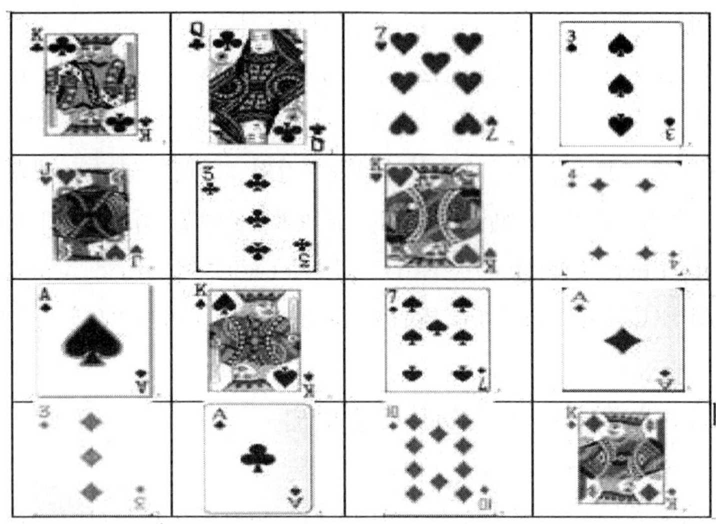

그림 7.2.1 16 개의 카드

그림 7.2.1 의 오른쪽과 같이 16 개의 카드가 있는데 Clover 3 을 맞추기 위해서는 몇 번의 질문이 필요할까? 첫 번째 행의 첫 번째 열에 있는 Clover King 으로부터 '이것이 Clover 3 입니까?' 라고 묻고 아니면 그 다음 오른쪽에 있는 Clover Queen 에게 '이것이 Clover 3 입니까?' 라는 질문을 계속해 나가면 Clover 3 을 찾을 수 있다. 만약 첫 번째 행과 첫 번째 열에 Clover 3 이 있으면 한번 만에 찾을 수 있지만 4 번째 행과 4 번째 열에 Clover 3 이 있으면 15 번만에 찾을 수 밖에 없다. 왜냐하면 15 번 다 질문을 물어보아서 Clover 3 이 없을 경우는 마지막 카드에 있다고 추정할 수 있기 때문이다. 카드가 n개 있을 때 이러한 방법으로 하나의 카드를 찾는 것은 최악의 경우 $n-1$번의 질문을 해야 한다. 확률론적으로 보면 무작위적으로 선택해서 Clover 3 을 맞출 확률은 1/16 이다.

좀 더 현명한 방법을 생각해 보면 행을 기준으로 2 개의 그룹으로 나누어 'Clover 3 이 위에 있습니까?' 하고 묻고 '위에 있다'는 답을 얻으면 탐색해야 할 대상은 8 개로 줄어 든다. 다시 좌우 2 개의 그룹으로 나누어 'Clover 3 이 오른쪽에 있습니까?'하고 질문을 하면 '아니오'라는 답을 듣는다. 그러면 이제 탐색해야 할 대상이 4 개로 줄고 다시 상하나 좌우로 2 개의 그룹으로 나누어 동일한 질문을 반복해 나가면 4 번만에 Clover 3 이 어디에 위치하는지 알 수 있다.

다시 정리하면 대상은 16 개가 있고 4 번의 질문을 통해 우리가 찾고자 하는 대상을 찾을 수 있다. 이를 수학적으로 표현하면 $2^4 = 16$이 되고 Claude Shannon 은 정보량을 4

bit 라고 정의하였다. 왜냐하면 4 번의 질문으로 불확실성을 해소했기 때문이다. Claude Shannon 은 Entropy 를 구하는 공식을 식 (7.2−1)과 같이 제시하였다.

$$h(x)=-\log_2 p(x) \qquad (7.2-1)$$

여기에서,
$p(x)$는 무작위로 선택해서 맞출 확률

여기에서 앞에 '−'를 붙인 이유는 $p(x)$가 0~1 사이의 확률 함수값이므로 $\log_2 p(x)$는 음수가 되어 계산의 편의를 위해 양수로 바꿔주기 위해서이다. 앞의 예에서 $p(x)=\frac{1}{16}$이므로 $h(x)=-\log_2 p(x)=-\log_2\left(\frac{1}{16}\right)=4$가 된다. 정보량의 단위를 bit 라고 정의했음으로 이 예에서는 4bit 의 정보량을 가진다. 이 개념을 좀 더 확장해서 확률분포의 기대값을 계산하는 방식으로 Entropy $H(x)$를 식 (7.2−2)와 같이 정의할 수 있다.

$$H(x)=-\sum p(x)\log_2 p(x) \qquad (7.2-2)$$

$H(x)$는 $\log_2 p(x)$를 발생할 확률 $p(x)$로 곱하여 합산하는 기대값 개념이다. 예를 들어 어떤 확률변수가 (1/4, 1/4, 1/4, 1/4)로 동일한 확률로 나타난다고 하면 $H(x)$는 식 (7.2−3)와 같이 계산된다.

$$H(x)=-\sum p(x)\log_2 p(x)=-4\times\left\{\frac{1}{4}\times\log_2(1/4)\right\}=2bit \qquad (7.2-3)$$

그러나 만약 어떤 확률 변수가 (3/8, 1/8, 3/8, 1/8)로 확률이 동일하지 않다면 $H(x)$는 1.8075bit 로 작아진다.

$$\begin{aligned}H(x)&=-\sum p(x)\log_2 p(x)\\&=-\left\{\frac{3}{8}\times\log_2\left(\frac{3}{8}\right)+\frac{1}{8}\times\log_2\left(\frac{1}{8}\right)+\frac{3}{8}\times\log_2\left(\frac{3}{8}\right)+\frac{1}{8}\times\log_2\left(\frac{1}{8}\right)\right\}=1.8075bit\end{aligned}$$

이렇게 불균형한 확률분포를 보이는 경우는 Entropy 가 작아지는데 그 이유는 무작위 선택으로 인해서 맞출 확률이 더 커지기 때문이다. 즉, 불확실성이 줄어들기 때문이다. 이렇듯 정보 Entropy 는 전달되는 정보량에 의해 결정되므로 Entropy 가 높을수록 변수 x의 결과에 대한 불확실성이 높아진다.

예를 들어 N 개의 Cell 로 구성되는 임무공간 내에 정찰감시체계의 최대 Entropy 는 $H_{\max}=\log_2 N$이 되고 최소 Entropy 는 $H_{\min}=\log_2 D$(여기서, D 는 1 단위시간 후에 표적이 차지할 가능성이 있는 Cell 의 수)가 된다. M 개의 표적이 서로 독립적으로 이동할 때 최대 불확실성은(최대 Entropy)는 $M\times H_{\max}$이 된다. 정찰감시체계의 목표는 실제 시스템 Entropy 를 유지하는 것인데 이는 식 (7.2-6)과 같다.

$$H(t)=-\sum_{i=1}^{N}p_i(t)\log_2 p_i(t) \quad (7.2-6)$$

여기에서,

$p_i(t)$: 시간 t에 Cell i에 있을 확률

정찰감시체계가 표적을 상실한 경우는 $H=H_{\max}$가 되고 센서가 표적을 탐지한 직후에 $H=H_{\min}$이 된다.

이러한 개념하에 Blue Force 공격, Red Force 방어 시 무정보, 정보무시, 정보부정확, 완벽한 정보에 따른 전력비와 Blue 피해율에 대한 관계는 그림 7.2.2 와 같다.

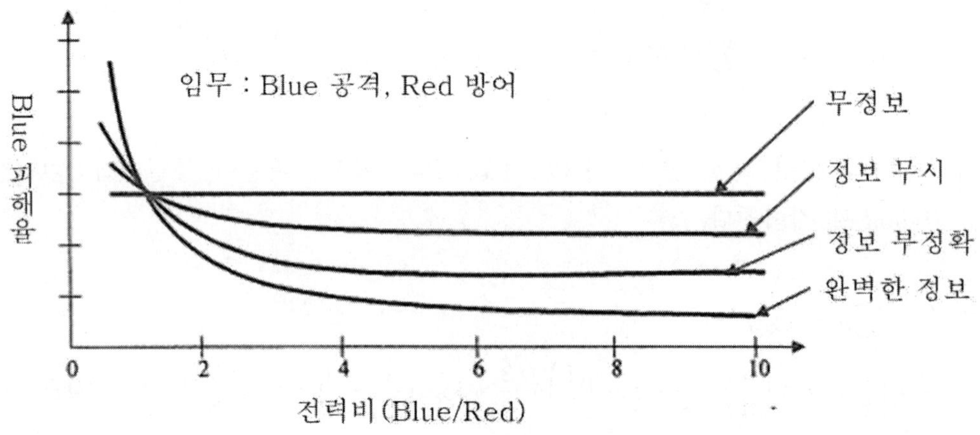

그림 7.2.2 정보 Entropy 가 Blue Force 임무효과에 미치는 영향 (I)

Blue Force 방어, Red Force 공격 시 무정보, 정보무시, 정보부정확, 완벽한 정보에 따른 전력비와 Blue 피해율에 대한 관계는 그림 7.2.2 와 같다.

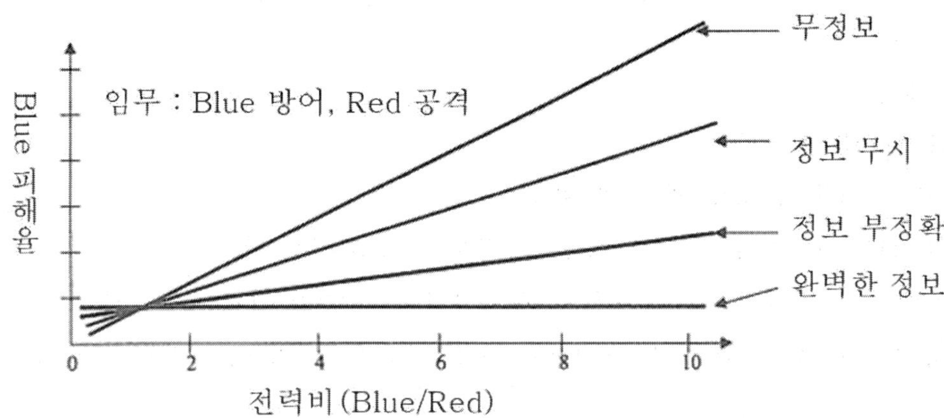

그림 7.2.3 정보 Entropy 가 Blue Force 임무효과에 미치는 영향 (II)

무정보 추정은 부대소속, 위치, 이동경로, 최종 목표와 관련된 불확실성의 합에 비례하고 정보부정확은 정보의 오차가 입력되어 중대한 오식별 또는 잘못된 위치확인을 유발한다. 이 경우는 무정보 상태보다 더 큰 Entropy 를 유발한다.

Entropy 추정의 예를 들면 그림 7.2.4 와 같다.

	1	2	3	4	5	6	7	8	9	10
1	A									
2										
3										
4										
5										
6										
7										
8										
9										
10										B

그림 7.2.4 10×10 Cell 과 두 부대 A, B 의 위치

100 개의 위치 Cell 과 두 부대 A, B 가 위치할 때 각 Cell 은 다음과 같은 3 개의 항을 갖는다.

$$-q_j(A)\ln p_j(A|A) - q_j(B)\ln p_j(B|B) - q_j(\overline{A}, \overline{B})\ln p_j(\overline{A}, \overline{B} \mid \overline{A}, \overline{B})$$

여기에서,

$q_j(A)$: 부대 A 가 Cell j에 있을 확률

$q_j(B)$: 부대 B 가 Cell j에 있을 확률

$p_j(A|A)$: 부대 A 가 Cell j에 있을 때 부대 A 가 탐지될 확률

$p_j(B|B)$: 부대 B 가 Cell j에 있을 때 부대 B 가 탐지될 확률

$p_j(\overline{A}, \overline{B} \mid \overline{A}, \overline{B})$: 부대 A 와 B 가 Cell j에 있지 않을 때 어떤 부대도 탐지되지 않을 확률

그림 7.2.4 에서와 같이 부대 A 는 Cell (1,1)에, 부대 B 는 Cell (10,10)에 있을 때 모든 q항은 다음을 제외하고 모두 0 이 된다.

$$q_{(1,1)} = 1, q_{(10,10)} = 1, q_{(i,j)}(\overline{A}, \overline{B}) = 1, i \neq 1, 10, j \neq 1, 10$$

따라서, Entropy 는 다음과 같다.

$$-\ln p_{(1,1)}(A|A) - \ln p_{(10,10)}(B|B) - \sum_{\substack{i,j=(1,1) \\ \text{and }(10,10)}} \ln p_j(\overline{A}, \overline{B} \mid \overline{A}, \overline{B})$$

먼저, 완벽한 정보를 가질 경우에 $p_{(1,1)}(A|A) = p_{(10,10)}(B|B) = p_j(\overline{A}, \overline{B} \mid \overline{A}, \overline{B}) = 1$ 이 된다. 따라서 Entropy 는 $-100\ln 3$이 된다. 무정보 상태에서는 $p_{(1,1)}(A|A) = p_{(10,10)}(B|B) = p_j(\overline{A}, \overline{B} \mid \overline{A}, \overline{B}) = 1/3$이 되고 Entropy 는 $100\ln 3$이 된다. 그리고 완벽한 오정보 상태에서는 $p_{(1,1)}(A|A) = p_{(10,10)}(B|B) = p_j(\overline{A}, \overline{B} \mid \overline{A}, \overline{B}) = 0$이므로 Entropy 는 $-n\ln 0 = \infty$가 되어 불확실성이 무한대가 된다.

7.2.2 AHP와 ANP에 의한 방법

AHP(Analytic Hierarachical Process)와 ANP(Analytic Network Process)에 의한 방법은 C4ISTR 체계에 효과평가를 위한 구조를 설정하고 전문가 집단을 구성하여 각 요소별 쌍대비교를 통해 효과평가를 하는 방법이다. AHP의 자세한 이론과 절차는 이책의 3.5 절을 참고하고 ANP에 대한 설명은 권오정(2018)의 「다기준 의사결정 방법론 이론과 실제」을 참조하라.

7.2.3 NATO의 COBP(Code Of Best Practice) 방법

북대서양조약기구(NATO : North Atlantic Treaty Organization)는 1990년 중반에 C2(Command and Control)의 수준 높은 평가를 용이하게 하기 위해 COBP(Code Of Best Practice)를 개발하였다. COBP는 NATO 국가들 전체를 아울러 지도적 위치에 있는 군사 및 민간 국방 전문가를 모아 국제적 공조의 거친 산물이다. COBP는 국방과 안보에서 핵심적 정보능력인 C2를 위한 운용적 분석을 행동화할 수 있는 구조적인 절차를 제시하고 최선의 연습을 하기 위한 노력을 증진하고 있다. 개발 이후, COBP는 전쟁 이외의 군사작전(OOTW : Operations Other Than War) 평가로 확장되었다.

군사적 영역에서 C2를 평가하는 것은 어려운 과제이다. COBP를 사용함으로써 C2 평가의 완전하고, 관련성 있고, 투명하고, 신뢰성 있고, 권위있는 수준 높은 산출물의 가능성을 증가시킨다. 특별히 COBP는 분석과정의 확장을 지원하고 직접적인 작전지원에서 효과적인 분석결과 사용을 지원하며 업무에서의 질과 일관성을 증가시킨다. 또한, 위험을 감소시키고 계획, 준비, 분석과 지원문서의 발표의 비용을 줄인다. 뿐만 아니라 분석가와 의사결정자들에게 수용가능한 방법론을 제공한다.

COBP는 분석과정의 효과적인 구조화를 용이하게 한다. COBP는 기획, 실행, 검토에서 사용할 수 있는 체계를 기술하고 있으며 모든 핵심요소를 포함하는 수준 높은 C2 평가를 가능하게 한다. COBP를 사용은 모든 수준의 연구공동체 표준과 평가연구의 규모로 간주된다.

COBP는 모델간의 계층적인 구조를 사용하여 성능모델과 효과모델을 연결한다. 그림 7.2.5는 COBP 모델 연결개념을, 그림 7.2.6은 COBP 모델 계층 구조를 나타내고 있다.

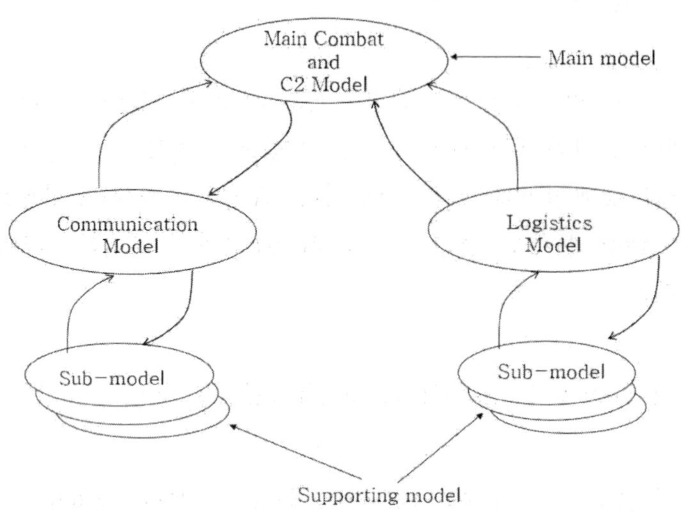

그림 7.2.5 COBP 모델 연결 개념

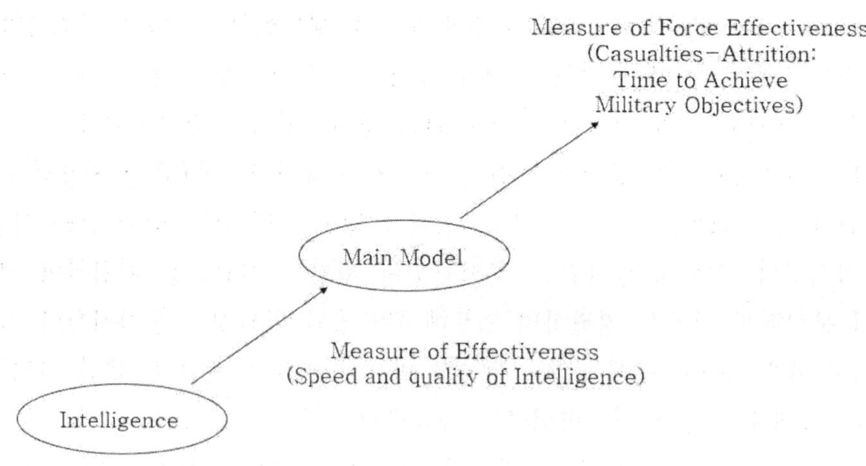

그림 7.2.6 COBP 모델 계층 구조

그림 7.2.7 은 효과적인 C2 체계 평가를 위한 COBP 의 주요 요소들을 설명하고 있으며 평가를 위해 수행되어야 하는 주요 절차를 설명하고 있다. 각 단계별로 생산해야 하는 주요 산출물을 명시하고 있고 스트레스, 피로도, 의사결정의 질 등 인적요소와 조직구조, 기능, 역량, 역할 등 조직문제에 대한 잠재적 파급효과를 명백히 기술하고 있다.

관심 군사행동이 발생시킬 시나리오 범위를 식별하는데 여기에는 문제설정, 인적요소, 주요 인자, 가정 등이 포함되고 정보흐름과 의사결정, 대상의 정보상태, 동적인 행동과 반응 등에 대한 정의, 문제의 분할과 삭제 등 정련시키는 활동이 필요하다. 또한, 기여도 측정을 위한 식별과 분석이 요구된다.

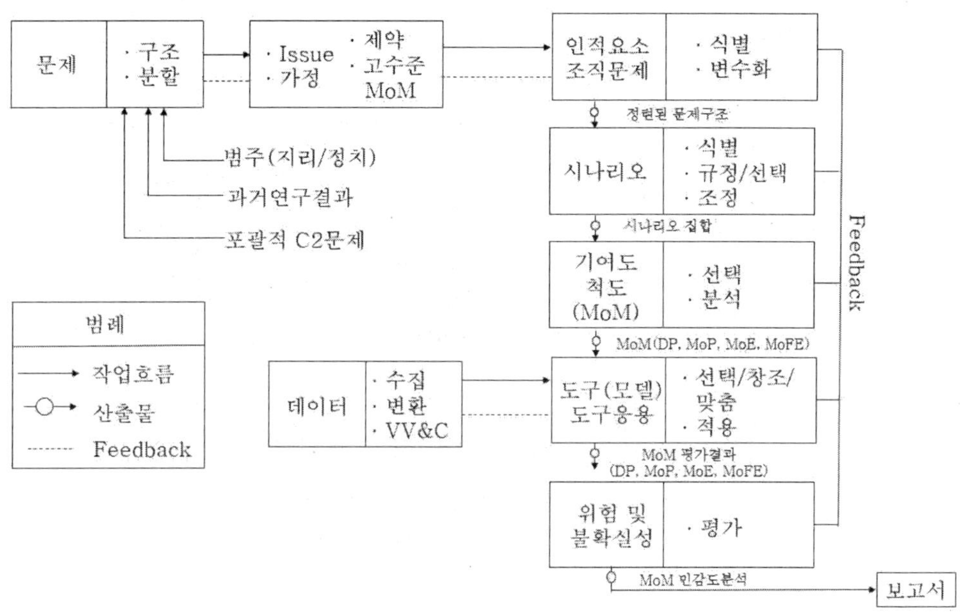

그림 7.2.7 COBP 의 C2 평가방법

7.2.4 NCO-CF(Network Centric Operations Conceptual Framework)

NCO-CF 는 미 국방성의 Office of Force Transformation 과 Office of the Assitant Secretary of Defense Networks and Information 에서 2003 년 공동개발한 C4ISR 평가 방법론이다. NCO-CF 는 NCO 의 최상위 개념 계층을 식별하고 계층내 각 구성요소들 간의 관계를 식별한다. NCO 의 네트워킹 정도, 정보공유도, 상황인식력 등과 같은 능력과 관련 개념요소들이 서로 어떤 영향을 미치는지에 대한 설명을 한다. 또한 NCO 각 요소 및 영역 간의 연결이 전반적인 전투 효율성 향상에 어떻게 영향을 미치는지 보여준다. 이후, 계층을 세분화하여 구체적인 척도를 식별한다.

그림 7.2.8 은 NCO-CF 로서 물리영역 뿐만 아니라 정보 및 인지, 사회 영역에 대한 NCO 효과를 평가하기 위한 18 개의 개념요소를 반영하고 있으며 최상의 계층의 NCO-CF 능력 개념과 속성, 척도를 제시하고 있다. 모든 연결은 양의 상관성을 가진다. 예를 들어 구조상의 정보의 질(Quality of Organic Information)의 향상은 개별 정보의

질(Quality of Individual Information)의 향상을 가져온다. 그림 7.2.8은 NCO-CF의 개념요소와 상호간의 관계를 표현하고 있다.

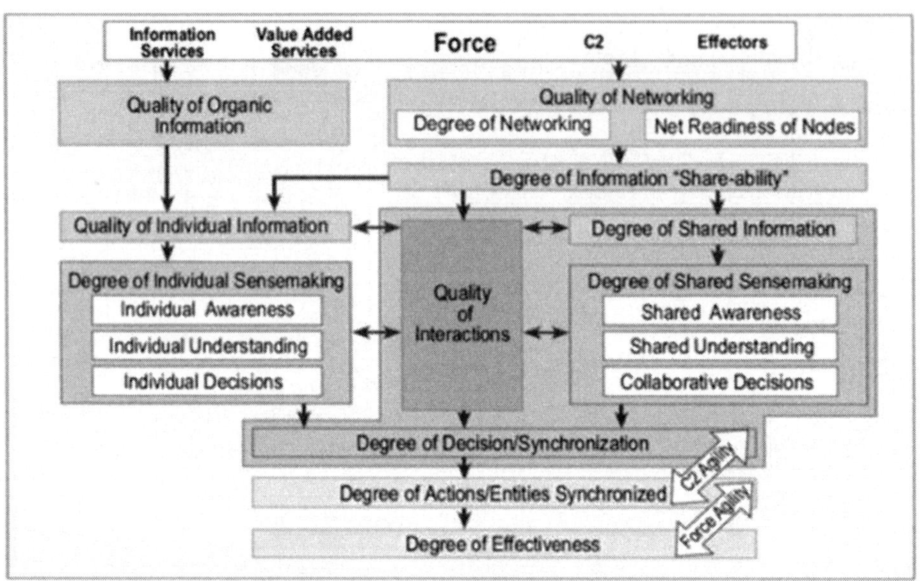

그림 7.2.8 NCO-CF 개념요소

NCO-CF는 전쟁의 영역을 물리적 영역(Physical Domain), 정보 영역(Information Domain), 인지적 영역(Cognitive Domain), 사회적 영역(Social Domain) 등 4개의 영역으로 구분하고 있다. 물리 영역의 평가항목은 행동 및 개체 동시통합 정도, 지휘통제 및 전투부대 민첩성, 작전의 효과성이 포함되며 정보 영역의 평가항목은 최초 및 개별 수집 정보 수준, 네트워크 연결 및 준비도, 정보공유 능력 정도 등이며, 인지적 영역은 개별 인지 및 인식, 신념, 가치관, 협력된 의사결정 수준, 인지결과를 포함하고 사회적 영역은 전력 객체들간 상호작용 집합을 의미한다.

NCO-CF는 최상위 개념(Top Level Concepts), 속성(Attributes), 평가기준(Metric)의 3층 구조로 이루어져 있다. 먼저 NCO-CF에서 제시된 18개의 최상위 개념 요소를 4개의 전쟁 영역별로 정리하면 표 7.2.1과 같다.

표 7.2.1 4 가지 영역의 최상 수준 개념

영역	최상 수준 개념
물리적 영역	① Quality of Organic Information ② Degree of Networking ③ Net Readiness of Nodes ④ Degree of Information "Share-ability" ⑤ Quality of Individual Information ⑥ Degree of Shared Information
정보 영역	⑦ Quality of Interaction ⑧ Quality of Individual Awareness ⑨ Quality of Individual Understanding ⑩ Quality of Individual Decision ⑪ Degree of Shared Awareness ⑫ Degree of Shared Understanding ⑬ Degree of Collaborative Decision ⑭ Degree of Decision/Synchronization
인지적 영역 및 사회적 영역	⑮ Degree of Action/Entiites Synchronized ⑯ C2 Agility ⑰ Force Agility ⑱ Degree of Effectiveness

정보영역에서 ①최초 수집정보 수준은 각각의 편제 정보수집수단에 의해 수집한 정보로 네트워크에 공유되기 이전 상태로 정의되며, ②,③은 네트워크 수준으로 네트워크 연결정도와 노드 준비도로 정의된다. ④정보 공유능력 정도는 획득된 정보를 공유하기 위한 시스템의 능력이며, ⑤개별 통합 정보 수준은 최초 수집정보와 네트워크를 통해 수집된 총괄 정보의 수준이다. ⑥공유된 정보 정도는 공유된 정보의 수준으로 공유범위, 정확성 등을 속성으로 한다.

인지 및 사회 영역에서 ⑦상호 교류 수준은 정보교류를 위한 다양한 수단, 장비 및 상호교류 마인드, 훈련 정도 등의 수준으로 정의되며, ⑧~⑩개별인식/이해/의사결정 수준은 각각의 전력개체들이 주어진 정보로부터 상황을 인식하고 이해하여 의사를결정하는 수준으로 정의된다. ⑪~⑬공유된 인식/이해 수준과 협력된 의사결정 수준은 시스템 내 전력개체들에 의해 이루어지는 상황의 인식, 이해, 의사결정 행위들의 수준으로 정의된다. ⑭의사결정 동시통합 정도는 시스템 내 전력개체들에 의해 행해지는 의사결정들의 동기화

정도이다. 물리 영역에서 ⑮행동/개체 동시통합 정도는 시스템 내 전력개체들에 의해 행해지는 실제 행동 및 개체의 동시통합 정도이며, ⑯지휘통제 민첩도와 ⑰전투부대 민첩도는 비선형적 변화와 불확실한 상황과 환경에서 효과를 발휘할 수 있는 능력으로 정의된다. ⑱효과달성 정도는 적절한 규모의 부대를 투입하여 최소의 희생으로 원하는 시간에 임무를 완수하는 능력으로 정의된다.

NCO-CF의 3층구조 중 두 번째는 속성(Attributes)이다. NCO-CF V2.0은 최상위 개념 요소별로 평가항목인 속성들을 제시하고 있다. 표 7.2.2는 제시된 속성들을 NCO 개념요소별로 정리한 것이다. 각 속성들은 대부분 정성적 평가 위주로 정의되어 있으며, 일부는 정량적 평가가 가능하도록 정의되어 있다. 속성은 총 151개로 평가의 성격에 따라 전부 또는 일부를 선별하여 적용할 수 있다.

표 7.2.2 각 최상의 수준 개념의 속성.

Top Level Concepts(18)		Attributes(151)
① Quality of Organic Information(8)		Correctness, Consistency, Currency, Precision, Completeness, Accuracy, Relevance, Timeliness
Quality of Networking(4)	② Degree of Networking(3)	Reach, Quality of service, Network assurance
	③ Net Readiness of Nodes(1)	Net readiness of nodes(force entities capable of sharing information and collaborating with others)
④ Degree of Information "Share-ability"(3)		Quantity of posted information, Quantity of retrievable information, Ease of use
⑤ Quality of Individual Information(9)		Extent, Correctness, Consistency, Currency, Precision, Completeness, Accuracy, Relevance, Timeliness
⑥ Degree of Shared Information(9)		Extent, Correctness, Consistency, Currency, Precision, Completeness, Accuracy, Relevance, Timeliness
⑦ Quality of Interaction(35)		Quantity, Quality, Reach, Selectivity, Continuity, Synchronicity, Mode, Latency, agility(Robustness, Resilience, Flexibility, Responsiveness, Innovativeness, Adaptability) - Individual characteristics: Risk propensity, Competence, Trust, Confidence, Organizational identification - Organizational characteristics: Risk propensity, Competence, Trust, Confidence, Size, Hardness, Diversity, Permanence, Autonomy, Structure, Interdependence - Organizational and individual behaviors: Cooperation, Efficiency, Synchronization, Engagement, Team vs. task balance
Quality of Individual Sense-making (29)	⑧ Individual Awareness(9)	Correctness, Consistency, Currency, Precision, Completeness, Accuracy, Relevance, Timeliness, Uncertainty
	⑨ Individual Understanding(9)	Correctness, Consistency, Currency, Precision, Completeness, Accuracy, Relevance, Timeliness, Uncertainty
	⑩ Individual Decisions(11)	Consistency, Currency, Precision, Appropriateness, Completeness, Accuracy, Relevance, Timeliness, Uncertainty, Risk propensity, Mode of decision making
Degree of Shared Sense-making (32)	⑪ Shared Awareness(10)	Extent, Correctness, Consistency, Currency, Precision, Completeness, Accuracy, Relevance, Timeliness, Uncertainty
	⑫ Shared Understanding(10)	Extent, Correctness, Consistency, Currency, Precision, Completeness, Accuracy, Relevance, Timeliness, Uncertainty
	⑬ Collaborative Decisions(12)	Extent, Consistency, Currency, Precision, Appropriateness, Completeness, Accuracy, Relevance, Timeliness, Uncertainty, Risk propensity, Mode of decision making
⑭ Degree of Decision/Synchronization(4)		Entities, Expected actions, Plan elements, Time
⑮ Degree of Action/Entities Synchronized(3)		Entities, Actions, and Time
⑯ C2 Agility(6)		Robustness, Resilience, Responsiveness, Flexibility, Innovation, Adaptation
⑰ Force Agility(6)		Robustness, Resilience, Responsiveness, Flexibility, Innovation, Adaptation
⑱ Degree of Effectiveness(3)		Size of the force, Casualties, Time required to accomplish the mission

NCO-CF 세 번째는 평가기준(Metric)이다. 각 속성들은 주관적(정성적)인 평가기준과 객관적(정량적)인 평가기준에 의해 측정된다. 가능하다면 정량적 평가기준을 활용하여야 하지만, 목표는 점차적으로 정량적 평가기준에 의존하는 것이다. 정량적 평가기준은 전투실험이나 시뮬레이션 등에 의해 얻을 수 있으며, 주로 비율로 측정될 수 있다. 그림 7.2.9는 미 공군이 12,000 Sortie의 훈련을 통해 NCO 효과를 정량적으로 측정한 결과이다.

즉 MCRC 에서 육성으로 전투기를 통제할 때보다 육성과 Link-16 을 통합하여 통제시 적 전투기의 피해율이 2.5 배 이상 향상됨을 알 수 있다. 그러나 정성적 척도가 적절하고 필요한 상황도 있다. 정성적 척도는 주관적인 것으로 예를 들어 행동 및 개체 동시 통합 정도는 충돌(Conflicted), 미충돌(De-conflicted), 상승효과(Synergistic)로 구분하여 이를 점수화할 수 있고, 또는 정성적인 속성을 미흡(1.0)부터 우수(5.0)까지 점수화할 수 있다.

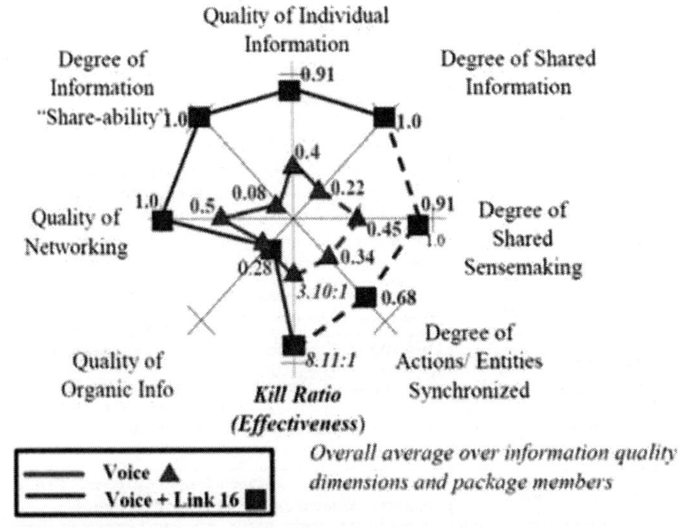

그림 7.2.9 음성과 음성+Link 16 통합 비교

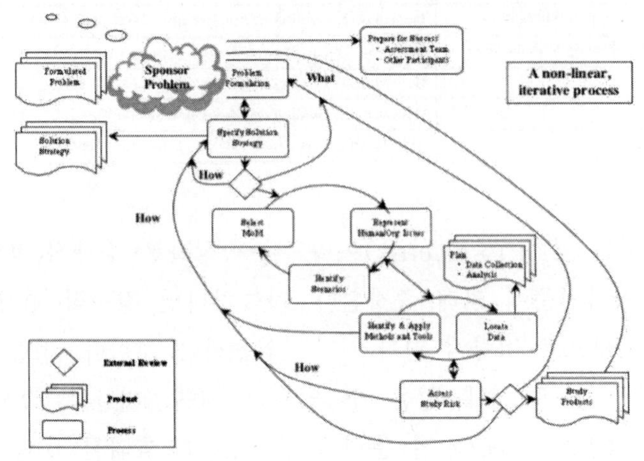

그림 7.2.10 NATO COBP C2 평가절차 (개선)

7.2.5 CAPE(C4ISR Analytic Performance Evaluation) 모델

CAFE는 미국 MITRE사에서 개발한 분석모델로 핵심 C4ISR Parameter 및 Interaction을 신속하게 파악할 수 있게 제공해 주는 도구이다. CAFE는 타격 프로세스 전과정을 모델링하고 센서수집, PED(Processing, Exploitation, Dissemination), 지휘통제 프로세스를 포함하고 있다.

CAFE의 MoE는 모델에 따라 차이가 있으나 타격모델인 경우 수집된 영상의 활용률, 활용지연, Sensor-to-Shooter 지연, 작전후 최초 표적 대 잔존표적 비율, 아군의 타격 및 센서 플랫폼 피해, 적 지상표적 피해, 동적인 피아 전력비, 전투단계 지속시간, 위험에 처한 표적, 전투 비용 등이 포함된다.

CAFE는 분석적 네트워킹 대기행렬과 분석적 위험평가를 수행한다. 작전환경은 전역지역, 지형차폐와 한계, 도시지역의 차폐, 기상, 적 방공망에 대한 합동 제압, 센서와 공격 플랫폼의 피해율, 잠재적 전개율, 통신·도로·방공의 기반시설, 전장의 정보준비상황 등이 포함된다. CAFE 모델의 구성은 표 7.2.3과 같다.

표 7.2.3 CAFE 모델의 구성

Deep CAFE	공군 항공기 및 육군 ATACMS 미사일을 이용한 전역급 종심타격 분석
Close CAFE	육군의 사단급 근접전투 분석
Sea CAFE	해군 전투세력에 대한 잠재적 미래위협과 방어 평가
Air CAFE	미래의 지대공 위협분석, 정보우위 연습개발의 지침으로 사용됨
Geographic CAFE	동적인 전투공간인지 산출, Cellular Automata 기법을 사용하여 전장에서의 확률적 이동 표현, 참값과 탐지값을 비교하여 그 차이를 점수화
Dynamic CAFE	최적의 플랫폼-무장=표적 할당 수행. 다수의 C4ISR 아키텍쳐 평가에 사용. C4ISR과 무기체계 균형사용 산출 가능
PED CAPE	영상정보 활용체계의 성능을 수집량, 영상 분석가 수, 활용률의 함수로 모델링

그림 7.2.11은 CAPE의 범위를 표현하고 있고 그림 7.2.12은 Dynamic CAFE의 수행절차를 나타내고 있다.

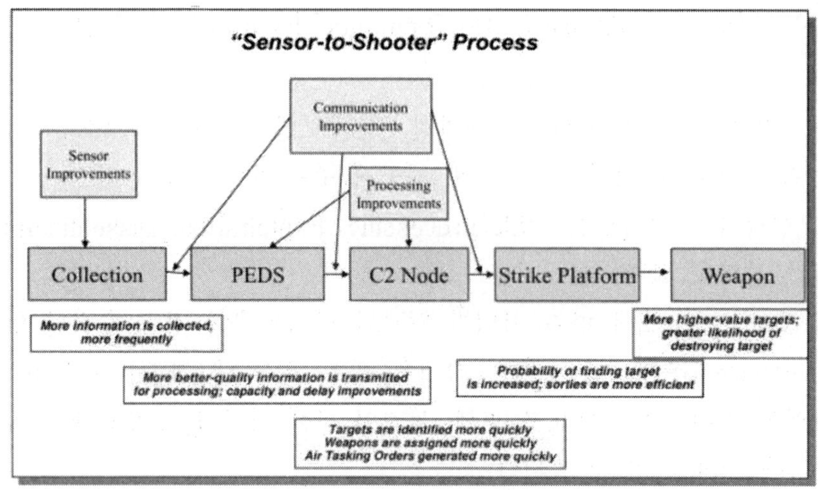

그림 7.2.11 CAPE 범위

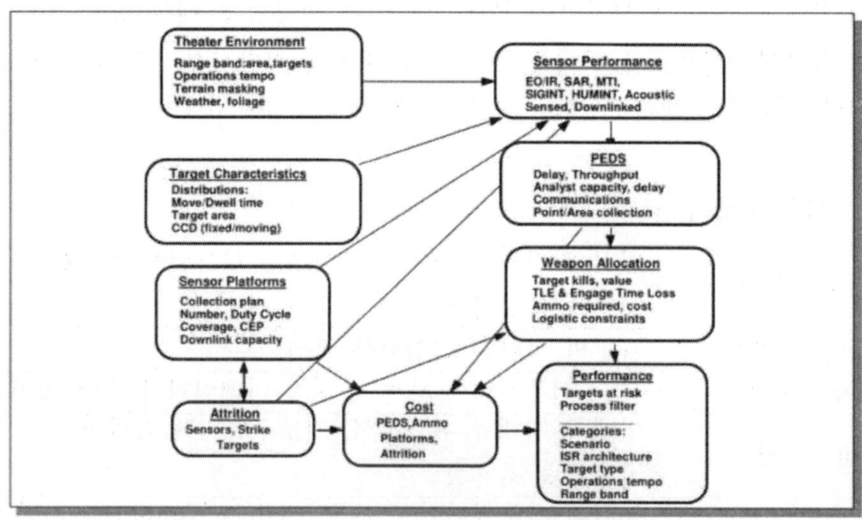

그림 7.2.12 Dynamic CAFE 절차

표 7.2.4는 CAFE 구성 모델별 센서수집, PED, 무기체계, 지휘통제에 대해 어떻게 묘사하는지에 대해 설명하고 있다.

표 7.2.4 CAFE 구성 모델별 방법론

환경묘사	· 환경변수를 확률분포함수로 분석
센서 수집	· 변수를 센서위치, 트랙위치, 센서 탐지강도, 탐지범위, 임무주기, 기상·지형 효과, 적 은페·엄페·기만 효과
PED	· 통신 및 정보처리와 무기성능을 결합 · 통신체계 부하와 이로 인한 지연을 동적으로 계산 · 인간 및 컴퓨터의 처리부하 및 지연 계산 · 분산처리, 분할기지 개념 평가
무기체계	· ISR 능력과 무기체계의 능력의 상호작용 묘사 · 무장과 플랫폼의 동적인 최적 표적 할당
지휘통제	· 무기, 플랫폼, 표적의 최적 조합을 사용자가 선택한 가치함수에 기초하여 계산 · 표적 기동성, 무장-표적 위치오차 요구수준, 플랫폼 집행시간 등을 고려

CAFE가 Dynamic Analytic Risk Evaluation을 실시할 때는 Beta 분포나 삼각분포를 이용하여 최솟값, 최댓값, 평균, 표준편차 등을 사용하는데 Beta 분포의 경우 Beta분포 변수의 합과 곱은 Beta 분포라는 특성을 이용하여 결과를 근사화하고 필요한 함수를 이용한다. 삼각함수는 개발 초기에 신속히 계산하기 위해 사용하고 완성 단계에서는 Beta 분포를 사용한다.

그림 7.2.13은 Dynamic Analytic Risk Evaluation에 대해 시간과 총지연시간에 대한 확률을 3차원적으로 나타내고 있다.

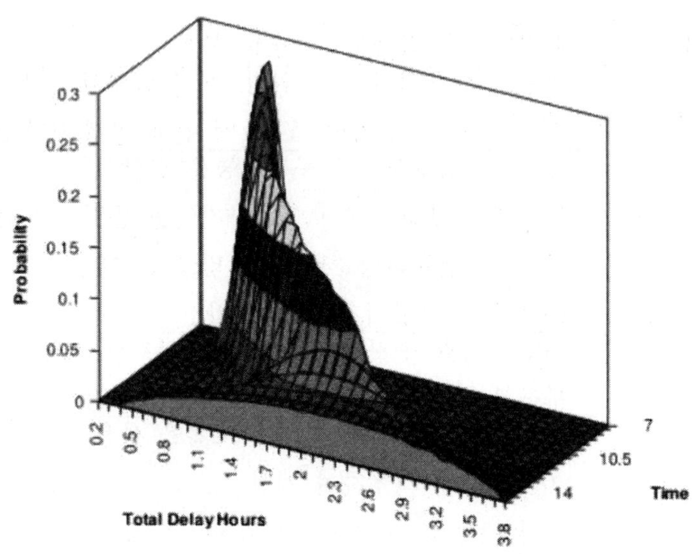

그림 7.2.13 Dynamic Analytic Risk Evaluation 예

7.2.6 MOM 척도

MOM(Measure Of Merit) 척도에서는 하나의 척도방법으로 C4ISR 체계의 전반적인 효과를 측정하는 것은 대단히 어려운 일이다. 따라서, 여러 계층의 MOM 방법을 통해 C4ISR 체계의 효과를 측정한다.

MOPE(Measure Of Policy Effectiveness)는 군사활동이 광의적인 정치-사회적 결과에 미치는 영향을 측정하는 것이다. 예를 들어 지역안정 기여도, 사회규범과 질서에의 유지, 군사임무가 정치적 목적에 직접적으로 기여할 수는 없어도 목표달성을 위한 행동을 용이하게 해 줄 수는 있는 것이다. 후속하는 부대들이나 민간 기구들에게 책임을 이양하는 것과 민간인들의 삶의 질을 측정하는 안정화 척도 같은 것들도 포함된다.

MOFE(Measure Of Force Effectiveness)는 군이 군사적으로 얼마나 군사행동의 목표를 잘 수행하는지 또는 목표달성 수준을 말한다. 예를 들어, 획득하거나 손실한 지역, 전진속도, 전투손실률, 피해 교환율, 사상자율, 적 표적 파괴 수, 요구되는 적 행동 등이다.

MOCE(Measure Of C2 Effectiveness)는 작전에 참가한 C2 시스템의 성능에 관한 것이다. 방책발전 시간, 요구되는 형태로 정보를 제공하는 능력, 계획의 수준 등이다.

MOE(Measure Of Effectiveness)는 C4ISR 체계가 작전상황에 미치는 영향 및 효과에 관한 것이다. 목표달성을 위한 계획작성 능력, 전투공간 공통전술상황 생성능력, 반응시간과 같은 것이다.

MOP(Measure Of Performance)는 내부 시스템의 구조, 특성, 행동인데 적시성, 정확성, 용량, 사건 변동 시 인식 시간, 시스템 신뢰도, 또는 이들의 조합에 기초한 측정치이다.

DP(Dimensional Parameter)는 C4ISR 체계 자체가 가지고 있는 내재된 성질 또는 물리적 특성으로서 통신링크 대역폭, 컴포넌트 크기, 데이터 접근 시간, 시스템 비용, 인적 속성과 조직의 형태 등이다. 이들의 구조의 관계성을 다이어그램으로 표현하면 그림 7.2.14 와 같다.

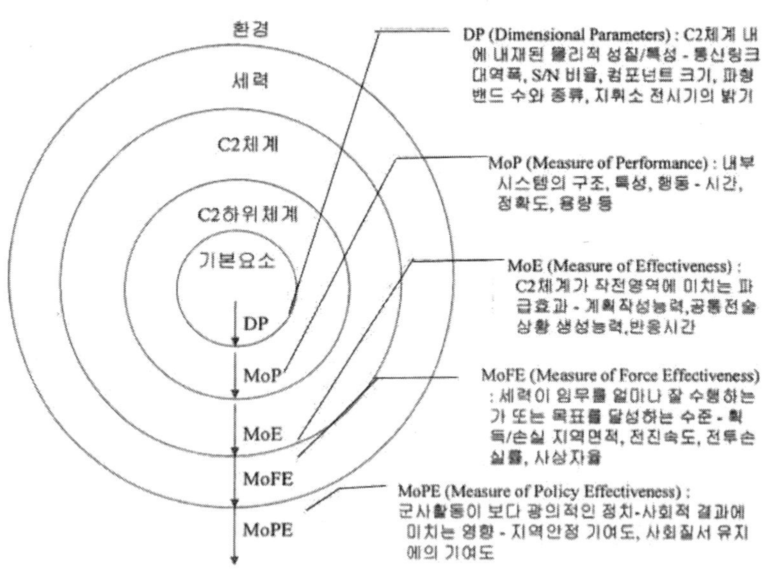

그림 7.2.14 C2 체계 Measure of Merit 관계성

표 7.2.5 는 결과, C4I, System, Process 에 대한 각 MOM 을 나타내고 있다. 먼저 Process 는 DP 로 System 은 MOP 로, C4I 는 MOE 로 최종 결과는 MOFE 로 판단하는 것이 일반적이다.

표 7.2.5 MoM 분류별 평가대상

평가대상	결과	C4I	System	Process
MOM	MOFE	MOE	MOP	DP

표 7.2.6 은 DP 로부터 MoFE 까지 중점, 시나리오, 노력요구, 수, 가치, 포괄성, 일반화에 대한 수준 정도를 나타내고 있다.

표 7.2.6 MOM 의 특성

MOM	중점	시나리오	노력요구	수	가치	포괄성	일반화
MOFE	결과	종속적	높음	적음	높음	군사적	낮음
MOE	C3I	↑	↑	↑	↑	↑	↑
MOP	시스템	↓	↓	↓	↓	↓	↓
DP	프로세스	독립적	낮음	많음	제한	기술적	높음

표 7.2.7 은 MoM 평가방법으로 분석도구, 워게임, 시뮬레이터, Live 시뮬레이션, 실제작전을 제시하고 각 평가방법의 특성과 자원, 준비시간, 신뢰성에 대해 설명하고 있다.

표 7.2.7 MOM 평가방법

기법	응용분야	시스템	사람	작전/임무	자원	준비시간		신뢰성
						생성	사용	
분석도구	· 폐쇄형 · 통계적	분석적	가정 또는 모의	모의	비교적 적당	수주~수개월	수주~수개월	보통~중간
워게임	· Force-on-Force 모델 · 통신체계	모의	가정 또는 모의	모의	중간	수개월~수년	수주~수개월	중간
시뮬-레이터	Human-in-the-Loop	모의	실제	모의	높음	수년	수개월	중간~높음
Live 시뮬-레이션	· CPX · FTX	실제	실제	실제	매우 높음	수년	수주~수개월	높음
실제 작전	· 사후검토 · 교훈도출	실제	실제	실제	극히 높음	N/A	N/A	매우 높음

표 7.2.8 은 C4ISR 체계 분석의 목적과 목표에 따른 척도(MOM)를 목적, 범위, 척도, 척도수준으로 구분하여 설명하고 있고 표 7.2.9 는 군 지휘통제(C2)체계의 대표적 성능 척도(MOP)를 나타내고 있다.

표 7.2.8 C4ISR 체계 분석의 목적과 목표에 따른 척도(MoM)

목적	범위	척도	척도수준
기여도(효용성) 분석 MOFE	작전 전력의 일부로서 C4ISR 체계	C4ISR 체계가 군사력의 구성요소로서의 효용성 측정 수집자산 능력, 무기체계 능력, C2 효용성	지식 수준
체계효과 분석 MOE	C4ISR 체계 자체	C4ISR 체계의 처리능력 측정 (용량, 인지의 질, 적시성)	정보 수준
체계성능 분석 MOP	C4ISR 체계 구성요소	C4ISR 체계의 특성 측정 (탐지능력, 추정능력, 식별능력)	데이터 수준

표 7.2.9 군 지휘통제(C2) 체계의 대표적 성능척도(MOP)

척도종류	대표적인 데이터 수준 척도	설명
탐지(Detection) (객체, 이벤트의 탐지능력)	탐지확률	객체 탐지 시 탐지확률
	오 경보율	탐색범위당 오경보
	미탐지 확률	1 회 관측 시 탐지실패 확률
상태추정(State Estimation) (운동상태 연관분석 및 추정능력)	상태추정 정확성	위치, 속도 정확도
	표적추적 정확성	속도예측의 정확도
	표적추적 지속성	이동표적의 지속적 추정
	상관오차 확률	상관분석 실패확률
식별(Identification) (객체, 이벤트의 분류능력)	식별 확률	정확한 식별 수행 확률
	식별 정확성	식별 결정의 종합적 정확도
적시성(Timeliness) (센서, 프로세스의 시간반응)	관찰율	객체관측을 위한 재방문율
	탐지지연	관측에서 보고까지의 지연
	처리지연	센서보고에서 결정까지의 지연
	결정율	결정갱신 결과의 갱신율

표 7.2.10 은 군 지휘통제(C2) 체계의 대표적 효과척도(MOE)에 대해서, 표 7.2.11 은 효용성척도(MOFE)에 대해 설명하고 있다.

표 7.2.10 군 지휘통제(C2) 체계의 대표적 효과척도(MOE)

척도종류	대표적인 정보수준 척도	설명
용량(Capacity) 정보흐름(양, 속도) 처리능력	출력율	데이터를 정보로 변환하는 속도
	Surge Process 율	단시간 최대속도
	상관율	자료요소의 상관속도
	데이터 손실률	상관되지 않은 자료항목 손실률
	저장량	과거자료 저장용량
인지의 질 (Awareness Quality) 모든 가용자료의 감시와 사용수준	상관분석 정확성	데이터 집합간 연관 정확성
	탐지	탐지확률/오경보율 운영적 특성
	식별	식별의 정확도
	지리적 위치 정확성	표적획득의 공간적 정확도
	예측의 정확성	시간적/공간적 행동예측의 정확도
	계획의 정확성	대안계획의 타당성
적시성 (Timeliness) 정보가 처리되고 정보 산출물이 사용자에게 전달되는 속도	누적시간	인지결정까지의 누적지연
	대안생성 시간	대안설명을 생산하는 시간
	예측시간	예측의 외삽 추정시간
	계획 및 선택시간	반응계획 수립을 위한 총시간
	의사결정시간	복합적 의사결정 수행시간

표 7.2.11 군 지휘통제(C2) 체계의 대표적 효용성척도(MOFE)

척도종류	대표적인 지식수준 척도	설명
수집(Collection) 요구되는 감시 및 정찰자원	요구 수집 수단	필요한 수집수단의 수
	수집업무 할당	수집자산에 대한 과업부여
	밴드폭 활용성	링크 밴드폭의 상용 백분율
	요구 처리수단	필요한 처리 자원
표적결정 (Targeting) 목표달성에 필요한 무기자원	요구 무기체계	필요한 무기의 수와 혼합
	표적결정 효율	정확한 Targeting 백분율
	Sortie 생성율	Sortie 를 생성할 수 있는 속도
	요구 Sortie	목표달성에 필요한 Sortie 수
	취약성	자산의 취약성 정도
지휘통제 (C2) 지휘 및 통제의 효용성	OODA 주기 시간	종합적 의사결정 주기
	의사결정 정확성	종합적 지휘의사결정 정확도

7.2.7 ACCES(Army Command and Control Evaluation System) 평가 척도

ACCES 평가중점은 지휘소 또는 지휘소 네트워크 전반적인 성능평가에 있다. ACCES는 Defense System Inc. (DSI) 사에서 U.S. Army Research Institute for the Behavioral and Social Sciences (ARI) 감독하에 1986 년부터 1990 년까지 개발하였다.

C2 시스템의 효과에 대한 전반적 ACCES 척도는 예상하지 않은 변화가 발생하지 않는 조건하에서 어떤 계획이 의도한 기간내에 효과를 유지하는가를 주요 요소로 한다. 효과적인 지휘소는 현재와 미래의 상태에 대한 정확하고 직관적인 분석으로 안정된 계획을 발전시키고, 계획 변경없이 성공적으로 실행하는 임무, 자산, 범위에 대한 지시를 내리고 급격히 변화하는 상황에 대한 우발계획을 융통성 있는 반응을 할 수 있다.

ACCES는 C2 시스템 기능이 작동하는 절차의 질을 진단하는 척도를 제공한다. ACCES는 훈련 시간시간표와 C2 순환주기를 사용하는데 데이터 획득으로부터 계획과 지시를 하달하는 것까지 지휘관 및 참모가 개입된 정보전환절차를 설명하는 체계이다. ACCES는 각개 기능부서와 각 부서간 상호작용의 효과를 관찰한다. 일반적인 접근법은 그림 7.2.15 와 같다.

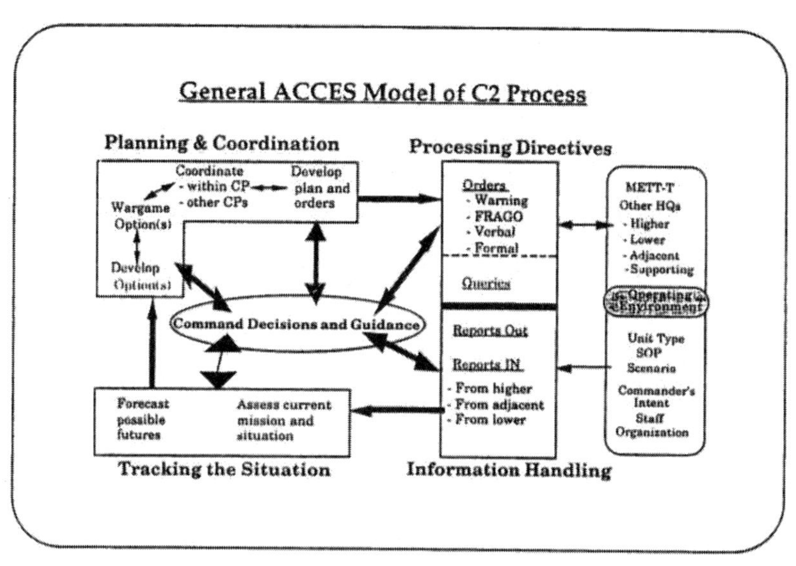

그림 7.2.15 ACCES C2 절차

참모는 지휘관을 지원하기 위한 많은 행동을 하는데 먼저 주위 환경과 예하부대로부터의 보고들로부터 정보를 수집하고 수집된 정보를 동기화시키고 대안을 발전시키고 평가한다. 또한 건의된 방책을 검토하고 계획을 실행하며 보고하고 협조하고 정보를 요구하고 정보를 메세지와 보고형식으로 전파한다.

ACCES 에서 완전한 C2 순환주기는 환경에 대한 정보를 받는 것으로 시작하여 상황의 상태에 대한 평가와 현계획과 계획변경의 필요성에 대해 인지, 대안의 개발, 변경에 대한 결심, 상세계획 발전, 준비와 지시의 하달 순으로 진행된다. 그러나 ACCES C2 순환주기는 위에서 설명하 모든 단계를 다 포함하는 것은 아니다. 예를 들면, 대안의 발전과 상세계획발전은 위기를 말하는데 시간이 아주 촉박한 것과 같이 매우 강도가 높은 스트레스 상황에서는 생략할 수 있다.

위에서 설명된 참모의 행동으로 ACCES 순환주기의 요소로서 다음과 같은 산출물을 생산한다.

- 환경에 대한 정보
- 상황에 대한 최초 인식
- 대안 행동, 기대 결과 및 결론적 건의를 포함한 상황평가
- 지휘관에 의한 결심(상황에 따라서 참모결심, 지휘관 대리 결심)
- 정보에 대한 질의
- 지휘관 지침
- 계획과 지시

효과적인 참모는 다가오는 시간을 미리 보고 계획을 발전시키며 강건하다는 것이 ACCES 의 개념이다. 예를 들면 METT-TC 의 요소 변화에도 불구하고 임무완수를 지원하는 계획 같은 것이다. 표 7.2.12 는 ACCESS 평가척도에 대해 기능과 척도 측면에서 설명하고 있다.

표 7.2.12 ACCESS 평가척도

기능	척도	세부내용
감시 기능	완전성	지휘관의 정보목록요구(CILR)
	정확성	지휘소 자료가 원하는 정확도 내에 있는 부대 또는 CILR
	질의	최신자료가 원하는 시간 내에 있고 자료의 질의가 있는 부대
	적시성	최신자료가 원하는 시간 내에 있는 부대
	계획파급효과	감시 오류 발생으로 시작되는 통제주기
	예측정확성	기상과 지형 변화 발생시간이 올바르게 예측된 경우
평가 및 이해 기능	완전성	상황인식을 주기적 브리핑
	품질	지휘소가 유지하는 상황인식 정도
	계획파급효과	지휘소가 사실이 아닌 정보를 이해함으로써 야기되는 통제주기
	이해시간	이해하는데 걸리는 시간
생성 및 예측 기능	다중 대안	고려된 대안의 수
	다중 계획자	대안 개발에 참여한 참모들
	예측완전성	제시된 각 대안에 대한 적 반응, 임무달성수준, 피아부대 잔여전투력에 대한 추정
	예측의 질	예측결과가 정확한지, 부정확한지, 불충분한지에 대한 점수
	예측시간	예측하는데 걸리는 시간
결심 기능	계획의 질	계획이 변하지 않고 남아 있을 비율
	계획 일치성	계획의 불일치에 대해 발생한 통제주기
계획 기능	결심부터 걸린 시간	의사결정후 지시를 내리는 데까지 걸린 시간
	계획일관성	지휘관의 결정에 부합되는 실행계획 구축 정도
	계획 명료성	지시를 받은 자가 질문을 하지 않는 지시인지 여부
	계획의 주기시간	주요 불일치가 있을 때 통제주기를 완료하는데 사용한 시간
지시 기능	계획된 준비시간의 적절성	부하에게 제공한 준비시간의 적절성 여부
	취소에 걸린 시간	적절한 응답을 이끌어 내는 데 소요되는 준비시간의 적합성
	질의에 대한 응답	지정된 시간내에 응답이 주어진 질의
기타	협조척도	참모가 지휘소 내에서 타 지휘소의 참모와 얼마나 잘 협조하여 정보를 수집하였는가를 평가
	보고척도	지휘소가 상급, 하급, 인접 지휘소와 얼마나 잘 통신을 유지하였는가를 평가

또 다른 방법으로는 C4ISR 체계 측정요소를 시간과 정확도에 기초하여 측정하는 방법이 있다. 표 7.2.13 은 시간과 정확도에 기초한 C4ISR 체계 측정 방법을 척도와 세부내용, 예를 들어 설명하고 있다.

표 7.2.13 시간과 정확도에 기초한 C4ISR 체계 측정 방법

척도	세부내용	예
시간 기반 척도	고정 또는 일련의 과업수행 시간	기획업무
	가변적 과업수행 시간	대안 또는 행동방책 개방 및 선택
	이벤트의 인지 또는 반응시간	주요 적접촉에 대한 반응
	목표상태 달성시간	전술목표
	표적에 머무른 시간비율	최근까지의 데이터베이스
	대기행렬 내의 이벤트 수	조치를 기다라는 메세지
	반응의 적시성	사격계획 일정
정확도 기반 척도	과업수행의 정확도/정밀도	지도정보, 데이터 베이스
	탐지체계 이벤트의 민감도	계획변경을 요하는 이벤트 인지
	오류발생 확률	사격계획 표적일정의 오류
	오류발생 인식시간	기획변경의 필요성
	오류복구 소요시간	계획일부 재개 소요시간
	현시스템 상태에 관한 지식	전투상황의 이해도
	의사결정의 질	전술계획의 질

7.2.8 일반적인 정보시스템 평가척도

일반적인 정보시스템 평가척도 중 대표적인 것이 DeLone & McLean 모형 척도이다. 이 척도는 정보시스템의 성과평가에 주로 사용하며 정보시스템 구축 후 성과를 기술적 측면, 의미론적 측면, 효과성 측면에서 측정한다.

기술적 측면은 시스템의 품질, 정보의 품질, 서비스 품질을 보며 의미론적 측면은 사용도, 사용자 만족도, 사용의도를 하위 항목으로 둔다. 효과성 측면은 개인에 대한 효과, 조직에 대한 효과를 측정한다.

DeLone & McLean 은 사용자만족의 성과모형을 개발하여 수신자의 효과적인 성공을 측정하는 것으로 직무과정, 직업만족, 시스템 호환성, 의사결정를 변수로 구성하였다. DeLone & McLean 의 IS(Information System) Success 모델은 그림 7.2.16 에 나타나 있다.

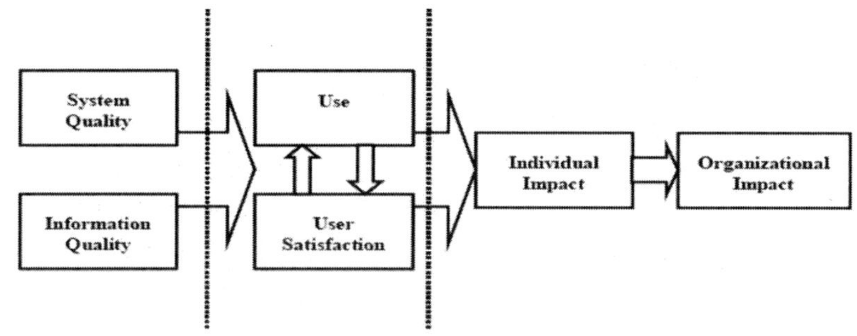

그림 7.2.16 DeLone & McLean 의 IS(Information System) Success 모델

DeLone & McLean 의 측정변수는 다음과 같다.

- 시스템 질 : 시스템 자체 정보처리 척도
- 정보의 질 : 정보시스템 산출물의 척도
- 정보 활용 : 정보사용자가 정보시스템의 산출물을 사용하는 정도
- 사용자 만족도 : 정보시스템의 산출물의 사용에 대한 사용자의 반응
- 개인별 효과 : 정보효과에 대한 정보사용자의 행동
- 조직적 효과 : 정보효과가 조직의 성과에 대해 미치는 영향

DeLone & McLean 모형의 시스템 평가척도는 표 7.2.14 와 같다.

표 7.2.14 DeLone & McLean 모형의 시스템 평가척도

상위기준	측정기준
시스템의 질	적응성, 가용성, 신뢰성, 응답시간, 사용성
정보의 질	완전성, 이해의 용이, 의인화, 적절성, 보안
서비스의 질	보증, 공감, 반응
사용	사용성격, 검색 행태, 사이트 방문 수, 실행된 처리 수
사용 만족도	반복 구매, 반복 방문, 사용자 조사
순효익	비용절감, 시장 확대, 추가 판매 증대, 검색비용절감, 시간절약

7.2.9 기타 정보시스템 성과측정 척도

이 밖에도 정보시스템의 성과측정을 위한 여러 가지 연구가 있는데 주로 사용되고 있는 척도를 정리하면 표 7.2.15 와 같다.

표 7.2.15 정보시스템 성과 평가척도

대분류	중분류	소분류
구축성과	시스템 품질	시스템 사용의 편리성
		시스템의 응답시간
		시스템의 유지보수 용이성
		시스템의 확장성
		시스템의 신뢰도
		시스템의 보안성
	정보 품질	정보의 적시성
		정보의 충분성(완전성)
		정보의 최신성
		정보의 정확성
		정보의 유용성
		정보제공 형태의 적절성
	서비스 품질	IS(정보체계) 부서의 신뢰성
		IS 부서 요원의 기술적 능력
		IS 부서의 대응성
		IS 부서 요원의 사용자 요구사항 이해도
운영성과	사용자 만족도	사용자 요구사항 반영도
		사용자 업무환경과 여건의 개선도
		직무에 대한 만족도
		소속부서의 의사결정 수준 향상도
	시스템 활용도	시스템 접속 정도
		정보의 검색 정도
		업무 수행 시 시스템 의존 정도
투자효과	업무의 효율성 극대화	업무시간 단축 정도
		오류 처리율 감소 정도
		불필요한 작업 감소 정도
	고객 관점에서의 개선	정보의 신뢰성 향상도
		정보제공의 신속도
		정보공유와 접근 확대 정도
	조직 혁신 및 발전	체계도입으로 인한 업무처리절차 개선도
		불필요한 작업 감소 정도
		원활한 사업추진을 위한 법, 제도 정비 정도

7.2.10 상호운용성(Interoperability) 측정 방법

정보시스템이 다수 존재하면 이들의 상호운용성의 중요성이 증대된다. 서로 다른 정보시스템이 서로 상황을 공유하고 필요한 정보를 주고받으며 전체 시스템의 효율을 높이고 궁극적으로 전투체계의 효과성을 향상시킨다.

상호운용성 측정 방법은 작전적 상호운용성과 기술적 상호운용성으로 구분된다. 작전적 상호운용성은 서로 다른 시스템, 부대, 전력이 서비스를 교환함으로써 함께 효과적으로 운용될 수 있는 능력이다. 일반적으로 작전적 상호운용성 측정은 전비태세평가의 일환으로 임무달성 능력을 측정할 때 C4I 의 상태를 지휘관이 판단한다. 전비태세 평가 시의 C4I 상호운용성 측정은 상호운용성에 대한 정밀척도가 부재하고 상호운용성의 다차원성 특성으로 인해 매우 어렵다.

반면, 기술적 상호운용성은 통신전자체계 또는 통신전자장비 품목들 사이에서 정보 또는 서비스가 직접 교환되고 이들 사이 또는 사용자들과 만족스럽게 정보 또는 서비스가 교환되는 조건이라고 할 수 있다. 다시 말하면 기술적 상호운용성 측정은 기술 표준에 대한 일치성과 체계와 체계 사이의 상호작용 관점에서 측정을 하는 것이 필요하다.

통상적인 상호운용성 측정방법은 Scorecard 기법을 사용하는데 이 방법은 C4I 체계의 기술적 일치성, 체계와 체계의 상호작용, 작전임무 효과도 요소를 합격/통과/불합격(Pass/Marginal/Fail) 또는 적합/통과/부적합(Adequate/Marginal/Inadequate) 등 3 가지 색상(Green, Yellow, Red)으로 점수를 표현한다.

체계간 상호작용 점수는 각 체계의 쌍에 대해 적합/통과/부적합(G/Y/R)으로 점수를 부여한다. 작전적 상호운용성은 정보흐름의 충족성 여부, 노드 도표(Node-to-Node Diagram)를 사용하여 노드와 노드 사이의 정보흐름 요구 충족여부를 합격/통과/불합격(G/Y/R)으로 점수를 부여하여 평가한다. 기술적 상호운용성에 대한 점수는 그림 7.2.17 에서 보는 것과 같이 C4I 체계가 기술구조에 얼마나 잘 일치되게 설계되었는가를 합격/통과/불합격(G/Y/R)으로 점수를 부여한다.

기술적 일치성 측정

체계명	일치성
S1	R
S2	Y
S3	G
S4	G
	R
:	:
:	:
:	:
Sn	G

체계-체계간 상호운용성 측정

	S1	S2	S3	S4	S5	..	..	Sn
S1								
S2	R							
S3	Y	R						
S4	Y	G	NA					
S5	G	G	R	Y				
:	:	:	:	:	:			
:	:	:	:	:	:	:		
:	:	:	:	:	:	:	:	
Sn	G	Y	R	G	G	..	..	

그림 7.2.17 기술적 일치성 측정과 체계 대 체계 상호운용성 측정 방법

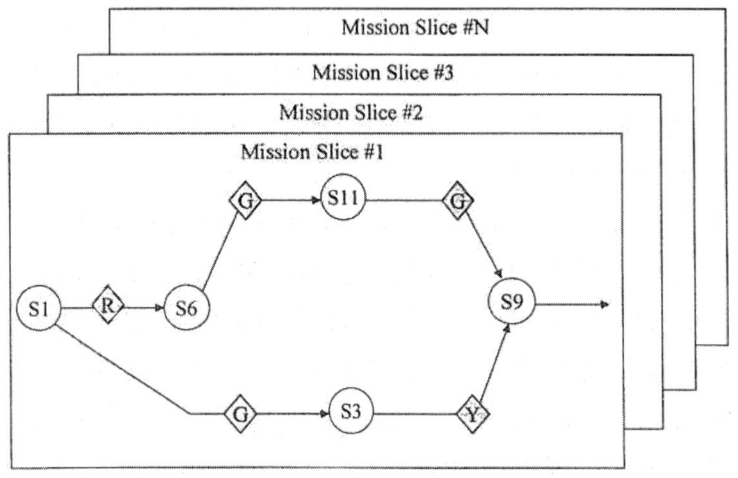

그림 7.2.18 작전임무 분야별 작전적 상호운용성 측정

7.2.10.1 LISI(Level of Information System Interoperability)

LISI는 미 국방성에서 1988년 개발되어 현재까지 사용되고 있는 상호운용성 평가방법으로 개발이 완료된 시스템에 대하여 평가한다. LISI는 미국 국방부와 연구기관인 카네기멜론 대학에 의해 발표된 이래 오랫 동안 진화의 과정을 거쳤다. 미국 국방부의 ISC (Intelligence System Council)가 초기 개념과 프로세스를 수립하였고, 1996년에 C4ISR 통합 T/F팀이 획기적으로 LISI의 개념과 범위를 확장 및 구체화하였다. 이후 C4ISR AWG(Architecture Working Group)는 개념의 증명 및 파일럿 평가를 실시하였고, 미 국방부는 2000년부터 실질적으로 LISI를 활용하기 시작하였다.

LISI의 목적은 합동 상호운용성 요구사항을 파악하고, 그 요구사항을 만족하는 정보시스템의 능력을 평가하며, 상호운용성의 좀 더 높은 상태를 달성하기 위해 실용적인 해답과 전환방향을 선택하기 위한 성숙모델과 프로세스를 미국방부에 제공하는 것이다. LISI는 정보시스템 상호운용성을 정의, 측정, 평가하는 프로세스이며, 성과의 참조와 측정의 공통 프레임워크를 규정한다. LISI는 요구분석, 시스템 개발, 획득, 배치, 그리고 지속적인 개선 및 변경 등 정보시스템 수명주기 전체에 걸쳐 적용될 수 있다.

LISI는 CMM(Capability Maturity Model)에서의 성숙도 모델과 유사한 구조로 되어 있다. 상호운용성을 5단계의 수준으로 정의하고 있으며 상호운용성을 평가할 수 있는 평가 프레임워크와 프로세스를 포함하고 있다.

LISI 구성요소는 그림 그림 7.2.19 와 같이 상호운용성을 평가하는 기반환경이라고 할 수 있는 LISI 평가 기반과 이를 활용하여 평가하는 평가 프로세스, 평가결과에 해당하는 LISI 평가 산출물로 구성된다. LISI 구성요소는 그림 7.2.19 와 같다.

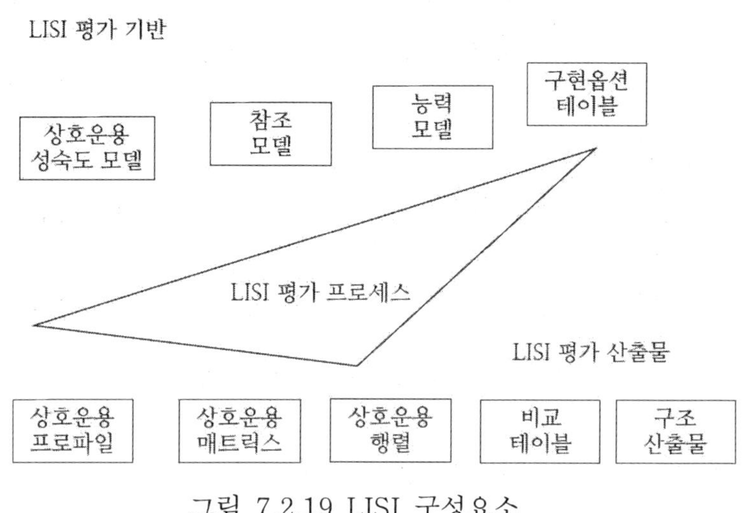

그림 7.2.19 LISI 구성요소

상호운용 성숙도 모델 : 시스템의 상호운용 요구 능력을 그림 7.2.20 과 같이 6 개의 수준으로 표시한 성숙도 모델이다. 요구되는 상호운용 능력을 정보교환, 상호협력, 자료와 응용 관계, 컴퓨팅 환경에 따라 격리, 불완전, 연결, 기능적, 도메인, 전군적으로 상호운용 수준을 구분한다.

수준 \ 특징	정보교환	상호협력	자료와 응용관계
5 전군적	전군적 공유자료	협력 가상공간	공유된 자료 공유된 응용
4 도메인	공유된 데이터베이스	진보된	공유된 자료 개별적 응용
3 기능적	이종의 자료	복잡한	개별적 자료 개별적 응용
2 연결	동종의 자료	기본	개별적 자료 개별적 응용
1 불완전	수동적 교환	인간	개별적 자료 개별적 응용
0 격리	없음	없음	개별적 자료 개별적 응용

그림 7.2.20 LISI 상호운용성 성숙도 모델

각 수준의 세부적인 요구 능력은 다음과 같다.

○ 수준 0 (격리) : 타 시스템과의 상호운용이 이루어지지 않고 독립적으로 운용되는 수준
○ 수준 1 (불완전) : 상호운용이 이루어지고 있으나 사람이 디스켓 등을 이용하여 수동적으로 이루어지는 수준
○ 수준 2 (연결) : 동종의 자료를 이용하여 컴퓨터간에 1 : 1 방식으로 이루어지는 상호운용 수준
○ 수준 3 (기능적) : 개별적인 응용 프로그램으로 이종의 자료에 대하여 상호운용이 가능한 수준
○ 수준 4(도메인) : 도메인 내부에서 개별적인 응용 프로그램으로 공유된 데이터베이스를 이용하여 상호운용이 가능한 수준
○ 수준 5 (전군적) : 전군의 도메인간의 자료공유와 협력의 가상공간을 제공하는 상호운용 수준

LISI 평가절차는 먼저 구조화된 상호운용 질의서를 이용하여 평가대상 시스템의 정보를 수집하여 LISI 평가 기반에서 정의된 상호운용 성숙도 모델, 참조모델, 능력모델, 구현옵션 테이블을 바탕으로 LISI 평가 프로세스를 통하여 획득정보를 평가한다. 평가결과

상호운용 프로파일, 상호운용 행렬, 상호운용 행렬, 비교 테이블, 구조 산출물을 생성한다. LISI 모델 상호운용 평가 절차는 그림 7.2.21 과 같다

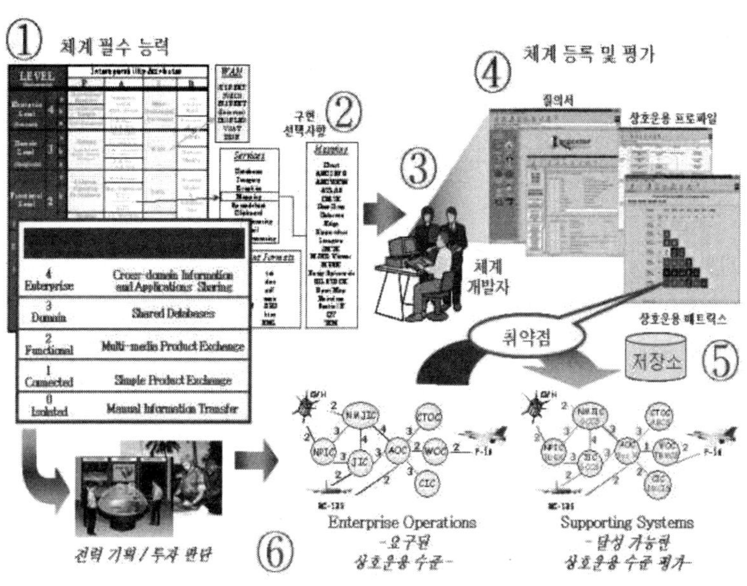

그림 7.2.21 LISI 평가 프로세스

그림 7.2.21 에서 ①단계와 ②단계는 상호운용성 평가를 위한 지침을 제정하여 표준 및 평가 모델을 만드는 단계이고 일반적인 상호운용성 평가는 ③단계에서 ⑥단계까지를 포함한다. 평가 단계별 내용은 다음과 같다.

① 상호운용에 대한 정의 표준 지침을 제정하여 상호운용 평가 환경을 정립한다.
② LISI 성숙도 모델, 참조모델, 구현 옵션을 개발하여 상호운용성 평가를 가능하게 한다.
③ 상호운용 질의서에 개발 시스템에 대한 구현 정보(구현 옵션)을 입력한다.
④ 질의서에 입력된 정보를 바탕으로 평가 대상 시스템의 상호운용 능력에 관련된 정보를 종합한 상호운용 프로파일을 작성한다.
⑤ 상호운용 프로파일을 바탕으로 상호운용성을 평가하고 평가결과를 저장한다.
⑥ 더욱 향상된 상호운용 수준을 확보하기 위하여 시스템의 구현 옵션을 조정하고 시스템 개발에 반영한다

8장

동원전력의 군사력평가 적용방법

8.1 동원전력 개요

동원의 정의는 「전시 혹은 비상시 한 나라의 인력, 물자, 재화 및 용역 등의 자원을 국가 안전보장에 기여할 수 있도록 효과적으로 통제, 관리, 운용하는 국가권력의 작용」을 말한다. 다시 말하면 동원이란 국민적 합의하에 국가위기상황을 평시에 잘 준비하였다가 효율적으로 대처하는 것으로, 포괄적 안보보다는 전통적 안보에 활용되는 개념이다. 따라서, 오늘날의 전쟁 개념인 총력전 체제란 국가동원이 그 수단이 되며, 이러한 관점에서 동원이란 용어는 다음과 같이 매우 포괄적인 의미를 지니고 있다.

① 전시 또는 어떤 국가 비상사태에 대처한다는 것을 가정하고 있으며,
② 그러한 목표를 달성하기 위하여 국가가 보유하고 있는 자원 즉, 인력과 물자 또는 유형, 무형의 자원을 통제 또는 운영하는 것이며,
③ 동원 대상을 통제, 운영하기 위한 평시의 준비단계로부터 전시 실시단계에 이르기까지의 모든 국가행위 일체를 포함한다.

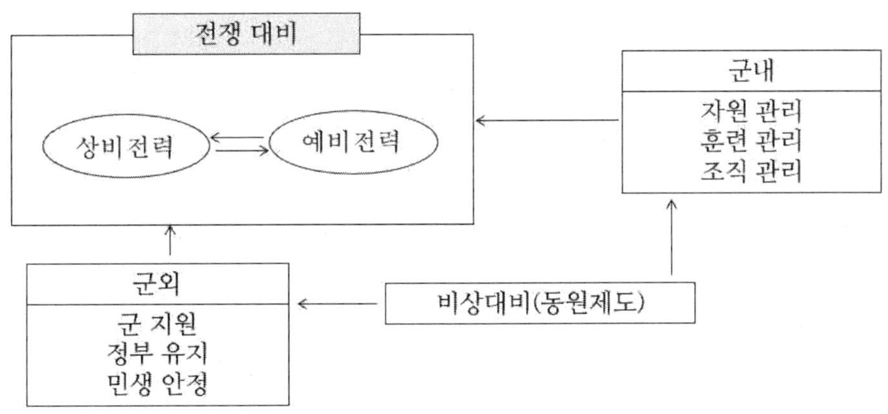

그림 8.1.1 동원의 개념

통상적으로 동원은 국가동원을 지칭하는데, 국가동원이란 '국가비상사태하 국가안전보장 목표 달성을 위해 국가 권력작용으로 자원들을 통제하는 활동'을 의미한다. 그림 8.1.2 에서 보는 바와 같이 병력과 인적자원, 물적자원을 통제 운용함으로써 군작전을 지원하고 정부기능을 유지하며 사회안정을 도모하는데 그 목적이 있다.

국방동원은 그림 8.1.2 에서 점선으로 구분된 영역을 의미하는데, 이는 자원의 활용 측면을 의미하는 것이며 해당 자원을 관장한다는 의미는 아니다.

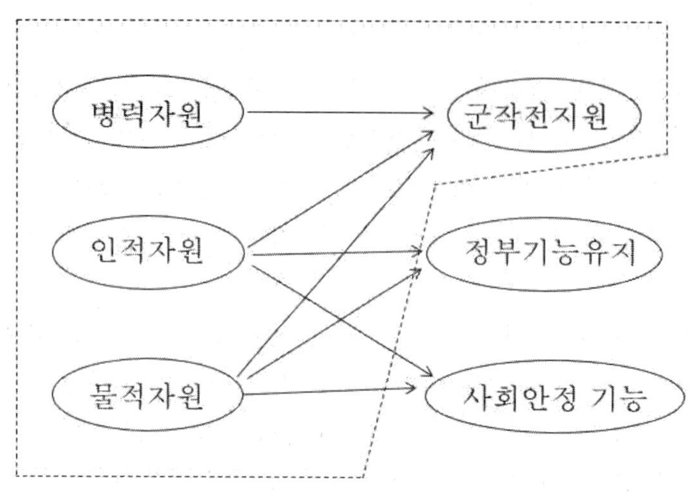

그림 8.1.2 국가동원과 국방동원

과거 전쟁은 제한된 전장에서 전투가 벌어지면서 전선이 형성되는 국지전의 형태였다. 과학기술의 발전에 따른 무기체계의 고도화로 현대전은 전쟁이 발발하면 전후방 구분 없이 영토 곳곳이 전장이 되는 것은 물론, 전 국민이 전투원이 되는 등 기존 전쟁의 시공간 개념이 사라져가고 있다. 이렇듯 언제 어떠한 형태로 개시될지 모르는 전쟁에 대비하여 모든 소요전력을 과거처럼 전방 등 특정지역에 한정할 수 없다. 때문에, 대부분 국가는 현존전력을 최소한으로 유지하고, 다수의 예비전력을 보유하여 유사시를 대비하고 있다.

따라서 현대전에 대응할 수 있는 국가동원이란 해당국가가 가지고 있는 종합적인 능력을 즉각 발휘할 수 있도록 평시에 자원 하나하나에 대하여 조사하고 계획하며, 필요한 물자를 비축하고 훈련하여 그 실효성을 확인하고, 계속하여 보완하는 것을 의미하며, 이러한 국가 동원체제가 잘 구축된 나라에서만 실질적 동원이 보장되고 유사시 국가의 종합적인 능력 발휘가 가능할 것이다. 동원의 목표는 국가가 이용 가능한 인적, 물적 자원을 효율적으로 동원하거나 통제, 운영하여 군의 소요를 충족시킴과 동시에 민수의 적정 수급을 통한 민생의 안정과 지속적인 경제력을 확보함으로써 총력전 수행에 만전을 기하는 데 있다.

다시 말해서, 개전 초기에 국가의 소요를 지원하고 국민 경제생활을 도모하며, 총력전 체제를 신속히 구축함으로써 전시 경쟁력을 유지하고 전쟁 지원역량을 확보하는 것이다.

각 국가는 그 국가의 능력에 맞는 적정 규모의 상비군사력만을 보유하고, 유사시 전력화할 수 있는 동원체제를 발전시키고 있다. 국가동원 중에서 군사적인 부분 즉, 잠재 군사력의 현존 군사력화를 군사동원이라 한다. 이러한 군사동원의 목표는 군사활동을 위한 인력, 물자, 재화 및 용역 등 적량의 자원을 적시에 적소로 운용할 수 있도록 하는 것이라 할 수 있다. 그러므로 국력을 효과적이고 효율적으로 결집할 수 있는 동원체제가 필요하다고 할 수 있다. 국력의 규모가 크다 하더라도 이것을 체계적이고 효과적으로 결집시키지 못한다면 국가 목표의 달성이나 전쟁에서의 승리는 기대하기 어렵기 때문이다.

동원전력은 예비전력과 같은 맥락으로도 사용되는데, 예비전력은 유사시 동원을 통해 전력화되는 잠재적인 군사적 요소를 말한다. 국가자원의 효율적 활용을 위해 평시에는 기회비용 관점에서 상비화를 유보하고 있는 부문으로서 상비전력에 대한 대칭적 의미이다.

넓은 의미로는 상비전력을 군사행동이 가능한 현존 즉응군사력이라 할 때, 상비전력 이외의 인적 및 물적 자원으로 구성되는 총체적 전쟁수행 능력을 의미한다. 이는 국력을 전력으로 결집화 시키는 것을 의미하므로, 국가동원대상인 인원 경제, 정보 과학기술 등을 비롯하여 민방위까지 절차에 의해 전력화할 수 있는 국력의 모든 요소를 총칭한다.

좁은 의미에서는 군사동원을 통해 전력화 할 수 있는 전력으로서, 전시 상비군 증창설 지원, 손실보충되는 인적 물적 자원과 전 평시 향토방위를 위해 소요되는 인적 물적 자원을 말한다. 국방정책에서 예비전력은 보통 좁은 의미의 개념을 적용하는 입장이다. 특히 예비군과 군에서 소요되는 민간인력 등의 자원에 중점을 두어 논의되는 경우가 많다. 여기에서도 협의의 의미에서의 예비전력을 논하기로 하는데 그림 8.1.3 에서와 같이 그 구성요소를 정리할 수 있다.

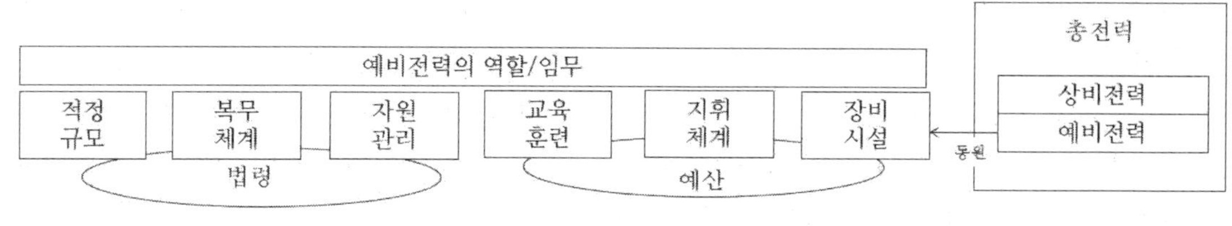

그림 8.1.3 예비전력의 구성

군사 선진국인 미국, 이스라엘, 싱가포르 등에서는 예비군들이 현역과 대등한 전투능력을 보유하도록 평소부터 관리와 훈련을 병행한다. 그러나 한국군 경우 예비군이 유사시 전투임무 수행이라는 역할을 제대로 수행할 수 있을지 많은 우려하는 목소리가 있다. 즉 국방 전체예산의 0.3%에 불과한 예비전력 예산, 장비와 물자의 노후화, 짧은 예비군 훈련기간, 전투력 약화라는 악순환의 고리가 오랜 기간 되풀이 된다.

미래의 전력구조는 미래전에 대비한 역량을 확보하는데 중점을 두고 현존 및 잠재적 위협에 동시 대비할 수 있는 전력을 우선 확보하는 한편, 예비전력은 상비전력의 규모 조정을 고려해 실질적으로 전투력이 발휘될 수 있도록 정예화 해야 한다.

미래에는 외부의 위협은 상존하나 재래식 전력의 위협은 감소하고, 주변국테러, 재난, 환경 등 잠재적이고 비군사적 위협은 증대될 것으로 전망된다. 미래 지상작전 기본개념은 전영역에서 비대칭적인 수단과 방법으로 적의 접근을 거부하고 공세적 대응으로 적을 마비시켜 격퇴해야 한다. 그런 만큼 상비전력은 장거리 감시정찰, 접경지역 경계 및 관리, 초정밀타격, 고기동화된 정예화와 경량화가 된 지상전력으로 변모해야 할 시점이다. 아울러 예비전력은 완전성을 갖춘 부대로 신속하게 확장하여 작전적 요구에 증원이 가능한 전력으로 발전할 것이다. 곧 미래 작전환경과 부대운용의 변화를 고려, 다양한 위협에 유연하고 신속하게 대응 가능한 부대구조로 발전이 필요한 시점이다. 이제 더 이상 예비전력은 여분의 전력이 아닌 즉시 투입되어야 하는 긴요전력이면서 결전전력이 되어야 한다.

군에서 말하는 동원체제란 효율적인 동원을 실시할 수 있는 조직의 체계와 제도이다. 동원체계란 동원의 주체인 국가의 공권력과 그 대상인 인적자원과 물적자원 간의 관계를 규정하는 개념적인 틀이라 할 수 있다. 동원제도란 동원체계를 생활방식으로 실체화한 기구 및 기능, 동원절차, 관계법령 등이 포함된다. 따라서 동원체제는 개념적으로 방향 제시의 성격을 가지나 동원제도는 구체화된 실질적인 요소로서 제시된다.

"예비전력은 상비전력과 대응하는 개념으로 국가잠재력을 전력화함으로써 생성되는 군사력을 의미하며, 전시 동원할 수 있는 인적, 물적자원과 전평시 향토방위를 위한 인적, 물적능력을 포함한다."

예비전력과 동원 간의 상호관계를 살펴보면, 동원을 전제하지 않고서는 예비전력이 실용화될 수 없다. 예비전력은 평시 국가의 잠재적 자원으로써 비상시에 국가동원이라는 과정을 통해서만 작전임무를 수행할 수 있는 전력으로 전환된다. 여기서 예비전력은 자원 자체이고, 그 소유권은 국가가 아니라 개인 또는 기업이라는 사실이다. 따라서 국가가 사전에 법령에 의해 마련된 동원체제 및 절차를 거치지 않으면 비상시라도 그 자원을 실전적 전력으로 전환시킬 수 없다.

8.2 동원에 영향을 미치는 요소

동원에 영향을 미치는 요소로는 정치체제, 전쟁의 양상과 전략개념, 동원역량, 행정체제로 구분하는 경우가 있는가 하면, 국가 체제 및 특성, 주변국의 정세, 국방정책 그리고 동원잠재력으로 구분하기도 한다. 국가의 지리적 위치는 자연환경과 더불어 국방, 기후, 산업, 생활, 역사, 국제정치에도 영향을 미친다. 이는 동원하는데 직간접으로 직결된다. 국가를 육지, 해양, 반도 등과 같이 지리적 관점에서 바라보면 미국, 영국, 일본과 같이 해양적 위치의 국가는 적대국가의 직접적인 위협에 반응할 시간적인 여유가 있다. 군사력이 해군 위주로 건설 운용되었고, 동원사상은 대규모 예비전력을 운용하는 소모전략, 간접전략의 형태를 띠게 되었다.

총력전 체제하에서 국가자원을 최대로 발굴하고 전력화하여 인적, 물적 동원의 적시성 및 효율성을 제고하도록 동원체제를 발전시키고, 적의 기습적인 공격에 대비하여 초전 동원보장 및 동원능력의 즉각적인 전력화를 보장할 수 있도록 해야 한다.

8.3 상비율과 전투효율간 상관관계 분석

서성철(2004)는 상비율과 전투효율간의 상관관계를 분석하고 학습율을 이용하여 동원병력의 전투력을 추정하고 Lanchester 방정식을 이용하여 전투능력을 평가하였다. 이 논문을 중심으로 동원전력의 전투력 평가를 어떻게 하는지 설명한다.

8.3.1 상비율의 개념 및 적용 기준

상비율은 일반적인 개념을 의미하는 총 상비율과 주요특기 상비율로 구분할 수 있다. 총 상비율이란 편제를 다루는 부서에서 일반적으로 사용하는 개념으로서 통상 감편율이라고도 불려지며, 부대의 완편 병력을 기준한 현역의 기간편성률을 의미한다. 따라서 총상비율은 상비사단에 적용 가능한 개념으로서, 작계임무를 수행하는 전시임무와 경계, 교육훈련, 진지관리 및 전투준비태세 유지 활동 등을 포함하는 평시임무의 동시 수행을 고려한 상비율 개념이다. 반면, 주요특기 상비율이란 완편 병력에서 병 및 부사관의 소화기 특기를 제외한 병력을 기준으로 산정한 현역의 기간편성률을 의미하며, 전시 동원예비군으로 증편 후 작계임무를 수행하게 되는 동원사단에 적용 가능한 상비율 개념으로서 여기에서 새롭게 정립한 상비율 개념이다.

현재, 통상적으로 적용 중인 상비율(감편율)은 총 상비율 개념이지만, 동원사단의 전투효율 증대를 위해 추가로 병력을 보강할 경우에는 전투, 전투지원, 전투근무지원 분야 주요특기 상비율 개념을 적용하는 것이 보다 타당할 것으로 판단된다.

8.3.2 전투효율(Combat Effectiveness Value)의 의미

전투효율이란 특정 부대의 전투력 또는 전투력 발휘능력을 의미한다. 즉, 동일한 규모의 병력과 장비를 편제한 두 부대가 동일한 전투환경에서 전투를 하는 경우에도 쌍방의 전투결과가 상이하게 나타나는 것은 바로 두 부대의 전투력 발휘능력 즉, 전투효율이 다르기 때문이다. 이러한 특정 부대의 전투효율과 잠재전투력과의 관계를 수식으로 표현하면 식 (8.3-1)과 같다.

$$P = MS \times CEV \qquad (8.3-1)$$

여기에서,

P : 잠재전투력

CEV : 전투효율

$MS(Modified\,Strength) = \sum X_i W_i$

X_i : i 범주 무기체계의 수량

W_i : i 범주 무기체계의 효과지수

미국의 군사연구가인 Trevor N. Dupuy는 2차 세계대전 시 이탈리아 전역에서 60여개의 전투를 비롯하여 150여개의 전투를 수십년 동안 분석해 오면서 전투결과에 영향을 미치는 인자들을 식별하였다. 그것들은 무기의 물리적 전투치사성능, 지형, 기상, 기습, 근접항공지원 등 11개의 대표적인 인자이며 이들의 상호 조합을 포함하여 70여개에 이르고 있다. 이러한 인자 중에는 현재까지도 계량적인 상호관계 분석이 어려운 인자가 상당히 남아 있다. 따라서 지형, 전투태세, 기습, 사기 등과 같이 비교적 분명하게 반영할 수 있는 인자가 아닌 C4I, 기동, 교육훈련 등의 인자간 상호관계는 종합적인 전투효율로 간주하여 하나의 전투력 승수로 다루고 있다.

8.4 동원사단의 전력발휘 제한 요소

동원사단은 구조적 취약점인 낮은 상비율로 인하여 상비사단에 비해 전력발휘 수준 즉, 전투효율이 상당히 저조한 실정이다. 이러한 동원사단의 낮은 상비율이 전력 발휘를 제한하는 요소를 크게 세 가지로 구분하여 분석하였다.

8.4.1 전개의 실효성면

전개의 실효성 면에서 동원사단은 증편 소요시간이 과다하게 소요되고, 동원예비군의 응소율이 저조할 경우에는 완편이 제한되며, 전개지역으로 이동간 지연이 예상되고 자체 방호능력 및 생존성이 취약하여 효율적 증편이 제한됨으로써 전개의 실효성이 미흡하다.

8.4.2 전투준비태세면

전투준비태세면에서 동원사단은 평시 동원자원 관리와 치장장비 및 물자관리가 미흡하며, 장비 가동률이 저조하고 포병, 공병, 통신, 화학 등 팀 단위 주특기훈련 분야가 취약하며 작계지역의 진지준비도 미흡하여 평시 전투준비태세 유지가 곤란한 실정이다.

8.4.3 전투력 발휘면

전투력 발휘면에서 팀 단위 및 전술훈련의 실시 여건이 제한되어 정보, 기동 및 화력의 통합 발휘가 곤란하고 공용화기 운용 및 전투근무지원 수준이 저조하며, 지휘 및 통제기능의 발휘도 제한된다. 또한 작계지역에 대한 적응 및 동화기회가 매우 부족하여 전시 통합전투력 발휘가 제한될 것으로 예상된다.

이와 같이 동원사단의 저조한 상비율은 모든 면에서 전력 발휘를 제한하게 될 것이며, 그 결과로 상비사단에 비해 전투효율이 저조할 것으로 예상된다. 전시 동원사단이 수행하게 될 임무를 고려할 때, 합리적이고 과학적인 기법을 적용하여 동원사단의 실제 전투효율을 산정하고, 그에 따른 보완대책을 강구하는 것은 매우 긴요하고도 의미있는 과제라 할 수 있다.

8.5 상비율과 전투효율간 상관관계 모형 설정

8.5.1 모형의 기본 가정사항

상비율과 전투효율간 상관관계 모형을 설정하는 기본 가정사항은 다음과 같다.

① 동원사단은 전시 계획대로 동원이 이루어지고 증편이 완료될 것이다. 따라서 동원사단은 완전한 전시편제를 가지게 될 것이다.

② 부대의 전투효율은 간부의 지휘능력, 장비성능, 훈련수준 및 전투근무지원능력 등과 같은 복합적 요소에 의해 결정되며, 특정분야의 수준 저하는 통합전투력 발휘를 제한함으로써 부대의 전체적인 전투효율을 저하시킬 것이다.

③ 현 동원사단은 평시 극심한 감소편성으로 이루어져, 공용화기 사수, 포병, 공병, 통신 등 전투 및 전투지원 관련 주요 특기자들의 팀 단위 주특기 훈련이 제한되고, 이로 인한 훈련수준 저조는 전투력 발휘의 결정적인 제약 요인이 될 것이다.

④ 동원사단의 전투효율은 부대의 훈련수준, 특히 주요 특기자들의 훈련수준에 비례하며, 이러한 훈련수준은 부대의 주요특기 상비율에 의해서 결정될 것이다.

- 소화기 특기(소총, 기관총)는 현역과 동원예비군의 수준이 대등할 것이다. 즉, 동원훈련, 증편 및 전투준비간 훈련으로 소화기 전투기술은 요망수준 달성이 가능할 것이다.
- 전투 및 전투지원 관련 주요특기는 현역과 동원예비군의 전투 기량 차이가 현저할 것이다.

⑤ 동원사단의 전투효율과 주요특기 상비율간에는 일정한 상관관계가 존재하며, 관련된 기존이론으로부터 이러한 상관관계를 설명할 수 있는 수리모형의 도출이 가능할 것이다.

8.5.2 모형 설정 관련 이론 검토

8.5.2.1 학습곡선(Learning Curve) 이론

학습곡선 이론은 경제학에서 발전된 이론으로서, 인간이 동일한 작업을 반복해서 실시할 경우에 작업효율이 점차 증가하는 소위 학습효과(Learning Effect)가 존재한다는 이론이다. 학습곡선 이론은 처음에는 보잉사에서 비행기 제작의 작업효율을 측정하는 연구로부터 출발하였다. 이 연구를 통하여 생산량이 두 배로 증가할 때마다 단위당 생산에 소요되는 시간이 20%씩 감소한다는 사실이 확인되었다.

학습곡선에 대한 2가지 모델에 대해 소개한다. 먼저 모델을 구성하기 위해 아래와 같은 기호를 정의한다.

Z_x : x개의 제품을 생산했을 때의 누적 평균생산시간

Y_x : x번째 단위를 생산할 때 소요되는 생산시간

a : 첫번째 제품을 생산할 때 소요되는 생산시간

x : 제품의 생산량

m : 생산량이 2배로 증가한 횟수

R : 학습률

b : 학습률(R)를 반영한 곡선의 기울기를 나타내는 지수로서 $b=\frac{\log R}{\log 2}$로 나타내어진다.

○ <u>평균시간모델(Average Time Model)</u>

첫째는 식 (8.5-1)과 같은 평균시간모델로서 생산량이 2배로 증가할 때마다 누적평균생산시간이 $(1-R)$만큼 감소함을 보이는 모델이다.

$$Z_x = aR^m \qquad (8.5-1)$$

$$x = 2^m$$

식 (8.5-1)을 정리하면 아래와 같다.

$$\log x = m log2$$

$$m = \frac{\log x}{\log 2}$$

$$\log Z_x = \log a + \frac{\log x}{\log 2}\log R = \log a + b log x,\ where\ b = \frac{\log R}{\log 2}$$

x개의 제품을 생산했을 때의 누적 평균생산시간 $Z_x = ax^b,\ where\ 0.5 < R < 1.0$

x개를 생산하는데 소요된 총생산시간 $T_x = x \times Z_x = x \times ax^b = ax^{b+1}$

x번째 제품의 생산소요시간 $u_x = T_x - T_{x-1} = \dfrac{dT_x}{d_x} = (b+1)Z_x$

○ <u>한계생산모델(Marginal Time Model)</u>

한계생산모델은 생산량이 2배로 증가하는 시점의 제품 생산시간이 (1−R)만큼 감소함을 나타내는 모델이다.

이 관계를 수학적 모형으로 일반화하면 식 (8.5−2)와 같다.

$$Y_x = aR^m \quad (8.5-2)$$

$$x = 2^m$$

Y_x : x번째 단위를 생산할 때 소요되는 생산시간 $Y_x = ax^b$, $where\ 0.0 < R < 1.0$

x개를 생산하는데 소요된 총 생산시간 $Z_x = \int_0^x ax^b dx = \dfrac{ax^{b+1}}{b+1}$

x번째 제품 생산소요시간 : $Y_x = \dfrac{Z_x}{x} = \dfrac{ax^b}{b+1}$

$a = 100hr, R = 0.8$ 일 때 평균시간모델과 한계생산모델의 예는 표 8.5.1~표 8.5.2 와 같다.

표 8.5.1 평균시간모델

when	누적생산량	생산품	누적 평균생산시간	총생산소요시간
$m=0$	1개	1st part	$x=1, Z_x = aR^0 = a$	$100 \times 1 = 100hr$
$m=1$	2개	2배 생산 1회	$x=2, Z_x = aR^1$	$80 \times 2 = 160hr$
$m=2$	3개	2배 생산 2회	$x=4, Z_x = aR^2$	$64 \times 4 = 256hr$

표 8.5.2 한계생산모델

when	누적생산량	생산품	생산 소요시간	생산소요시간
$m=0$	1개	1st part	$x=1,\ Y_x = aR^0 = a$	$100 \times 1 = 100hr$
$m=1$	2개	2배 생산 1회	$x=1,\ Y_x = aR^1$	$100 \times 0.8 = 80hr$
$m=2$	3개	2배 생산 2회	$x=1,\ Y_x = aR^2$	$100 \times 0.8^2 = 64hr$

예를 들어, 최초 한 단위의 생산에 소요되는 시간이 100 시간이고 이 회사 근로자들의 학습효율이 30%일 경우, 생산량이 증가함에 따라 소요되는 단위당 생산에 소요되는 시간은 생산량이 두 배로 증가할 때마다 이전 단위 생산 소요시간의 70%로 감소된다고 할 수 있으며, 이 경우에 누적 평균학습효과는 최초제품의 생산소요시간에서 누적 평균 생산시간을 뺀 값으로 나타내 지고 생산량이 두 배씩 증가함에 따른 누적 평균학습효과는 표 8.5.3 과 같다.

이러한 학습곡선 이론은 학습효과에 의해서 작업 사이클 당 또는 생산량이 두 배로 증가할 때마다 단위당 생산에 소요되는 시간이 일정비율로 감소하는 현상을 의미하며, 학습효과는 표 8.5.3 과 그림 8.5.1 에 나타난 대로 생산량 증가 초기단계에서는 급속히 상승하지만 점차 증가속도가 둔화되는 것을 알 수 있다. 즉, 그림 8.5.1 에 나타난 현상에서 알 수 있는 대로 상비율 수준이 낮은 단계에서는 동원사단의 상비율을 증가시킬 때 현역 대비 예비군의 비중이 급감함으로써 동원사단의 전투효율은 급격히 증가하게 된다. 그러나 상비율을 계속 증가시키게 되면 전투효율의 증가속도는 점차 둔화되는 것을 알 수 있다. 표 8.5.3 에 나타난 생산량과 누적 평균학습효과를 그래프로 도식하면 그림 8.5.1 과 같다.

표 8.5.3 생산량 배가에 따른 누적 평균학습효과(학습률 30%)

생산단위	1 단위	2 단위	4 단위	8 단위	16 단위	32 단위
누적 평균 학습효과(시간)	0	30	51	66	76	83

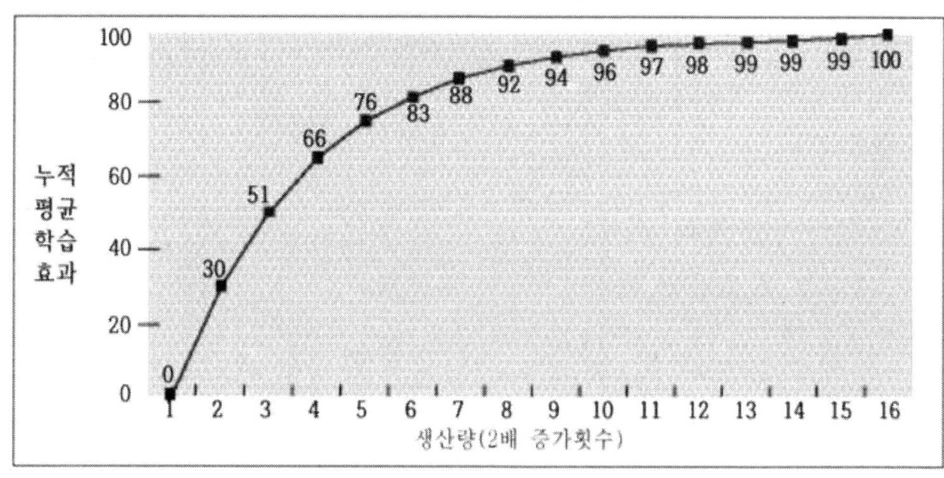

그림 8.5.1 학습률 30% 학습곡선

이러한 학습곡선 이론은 학습효과에 의해서 작업 사이클 당 또는 생산량이 두 배로 증가할 때마다 단위당 생산에 소요되는 시간이 일정비율로 감소하는 현상을 의미하며, 학습효과는 표 8.5.3 과 그림 8.5.1 에 나타난 대로 생산량 증가 초기단계에서는 급속히 상승하지만 점차 증가속도가 둔화되는 것을 알 수 있다. 즉, 그림 8.5.1 에 나타난 현상에서 알 수 있는 대로 상비율 수준이 낮은 단계에서는 동원사단의 상비율을 증가시킬 때 현역 대비 예비군의 비중이 급감함으로써 동원사단의 전투효율은 급격히 증가하게 된다. 그러나 상비율을 계속 증가시키게 되면 전투효율의 증가속도는 점차 둔화되는 것을 알 수 있다.

8.5.2.4 Lanchester Square Law 적용

이 책의 6.7.1 절에서 설명한 것처럼 Lanchester 법칙을 수학적으로 모델링하기 위해 다음과 같은 기호를 정의하자.

B : Blue Force 의 전투력

R : Red Force 의 전투력

$\frac{dB}{dt}$: 단위시간당 Blue Force 의 전투력 손실량

$\frac{dR}{dt}$: 단위시간당 Red Force 의 전투력 손실량

α : 단위시간당 Red Force 의 단위 전투력에 의한 Blue Force 의 손실량으로 일반적으로 손실률로 표현

β : 단위시간당 Blue Force 의 단위 전투력에 의한 Red Force 의 손실량으로 일반적으로 손실률로 표현

t : 단위시간

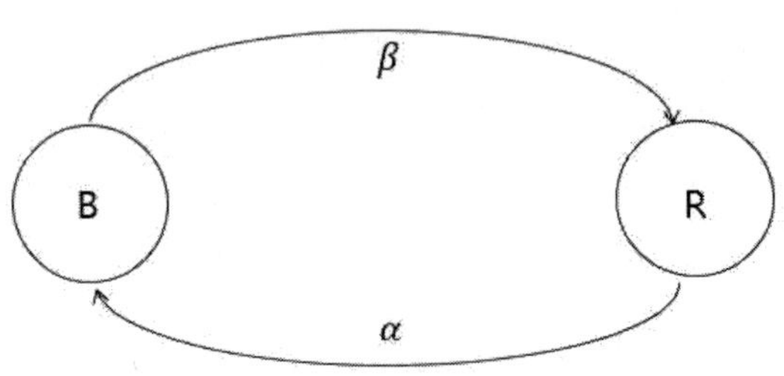

그림 8.5.2 Lanchester Square Law Concept Diagram

일반적으로 손실률은 소모율, 살상률, 전투효율과 같은 의미로 사용된다. 실제 이 매개변수는 무기체계, 병력, 훈련수준, 전투근무지원, 지형, 기상, 지휘통솔력, 사기, 군기 등 제 요소가 입력변수가 되는 함수이다. 그러나 여기에서는 단순히 이를 종합하여 결정된 매개변수로 가정한다. 그러면 식 (8.5−3), (8.5−4)와 같은 미분방정식을 수립할 수 있다.

$$\frac{dB}{dt} = -\alpha R \quad (8.5-3)$$

$$\frac{dR}{dt} = -\beta B \quad (8.5-4)$$

식 (8.5−3), (8.5−4)는 Blue Force 전투력의 시간당 감소량은 Red Force의 규모와 단위시간당 Red Force의 단위 전투력에 의한 Blue Force의 손실률의 곱에 비례한다는 것을 나타내고 있다. 반대로 Red Force 전투력의 시간당 감소량은 Blue Force의 규모와 단위시간당 Blue Force의 단위 전투력에 의한 Red Force의 손실률의 곱에 비례한다는 것을 의미한다.

식 (8.5−3), (8.5−4)의 양변을 나누면 아래와 같다.

$$\frac{\frac{dB}{dt}}{\frac{dR}{dt}} = \frac{-\alpha R}{-\beta B} \quad \rightarrow \quad \frac{dB}{dR} = \frac{\alpha R}{\beta B}$$

양변을 시간에 대해 적분하면 아래와 같다.

$$\int_{B_0}^{B} \beta B dB = \int_{R_0}^{R} \alpha R dR$$

여기에서 B_0, R_0는 각각 최초 시점의 Blue Force와 Red Force의 전투력이며 B, R은 특정 t시점의 Blue Force와 Red Force의 전투력이다. 위 식을 풀어 보면 아래 식과 같은 Square 형태의 수식이 성립한다. 따라서 이러한 전투모형을 Lanchester Square 법칙이라고 한다.

$$\beta\left(B_0^2 - B^2\right) = \alpha\left(R_0^2 - R^2\right)$$

8.6 상비율과 전투효율간 상관관계 모형 설정

상비율과 전투효율간의 상관관계를 분석할 수 있는 모형을 설정하기 위하여 앞에서 고찰한 Learning curve 이론과 Lanchester Square Law로부터 모형 설정의 논리적 배경이 될 수 있는 두 가지 사실을 추정하였다.

첫째, 학습곡선 이론을 고찰한 결과로서 생산량 증가에 따른 학습효과의 변화 추이는 동원사단의 상비율 증가에 따른 전투효율 변화추이와 유사한 형태를 나타낼 것이라는 사실을 추정하였다. 따라서 동원사단의 상비율을 증가시킬 때 상비율 수준이 낮은 단계에서는 전투효율이 급격하게 증가하지만, 상비율 수준이 계속 높아짐에 따라 전투효율의 증가 속도는 점차 둔화된다는 것이다.

둘째, Lanchester Square Law를 고찰한 결과로서 전투에 참가한 특정부대의 단위시간 전투손실률은 상대방의 전투력 규모에 직접 비례한다는 사실로부터 평시 낮은 상비율로 인하여 완편사단에 비해 저조할 것으로 예상되는 전시 동원사단의 전투효율은 해당 사단의 평시 상비율에 직접 비례할 것이라는 사실을 추정하였다. 즉, 전투에 참가한 부대가 시간이 경과한 후에 지니게 되는 전투력의 규모는 상대방의 전투력 규모에 의해 초기 전투력 규모보다 감소되듯이 동원사단의 전투효율은 낮은 상비율로 인하여 완편사단의 전투효율보다 저조하게 된다는 것이다.

이러한 두 가지 사실의 추정결과를 토대로 학습곡선과 Lanchester의 Square Law를 준용하여 설정한 상관관계 수리모형은 식 (8.6−1)과 같다.

$$E_m = \sqrt{E_s^2 - (A_s - A_m)^2} \qquad (8.6-1)$$

여기에서,

E_m : 동원사단 전투효율

E_s : 완편(상비)사단 전투효율(100%로 가정)

A_s : 완편(상비)사단 상비율

A_m : 동원사단 상비율($0 < A_m \leq A_s$)

상비율과 전투효율간 상관관계 모형인 식 (8.6−1)에서 동원사단의 상비율이 완편사단의 상비율과 같아지게 되면 동원사단의 전투효율은 완편사단의 전투효율과 동일하게 산출된다.

8.7 상비율과 전투효율간 상관관계 분석결과

이상에서 설정한 상관관계 모형을 이용하여 상비율 증가에 따른 전투효율의 변화추이를 그래프로 추정하여 도식하면 그림 8.7.1 과 같다. 상관관계 모형의 그래프 추정결과에서 나타난 대로 상비율 수준이 낮은 단계에서는 상비율을 증가시키면 전투효율이 급격하게 증가하지만, 상비율 수준이 높은 단계에서는 상비율을 증가시키면 전투효율의 증가속도가 현저하게 둔화되는 것을 알 수 있다. 그리고 상관관계 모형에서 상비율이 1%인 사단을 가정하여 전시 전투효율을 구하면 상비사단을 기준으로 14.1%의 전투효율을 나타내는데, 이러한 경우는 극단적인 예로서, 평시 약 100 여명 정도의 핵심 간부로만 편성된 동원사단이 전시에 계획대로 동원 및 증편되어 10,000 여명의 동원예비군으로 완편된 경우에 발휘할 수 있는 전투효율이 약 14%라는 의미이다.

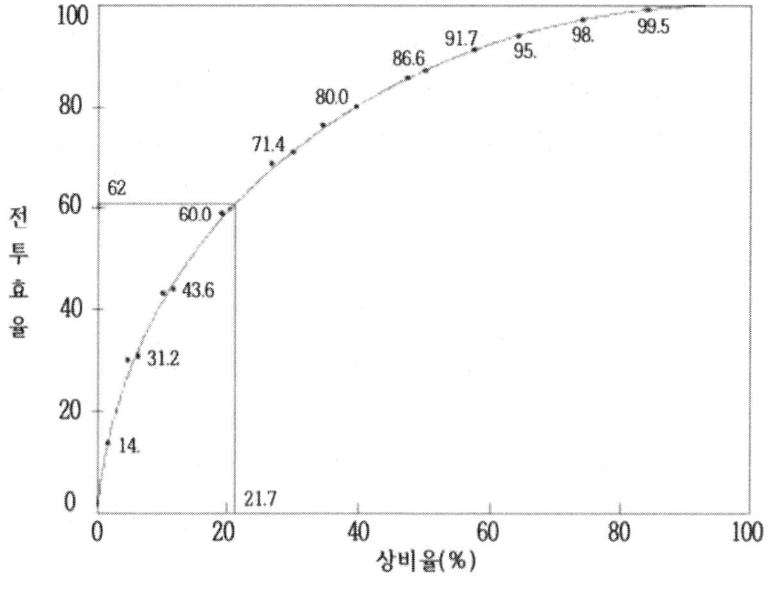

그림 8.7.1 상관관계 모형 그래프 추정결과

주요특기 상비율이 21.7%인 현 동원사단의 전투효율은 상비사단을 기준으로 약 62% 인 것을 알 수 있다

표 8.7.1 은 주요특기 상비율을 기준으로 산출한 상비율별 전투효율 산정결과를 요약하여 나타낸 자료이다.

표 8.7.1 상비율별 전투효율 산정 결과(요약)

상비율	10	20	21.7	30	40	50	60	70	80	90	100
전투 효율 (%)	43.6	60	62.2	71.4	80.0	86.6	91.7	95.4	98.0	99.5	100

8.8 동원사단 적정상비율 산정

8.8.1 동원사단임무수행 가능한 전투효율 판단

8.8.1.1 전시 동원사단 임무수행 가능성 평가

동원사단은 평시에는 부대관리와 교육훈련 등 기본임무를 수행하지만 전시가 되면 동원예비군으로 부대를 증편하여 책임지역을 방어하는 등 작계임무를 수행하도록 되어 있다. 현재의 동원사단이 이러한 전시 임무를 효율적으로 수행할 수 있는 전투력 즉, 전투효율을 구비하고 있는지의 여부는 유사시 국가안보와 직결되는 대단히 중요한 문제가 아닐 수 없다.

표 8.8.1 전투력 수준별 전투지속능력 판단 기준

구분	녹색	황색	적색	흑색
전투력 수준(%)	90~100	75~89	50~74	0~49
전투지속능력	충분	다소 제한	크게 제한	전투지속불가

8.8.1.2 전시 임무수행 가능한 최소 전투효율 판단

동원사단이 전시 수행하게 되는 임무는 앞에서 이미 언급하였다. 공격이나 방어 또는 지연전 등 부대가 수행하게 되는 작전형태에 따라 요구되는 최소한의 전투력 수준에 관해서는 의견이 다양하지만 통상적으로, 공격작전을 수행하게 되는 부대에 보다 높은 전투력 수준이 요구된다는 점에 대해서는 공감대가 형성되어 있는 실정이다.'창조 21 모델'

에서 부대임무에 기초하여 지휘관이 전투태세 전환기준을 설정하여 운용하도록 하고 있으나 기본 데이터베이스에 지정된 전투태세 전환기준은 최소 공격가능 전투력 수준을 75%로 최소 방어가능 전투력 수준을 45%로 지정하고 있다.

전투력 복원 교리에는 전투력 복원방법과 복원목표를 METT-TC(Mission, Enemy, Terrain and weather, Troops-Time available, Civilian) 요소를 고려하여 지휘관이 결정하도록 하였으나 전투지휘훈련간 일반적으로 적용하고 있는 전투력 수준별 전투지속능력 판단기준과 전투태세 전환기준을 동시에 염두해 볼 때, 특정 부대의 유무형 전투력이 75% 이하로 저하되는 경우에는 전투력 복원을 우선적으로 고려해야 할 것으로 판단된다. 따라서, 현재의 동원사단이 전시 계획대로 증편 및 전개된 후 즉각적인 전력 발휘를 통해 임무수행이 가능한 일반적인 전투력 수준, 즉 전투효율은 표 8.8.1 에 제시된 전투력 수준별 전투지속능력 판단기준 및 전투태세 전환기준을 고려 시 최소 75% 이상 요구되는 것으로 분석되었다.

이러한 문제를 해결하기 위하여 위에서 설정한 상비율과 전투효율간 상관관계 모형을 이용하여 동원사단의 전투효율을 산정한 결과, 평시 주요특기 상비율이 21.7%인 현 동원사단의 전시 증편 시 발휘 가능한 전투효율은 62%로 추정되었다. 이렇게 추정된 전투효율을 발휘할 수 있을 것으로 예상되는 동원사단의 전시 임무수행 가능 여부를 군단 및 사단급 전투지휘훈련 모델인 「창조 21 모델」 에서 일반적으로 적용하고 있는 전투력 수준별 전투지속능력 판단기준으로 분석한 결과, 표 8.8.1 에서 알 수 있는 것처럼 현 동원사단의 전투지속능력은 '크게 제한'됨으로써 전시 효율적인 임무수행이 곤란한 것으로 판단되었다.

8.8.2 동원사단 적정상비율 산정 결과

8.8.2.1 상관관계 모형을 이용한 상비율 산정 결과

앞에서 동원사단이 전시 증편 및 전개 후 즉각적인 전력 발휘를 통해 임무수행이 가능한 전투효율은 최소 75% 이상인 것으로 분석하였다. 동원사단에게 요구되는 이러한 전투효율을 보장하기 위해 요구되는 평시 상비율을 이 연구에서 설정한 상비율과 전투효율 상관관계 모형을 이용하여 산출한 결과, 주요특기 상비율은 33.9 %로 추정되었다. 표 8.8.2 는 전투효율 수준별로 요구되는 상비율을 상관관계 모형을 이용하여 산정한 결과를 요약한 것이다.

표 8.8.2 전투효율 수준별 상비율 산정결과(요약)

전투효율(%)	65	70	75	80	85	90	95	100
상비율(%)	24.0	28.6	33.9	40	47.3	56.5	68.8	100

8.8.2.2 한계효과(Marginal Effect) 분석에 의한 상비율 산정

한계효과 분석기법은 최적의 생산량을 결정하기 위해 경제학에서 발전시킨 이론으로서 비용을 한 단위 증가시킬 때 산출되는 수입의 증가효과를 의미한다. 이러한 한계효과 이론을 동원사단의 적정상비율을 산정하기 위한 본 연구에 적용해 보면 상비율 한계효과는 상비율을 한 단위 즉, 1% 증가시킬 때 나타나는 전투효율 증가효과를 의미하게 되며, 우리 군의 제한된 정원 및 상비율 증가의 효율성 등을 고려할 때, 한계효과 분석을 통한 비용대 효과 측면의 상비율 산출 결과도 의미있게 검토해 볼 수 있는 대안으로 판단된다. 상비율과 전투효율간 한계효과 분석결과를 요약하면 표 8.8.3 과 같다.

표 8.8.3 상비율과 전투효율간 한계효과 분석결과(요약)

상비율(%)	1	2	....	29	29.8	29.9	30	...	33	33.5	33.6		100
전투효율(%)	14.11	19.90	....	70.42	71.22	71.32	71.41	...	74.24	74.68	74.77		100
한계효과	14.11	5.79	....	1.02	1.00	1.00	0.99	...	0.92	0.90	0.89		0.01

한계효과 분석에서 최적의 생산량은 한계효과가 1 이 되는 지점에서 결정하는 것이 가장 효율적이다. 따라서 한계효과 분석기법을 적용한 동원사단의 최적 상비율은 표 8.8.3 에서 한계효과가 1 이 되는 지점 즉, 주요특기 상비율을 기준으로 29.9%로 결정하는 것이 가장 효율적이라고 할 수 있으며, 이때의 전투효율은 71.3%임을 알 수 있다. 상비율과 전투효율 간 한계효과를 세부적으로 분석한 결과는 표 8.8.4 와 같다.

표 8.8.4 상비율/전투효율간 한계효과 분석결과

상비율	전투효율	한계효과	상비율	전투효율	한계효과	상비율	전투효율	한계효과	상비율	전투효율	한계효과
0	0										
1.	14.11	14.11	26	67.26	1.12	51	87.17	0.57	76	97.08	0.25
2	19.90	5.79	27	68.34	1.08	52	87.73	0.55	77	97.32	0.24
3	24.31	4.41	28	69.40	1.05	53	88.27	0.54	78	97.55	0.23
4	28.00	3.69	29	70.42	1.02	54	88.79	0.53	79	97.77	0.22
5	31.22	3.22	30	71.41	0.99	55	89.30	0.51	80	97.98	0.21
6	34.12	2.89	31	72.38	0.97	56	89.80	0.50	81	98.18	0.20
7	36.76	2.64	32	73.32	0.94	57	90.28	0.48	82	98.37	0.19
8	39.19	2.44	33	74.24	0.91	58	90.75	0.47	83	98.54	0.18
9	41.46	2.27	34	75.13	0.89	59	91.21	0.46	84	98.71	0.17
10	43.59	2.13	35	75.99	0.87	60	91.65	0.44	85	98.87	0.16
11	45.60	2.01	36	76.84	0.84	61	92.08	0.43	86	99.02	0.15
12	47.50	1.90	37	77.66	0.82	62	92.50	0.42	87	99.15	0.14
13	49.31	1.81	38	78.46	0.80	63	92.90	0.40	88	99.28	0.13
14	51.03	1.72	39	79.24	0.78	64	93.30	0.39	89	99.39	0.12
15	52.68	1.65	40	80.00	0.76	65	93.67	0.38	90	99.50	0.11
16	54.26	1.58	41	80.74	0.74	66	94.04	0.37	91	99.59	0.10
17	55.78	1.52	42	81.46	0.72	67	94.40	0.36	92	99.68	0.09
18	57.24	1.46	43	82.16	0.70	68	94.74	0.34	93	99.75	0.08
19	58.64	1.41	44	82.85	0.68	69	95.07	0.33	94	99.82	0.07
20	60.00	1.36	45	83.52	0.67	70	95.39	0.32	95	99.87	0.06
21	61.31	1.31	46	84.17	0.65	71	95.70	0.31	96	99.92	0.05
22	62.58	1.27	47	84.80	0.63	72	96.00	0.30	97	99.95	0.04
23	63.80	1.23	48	85.42	0.62	73	96.29	0.29	98	99.98	0.03
24	64.99	1.19	49	86.02	0.60	74	96.56	0.27	99	99.99	0.02
25	66.14	1.15	50	86.60	0.59	75	96.82	0.26	100	100.00	0.01

지금까지 분석한 동원사단의 적정상비율 산정결과를 종합하면 먼저, 동원사단의 전시 임무수행 가능성을 기준으로 상관관계 모형을 이용하여 산출한 적정상비율은 약 34%이고, 다음으로 비용 대 효과 측면에서 효율성을 기준으로 한계효과 분석기법을 적용하여 산출한 적정 상비율은 약 30%로 산정되었다.

9장

WMD를 포함한 군사력평가 적용방법

* WMD(Weapons of Mass Destruction: 대량살상무기)

9.1 WMD를 포함한 군사력평가

9.1.1 WMD(Weapons of Mass Destruction)

WMD는 대량살상무기 또는 대량파괴무기라 불리며 인간을 대량 살상할 수 있는 무기를 말한다. 구체적으로는 생물무기, 화학무기, 핵무기, 방사능 무기의 4종류를 가리키며, 핵무기를 방사능 무기에 포함하여 화학·생물·방사선 무기 또는 화생방 무기로 부르기도 한다. 이들은 영문 약자로 'ABC 무기', 'NBC 무기', 'NBCR 무기', 'CBR 무기' 등으로 표시한다.

화학무기는 모든 독가스와 독약제, 화학적 소이제를 포함하는 것으로서, 독가스 가운데 최루 또는 구토 가스는 베트남 전쟁에서 비치사성인 것이라 하여 사용되기도 했다. 그리고 치사성의 것으로 염소계의 질식가스, 청산계의 혈액가스, 피부, 눈, 호흡기를 해치는 미란성 가스, 그리고 가장 무서운 것으로서 신경전도 기능을 파괴하여 호흡기 마비로 질식사 하게 하는 신경가스 등이 있다.

생물무기로는 박테리아, 리케차, 바이러스 외에 생물이 갖고 있는 독액이나 독성물질이 사용된다. 박테리아로는 티푸스균, 콜레라균, 페스트균으로부터 사망률 90%의 탄저균, 중독을 일으키는 보툴리누스균 등이 쓰인다. 포스리누스균은 100℃에서 5시간 이상 가열하지 않으면 죽지 않는 강한 균으로서, 불과 28.4g으로 2.2억명을 중독사 시킬 수 있다고 한다. 리케차균은 열병을 일으키고 장기간 활동능력을 상실케 해 허약한 사람은 사망한다. 바이러스균은 성홍열, 인플루엔자, 천연두, 앵무병 등을 일으킨다. 뱀의 독도 독성무기로서 연구되고 있다.

생물무기는 대량제조가 용이하고, 무기로 사용했는지 안 했는지를 식별하기가 어렵고, 또한 잠복기를 갖는 것이 많으므로 사전 발견이 불가능하다. 또한, 면역제에 내성을 가진 균을 만들고 있기 때문에 예방도 곤란한 가장 치명적이고 비인도적인 무기이다.

방사선 무기의 대표적인 것은 중성자탄이다. 중성자탄은 대량의 중성자와 감마선을 발생시켜 미사일의 전자장치나 핵탄두를 무력화시키고, 인간을 방사선으로 사상시키는, 폭풍이나 열선을 사용하지 않는 핵폭탄이다. 이것은 건축물 등은 파괴하지 않으므로 다른 화생방 무기와 같이 적지를 점령했을 경우 즉시 시설을 이용할 수 있는 이점이 있다. 중성자는 콘크리트나 탱크의 장갑판 등에도 침투하여 내부에 있는 인간만을 살상하기 때문에 방어하기 어려운 무기이다. 또한 수소탄두를 코발트 금속으로 싸서 폭발 시에 나오는 강렬한 중성자를 흡수 및 분산시키면 반감기 5년이라는 방사성 먼지가 되어 지표로 확산하고 낙하하여, 그 지역을 장기간 죽음의 세계로 만드는 코발트탄도 있다.

이 신경가스는 $1m^3$의 공기 중에 100g을 혼합하면 여기에 접촉한 사람은 15분 후에 95%가 사망하는데, 무색무취이기 때문에 탐지하기가 어려운 데다가 피부에도 작용하므로 방독면 외에도 방독복을 착용하지 않으면 방비할 수가 없다. 베트남전에서 대량 사용된 네이팜탄은 나프타네트, 팜유, 중유, 연, 동 등을 조합한 젤리상 소이제로서, 한번 발화하면 800도의 고열을 내고 다 탈 때까지 꺼지지 않는다. 황린소이탄도 포탄 및 폭탄으로 사용되는데, 그 파편이 인체에 파고 들어가면 근육이나 혈액에 작용하여 죽든가, 아니면 불치의 약물중독증과 화상을 입게 된다. 이러한 것은 핵무기보다 적은 비용으로 제조할 수 있으며, 또한 대량살상의 능력을 갖는다. 정신착란가스는 일시적으로 인간을 무능력 또는 광인화 시키는 것으로서 LSD 25, 푸시로사이핀, 그리고 미육군이 NZ라고 명명한 종류가 있는데 약 0.5㎏의 LSD 25로 천만 명을 광인화 시킬 수 있다. 핵무기는 그 대량 파괴력과 살상력으로 전쟁 수단에 획기적인 변혁을 가져왔으나, 핵무기 못지 않은 위력을 가진 화생방 무기가 은밀히 개발, 연구, 실용화되어 현대 전쟁에서 사용되었다.

핵무기는 핵분열에서 발생하는 방대한 에너지를 이용하여 살상 또는 파괴하는 무기의 총칭이다. 핵분열의 경우 원자무기 또는 원자병기라고도 한다. 가장 대표적인 핵무기는 핵분열을 이용한 것이다. 이 경우에 핵분열 물질로는 보통 우라늄과 플루토늄이 사용된다. 우라늄-235나 플루토늄-239 등이 쉽게 핵분열을 일으키고, 이들을 임계 질량 이상으로 모으면 연쇄 반응이 폭발적으로 일어나는 것을 이용한 것이다. 이를 원자탄이라고 한다. 수소탄은 보다 큰 에너지를 얻기 위해서는 핵융합 반응을 이용한다. 핵분열 폭탄을 이용하여 중수소나 삼중수소, 리튬 등을 순간적으로 가열 및 압축하여 핵융합 반응을 일으킨다. 이 원리를 이용한 수소탄은 원자탄의 수백배 이상의 파괴력을 지닌다.

9.1.2 WMD를 포함한 군사력평가 방법론

재래식 군사력평가를 위한 여러 가지 방법론은 이 책의 1장부터 8장까지 각 분야별로 설명이 되어 있다. 앞에서 기술한 바와 같이 재래식 군사력평가 방법론도 다양한 방법론이 존재하고 어느 하나의 방법으로 군사력평가를 충족하였다고 할 수 없다. 여러 가지 방법론을 다 동원하여 분석해 보고 여러 측면에서 검토해 보아야 진정한 군사력평가가 이루어진다.

그러나 WMD를 군사력평가에 포함하면 이러한 문제점은 더 어려운 난제가 된다. 핵 WMD는 재래식 군사력과는 비교가 되지 않는 강력한 파괴력을 가지고 있을 뿐만 아니라 핵무기를 보유하고 있는 그 자체만으로 전쟁억지력 발휘가 되기도 하고 적성국에 대한 위협 등 다양한 수단으로 사용가능하기 때문이다.

사실 재래식 전력으로 핵무장을 한 국가를 상대로 군사대비태세를 유지하는 것은 상당히 어려운 문제이며 비교자체가 불가능할 정도이다. 인도가 핵무장을 하자 인도를 가상적국으로 생각하고 있는 파키스탄이 정권이 수차례 교체되었음에도 불구하고 국가적 생존전략으로 인식하고 국제적 압력에도 불구하고 핵무장을 성공한 것은 시사점이 크다. 핵무기가 엄청난 살상을 초래하는 대량살상무기 또는 절대무기이고, 이것이 존재하는 한 적대적인 국가들이 군사력균형을 이루기 어렵다.

지금까지 핵무기가 사용된 유일한 사례인 태평양 전쟁의 경험을 통해서도 핵무기의 막강한 군사적 효과를 확인할 수 있다. 1941년 12월 진주만 공습을 당한 이후 미국은 4년 가까이 재래식 전력으로 일본과의 전쟁을 총력적으로 수행하였지만 승리하지 못하였다. 그러다가 1945년 8월 6일과 9일 2발의 핵무기를 일본의 도시에 투하하자 1주일 후 일본은 무조건 항복하였다. 단순하게 계산한다면 그 2발의 핵무기는 미국이 4년 동안 투입한 재래식 전력의 위력을 능가한 셈이다. 당시 히로시마에 약 16kt, 나가사키에는 약 20kt의 원자폭탄이 투하되었고, 그 결과로 150,000명에서 246,000명 정도가 사망한 것으로 알려지고 있는데, 현대의 고도화된 핵무기는 당시의 위력보다 훨씬 크고, 따라서 군사력에서 차지하는 비중도 더욱 클 것이다.

태평양 전쟁의 경우에도 미국이 재래식 전력으로 이미 오키나와 등을 점령하여 본토에 상륙할 태세를 구비한 상태였기 때문에 2발의 핵무기가 무조건 항복을 야기할 수 있었다. 적국을 파괴하는 것이 아니라 정복하여 통치하고자 하는 목적으로 전쟁을 수행할 경우에는 최소한의 핵무기만 사용함으로써 국토의 피해와 국민들의 반감을 줄일 수 있어야 하고, 그렇게 되면 더욱 재래식 전력과의 유기적 결합이 중요해 진다. 결국에는 사용될 수도 있지만, 대부분의 경우 핵무기는 위협용으로 사용될 가능성이 많고, 따라서 독자적인 전투력보다는 기존 전투력의 효능을 강화시키는 요소 즉 승수효과로 작용할 가능성이 높다.

예를 들면, 방어하는 비핵국가의 입장에서 볼 때 상대방이 핵무기를 보유하고 있으면 과감한 반격이 어렵고, 부대를 종심깊게 분산시켜야 하며, 상대방의 핵사용에 대비하여 불편한 방호장비를 보유함으로써 전투효율성이 저하될 수밖에 없다. 공격하는 입장에서 핵무기를 보유하고 있을 경우 최후의 일격이 존재하기 때문에 과감한 공격이 가능하고, 상대방의 대규모 반격을 덜 우려해도 되며, 당연히 전쟁 또는 군사작전을 주도할 수 있다. 따라서 동일한 양과 질의 재래식 전투력을 사용한다고 하더라도 핵을 보유한 국가와 보유하지 않는 국가별로 발휘되는 전투력의 위세는 크게 다를 수 있고, 따라서 핵무기는 기존 전력의 발휘도를 강화시키는 승수효과를 갖고 있다고 평가될 수 있는 것이다.

핵보유국의 입장에서도 최초부터 핵무기를 사용하는 것보다 사용의 가능성으로 위협하면서 재래식 전쟁을 수행하는 것이 효과적일 수 있다. 핵무기 사용은 너무나 큰 피해를 끼치고, 전면 핵전쟁으로 확전될 위험성이 있기 때문이다. 1950~1953 년의 6.25 전쟁에서 중국군의 인해전술에 고전하고 있었고, 현지 사령관인 MacArthur 장군도 건의하였으며, 핵무기의 압도적 우위를 확보하고 있었음에도 미국정부는 핵무기 사용을 계속 자제하였다. 냉전시대에 미국과 소련이 베트남전이나 아프가니스탄전 등에서 심각한 군사적 어려움을 겪었지만 그의 타개책으로 핵무기 사용을 고려하였다는 보도는 없었다. 핵무기는 별도의 군사적 위력을 갖는 측면보다는 보유 자체로 인하여 상대방의 전략적 선택을 제한하거나 재래식 군사력의 위력을 강화시키는 '승수요소'로 기능한다고 보는 것이 합리적일 것이다.

우선 핵무기 보유 여부를 고려하지 않을 때, 한국의 재래식 군사력은 북한에 비해서 상당히 우위에 있다고 평가될 수 있다. 군사력 측정의 한 가지 방법인 단순수량비교를 통해 평가할 때 북한의 군사력이 여전히 우세하다는 주장도 있지만, 이 주장은 설득력이 떨어진다. 이 비교방법은 단순히 병력, 전차, 전투기 등의 숫자에 근거하면서, 군사력의 질적 측면 및 유무형의 군의 조직적 능력 차이를 간과하기 때문이다. 이러한 이유로 학자들은 더욱 타당하며 신빙성있는 군사력평가 지표로서 군사비 지출규모를 사용해왔다. 군사비 규모로 평가할 때 대한민국의 군사력은 이미 1980 년대 초반에 북한을 추월하기 시작했고, 2002 년에는 북한의 5 배에 가까우며, 2012 년에는 9 배를 넘어섰다. 더욱이 전쟁 수행능력을 잠재적으로 뒷받침하는 경제력 격차가 2012 년 국내 총생산(GDP) 기준 약 77 배에 달한다는 점까지 감안하면, 대한민국의 재래식 군사력은 북한을 압도한다고 볼 수 있다.

그러나 북한의 핵 능력은 남북한의 상대적 군사력에 대한 재검토를 요구한다. 비대칭적 핵보유가 한반도 내 군사력 분포를 평가하는데 있어서 중요한 요소가 될 수 있다. 재래식 무기가 기술적 진보로 인해서 핵무기를 어느 정도 대체하는 억지력을 가질 수 있다는 주장도 제기되지만, 전시에 파괴할 수 있는 범위 및 파괴의 속도 측면에서 여전히 재래식 무기의 '효율성'은 핵무기에 비하기 어렵다. 따라서 핵 능력 진전으로 인해 북한의 종합적 군사력은 과거에 비해 상당히 강화되었다고 평가될 수 있다.

남북한 간 군사력 비교에서 한 가지 더 감안해야 할 것은 미국의 확장핵억지 제공이다. 확장핵억지는 제공자의 동맹국이 군사적 공격을 받을 경우, 이에 대응하여 핵 타격을 가할 수 있다는 보복위협을 통해 적국의 공격을 사전에 억지하는 것을 의미한다. 미국은 1978년 제11차 한미안보연례협의회(SCM)에서 한국에 대한 핵우산 공약을 처음 명문화 한 이래 매년 SCM에서 확장핵억지 제공을 확인해왔으며, 이는 단순히 동맹국 안보 또는 시혜적 차원이라기보다는 한국의 핵무기 개발 포기에 따른 대가이다. 확장핵억지를 신뢰할 수 있는지에 대한 의문이 제기될 수도 있지만, 기존 연구들의 결과는 대체로 그 신뢰성을 지지한다. 따라서, 미국의 확장핵억지는 남북한 간 군사력 비교에서 북한이 가지는 비대칭적 핵 능력의 장점을 적어도 부분적으로 상쇄한다고 볼 수 있다.

종합적으로 평가할 때, 재래식 군사력과 핵 능력을 함께 고려하는 군사적 능력의 계량적 비교가 쉽지는 않지만, 북한의 핵무기 보유에도 불구하고 한반도 내 군사력 또는 전쟁수행능력의 분포가 역전되었다고 보기는 어려울 것 같다. 군사비 지출규모는 2012년 기준 대한민국이 북한의 9배 이상이고, 경제력의 남북 간 격차는 77배에 달하며, 미국의 확장핵억지는 북한 핵보유의 잠재적 이점을 부분적으로 상쇄시킨다. 그러나 주목해야 할 점은 북한이 핵능력 고도화를 통해 이전 시기 대한민국에 비해 열세를 면치 못하던 군사력을 상당한 정도로 신장시키고 있다는 것은 분명하며, 남북 간 군사력 격차가 과거에 비해 크게 감소했다는 것이다.

핵무기를 제외한 화생무기를 군사력평가에 적용하는 방법론도 깊이 연구되지 않았다. 화학탄의 경우 그 작용범위가 제한적이기 때문에 주로 워게임에 반영하여 풍향과 풍속, 지형을 고려하여 피해범위를 묘사하고 화생방보호태세를 취함으로써 적절한 피해와 보호를 묘사할 수 있다. 그러나 생물무기의 군사력평가 부문에서는 생물무기의 특성을 고려하여 병력의 활동성에 제한을 두거나 제독작전을 통해 전투력을 보존하고 피해를 입은 부대의 전투력 복원과 관련된 묘사를 실시할 수 있다. 생물학전 역시 그 피해효과가 핵무기에 대해서 상대적으로 작기 때문에 군사력평가 시 정성적 요소분석이나 부대활동을 제한하는 방법으로 동태적 방법에 적용할 수 있다. 여기에서는 핵무기를 중심으로 한 군사력평가 방법론에 대해 논의한다.

9.2 종합국력의 한 요소로서 핵전력 평가방법

9.2.1 일반적인 군사력평가

국내에서 북핵을 군사력평가에 포함시킨 연구로는 황성돈 외 10명이 2016년에 발간한 「종합국력: 국가전략기획을 위한 기초자료」가 있다. 이 자료는 기본적으로 G20 국가들의 종합국력을 비교했다. 종합국력의 한 요소로 국방력을 측정하고 있다. 국방비, 현역군인, 예비역, 전차, 대포, 전투함, 잠수함, 전투기, 핵전력(핵무기 10 개 보유 가정) 등 9 가지 요소를 사용했다. 이 모형에서는 국방비를 투입(Input)으로 판단해 국방비에 50%의 비중을 부여했고, 나머지 항목은 산출(Output)로 봐서 50%의 비중을 두었다. 핵무기를 독립된 항목으로 포함시켰을 뿐만 아니라 2 배의 가중치를 부여했다. 이 연구에서는 비록 핵무기 보유 여부만을 기준으로 평가한 한계가 있지만, 핵무기 포함 필요성에 관한 고민은 참고할 필요가 있다.

황성돈 등의 연구에서는 영국의 국제전략문제연구소(IISS)에서 발간한 「The Military Balance 2014」의 자료를 활용하였고, 'G20 국가'를 대상으로 핵전력을 포함한 군사력을 비교하고 있다. 또한 G20 에 속하지는 않지만 북한도 포함하여 남북한의 군사력 비교가 가능하도록 'G20+북한'의 군사력을 별도로 제시하고 있다. 그 내용을 소개하면 표 9.1.1 과 같다.

표 9.2.1 은 G20 국가에 북한을 추가하여 비교한 현황인데, 국방비를 투입으로, 나머지는 산출로 봐서 50 : 50 의 비중으로 종합한 결과 남북한 군사력은 21 개국 중에서 대한민국은 49.6 으로 6 위이고, 북한은 53.0 으로 4 위로서, 북한이 다소 우세하다. 대한민국은 투입분야에서 국방비가 크지만, 북한은 산출 분야 즉 현역, 예비역, 전차, 대포, 잠수함 등은 물론이고 핵전력 분야는 일방적인 우세이기 때문이다. 이 모형에서는 북한이 10 개 정도의 핵무기를 보유하였다고 가정하였다.

표 9.2.1 남북한 군사력 비교

국가명	종합		투1.국방비(bUSD)			산1.현역군인(천명)			산2.예비역(천명)			산3. 전차(대)		
	지수	순위	수량	지수	순위	수량	지수	순위	수량	지수	순위	수량	지수	순위
한국	49.6	6	29	47.6	11	655	52.3	6	4,500	56.2	3	2,514	54.2	6
북한	53.0	4	9	46.2	17	1,190	61.3	4	6,300	60.2	2	4,060	61.0	2

국가명	산4.대포(천문)			산5.잠수함(정)			산6.전투함(척)			산7. 전투기(대)			산8.핵전력(개)		
	수량	지수	순위	수량	지수	순위	수량	지수	순위	수량	지수	순위	수량	지수	순위
한국	11	62.2	3	23	51.6	5	28	51.4	5	577	50.0	7	0	43.3	8
북한	21	80.4	1	72	71.0	1	3	41.8	21	603	50.3	6	10	56.4	7

출처: 황성돈 외, 2016, p. 67.

표 9.2.1 에서 북한을 보면 현역군인의 숫자, 예비역의 숫자, 전차의 숫자, 대포의 숫자, 잠수정의 숫자에서는 세계적인 수준이고, 무엇보다 핵무기를 보유하고 있다. 그렇게

되어 북한은 미국, 중국, 러시아에 이어서 4위의 군사력을 보유하고 있는 것으로 평가되었다.

이러한 요소를 통한 평가와 비교의 타당성을 검토해볼 때, ① 국방비의 경우 군사력을 평가하는 단일의 지수로 가장 빈번하게 사용될 정도로 보편적이라서 문제될 것이 없고, ② 현역군인의 수의 경우도 매우 대표적인 지표이다. ③ 예비역의 수는 전쟁지속력을 상징하는 지표라서 의미가 있다. 그리고 육군, 공군, 해군의 전력인데, 육군의 대표적인 사항으로서 ④ 전차와 ⑤ 대포를 고려하였다. 해군의 경우에도 ⑦전투함만 고려해도 가능하겠지만, ⑥ 잠수함의 전략적인 중요성을 포함시킨 것은 그만큼 잠수함의 중요성이 높아지고 있기 때문이다. 공군의 경우 ⑧ 전투기의 수가 대표적이지만 이로 인하여 공군의 비중이 상대적으로 낮게 반영될 우려가 있고, 실제로 방공분야가 공격분야 못지않게 중요해지는 측면도 있다. 따라서 ⑩ 방공미사일의 숫자를 새롭게 포함하는 것도 고려할 필요가 있다. 방공력 자체가 공군력을 상쇄하는 효과를 갖고, 최근에는 탄도미사일 방어로 국방에서 차지하는 비중이 매우 높아지고 있기 때문이다. 추가로 고려해야할 전력요소는 ⑪ 공격용 미사일 전력이다. 이것은 탄도미사일의 양과 질이 점점 중요해지고 있어서 포함되는 것이 필요하고, 상당수의 국가에서는 '전략군'으로 독립시키고 있으며, 이로 인한 위협이 국방분야에서 차지하는 비중이 점점 높아지고 있다. 그리고 2014년 연구에서 ⑨ 핵전력을 포함한 것은 적절하였다고 판단되고, 지속되어야 할 것이다. 핵위협 시대에 이것을 고려하지 않은 채 군사력을 비교한다는 것은 현실적이지 않기 때문이다.

이러한 논의를 바탕으로 위에서 포함되어야 할 요소들을 일부 순서를 조정하여 제시하면, ① 국방비 ② 현역군인의 수 ③ 예비역의 수 ④ 전차 수 ⑤ 대포 수 ⑥ 전투함 수 ⑦ 잠수함 ⑧ 전투기의 수 ⑨ 방공미사일의 수 ⑩ 공격 미사일의 수 ⑪ 핵전력이 된다.

핵무기를 포함한 대한민국의 군사력 지수는 840이고, 북한은 946.4이다. 이것을 백분율로 표시하면 남북한이 100:113 비율이다. 핵무기를 포함할 경우 북한의 군사력이 강하기는 하지만, 미국의 핵우산이 상쇄할 경우 압도적인 격차가 발생하는 것은 아니다. 미국의 확장억제가 제공되지 않는다고 할 경우 남북한의 군사력 균형은 북한이 우세해 700:946.4(백분율 100:135.2)가 되어 북한 군사력이 35% 이상 강해진다. 이 연구의 기준은 2016년이어서 현재와 비교해 보면 북핵의 숫자가 증가하고 있어 북한의 군사력 우위는 날로 증가하고 있다고 할 수 있다.

9.2.2 대치상태 국가의 군사력 비교

지금까지 대부분의 군사력 비교는 다수 또는 세계 전체의 국가들을 서열화하여 그것을 지수화한 다음 종합하여 점수를 비교하는 방식이었다. 다수 국가를 대상으로 하기 때문에 이러한 방식은 상당한 의미가 있고, 상대성으로 평가하지만 절대적인 역량의 크기도 가늠할 수 있는 장점이 있었다.

그렇다면 2 개 국가 간 비교의 경우에는 어떻게 해야 할 것인가? 이 경우 나오는 숫자를 그대로 포함할 수는 없다. 요소 간 비중을 고려할 수 없기 때문이다. 그렇다고 하여 다수 국가의 경우처럼 서열로 하면 2 개 국가라서 제한된다. 다수 국가들과 함께 평가한 다음 서열을 비교하는 방식이 가능하겠으나 그렇게 하면 작업량이 많을 뿐만 아니라 2 개 국가의 특별한 사항이나 세부적인 사항을 포함시키는 것이 어렵다.

2 개 국가를 비교할 경우에는 하나의 국가를 기준으로 설정하고, 그 국가와 비교하여 상대방 국가의 요소별 역량이 어느 정도인지를 비교하는 방법이 최선일 수 있다. 즉 미국과 러시아의 경우 미국을 100 으로 봤을 때 러시아가 어느 정도인지를 평가하거나, 남북한의 경우 대한민국을 100 으로 봤을 때 북한이 어느 정도인지를 비교하는 것이다.

대치상태 국가의 군사력을 평가하는 요소도 통상적인 국가들 간 비교하는 요소와 크게 다를 필요는 없다고 볼 수도 있지만, 더욱 구체적인 사항들이 포함되어야 할 것이다. 2 개 국가만의 고유한 사항이 존재할 수도 있기 때문이다. 전략의 공세성이나 무기의 질 등도 어느 정도 반영할 수도 있다. 공격과 방어의 강점과 약점도 포함되어야 한다. 다만, 이러한 요소들이 지나치게 많아질 경우 객관성이 더욱 의심받을 수 있다는 측면에서 계량화 가능성의 측면을 고려하여 선별할 수 밖에 없다.

더욱 중요하게 검토되어야 할 사항은 동맹의 요소이다. 대치상태가 아닐 경우 동맹은 크게 중요하지 않을 수도 있으나 대치상태일 경우에는 동맹의 비중이 매우 크고, 바로 작동될 가능성이 많기 때문이다. 특히 동맹군의 군사력이 주둔하거나 동맹국 간에 단일의 사령부를 구성하고 있을 경우 이를 고려하지 않을 경우 현실성이 떨어질 수 있다.

9.2.3 남북한의 군사력 비교

남북한의 군사력 비교도 현대의 국가들에게 일반적으로 적용될 필요가 있다고 인정되는 요소를 적용하는 것이 타당하다. 그럴수록 보편성이 높아질 것이기 때문이다. 따라서 ① 국방비 ② 현역군인의 수 ③ 예비역의 수 ④ 전차 수 ⑤ 대포 수⑥ 전투함 수 ⑦ 잠수함 ⑧ 전투기의 수 ⑨ 방공미사일의 수 ⑩ 공격 미사일의 수 ⑪ 핵전력의 11가지 요소를 사용한다.

그런데 남북한 2개 국가를 비교하는 것이고, 휴전상태라는 점에서 이 중에서 무기체계의 질에 따라서 위력 발휘가 매우 다를 수 있는 부분은 어느 정도 보정할 필요가 있다. 다만, 질적인 평가는 절대적인 기준이 존재하지 않고, 잘못 반영할 경우 오히려 왜곡이 발생할 수 있다는 점에서 불가피할 경우로 한정하여 최소한의 경우만 반영할 필요가 있다.

예를 들면, ⑥ 전투함의 경우에는 톤수가 작을 경우 작전반경에 심대한 영향을 미칠 것이기 때문에 척수만으로 단순 비교하는 것은 오류의 가능성이 높다. 남북한의 경우 북한은 척수가 많지만 총배수량의 톤수를 보면 대한민국 해군이 더욱 크다. 소형함선을 포함하여 전투함의 숫자가 많다고 북한 해군이 우세하다고 보는 것은 육군식의 사고일 가능성이 높다. 다만, 북한 해군 함정의 모든 톤수를 조사할 수도 없고, 실제적으로 이를 보정하는 방법은 쉽지 않다. 따라서 본 연구에서는 호위함 이상 함정을 어느 쪽이 많이 보유하고 있느냐를 질적인 요소로 전체 함정 척수에 반영하여 조정할 필요가 있다.

⑦ 잠수함의 경우에도 질적인 차이를 어느 정도 보정할 필요성이 전혀 없다고 할 수는 없다. 잠수함의 은밀성, 그리고 크기는 매우 중요하기 때문이다. 다만, 잠수함의 경우 잠수함과 잠수함 간에 직접적인 대결로 전쟁이 진행되는 것이 아니라, 당연히 잠수함도 대잠작전에 중요한 요소이기는 하지만, 잠수함이 수상함을 공격하고, 수상함과 항공기를 비롯한 다양한 작전요소들이 대잠전에 투입된다는 점에서 소형이라도 잠수함 자체가 상당한 이점을 지니고 있다고 봐야 한다. 따라서 잠수함의 성능에 따른 질적인 차이를 고려하지 않는 것이 더욱 오류의 가능성이 작을 수 있다고 판단한다.

⑧ 전투기의 경우에도 질적인 요소를 고려할 필요가 있다. 전투기의 경우 전투기와 전투기간의 전투가 발생하고, 그 결과로써 누가 제공권을 장악하느냐가 매우 중요하기 때문이다. 그럼에도 불구하고 전투기의 성능을 계량적으로 비교하는 것이 어렵다. 일부 군사 이론가들 사이에 MIG-29와 F-15가 공중전을 벌이면 어느 쪽이 승리할 것인가 등을 두고 토론이 벌어지기도 하지만, 쉽게 결론을 내지 못한다. 특히 전투기 자체보다는 탑재한 전자장비의 성능이 더욱 중요할 수 있는데, 그러한 사항이 모두 반영되지는 않는다. 따라서 질적인 차이를 반영하기가 어렵고, 역시 드러나 있는 숫자만으로 비교하고자 한다.

⑨ 방공미사일과 ⑩ 공격용 미사일 전력의 경우에는 마찬가지로 질적인 요소를 포함시킬 필요가 있을 수 있다. 그러나 남북한은 인접하여 미사일의 사거리가 그다지 중요한 것은 아니라는 점에서(단거리라도 휴전선 가까이에서 공격하면 여전히 막강한 공격력을

가질 수 있다) 질적인 요소를 필수적으로 반영해야 한다고 볼 수 없다. 따라서 이 또한 드러나 있는 숫자로만 비교하고자 한다.

가장 문제가 되는 것은 ⑪ 핵전력이다. 핵전력은 너무나 막강한 무기이고, 다른 모든 것을 합한 결과를 뒤집을 수 있을 정도라고 봐야 하기 때문이다. 이론적으로만 보면 핵무기 보유국가와 비핵무기 국가의 군사력을 비교하는 것 자체가 성립되지 않을 수 있다. 핵무기로 공격할 경우 비핵국가가 그에 상응하는 보복을 하거나 방어하는 것은 거의 어렵기 때문이다. 그럼에도 불구하고 국제여론이나 상호공멸 가능성으로 인하여 핵무기를 사용하는 것은 어려운 점이 있다는 점에서 1 개 요소로 비교하되 그 비중은 2 배로 부여하고자 한다. 핵무기의 사용 가능성이 높아지면 이 요소의 비중은 더욱 높아져야할 것이다.

더욱 논의가 필요한 것은 대한민국의 핵능력이다. 현재 대한민국은 핵무기를 전혀 보유하고 있지 않지만, 미군은 상당한 핵전력을 보유하고 있고, 유사시에 이것을 사용하여 응징보복을 실시하겠다고 약속하고 있다. 그리고 이로 인하여 북한의 핵공격이 억제되고 있는 것이 현실이다. 따라서 북한이 핵무기를 갖고 있어서 100 이고, 대한민국은 0 으로 평가할 수는 없고, 미국의 확장억제나 고려할 필요가 있다. 이 경우 미국의 핵능력을 모두 고려하는 것은 너무나 막강한 것이고, 따라서 북한의 핵전력을 100 으로 볼 때 그것을 미국이 확장억제 약속이 어느 정도로 상쇄할 것인가를 결정하는 수밖에 없다. 예를 들면, 현 상황에서 한미동맹과 확장억제 제공이 확실히 선언되고 있고, 한미연합사가 존재하며, 전략자산 등을 전개하는 훈련 등도 수시로 한다고 판단하였을 때 70% 정도는 상쇄효과 있을 것으로 판단할 수 있다(이 수준을 Delphi 기법으로 전문가 의견을 들어서 결정할 수도 있고, 확장억제 준수에 필요한 몇 가지 요소를 평가하여 결정할 수도 있다).

이렇게 볼 때 남북한의 군사력 비교는 통상적인 국가 간의 군사력 비교와 기본방향은 동일하게 적용하되 무기의 질적인 요소를 일부 반영할 필요가 있다. 또한 북한의 핵전력은 반드시 포함되어야할 것이고, 거기에 대한 미군의 확장억제력도 다소간 포함되어 상쇄되는 것으로 고려할 필요가 있을 것이다.

이러한 계산에 있어서 어느 한 분야에서 많은 차이가 날 경우 다른 분야에서 적게 난 차이를 모두 상쇄해버릴 수 있다. 그렇게 되면 분야를 구분한 의도라 상쇄되는 측면이 있다. 공격자가 승리하고자 할 경우 상대에 비해서 3 배 정도의 전력을 갖추어야 한다는 점에서 통상은 3 배까지 가능할 수 있지만, 5 배까지의 차이가 실제로 존재하기는 어렵고, 그러할 경우에는 지나친 과잉일 수 있다. 따라서 특정분야의 경우 5 배의 차이를 상한선으로 정하고자 한다. 즉 대한민국을 100 으로 기준을 삼을 경우 북한은 500 을 초과할 수 없다는 것이다.

이러한 배경하에 남북한 군사력을 비교해 보면 표 9.2.2 와 같이 대한민국을 100 점으로 기준하여 1,200 점(핵전력은 200 점)으로 할 때 북한은 2,654 로 대체적으로 2.2 배의 군사력을 가진 것으로 평가되었다. 남북한의 군사력을 비교에서 북한이 결정적으로 우세한 것은 공격미사일과 핵전력이고, 잠수함에 있어서도 북한이 압도적인 우위를 보유하고 있는 것으로 드러나고 있다. 여기에서 공격미사일의 숫자는 「The Military Balance 2016」에 나와 있는 것만 고려하였는데, 다른 자료에서는 북한이 1,000 기 가량의 미사일을 보유하고 있는 것으로 판단하고 있다. 핵전력의 경우 대한민국은 보유하고 있지 않지만, 미국의 확장억제 약속을 감안하여 그 숫자를 감소시켰고, 그 비중이 커서 가중치를 2 를 부여하였다. 이것은 남북한의 경제력이 워낙 차이가 나고, 현대전에서는 질적인 요소가 차지하는 비중이 크다고 생각하는 일반 국민들의 인식과는 다소 차이가 있을 수 있다. 그러나 북한의 핵미사일(핵무기와 미사일을 결합한 것)로 인하여 대한민국이 국가생존의 위험성까지 느끼고 있는 것을 고려해 본다면 위의 군사력평가가 과장된 것으로 치부하기는 어렵다고 할 것이다. 북한의 핵전력, 미사일전력으로 인하여 남북한의 군사력 균형은 북한이 압도적으로 유리한 상황으로 변모하였다.

평가요소들을 세부적으로 설명할 경우, ① 국방비의 경우는, 북한의 국방비를 정확하게 파악할 수 없다는 것이 문제이다. 다만, 미 국무부가 2016 년 12 월 22 일 발표한 '2016 세계 군비 지출 보고서'에 따르면, 북한은 국내총생산(GDP) 대비 국방비 비중이 23.3%로 1 위였고, 그 액수를 보면 2004 년부터 2014 년까지 11 년간 연평균 국방비는 대한민국은 연평균 395 억달러이고, 북한은 최소 35 억달러~최대 83 억달러로 산정하고 있다. 여기에서 최고치를 사용할 경우 북한의 국방비는 대한민국 국방비의 0.2 즉 약 1/5 에 해당된다.② 현역군인의 수, ③ 예비역의 수, ④ 전차 수, ⑤ 대포 수의 경우에는 「The Military Balance 2016」에 있는 숫자를 그대로 사용하였다. 이들의 경우에도 당연히 질적인 요부분에 대한 문제가 제기될 수 있으나 앞에서 설명한 바와 같이 일단은 수만 고려하였다.

⑥ 전투함 숫자의 경우 상륙함은 상륙작전에서만 사용되어 해군의 함정이라고 보기는 어려워 제외하였다. 함정의 총계는 북한이 433 척, 대한민국은 173 척이며, 이때 함정의 크기는 계산되지 않았다. 북한의 경우 호위함(Frigate) 이상이 3 척인데 반하여 대한민국은 23 척으로 대형함정의 경우 대한민국이 훨씬 우세하다. 다만 숫자 자체도 중요성이 있다는 점에서 50%의 수를 감안하고 그 중 50%는 호위함 이상 함정의 비율을 적용하여 조정한 결과 북한의 전투함은 430×0.5+430×(3/23)+3=274 척이 된다.

⑦ 잠수함 ⑧ 전투기의 수 ⑨ 방공미사일의 수 ⑩ 공격 미사일 수 역시 「The Military Balance 2016」에 있는 숫자를 그대로 사용하였다. 이들의 경우에도 당연히 질

적인 요부분에 대한 문제가 제기될 수 있으나 앞에서 설명한 바와 같이 일단은 수만 고려하였다.

⑪ 핵전력의 경우 북한의 핵무기 숫자는 「The Military Balance 2016」에는 들어가 있지 않다. 따라서 미국의 David Albright 박사가 2016년 6월 발표한 자료를 근거로 하였는데, 그 자료에서 올브라이트 박사는 13~21개를 북한이 보유하고 있을 것으로 평가하였다. 따라서 그 중에서 최저치를 사용하였다. 그리고 핵무기의 비중을 다른 요소와 동일하게 100으로 산정하기는 어려워 200으로 두 개 요소에 해당하는 비중을 부여하였다. 핵위협이 커질수록 이 비중은 커져야 할 것이다.

핵무기의 경우 대한민국은 전혀 보유하고 있지 않다는 점에서 비교가 난감하다. 다만, 미국의 확장억제 약속을 고려할 때 미국의 핵무기가 다소 영향을 미친다고 보지 않을 수 없다. 미국은 확장억제라는 약속을 통하여 북한이 핵무기로 공격할 경우 그들의 대규모 핵무기로 보복할 것임을 공언하고 있고, 이를 이행할 수 있도록 한미연합사가 존재하며, 전략자산 등을 전개하는 훈련 등도 수시로 실시하고 있다. 따라서 북한 전력의 70% 정도는 상쇄하는 것으로 판단하였다. 따라서 북한의 핵무기 숫자에서 그 정도는 삭감하여 계산에 포함시켰다. 즉 북한이 13개의 핵무기를 보유하고 있지만, (13−(13×0.7) = 4)라고 하여 4개 정도만 제시하였고, 이에 대하여 대한민국은 0이지만 그렇게 하면 계산을 할 수 없어서 계산목적상 1을 설정하여 비율을 결정하였다.

표 9.2.2 남북한 군사력 비교

		① 국방비 (억달러, 2015)	② 현역군인의 수	③ 예비역의 수	④전차 수	⑤대포 수	⑥ 주요전투함 수
남한		395억	628,000	7,500,000	2,418	11,038	173
북한		83억	1,190,000	6,300,000	3,500	21,100	274
비교	남한	100	100	100	100	100	100
	북한	21	189	84	145	191	158
		⑦잠수함	⑧ 전투기의 수	⑨ 방공미사일의 수	⑩공격 미사일의 수	⑪핵전력	종합
남한		23	556	206	30	0(1)	
북한		73	545	312	320	4(13-9)	
비교	남한	100	100	100	100	200	1200
	북한	317	98	151	<u>500(상한)</u>	800	2,654

결론적으로 대한민국을 100 점으로 기준하여 1,200 점(핵전력은 200 점)으로 할 때 북한은 2,654 로 대체적으로 2.2 배의 군사력을 가진 것으로 평가되었다.

9.3 핵전략 수준별 승수효과 부여 방법

9.3.1 핵무기 군사력평가 적용 개념

핵전략 수준별로 승수효과를 부여하여 핵무기 군사력평가에 적용하는 방법에 대해서는 박휘락(2018)이 연구하였다. 박휘락 연구의 아이디어는 핵전략 수준별로 승수효과를 구하여 재래식 전력에 적용한다는 것이다. 그의 연구에 의하면 핵무기는 너무나 치명적인 무기이지만, 대부분의 군사력평가나 비교에는 포함되지 않았고, 포함 필요성에 대한 논의도 활발하지 않았다. 소수의 국가만이 핵무기를 보유하고 있는 탓도 있고, 워낙 끔찍하여 핵무기를 사용 가능한 무기로 인식하고 싶지 않았기 때문일 것이다. 아래 내용은 박휘락(2018)의 연구를 발췌하였다.

미국, 러시아, 중국과 같은 강대국의 경우 비핵전력만으로도 다른 국가에 비해 압도적인 수준이라서 굳이 핵전력까지 포함시킬 필요가 없었다. 그러나 핵무기도 무기 중의 하나이고, 사용될 가능성도 배제할 수 없으며, 약소국으로 점점 확산되고 있는 상황이라서 군사력으로 포함되어야 할 필요성도 증대되고 있다.

중진국이나 약소국이 핵무기 보유할 경우 재래식 전력만 보유하는 경우에 비해서 군사적 영향력이 크게 증대되는 것은 분명하다. 그래서 세부적인 반영방법은 밝히지 않으면서도 Global Fire Power의 경우 '인정받았거나 의심되는 핵보유국에 대해서는 보너스를 부여'하는 것으로 설명하고 있다. 그 결과 유럽에서 유사한 경제규모를 가진 국가인 프랑스, 영국, 이탈리아, 독일(독일이 1.5 배 정도로 크나, 나머지 3 개국은 유사)의 '화력지수'를 보면, 핵보유국인 프랑스와 영국은 각각 5, 6 위의 군사력 규모로 평가되는 반면에 독일은 10 위, 이태리는 11 위로 격차가 벌어지고 있다. 다른 핵보유국인 인도, 이스라엘, 파키스탄도 4, 16, 17 위로 경제규모에 비해서 높게 평가되었다.

비록 핵무기가 강력한 화력을 보유하고 있지만 핵무기만 가지면 전쟁에서 무조건 승리할 수 있는 것은 아니다. 핵무기로는 적국을 초토화시킬 수는 있지만, 정복하여 통제하도록 하는 무기는 아니기 때문이다. 핵무기는 재래식 전력과 함께 사용되어야 하고, 그러할 때 특유의 전략적 효과를 거둘 수 있다.

핵전력과 관련해서는 대륙간탄도탄(ICBM: Intercontinental Ballistic Missile)과 잠수함발사탄도탄(SLBM: Submarine Launched Ballistic Missile)의 보유 여부가 매우 중요하

다. ICBM은 세계 어디든 핵공격을 가할 수 있는 능력을 의미하고, SLBM은 상대방의 핵공격(제1격, The First Strike)에 대한 확실한 반격력(제2격, The Second Strike)을 보유하고 있다는 것을 의미하기 때문이다. 예상하는 이익보다 감수해야할 비용이 클 것이라는 점을 상대에게 전달하여 핵공격을 억제시키고자 한다면, 상대방이 핵공격을 가할 경우 반격하여 초토화시킬 수 있는 규모의 ICBM과 SLBM을 구비하는 것이 중요하다. 이러한 수준을 억제이론에서는 '최대억제'(Maximum Deterrence)라고 명명하는데, 미국과 러시아가 그러한 수준으로서, 양국은 '상호확증파괴전략(MAD: Mutual Assured Destruction)'의 개념하에서 상대방의 선제공격을 허용하더라도 생존하여 상대를 초토화시킬 수 있는 대규모 핵전력을 보유하고 있다.

최대억제의 수준에는 미치지는 못하지만 상당한 핵전력을 갖는 경우를 '제한억제(Limited Deterrence)'라고 구분하기도 한다. 이것은 상대방의 결정과 행동에 상응하게 적절한 핵무기를 선택적으로 사용함으로써 확전을 방지하는 억제의 방법이다. 최대억제가 가능한 전력을 보유하면서도 치명적인 확전을 회피하고자 제한억제를 선택할 수도 있지만, 통상적으로는 상당한 핵전력을 보유하고 있지만 최대억제에는 미치지 못하는 수준을 말한다. 중국의 경우 미국과 러시아에 대하여 최대억제가 가능한 수준은 아니지만 다양한 형태의 ICBM과 SLBM을 보유하고 있다는 점에서 1980년대 이후부터는 '제한억제'를 추구하고 있는 것으로 평가되고 있다.

최대억제나 제한억제에 미치지 못하지만 상대방이 핵무기로 공격할 경우 반격하여 상대방의 수개 도시를 파괴시킬 수 있는 능력 즉 '최소한의 제 2격 능력'을 구비함으로써 핵공격을 억제하는 방식은 '최소억제(Minimum Deterrence)'라고 일컬어진다. 이것은 소규모이지만 확실한 제 2격 (보복력)을 보유하는 형태로서, 영국과 프랑스가 해당되는데, 이들 국가는 다수의 SLBM을 탑재한 4척의 핵잠수함을 운용함으로써 확실한 제 2격 능력을 과시하고, 이로써 핵강대국의 핵공격도 억제할 수 있다고 믿고 있다.

최소억제에 필수적인 요소인 SLBM을 보유하지 못하는 대신에 적극적인 핵무기 사용의지를 강조함으로써 다른 핵보유국의 공격을 억제하는 방식을 '신뢰적 최소억제(Credible Minimum Deterrence)'로 명명하기도 한다. 이것은 인도와 파키스탄에서 주장하는 내용으로서, 양국은 핵무기 사용을 불사하겠다는 의지를 적극 표명함으로써 상대방의 핵공격을 억제시킬 수 있다고 믿고 있다. 이스라엘의 경우 핵무기의 사용의지를 강조하지는 않지만 이 정도 수준에는 해당된다고 봐야 하고, 북한의 경우에도 ICBM의 성공에도 근접한 상태에서 SLBM을 개발하고 있다는 점에서 최소억제를 추구하고 있다고 봐야 한다.

핵억제 이론에서 핵무기를 몇 개만 보유하는 수준은 '실존억제(Existential Deterrence)'라고 명명하는데, 이것은 핵무기의 보유 자체로서 어느 정도 억제효과를 산출한다는 의미이다. 지금은 폐기했지만 남아프리카공화국은 고농축우라늄을 활용하여 1979년부터 1989년까지 항공기를 사용하여 투하할 수 있는 총 6기의 핵폭탄을 생산하여 보유한 적이 있는데, 이러한 수준이거나 이보다 조금 더 진전된 수준이지만 실존적 최소억제에도 미치지 못하는 수준이 실존억제에 해당된다고 할 수 있다. 다만, 대부분의 국가들은 실존억제를 달성한 후 곧바로 신뢰적 최소억제 수준으로 증강해 나갈 것이기 때문에 실제에 있어서 실존억제의 국가가 오랫동안 존재하기는 어렵다.

핵무기는 통상적인 재래식 무기처럼 수시로 사용하는 것이 아니기 때문에 그 규모나 개별 핵무기의 질보다는 전체적인 태세가 위에서 제시한 억제의 방식 중에서 어느 것을 구현할 수 있는 수준인가가 더욱 중요하다. 특정국가의 핵능력 수준이 최대억제, 최소억제, 신뢰적 최소억제, 실존억제 중 어느 것을 구현할 수 있는가가 중요하다는 것이 다. 따라서 이러한 수준별로 핵무기 승수효과의 차이를 부여하는 것을 고려해볼 수 있다. 각 수준별 승수효과를 정확하게 판단하려면 수 편의 논문을 통한 심층깊은 검토가 필요하겠지만, 핵전력의 개략적 영향 정도를 파악한다는 것이 중요하다.

핵전략의 수준에 따라 승수효과의 차이를 둘 수 있는데, 그것은 표 9.3.1과 같다.

표 9.3.1 핵무기 수준별 승수효과의 기준(예)

핵전략의 수준	승수효과(%)	비고
최대억제	100	상대방 군사력의 초토화 가능
제한억제	55~95	
최소억제	50	상대방 몇 개 도시를 파괴시킬 수 있는 군사적 능력
신뢰적 최소억제	24~45	
실존억제(핵우산)	0~20	핵전력의 최소 승수효과가 10%보다는 높을 가능성

표 9.3.1을 설명하면, 최대억제는 상대방의 제 1격을 받고도 생존하여 제 2격을 수행할 수 있는 핵능력이라는 점에서 상대방이 제 1격으로 나의 재래식 전력을 모두 파괴시키는 수준의 승수효과를 가진다고 볼 수 있고, 그렇다면 기존 재래식 전력의 100%를 상승시키는 효과를 부여할 수 있다. 최소억제는 나의 모든 군사력이 상대방의 제 1격에 의하여 파괴된 상태에서 상대방의 도시 몇 개를 초토화시키는 수준의 능력이기 때문에 기존 재래식 전력의 50%가 잔존하는 승수효과를 부여할 수 있다.

핵무기는 보유자체(실존억제)만으로도 적지 않은 승수효과를 가질 것인데, 그 정도는 핵무기의 보유 수준에 따라 달라질 것이다. 다만, 실존적 최소억제를 최소억제와 구분한다면, 이것은 최소억제의 1/2 즉 25%로 볼 수 있을 것인데, 그러할 경우 실존적 최소억제보다 핵전력이 미흡한 실존억제의 최대치는 25%에 미치지는 못하는 수준 즉 20%로 볼 수 있다. 그렇게 되면 신뢰적 최소억제는 25%~45%의 범위라고 봐야 한다. 그리고 최대억제와 최소억제 사이가 제한억제라는 점에서 이것은 수준에 따라 55~95%의 승수효과가 가능할 것이다.

최대억제와 최소억제는 명확한 개념이고, 미국과 러시아(최대억제) 그리고 영국과 프랑스(최소억제)의 경우 핵전력의 강화보다는 유지나 질적 향상에 중점을 두고 있다는 점에서 고정성이 크다. 그러나 제한억제, 신뢰적 최소억제, 실존억제의 경우에는 그를 위한 확실한 수준이 존재하는 것이 아니고, 대부분의 국가는 다음 단계로 격상되기 위하여 지속적으로 노력한다는 점에서 범위로 승수효과를 부여하였고, 따라서 실제적인 승수효과의 정도는 해당 국가의 핵무기 수준에 근거하여 판단할 수밖에 없다.

9.3.2 남북한 군사력평가

여기에서는 핵무기를 포함하였을 경우 변화되는 남북한 군사력 수준을 파악해보고자 하는 목적이라서 북한의 핵능력을 포함하지 않는 경우와 포함하는 경우의 두 가지로 남북한의 군사력을 비교하고자 한다. 다만, 본 논문의 목적이 군사력평가의 새로운 기준이나 방법을 제시하는 것이 아니라 북핵으로 인한 남북한 군사력 균형의 대략적인 변화를 가늠해보는 것이기 때문에 군사력평가 요소는 9.1.2 절에서 설명한 '황성돈 모형'을 그대로 적용하고, 사용하는 자료 역시 「The Military Balance 2018」 을 사용하되, 대한민국 국방부에서 발행한 「국방백서」 도 일부 활용한다.

9.3.2.1 핵무기를 포함하지 않은 남북한 군사력 균형

「Military Balance 2018」 에서 확보한 자료를 '황성돈 모형'의 군사력평가 요소에 적용할 경우 재래식 군사력 측면에서 평가된 남북한 군사력의 비교 결과는 표 9.3.2 와 같다.

표 9.3.2 남북한 군사력 비교(재래식 무기)

국가명	투1. 국방비(억$)		산1.현역군인(천명)		산2.예비역(만명)		산3. 전차(대)	
	금액	상대치	인원	상대치	인원	상대치	숫자	상대치
남한	325	700	625	100	310	100	2,514	100
북한	102	217	1,280	205	762	246	3,500	139
구분	산4. 대포(문)		산5.전투함(척)		산6.잠수함(척)		산7. 전투기(대)	
	수량	상대치	수량	상대치	수량	상대치	수량	상대치
남한	11,067	100	35	100	24	100	541	100
북한	21,100	190	40	114	35	140	545	101
총계	총계1		총계					
	단순지수		지수/2					
남한	1400		700					
북한	1,352		676					

표 9.3.2는 핵무기를 포함하지 않은 남북한의 군사력을 비교한 결과인데, 한국을 100으로 둔 상태에서 북한의 군사력을 규모를 상대치로 계산하였다. '황성돈 모형'과 동일하게 국방비를 투입으로 봐서 50%, 나머지 항목들은 산출로 봐서 50%를 적용하였다. 그 결과 핵무기를 고려하지 않은 군사력 비교의 경우 대한민국과 북한은 700 : 676으로 대한민국이 다소 우세인 것으로 나온다. 이 결과를 백분율로 나누면 한국과 북한은 100: 97 정도라 서 대체적으로 재래식 전력만을 기준으로 남북한의 군사력은 어느 정도 균형을 이루고 있다고 평가할 수 있다. 다만, 국방비는 장기전에서는 상당한 영향을 끼치지만 단기전에서는 당시까지 산출된 무기 및 장비의 역량이 중요하다는 점에서 산출만 고려할 경우 대한민국은 700이고, 북한은 1,135로서 백분율로 나누면 1:1.6이 된다. 따라서 단기기습전으로 전개될 경우 한국은 막강한 경제력을 활용할 겨를이 없이 결정적인 패배를 당할 가능성도 배제할 수는 없다.

9.3.2.2 핵무기를 포함한 남북한 군사력 균형

북한은 현재 상당한 숫자의 핵무기와 ICBM에 근접한 능력을 구비함으로써 신뢰적 최소억제(25~45%의 승수효과)에 해당하는 핵전력을 구비하고 있다. 다만, 아직 핵무기 숫자나 질에 있어서 인도나 파키스탄에 미치지 못하여 신뢰적 최소억제의 최소 수준(45%)을 부여할 수는 없고, 그래도 ICBM의 개발에 근접한 수준을 고려하여 40%의 승수효과를 부여할 수 있을 것이다. 반면에 한국은 자체의 핵무기는 보유하고 있지 않지만 미국의 핵우산 하에 있기 때문에 '실존억제'(0~20%)의 수준은 충분하다고 판단할 수 있다. 이렇게 북한에게는 40%, 한국에게는 20%의 승수효과를 부여하여 표 9.3.2 를 보완한 것이 표 9.3.3 이다.

표 9.3.3 남북한 군사력 비교(핵무기 포함)

국가명	투1. 국방비(억$)		산1.현역군인(천명)		산2.예비역(만명)		산3. 전차(대)	
	금액	상대치	인원	상대치	인원	상대치	숫자	상대치
남한	325	700	625	100	310	100	2,514	100
북한	102	217	1,280	205	762	246	3,500	139
구분	산4.대포(문)		산5.전투함(척)		산6.잠수함(척)		산7. 전투기(대)	
	수량	상대치	수량	상대치	수량	상대치	수량	상대치
남한	11,067	100	35	100	24	100	541	100
북한	21,100	190	40	114	35	140	545	101
총계	총계1		총계		총계3			
	단순지수		지수/2		지수 x 핵무기 승수효과			
남한	1400		700		840(700 x 1.2)			
북한	1,352		676		946.4(676 x 1.4)			

표 9.3.3 에서 '총계 3'이 핵무기의 승수효과를 반영한 결과이다. 대한민국의 경우 미국의 '확장억제'를 실존억제 전력 수준으로 고려하여 20%의 승수효과를 산정하였고, 북한의 경우 '신뢰적 최소억제' 수준이라고 평가하여 40%의 승수효과를 계산하였다. 그 결과 핵무기를 포함한 대한민국의 군사력 지수는 840 이고, 북한은 945.4 이다. 이것을 백분율로 표시하면 남북한이 100 : 113 으로서 핵무기를 포함할 경우 북한의 군사력이 강하기는 하지만, 미국의 핵우산이 상쇄하여 압도적인 격차가 발생하는 것은 아니다. 다만, 미국의 확장억제가 제공되지 않는다고 할 경우 남북한의 군사력 균형은 북한이 우세하여 700:946.4(백분율 100: 135.2)가 되어 북한이 35% 이상 군사력이 강한 결과가 도출된다.

군사력의 산출분야만이 중요해지는 단기속결전의 경우 이 격차는 더욱 커져서 남북한의 700: 1,135 에 각각 20%와 40%를 추가하면 840: 1,589 로서 1: 1.9 의 격차로 벌어진다. 따라서 한국에게는 북한이 핵무기 사용으로 위협하면서 단기속결전을 전개하는 것을 가장 경계할 필요가 있다. 이러한 결과를 해석해보면, 재래식 전력만을 고려할 경우 대한민국의 국방비가 워낙 커서 북한의 수적 우세에도 불구하고, 거의 대응한 상황에서 대한민국의 군사력이 다소 우세한 상황을 보였지만, 핵무기 개발로 북한이 다소 우세한 상황으로 역전되었다고 할 수 있다. 특히 북한의 단기속결전 가능성만 제외한다면 북한이 핵무기를 개발하였다고 하여 남북한의 군사력 균형이 북한에게 결정적으로 우세해진 상황은 아니라는 사실이다. 미국이 제공하는 확장억제가 북한의 핵무기 위력을 상당부분 상쇄해주기 때문이다.

다시 말하면, 한미동맹이 견고할 경우 북한의 핵무기 보유가 전략적 균형을 결정적으로 변화시키지 못한다. 다만, 핵무기에게 승수효과를 부여하여 남북한의 군사력을 평가한 박휘락의 방식은 핵무기가 끼치는 군사적 영향력을 계산해 보기 위한 하나의 방편일 뿐이라는 점을 양해할 필요가 있다. 북한이 핵무기의 사용 가능성을 시사하면서 적극적인 위협을 가할 경우 핵무기에게 승수효과만 부여할 것이 아니라 독자적인 전투효과를 부여해야할 수도 있고, 그렇게 될 경우 남북한의 군사력균형의 격차는 현재의 계산보다 더욱 커질 우려가 있다. 또한 현 승수효과의 경우에도 대한민국에게는 20%, 북한에게는 40%를 부여하였지만 더욱 세부적인 판단을 통한 조정이 필요할 수도 있다.

10장

미래 무기체계를 적용한 군사력평가

10.1 미래 전장의 변화의 동력

미래 전장은 어떻게 변할 것인가? 미래 전장 변화의 핵심적 동력과 원인은 무엇인가? 군사 연구가들은 이러한 문제를 끊임없이 제기하고 고민해 왔다. 지나간 역사를 되돌아 보며 미래를 예측하는 것은 역사학자 E. H. Carr 은 'What Is History?'에서 "'역사적 사실(Historical Fact)이란 무엇인가?'라는 문제를 제시했다. 그는 역사는 현재와 과거의 대화라고 갈파하고 있다. 많은 전쟁사를 연구한 학자들의 공통된 의견 중 하나는 미래 전장 변화는 과학기술에 의해 주도되고 있다는 사실이다. 이러한 관점에서 언제나 그랬지만 지금과 같이 급격한 과학기술의 발전은 미래 전장의 모습을 완전히 새롭게 바꿀 수 있다고 할 수 있다.

최근의 과학기술은 선형함수가 아니라 지수함수적으로 급속히 발전하고 매 18~24 개월마다 기술혁명이 발생하며 기술 반감기가 3~4 년으로 단축되는 모습으로 발전하고 있다. 이러한 빠른 기술혁명의 발전을 고려 시 앞으로 더 빠른 기술의 발전은 과거부터 현재까지의 발전의 양보다도 더 많은 지식을 단기간내에 축적할 수 있는 시대로 진입할 것이다. 이러한 과학기술 발전 추세는 미래 전쟁의 수행개념도 시간적, 공간적 요소뿐만 아니라 전투수단과 전투형태, 의사결정 등 모든 분야를 변화시킬 것이며 정보화 요소는 지식과 정보우위의 측면이 전장 및 전투의 형태를 결정짓는 필수 요소가 될 수가 있을 것이다.

현재 회자되고 있는 4 차 산업혁명 시대의 과학기술의 주요 Issue 인 전자, 통신기술 및 생명공학, 인공지능, IoT, Big Data, Mobile, 3D 프린터, Nano 기술, 증강현실, 혼합현실, 첨단 분석, 에너지 저장기술, 신소재, Cloud Computing, Quantum Computing, Ubiquitous Computing, Wearable Device, Decision Making System, Block Chain Technology, 근력증강, 지능 물질, Meta 물질 등은 사회 각 분야의 변화를 선도할 뿐만 아니라 전장과 전투요소의 변화도 견인할 충분한 힘을 가지고 있다. 특히 4 차 산업혁명에서 강조되고 있는 것은 첨단기술 그 자체가 아니라 첨단기술의 융합이 새로운 영역에서 새로운 가치를 창조하는 패러다임으로 진화한다는 것이다. 여러 첨단기술의 융합의 조합은 무한대여서 이론적으로는 새로운 패러다임과 새로운 가치는 무한대로 창출될 수 있다.

미래 전장은 지상, 해상, 공중, 우주, 사이버 등 기존의 공간개념을 확장한 개념으로 확대되고 있다. 1 차 세계대전 이전의 전장은 지상, 해상에 머물렀으나 1 차 세계대전 시 항공기가 출현함에 따라 공중으로 확대되었고 2 차 세계대전 이후 위성을 우주 공간에 위치시키고 달 탐사와 우주 왕복선 등의 우주공간에 군사적 물체들을 위치시킴으로써 우주 공간으로 확대되었다. 현재 우주공간에서 이루어지고 있는 군사적 활동은 정찰위성을 통한 정보획득과 통신중계, 대륙간 탄도 미사일 요격에 머무르고 있으나 향후는 위성에 대한 공격, 위성이 지상이나 해상, 공중에 있는 군사적 목표에 대한 공격이 이루어질 수 있을 것이다. 인터넷 출현 이후 사이버 공간은 전평시 군사적 요소를 통제하고 공격할 수 있는 주요한 전투공간으로 대두되었는데 현재의 대부분의 주요한 무기체계들이 전자적 요소를 가지고 있고 다른 무기체계들과 네트워크로 연결되어 있기 때문에 사이버 공간에 대한 공격은 대부대 지휘통제 시스템 마비로부터 하위 제대의 각 전투체계를 무력화시킬 수 있는 수준에 이르고 있다. 정보공간의 확장은 전장의 모습을 획기적으로 변화시켜 나갈 것으로 기대된다. 정보의 우위가 곧 전투와 전쟁의 승리를 보장하는 차원으로 확대될 것이다.

4차 산업혁명의 대표적인 전자통신기술은 군의 지휘통제통신 분야의 획기적 변화를 가져와 모든 제대의 상황인식의 동시화가 가능하며 제전장요소를 효과적으로 연결함으로써 분산된 환경하에서도 작전지휘와 상황공유가 가능하여 의사결정을 더 빠르고 정확하게 할 수 있도록 한다. 현대전에서 강조되고 있는 '네트워크 기반 동시통합전'이 실제로 이루어질 수 있는 시대가 도래 한 것이다. 기존의 플랫폼 기반 전투체계보다 '네트워크 기반 동시통합전'은 전투 제요소의 적절한 통합과 분산을 통해 전장의 전체 최적화를 달성하는데 기여할 수 있을 것이다.

군사 분야에서 추진 중인 인공지능 기반의 의사결정체계는 지형, 기상, 적군과 아군의 부대구조, 무기체계, 작전의도 등을 입력하여 가장 가능성 있는 방책을 추천할 수도 있다. 인공지능 기반의 의사결정지원체계는 현재 군에서 사용하고 있는 워게임 기반의 의사결정 체계보다 더 높은 효율성과 인간이 판단하는 오류를 급격히 줄여 줄 수 있을 것으로 기대된다.

또한, 타격측면에서는 인공지능 기반 목표 인식이 가능해질 것이고 관성항법 장치(INS)와 범지구 위치결정 시스템(GPS), 위성항법 장치(GNS) 등을 이용하여 목표 도달이 더 정확하고 정밀하게 되어 공산오차가 급격히 줄어 들어 소량의 탄만으로도 목표 파괴나 무력화, 제압이 더 용이하게 될 것이다. 이러한 기술의 발전은 장거리 전력의 투사가 공군이나 해군 육군에서 보유하고 있는 미사일 뿐만 아니라 재래식 탄도 전술제대의 작전지역을 충분히 지원하는 장사정 투발수단을 보유하게 되는 의미가 된다. 이러한 타격체계를 지휘통제 통신과 의사결정체계와 연동하여 운영하게 되면 적시에 표적을 타격하는 것이 가능하게 되어 전장의 주도권을 확보하는데 크게 기여할 것이다. 즉 작전의 제요소를 통합형 시너지 효과를 달성하게 되는 것이다.

10.2 군사적 패러다임의 변화

소련에서부터 시작된 군사혁신은 기술적인 도약에만 중점을 둔 '(MTR: Military Technical Revolution)' 개념이었다. 미국이 MTR을 Operational Concept 과 Organization 분야까지도 포함하는 개념으로 확대한 후 'RMA(Revolution in Military Affairs)'란 용어를 사용함으로써 군사혁신이 본격화되었다. 미국의 정의에 의하면 군사혁신은, '새로운 기술이 수 개의 군사체계에 적용되는 과정에서, 혁신적인 운용 개념 및 조직적 적응 노력과 결합되어 분쟁의 특성과 수행양상을 근본적으로 변화시킬 때 발생하는 것' 이다. 특히 미국은, '군사혁신은 새로운 기술에 의해 보장되기는 하지만, 운용 및 조직에 관한 새로운 개념을 통하여서 현실화된다' 라고 하여, 기술, 운용개념, 조직의 균형된 발전을 강조하고 있다. 기술적인 변화로는 혁신적인 변화를 초래하는 데 한계가 있다는 것이다. 새로운 운용개념의 개발을 통하여 새로이 개발된 기술의 효과를 극대화시킬 수 있어야 하고, 새로운 조직의 발전을 통하여 기술상 및 운용개념상의 변화를 제도화할 수 있어야 진정한 군사혁신에 이를 수 있다는 것이다.

첨단 정보통신 기술의 발전과 4차 산업혁명에서 도출된 첨단기술의 융합은 그동안 군사적으로 장애물이었던 시간적, 공간적 제한사항을 다 제거함으로써 엄청난 군사적 능력을 제공할 수 있다. 센서 및 네트워크 기반으로 정보수집과 유통이 가능하고 인공지능을 기반으로 한 분석체계에서는 가장 합리적인 의사결정을 지원할 수 있을 것이다.

뿐만 아니라 신기술 공학 기반의 무기체계는 더 효과적인 무기를 만들 수 있는 계기를 제공한다. 무기체계 측면에서는 장사정, 고위력과 더불어 투발의 정확도를 향상시킴으로써 "1 Shot 1 Kill"과 같은 군사가들의 오랜 소망을 만족시킬 수도 있을 것이다. 표적의 위치와 이동 경로를 예측할 수 있고 이를 타격할 수 있는 수단이 있다면 엄청난 군사적 우위를 점할 수 있다. 뿐만 아니라, 그동안의 축적된 적 정보의 Big Data 기반의 머신러닝으로 적의 의도를 정확히 알 수 있는 지경에 이르면 군사적으로는 더 이상 상대할 적이 없을 정도가 된다. 그러나 현실적으로는 적 역시 군사혁신과 첨단기술의 융합으로 군사적 우위를 점하기 위해 노력할 것이므로 미세한 군사적 우위가 전쟁억제와 전쟁발발시 전쟁에서 승리할 수 있는 핵심 요소가 될 것이다. 네트워크 기반 작전과 효과중심 작전의 오랜 개념이 현실로 이루어지는 시대가 곧 도래 할 것으로 생각된다.

10.2.1 전장공간의 확대

미래 전쟁은 지상·해상·공중·우주·사이버에서 진행되는 5차원 전쟁으로 네트워크 중심전, 정보 및 사이버전, 효과 중심의 정밀 타격전, 마비 중심의 신속기동전, 비선형전, 비살상전, 무인 로봇전, 비대칭전, 동시통합전 등으로 더욱 변화하고 확대될 것이다.

5차원 전쟁이란 무기체계 능력 확대로 인한 전장의 공간과 성격의 변화는 전장의 광역화, 장사정화, 정밀화, 고기동화, 네트워크화, 우주화 등을 의미하며 단기간내 전쟁목적 달성하기 위하여 5차원에서 장거리 첨단무기를 작전특성에 맞게 연계하여 통합운용하고 동시적, 병행적, 효과기반적, 핵심지향적으로 전략적 목표인 전쟁지도부와 국가지휘구조 우선 타격하는 간접 접근전략에 의한 적의 전쟁 의지를 말살시키는 것이다.

10.2.2 대량 살상전에서 효과중심 작전으로

고대 전쟁으로부터 2차 세계대전, 한국전, 월남전까지는 전쟁의 목적이 적의 군사력을 파괴하고 지역을 확보하는 데 중점을 두어 물리적인 대량 파괴가 주를 이루었다. 1·2차 세계대전을 거치면서 세계 최강의 군으로 성장한 미군은 한국전에서 무기체계나 군수지원면에서 열악한 중공군을 상대로 전쟁을 하면서 완전한 군사적 승리를 하지 못했고 더욱이 월남전에서는 군사적인 패배를 당함으로써 상당한 충격과 반성의 시간을 보내게 되었다. 미군은 월남전 패배의 전훈을 도출하여 과학기술군으로서 거듭나기 위해 지휘관 및 참모훈련을 위한 BCTP 훈련을 도입하였고 과학화 훈련 체계인 CTC를 도입하여 실전장과 유사한 환경속에서 실전적인 훈련을 하였다. 그 결과 미군은 1990년 8월부터 1991년 2월까지 진행된 걸프전에서 화려한 부활을 하였다.

첨단 과학기술은 전장의 모습을 크게 바꾸었으며 걸프전에서 비로소 토마호크 미사일 등 미사일 전력이 전장에 본격적으로 등장하게 되었고 대량살상전 이전 효과중심 작전의 효시가 되었다. 전쟁은 사막의 폭풍 작전 기간에 미국 폭격기가 폭격 이미지를 실시간으로 보고하면서 비디오 게임 전쟁이라는 별명을 얻게 되었다. 이라크 군대를 쿠웨이트에서 몰아내려는 첫 충돌은 공중 및 해상 폭격과 함께 1991년 1월 17일에 시작되어 5주간 지속되었다. 이후 2월 24일 대규모 지상 공격이 이어졌다. 이것은 쿠웨이트에서 이라크 군대를 몰아내고 이라크 영토로 진격한 다국적 연합군에게 있어서 결정적인 승리였다. 이후 연합군은 진격을 멈추고 지상전이 시작된 지 100시간 만에 정전을 선언했다. 공중 및 지상 전투 부대는 이라크, 쿠웨이트, 그리고 사우디아라비아의 일부 지역에 주둔하는 것으로 제한되었다.

걸프전의 또 하나 특징은 작전이 신속히 종결되었다는 것이다. 걸프전 이전의 전쟁 기간을 보면 제 2차 세계대전 6년, 한국전쟁 3년, 베트남 전쟁 20년이 걸린 것에 비해 걸프전은 7개월이 걸렸으며 대부분 기간은 병력과 장비 이동 기간이었으며 실제 전투는 공중 및 해상의 폭격이 5주 지상전은 단 100시간이 걸렸을 뿐이다. 무기체계와 전술의 변화가 전쟁의 기간을 엄청나게 단축시킨 결과가 되었다. 걸프전부터 제한된 실시간 상황공유와 핵심표적에 대한 화력타격 등 효과중심 작전의 모습이 서서히 나타나게 된다.

전쟁수행 핵심적 기능을 마비시킬 수 있는 효과성과 경제성을 고려한 공격을 시도한다. 이를 위해 군사적, 비군사적 역량을 통합하여 정보전, 압도적 기동, 정밀공격 등을 시행하고 과거의 무차별적 대량파괴, 살상에서 비파괴, 비살상으로 목적 달성 추구한다. 전쟁의 개념 변화는 파괴중심에서 효과중심으로, 영토점령에서 시스템 통제로, 군사력 행사에서 군사적 영향력 과시로, 개별 순차적 공격에서 동시병렬공격으로, 투입중심에서 산출중심으로 한 효과기반의 정밀화력무기체계 요구된다.

미래 전장은 대량 살상전 중심에서 마비 중심의 신속기동전으로 변화할 것이다. 신속기동전은 적이 대응할 수 없는 방향으로 신속히 기동하여 결정적 주도권을 확보하여 적으로 하여금 공황을 강요당하게 하고 전략적 중심을 신속히 장악하여 심리적으로 혼절 및 마비시켜 단기간내 승리할 수 있는 새로운 기동과 화력 무기체계 요구하고 있다.

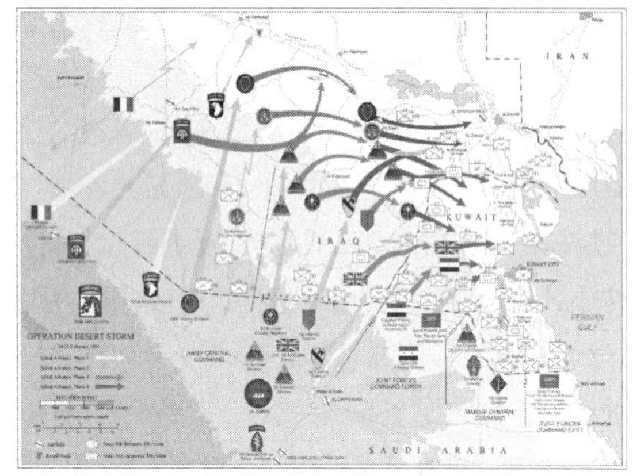

그림 10.2.1 효과중심작전의 효시 걸프전

10.2.3 비접적, 비선형, 원거리 전투

1·2차 세계대전, 한국전, 월남전까지는 전투의 행위는 가시거리 또는 레이더 거리 내에서 상호 확인이 된 비교적 단거리 내에서 전투가 진행되었다. 그러나 현대전은 적과 직접 접촉하지 않은 상태에서도 지상, 해상, 공중에서 미사일에 의한 타격이 가능하게 되었다.

병력이 직접 접촉하여 전선이 유지되고 피아의 지역확보가 명확한 재래전과는 달리 현대전은 전선이 일정한 선형의 모습을 가지지 않고 전후방의 구분이 모호한 상태가 되었다. 후방에서도 언제든지 적에 의한 타격을 받을 수 있을 뿐만 아니라 후방지역의 적 특작부대에 의한 공격이 이루어질 수 있고 해상 상륙돌격이나 헬기에 의한 공중강습, 공정사단의 후방차단과 같은 다양한 형태의 전투가 이루어 질 수 있어 비선형적인 모습을 갖추게 된다. 또한, 미사일이나 전투기, 헬기에 의한 원거리 전투가 가능해졌고 야전포병도

40~70km 이상 투발 능력의 능력을 보유하게 됨으로써 재래식 전투보다는 상대적으로 원거리 전투가 가능해 졌다.

10.2.4 네트워크 중심전(NCW: Network Centric Warfare)

현대전의 특징 중 하나는 네트워크 중심전이다. 네트워크 중심전이란 기존의 플랫폼 중심전과는 달리 모든 전투 플랫폼이 하나의 네트워크로 형성되어 상황을 공유하고, 네트워크를 활용한 작전 수행 방식을 일컫는 말이다. NCW 에서는 현재의 무기체계 플랫폼 중심전에서 전쟁의 근본을 바꾼 새로운 전쟁으로서, 탐지·식별·추적체계와 결심권자와 타격체계를 네트워크로 연결함으로써 같은 시간에 같은 정보를 인식하여 지휘 결심속도를 증가시키고 빠른 작전을 구사함으로써 적의 치사율을 높이는 반면 아군의 생존성은 제고시키며 전투력을 동시에 구사할 수 있는 작전을 가능하게 하는 정보우위의 전쟁이다. 이렇게 하면 다양한 작전 요소들이 상호 연결되어 실시간에 정보공유가 가능하고 전쟁과 전투의 우위를 점할 수 있다.

네트워크 중심전은 플렛폼, 무기중심의 전쟁에서 네트워크 중심의 전투로 변화하고 있으며 고도의 지식, 정보능력을 기반으로 한 자동화된 네트워크로 신속하게 분산된 전력을 강력하고 효율적으로 연결시켜 전쟁목표 달성한다. 미래 전장에서는 시간적·공간적으로 분산된 전투력을 통합하여 집중하고 기동의 우세를 달성하며, 신속하고 정확하게 결정적인 결과를 얻을 수 있는 정보통신무기체계가 요구되고 있다.

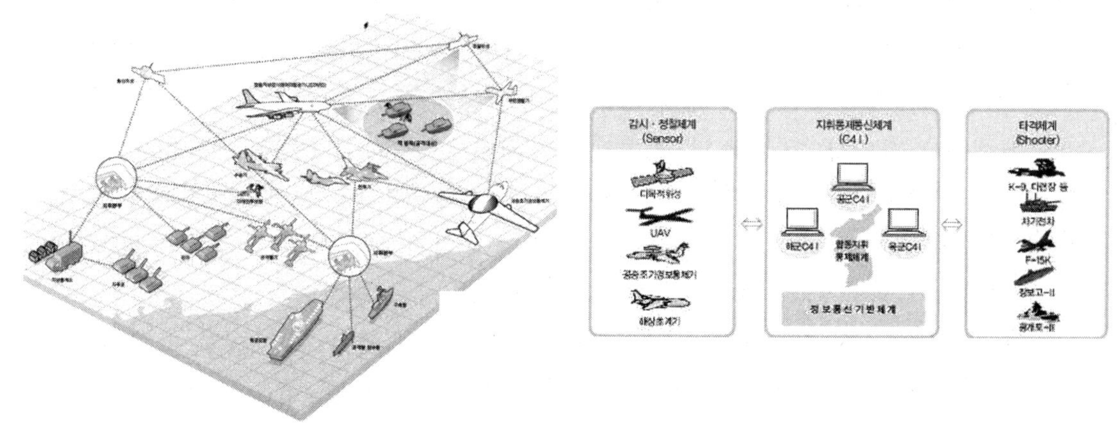

그림 10.2.2 네트워크 중심 작전

10.2.5 동시 통합전

제 작전요소를 동시에 통합하여 전투의 효율을 극대화하는 것이 동시통합전이다. 동시통합전을 달성하려고 하면 시간적·공간적·제대별 통합이 이루어져야 하며 네트워크와 상호 운용성이 확보되어야 한다. 시간적·공간적·제대별 동시통합전 달성을 위해서는 상황의 공유가 실시간으로 이루어져야 하며 간단없는 명령과 작전수행결과가 보고되어야 하고 표적 타격후 표적의 상태를 평가하는 전투피해평가가 바로 이루어져야 한다. 이와 더불어 의사결정수단이 과학화되고 작전의 제요소를 다 포괄하는 전체 국면의 최적화 의사결정이 이루어질 수 있어야 한다. 다양한 작전 요소들이 공통의 목표하에 통합되어 군사작전이 원활하게 이루어져야 한다.

10.3 미래 무기체계 발전방향

10.3.1 미래 무기체계 개요

미래 전장환경 개념은 유·무인 무기체계로 구성된 정찰·감시(ISR), 지휘통제·통신(C4I), 정밀타격무기(PGM)가 유기적인 복합체계를 구성하여 원거리에서 동시다발적으로 효과적인 적의 종심을 정밀타격하는 형태가 될 것이다.

공간적으로는 다차원 전장공간을 활용하는 능력이 전쟁의 승패를 좌우하게 될 것이며, 네트워크 중심 작전환경하에서 전쟁을 수행하기 위해 우주공간 지배는 필수적이다. 또한, 해저공간을 이용한 전략적 억제와 사이버 공간의 주도가 전쟁에서 결정적 역할을 할 것으로 예상된다. 전투수단 측면에서는 위성, 무인항공기 등과 같은 첨단 감시정찰 수단이 광역에서 수집한 정보를 네트워크 중심 복합체계를 통해 실시간으로 사용자에게 전파함에 따라 의사결정자들은 신속하고 정확한 판단과 지휘결심을 하게 될 것이며, 물리적 파괴에 주안을 두기 보다는 전자장비를 사용하는 무기체계의 비중이 증가 함에 따라 기능을 마비시키기 위한 Soft Kill 형태로 전투수단이 변화할 것이다.

또한, 감시/정찰의 주요 수단이 되고 있는 무인 무기체계는 향후 타격 및 전투영역까지 그 역할이 확대될 전망이다. 또한, 비핵 전자기펄스(EMP: Electro-Magnetic Pulse), 고출력 전자파(HPM: High Power Microwave), 자유전자레이저(FEL: Free Electronic Laser), 탄소섬유탄, 고섬광발광탄, 초저주파 음향무기 및 미세전자 기계시스템(MEMS: Micro Electro Mechanical System)을 응용한 신무기체계 및 비대칭무기의 개발은 기존의 무기체계와 더불어 전투수단의 운용범위를 획기적으로 확대시킬 것이다.

전투형태 측면에서는 기존의 플랫폼 중심으로 전투를 수행하던 것에서 네트워크 중심 작전환경하에서는 다양한 작전요소들이 실시간에 정보를 공유할 수 있도록 네트워크로 연결하여 전투를 수행함으로써 효과적인 전쟁수행이 가능하게 되었다. 또한, 감시·정찰 센서 및 장거리 타격체계의 발전은 적과 조우해서 근거리에서 전투를 수행하던 개념으로부터 원거리에서 적을 보지 않고 감시자산으로 접촉한 위협표적을 정밀타격함으로써 목표를 달성하는 효과중심의 전투형태가 될 것으로 예상된다. 즉, 미래전 수행체계는 네트워크 중심 작전환경 하에서 정보지식 중심의 감시·정찰 자산에 의해 전장가시화를 달성하고 지휘통제·통신체계 자산에 의해 실시간 정보를 공유한 가운데 정밀타격자산과 복합체계를 이루어 원거리, 비접적, 비선형 전투에 의한 심리적, 효과중심의 정밀파괴 및 타격을 수행하는 양상이 될 것이다.

10.3.2 비화약 무기체계

10.3.2.1 개요

미래전은 12세기부터 지금까지 이어온 화약 중심의 살상전으로부터 비화약 중심의 무기체계가 도래할 것이다. 그 대표적인 무기는 전자기파(EMP) 무기와 레이저(Laser) 무기, 레일건(Rail Gun) 등을 이용한 투발 수단으로 비약적인 속도의 증가와 레이저 또는 탄두의 운동에너지로 표적을 공격하는 형태의 무기가 출현할 것으로 기대된다. 구체적으로 비화약 에너지무기란 재래식 탄환이나 탄약 대신 고밀도의 에너지, 입자를 발생시켜 표적을 향해 발사함으로써 전자포, 레이저, 비살상무기와 같이 적을 무력화하는 무기를 말한다.

10.3.2.2 전자기파(EMP) 무기

전자포(Electro-Magnetic Gun)는 전기에너지를 발생시켜 포탄에 추진력을 제공하여 발사하는 방식을 채택하며 화약 추진방식(1.8~2km)보다 강한 추진력(3~5km) 발생시켜 사거리, 정확도, 관통력이 비약적으로 향상된다. 미 해군의 계획은 370km 밖의 표적을 6분만에 명중시킬 수 있도록 연구하고 있고 항공기, 탄도미사일, 순항미사일 등 이동표적 요격 가능하다고 믿고 있다.

EMP탄은 적의 전자장치를 무력화시키기 위한 미래의 무기개념으로서 살상용 탄보다 파편효과가 약하기 때문에 저 살상용 인도주의적 무기로서의 역할이 기대되고 있는 비살상 무기이다. EMP에 대한 연구는 1994년 러시아가 유럽 전자학회에서 EMP의 발생장치 원리와 연구사례를 발표한 이후 미국, 독일, 프랑스 등 다른 국가들도 기존의 다연장로켓, 곡사포, 박격포 등 중·대구경 발사체에 적용할 목적으로 EMP 발생장치를 연구하여 왔다.

EMP탄은 전자폭탄의 한 종류로 FCG(Flux Complex Generator)형태의 폭탄구조를 갖고 있으며, 내부의 고정자용 코일은 콘덴서에서 얻은 전력으로 전자기장을 형성하고, 확장가능용 구리튜브는 폭발물을 둘러싸고 있으며 자기장을 확장시킨다. FCG형 탄피는 유전구조의 탄피로 자기장의 강도를 높이며, 방출 안테나는 형성압축된 자기장을 방출하는 장치로 구성된다. FCG형 탄의 특징은 비교적 저렴한 단가(제작비 1,000~2,000달러)와 간단한 제조방식, 20개의 FCG로 뉴욕 맨해튼을 무려 한 달 동안 마비시킬 수 있는 정도의 높은 파괴력과 영향력을 갖고 있다.

EMP탄의 원리는 고정자용 코일에 전력을 공급 전자기파를 발생시키고, 폭발물의 폭발로 구리튜브를 팽창 유전구조의 탄피까지 팽창하여 전자기장을 확장시킨다. 이후 확장된 전자기장이 폭발물을 통해 앞쪽으로 전달되고 안테나를 통해 전자기파를 방출시킨다. EMP탄의 공격범위는 원격조정으로 공중에서 폭발시켜 피해범위를 최대화한다. EMP탄은 향후 순항미사일에 장착하여 사용하거나 서류가방이나 권총에 장착하여 컴퓨터를 파괴시키는 극소형으로 개발하고 있고, 소형 폭탄형태로 적 지휘부 및 통신시설 교란 등에 적극 활용될 전망이다.

미국과 독일 등 군사 선진국의 EMP탄 개발형태는 미국은 120밀리 박격포와 155밀리 곡사포, 독일은 155밀리 곡사포용을 연구 중이며 피해반경 6.8km급의 EMP탄 등장이 예상되고 있다.

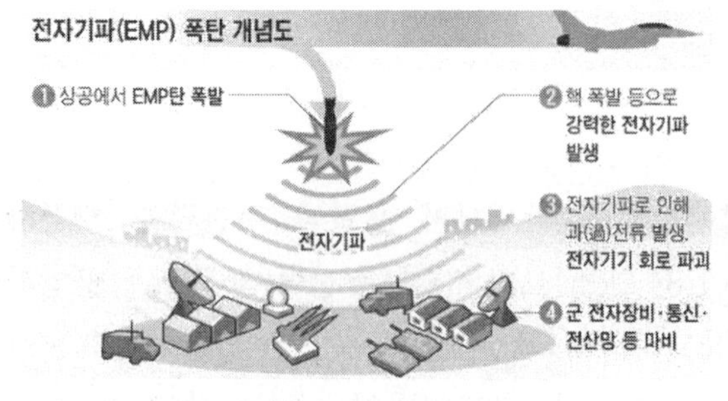

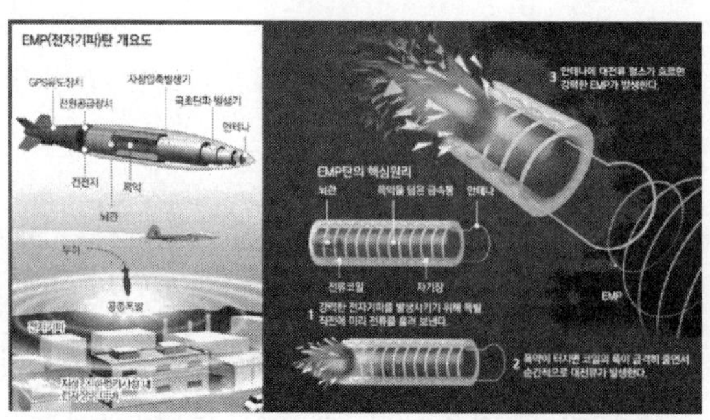

그림 10.3.1 전자기파 폭탄

10.3.2.3 고출력 마이크로파 포탄(HPM: High Power Microwave)

고출력 마이크로파 장비는 지향성 에너지계열에 속한다. 단시간의 고출력 펄스는 표적체계의 전기회로에 급격한 전압의 상승을 유발한다. 의도된 회로를 파괴하기 위한 마이크로파 에너지의 능력은 주변 환경, 물리적 표적 설계, 회로설계 및 노출시간과 같은 요소 등에 의해 영향을 받는다. 급격한 전압의 상승은 전자장비 사이에 혼란을 가중시키고, 장비를 손상시키며 심지어는 파괴하는 결과를 초래할 것이다. 즉, 전압의 폭발적 상승이 전자장비들의 운용능력을 저하시키거나 파괴시키는 것이다.

낮은 마이크로파 주파수보다 높은 300MHz 에서 300GHz 사이 주파수를 회로와 연결했을 때 더욱 큰 효과를 나타낸다. 안테나를 보유한 체계들은 마이크로파 에너지가 체계 내부로 유입될 수 있는 통로를 마련해 놓은 형태라서 고출력 마이크로파 포탄에 보다 더 취약하다.

고출력 마이크로파 포탄에 대한 대응책을 강구하는 것은 어렵고도 비용이 많이 드는 일이다. 다른 수많은 기술들과 마찬가지로 고출력 마이크로파는 포탄으로 운용될 때 크기에 제약을 받는다. 따라서 이러한 제한사항은 운용 능력 및 효과범위에 영향을 준다. 마이크로파 포탄의 운용이 언뜻 실현이 가능해 보이나 크기의 제한 및 비행환경에 따른 어려움이 예상된다.

이 포탄을 정확하게 설계, 조립하여 투발한다면 불필요한 사상자나 추가적인 손실 없이 적의 전투능력을 제한하는데 매우 효과적일 것이다. 전장에서의 전자회로에 대한 의존도가 증가함에 따라 고출력 마이크로파 포탄의 무기화는 매우 바람직한 방향이 될 것이다.

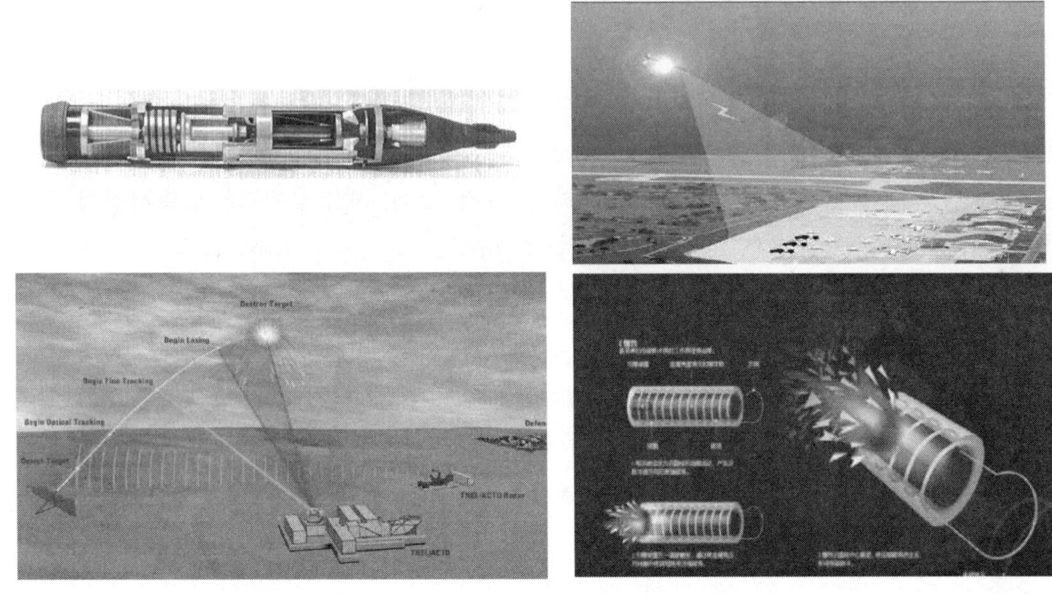

그림 10.3.2 고출력 마이크로파 무기

10.3.2.4 레이저(Laser)무기

레이저무기는 지향성 에너지무기(DEW: Directed-Energy Weapon) 또는 살인광선(Death Ray) 무기라고 하며 전자기파 또는 입자 빔을 한 곳에 집중시켜 고출력을 생성, 이를 표적에 발사함으로써 표적을 파괴 혹은 무력화 시킬 수 있는 새로운 형태의 미래 무기체계이다. 레이저는 고체형 결정체 혹은 이산화탄소, 헬륨, 네온, 수소 등 기체화된 화학물질 등에 높은 전압을 가하여 발생하는 고출력 단일 파장형 빛 에너지이다. 레이저는 30만km/초 이상의 속도로 중력의 영향 없이 장거리 직진하며 항공기, 탄도미사일, 순항미사일 등 이동표적 요격이 가능하다. 레이저의 장점은 신속한 공격 가능하여 적으로 하여금 회피할 수 있는 시간적 여유 박탈하고 초음속 항공기, 미사일, 포탄 등 움직이는 표적 요격이 가능할 만큼 정확성이 높다. 발생 출력에 따라 화력 수준을 조정 가능하며 일시 무력화, 완전파괴 선택이 가능하다. 뿐만 아니라, 한번 탑재된 연료로 다수의 표적을 반복적 연속 공격 가능하여 경제성 측면에서도 유리하다. 지상, 함정, 항공기, 인공위성 등 자유롭게 탑재 활용하여 공격 및 방어 무방하게 활용가능하다. 단지 단점으로는 악천후 시와 먼지 등 미세한 입자, 반사 소재 표적에 대해서는 제한적이거나 위력이 감소한다.

레이저무기 시스템은 미국이 가장 앞서가고 있다. 2017년 3월 세계 최대 군수업체인 록히드마틴이 58㎾급의 육상 레이저 무기체계 시험에서 성공했다고 워싱턴포스트 등이

전했다. 록히드마틴이 미 육군 우주 미사일 방어사령부와 '고기동성 대형 전술트럭' 탑재용 레이저 무기 발사시험에서 58㎾의 레이저를 발사하는 데 성공한 것이다. 본격적인 무기로 사용할 수 있는 60㎾에 근접한 것이다. 60㎾급은 폭탄을 장착한 대형 드론을 날려버릴 수 있는 수준이다.

지금까지 전술 배치된 30㎾급의 두 배가 넘는 성능으로 정교함만 갖춘다면 바로 실전배치가 가능하다는 것이 전문가들의 공통된 의견이다. 록히드마틴 관계자는 "여러 개의 레이저를 하나의 강력한 빔으로 만드는 '혼합섬유' 레이저빔을 만드는 데 성공했다"면서 "미국은 이제 레이저 무기를 실제로 사용할 수 있는 바로 직전에 있다"고 말했다. 약한 출력으로 실전배치의 어려움을 이번 성공으로 만회한 것이다.

레이저무기의 장점은 비용이다. 1번 쏘는 데 700원 안팎의 비용밖에 안 든다. 따라서 새로운 위협으로 떠오른 폭탄을 장착한 드론이나 무인 고속함정을 파괴하기에 적합하다는 것이다.

러시아가 레이저무기를 이미 실전 배치된 것으로 알려지면서 용도에 관심이 높다. 러시아 푸틴 러시아 대통령은 2018년 3월 연례 국정연설을 통해 핵 추진 순항미사일, 대륙간탄도미사일(ICBM) 등 최신예 '슈퍼 무기'들에 레이저무기도 포함돼 있다고 밝혔다. 그는 레이저무기 분야에서 러시아가 선두를 달리고 있는 것은 "개념이나 계획이 아닌 실제"라며, 육군이 이미 지난해 트럭에 탑재된 전투용 레이저무기를 공급받아 운영 중이라고 주장했다. 푸틴의 이 발언 이후 러시아 군사 전문가들은 레이저무기가 미사일과 드론 요격용으로 배치됐을 가능성이 크다고 진단했다. 군사 전문매체는 관영 스푸트니크 뉴스에 "레이저무기는 통상적인 요격미사일에 비해 경제적일 뿐만 아니라 정확도도 훨씬 높다."며 "육군에 공급된 레이저무기가 대공용과 미사일 요격용으로 배치됐을 것"이라고 예측했다.

2000년대부터 본격적인 개발에 나선 독일도 2018년 실전배치를 목표로 개발 중이다. '고출력 에너지 레이저무기체계'를 개발하고 있는 독일의 방산업체 라인메탈 관계자는 "기존에 개발한 20kw 출력의 레이저 네 줄기를 80kw 출력의 한 줄기 레이저로 합칠 수 있는 합성 기술을 탑재한 신형 레이저 무기를 개발했다."면서 "500m 밖의 드론을 격추하는 실험에 성공했다."고 말했다. 메탈라인은 지난해 30kw 출력 레이저빔으로 1.1㎞ 떨어진 모형 82㎜ 박격포 탄환을 공중에서 폭파시키는 실험에 성공했다.

레이저무기의 단점은 미사일급 이상의 파괴력을 갖추기 위해서는 고출력 전기를 생산해야 한다. 특히 100km 이상 떨어진 표적을 파괴하려면 1Mw 이상의 출력이 필요하다.

그림 10.3.3 레이저 무기

10.3.2.5 레일건(Rail Gun)

레일건은 금속탄자를 전자기력으로 가속하여 발사하는 무기이다. 선형(Linear) 궤도(Rail)를 쓰기 때문에 Linear Gun이라고도 하고, 전자기력을 사용하여 발사체를 투사하는 발사장치라는 의미에서 Electromagnetic Launcher이라고도 하며 전자기력을 사용하여 포탄을 쏘는 대포라는 의미에서 Electromagnetic Gun이라고도 한다.

레일건의 원리는 포신의 역할을 하는 두 개의 전도성 레일을 나란히 놓고 양쪽에 강한 전압을 건다. 그리고 레일 사이에 전도성 탄자를 넣으면 탄자를 통해 전류가 흐르며 회로가 형성된다. 이때 레일에 흐르는 전류가 형성한 자기장은 전류가 흐르는 탄자에 로렌츠힘을 가하고, 이 힘으로 탄자를 가속하여 빠른 속도로 발사하는 것이 레일건의 기본 원리이다. 당연히 전류를 부으면 부을수록, 혹은 레일의 길이가 길면 길수록 위력이 무한하게 강해진다.

레일건은 화약을 사용하지 않고 2개 레일 사이의 전자력을 이용해 발사체를 음속보다 8배 빠르게 발사하는 첨단무기다. 미 해군과 국방부가 13억 달러 이상의 예산을 들여 10년 넘게 개발해 온 레일건은 원거리 적 함정 타격뿐만 아니라 중국과 러시아의 미사일까지 요격할 수 있을 것으로 예상된다

레일건 탄환의 속력은 1분에 160km로 음속의 8배 이상으로 날아가며 그 위력은 32 MJ에 달한다. 레일건은 소형 발전소와 대용량 콘덴서 시스템을 통해 만들어지는 25 Mw의 전기힘으로 발사된다. 이는 18,750가구가 소비하는 전력량과 맞먹는다. 이를 이

용해 레일건은 11.3kg 무게의 텅스텐 탄환을 시속 약 7,242km 속도로 날려 원거리 표적을 정확하게 타격할 수 있다. 각종 항공기와 함정은 물론, 무인기나 미사일도 요격이 가능하다. 레일건의 가장 돋보이는 특징은 발사속도가 빠르다는 점이다. 기존 대포보다 분당 10 배 빠르게 발사할 수 있다. 최대 사거리 350km 유효사거리도 200km 에 이른다. 미 해군이 운영하는 6 인치 함포의 사거리가 약 24km 에 불과하다는 사실을 감안하면 엄청난 성능이다. 초속 1km 가 넘는 탄환의 운동에너지 덕에 파괴력도 엄청나며 아직 그것을 막을 수 있는 대응체가 거의 없다. 당초 레일건은 발사하는 데 필요한 전력 수급에 어려움이 있어 실전배치에 적합하지 않은 무기로 평가되었지만, 이를 공급할 수 있는 군함 Zumwalt 가 건조되면서 개발에 속도가 붙게 됐다

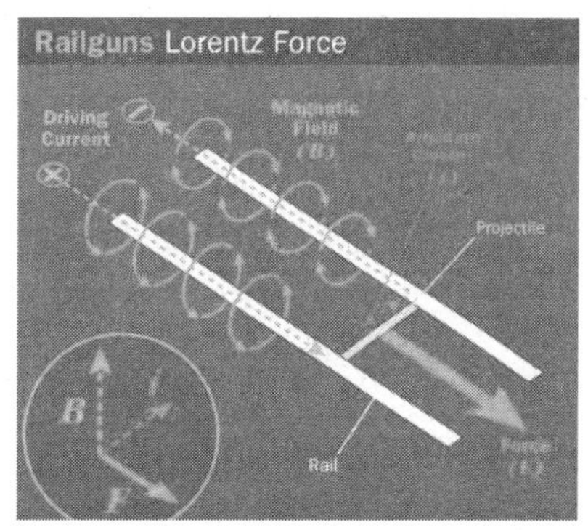

그림 10.3.4 레일건

10.3.2.6 코일건(Coil Gun)

코일건은 전기를 이용한다는 점에서는 레일건과 언뜻 비슷해 보이지만 세부 원리는 완전히 다르다. 일단 전류를 가지고 투사체를 쏘아 보낸다는 점은 레일건과 같으나, 레일건이 로렌츠힘을 이용하는 반면 코일건은 코일에 전류를 흘려줄 때 발생하는 자기력을 직접적으로 이용한다. 이런 원형코일들을 터널 형식으로 일렬로 길게 배열한 후, 터널 한쪽 끝에 강자성체로 된 탄자를 놓고 첫번째 코일에 전류를 흘려준다. 그리고 센서를 통해 순서대로 가속시키면 된다. 전류가 흐르는 코일에는 도넛 모양 자기장이 생기고, 이 자기장이 투사체를 한쪽으로 끌어당긴다. 탄자가 첫 번째 코일을 지나가면 첫 번째 코일은 꺼지고 두 번째 코일이 켜진다. 마찬가지로 두 번째를 지나면 세 번째가 켜지는 식으로 코일을 지나가면 갈수록 탄자는 가속된다. 그리고 마지막 코일에 도착했을 때 코일의 전원을 꺼주면 탄자는 그때까지 받은 속력으로 최대속도에 다다르게 된다.

코일건의 장점은 먼저 총신의 마모가 없다는 것이다. 코일건은 레일건과 달리 코일건에서는 발사체를 유도를 하는 코일에 발사체가 직접 닿지 않으므로 총신의 마모가 없다. 즉, 이론적으로는 총신의 수명이 무한이다.

두 번째로는 발사체에 전기를 흘릴 필요가 없다. 코일건은 탄체가 강자성으로 당겨져서 발사되는 원리이기 때문에 레일건과 달리 굳이 발사체에 전기를 흘려보내지 않아도 된다. 총신의 마모가 없다는 장점 외에도 코일건은 발사체가 전기를 흘리지 않는다고 해도 자석에게 당겨질 수 있는 물질을 대량으로 함유하고 있기만 해도 발사할 수 있다. 물론, 발사체가 직접 닿을 필요가 없으므로 총신에 들어가기만 하면 탄환의 모양은 전혀 상관이 없어, 자원의 수송만이 아니라 셔틀 등을 빠르게 발사하는 캐터펄트의 역할로도 사용될 수 있다.

세 번째로 자장 폭발력이 없다. 레일건에서는 매우 강한 자장이 발생하여, 총신에 큰 충격을 일으키고 총신이나 레일을 파괴할 수 있으나, 코일건은 일반적인 전자석의 코일을 여러 개로 늘어놓은 것과 같아서 자장 폭발이 일어나지 않는다. 때문에 코일건은 레일건보다 오랫동안 사용될 수 있다.

네 번째로 발사가 매우 조용하다. 총기의 소음은 화약의 폭발음, 기계적 구동부의 소음, 발사체와 총신간의 마찰소음, 발사체와 공기와의 마찰소음 이렇게 네 가지로 크게 나뉘는데, 코일건은 앞의 세 가지를 모두 없앨 수 있다.

다섯 번째로 레일건에 비해 반동이 매우 적다. 이미 여러 번 서술한 탄체가 포신과 닿지 않는다는 장점 덕분에, 같은 출력이라면 코일건 쪽이 훨씬 반동이 적다.

여섯 번째로 코일을 여러 방향으로 배치하여 총알의 발사각을 제어할 수 있다. 총기를 움직여서 총알의 발사각을 제어하는 것과 총알 자체가 다른 방향으로 발사되도록 하는 것은 대응속도가 차원이 다르다. 또한 제어를 컴퓨터에게 맡길 수 있어 사람이 제어하는 것보다 높은 정확도로 목표를 타격할 수 있다. 현재 드론에 총기를 탑재하는 방식의 가장 큰 문제점은 낮은 명중률에 있다. 목표를 조준하려면 드론이나 총기의 자세를 바꾸어야 하는데 이는 긴 시간이 걸리기 때문이다. 총알의 발사각을 제어할 수 있으면 직선형이었던 타격범위가 원뿔형으로 바뀌게 되어 이러한 문제를 해결할 수 있다. 다만, 실제 구현하기 위해서는 상당한 수준의 탄도학과 정밀 센서를 필요로 한다.

그러나 코일건도 단점이 있는데 단점으로는 먼저 레일건에 비해 가속도가 낮다는 것이다. 전자장의 세기는 거리가 멀수록 제곱으로 약해지는데, 코일건은 총알과 전자장의 거리가 항상 어느 정도 떨어져 있고 그것으로 총알을 끌어당기는 방식인 만큼, 전자장의 직접적인 반발을 일으키는 두 자장의 거리는 없는 거나 마찬가지인 레일건에 비해 가속도가 낮고 에너지 소비율이 높다. 굳이 따지자면, 레일건의 효율이 10배 이상이다. 이를 해결하기 위해서는 코일을 초전도체로 만들어 총알을 발사하고 남은 전류를 회수할 필요가 있는데 현재로서는 초전도체 냉각제 유지비용이 크기 때문에 현실성이 없다.

두 번째로 대형화가 어렵다. 레일건이 소형화가 어렵다면 반대로 코일건은 대형화가 어렵다. 일단 강자성이라는 원리상 모든 물질에는 자기 포화점이 존재하므로 가속력에 원천적인 한계가 존재한다. 즉, 함포와 같은 일정 이상 위력의 무기로는 적합하지 않다.

세 번째로 회로가 상당히 복잡하다. 현재 코일건의 제일 큰 문제점은 코일의 전원 공급을 하는 시간을 조정하는 컴퓨터 프로그램이라고 한다. 정확히는 비등속성 가속도에 탄자별 속도 계산이 들어가야 되기 때문에 프로그램만의 문제라기보다는 프로그램과 센서의 문제가 있다.

네 번째로 자기장을 사용한다는 것이다. 강한 자기장을 사용하므로 사거리 수 km 이하의 단거리 코일건은 발사순간 적군의 자기센서에 의해 위치가 발각될 수 있다. 또한 총알이 철과 같은 강자성체일 경우 코일건의 발사 순간 자화되어 총알을 탐지할 수 있다.

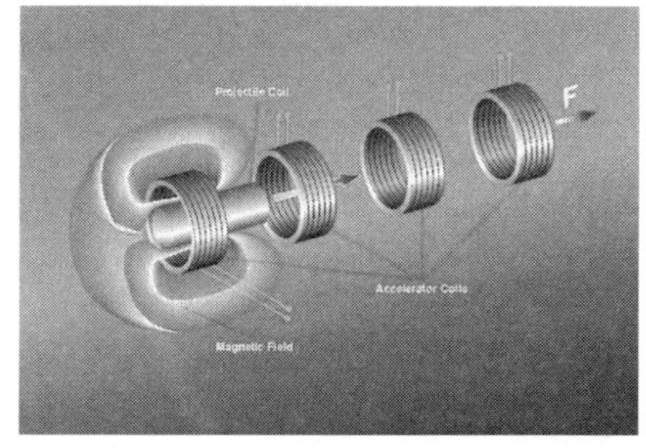

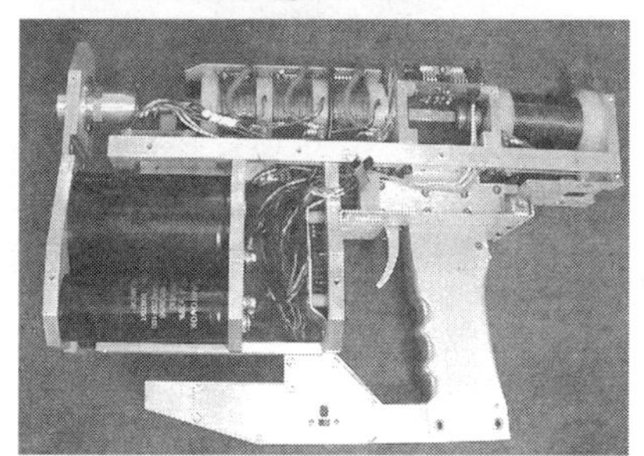

그림 10.3.5 코일건

10.3.3 비살상 무기 (NLW: Non-Lethal Weapon)

비살상무기가 전장에 등장하여 인명중시의 사상을 만족시키는 탄약이 출현할 것이다. 비살상 무기는 인명살상 보다는 인명의 무력화, 시설 사용 거부 등과 같이 직접적 파괴보다는 적의 장비 무력화를 기본으로 하는 무기이다. 탄소섬유탄, 전자기파탄, 화학탄, 소음탄, 고무탄 등 인명살상과 부상, 물자파괴, 환경에 영향을 주지 않으면서 실제 적의 무기 또는 병력의 기능을 무능화 할 수 있는 무기를 요구하고 이를 통해 전쟁목표를 달성할 수 있는 비살상무기가 요구될 것이다.

비살상무기의 분류는 대인 비살상무기는 병사의 시각, 청각 등 신체 감각기능을 마비 및 약화시키는 것과 저출력 레이저 무기, 고성능 섬광탄, 초저주파 음향무기 등이 있다. 전자기파 무기는 폭발 시 강력한 전자기파 발생으로 통신망, 전자장비, 컴퓨터 마비시켜 인명피해는 없지만 재앙에 가까운 정치, 경제, 군사적 대혼란 발생 가능하여 전장의 주도권을 장악할 수 있다. 대전자 비살상무기는 전자기파 폭탄, 고출력 극초단파 무기 등으로 강한 전자파와 자기장 방출로 전자기기 및 회로를 오작동 또는 파괴시킨다. 공중발사 레이저 탑재된 항공기로 적 위성을 식별하여 강한 열레이저로 파괴시키는 새로운 형태의 무기도 출현가능하다. 대동력 비살상 무기는 동력마비용 화학물질, 흑연폭탄 등으로 적 장비나 운용시설, 발전소 등의 작동을 일시 중단시키는 무기이다. 대자산 비살상 무기는 적 군용자산 운용을 직간접적인 손상을 주기 위해 초강력 부식제, 특수 접착 발포제, 윤활제 등을 사용한다.

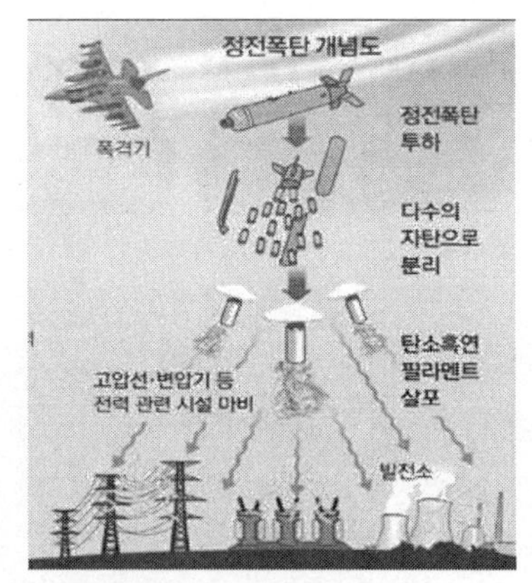

그림 10.3.6 비살상 무기

10.3.4 무인 무기

미래 전장에는 무인 무기, 무인 항공기, 무인 차량, 무인 잠수함의 대결이 될 것이다. 또한 인간과 로봇의 협조에 의한 작전도 이루어져야 하며 로봇들만의 전투단을 구성하여 인공지능과 결합된 전투행위를 실시할 것이다.

무인 무기체계의 장점은 인명손실의 부담이 없으므로 위험한 지역과 임무에 투입 가능하고 24 시간 이상의 오랜 시간에 걸친 넓은 공간에서도 임무수행이 가능하다. 또한, 운용자의 탑승공간을 고려하지 않아도 되므로 소형, 경량화된 설계 가능하고 인간의 체력 한계를 넘은 높은 속도와 기동력을 발휘 가능하다. 그뿐만 아니라 운용자의 인건비 및 훈련, 유지비용이 들지 않아 낮은 비용부담으로 대량생산 및 운용이 가능한 다양한 장점을 가지고 있다.

현재까지는 무인 무기가 비전투지원 기능으로 제한하여 활용하고 있으나 가까운 미래에는 감시와 정찰, 정보수집, 지뢰·기뢰·대량살상무기·위험물질 탐지 및 제거와 군용물자 수송 등에 활용할 것이다. 무인 무기는 인명위험이 크거나 단순 반복적인 성격이 강하여 인력 대체효과가 크고 고도의 판단력, 융통성을 요구하는 전투임무 수행은 인간이 조정하는 유인탑승 무기의 비중이 높으나 향후에는 인공지능을 기반으로 하는 판단과 융통성을 확보하게 되면 무인 무기로 전환될 가능성이 매우 높다. 전자, 정보통신 기술의 발전 추세를 고려할 때 향후 고도의 자율 작전수행 능력을 보유한 육·해·공 무인전투체계 등장 가능성이 매우 높다고 예상된다.

미래 전장에는 무인 지상차량(UGV: Unmanned Ground Vehicle), 무인 수상함정(USV: Unmanned Surface Vehicle), 무인 항공기(UAV: Unmanned Aerial Vehicle), Drone, 무인헬기 등이 대세를 이룰 것이다.

그림 10.3.7 무인무기

10.3.5 로봇전

세계 최초의 로봇인 일렉트로가 1936년, 미 웨스팅하우스사에 의해 개발되어 77단어를 이해하고, 보행한 이래 지금은 로봇은 산업, 의료, 농업, 군사 등 각 분야에 필수 도구로 정착하고 있다. 미래학자들은 2030년에는 인간과 동일한 사고와 지능을 갖춘 로봇 등장할 것으로 예상하고 있다.

군사용 로봇은 정보수집, 표적식별 및 추적, 레이더 교란, 불발탄 제거, 지뢰제거, 화생방 오염 제독, 공격 및 파괴 임무 등 수행이 가능하다.

2016년 세계미래학회가 발표한 '미래 전망 특별보고서'에는 감정이 없는 첨단기계가 악용되어 인류에 손해를 끼칠 수 있다는 어두운 청사진을 제시하고 있다. 특히, 테러리스트들은 휴대가 어렵고 보안검색대 통과가 힘든 공격 무기 대신 무인자동차, 드론, 킬러로봇 등과 같은 대체 공격수단을 이용하여 새롭고 다양한 형태의 테러를 자행할 것으로 예측하고 있다.

또한, 경제적 측면에서도 인공지능 무기는 매우 매력적이다. 위성항법장치와 자동조종시스템을 탑재한 소형 비행로봇을 제작하는 데 겨우 490달러가 소요된다고 한다. 그렇기에 테러리스트들에게 '로봇'은 매력적인 테러 공격 수단이다.

인류의 마지막 발명품이라 할 수 있는 인공지능기술이 이제는 '전쟁이나 테러'의 형태까지도 바꿀 수 있다는 것이다. 이런 측면에서 미국이 테러와의 전쟁에서 테러리스트들의 은신처를 드론으로 공격하고, 무인 정찰기로 적의 동향을 추적·감시하는 것은 인공지능 전쟁의 서막에 불과할 뿐이다. 현재 미국 등 40여 개 주요 국가는 스스로 판단하고 행동해 전장의 최전선에서 인간이 할 수 없는 임무를 대신 수행하는 초인공지능형(ASI) 군사용 로봇 개발에 경쟁을 벌이고 있다.

미국은 2016년 한 해에만 무인무기 시스템 개발을 위해 연방정부 예산 53억 달러를 투입하였다. 그 결과, 드론을 이용한 폭발물 탐지·해체, 특정 지역의 감시 및 정찰활동, 전자 통신망 교란, 미사일의 목표물 유도 등 군사작전의 핵심 임무에 운용하고 있다.

그러나 미래의 로봇전쟁의 평가가 둘로 나뉜다. 전문가들은 일반적으로 '로봇이 전투를 수행하면 첨단기능으로 특정 목표물을 정확하게 타격하기 때문에 오폭이 감소하여 전쟁으로 인한 인명피해도 최소화된다'고 분석하고 있다. 반면, '일부 국가의 지도자들은 적국이나 분쟁 대상국 등을 겨냥해 외교를 포기한 채 로봇 등 무인무기를 동원한 군사적 해결방식에만 의존할 가능성이 크기 때문에 킬러 로봇 개발 경쟁을 중단하지 않으면 통제불능의 무한 전쟁시대가 올 수 있다'고 경고하는 시각도 있다.

어떤 경우든지 미래에는 인공지능을 악용한 전투 로봇이 인간을 공격하는 일이 벌어질 수 있다는 데에 인공지능과 관련한 고민이 있는 것이다. 만약, 테러리스트가 인공지능을 갖춘 드론, 자동차 그리고 킬러 로봇 등에게 테러학습을 시킨 후 고성능 화생방 무기로 공격하는 상황이 발생한다면 그 피해는 상상하기조차 꺼려지는 끔찍한 상황이 될 것이다. 어쩌면 다가올 미래에는 '외로운 늑대'의 공격 대신 '외로운 로봇'의 공격에 대비해야 할지도 모른다.

이미 현실로 나타난 사이버전의 경우, 전쟁의 3대 구성요소라 할 수 있는 군인과 무기, 전쟁터라는 조건을 필요 없게 만들고 있다. 오직 컴퓨터 전문가 혼자서 컴퓨터와 인터넷만 가지고도 해킹으로 특정 도시의 기반시설을 파괴하고, 증권시장 및 금융권을 마비시키거나 전력 시스템을 단숨에 파괴할 수 있다는 것은 미래 전쟁의 한 단면을 여실히 보여준다. 그러나 인공지능 무기는 그 자체만으로 다중 이용시설을 공격할 수 있다는 점에서 사이버전을 뛰어넘는 무서운 무기가 될 수 있다.

더구나 인공지능 기술이 고도화되고 자동화 수준이 높아지면 더 이상의 통제가 어려워 심각한 사회·윤리적 문제도 발생할 수 있다. 전쟁을 막는 최후의 보루로서 인간의 이성적 윤리의식이 작용하게 되는데, 기계인 로봇은 감정이 없어 한 번 내린 명령을 변경하지 않는 한 자체적으로 전쟁을 중단하는 것은 불가능하다. 특히 해킹을 당하기라도 한다면 로봇은 통제할 수 없는 완벽한 '범죄 기계'로 작동되어 그 결과는 더 심각해질 수밖에 없게 된다.

향후에는 로봇과 인간의 협동 작전, 로봇과 인간의 전투, 로봇들끼리의 전쟁 등 다양한 시나리오를 구성해서 대비할 필요가 있다.

그림 10.3.8 로봇 무기

10.3.6 정보전 및 사이버전

정보전 및 사이버전이란 적 정보 및 자산을 교란, 거부, 통제, 파괴, 마비 및 아측의 방어와 보호하는 가상 전장환경 속에서 이루어지는 전쟁이다. 사이버전을 통해 국가 기간망을 무력화할 수 있고 철도, 공항, 항만, 원전, 금융, 정부 등의 기능을 마비시킬 수 있다. 국방 분야에서도 현대의 무기체계와 C4ISR 체계는 모두 전자기를 바탕으로 만들어진 기기로 이루어져 있기 때문에 사이버전을 통해 정상적인 기능을 사용하지 못하도록 하는 것이 가능하다.

북한의 사이버전 능력은 상당한 것으로 알려져 있는데 2014년 Sony Pictures 해킹 사건이 대표적인 것이다. 2014년 11월, 북한 김정은 노동당 위원장을 희화화한 영화 '인터뷰'를 제작한 Sony Pictures 해킹을 당해 회사 내부자료가 유출되는 사건이 있었다. Sony에서 제작한 미개봉 영화가 유출됐고 임직원들의 연봉자료까지 공개됐다. 2015년 1월, James Comey 당시 FBI 국장은 북한이 Sony Pictures 해킹에 연관됐다는 결정적인 증거를 확인했다고 말했다. 해커들이 가끔씩 접속한 지역의 IP 주소를 숨기지 못한 경우가 있었는데 이렇게 드러난 IP 주소는 북한만 쓰는 것이란 주장이다.

SWIFT 전산망 해킹은 현재까지 국가 차원에서 사이버공격으로 은행털이를 한 최초의 사례로 알려져 있다. 2016년 2월, 방글라데시 중앙은행이 뉴욕 연방준비은행에 예치하고 있던 1억 100만 달러가 해킹으로 인해 도둑맞은 사건이 발생했다. 해커들은 방글라데시 중앙은행의 서버에 악성코드를 심어 놓고 SWIFT 시스템 접속 정보를 훔쳐냈다. SWIFT 시스템은 전세계 은행 공동의 전산망으로 해외 송금에 주로 사용된다. 여기에 방글라데스 중앙은행 명의로 접속하는 데 성공한 해커는 뉴욕 연방준비 은행에 필리핀과 스리랑카의 은행으로 자금 이체를 요청하는 메세지를 보냈다. 해커는 이체시킨 1억 100만 달러 중 8100만 달러를 빼돌리는 데 성공했다. 이후 보안업체의 조사 결과 Sony Pictures 해킹을 주도한 Lazarus 그룹의 흔적이 발견됐다. FBI는 Sony Pictures 해킹이 북한의 소행이라고 발표한 바 있다.

또한 '작계 5015' 군사기밀 유출 사건 이전부터 북한은 상당한 사이버전 능력을 과시했다. 이른바 '김정은 참수작전'의 구체적인 내용이 들어있는 '작전계획 5015'를 비롯한 군사기밀 문서가 북한인으로 추정되는 해커에 의해 유출됐다는 것이 확인되면서 다시금 북한의 사이버전 능력에 관심이 쏠리고 있다. 북한은 적어도 6년 전부터 상당한 수준의 사이버 공격 능력을 보유한 것으로 보인다.

사이버전은 국가의 기간시설인 공항, 항만, 교통, 댐, 금융, 언론, 국회 등을 마비시킬 수 있으며 전투장비도 정지시킬 수 있는 능력을 가지고 있어 미래 군사력평가를 할 때 반드시 중요한 요소로 고려하여야 한다. 특히, 사이버전은 군사적 부문에서 대부대 지휘소의 지휘통제시스템의 해킹으로 정보의 탈취, 정보의 조작, 시스템의 정지로 인한 의사결정시스템의 무력화, 상하급 제대의 정보유통의 방해 등 다양하게 활용할 수 있고 전술적 제대에서 전차, 화포, 통신시스템 등을 무력화 시킬 수 있다.

그림 10.3.9 사이버전

10.3.7 스텔스 무기

스텔스 무기는 적의 정보수집용 수단에 탐지, 포착될 가능성을 최소화시켜 생존성을 확보하기 위한 기술적인 능력을 가진 무기이다. 주로 레이더의 탐지 기능을 무력화하는

데 초점을 두어 전혀 탐지되지 않는 것이 아닌 레이더에 노출되는 단면을 최소화하여 거리 급감, 오인식별 유도한다. 스텔스 설계 특징은 돌출부는 레이더 전파방향 반사 또는 축소함으로써 일정한 방향과 각도를 이루도록 설계하고 전파를 잘 흡수하는 특수 소재와 재료를 사용한다. 레이더 반사 단면적을 줄이기 위해 무장을 내부에 탑재하며 자체적인 열, 소음, 전파신호의 방출을 최대한 감소한다.

스텔스 무기의 능력은 초기에는 미군의 F-117 나이트 호크 스텔스기에 장착하여 레이더 탐지회피에 초점을 맞추어 개발하였으며 최근에는 F -22 렙터, F-35 라이트닝에 레이더 탐지 회피와 공대공, 공대지 능력을 부여하였다. 스텔스의 핵심기능은 초음속 순항, 위상배열 레이더 탑재, 스텔스 기능 겸비로 정보 우위와 기동력 우위를 추구하고 있다.

스텔스 전차 PL-01은 미국도 러시아도 중국도 아닌 폴란드의 차세대 전차이다. 전차의 모양은 컴퓨터 게임에서 나옴직한 날렵한 미래형 디자인이다. BAE와 Obrum이 설계했고 이르면 2018년부터 양산 예정이다. 열추적을 피하기 위해 엔진 냉각 시스템을 강화하고 뜨거운 김이 안 나오도록 설계하였다. 레이더와 적외선 탐지기에 잘 걸리지 않는 것은 기본이며 무게도 가벼워서 미국산 전차의 5분의 3 중량이다.

미국의 최신예 스텔스 구축함 Zumwalt는 미국 메인주에서 진수되었다. 적 레이더망을 피해 적 가까이 접근한 뒤 타격하는 전술을 구사할 수 있고 사거리 160km 함포와 순항 미사일, 대잠 미사일로 무장했고 공격용 무인헬기도 탑재하였다. 수상함뿐만 아니라 잠수함, 공중의 적과도 교전할 수 있다. 이 정도 구축함이면 통상 승조원 300명이 필요한데 이 함정은 40명만으로 운항이 가능해 '바다의 드론'으로도 불린다.

폴란드의 차세대 전차 PL-01

미국의 최신예 스텔스 구축함 Zumwalt

그림 10.3.10 스텔스 무기

10.3.8 개인 전투체계

보병전투체계는 세계 각국에서 병력규모를 축소하면서 소수이지만 노동집약적, 낙후된 군사력 이미지 탈피한 고도의 전문성을 갖춘 정예병력 선호하는 곳에서 시작된다. 보병 개개인도 하나의 첨단무기'라는 관점에서 기술적 노력 강화하고 있다. 주요 특징으로는 전천후 정보수집 장비, 통신 및 상황인식용 정보단말기, 방탄 등 보강된 전투복, 화력이 대폭 증강된 개인복합화기로 무장한다. 이를 통해 정보우위와 생존성 보장, 임무수행의 시·공간적 확대 효과를 추구하고 있다.

20 세기말부터 미국을 선두로 하여 걸프전 이후 제 3 의 물결이라는 앨빈 토플러의 주장에 맞추어진 기술혁신에 따르는 변화를 군사장비화를 추구하게 된다. 특히 냉전시대가 종결되면서 대규모 정규군이 대폭 감소하는 가운데에서 벌어진 질적 우위의 강화도 여기에 매우 큰 형태를 맞물렸다. 1991 년 걸프전에서의 그러한 효과입증은 전세계에 매우 큰 충격을 가져 주었다.

정보전이라는 이른바 Network−Centric Warfare 의 효과를 개별 보병단위에도 적용하는 형태로까지 확대된다. 이는 전장정보를 제대로 배분할 수 있어야만 효율적인 전술 및 작전술의 지휘와 보병 일개 개개인의 전투효율을 높임과 동시에 생존성을 강화할 수 있었기 때문이다. 이를 가장 먼저 선도하는 것은 미국이며 NATO 의 국가들이 군축과 함께 전력강화를 위하여 추구하였고 이러한 영향은 후발주자이긴 해도 한국과 일본에게도 영향을 미치면서 러시아와 중국등 기술력과 경제력이 있는 웬만한 국가들이 이를 추구하는 형태가 된다.

이는 무인 전투플랫폼 시스템과도 연계되게 된다. 즉 미래보병체계라는 보병에게 각종 기계화와 전자장비를 구축화하여 지휘형태는 지상전의 기본단위인 보병의 투입에 있어서 전반적인 전투능력과 사고능력 그리고 지휘관과 병사의 각각의 효율적이고 높은 판단력을 내릴 수 있게 하는 형태라고 할 수 있다.

대표적인 보병전투체계 미국의 Land Warrior, 영국의 미래 통합보병기술, 프랑스의 장비통신통합형 보병, 독일의 미래 고등보병체계, 이탈리아의 미래보병체계, 스웨덴의 지상전 병사체계 등이 있다. 미국은 이러한 미래보병체계를 가장 먼저 선도했던 국가답게 사업체계가 Land Warrior 와 Future Force Warrior 라는 각각의 2 개의 프로젝트를 구상하였다. Land Warrior 는 기존의 보병장비에서 최대한 C4I 를 구현할 수 있도록 하는 것이 목적이었고 2020 년 이후에 나올 Future Force Warrior 의 경우에는 기존의 Land Warrior 를 통한 여러 가지 기술축적 등을 바탕으로 흔히 말하는 강화복장으로 완전 통합화된 개인장비체계를 추구하는 형태였다. 그러나 이라크전 등으로 전비 부족등이 이야

기되면서 여러 가지 미육군의 사업들이 대규모로 정리를 당했는데 2007년에 Land Warrior가 그 대상이 되었으나 2008년에 재개되었다.

1990년대부터 시작한 프로젝트로서 정식명칭은 Land Warrior Integrated Soldier System이다. 90년대 상당한 모습을 선보이면서 미래보병의 상징과 같은 이미지를 보여주었고 이라크전까지만 해도 SF속 모습에 준하는 형태의 이미지를 보여줬던게 사실이다. 그러나 아프간전과 이라크전이 되면서 특히 주목받게 되었고 결국엔, 스트라이크 여단이 구성되면서 바로 Stryker Interoperable 버전이 바로 2004년 11월에 테스트를 완료하여 실전배치 되어 평가를 받았다. 하지만 얼마 못가서 장비의 중량문제와 배터리의 지속성과 보충문제로 결국 2007년에 퇴출되면서 사실상의 Land Warrior 프로젝트는 종결된다.

하지만 2008년에 결국 보병의 첨단화와 네트워크 강화인식이 버릴 수 없었기에 다시 재부활하나 Nett Warrior라는 명칭으로 2016년까지 보병의 여러 가지 통신전자장비들을 제공하여 운영하는데 그 목적을 두는 형태로 프로젝트가 상당한 변화를 했다. 기본적인 목적은 초기부터 지금까지 '통합화, 소형화, 경량화, 첨단화', '보병의 개별 및 전술단위에서의 C4I 제공', '보병 개개인에 대한 발전적 형태의 전술 단위화' 기조의 변화에는 큰 차이가 없다. 하지만 2016년 이후부터는 사실상 Future Force Warrior의 형태로 통합화를 거치고 있는 것으로 보인다. 실제로 Nett Warrior의 예산투자는 FY2016 이후로 실전배치를 보이고 있으나 그 이상의 발전적 사업투자나 프로젝트는 보이지 않기 때문이다. 그 외 나머지는 기존의 프로젝트 형태대로 기존의 Land Warrior와 Nett Warrior에서 축적된 경험적 데이터베이스와 기술발전을 투자하여 Future Force Warrior로 통폐합화되는 단계를 넘어가고 있는 것으로 보인다.

Future warrior는 완전한 통합화를 이룬 보병장비를 이루는 형태로 사실 처음 선보였을 때에는 이미 SF보병 그 이상의 모델링을 제시된 바 있다. 완전한 경량화와 모든 시스템이 통합된 보병시스템이라는 근본적 목적을 추구하였으나 당장 Land Warrior에서 보였던 한계 문제의 극복이 어려웠을 뿐만 아니라 심지어 개인화기에서조차도 소형미사일을 보병이 운영하는 형태가 나오는 등 무리수가 있던게 사실이다. Objective Force Warrior라는 Land Warrior와 변환을 거쳐 가는 과도기적인 형태를 지나서 2025년에 선보일 예정이었던 물건이기도 하다. 초기나 지금이나 FFW는 나노슈트, 강화 외골격, MR유체(Magneto-rheological Fluid)를 종합화 통합된 전투복에 C4I와 에어컨, 환경 센서, 투명화 혹은 자연적 위장화등을 갖추는 완전통합화를 추구하는 것이 그 목적이며 지금도 큰 변화는 없다. 사업의 기본은 10년마다 롤모델링화를 통한 변화였으나 아프간전과 이라크전을 치루면서 장비변화가 빠르게 이루어지자 결국 2 년마다 하위시스템들을 변화시켜서 운영하는 모듈화를 중시하게 된다.

그림 10.3.11 Warrior Platform

유럽도 미국의 영향과 NATO 의 교류 및 냉전 이후의 대대적인 군축이라는 군비통제에 발맞추어서 적은 군대로도 최대한의 효율성을 강화하고자 추진되기 시작하였다. 유럽의 육군 강국인 독일, 프랑스, 영국이 선두로, 특히 프랑스가 미군보다 좀 더 일찍 실용화 버전을 먼저 테스트하여 운영한 바 있기도 하다. 2017 년까지 실전배치와 실용화 및 차세대 개량화가 가장 미국 다음으로 눈에 돋보이는 지역들이라고 할 수 있다.

독일의 개인 전투체계는 IDZ-1/2 로 시리즈가 나뉘어져 있다. IDZ-1 의 경우에는 기존의 보병 개인전투장비를 전반적으로 변혁하는데 그 목적을 두면서 부분적인 통신정보 시스템을 제공해 주는 형태였다면 2013 년부터 보급하는 IDZ-2 이른바 IdZ-ES Gladius 의 경우에는 C4I 체계를 완전히 제공해 주는 형태와 기존보다 방어력등의 증대를 꾀했다. 사실 그전부터도 이미 차기 버전으로서의 역할에 있던 형태이기도 하다. 현재는 독일군 특수부대를 중심으로 보급이 진행하여 완료된 형태이며 지속적인 개량을 추진하고 있는 것으로 보인다. 왜냐하면 기존 군복에 대한 파편 방호문제가 아직 미해결되는 등 아직 사업자체에서 개발 중인 부분이 존재하기 때문이다.

영국의 Future Integrated Soldier Technology 사업은 보병 개인전투시스템이다. 2003년부터 본격적으로 개발되다가 현재도 부분적으로 체계의 모듈화를 추구하여 보급 중이나 영국의 경제긴축으로 사업진행에 어려움이 있는 것으로 알려져 있다. 영국의 FIST는 진보나 혁신적 기술 집약보다는 기존의 체제에서 최대한 발전시킨 형태를 추구하면서 모듈형태로 운영하는 측면이 강하다고 한다.

대한민국 육군은 'Warrior Platform'을 개발을 목표로 노력을 집중하고 있다. 'Warrior Platform이란 개인의 전투복과 장구, 장비 33종이 하나로 결합돼 최상의 전투력을 발휘할 수 있도록 하자는 개념'이다. 1단계로 현재의 전투피복·장구·장비 등의 개선을 통해 '개별조합형 플랫폼'을 2022년까지 완료하고, 2단계로 2025년까지 무기체계와 전력지원체계를 통합하는 개념으로 '통합형 개인전투체계'를 개발하며, 3단계로 2026년 이후 전투원을 시스템 복합체계(System of Systems) 개념으로 만들어줄 '일체형 개인전투체계' 개발을 추진하고 있다.

10.3.9 기타 첨단기술의 군사적 적용

나노기술, 유전공학과 접목하여 인체 변화탐지, 뇌파를 이용한 항공기 조종, 재생능력, 유전자 백신 등 활용하는 첨단 기술이 전장에 접목될 것이다. 향후 바이오 뇌공학을 이용하여 적의 의도를 알아낸다든지 적의 생각을 조작하거나 적의 생각을 완전히 다른 생각으로 주입하는 등 실험실 수준에서 시작되는 기술이 전장에 출현할 날도 멀지 않았다. 현재 타인의 생각을 조작하고 읽고 통제하는 기술은 실험실 수준에서 완료된 상태이다. 이렇게 되면 지상, 해상, 공중, 우주, 사이버 등 현재의 전투공간에서 인간생각도 전장공간으로 포함되어 6개의 전장공간으로 확대될 것이다.

나노기술은 방탄기능을 향상시키는 기술 뿐만 아니라 나노로봇을 이용한 적의 정보 탈취, 적의 인체로 침투하는 나노로봇 등도 나올 수 있다. 또한 나노기술은 소재공학을 크게 발전시켜 더 가벼운 무기체계, 더 방호력이 강화된 무기체계를 만들 수 있다.

유전자 기술은 전투원의 피로도를 감소시키고 더 오래 전투환경에서 견디게 하는 지구력 증강과 작은 양의 전투식량으로도 장시간 전투를 할 수 있는 에너지를 제공하는 기술로도 활용 가능할 것이다.

기타 인간이 아닌 생명체를 이용하여 전투에 활용하는 기술도 많이 발전하고 있는데 돌고래를 이용한 적 잠수함 탐지라든지 개를 이용한 적 전차 공격, 비둘기를 이용한 통신 등은 인류 전쟁사에서 이미 선보인 기술들이다. 미래에는 생명체를 이용하여 적의 탐지하고 공격하는 기술이 비약적으로 발전할 것이다.

10.4 군사력평가 발전방향

10.4.1 미래 군사력평가 발전방향

앞에서 기술한 것과 같이 미래의 무기체계는 지금까지의 무기체계와는 완전히 패러다임이 다르게 개발될 것이다. 인공지능을 탑재한 로봇무기나 드론은 전장의 상황을 완전히 변경시킬 가능성이 충분히 있다. 뿐만 아니라 타격의 정밀도가 대폭 향상될 것이며 정보의 획득이 우주공간과 공중에서 실시될 것이며 전략적 및 전술적 의사결정이 빛과 같이 빨리 진행될 것이다. 1 Shot 1 Kill 의 꿈이 다가오는 날이 점점 가까워질 것이다.

이런 측면에서 본다면 재래식 무기체계의 양과 질의 상쇄와 같은 담론이 논의되어야 한다. 걸프전을 시작으로 하여 재래식군은 정보화군을 이길 수 없다는 것이 정설로 굳어지고 있다. 1·2 차 세계대전, 한국전, 베트남전, 중동전은 재래식 전쟁의 원형을 보여주었다면 걸프전, 이라크전, 아프카니스탄전은 질의 군대가 양의 군대를 완벽히 제압할 수 있다는 것을 보여주었다. 물론, 정규전이 신속히 완료되고 난 후 오랫동안 지속된 새로운 전쟁, 즉, 게릴라전을 위시로 한 분란전은 새로운 과제를 군사력건설을 하는 국방기획자들에게 던져주었다.

즉, 정보화군이 부대규모를 축소할 수 있는 만능이 되는 것은 아니다. 정보화로 인한 문제점들도 산재해 있고, 특히 산악지형에서는 첨단장비의 작동뿐만 아니라 안전한 유지에 곤란을 겪을 수 있다. 또한, 첨단장비는 재래식 군대의 장비보다 더 복잡하고 정비 유지에 시간과 기술이 많이 필요하기 때문에 이들을 운용하는 데에는 많은 노력이 뒤따른다. 첨단전차에 앉는 것이 마치 전투기 조종석에 앉는 것과 같을 정도로 복잡할 경우 이를 운용하는 병사들이 느끼는 부담은 대단할 것이다. 이라크전과 아프카니스탄전에서 전쟁종결이 선언된 이후 수년을 끌어온 것도 민군작전과 분란전에 대비한 적정수준의 병력이 필요한 것을 알려준다. 그러면 가상 적국을 대상으로 하여 얼마만한 정보화 정도와 재래식 전력을 동시에 가져야 하는가 하는 것은 운영분석의 새로운 과제이다.

가까운 미래에 전력화될 인공지능을 바탕으로 한 정보획득체계, 의사결정시스템, 타격체계는 새로운 전장의 패러다임을 가져다 줄 것으로 생각된다. 적의 인공위성을 파괴하여 적의 중추 통신망을 완전히 파괴하고 우주를 장악함으로써 전반적인 군사적 우위에 서는 것은 선진국군들의 희망사항일 것이고 새로운 창에 대비한 새로운 방패 역시 군사력평가 시 반드시 고려해야 한다.

대한민국과 같이 현존하는 위협과 미래 주변국 위협에 대비한 군사력건설 시 군사력건설의 우선순위를 매기는 것은 제한된 국방자원 배분 문제에서 매우 중요한 일이다. 국가전략, 군사전력을 바탕으로 군사력건설의 방향이 결정되고 자원의 배분을 효율적으로 실시해야 최적화된 군사력건설을 할 수 있다. 북한의 핵, 화학 및 생물학 무기, 미사일, 장사정포, 특수작전 부대와 같은 비대칭전력으로부터 국가 안위를 보장하고 국민의 생명을 지키는 것은 우리 군의 최우선의 목표여야 한다.

4차 산업혁명에서 쏟아지는 첨단기술의 융합을 통해 적보다 확실한 군사력 우위를 확보하는 것이 반드시 필요하다. 군사력의 건설은 장기간이 소요되는 것이므로 최초 전략적 접근이 차후 시행착오를 방지하는 첩경이다. 적이 가지지 않은 비대칭전력을 확보하여 한미동맹이 보유한 핵능력에 추가하여 핵무기를 상쇄하는 효과를 달성하는 것이 중요하다. 이런 의미에서 군사과학기술에 대한 과감한 투자와 연구개발자들에게 강한 동기부여를 하는 것이 매우 중요하다. 향후에는 4차 산업혁명군이 정보화군을 이기는 시대가 도달할 것이다.

이러한 사실은 신석기 문화가 구석기 문화를 정복했고 청동기 문화가 신석기 문화를 정복했으며 철기 문화가 청동기 문화를 정복한 것을 보면 쉽게 이해할 수 있다. 화약의 발명이 중세 기사들을 사라지게 했으며 임진왜란 때 왜군이 보유한 조총에 조선군이 전쟁초기에 충격적 패배를 한 것을 보면 잘 알 수 있다. 구한말 미군의 화포에 조선의 포대가 힘을 써보지 못하고 전멸한 신미양요와 같이 무기체계의 능력에 따라 전투의 승패가 결정된 것을 보면 이러한 사실은 더 한층 명확해진다.

4차 산업혁명으로 첨단기술의 출현이 곳곳에서 일어나고 이 기술들이 융합하여 더 큰 효과를 내는 이 시점에서 한국전, 월남전, 걸프전, 이라크전에서 일어났던 전쟁양상대로 군사력을 건설하고 훈련을 하고 군사대비태세를 갖추는 것은 의미없는 일이다.

소형 드론군집이 적을 식별하여 적 한명 한명 단위로 공격을 하는 상황이 가능할 때 철조망과 지뢰, 기관총, 참호는 무력화될 것이다. 모든 미사일 발사대를 감시하여 타격하는 것보다 사이버전으로 적의 지휘체계를 마비시키고 북한의 전략사령부를 통제불능으로 만들면 적이 가진 발사대는 쉽게 무력화될 수 있을 것이다. 적의 전차, 포병, 차량을 하나씩 공중폭격이나 포병으로 타격하는 것보다 EMP탄으로 광범위한 지역을 무력화시키면 지역내 적이 전투장비를 전혀 사용하지 못하는 결과를 만들 수 있다. 이런 첨단과학과 결합된 전술과 전략에 관련된 질문을 끊임없이 해서 새로운 군사력을 건설해야 할 것이다.

그러나 군사력건설은 장기간이 소요되는 것이므로 현존 전력을 무시할 수도 없는 것이다. 항상 미래를 준비하며 현재에 대비하되 미래의 전투양상과 추세를 냉철히 예측하고 준비해야 한다. 다시 말하지만 과거의 전투를 생각하여 미래 군사력을 건설하는 군대는 바로 패망하는 군대가 될 것이다.

10.4.2 미래 무기체계의 특성을 고려한 군사력평가

지금까지 설명한 군사력평가의 방법론 중 단순수량비교는 대칭적 전력이 있을 때 의미가 있는 방법이다. 비대칭 전력이 있을 때 단순수량비교 방법은 참고만 할 뿐이지 직접적 비교는 하기 어려운 방법이라고 할 수 있다. 국방비 규모에 의한 방법은 모든 군사력 건설 규모를 간접적으로 비교할 수 있는 방법이기는 하지만 국방비 규모를 정확히 공개하지 않은 국가와는 비교하기가 어려운 방법이다. Kaufmann 방법이나 Epstein 방법은 기본적으로 새로운 무기체계에 대한 효과가 제공되어야 적용할 수 있는 방법이다. Lanchester 방정식을 근간으로 하는 워게임 방법도 새로운 무기체계에 대한 정확한 효과가 제공되어야 신뢰성을 보장받을 수 있다.

미래 무기체계는 지금까지의 무기체계와는 완전히 다른 전투형태를 보일 것이다. 따라서, 미래 무기체계와 현존 무기체계가 혼재하는 상황에서의 군사력평가는 새로운 방법이 개발되어야 할 것이다. 개별무기체계를 모의하는 것은 비교적 쉬운 일이다. 그러나 첨단무기체계가 전력화된 부대단위의 모의는 새로운 창의적 방법이 동원되어야 한다. Lanchester 방법과 같이 전차, 소총, 기관총, 화포를 중심으로 하는 전투가 더 이상 통용되지 않을 때, 드론 1 대가 정확히 적 지휘부를 파괴하여 부대전투력의 50% 이상을 저하시키는 경우도 있을 수 있다. 소형 군집드론의 공격으로 병력의 전멸을 유도할 수도 있고 드론의 EMP 탄 투하로 일정지역의 적 기동장비와 화력장비를 무력화시킬 수도 있다. 초소형 인공위성으로 적의 이동, 규모, 의도를 읽을 수 있는 시대도 곧 다가올 것이다.

사이버전 무기는 상대방의 지휘부 지휘통제시스템을 무력화하여 예하부대에 전달하는 정보나 명령을 차단할 것이다. 또한 전자장비를 탑재한 전투장비 및 전투지원장비들을 무력화할 수 있을 것이다. 워게임에서 미래전을 모의한다면 사이버전 무기의 효과를 모의할 수 있는 방법이 반드시 강구되어야 한다.

무인무기의 등장은 인명을 중시하는 국가에서는 인명손실의 부담없이 전장에 무인무기를 대량으로 투입할 수 있고 원격으로 통제하여 전투를 하게 될 것이다. 최근 이란 장성을 이라크에서 제거한 미군의 작전은 드론을 이용한 것인데 드론의 조종은 미국본토에서 한 것으로 알려져 있다. 이렇듯 소규모의 첨단무기체계가 적의 전부대를 격멸하지 않고도 전쟁을 조기에 종결시킬 수 있는 길이 열려있는 것이다. 이러한 전투양상을 보며 군사력평가를 해야 하는 분석가들에겐 커다란 도전의 길이 열려 있는 것이다.

이 외에도 EMP 탄, 탄소섬유탄과 같이 적의 전자장비와 전력망을 차단할 수 있는 무기체계를 다른 미사일과 공군력과 함께 사용한다면 단일 무기체계의 능력의 단순합보다는 훨씬 더 큰 능력을 발휘하게 되는 다양한 무기체계의 효과를 평가하는 방법으로 발전해야 할 것이다. 그림 10.4.1 에서 보는 것과 같이 여러 무기체계가 동시에 투입되어 운용될 때는 효과가 (a)에서 보는 것과 같이 급격히 증가한다. 그러나 이러한 효과가 발생하지 않을 때는 (b)에서 보는 것과 같이 각 무기체계의 효과가 일정하며 전체 무기체계의 효과의 합은 선형적으로 증가한다.

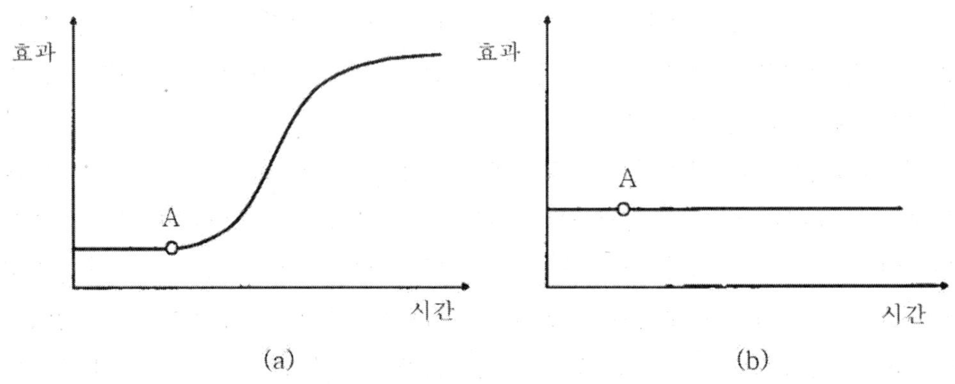

그림 10.4.1 여러 무기체계를 동시에 사용했을 때 효과

새로운 첨단무기와 확대된 전장공간에서 시뮬레이션해 볼 수 있는 방법을 연구해 볼만하다. 지금까지의 워게임은 부대단위의 전투로 적을 발견, 이동, 교전, 전투피해 평가, 전투력 보충의 순환으로 이루어져 있다. 그러나 미래 무기체계인 사이버 공격, EMP, 무인무기, 드론, 로봇, 인공지능, 생명체 무기가 우주공간, 지상, 해상, 공중, 사이버 공간에서 이루어지는 다차원의 시뮬레이션을 할 수 있는 새로운 워게임이 필요할 것이다.

새로운 무기체계의 능력과 규모가 정확한 데이터로 측정되고 새로운 무기체계의 능력을 시뮬레이션을 할 수 있는 체계를 갖추어야 한다. 이러한 시뮬레이션을 통해 평가대상국가의 군사력을 정확히 평가하여 적에 확실한 우위에 서는 군사력건설과 전투준비태세를 갖추어야 한다.

10.4.3 미래 전략·작전술·전술의 발전을 고려한 군사력평가

미래 무기체계와 더불어 반드시 고려해야 할 요소는 미래의 전략·작전술·전술에 대한 워게임 모의에 반영하는 일이다. 네트워크 중심작전, 효과중심작전, 동시통합전 등은 미래 군사력 운용의 핵심 요소이다. 현재의 워게임은 이러한 전략·작전술·전술에 대한 개념보다는 부대단위의 교전을 중심으로 이루어지는 상태이다. 네트워크 중심작전, 효과중심작전, 동시통합전을 이룬다면 보유하고 있는 무기체계 효과의 상승효과를 가져올 것은 틀림없는 사실이다.

인류의 역사를 되돌아 보면 과거의 전쟁방식에 매몰된 군은 패배하였다. 1차 세계대전 후 1차 세계대전 시 참호전 형태를 미래전 형태로 생각해 마지노선을 구축한 프랑스군은 마지노선에서 병력이 고립되어 전투다운 전투를 해보지도 못하고 항복하였다. 반면, 독일군은 1차 세계대전의 패전국이었지만 전차, 급강하 폭격기, 포병, 특수작전부대를 혼합한 전격전을 구사하여 1차 세계대전 4년간 정복하지 못한 프랑스를 2차 세계대전에서는 단 6주만에 정복하였다.

2차 세계대전 직전 독일군의 폴란드 합병에서 보여준 폴란드 기병과 독일군의 전차부대 전투도 시사하는 바가 많다. 전차를 상대로 기병부대의 무모한 돌격은 엄청난 사상자만 발생시키고 전멸한 바 있다. 이처럼 과거의 전투형태를 고려한 군사력건설은 재앙에 가까운 결과를 초래할 것이다.

1973년 중동에서 일어난 4차 중동전쟁(욤키푸르 전쟁) 직전 이스라엘군은 1967년 3차 중동전쟁(6일 전쟁)에서 성취한 군사적 승리에 도취해 있었다. 이스라엘군은 수에즈 운하에 건설한 모래언덕 바레브선을 이집트군이 극복하는데 상당한 시간이 걸릴 것으로 생각했으나 이집트군의 수압펌프를 이용하여 모래언덕을 극복하는 창의적인 생각을 적용하여 모래언덕은 바로 극복되고 초전에 이스라엘군이 어려운 상황에 내몰린 것도 과거 전투양상만 생각한 대가라고 생각된다.

이러한 전략·작전술·전술을 워게임에 반영하여 실질적인 전장상황을 바로 묘사할 수 있는 체계로 발전시켜 나가야 한다. 무기와 전략·작전술·전술은 발전하는데 기존의 워게임 모델로 이런 상황을 묘사하여 군사력평가를 한다면 정확한 군사력평가를 했다고 할 수 없을 것이다.

10.4.4 기타 군사력평가 발전방향

군사력평가를 할 때 항상 논의되는 사실이지만 무기체계의 진부화를 반영한 군사력평가를 해야 한다는 것이다. 단순수량비교에서는 무기체계의 진부화를 반영하지 않고 단지 병력과 장비만 비교한다. 워게임에서도 무기체계 그 자체의 성능만 비교하지 진부화 정도는 반영하지 않는다. 전투장비의 진부화는 전력의 저하뿐만 아니라 전투결과에도 심대한 영향을 미치는 요소이니 군사력평가에 반드시 고려해야 한다.

남북한의 군사력을 비교할 때 자주 인용되는 사실을 예를 들면 다음과 같다. 무기체계와 장비성능면에서도 북한 전차와 야포는 20%가 노후화되었고, 화포도 구경이 76.2~240 ㎜로 매우 다양해 유사시 탄약공급에 많은 제한을 받아 전투력 발휘가 매우 취약하다. 해군함정는 15%가 20 년 이상된 노후장비이며 무기체계 역시 83%가 200 톤 이하의 소형함정 위주로 이루어져 있어 작전반경면에서 극히 제한을 받고 있다. 실제로 지난 2002 년 6 월 15 일 연평해전에서 전력 열세가 객관적으로 입증되었다.

공군은 MIG-23/29, SU-25 등 신형 전투기 보유는 30%에 불과하고 나머지는 70 년대 이전의 구형 모델인데다 레이더와 항법장치 등 항공전자 부문의 성능도 크게 뒤져 전천후 항공작전에 문제점이 많다. 1999 년 이래 북한 공군의 약점은 경제난에 따른 비용조달의 어려움으로 인한 훈련부족, 일부 기종을 제외한 항공기들의 노후화, 부품조달의 어려움 및 사기 저하에 기인하는 것으로 보인다. 북한은 경제난 이후 조종사들의 비행훈련을 시뮬레이터를 이용한 지상훈련으로 대체하고 있으나, 평양으로부터의 정보획득이 어려워 북한 조종사들의 지상훈련의 효과는 판단하기 어려우며 조종사의 숙달정도는 비행시간의 질과 양으로만 분석되지 않기 때문에 판단하기가 더 힘들다

북한은 경제력의 열세로 인해 재래식 군비경쟁에서 완패했다. 인민군의 무기체계는 매우 노후화된 모델이며, 같은 소련형 장비에 비해서도 품질이 열악하다. 또 노후화된 무기나마 적절히 운영하고 유지할 수 있는 연료, 부품, 보급물자는 물론 군량미마저 부족한 실정이다. 특히 지난 수년간 북한의 재래식 군사력은 더욱 약화되었다. 군사원조의 상실로 인한 무기수입의 감소는 북한의 군수산업으로는 보완하기 어렵다. 오늘날 북한의 재래식 전쟁수행능력은 1994 년 핵위기때 보다도 현격히 감소했다.

무기체계의 수명주기가 급격히 단축되고 있는 사실에 주목할 필요가 있다. 이는 과학기술의 급속한 발전으로 인해 새로운 전장개념이 도입되고 있으며 그에 따라 빠른 속도로 최신화되고 있으며 고도화된 무기체계들이 재래식 무기체계들을 대체함으로 인해 생기는 현상이다. 그림 10.4.2 에서 보는 것과 같이 미래 무기체계는 재래식 무기체계 보다 더 빨리 효과가 감소할 것이다.

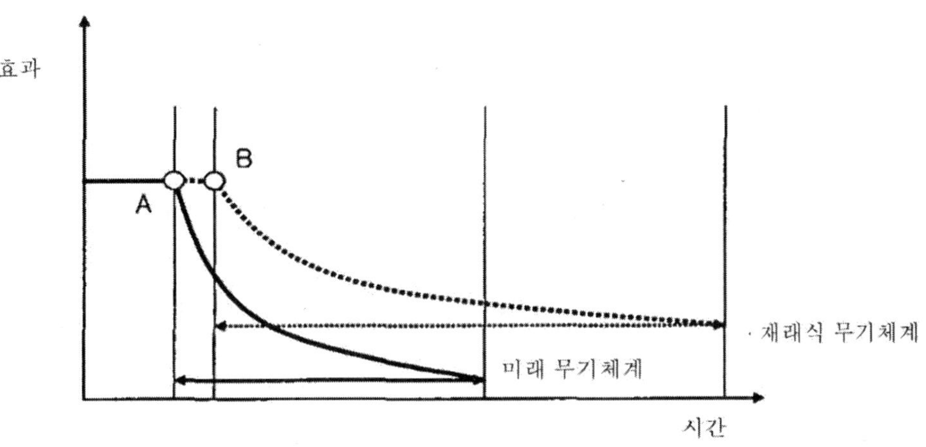

그림 10.4.2 무기체계 진부화 개념 반영시 효과의 변동

다음으로 전쟁지속능력에 관한 사실이다. 전쟁이 단기간에 끝날 수도 있지만 국가 대 국가가 전쟁을 할 때는 장기간 전쟁을 하는 경우가 일반적이다. 국가의 모든 능력을 총동원해 병력과 전투장비, 탄약, 유류, 수리부속, 식량의 지속적인 보급이 군사력을 유지하는 필요불가결한 요소이다. 따라서 국가의 전쟁지속능력을 계량화할 수 있는 방안을 연구해 볼 필요가 있다.

전쟁지속능력을 평가할 때 전쟁지도 능력, 경제적 지원, 사회적 통합, 외교 등을 평가요소로 선정할 수 있다. 전쟁지도 능력은 국가 지도부에서 전쟁을 지휘하고 지도할 수 있는 능력을 평가하는 것이고 경제적 능력은 소모물량 보충소요 지원능력, 확장 소요물량 지원능력, 중간재 생산 보장능력, 사회 간접자본 지원능력, 전비 지출능력, 외부로부터 군사물자의 공급능력인데 여기에는 외화 획득능력과 해상 및 공중수송능력 등을 평가해야 한다. 사회적 통합은 전쟁을 지속하기 위한 국민적 합의와 같은 정치적 안정성 요소이며 외교는 전쟁을 위한 우방국과의 협조와 적대국에 대한 견제능력이 포함된다.

전쟁지속능력의 평가방법은 정성적 평가를 주로 시행하고 지수화가 가능한 것은 지수화를 실시한다. 예를 들면 IMD World Competitiveness Yearbook 에서는 국제경쟁력 지수를 제공하고 있다. 여기에서는 경제성과 77 개, 정부효율성 72 개, 기업효율성 68 개 및 인프라 95 개 항목에 대한 평가지수를 포함하고 있다. 기술적 인프라 항목에는 정보통신투자, 유선 전화수, 이동통신 가입자수, 인터넷 능력 등 기반정보능력에 대한 다수의 지수를 포함하고 있다.

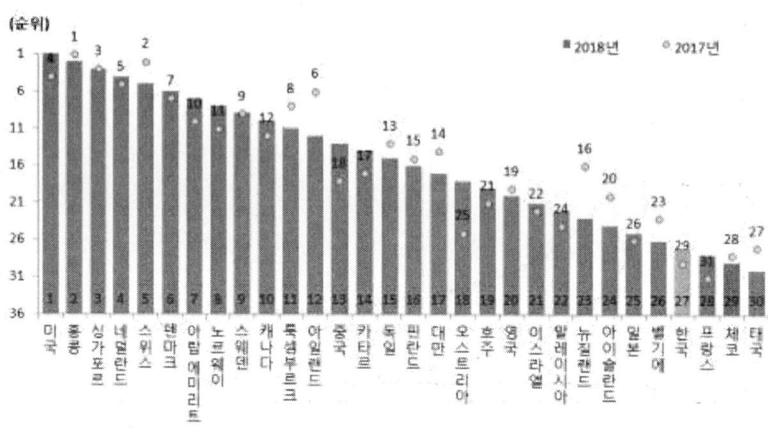

출처 : IMD World Competitiveness Yearbook 2018

그림 10.4.3 2017~2018 년 상위 30 개국 국가 경쟁력 순위

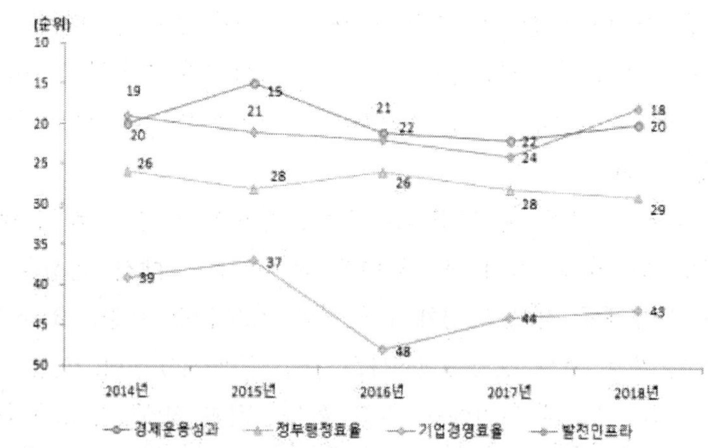

출처 : IMD World Competitiveness Yearbook 2018

그림 10.4.4 2014~2018 년 대한민국 4 개 부문 순위 추이

International Country Risk Guide 는 정부의 안정상, 사회경제 환경, 내부갈등, 법질서 및 윤리적 충돌 등에 대한 전세계 국가들의 지수를 제공하고 있다.

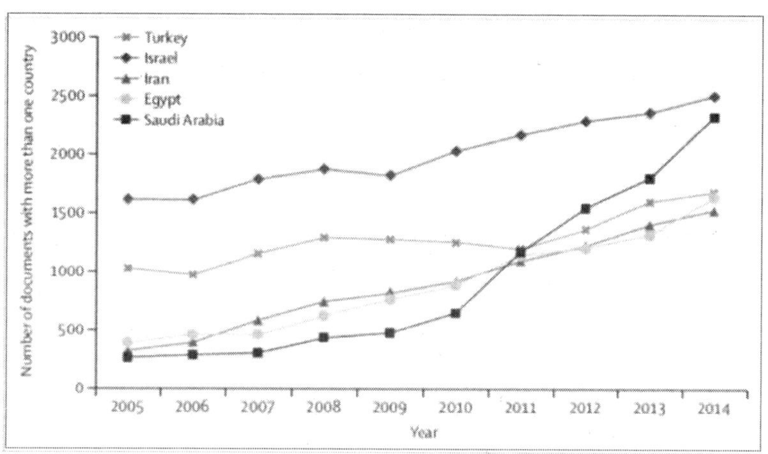

그림 10.4.5 국가 Risk (예)

표 10.4.1 국가간 위험 순위 기술통계 (예)

Country	Ratings	Mean	SD	Min	Max	Rank
Albania	ECO	47.4	14.6	16	74	3
	FIN	63.6	6.9	42	70	2
	POL	61.2	5.2	46	71	2
	COM	58.3	6.5	41	69	2
Argentina	ECO	53.3	19.5	21	84	2
	FIN	52.2	20.3	16	78	3
	POL	66.4	8.3	50	78	1
	COM	59.6	13.5	36	76	1
Indonesia	ECO	66.6	9.5	36	77	1
	FIN	64.5	16.8	36	88	1
	POL	50.8	9.0	39	67	3
	COM	58.2	9.7	41	72	3
Iraq	ECO	42.3	11.2	21	59	4
	FIN	29.1	17.7	4	66	4
	POL	32.5	5.8	16	41	4
	COM	34.1	7.2	20	49	4

Note: Economic, financial, political, and composite risk ratings are denoted as ECO, FIN, POL, and COM, respectively.

World Bank 에서는 세계 개발지표, 기업환경평가 지표, 수출활동 지표, 경제성장률, GDP, 총인구, 국가 빈곤선에 있는 빈곤자 비율, 출생 시 기대수명 등 각종 국가지표가 제공하고 있다.

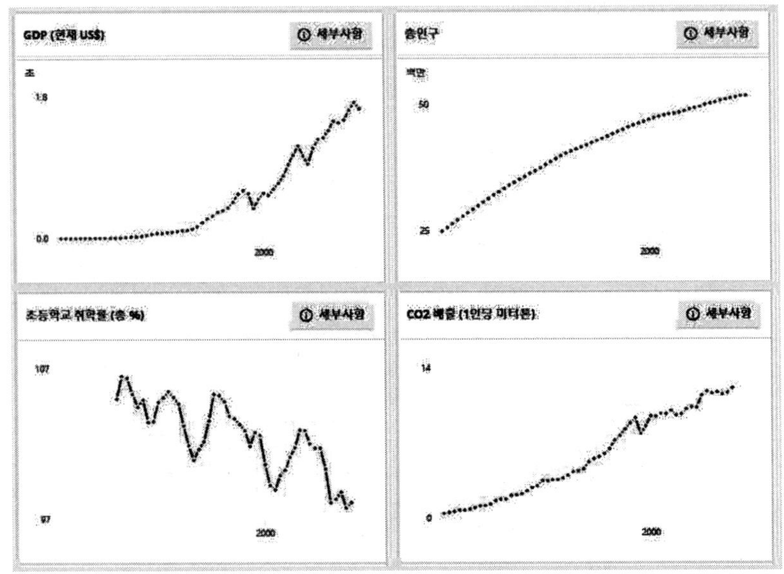

그림 10.4.6 세계은행에서 제공하는 대한민국 2020 년 지표 (예)

위에서 제시한 여러 자료들을 종합하여 전쟁지속능력을 평가하는 방법론을 개발할 필요가 있다. 현대전은 국가 능력의 총력전이기 때문에 국가의 모든 능력을 포함하여 군사력을 포함한 경제력, 전쟁 지도능력, 외교력 등을 같이 평가해야 한다.

참고 문헌

A. W. Marshal, Problems of Estimating Military Power, The RAND Corporation,

Brain E. Fredriksson, National and Military Power(chapter 2), Air University Press, 2006. Carl von. Clausewitz(류제승 옮김), Vom Kriege(전쟁론), 책세상, 1998.

Chin-lung Chang, "A Measure of National Power", Seminar at the National University of Malaysia, 2004.

Christopher A. Lawrence, War By Numbers : Understanding Conventional Combat, Potomac Books, 2017.

Gregory G. Hildebrandt, "The Military Production Funciton", Defense and Peace Economics, Vol.10, No.3, pp.247-272, 2007. 10.

Gregory G. Hildebrandt, Military Expenduture, Force Potential and Relative Military Power, RAND, 1980. 8.

Gregory G. Hildebrandt, The Military Production and Peace Economics, Vol.10, pp.247-272, 1999.

Hans Morgenthau, Politics among Nations: The Struggle Power and Peace. 5th ed., New York, N.Y., Alfred A. Knopf, 2008.

International Institute for Strategic Studies, The Military Balance 2019, IISS, 2019.

James A. Zanella, Combat Power Analysis is Combat Power Density, School of Advanced Military Studies, 2012. 5.

James G. Taylor, Force-on-Force Attrition Modelling, Military Research Society of America, 1980. 1.

James G. Taylor, Lanchester Models of Warfare Volume I, Military Research Society of America, 1983.

James G. Taylor, Lanchester Models of Warfare Volume II, Military Research Society of America, 1983.

Jeremy Black, War and the World: Military Power and the fate of Continents(1450-2000), Yale University Press, 2000.

John W. R. Lepingwell, The Law of Combat? Lanchester Reexamined, International Security, Vol.12, No.1, pp.89-134, 1987.

Joseph F. Ciano, The Quantified Judgement Model and Historic Ground Combat, Naval Postgraduate School, Monterey, 1988. 9.

Joseph S. Nye Jr., Soft Power: The Means to Success in World Politics, New York: Public Affairs, 2004.

Julian Lider, Military Force, Swedish Institute of International Affairs, 1981.

Klaus Knorr, Military Power and Potential, D.C. Health and Company, Lexington, 1970.

Klaus Knorr, On The Uses of Military Power in the Nuclear Age, Princeton Press, New Jersey, 1966.

Klaus Knorr, The War Potential of Nations, Greenwood Press, 1956.

Matthew Scott Desmond, Implementation of the Quantified Judgement Model to Examine the Impact of Human Factors on Marine Corps Distributed Operations, Naval Postgraduate School Thesis, 2007.

Michael Beckley, "Economic Development and Military Effectiveness", The Journal of Strategic Studies, Vol.33. No.1, pp.43-79, 2010.

Miliatry Operations Research Society, "Adancing C4ISIR Assessment Workshop Report", MORS, 2000. 10.

NATO Code of Best Practice (COBP) on the Assessment of C2, RTO Technical Report 9, AC/323(SAS)TP/4 (Hull, Que.: Communication Group, Inc., March 1999)

Office of Assistant Secretary of Defense Command & Constrol Research Program, Code of Best Practice for C2 Assessment Analyst's Summary Guide, 2002.

Ojeong Kwon, Donghan Kang, Kyungsik Lee, Sungsoo Park, "Lagrangian Relaxation Approach to the Targeting Problem", Naval Research Logistics, Vol 46. pp.640-653, 1999. 2.

Ojeong Kwon, Kyungsik Lee, Donghan Kang, Sungsoo Park, "A Branch-and-Price Approach to the Targeting Problem", Naval Research Logistics, Vol.54. No.7, pp.731-742, 2007. 10.

ORSA, Lanchester Type Models of Warfare, H K Weiss, Proc. First International Conference on Operations Research, 1957.

Paul Dunne, Ron P. Smith, Dirk Willenbockel, "Models of Military Expenditure and Growth: A Critical Review", Defense and Peace Economics, Vol.16. N0.6, pp.449-461, 2005. 12.

Peter Paret, "Military Power", The Journal of Military History, Vol.53, No.3, pp. 239-256, 1989.

Quincy Wright, A Study of War, The University of Chicago Press, 1942.

Quincy Wright, The Study of International Relations, Appleton-Century-Crofts. Inc, 1955.

Ramazan Gozel, Fitting Firepower Score Models to the Battle of Kursk Data, Naval Postgraduate School Thesis, 2000. 9.

Reiner K. Huber, Modeling and Analysis of Conventional Defense in Europe, Plenum Press, New York, 1986.

Ronald F. Bellarmy, Russ Zajtchuk, "Assessing the Effectiveness of Conventional Weapons", Conventional Warfare: Ballistic, Blast and Burn Injuries, pp.53-82, 1983.

Seymour Melman, Limits of Military Power: Economic and Other, International Security, Vol.11, No.1, pp.72-87, 1986.

Stanley M. Halpin, The Army Command and Control Evaluation System (ACCES), U.S. Army Research Institute, 1996.

Stephen Biddle, Stephen Long, "Democracy and Military Effectiveness: A Deeper Look", The Journal of Conflict Resolution, Vol.48, No.4, pp.525-546, 2004. 8.

Stephen Peter Rosen, "Military Effectiveness: Why Society Matters", International Security, Vol.19, No.4, pp.5-31, 1995.

Stuart H. Starr, "C4ISR Assessment: Past, Present, and Future", 2003.

T. N. Dupuy, Attrition(Forcasting Battle Casulaties and Equipment Losses in Modern War, Nova Publications, Falls Church, Virginia, 1995.

T. N. Dupuy, Numbers, Predictions and War, Macdoanld and Janes, 1979.

T. N. Dupuy, Understanding War: History and Theory of Combat, Paragon House Publishers, New York, 1987.

Taylor James Bonade, Weapon Firepower Potential, Naval Postgraduate School Thesis, 1970.

William J. Krondak, Rick Cunnigham. et. al, "Unit Combat Power(and Beyond)", pp. 1-20. IMSOR, 2007. 8.

Xin Guo, Jianxun Gang, Bo Xu,"Research on the Effectiveness Evaluation Method of Weapon System Based on Information Index", 2018 International Conference on Information and Computer Aided Education, pp.76-80, 2018.

Yakov Ben-Haim, "WEI/WUV for Assessing Force Effectiveness: Managing Uncertainty with Info-Gap Theory", Military Operations Research, Vol.23, No.4, pp.37-50, 2018.

Young-Woo Lee and Byong-Hun Ahn, "Static Valuation Combat Force Potential by the Analytic Hierarchical Process", IEEE Transactions on Engineering Management, Vol.38, No.3, pp.237-244, 1991.

Young-Woo Lee, Byong-Hun Ahn, "Static Valuation of Combat Force Potential by the Analytic Hierarchical Process, IEEE Transactions On Engineering Management, Vol.38, No.3, pp.237-244, 1991. 8

강정흥, 수학적 전투모델 이론, 교우사, 서울, 2014. 10.

강정흥, 수학적 접근방법에 의한 전략적 국방분석, 교우사, 서울, 2017.10.

구원근, 박현호, "싱가로프 예비군제도 사례를 통해 본 예비전력 발전 연구(육군을 중심으로)", 군사연구 제148집, pp.375-402, 2019.

국방대학교, 전력평가, 국방대학교, 2007.

권오정, 다기준 의사결정방법론 이론과 실제, 북스힐, 서울, 2018. 7.

권오정, 수학적 전투모델링과 컴퓨터 워게임, 북스힐, 서울, 2019. 12.

권오정, 전쟁사의 수학적 분석과 평가: 승리의 조건을 찾아서, 교우사, 서울, 2019. 1.

권오정, 조용주, "지상군 전력평가 발전방향 연구", 국방정책연구, 제31권 제1호, pp.105-131, 2015.

김동석, 박건우, 이상훈, "SNA 기반 C4I체계 네트워크 효과평가 알고리즘", 정보과학회논문지:데이터베이스, 제40권, 제4호, pp.243-250, 2013. 8.

김명철, "각종 무기의 치사율", 국방과 기술, Issue5, No.17, pp.34-40, 1980.

김상기, "북한의 핵보유와 남북관계 개선의 가능성", KINU통일, pp.32-48, 2016. 겨울.

김영길, 임길섭, 전병욱, 네트워크화 무기체계의 전투기여 효과분석을 위한 기반연구, 한국국방연구원 연구보고서, 지 00-1529, 2009.

김충영, 민계료, 하석태, 강성진, 최석철, 최상영, 군사 OR 이론과 응용, 도서출판 두남, 서울, 2004.

김태현, "군사력 평가도구로서 '총괄평가(Net Assessment)': 개념, 절차, 방법론, 국방정책연구, 제 36권 제 1호, pp.183-220, 2020. 봄.

대한민국 국방부, 2018 국방백서, 국방부, 서울, 2019.

박원곤, "미국의 대한국 핵우산 정책 분석 및 평가", 국방정책연구, 23권 3호, pp.35-61, 2007. 가을.

문형곤, 유승근, "미래 무기체계 전력지수 산출 방법론 연구", 한국전략문제연구소 전투실험, pp.55-129, 2003. 12.

박휘락, "남북한 군사력 비교에서의 북한 핵무기 영향판단 시론적 분석", 의정논총, 제13권 제 2호, pp.225-249, 2018.

서성철, "동원사단 적정상비율 산정에 관한 연구", 군사연구, 제 120집, pp.432-453, 2004.

신명진, 정현태, "분석모델과 요인분석기법을 활용한 무기전력지수 산출방안", 국방과 기술, 414호, pp.116-123, 2013. 8.

아주대학교 EA21 센터, NCW 기반 국방 상호운용성 모델 연구, 아주대학교, 2012. 4.

원은상, 전력평가의 이론과 실제, 한국국방연구원 전력발전연구부, 1997. 7.

유철희, 이태공, 임재성, LISI 기반의 무기체계 상호운용성 평가모델 개선방안 연구, 한국통신학회 논문집, Vol.35. No.11, pp.1715-1724. 2010. 11.

이상진, "남북한 군사력 우월에 대한 군간부들의 인식 평가", 조사연구, 제7권, 제1호, pp.29-53, 2006. 3.

이용복, 정환식, 김용흡, 이재영, "전장 정보체계의 전투력 상승효과 측정을 위한 새로운 MOE 제안", IE Interface, Vol.22, No,3, pp.205-213, 2009. 9.

이정우, "북한 군사력의 평가와 한국의 안보정책 방향",제주평화연구원 정책포럼 세미나 발표자료, pp.2-14, 2013. 12.

이정우, "북한의 재래식 군사력평가와 대남 군사위협의 변화", 현대북한연구, 제17권, 제2호, pp.296-331, 2014. 8.

이정우, "북한의 국력과 군사력에 대한 평가", 현대북한연구, 제15권, 제3호, pp. 100-145, 2012.

이환청, "QJM 전투분석기법과 그 활용성", 국방관리연구지, 제2호, pp. 117-165, 1986. 7.

정연오, "무기체계의 다양한 기능을 고려한 군사력 비교·평가 방법", KIDA 주간국방논단, 제 1619호(16-21), 2016.5.

정환식, 박건우, 이재영, 이상훈, "NCW 환경에서 C4I 체계 전투력 상승효과 평가 알고리즘 : 기술 및 인적 요소 고려", 지능정보연구 Vol.16, No.2, pp.55-72. 2010. 6.

진재일, "전력지수에 의한 군사력평가: 현황 및 발전방향", 한국국방연구원 주간국방논단 제 1298호, pp.1-11. 2010. 3.

최상영, 국방 모델링 및 시뮬레이션 총론, 북코리아, 서울, 2010. 3.

한국국방연구원 북한군사문제센터, 총체적 전쟁수행능력 평가방법론 연구, 한국국방연구원, 2007. 6.

한국군사문제연구원 2016-6차 정책포럼 결과보고서, 전시 동원체계 문제점 및 발전방향, 한국군사문제연구원, 서울, 2016. 7.

한반도 선진재단, 국력평가를 통한 국민 호국정신 함양 방안 연구, 2017. 2.

황성돈, 신도철 외, 종합국력: 국가전략기획을 위한 기초자료, 다산출판사, 서울, 2016. 8.

https://jmagazine.joins.com/monthly/view/330356 (검색일: 2020. 7. 1)

https://www.cia.gov/index.html (검색일 : 2020. 8. 2)

http://www.dupuyinstitute.org/blog/ (검색일 : 2020. 8. 2)

https://www.heritage.org/military-strength/assessment-us-military-power (검색일 : 2020. 9. 12)

https://www.globalfirepower.com/ (검색일 : 2020. 9. 21)

https://www.iiss.org/ (검색일 : 2020. 5. 2)

https://www.ncbi.nlm.nih.gov/pmc/articles/PMC28193/(검색일 : 2020. 9. 21)

https://www.sipri.org/(검색일 : 2020. 9. 21)

찾아 보기

INDEX

ㅈ

H

I

J

K

L

M

W

Z

군사력 평가 방법론 이론과 실제

인쇄 | 2020년 12월 05일
발행 | 2020년 12월 10일

지은이 | 권 오 정
펴낸이 | 조 승 식
펴낸곳 | (주)도서출판 북스힐

등 록 | 1998년 7월 28일 제 22-457호
주 소 | 서울시 강북구 한천로 153길 17
전 화 | (02) 994-0071
팩 스 | (02) 994-0073

홈페이지 | www.bookshill.com
이메일 | bookshill@bookshill.com

정가 35,000원

ISBN 979-11-5971-317-0

Published by bookshill, Inc. Printed in Korea.